Die Zukunft mit Energie versorgen

Bau kleiner modularer Reaktorkraftwerke für nachhaltige Energie

Richard Skiba

AFTER MIDNIGHT
PUBLISHING

Skiba, Richard (Author)

Die Zukunft mit Energie versorgen: Bau kleiner modularer Reaktorkraftwerke für nachhaltige Energie

ISBN 978-1-7646462-5-3 (Paperback) 978-1-7646462-6-0 (eBook)

Non-fiction

Dieses Buch wurde aus der ursprünglichen englischen Version mit Hilfe von TranslateGPT übersetzt.

Inhalt

Einleitung

Kleine modulare Reaktoren (Small Modular Reactors, SMRs) stellen einen bedeutenden Fortschritt in der Nukleartechnologie dar und sind darauf ausgelegt, weniger Leistung zu erzeugen als traditionelle große Kernreaktoren. Konventionelle Reaktoren produzieren typischerweise mehr als 1.000 Megawatt elektrische Leistung (MWe), während SMRs gewöhnlich weniger als 300 MWe pro Modul erzeugen [1, 2]. Diese geringere Leistung, kombiniert mit ihrem modularen Design, erhöht ihre Vielseitigkeit und ermöglicht ihren Einsatz in einer Vielzahl von Anwendungen und Standorten, die für größere Reaktoren möglicherweise ungeeignet sind [3].

Das modulare Design von SMRs ist eines ihrer wichtigsten Merkmale, da es eine standardisierte Fertigung erleichtert und potenziell die Bauzeiten verkürzt. Durch diese Modularität können mehrere Einheiten kombiniert werden, um die Stromproduktion je nach Bedarf zu skalieren und somit Flexibilität in der Energieversorgung zu bieten [2]. Darüber hinaus benötigen SMRs aufgrund ihrer kompakten Größe weniger Fläche und Infrastruktur, wodurch sie besonders für abgelegene oder platzbeschränkte Regionen geeignet sind [4]. Ein weiteres entscheidendes Merkmal ist die erhöhte Sicherheit: SMRs integrieren passive Sicherheitssysteme, die natürliche Prozesse wie Schwerkraft und Konvektion zur Kühlung des Reaktors nutzen. Dadurch wird das Risiko einer Überhitzung und katastrophaler Ausfälle erheblich reduziert [5]. Diese Sicherheitsmerkmale sind besonders vorteilhaft für den Einsatz in isolierten Regionen, auf Inseln oder in kleinen Gemeinden, in denen traditionelle Reaktoren möglicherweise nicht praktikabel sind [6].

Wirtschaftlich bieten SMRs mehrere Vorteile. Ihre geringeren Anfangsinvestitionskosten machen sie zugänglicher, insbesondere für Länder oder Unternehmen, die nicht über das Kapital für groß angelegte Nuklearprojekte verfügen [7]. Die modulare Bauweise und die Fertigung in Fabriken vereinfachen die Bauphase, wodurch die Gesamtkosten gesenkt und die Bauzeiten verkürzt werden können [7]. Zudem können der kleinere Flächenbedarf und die verbesserten Sicherheitsmaßnahmen die Umwelt- und Ökosystemauswirkungen von SMRs im Vergleich zu konventionellen Reaktoren verringern [8].

Im Hinblick auf ihre Anwendungen werden SMRs eine wichtige Rolle beim Übergang zu sauberer Energie spielen. Sie können erneuerbare Energiequellen in Regionen ergänzen, in denen erneuerbare Energien aufgrund geografischer Gegebenheiten oder schwankender Verfügbarkeit eingeschränkt sind [4]. Verschiedene Länder und Unternehmen untersuchen das Potenzial von SMRs als nachhaltige, kohlenstoffarme Energielösung und betonen ihre Fähigkeit, den zukünftigen Energiebedarf zu decken und gleichzeitig globale Klimaziele zu unterstützen [8]. Ihre Anpassungsfähigkeit für unterschiedliche Anwendungen – darunter Stromerzeugung, Meerwasserentsalzung, Fernwärme und industrielle Wärmeversorgung – unterstreicht zusätzlich ihr Potenzial als vielseitige Energiequelle [9].

Das Interesse an kleinen modularen Reaktoren (SMRs) wächst in verschiedenen Bereichen, insbesondere bei Akteuren, die sich auf Energie, ökologische Nachhaltigkeit und wirtschaftliche Entwicklung konzentrieren. SMRs stellen eine sauberere, kohlenstoffarme Energieoption dar und sprechen Umweltbefürworter sowie politische Entscheidungsträger an, die Treibhausgasemissionen reduzieren möchten. Diese Gruppen betrachten SMRs als wertvoll, da sie eine Alternative zu fossilen Brennstoffen bieten und erneuerbare Energiequellen wie Wind- und Solarenergie ergänzen können. Das Verständnis von SMRs ermöglicht es politischen Entscheidungsträgern, fundierte Energiestrategien und Fördermaßnahmen zu entwickeln, wodurch SMRs zu einem wichtigen Thema für die Gestaltung einer nachhaltigen Energiezukunft werden.

Für Energieexperten und Versorgungsunternehmen bieten SMRs Flexibilität und Kosteneffizienz bei der Bereitstellung zuverlässiger Energie. Ihre Fähigkeit, Versorgungslücken zu schließen, wenn erneuerbare Energiequellen nicht ausreichen, macht SMRs entscheidend für die Stabilität von Stromnetzen und die Deckung schwankender Energiebedarfe. Darüber hinaus benötigen Industrien in abgelegenen Regionen – wie Bergbauunternehmen und Ölraffinerien – oft unabhängige und verlässliche Energiequellen. Kenntnisse über SMRs bieten Entscheidungsträgern in diesen Sektoren potenzielle Lösungen zur Energieversorgung ihrer Anlagen, ohne auf weit entfernte Stromnetze angewiesen zu sein.

Auch Wissenschaftler und Forschende in Bereichen wie Kernphysik, Umweltwissenschaften und nachhaltige Entwicklung interessieren sich für SMRs. Sie untersuchen die technischen Möglichkeiten, Grenzen, Sicherheitsprotokolle und potenziellen Auswirkungen von SMRs auf globale Energiesysteme. Diese Forschung erweitert nicht nur das akademische Wissen, sondern unterstützt auch die Entwicklung nachhaltiger Technologien und Lösungen zur Energieversorgungssicherheit.

Mehrere Gruppen interessieren sich besonders für die praktischen Aspekte des Baus von SMRs. Nuklearingenieure, Maschinenbau- und Elektroingenieure sowie Fachtechniker im Nuklearbereich spielen eine direkte Rolle bei der Konstruktion und dem Bau von SMRs. Kenntnisse über SMR-Technologien ermöglichen es diesen Fachkräften, ihre Fähigkeiten weiterzuentwickeln und ihre Expertise an neue Energielösungen anzupassen. Auch Bau- und Infrastrukturunternehmen betrachten SMRs als attraktiv, da sie spezialisierte Kompetenzen im Nuklearbau erfordern. Für diese Unternehmen stellen SMRs einen neuen Wachstumsbereich im Bereich sauberer Energieinfrastruktur dar, insbesondere angesichts der steigenden Nachfrage nach nachhaltigen Projekten.

Regierungs- und Militärorganisationen haben häufig strategische Interessen an der SMR-Technologie. Militärbasen in abgelegenen Regionen benötigen beispielsweise zuverlässige und unabhängige Energieversorgung, und SMRs bieten hierfür eine mögliche Lösung. Verteidigungs- und Regierungsbehörden, die an Energiesicherheit interessiert sind, können vom Verständnis des Baus und der Implementierung von SMRs profitieren, um ihre Missionen zu unterstützen und Energieunabhängigkeit zu erreichen. Ebenso betrachten Energie- und Versorgungsunternehmen SMRs als potenzielle langfristige Investition zur Diversifizierung ihres Energieangebots, insbesondere angesichts der wachsenden öffentlichen Nachfrage nach sauberen Energieoptionen. SMRs könnten diesen Unternehmen helfen, ihre Ziele im Bereich kohlenstoffarmer Energie zu erreichen und flexible Energielösungen anzubieten.

Auch Unternehmer und Investoren fühlen sich vom Potenzial der SMRs im Markt für saubere Energie angezogen. Da das Interesse an nachhaltiger Energie zunimmt, ermöglicht das Verständnis des SMR-Baus und des regulatorischen Umfelds diesen Akteuren, fundierte Investitionsentscheidungen in SMR-Technologien und verwandte Projekte zu treffen.

Dieses Buch vermittelt Inhalte zum Verständnis von SMRs und ihrem Bau und richtet sich an Personen, die zur Entwicklung einer sauberen und zuverlässigen Energielandschaft beitragen möchten. Da sich die Welt zunehmend auf nachhaltige Praktiken konzentriert, bieten SMRs eine einzigartige und skalierbare Lösung, die die Lücke zwischen traditionellen Energiequellen und erneuerbaren Optionen schließt.

Kapitel 1
Einführung in kleine modulare Reaktoren (SMRs)

Verständnis kleiner modularer Reaktoren

Überblick

Kleine modulare Reaktoren (Small Modular Reactors, SMRs) stellen eine bedeutende Weiterentwicklung der Nukleartechnologie dar, die sich durch ihre geringere Größe und Leistungsabgabe im Vergleich zu traditionellen Kernreaktoren auszeichnet. Typischerweise erzeugen SMRs bis zu 300 Megawatt elektrische Leistung (MWe), während konventionelle Reaktoren mehr als 1.000 MWe erzeugen können. Dieser kleinere Maßstab ermöglicht eine modulare Bauweise, bei der Komponenten in Fabriken gefertigt und anschließend zum Installationsort transportiert werden, wodurch Anpassungsfähigkeit und Flexibilität beim Einsatz in unterschiedlichen Umgebungen verbessert werden [2, 10, 11]. Die Modularität von SMRs erleichtert nicht nur schnellere Bauzeiten, sondern ermöglicht auch den Einsatz an Standorten mit begrenztem Platzangebot, wodurch sie sich besonders für abgelegene Regionen oder Gebiete mit eingeschränkter Infrastruktur eignen [11, 12]..

Das Design von SMRs umfasst mehrere Merkmale, die ihre Attraktivität erhöhen. Ihre modulare Struktur ermöglicht die Montage kleinerer, standardisierter Einheiten, die kombiniert werden können, um spezifische Anforderungen an die Stromerzeugung zu erfüllen. Diese Flexibilität ist besonders vorteilhaft, um unterschiedliche Energiebedarfe effizient abzudecken [11, 13]. Darüber hinaus benötigen SMRs in der Regel weniger unterstützende Infrastruktur als größere Reaktoren, was zu geringeren Umweltauswirkungen beiträgt und sie zu einer nachhaltigeren Option für die Kernenergie macht [12, 13]. Das kompakte Design ermöglicht außerdem die Integration mit erneuerbaren Energiequellen und bietet stabile Energieversorgung in Gebieten mit eingeschränktem Zugang zum Stromnetz [14]..

Sicherheit hat in der Kernenergie höchste Priorität, und SMRs sind mit fortschrittlichen Sicherheitsmerkmalen ausgestattet, darunter passive Sicherheitssysteme, die natürliche Prozesse wie Schwerkraft und Konvektion nutzen, um die Kühlung des Reaktorkerns aufrechtzuerhalten. Dieses Design minimiert das Risiko einer Überhitzung und erhöht die Sicherheit selbst in Notfallsituationen, in denen externe Stromversorgung möglicherweise nicht verfügbar ist [11, 14].. Die inhärenten Sicherheitsmerkmale von SMRs, kombiniert mit ihrer Fähigkeit, unabhängig oder gemeinsam mit erneuerbaren Energiequellen zu arbeiten, machen sie zu einer praktikablen Lösung für die Bereitstellung zuverlässiger, kohlenstoffarmer Energie für kleine Gemeinden und Industrieanlagen [15, 16].

Auch die wirtschaftlichen Vorteile von SMRs sind bemerkenswert. Ihre geringere Größe führt zu niedrigeren Anfangsinvestitionen, wodurch Kernenergie für kleinere Märkte und Entwicklungsregionen zugänglicher wird [17]. Zusätzlich reduziert der modulare Bauansatz die Bauzeiten im Vergleich zu traditionellen Kernkraftwerken und verbessert dadurch ihre wirtschaftliche Tragfähigkeit [12, 13]. Da Länder zunehmend nach sauberen Energielösungen suchen, gewinnen SMRs als ergänzende Technologie zu erneuerbaren Energiequellen an Bedeutung, da sie kontinuierliche Energie bereitstellen und gleichzeitig globale Nachhaltigkeitsziele unterstützen können [14, 15].

Betriebsprinzipien von SMRs

Kleine modulare Reaktoren (SMRs) stellen einen bedeutenden Fortschritt in der Nukleartechnologie dar, da sie Kernspaltung nutzen, um Wärme zu erzeugen, die anschließend in Elektrizität umgewandelt wird. Ähnlich wie traditionelle Kernreaktoren arbeiten SMRs durch die Spaltung von Uran oder anderen spaltbaren Materialien in einer kontrollierten Kettenreaktion. Dieser Prozess setzt erhebliche Mengen an Wärme frei, die von einem Kühlmittel – typischerweise Wasser – aufgenommen wird, das um den Kernbrennstoff zirkuliert. SMRs unterscheiden sich jedoch in mehreren wesentlichen Aspekten von konventionellen Reaktoren, insbesondere hinsichtlich ihres Designs, ihrer Größe und ihrer Sicherheitsmerkmale, die ihre betriebliche Flexibilität und Effizienz in verschiedenen Anwendungen verbessern.

Das definierende Merkmal von SMRs ist ihre elektrische Leistung, die im Allgemeinen unter 300 MWe liegt. Dieser kleinere Maßstab ermöglicht eine Vielzahl innovativer Designs, die schneller und mit geringerem finanziellen Risiko gebaut werden können als größere Reaktoren. Ein Beispiel hierfür ist der integrierte Druckwasserreaktor (iPWR), der derzeit als führendes Design für kurzfristige Zulassung und Einsatz gilt und die modulare Bauweise sowie die passiven Sicherheitsmerkmale von SMR-Technologien veranschaulicht [11, 18, 19]. Diese Reaktoren sind besonders vorteilhaft an Standorten ohne robuste Übertragungs- oder Verteilungsinfrastruktur, da sie lokale Stromerzeugung für große Bevölkerungszentren und spezifische industrielle Anwendungen bereitstellen können [3, 20, 21].

Im Kern von kleinen modularen Reaktoren besteht der Kernbrennstoff typischerweise aus Uranoxid-Pellets, die in langen Brennstäben eingeschlossen und innerhalb eines Reaktordruckbehälters zu Brennelementen angeordnet sind. Wenn Kernspaltung stattfindet, spalten sich Uranatome und setzen Neutronen sowie Energie frei. Diese Neutronen können anschließend mit weiteren Uranatomen kollidieren und zusätzliche Spaltungsreaktionen auslösen, wodurch eine selbsterhaltende Kettenreaktion entsteht. Dieser Prozess ist entscheidend für den Betrieb von Kernreaktoren, einschließlich SMRs, da er die Wärme erzeugt, die für die Stromproduktion erforderlich ist [5].

Die durch die Kernspaltung erzeugte Wärme wird von einem Kühlmittel aufgenommen, das um die Brennstäbe zirkuliert. Dieses Kühlmittel, häufig Wasser oder ein flüssiges Metall wie Natrium, spielt eine entscheidende Rolle beim Abtransport der Wärme aus dem Reaktorkern, um Überhitzung zu verhindern und sichere Betriebsbedingungen aufrechtzuerhalten [22]. Das erhitzte Kühlmittel wird anschließend zu einem Dampferzeuger oder Wärmetauscher geleitet, wo es Wärme auf Wasser oder eine andere Flüssigkeit überträgt und diese in Dampf umwandelt. Dieser Dampf treibt dann eine Turbine an, die mit einem elektrischen Generator verbunden ist, wodurch thermische Energie in mechanische Energie und anschließend in Elektrizität umgewandelt wird [23].

SMRs sind darauf ausgelegt, ungefähr 300 Megawatt elektrische Leistung (MWe) pro Modul zu erzeugen, wobei mehrere Module zusammen installiert werden können, um einen höheren Energiebedarf zu decken [24]. Nachdem der Dampf die Turbine durchlaufen hat, wird er wieder zu Wasser kondensiert und in einem geschlossenen Kreislauf zum Wärmetauscher zurückgeführt. Dieses geschlossene Kreislaufsystem ermöglicht die kontinuierliche Wiederverwendung des Wassers und gewährleistet einen konstanten und effizienten Zyklus der Stromerzeugung [25]. Die Integration fortschrittlicher Wärmetauscher ist entscheidend für die Optimierung dieses Prozesses, da sie die Effizienz der Wärmeübertragung verbessern und zur allgemeinen Sicherheit und Zuverlässigkeit des Reaktorsystems beitragen [26].

Die Betriebsprinzipien von SMRs beruhen auf der effektiven Steuerung von Kernspaltungsreaktionen, dem effizienten Wärmetransport durch fortschrittliche Kühlsysteme sowie der Umwandlung thermischer Energie in elektrische Leistung. Das Design und die Umsetzung dieser Systeme sind entscheidend, um die Effizienz und Sicherheit der Kernenergieerzeugung zu maximieren [27].

Kleine modulare Reaktoren (SMRs) stellen insbesondere aufgrund der Integration passiver Sicherheitssysteme einen bedeutenden Fortschritt im Reaktordesign dar. Diese Systeme nutzen natürliche Prozesse wie Schwerkraft und Konvektion, um die Kühlung des Reaktorkerns ohne aktive mechanische Steuerungen oder externe Stromversorgung aufrechtzuerhalten. Beispielsweise ermöglichen passive Sicherheitsmerkmale von SMRs eine durch Schwerkraft gespeiste Zirkulation des Kühlmittels, die den Reaktorkern selbst in Notfällen effektiv kühlen kann, wenn externe Stromversorgung oder menschliches Eingreifen nicht verfügbar sind. Dieses Design reduziert das Risiko einer Überhitzung oder Kernschmelze erheblich, da es die Abhängigkeit von Pumpen und anderen aktiven Kühlsystemen verringert, die störanfällig sein können [5, 28, 29].

Die Entwicklung passiver Sicherheitssysteme in SMRs hat ihre Wurzeln in den Lehren aus früheren Nuklearunfällen wie Three Mile Island und Fukushima. Diese Ereignisse verdeutlichten die Notwendigkeit von Konstruktionen, die Risiken von Natur aus minimieren. Das Konzept der passiven Sicherheit wurde in den 1980er-Jahren formalisiert und hat sich seitdem zu den modernen SMR-Designs weiterentwickelt, die so konzipiert sind, dass sie inhärent sicher sind und Nachzerfallswärme ohne Eingreifen von Bedienpersonal beherrschen können [5, 29]. Beispielsweise verwendet der Westinghouse-SMR ein integriertes Druckwasserreaktor-Design (iPWR), bei dem alle Komponenten in einem einzigen Druckbehälter untergebracht sind, was die Sicherheit weiter erhöht und das Gesamtdesign des Reaktors vereinfacht [28].

Zusätzlich zu ihren passiven Sicherheitsmerkmalen zeichnen sich SMRs durch ihr kompaktes Design aus. Viele Modelle integrieren den Reaktorkern, den Dampferzeuger und die Containment-Systeme in ein einziges Modul, was die Reaktorarchitektur vereinfacht und die Anzahl potenziell fehleranfälliger Komponenten reduziert [11, 29]. Diese kompakte Struktur erhöht nicht nur die Sicherheit, sondern ermöglicht auch die Installation in unterschiedlichen Umgebungen, einschließlich unterirdischer Anlagen oder speziell entwickelter Containment-Becken. Solche Konstruktionsentscheidungen bieten zusätzlichen Schutz vor externen Bedrohungen, darunter Naturkatastrophen und Sicherheitsrisiken [30, 31]. Die kompakte Bauweise von SMRs erleichtert außerdem Transport und Einsatz und macht sie für ein breiteres Anwendungsspektrum geeignet, einschließlich Regionen mit begrenzter Infrastruktur [11, 29].

Darüber hinaus sind die in SMRs eingesetzten passiven Kühlsysteme – wie natürliche Zirkulation und Konvektion – so konzipiert, dass sie auch ohne elektrische Stromversorgung wirksam funktionieren. Dies ist besonders entscheidend in Szenarien mit Stromausfall, wie die Integration passiver Containment-Kühlsysteme in Designs wie dem AP1000 zeigt [32, 33]. Die Fähigkeit dieser Systeme, die Kühlung durch natürliche Prozesse aufrechtzuerhalten, verbessert nicht nur das Sicherheitsprofil von SMRs, sondern entspricht auch dem wachsenden Fokus auf Nachhaltigkeit und Widerstandsfähigkeit in der Kernenergieerzeugung [34].

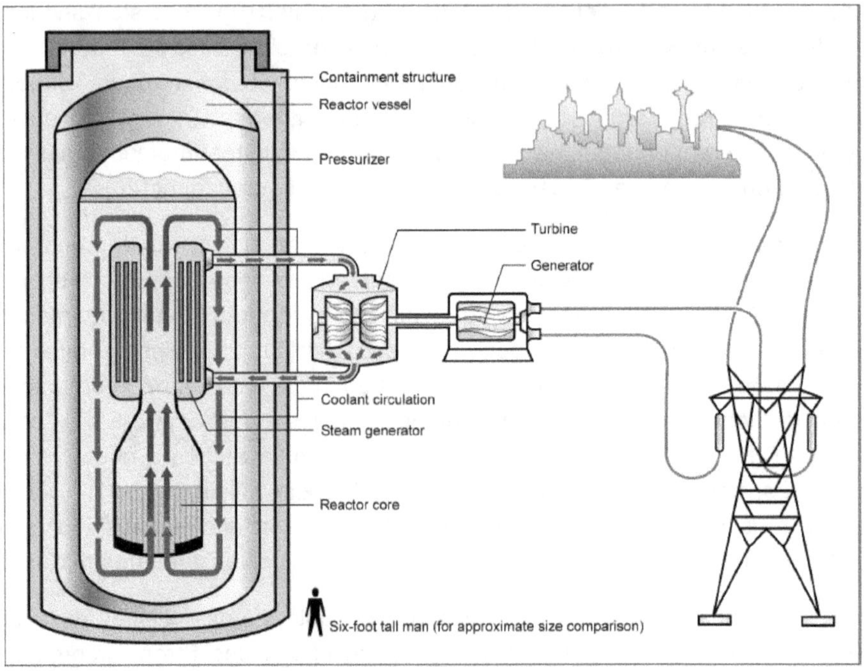

Source: GAO, based on Department of Energy documentation. | GAO-15-652

Abbildung 1: Darstellung eines kleinen modularen Leichtwasser-Kernreaktors (SMR). U.S. Government Accountability Office aus Washington, D.C., Vereinigte Staaten, gemeinfrei, über Wikipedia.

Abbildung 1 zeigt ein vereinfachtes Diagramm eines Small Modular Reactor (SMR)-Systems und stellt dessen Hauptkomponenten sowie den Prozess der Umwandlung von Kernspaltung in elektrische Energie dar. Der SMR befindet sich innerhalb einer Containment-Struktur, die dazu dient, Sicherheit zu gewährleisten und den Reaktor im Falle betrieblicher Störungen von der äußeren Umgebung zu isolieren. Innerhalb dieser Containment-Struktur befindet sich der Reaktordruckbehälter, in dem die Kernspaltungsreaktion stattfindet. Der Reaktordruckbehälter enthält den Reaktorkern, der aus Brennstäben mit spaltbarem Material wie Uran besteht, das kontrollierte Spaltungsreaktionen durchläuft, um Wärme zu erzeugen.

Über dem Reaktorkern zeigt das Diagramm den Druckhalter. Der Druckhalter hält den Druck im Reaktor aufrecht und sorgt dafür, dass das Kühlwasser trotz hoher Temperaturen nicht siedet. Diese Hochdruckumgebung ermöglicht eine effiziente Wärmeübertragung vom Reaktorkern auf das im System zirkulierende Kühlmittel. Das Kühlmittel nimmt die durch die Spaltungsreaktionen im Kern erzeugte Wärme auf und strömt nach oben aus dem Reaktordruckbehälter heraus.

Das erhitzte Kühlmittel wird anschließend zu einem Dampferzeuger geleitet. In dieser Komponente wird die Wärme des Kühlmittels auf einen separaten Wasserkreislauf übertragen und in Dampf umgewandelt. Diese Trennung stellt sicher, dass das Wasser zur Dampferzeugung frei von radioaktiver Kontamination bleibt. Der Dampferzeuger fungiert daher als Wärmetauscher und ermöglicht die Wärmeübertragung ohne direkten Kontakt zwischen dem radioaktiven Kühlmittel und dem Dampf, der später die Turbine antreibt.

Der vom Dampferzeuger erzeugte Dampf strömt in eine Turbine, wo er sich ausdehnt und die Turbinenschaufeln in Rotation versetzt. Die Turbine ist mit einem Generator verbunden, der die mechanische Energie der Turbinenrotation in elektrische Energie umwandelt. Der erzeugte Strom wird anschließend über Stromleitungen in das Stromnetz eingespeist, wo er Haushalte, Industrieanlagen und andere Infrastrukturen mit Energie versorgen kann. Das Bild veranschaulicht dies durch die Darstellung eines Generators, der mit einem Stromübertragungsturm und einer Stadt verbunden ist, welche die Nutzung der erzeugten Energie symbolisieren.

Nachdem der Dampf die Turbine durchlaufen und seine Energie abgegeben hat, wird er wieder zu Wasser kondensiert und in einem geschlossenen Kreislaufsystem zum Dampferzeuger zurückgeführt. Dieses geschlossene Kreislaufsystem ermöglicht die Wiederverwendung des Dampfs, spart Wasser und erhält die Effizienz des Stromerzeugungsprozesses aufrecht.

Eine kleine Darstellung einer etwa sechs Fuß (ca. 1,83 Meter) großen Person ist im Diagramm zum Größenvergleich enthalten und zeigt, dass die Containment-Struktur des SMR im Vergleich zu traditionellen Kernreaktoren kompakt ist. Dieses kompakte Design ist ein wesentliches Merkmal von SMRs und ermöglicht ihren Einsatz an einer größeren Vielfalt von Standorten, einschließlich abgelegener oder platzbeschränkter Gebiete. Die kompakte Größe und die modulare Bauweise von SMRs sind entscheidend für ihre Flexibilität und Skalierbarkeit in unterschiedlichen Energieversorgungsszenarien.

Kernspaltung

Kernspaltung ist ein Prozess, bei dem sich der Kern eines schweren Atoms, wie Uran oder Plutonium, in zwei kleinere Kerne aufspaltet und dabei eine erhebliche Menge an Energie in Form von Wärme und Strahlung freisetzt. Dieser Prozess tritt auf, wenn ein Neutron mit dem Kern eines spaltbaren Atoms kollidiert, wodurch dieser instabil wird und sich aufspaltet, wie in Abbildung 2 dargestellt. Kernspaltung ist die grundlegende Reaktion, die in Kernkraftwerken und Atombomben genutzt wird, wobei die kontrollierte Umgebung eines Kernkraftwerks ihre sichere Nutzung zur Energieerzeugung ermöglicht.

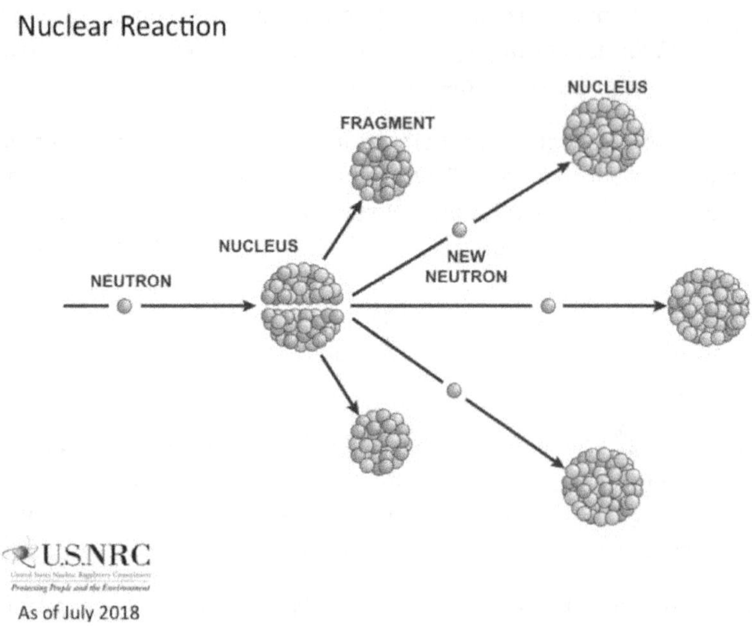

Abbildung 2: Kernreaktion. Nuclear Regulatory Commission, CC BY 2.0, über Flickr.

Der Spaltungsprozess beginnt, wenn ein Neutron vom Kern eines spaltbaren Atoms wie Uran-235 oder Plutonium-239 absorbiert wird. Die Aufnahme dieses Neutrons destabilisiert den Kern, wodurch er sich ausdehnt und schließlich in zwei kleinere Kerne, sogenannte Spaltprodukte, zerfällt. Gleichzeitig werden gewöhnlich zwei oder drei zusätzliche Neutronen sowie eine große Menge an Energie freigesetzt. Diese Energie stammt aus der starken Kernkraft, die die Protonen und Neutronen im Kern zusammenhält. Wenn sich der Kern spaltet, wird ein Teil dieser Bindungsenergie als kinetische Energie der Spaltprodukte und der emittierten Neutronen freigesetzt. Diese kinetische Energie wird anschließend in Wärme umgewandelt, wenn die Teilchen mit umliegenden Atomen kollidieren.

Die bei der Spaltung freigesetzten Neutronen können mit anderen nahegelegenen spaltbaren Kernen kollidieren und weitere Spaltungsreaktionen auslösen, wodurch eine sich selbst erhaltende Kettenreaktion entsteht. Diese Kettenreaktion bildet die Grundlage der Energieerzeugung in Kernreaktoren. In Kernkraftwerken werden Materialien wie Uran-235 so angeordnet, dass die Kettenreaktion sorgfältig kontrolliert werden kann. Steuerstäbe, die typischerweise aus neutronenabsorbierenden Materialien wie Bor oder Cadmium bestehen, werden verwendet, um die Reaktionsgeschwindigkeit zu regulieren. Durch das Anpassen der Position dieser Steuerstäbe können Bediener den Spaltungsprozess verlangsamen oder beschleunigen und dadurch die erzeugte Wärmemenge kontrollieren.

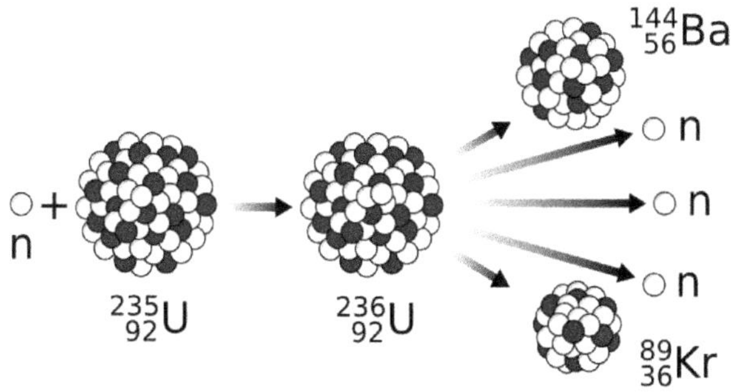

Abbildung 3: Darstellung einer typischen Kernspaltungsreaktion. MikeRun, CC BY-SA 4.0, über Wikimedia Commons.

Abbildung 3 veranschaulicht den Prozess der Kernspaltung und zeigt insbesondere, wie ein Uran-235-Kern eine Spaltung durchläuft, wenn er von einem Neutron getroffen wird. Diese Reaktionskette ist grundlegend für den Betrieb von Kernreaktoren, da sie eine erhebliche Menge an Energie freisetzt. Die Darstellung zeigt die einzelnen Schritte eines einzelnen Spaltungsereignisses und hebt die dabei entstehenden Produkte hervor.

Im ersten Schritt kollidiert ein Neutron (im Diagramm als „n" dargestellt) mit einem Uran-235-Kern. Uran-235 $({}^{235}_{92}U)$ ist ein spaltbares Isotop, das eine Kernspaltung durchlaufen kann, wenn es von einem Neutron getroffen wird, insbesondere von einem langsam bewegten oder „thermischen" Neutron. Nach der Aufnahme des Neutrons wird der Uran-235-Kern hochgradig instabil und bildet vorübergehend Uran-236 $({}^{236}_{92}U)$.

Dieser instabile Uran-236-Kern kann nicht lange bestehen und spaltet sich bald in zwei kleinere, stabilere Kerne auf, die als Spaltprodukte bezeichnet werden. In diesem Beispiel erzeugt die Spaltung von Uran-236 zwei bestimmte Spaltprodukte: Barium-144 $({}^{144}_{56}Ba)$ und Krypton-89 $({}^{89}_{36}Kr)$. Diese Kerne besitzen eine geringere Ordnungszahl und sind stabiler als Uran, bleiben jedoch weiterhin radioaktiv und zerfallen schließlich weiter, um Stabilität zu erreichen.

Zusätzlich zu den Barium- und Krypton-Kernen setzt die Spaltungsreaktion eine erhebliche Menge an Energie frei, hauptsächlich in Form der kinetischen Energie der Spaltprodukte, die letztlich in Wärme umgewandelt wird. Diese Wärme wird in Kernreaktoren genutzt, um Dampf zu erzeugen und elektrische Energie zu produzieren.

Darüber hinaus werden bei der Spaltung zusätzliche Neutronen freigesetzt – typischerweise zwei oder drei –, wie in der Abbildung dargestellt. Diese Neutronen sind entscheidend für die Aufrechterhaltung der Kettenreaktion. Nach ihrer Freisetzung können sie weitere Uran-235-Kerne treffen und zusätzliche Spaltungsereignisse auslösen. In einer kontrollierten Umgebung wie einem Kernreaktor wird diese Kettenreaktion sorgfältig gesteuert, um eine konstante Energieproduktion zu gewährleisten. In einer unkontrollierten Umgebung, wie bei einer Atombombe, beschleunigt sich die Kettenreaktion hingegen sehr schnell, was zu einer gewaltigen Energiefreisetzung führt.

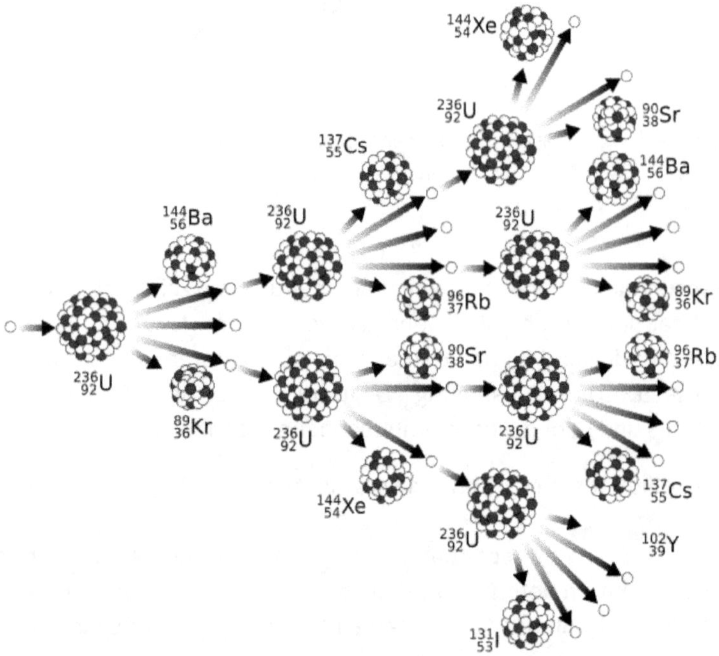

Abbildung 4: Darstellung einer nuklearen Kettenreaktion der Kernspaltung. MikeRun, CC BY-SA 4.0, über Wikimedia Commons..

Abbildung 3 zeigt die wesentlichen Elemente der Kernspaltung: die Absorption eines Neutrons durch einen Uran-235-Kern, die Bildung und anschließende Spaltung eines instabilen Uran-236-Kerns, die Entstehung von Spaltprodukten (in diesem Fall Barium und Krypton), die Freisetzung zusätzlicher Neutronen sowie die erhebliche Energiefreisetzung. Dieser Prozess bildet die Grundlage der Kernenergie, da die Energie aus wiederholten Spaltungsereignissen genutzt wird, um in Kernreaktoren Elektrizität zu erzeugen. Die sorgfältige Kontrolle dieser Reaktion unterscheidet die friedliche Nutzung der Kernenergie von der explosiven Kraft von Kernwaffen.

Abbildung 4 veranschaulicht den Prozess einer Kettenreaktion bei der Kernspaltung und zeigt, wie ein einzelnes Spaltungsereignis eine Reihe weiterer Spaltungsreaktionen auslösen kann. Dieser Kaskadeneffekt ist von zentraler Bedeutung für die Funktion von Kernreaktoren und

Atombomben, da er zeigt, wie die bei der Spaltung freigesetzte Energie aufrechterhalten und verstärkt werden kann. Das Diagramm verwendet speziell Uran-235-Kerne $({}^{235}_{92}U)$, um diesen Prozess darzustellen, und hebt die bei jeder Reaktion entstehenden Spaltprodukte und zusätzlichen Neutronen hervor.

Zu Beginn der Kettenreaktion kollidiert ein Neutron mit einem Uran-235-Kern und wandelt ihn in Uran-236 um, das hochgradig instabil ist. Diese Instabilität führt dazu, dass sich der Uran-236-Kern $({}^{236}_{92}U)$ in zwei kleinere Kerne, sogenannte Spaltprodukte, aufspaltet, wobei gleichzeitig zusätzliche Neutronen freigesetzt werden. In diesem Fall umfassen die Spaltprodukte Elemente wie Barium-144 $({}^{144}_{56}Ba)$, Krypton-89 $({}^{89}_{36}Kr)$. und Caesium-137 $({}^{137}_{55}Cs)$ sowie weitere Stoffe. Diese Spaltprodukte variieren je nach jeweiligem Spaltungsereignis, da Uran-235 sich auf unterschiedliche Weise spalten kann und dabei jeweils verschiedene Elementpaare erzeugt.

Jedes Spaltungsereignis setzt außerdem zusätzliche Neutronen frei, typischerweise zwei oder drei pro Reaktion. Diese Neutronen sind entscheidend für die Aufrechterhaltung der Kettenreaktion, da sie mit weiteren nahegelegenen Uran-235-Kernen kollidieren und weitere Spaltungsreaktionen auslösen können. Im Bild werden diese nachfolgenden Reaktionen dargestellt, indem sie sich vom ursprünglichen Spaltungsereignis aus verzweigen, wobei jeder neue Uran-235-Kern nach dem Treffer durch ein Neutron eine Spaltung durchläuft. Dieser Prozess erzeugt ein verzweigtes Muster, bei dem jede Reaktionsgeneration zu weiteren Spaltungen führt und dabei exponentiell mehr Energie und mehr Neutronen freisetzt.

Die im Diagramm dargestellten Spaltprodukte umfassen eine Vielzahl von Elementen wie Rubidium-96 $({}^{89}_{36}Kr)$, Strontium-90 $({}^{90}_{38}Sr)$, Xenon-144 $({}^{144}_{54}Xe)$ und Iod-131 $({}^{131}_{53}I)$. Diese Spaltprodukte sind radioaktiv und zerfallen mit der Zeit schließlich zu stabilen Isotopen, doch ihre unmittelbaren Nebenprodukte tragen zur Radioaktivität abgebrannter Kernbrennstoffe bei, die sorgfältig gehandhabt und gelagert werden müssen.

Die freigesetzten Neutronen und die bei jedem Spaltungsereignis erzeugte Energie sind grundlegend sowohl für die Kernenergieerzeugung als auch für Kernwaffen. In einem Kernreaktor wird diese Kettenreaktion sorgfältig kontrolliert, um eine konstante Spaltungsrate aufrechtzuerhalten, wobei nur eines der bei jedem Spaltungsereignis freigesetzten Neutronen die Reaktion am nächsten Uran-235-Kern fortsetzt. Steuerstäbe aus neutronenabsorbierenden Materialien wie Bor oder Cadmium werden eingesetzt, um überschüssige Neutronen einzufangen und die Reaktionsgeschwindigkeit zu regulieren, damit sich die Reaktion nicht unkontrolliert beschleunigt.

In einer Atombombe hingegen ist die Kettenreaktion so ausgelegt, dass sie ohne Kontrolle abläuft, wodurch jedes Spaltungsereignis mehrere weitere Reaktionen auslöst. Dies führt zu einer sich rasch beschleunigenden Kettenreaktion, die in sehr kurzer Zeit eine enorme Energiemenge freisetzt und eine Explosion verursacht.

Insgesamt zeigt Abbildung 4 den sich selbst erhaltenden Charakter einer nuklearen Kettenreaktion und verdeutlicht, wie die Spaltung von Uran-235-Kernen zu aufeinanderfolgenden Reaktionen führen kann, die Energie und zusätzliche Neutronen erzeugen. Dieser Prozess bildet die Grundlage für den Betrieb von Kernreaktoren, bei denen die Reaktionsgeschwindigkeit zur sicheren Energieerzeugung kontrolliert wird, ebenso wie für Kernwaffen, bei denen die Kettenreaktion unkontrolliert abläuft, um explosive Kraft zu erzeugen. Der in Abbildung 4 dargestellte Verzweigungseffekt verdeutlicht die exponentielle Natur der Kettenreaktion und unterstreicht sowohl ihre enorme Leistung als auch die Bedeutung einer sorgfältigen Kontrolle in der Kernspaltungstechnologie.

Die durch Kernspaltung erzeugte Wärme wird genutzt, um Elektrizität zu erzeugen. In einem Kernreaktor erhitzt die Spaltungsreaktion ein Kühlmittel – gewöhnlich Wasser –, das um den Reaktorkern zirkuliert. Dieses erhitzte Kühlmittel wird anschließend verwendet, um Dampf zu erzeugen, der eine Turbine antreibt, die mit einem Generator verbunden ist und die thermische Energie der Spaltung in elektrische Energie umwandelt. Im Gegensatz dazu läuft die Spaltungsreaktion in einer Atombombe unkontrolliert ab und ermöglicht eine rasche, exponentielle Kettenreaktion, die nahezu augenblicklich eine enorme Energiemenge freisetzt.

Spaltungsreaktionen erzeugen auch radioaktiven Abfall, da die Spaltprodukte typischerweise instabil sind und beim Zerfall in stabile Formen Strahlung abgeben. Der Umgang mit und die Entsorgung dieser radioaktiven Nebenprodukte sind zentrale Aspekte der Kernenergie, da sie über lange Zeiträume sicher gelagert werden müssen, um Umweltkontaminationen zu verhindern. Die bei der Spaltung freigesetzte Energie ist erheblich; bereits eine kleine Menge Uran kann mehr Energie erzeugen als mehrere Tonnen Kohle oder Öl, was Kernenergie zu einer effizienten, aber komplexen Energiequelle macht.

Eine der Herausforderungen der Kernspaltung besteht darin, die Reaktionsgeschwindigkeit so zu steuern, dass eine stabile Energieabgabe gewährleistet bleibt. In einem Leistungsreaktor wird dies durch die Aufrechterhaltung eines kritischen Zustands erreicht, bei dem jedes Spaltungsereignis im Durchschnitt genau ein weiteres Spaltungsereignis verursacht und so eine gleichmäßige Energiefreisetzung sicherstellt. Wenn sich die Kettenreaktion unkontrolliert beschleunigt, kann dies zu Überhitzung führen, weshalb Sicherheitsmaßnahmen wie Kühlsysteme, Containment-Strukturen und Notabschaltverfahren integrale Bestandteile des Reaktordesigns sind.

Die Steuerung der Reaktionsgeschwindigkeit bei der Kernspaltung ist entscheidend, um eine stabile und kontrollierte Energieabgabe in Kernreaktoren sicherzustellen. Kernspaltung, also der Prozess der Spaltung von Atomkernen, setzt Energie frei und erzeugt Neutronen, die weitere Spaltungsreaktionen in benachbarten Kernen auslösen können. Diese Kettenreaktion muss sorgfältig reguliert werden, um Schwankungen der Energieabgabe zu verhindern, die zu gefährlichen Zuständen wie Überhitzung oder Schäden am Reaktorkern führen könnten [35]. Ziel ist es, einen kritischen Zustand zu erreichen, bei dem jedes Spaltungsereignis im Durchschnitt genau ein weiteres Spaltungsereignis hervorruft und somit eine gleichmäßige und kontrollierbare Energiefreisetzung gewährleistet wird [35].

Wenn die Reaktionsgeschwindigkeit diesen kritischen Zustand überschreitet und jedes Spaltungsereignis mehr als ein weiteres Ereignis verursacht, kann sich die Kettenreaktion unkontrolliert beschleunigen, was zu einem Zustand führt, der als Überkritikalität bezeichnet wird. Dieses Szenario birgt erhebliche Risiken, darunter die Überhitzung des Reaktorkerns, mögliches Schmelzen des Brennstoffs und Schäden an der Reaktorstruktur, die bei Versagen der Containment-Maßnahmen zur Freisetzung von Strahlung führen könnten [35]. Um diese Risiken zu minimieren, sind Kernreaktoren mit verschiedenen Systemen ausgestattet, die die Reaktionsgeschwindigkeit präzise überwachen und steuern [35].

Ein wesentliches Sicherheitsmerkmal in Kernreaktoren ist der Einsatz von Steuerstäben, die aus Materialien bestehen, welche Neutronen absorbieren, wie Bor oder Cadmium. Durch das Anpassen der Position dieser Steuerstäbe – entweder durch Einführen oder Herausziehen aus dem Reaktorkern – können Bediener die Anzahl der Neutronen regulieren, die zur Aufrechterhaltung der Kettenreaktion verfügbar sind. Dieser Mechanismus ermöglicht es, die Reaktionsgeschwindigkeit zu verlangsamen und sicherzustellen, dass sie sich nicht unkontrolliert beschleunigt [35]. Bediener müssen in der Lage sein, diese Steuerstäbe präzise zu positionieren, um den gewünschten kritischen Zustand aufrechtzuerhalten und Veränderungen der Reaktorbedingungen oder des Leistungsbedarfs auszugleichen [35].

Zusätzlich zu den Steuerstäben sind wirksame Kühlsysteme entscheidend, um die während der Spaltung erzeugte Wärme zu kontrollieren. Diese Systeme zirkulieren Kühlmittel – typischerweise Wasser – um den Reaktorkern, um die erzeugte Wärme aufzunehmen und abzuführen. Ein Ausfall des Kühlsystems könnte zu einem gefährlichen Temperaturanstieg im Kern führen und Schäden am Kern oder sogar eine Kernschmelze verursachen [35]. Daher sind Kühlsysteme mit Redundanzen und Notfallmaßnahmen ausgelegt, um einen zuverlässigen Betrieb auch bei Ausfall des Primärsystems sicherzustellen [35].

Die Containment-Struktur, die den Reaktor umgibt, ist ein weiteres entscheidendes Sicherheitsmerkmal. Dieses robuste, versiegelte Gebäude soll im Falle eines Unfalls das Austreten radioaktiver Materialien verhindern. Im unwahrscheinlichen Fall einer Störung oder Beschädigung innerhalb des Reaktors dient die Containment-Struktur als letzte Barriere und schützt Umwelt und Bevölkerung vor Strahlenexposition [36]. Das Containment-Gebäude wird typischerweise aus dickem Beton und Stahl errichtet und ist darauf ausgelegt, extremen Bedingungen wie möglichen Explosionen und Naturkatastrophen standzuhalten [36].

Schließlich werden Notabschaltverfahren, allgemein als SCRAM-Systeme bezeichnet, als sofortige Sicherheitsmaßnahme eingesetzt, wenn der Reaktor Anzeichen von Instabilität zeigt. Ein SCRAM-System fährt alle Steuerstäbe rasch vollständig in den Kern ein und stoppt dadurch den Spaltungsprozess effektiv, indem die Mehrheit der Neutronen absorbiert und die Kettenreaktion beendet wird [35]. Dieser schnelle Abschaltmechanismus ist entscheidend, um Überhitzung oder andere gefährliche Situationen zu verhindern, wenn die automatischen Steuerungssysteme des Reaktors Kritikalitätsprobleme oder Geräteausfälle erkennen [35].

Die Kombination aus Steuerstäben, Kühlsystemen, Containment-Strukturen und Notabschaltverfahren bildet ein umfassendes Sicherheitskonzept zur Kontrolle der

Reaktionsgeschwindigkeit bei der Kernspaltung in Kernreaktoren. Durch die Aufrechterhaltung einer stabilen und kontrollierten Kettenreaktion gewährleisten diese Systeme den sicheren und effizienten Betrieb von Kernkraftwerken und ermöglichen eine zuverlässige Energieerzeugung bei gleichzeitiger Minimierung des Unfallrisikos. Die ausgewogene Steuerung der Spaltungsreaktionsgeschwindigkeit ist daher ein grundlegender Bestandteil des Reaktordesigns und ermöglicht eine dauerhafte Stromerzeugung ohne Beeinträchtigung der Sicherheit [35].

SMR-Sicherheitssysteme

Sicherheit ist ein zentrales Anliegen in der Kernenergie, und SMRs sind mit erweiterten Sicherheitsmerkmalen ausgestattet, die sie von traditionellen Reaktoren unterscheiden. Viele SMR-Designs integrieren passive Sicherheitssysteme, die nicht auf aktive mechanische Systeme angewiesen sind, um die Sicherheit unter außergewöhnlichen Bedingungen aufrechtzuerhalten. Diese Designphilosophie entstand aus den Lehren der Nuklearindustrie, insbesondere nach Vorfällen wie dem Unfall von Three Mile Island, der die Notwendigkeit inhärent sicherer Reaktordesigns verdeutlichte [29, 36]. Die passiven Sicherheitsmerkmale von SMRs ermöglichen einen Betrieb mit reduziertem Risiko katastrophaler Ausfälle und machen sie sowohl für entwickelte als auch für sich entwickelnde Regionen zu einer attraktiven Option [3, 37].

Kleine modulare Reaktoren (SMRs) entwickeln sich zu einer bedeutenden Innovation in der Kernenergie, insbesondere aufgrund ihrer fortschrittlichen Sicherheitssysteme, die darauf ausgelegt sind, die Zuverlässigkeit zu erhöhen und das Unfallrisiko zu minimieren. Im Gegensatz zu traditionellen großskaligen Kernreaktoren integrieren SMRs sowohl aktive als auch passive Sicherheitsmerkmale, die zu ihrem inhärenten Sicherheitsprofil beitragen. Diese Systeme sind darauf ausgelegt, Überhitzung zu verhindern, die Eindämmung von Strahlung zu gewährleisten und sichere Abschaltprozesse sicherzustellen, wodurch die Notwendigkeit menschlicher Eingriffe in Notfällen reduziert wird [11, 16, 29].

Ein zentraler Aspekt der Sicherheit von SMRs ist die Implementierung passiver Sicherheitssysteme. Diese Systeme nutzen natürliche Phänomene wie Schwerkraft, Konvektion und Wärmeleitung, um die Kühlung des Reaktors ohne externe Stromversorgung oder mechanische Komponenten aufrechtzuerhalten. Beispielsweise können passive Kühlsysteme im Falle eines Stromausfalls weiterhin autonom arbeiten, indem sie durch Schwerkraft angetriebenen Kühlmittelfluss nutzen, um eine Überhitzung zu verhindern [38, 39]. Dies steht in deutlichem Gegensatz zu traditionellen Reaktoren, bei denen aktive Kühlsysteme bei Stromausfällen oder mechanischen Störungen versagen können. Die Nutzung passiver Systeme in SMRs erhöht ihre Widerstandsfähigkeit in Notfällen erheblich und bietet somit eine robuste Alternative zur Aufrechterhaltung sicherer Kerntemperaturen [16, 28].

Darüber hinaus trägt das modulare Design von SMRs zu ihrer Sicherheit bei, indem kritische Komponenten in einer einzigen kompakten Einheit zusammengefasst werden. Diese Konfiguration reduziert die Systemkomplexität und minimiert potenzielle Fehlerquellen, die häufig durch menschliche Fehler oder Geräteausfälle verstärkt werden [11, 40]. Durch die Integration des Reaktorkerns, der Kühlsysteme und der Containment-Strukturen in ein einziges

Modul erleichtern SMRs Wartungs- und Reparaturprozesse, da einzelne Komponenten isoliert werden können, ohne das gesamte System zu beeinträchtigen [41, 42]. Zusätzlich bietet die Möglichkeit, SMRs unterirdisch oder innerhalb geschützter Containment-Becken zu installieren, eine zusätzliche Sicherheitsebene gegen externe Bedrohungen wie Naturkatastrophen oder Sicherheitsverletzungen [43].

Die Containment-Systeme in SMRs sind sorgfältig darauf ausgelegt, die Freisetzung radioaktiver Materialien bei Unfällen zu verhindern. Diese Systeme umfassen typischerweise mehrere Barrieren, darunter einen stahlverkleideten Containment-Behälter, der von dicken Betonwänden umgeben ist und erheblichen Schutz gegen Strahlungslecks bietet [44, 45]. Darüber hinaus reduziert die geringere Brennstoffmenge in SMRs im Vergleich zu traditionellen Reaktoren von Natur aus das potenzielle Ausmaß einer radioaktiven Freisetzung. Einige Designs verwenden sogar Kühlmittel wie geschmolzenes Salz, das bei hohen Temperaturen weniger zur Verdampfung neigt und dadurch das Risiko druckbedingter Freisetzungen weiter verringert [5, 38].

Automatische Abschaltfunktionen sind ein weiteres entscheidendes Sicherheitsmerkmal von SMRs. Viele Designs sind mit Systemen ausgestattet, die ungewöhnliche Bedingungen wie Überhitzung erkennen und autonom eine sofortige Abschaltsequenz einleiten können. Dieses „SCRAM“-System fährt die Steuerstäbe rasch in den Reaktorkern ein, wodurch der Spaltungsprozess effektiv gestoppt wird und die passiven Kühlsysteme sichere Temperaturen aufrechterhalten können [16, 46]. Die Einfachheit und die geringere Anzahl von Komponenten in SMR-Designs erhöhen die Zuverlässigkeit und Geschwindigkeit dieser Abschaltsysteme, die in Notfällen innerhalb von Sekunden reagieren können [39, 40].

Ausfallsichere Konstruktionen sind ein wesentlicher Bestandteil der SMR-Technologie und reduzieren Risiken, die mit menschlichen Fehlern und unerwarteten Ereignissen verbunden sind. SMRs verwenden häufig einfache und intuitive Steuerungssysteme, die die Wahrscheinlichkeit von Bedienfehlern minimieren. Darüber hinaus arbeiten viele Designs bei niedrigen Drücken, die im Vergleich zu Hochdrucksystemen weniger wahrscheinlich katastrophal versagen, wodurch ihr Sicherheitsprofil weiter verbessert wird [11, 38, 39]. Dieser mehrschichtige Sicherheitsansatz, der passive und aktive Systeme mit Redundanzen kombiniert, macht SMRs außergewöhnlich widerstandsfähig gegenüber potenziellen Störungen [16, 47].

Modulare Funktionalität

Die modulare Bauweise von SMRs bedeutet, dass sie unter kontrollierten Bedingungen in Fabriken hergestellt und anschließend zu ihren Einsatzorten transportiert werden können. Dieser Ansatz ermöglicht einen schnelleren und effizienteren Bau als bei traditionellen großskaligen Kernkraftwerken, die häufig direkt vor Ort errichtet werden müssen. Aufgrund ihrer kleineren Größe und geringeren Leistung eignen sich SMRs für vielfältige Anwendungen über die traditionelle Stromerzeugung hinaus. Sie können abgelegene oder isolierte Gemeinden mit Energie versorgen, erneuerbare Energiequellen in Regionen mit unzuverlässiger Stromversorgung ergänzen und sogar für industrielle Prozesse, Meerwasserentsalzung oder Wasserstoffproduktion eingesetzt werden.

SMRs erzeugen Elektrizität durch Kernspaltung und nutzen dabei ein kompaktes, modulares Design, das passive Sicherheitsmerkmale sowie integrierte Systeme für Wärmeaustausch und Containment umfasst. Dieses Design verbessert die Sicherheit, Effizienz und Anpassungsfähigkeit von SMRs und macht sie zu einer vielseitigen Lösung für zuverlässige, kohlenstoffarme Energie in unterschiedlichen Einsatzbereichen. Ihre einzigartige Konstruktion und Betriebsweise machen SMRs zu einem vielversprechenden Bestandteil der zukünftigen Energielandschaft, da sie die Lücke zwischen traditioneller Kernenergie und den Anforderungen moderner nachhaltiger Energiesysteme schließen.

Kleine modulare Reaktoren (SMRs) können parallel kombiniert werden, um mehr Megawatt elektrische Leistung (MWe) zu erzeugen und so ein sogenanntes Mehrmodul-Kernkraftwerk zu bilden. Dieser modulare Ansatz ermöglicht eine skalierbare Stromerzeugung entsprechend spezifischer Energiebedarfe, sodass ein Kraftwerk mit einer kleinen Anzahl von SMRs beginnen und im Laufe der Zeit zusätzliche Module hinzufügen kann, wenn der Energiebedarf steigt. SMRs werden jedoch normalerweise nicht in Serie geschaltet, sondern parallel verbunden. Nachfolgend wird erläutert, wie dieses Konzept funktioniert und warum dieses Design vorteilhaft ist.

Parallelschaltung von SMRs

In einer Parallelschaltung arbeitet jedes SMR unabhängig und speist den erzeugten Strom in ein gemeinsames Stromnetz oder Verteilungssystem ein. Jedes Reaktormodul verfügt über seinen eigenen Reaktorkern, sein eigenes Kühlsystem, seinen eigenen Dampferzeuger und seine eigene Turbine und funktioniert als eigenständige Einheit. Durch die Verbindung mehrerer SMRs in Parallelbetrieb kann eine Nuklearanlage ihre Gesamtleistung erhöhen, wobei jedes Modul eine bestimmte Anzahl von Megawatt zur gesamten Erzeugungskapazität beiträgt.

Wenn beispielsweise jedes SMR-Modul 77 MWe erzeugt, hätte ein Mehrmodulkraftwerk mit sechs parallel betriebenen SMRs eine Gesamtleistung von etwa 462 MWe. Diese Modularität bietet Flexibilität und ermöglicht es Kraftwerksbetreibern, je nach Bedarf oder Wartungsanforderungen Module hinzuzufügen oder zu entfernen, ohne den Betrieb der anderen Module zu beeinträchtigen.

Der Parallelbetrieb von SMRs funktioniert wie folgt:

1. Unabhängiger Betrieb und Redundanz: Jedes SMR-Modul arbeitet unabhängig und verfügt über eigene Steuerungs- und Sicherheitssysteme. Dieses Design ermöglicht es, einzelne Module abzuschalten oder zu warten, ohne den Rest des Kraftwerks zu beeinträchtigen. Wenn ein Modul gewartet werden muss, können die übrigen Module weiterhin Strom liefern und so Zuverlässigkeit und Redundanz bieten, die große Einzelreaktoren nicht besitzen.

2. Gemeinsame elektrische Einspeisung: Der von jedem SMR-Modul erzeugte Strom wird zu einer gemeinsamen elektrischen Sammelschiene geleitet, die die Gesamtleistung bündelt und an das Stromnetz weitergibt. Durch die Nutzung mehrerer Module kann die kombinierte Leistung des Kraftwerks unterschiedlichste Energiebedarfe decken.

Beispielsweise könnte eine SMR-Anlage im Laufe der Zeit zusätzliche Module hinzufügen, um eine gewünschte Leistungskapazität zu erreichen, und so mit wachsendem Energiebedarf schrittweise erweitert oder ältere Module ersetzt werden, ohne die allgemeine Stromversorgung zu unterbrechen.

3. Lastfolgebetrieb und Flexibilität: Parallel geschaltete SMRs ermöglichen Lastfolgebetrieb, das heißt, sie können ihre Leistung an schwankende Nachfrage anpassen. Bei geringerem Energiebedarf können einige Module mit reduzierter Leistung betrieben oder vorübergehend abgeschaltet werden. Bei Spitzenlast können zusätzliche Module zugeschaltet werden, um mehr Strom bereitzustellen. Diese Flexibilität ist besonders vorteilhaft für die Integration erneuerbarer Energiequellen wie Wind- und Solarenergie, deren Energieerzeugung schwankt. SMRs können stabile Energie liefern, wenn erneuerbare Quellen schwanken, und dadurch die Stabilität des Stromnetzes gewährleisten.

4. Zentralisierte und effiziente Kühlung: Obwohl jedes Modul über ein eigenes Kühlsystem verfügt, nutzen SMR-Kraftwerke häufig eine zentrale Kühlungsinfrastruktur, die alle Module versorgt. Das Kühlsystem kann entsprechend der Anzahl der Module skaliert werden, wodurch ein einzelnes Kraftwerk die Wärme mehrerer Reaktoren effizient verwalten kann. Dieses zentrale Kühlsystem vereinfacht Betrieb und Wartung, da die Kühlungsinfrastruktur für mehrere Reaktoren zusammengeführt wird.

Die Kombination von Reaktoren in Serie ist im Kernkraftwerksdesign nicht praktikabel. In einer Serienschaltung würde jeder Reaktor von der Leistung des vorhergehenden abhängen, wodurch gegenseitige Abhängigkeiten entstünden, die Sicherheit und Zuverlässigkeit beeinträchtigen könnten. In Kernreaktoren muss jedes Modul als unabhängige Einheit mit direktem Zugang zu seinen Kühl- und Sicherheitssystemen arbeiten. Eine Serienschaltung würde das Design komplizieren und die Steuerung einzelner Reaktoren, das Sicherheitsmanagement und die sichere Isolierung aller Module erschweren.

Darüber hinaus sind SMRs so ausgelegt, dass jedes Modul direkt über seinen eigenen Dampfkraftprozess Elektrizität erzeugt und seine eigene Turbinen-Generator-Einheit antreibt. In einer Serienschaltung müsste die Wärme oder der Dampf eines Reaktors durch einen anderen Reaktor geleitet werden, was aufgrund der Temperaturen, Drücke und der Komplexität des Reaktorbetriebs nicht praktikabel ist.

Zu den Vorteilen paralleler SMR-Konfigurationen gehören:

1. Skalierbarkeit: Parallele Konfigurationen ermöglichen es Kraftwerksbetreibern, die Stromerzeugung schrittweise zu erweitern. Neue Module können bei steigendem Bedarf hinzugefügt werden, wodurch Kapazitätserweiterungen einfacher umzusetzen sind als bei einem einzelnen großen Reaktor.

2. Flexibilität: Der Parallelbetrieb unterstützt Lastfolgebetrieb und ermöglicht es den Betreibern, die Leistung an den aktuellen Bedarf anzupassen. Einige Module können mit

reduzierter Leistung betrieben oder abgeschaltet werden, wenn weniger Strom benötigt wird.

3. Erhöhte Sicherheit und Zuverlässigkeit: Die Unabhängigkeit jedes Moduls ermöglicht eine einfache Isolation im Problemfall. Wenn ein SMR gewartet werden muss oder ein Problem auftritt, können die übrigen Module ohne Unterbrechung weiterarbeiten, wodurch die Zuverlässigkeit erhöht wird.

4. Vereinfachte Wartung und reduzierte Ausfallzeiten: Da jedes SMR eine eigenständige Einheit ist, können Wartungsarbeiten an einzelnen Modulen durchgeführt werden, ohne den Betrieb des gesamten Kraftwerks zu beeinträchtigen. Dieses Konzept minimiert Ausfallzeiten und verbessert die betriebliche Flexibilität.

5. Kosteneffiziente Erweiterung: SMRs können stufenweise installiert werden, wodurch die Kosten über einen längeren Zeitraum verteilt werden, anstatt eine große Anfangsinvestition zu erfordern. Dieser stufenweise Ansatz erleichtert Energieversorgern und Regierungen die Finanzierung von Projekten.

Ein Beispiel für ein Mehrmodul-SMR-Kraftwerk ist das vorgeschlagene NuScale Power Plant. Jedes NuScale Power Module erzeugt 77 MWe, und bis zu zwölf Module können in einem einzigen Kraftwerk kombiniert werden, wodurch eine Gesamtleistung von 924 MWe erreicht wird. Dieses Konzept ermöglicht es dem Kraftwerk, seine Leistung an die Netzanforderungen anzupassen, und bietet Redundanz, da jedes Modul unabhängig betrieben, gewartet oder abgeschaltet werden kann, ohne die anderen Module zu beeinträchtigen.

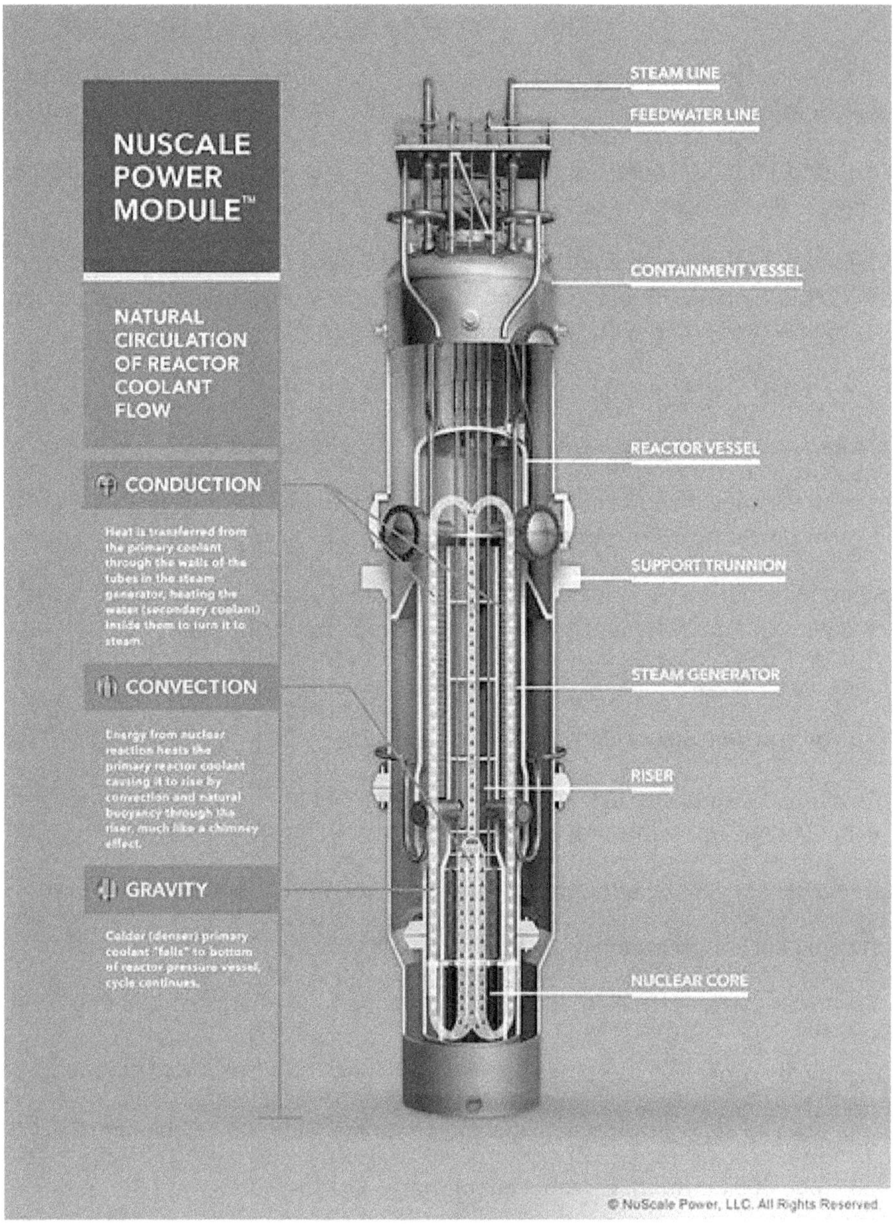

Abbildung 5: Diagramm eines NuScale-Reaktors. NuScale, CC BY-SA 3.0, über Wikimedia Commons.

Als Beispiel für die Anwendung mehrerer SMRs kann zur Abschätzung der Anzahl kleiner modularer Reaktoren, die zur Versorgung von Städten unterschiedlicher Größe erforderlich sind, der durchschnittliche Stromverbrauch solcher Städte betrachtet werden. Der Stromverbrauch kann je nach Klima, industrieller Aktivität und Lebensstil erheblich variieren, doch können ungefähre Pro-Kopf-Verbrauchswerte verwendet werden, um eine grobe Schätzung vorzunehmen.

Annahmen für die Berechnung:

1. Durchschnittlicher Stromverbrauch pro Person in Industrieländern: ungefähr 4 kW pro Person (einschließlich Haushalts-, Gewerbe- und Industriebedarf).

2. Leistung eines typischen SMR: Moderne SMRs erzeugen typischerweise zwischen 50 MWe und 300 MWe pro Einheit. Für diese Berechnung wird zur Vereinfachung eine häufig genannte SMR-Leistung von 100 MWe pro Einheit verwendet.

Unter Verwendung dieser Annahmen gilt:

1. 4 kW pro Person entsprechen ungefähr 4 MW pro 1.000 Personen.

2. Der gesamte Leistungsbedarf kann berechnet werden, indem die Bevölkerungszahl mit 4 MW pro 1.000 Personen multipliziert wird.

3. Anschließend wird dieser gesamte Leistungsbedarf durch die Leistung eines einzelnen SMR (100 MWe) geteilt, um die benötigte Anzahl von Reaktoren zu bestimmen.

Berechnung für jede Stadt:

1. Stadt mit 100.000 Einwohnern (z. B. Fairfield)

- Gesamter Leistungsbedarf = 100.000 Personen × 4 MW pro 1.000 Personen = 400 MW
- Benötigte Anzahl von 100-MWe-SMRs = 400 MW ÷ 100 MWe = 4 SMRs

Daher wären ungefähr 4 SMRs erforderlich, um eine Stadt mit 100.000 Einwohnern zu versorgen.

2. Stadt mit 1.000.000 Einwohnern (z. B. Austin)

- Gesamter Leistungsbedarf = 1.000.000 Personen × 4 MW pro 1.000 Personen = 4.000 MW
- Benötigte Anzahl von 100-MWe-SMRs = 4.000 MW ÷ 100 MWe = 40 SMRs

Daher wären etwa 40 SMRs erforderlich, um eine Stadt mit 1.000.000 Einwohnern zu versorgen.

3. Stadt mit 5.000.000 Einwohnern (z. B. Melbourne)

- Gesamter Leistungsbedarf = 5.000.000 Personen × 4 MW pro 1.000 Personen = 20.000 MW
- Benötigte Anzahl von 100-MWe-SMRs = 20.000 MW ÷ 100 MWe = 200 SMRs

Somit wären 200 SMRs erforderlich, um den Energiebedarf einer Stadt mit 5.000.000 Einwohnern zu decken.

4. Stadt mit 10.000.000 Einwohnern (z. B. Nagoya)

- Gesamter Leistungsbedarf = 10.000.000 Personen × 4 MW pro 1.000 Personen = 40.000 MW
- Benötigte Anzahl von 100-MWe-SMRs = 40.000 MW ÷ 100 MWe = 400 SMRs

Für eine große Metropole mit 10.000.000 Einwohnern wären daher ungefähr 400 SMRs erforderlich.

Zusammenfassung der Ergebnisse

Stadt	Bevölkerung	Geschätzter Leistungsbedarf (MW)	Benötigte Anzahl von 100-MWe-SMRs
Fairfield, CA, US	100,000	400	4
Austin, TX, US	1,000,000	4,000	40
Melbourne, Australia	5,000,000	20,000	200
Nagoya, Japan	10,000,000	40,000	400

Überlegungen

• **Redundanz und Lastmanagement:** In der Praxis könnten einige zusätzliche SMRs eingeplant werden, um Redundanz, Wartungsarbeiten und Spitzenlastzeiten abzudecken, sodass die tatsächliche Anzahl etwas höher ausfallen könnte.

• **Schwankungen des Energiebedarfs:** Der Pro-Kopf-Energiebedarf variiert zwischen Städten und Ländern, sodass eine Stadt mit erheblicher Industrieaktivität oder extremen klimatischen Bedingungen möglicherweise mehr SMRs benötigt.

• **Unterschiedliche SMR-Leistungen:** Einige SMRs sind darauf ausgelegt, mehr Leistung zu erzeugen (bis zu 300 MWe), wodurch bei Verwendung leistungsstärkerer Modelle weniger Reaktoren erforderlich wären.

Diese Zahlen liefern eine allgemeine Schätzung, doch der tatsächliche Einsatz würde von detaillierten Analysen des spezifischen Energiebedarfs der jeweiligen Stadt und der verwendeten SMR-Modelle abhängen.

Diese Berechnungen liefern ein überzeugendes Argument für das Potenzial kleiner modularer Reaktoren (SMRs) zur Deckung des Energiebedarfs von Städten unterschiedlicher Größe. Die Ergebnisse verdeutlichen mehrere wesentliche Vorteile und Einsatzmöglichkeiten von SMRs, insbesondere hinsichtlich Skalierbarkeit, Flexibilität und Eignung für unterschiedliche Umgebungen. Nachfolgend wird näher erläutert, wie diese Zahlen die Argumente für SMRs unterstützen und was sie über deren Einsatzmöglichkeiten aussagen:

1. Skalierbarkeit und Flexibilität: Die Berechnungen zeigen, dass SMRs in modularen Einheiten eingesetzt werden können, um den spezifischen Energiebedarf einer Stadt abzudecken. Für eine kleinere Stadt mit etwa 100.000 Einwohnern wären nur wenige SMRs erforderlich, während eine Metropole mit 10 Millionen Einwohnern deutlich mehr Reaktoren benötigen würde. Dieser modulare Ansatz ermöglicht eine schrittweise und flexible Stromerzeugung, die parallel zum Bevölkerungswachstum und den industriellen Anforderungen einer Stadt erweitert werden kann. Im Gegensatz zu großen traditionellen Kernkraftwerken, die oft darauf ausgelegt sind, Tausende von Megawatt auf einmal zu erzeugen, können SMRs nach Bedarf ergänzt werden und bieten dadurch eine maßgeschneiderte Lösung sowohl für städtische als auch für ländliche Gebiete.

2. Eignung für kleinere oder abgelegene Gemeinden: Die grundlegende Analyse deutet darauf hin, dass SMRs besonders gut für kleinere Städte und abgelegene Gemeinden geeignet sind, die nicht die enorme Leistung eines großen Kernkraftwerks benötigen. Beispielsweise könnte eine kleine Stadt oder ein isoliertes Gebiet mit einigen wenigen SMRs zuverlässig und kontinuierlich mit Energie versorgt werden, ohne die hohen Investitionen und den großen Infrastrukturbedarf traditioneller Kernkraftwerke. Dadurch werden SMRs zu einer praktischen Lösung für Regionen mit eingeschränktem Zugang zu großen Stromnetzen oder für Gebiete, die Energieunabhängigkeit anstreben, wie Inselgemeinschaften oder Regionen, in denen erneuerbare Energiequellen allein möglicherweise nicht zuverlässig genug sind.

3. Ergänzung erneuerbarer Energiequellen: SMRs können als stabile, kohlenstoffarme Energiequelle fungieren, die erneuerbare Energien wie Wind- und Solarenergie ergänzt. In Städten mit schwankendem Energiebedarf oder variabler Einspeisung erneuerbarer Energien können SMRs eine konstante Grundlastversorgung („Baseload“) bereitstellen und helfen, das Stromnetz auszugleichen, wenn erneuerbare Quellen keine Energie erzeugen. Ihr modulares Design ermöglicht es Energieversorgern, bei Bedarf zusätzliche SMRs hinzuzufügen, wodurch die Abhängigkeit von fossilen Brennstoffen reduziert und die Netzstabilität gewährleistet werden kann, während der Anteil erneuerbarer Energien weiter zunimmt. Für größere Städte, die ihre Energieversorgung dekarbonisieren möchten, könnten SMRs die zuverlässige Stromversorgung bieten, die notwendig ist, um die Schwankungen erneuerbarer Energien auszugleichen.

4. Geringere Anfangsinvestitionen und niedrigeres finanzielles Risiko: Der Bau eines großen traditionellen Kernkraftwerks erfordert enorme Anfangsinvestitionen und mehrere Jahre – oder sogar Jahrzehnte – Bauzeit. Diese hohen Kosten und langen Zeiträume stellen erhebliche Hindernisse dar, insbesondere für kleinere Städte oder Entwicklungsregionen. SMRs hingegen bieten einen schrittweisen Ansatz für die Kernenergie. Da jeder SMR in einer Fabrik hergestellt und anschließend vor Ort transportiert und installiert werden kann, sind die Anfangsinvestitionen geringer, und die Reaktoren können stufenweise in Betrieb genommen werden. Dieser schrittweise Ansatz reduziert auch das finanzielle Risiko, da Gemeinden oder Energieversorger nur dann in zusätzliche SMRs investieren müssen, wenn der Bedarf steigt oder die finanziellen Mittel verfügbar sind.

5. Verbesserte Sicherheit und geringere Umweltbelastung: SMRs sind mit fortschrittlichen Sicherheitsmerkmalen ausgestattet, wie passiven Kühlsystemen und Containment-Strukturen, die das Unfallrisiko reduzieren und ihren Einsatz näher an besiedelten Gebieten sicherer machen. Aufgrund ihrer kleineren Größe besitzen sie außerdem einen geringeren ökologischen Fußabdruck als große Kernkraftwerke. Darüber hinaus erzeugen SMRs aufgrund ihres modularen Einsatzes insgesamt weniger Abfall, wodurch Entsorgung und Stilllegung möglicherweise einfacher zu bewältigen sind. Dadurch werden SMRs zu einer praktikablen Option für Städte, die auf saubere Energie umsteigen möchten, ohne die ökologischen und logistischen Herausforderungen großer Kernkraftwerke in Kauf nehmen zu müssen.

6. Anwendungen für unterschiedliche Stadtgrößen und Anforderungen: Die Berechnungen zeigen, dass SMRs vielseitig genug sind, um eine breite Palette urbaner Zentren zu versorgen – von kleineren Städten, die nur wenige SMRs benötigen, bis hin zu großen Metropolen, die Dutzende oder sogar Hunderte benötigen könnten. Diese Vielseitigkeit unterstreicht die breite Einsetzbarkeit von SMRs in unterschiedlichen Gemeinschaften – von kleinen Städten bis hin zu großen Industriezentren. SMRs könnten als primäre Energiequelle für kleinere Städte dienen, als ergänzende Energiequelle für mittelgroße Städte oder als stabilisierende, netzausgleichende Energiequelle für Großstädte, die auf einen Energiemix angewiesen sind.

7. Potenzial für dezentrale Energieerzeugung: Die Modularität von SMRs ermöglicht einen dezentralen Ansatz der Energieerzeugung. Anstatt sich auf wenige große zentralisierte Kraftwerke zu verlassen, könnten Städte und Regionen mehrere SMRs an unterschiedlichen Standorten einsetzen. Dieses verteilte Modell erhöht die Widerstandsfähigkeit der Energieversorgung, da jedes Modul unabhängig arbeitet und die Stromversorgung dadurch weniger anfällig für lokale Störungen oder Netzausfälle wird. Dieser Ansatz könnte besonders vorteilhaft für Regionen sein, die anfällig für Naturkatastrophen sind, da die Energieerzeugung in nicht betroffenen Gebieten fortgesetzt werden kann.

Fazit: SMRs als flexible und skalierbare Lösung

Diese Berechnungen untermauern das Argument, dass SMRs eine flexible, skalierbare und sichere Lösung für die sich wandelnden Energieanforderungen moderner Städte darstellen. Ihre Fähigkeit, zuverlässige und kohlenstoffarme Energie in unterschiedlichen Größenordnungen bereitzustellen, macht sie zu einer wertvollen Ergänzung der globalen Energielandschaft, insbesondere da Städte und Länder versuchen, sich von fossilen Brennstoffen zu lösen und Energieunabhängigkeit zu erreichen. Die Anpassungsfähigkeit von SMRs an unterschiedliche Stadtgrößen, Anwendungen und geografische Bedingungen verdeutlicht ihr Potenzial als vielseitige Technologie, die in der Lage ist, Ziele sauberer Energie zu unterstützen, Stromnetze zu stabilisieren und eine risikoärmere Alternative zur traditionellen Kernenergie bereitzustellen, die parallel zu zukünftigen Energieanforderungen wachsen kann.

SMRs bieten einen innovativen Weg für die Zukunft der Kernenergie – einen Weg, der sowohl für kleine als auch große Städte geeignet ist, erneuerbare Energien ergänzen kann und aufgrund verbesserter Sicherheitsmerkmale sowie eines geringeren ökologischen Fußabdrucks potenziell stärker von der Öffentlichkeit akzeptiert wird. Diese Vielseitigkeit macht SMRs zu einer vielversprechenden Option zur Bewältigung der globalen Herausforderung einer nachhaltigen und widerstandsfähigen Energieerzeugung.

Die Entscheidung zwischen dem Einsatz kleiner modularer Reaktoren (SMRs) oder dem Bau eines großskaligen Kernreaktors hängt von mehreren Faktoren ab, darunter Energiebedarf, Kosteneffizienz, Projektlaufzeiten, Infrastruktur und die langfristige Energiestrategie einer Region oder eines Energieversorgers. Nachfolgend werden die wichtigsten Überlegungen erläutert, wann ein großskaliger Kernreaktor effektiver sein kann als mehrere SMRs.

In Regionen mit dauerhaft hohem Energiebedarf kann der Bau eines großskaligen Kernreaktors effektiver sein als der Einsatz mehrerer SMRs. Ein großskaliger Reaktor erzeugt typischerweise 1.000–1.600 MWe in einer einzelnen Einheit und damit deutlich mehr als die übliche Leistung eines SMR von 50–300 MWe [48]. Große Ballungsräume oder stark industrialisierte Regionen benötigen häufig Tausende von Megawatt Grundlaststrom, die ein großskaliger Reaktor kontinuierlich und effizient bereitstellen kann. Ebenso profitieren Regionen mit energieintensiven Industrien, wie Aluminiumhütten oder Stahlwerken, von der Fähigkeit eines großen Reaktors, konstant hohe Energiemengen zu liefern. In solchen Fällen kann der Bau eines einzelnen großen Reaktors zur Deckung erheblicher Energiebedarfe effizienter sein als die Verwaltung zahlreicher SMRs, insbesondere wenn der Bedarf die realistisch lieferbare Leistung von SMRs übersteigt.

Großskalige Kernreaktoren profitieren von Skaleneffekten, was nach ihrer Fertigstellung häufig zu geringeren Kosten pro Megawatt führt [49]. Obwohl SMRs niedrigere Anfangskosten haben und schrittweise Kapazitätserweiterungen ermöglichen, kann ein einzelner großer Reaktor aufgrund betrieblicher Effizienz und geringerer Baukosten pro Leistungseinheit Strom zu niedrigeren Stückkosten erzeugen. Ein einzelner großer Reaktor mit zentralisierter Wartung reduziert die betriebliche Komplexität im Vergleich zu mehreren SMRs, die jeweils individuelle Überwachung und Verwaltung erfordern. Darüber hinaus kann die Verteilung fixer Kosten auf eine größere Leistungskapazität dazu führen, dass die langfristigen finanziellen Einsparungen eines großskaligen Reaktors seine höheren Anfangsinvestitionen über die Lebensdauer des Reaktors hinweg übersteigen und ihn in Regionen mit hohem Energiebedarf wirtschaftlich attraktiver machen.

Großskalige Kernreaktoren benötigen erhebliche Flächen sowie robuste Infrastruktur, einschließlich Zugang zu ausreichenden Kühlwassermengen, Transportmöglichkeiten für große Reaktorkomponenten und eine starke Netzverbindung zur Verteilung der hohen Stromleistung. Wenn ein geeigneter Standort mit der erforderlichen Infrastruktur verfügbar ist, kann der Bau eines großskaligen Reaktors effizienter sein, insbesondere wenn sich der Standort in der Nähe bedeutender Übertragungsinfrastruktur befindet, die hohe Leistungen ohne kostspielige Modernisierungen bewältigen kann. Darüber hinaus kann ein einzelner Reaktor auf einem bereits genehmigten Standort den Entwicklungsprozess vereinfachen, wenn regulatorische und gesellschaftliche Zustimmung bereits vorliegen.

Großskalige Reaktoren eignen sich ideal zur Bereitstellung stabiler Grundlastenergie in Regionen mit vorhersehbarer und konstanter Nachfrage, in denen häufige Lastanpassungen nicht erforderlich sind. Während SMRs Flexibilität bieten und sich daher gut für Regionen mit variablem oder wachsendem Energiebedarf eignen, kann ein großskaliger Reaktor vorzuziehen sein, wenn die Region ein konstantes Nachfrageprofil besitzt, das keine regelmäßigen Leistungsanpassungen erfordert. In Stromnetzen, die hauptsächlich auf Grundlastquellen angewiesen sind und nur begrenzt auf schwankende erneuerbare Energien wie Wind- und Solarenergie setzen, arbeiten großskalige Reaktoren am effizientesten bei Volllast und eignen sich hervorragend zur Aufrechterhaltung der Netzstabilität.

Der Betrieb mehrerer SMRs erhöht die betriebliche Komplexität, da jeder Reaktor eigene Wartung, Sicherheitsprüfungen und potenzielle Ausfallzeiten erfordert. Im Gegensatz dazu vereinfacht ein einzelner großer Reaktor Management, Schulung und Notfallmaßnahmen. Für Energieversorger oder Betreiber, die vereinfachte Verwaltungsstrukturen und geringere logistische Herausforderungen anstreben, stellt ein großskaliger Reaktor einen effizienteren Ansatz dar, da er weniger Personal und geringere Überwachung erfordert als eine Anlage mit zahlreichen SMRs.

Der Bau und Betrieb eines großskaligen Kernreaktors erfordert hochqualifizierte Arbeitskräfte, fortgeschrittene Ausbildung und umfassende regulatorische Compliance. In Regionen mit etablierter Nuklearindustrie, regulatorischer Unterstützung und verfügbaren Fachkräften kann der Bau eines großen Reaktors praktikabler sein als der Einsatz mehrerer SMRs. Ein bestehender regulatorischer Rahmen und Genehmigungsprozess für große Reaktoren kann die Zulassung vereinfachen, während eine erfahrene Belegschaft den Betrieb einer großskaligen Anlage effizient bewältigen kann, ohne die betrieblichen Herausforderungen mehrerer kleinerer Einheiten.

Wenn das Ziel einer Region eine rasche und großflächige Dekarbonisierung ist, kann ein einzelner großskaliger Kernreaktor effektiver sein als SMRs. Ein großes Kernkraftwerk kann erhebliche Mengen sauberer Energie bereitstellen, um fossile Energieerzeugung durch eine einzige bedeutende Investition zu ersetzen, anstatt SMRs schrittweise einzusetzen. Dieser Ansatz ist besonders relevant für Regionen mit CO_2-Reduktionszielen, die einen sofortigen und großskaligen Ersatz emissionsintensiver Energiequellen durch zuverlässige Grundlastenergie erfordern. Für Gebiete, die im Rahmen von Klimaschutzplänen eine schnelle Einführung sauberer Energie priorisieren, erfüllt die hohe Leistung eines großskaligen Reaktors diese Anforderungen effizient.

Während großskalige Reaktoren in Umgebungen mit hoher Nachfrage, stabilen Bedingungen und guter Unterstützung klare Vorteile bieten, besitzen SMRs in anderen Kontexten einzigartige Vorzüge. SMRs eignen sich häufig besser, wenn:

- schrittweise oder flexible Kapazität benötigt wird, beispielsweise in wachsenden Städten oder Regionen mit schwankender Nachfrage.
- abgelegene Gebiete oder kleinere Gemeinden unabhängige Energiequellen benötigen.
- Regionen mit begrenztem Kapital oder eingeschränktem Zugang zu Infrastruktur modulare Lösungen mit geringeren Anfangsinvestitionen bevorzugen.
- erneuerbare Energiequellen durch flexible Lastfolgebetriebsfähigkeiten ergänzt werden müssen.
- eine schnelle Implementierung erforderlich ist, da SMRs in Fabriken gefertigt und vor Ort schneller montiert werden können als großskalige Reaktoren.

Der Bau eines großskaligen Kernreaktors ist im Allgemeinen effektiver in Regionen mit hohem und stabilem Energiebedarf, verfügbarer Infrastruktur und dem Bedarf an kosteneffizienter, großflächiger Grundlastenergie. Großskalige Reaktoren sind sinnvoll für Regionen, die erhebliche Kapitalinvestitionen unterstützen können und über den regulatorischen und betrieblichen Rahmen verfügen, um eine große Anlage zu verwalten. SMRs bieten hingegen Vorteile hinsichtlich Flexibilität, schrittweiser Einführung und geringerer Anfangskosten und eignen sich daher ideal für Regionen mit kleinerem oder variablem Energiebedarf, begrenzter Infrastruktur oder speziellen Anforderungen wie abgelegener Energieversorgung.

Letztlich hängt die Wahl zwischen großskaligen Reaktoren und SMRs von den spezifischen Energie-, Finanz- und Infrastrukturanforderungen der jeweiligen Region sowie von langfristigen Zielen hinsichtlich Flexibilität, Skalierbarkeit und Dekarbonisierung ab.

Struktur kleiner modularer Reaktoren

Die Struktur eines Small Modular Reactor (SMR) ist darauf ausgelegt, kompakt, effizient und sicher zu sein. SMRs enthalten ähnliche Komponenten wie traditionelle große Kernreaktoren, sind jedoch mit einem modularen Ansatz konstruiert, der das Design vereinfacht, die Sicherheit verbessert und die Fertigung in Fabriken ermöglicht. Nachfolgend folgt eine detaillierte Beschreibung der verschiedenen Komponenten eines SMR und ihrer spezifischen Funktionen:

1. Reaktorkern: Der Reaktorkern ist das Herzstück des SMR, in dem die Kernspaltung stattfindet. Der Kern besteht aus Brennstäben, die mit spaltbarem Material gefüllt sind, gewöhnlich Uran-235 oder einem ähnlichen Isotop, das eine nukleare Kettenreaktion aufrechterhalten kann. Das Uran liegt typischerweise in Form von Uranoxid-Pellets vor, die in langen Stäben aus hitzebeständigem Material, beispielsweise einer Zirkoniumlegierung, angeordnet sind. Die Konfiguration des Kerns ist für effiziente Wärmeerzeugung und Neutronenmoderation optimiert, um eine stabile Kettenreaktion sicherzustellen. In einigen fortschrittlichen SMRs können alternative Brennstoffe wie Thorium oder geschmolzene Salze verwendet werden.

2. Reaktordruckbehälter: Der Reaktordruckbehälter ist ein großer, hochfester Stahlbehälter, der den Reaktorkern, das Kühlmittel und interne Strukturkomponenten enthält. Dieser Behälter ist darauf ausgelegt, den hohen Temperaturen und Drücken standzuhalten, die während der Kernspaltung entstehen. Er dient als primäre Containment-Barriere für radioaktive Materialien, hält den Kern isoliert und stellt sicher, dass radioaktive Stoffe im Falle eines Zwischenfalls innerhalb des Behälters eingeschlossen bleiben. In SMRs ist der Reaktordruckbehälter häufig kompakt und eng mit anderen Komponenten integriert, wodurch Komplexität und potenzielle Fehlerquellen reduziert werden.

3. Kühl- und Wärmeübertragungssysteme: Das Kühlmittel in einem SMR ist typischerweise Wasser, das durch den Reaktordruckbehälter zirkuliert, um die bei der Spaltung erzeugte Wärme aufzunehmen. In Druckwasserreaktor-SMR-Designs wird das Kühlmittel unter hohem Druck gehalten, damit es nicht siedet, wodurch höhere Temperaturen und eine effiziente Wärmeübertragung ermöglicht werden. Einige fortschrittliche SMRs verwenden alternative

Kühlmittel wie geschmolzenes Salz, Flüssigmetalle (wie Natrium) oder Gas (wie Helium), die bei noch höheren Temperaturen arbeiten und die thermische Effizienz verbessern können.

Das Wärmeübertragungssystem umfasst gewöhnlich einen Primär- und einen Sekundärkreislauf. Im Primärkreislauf strömt das Kühlmittel durch den Reaktorkern, nimmt Wärme auf und überträgt diese über einen Wärmetauscher oder Dampferzeuger an den Sekundärkreislauf. Der Sekundärkreislauf wandelt Wasser in Dampf um, der eine Turbine zur Stromerzeugung antreibt. Durch die Trennung des radioaktiven Primärkühlmittels vom dampferzeugenden Kreislauf stellt der Sekundärkreislauf sicher, dass der Dampf nicht kontaminiert wird.

4. Dampferzeuger: Der Dampferzeuger ist eine entscheidende Komponente in SMR-Designs, die Wasser als Kühlmittel verwenden. Er befindet sich neben oder innerhalb des Reaktordruckbehälters und überträgt Wärme vom Primärkühlkreislauf auf einen Sekundärkreislauf, in dem Wasser in Dampf umgewandelt wird. Dieser Dampf treibt anschließend die Turbine an und erzeugt Elektrizität. In einigen SMR-Designs, wie integrierten Druckwasserreaktoren (iPWRs), ist der Dampferzeuger direkt in den Reaktordruckbehälter integriert, wodurch Größe und Komplexität des Systems weiter reduziert und das Risiko von Leckagen minimiert werden.

5. Steuerstäbe und Abschaltsysteme: Steuerstäbe bestehen aus Materialien, die Neutronen absorbieren, wie Bor oder Cadmium. Diese Stäbe werden in den Reaktorkern eingeführt oder aus ihm herausgezogen, um die Geschwindigkeit der nuklearen Kettenreaktion zu steuern. Werden sie tiefer in den Kern eingeführt, absorbieren sie mehr Neutronen und verlangsamen oder stoppen die Reaktion. Steuerstäbe sind entscheidend für die Regulierung der Reaktorleistung und die sichere Abschaltung bei Bedarf. SMRs sind mit automatischen SCRAM-Systemen ausgestattet, die im Notfall alle Steuerstäbe rasch in den Kern einführen können, um die Reaktion nahezu sofort zu stoppen und eine Überhitzung zu verhindern.

6. Druckhalter: Der Druckhalter ist eine Komponente, die speziell in Druckwasserreaktor-Designs (PWRs), einschließlich vieler SMRs, verwendet wird. Er hält den Druck im Primärkühlkreislauf aufrecht und verhindert, dass das Kühlmittel selbst bei hohen Temperaturen siedet. Durch das Halten des Wassers unter Druck ermöglicht der Druckhalter dem Kühlmittel eine effiziente Wärmeübertragung. Wenn der Druck unerwartet steigt oder fällt, kann der Druckhalter entsprechende Anpassungen vornehmen, um sichere Betriebsbedingungen im Reaktordruckbehälter sicherzustellen.

7. Containment-Struktur: Die Containment-Struktur ist eine robuste, verstärkte Umhüllung, die den Reaktordruckbehälter und die primären Komponenten umgibt. Diese Struktur aus dickem Beton und Stahl ist darauf ausgelegt, Strahlung einzuschließen und die Freisetzung radioaktiver Materialien im Falle eines Unfalls zu verhindern. Einige SMRs werden in unterirdischen Containment-Becken oder Schächten installiert, wodurch zusätzlicher Schutz vor Naturkatastrophen, Sicherheitsbedrohungen oder möglichen Explosionen geboten wird. Dieses strukturelle Design unterstützt auch die passive Kühlung, da das umgebende Wasser oder Erdreich dazu beiträgt, die Wärme des Reaktors im Falle einer Abschaltung abzuleiten.

8. Passive Kühlsysteme: Ein besonderes Merkmal von SMRs ist die Integration passiver Kühlsysteme, die natürliche Kräfte wie Schwerkraft und Konvektion nutzen, um das Kühlmittel ohne Pumpen oder externe Stromversorgung zirkulieren zu lassen. Im Notfall kann die passive Kühlung verhindern, dass der Reaktorkern überhitzt, indem das Kühlmittel auf natürliche Weise zirkuliert. Beispielsweise nutzen diese Systeme bei einem Stromausfall schwerkraftgesteuerten Wasserfluss zur Kühlung des Reaktorkerns und verhindern dadurch eine Kernschmelze. Passive Kühlsysteme reduzieren die Abhängigkeit von aktiven mechanischen Komponenten und erhöhen Zuverlässigkeit und Sicherheit bei unerwarteten Abschaltungen.

9. Turbine und Generator: Die Turbine und der Generator befinden sich außerhalb der Containment-Struktur und sind entscheidend für die Umwandlung thermischer Energie in Elektrizität. Im Sekundärkreislauf strömt der im Dampferzeuger erzeugte Dampf zur Turbine, wo er sich ausdehnt und die Turbinenschaufeln antreibt. Die Turbine ist mit einem Generator verbunden, der die Rotationsenergie in elektrische Energie umwandelt. Nachdem der Dampf die Turbine durchlaufen hat, wird er wieder zu Wasser kondensiert und in einem geschlossenen Kreislauf zum Dampferzeuger zurückgeführt.

10. Notkühlsystem für den Reaktorkern (Emergency Core Cooling System – ECCS): Das ECCS ist ein Backup-System, das zusätzliche Kühlung im Falle eines Notfalls bereitstellt. Wenn das primäre Kühlsystem ausfällt oder der Reaktor überhitzt, kann das ECCS Kühlmittel direkt in den Reaktordruckbehälter einspeisen, um die Temperaturen rasch zu senken. Viele SMR-Designs verfügen über mehrere Redundanzebenen, darunter passive ECCS-Komponenten, die keine externe Stromversorgung benötigen und selbst unter schweren Bedingungen funktionieren können. Das ECCS ist eine wichtige Sicherheitsmaßnahme, um Schäden am Reaktorkern zu verhindern und sicherzustellen, dass der Reaktor in unerwarteten Situationen in einem sicheren Zustand bleibt.

11. Instrumentierungs- und Steuerungssysteme: Instrumentierungs- und Steuerungssysteme überwachen den Betrieb des Reaktors, einschließlich Temperatur, Druck, Leistungsabgabe und Strahlungswerten. Diese Systeme liefern Echtzeitdaten und ermöglichen die Steuerung des Reaktors, sodass Betreiber bei Bedarf Anpassungen vornehmen können. Viele SMRs sind mit fortschrittlichen, vereinfachten Steuerungssystemen ausgestattet, die dank automatisierter Funktionen aus der Ferne verwaltet werden können oder nur minimale menschliche Eingriffe erfordern. Diese Systeme verfügen außerdem über Alarme und automatische Abschaltfunktionen, die sofort auf ungewöhnliche Messwerte reagieren und dadurch die Sicherheit weiter erhöhen.

Die Struktur eines SMR integriert all diese Komponenten in ein kompaktes, modulares Design mit Fokus auf Sicherheit, Effizienz und Skalierbarkeit. Reaktorkern und Reaktordruckbehälter stehen im Zentrum des Spaltungsprozesses, während Steuerstäbe und Druckhalter die Reaktionsgeschwindigkeit und den Druck regulieren. Kühlsysteme und Dampferzeuger ermöglichen die Wärmeübertragung, während passive Kühlsysteme und Notkühlsysteme mehrere Sicherheitsebenen bereitstellen. Die Containment-Struktur und die Instrumentierung sorgen dafür, dass der Reaktor innerhalb sicherer Grenzen betrieben wird, während Turbinen und Generatoren thermische Energie in Elektrizität umwandeln.

Gemeinsam schaffen diese Komponenten ein optimiertes, modulares Reaktordesign, das je nach Energiebedarf skaliert werden kann und SMRs zu einer vielversprechenden Lösung für die Zukunft der Kernenergie macht. Die Integration passiver Sicherheitsmerkmale, Modularität und vereinfachter Steuerungssysteme positioniert SMRs als fortschrittliche und sichere Nukleartechnologie für eine zuverlässige, kohlenstoffarme Energieerzeugung.

Unterschiede zwischen SMRs und traditionellen Reaktoren

Das Verständnis der Unterschiede zwischen Kernreaktoren hinsichtlich Energieerzeugung, Größe sowie Ressourcen- und Flächenbedarf ist entscheidend, um fundierte Entscheidungen über Energiequellen treffen zu können. Dieses Wissen wird zunehmend wichtiger, da Industrie, Gemeinschaften und Nationen mit steigendem Energiebedarf konfrontiert sind und nach nachhaltigen, zuverlässigen und flexiblen Energielösungen suchen. Unter den verschiedenen Reaktortypen bieten Mikroreaktoren, Small Modular Reactors (SMRs) und traditionelle großskalige Kernkraftwerke jeweils einzigartige Eigenschaften, die sie für unterschiedliche Anwendungen geeignet machen [50].

Mikroreaktoren: Mikroreaktoren stellen eine innovative Entwicklung innerhalb der Kernenergie dar und liefern durch ein kompaktes Design zuverlässige, kohlenstofffreie Grundlastenergie, wobei sie 100- bis 1.000-mal kleiner als konventionelle Reaktoren sind. Die Definitionen von Mikroreaktoren variieren leicht: Einige setzen die maximale Leistung bei unter 50 Megawatt elektrischer Leistung (MWe) an, andere bei weniger als 10 MWe. Im Allgemeinen werden Reaktoren mit weniger als 20 MWe jedoch als Mikroreaktoren eingestuft. Aufgrund ihrer geringen Größe benötigen Mikroreaktoren nur sehr wenig Fläche – typischerweise nur wenige Acres – und erfordern weniger Personal vor Ort. Diese kompakte und wartungsarme Bauweise macht sie ideal für lokale Energieanwendungen, beispielsweise zur Versorgung abgelegener Industriestandorte, militärischer Einrichtungen und kleinerer Gemeinden [50].

Ein weiterer Vorteil von Mikroreaktoren ist ihre Modularität. Viele Designs sind vollständig modular aufgebaut, sodass Komponenten in Fabriken hergestellt und anschließend zur schnellen Montage an den Einsatzort transportiert werden. Diese Modularität ermöglicht eine schnellere Implementierung und Skalierbarkeit und erlaubt eine schrittweise Erweiterung entsprechend dem Energiebedarf. Dadurch können Mikroreaktoren schnell installiert werden – gewöhnlich innerhalb von 24 Monaten – und bei Bedarf erweitert werden. Ein Beispiel hierfür ist der Last Energy PWR-20, der 20 MWe erzeugt, lediglich 0,3 Acres Fläche benötigt und innerhalb von vier Monaten vor Ort montiert werden kann. Das luftgekühlte Design des PWR-20 macht wasserbasierte Kühlsysteme überflüssig und ermöglicht nahezu jeden Standort, was die Flexibilität seiner Einsatzmöglichkeiten erhöht [50].

Small Modular Reactors (SMRs): Kleine modulare Reaktoren stellen eine mittelgroße Option innerhalb der nuklearen Innovation dar, mit typischen Energieerzeugungsleistungen zwischen 20 und 300 MWe. Dieser Leistungsbereich ermöglicht es SMRs, mittelgroße bis große Gemeinden oder Industrieanlagen zu versorgen, während sie dennoch kleiner und flexibler als traditionelle Kernkraftwerke bleiben. SMRs benötigen eine größere Fläche als Mikroreaktoren – häufig etwa

100 Acres oder mehr, abhängig vom Design –, jedoch immer noch deutlich weniger als ein traditionelles Kernkraftwerk. SMRs benötigen in der Regel mehr Personal als Mikroreaktoren, mit einem geschätzten Durchschnitt von etwa 1,5 Mitarbeitern pro MWe, was je nach Reaktorleistung einen Personalbedarf von 30 bis über 150 Personen bedeutet [50].

Obwohl „modular" Bestandteil des Namens SMR ist, variiert der tatsächliche Grad der Modularität je nach Design. Ein wirklich modularer SMR würde fabrikgefertigte Komponenten, minimale Standortvorbereitung und eine effiziente Montage vor Ort umfassen. Modulare SMRs bieten außerdem Flexibilität bei Finanzierung und Skalierung, da Energieversorger zusätzliche Einheiten schrittweise hinzufügen können, um wachsenden Energiebedarf zu decken. SMRs benötigen typischerweise drei bis fünf Jahre bis zur Inbetriebnahme und erfordern je nach Design moderate Wasserressourcen zur Kühlung. Die Skalierbarkeit von SMRs macht sie geeignet für größere Industriestandorte, abgelegene Regionen und Städte, die zuverlässige kohlenstoffarme Energie benötigen, jedoch nicht die enorme Leistung eines großskaligen Kernkraftwerks brauchen [50].

Traditionelle Kernkraftwerke: Traditionelle Kernkraftwerke oder Reaktoren im Gigawatt-Maßstab dienen seit langem als zuverlässige Energiequellen, die den Bedarf großer Bevölkerungen decken können. Diese Anlagen erzeugen typischerweise rund 1.000 MWe (1 GW) pro Reaktor und eignen sich daher ideal zur Versorgung großer Städte oder Regionen mit erheblichem Energiebedarf. Allerdings besitzen diese Reaktoren große physische Ausmaße und benötigen häufig mehr als eine Quadratmeile Fläche sowie erhebliche Kühlressourcen, typischerweise Zugang zu einer großen Wasserquelle. Das Personalverhältnis ist mit etwa 0,7 Personen pro MWe niedriger als bei SMRs, doch aufgrund der hohen Leistung erfordern traditionelle Reaktoren dennoch Tausende von Mitarbeitern für Betrieb und Wartung der Anlage [50].

Die Komplexität des Baus und Betriebs eines großskaligen Kernkraftwerks bringt erhebliche Herausforderungen mit sich. Die Bauzeiten sind lang und betragen durchschnittlich etwa zehn Jahre, während die Kosten häufig das ursprüngliche Budget überschreiten – oftmals um bis zu 200 %. Aufgrund ihrer Größe und Umweltauswirkungen erfordern diese Anlagen zudem umfangreiche regulatorische Prüfungen. Obwohl große Reaktoren hinsichtlich der Energieproduktion effizient sind, machen die erheblichen Infrastruktur- und Regulierungsanforderungen solche Projekte schwierig und kostspielig. Trotz dieser Faktoren bleiben Reaktoren im Gigawatt-Maßstab eine zuverlässige Option für Regionen, die große Mengen an Grundlastenergie für große Bevölkerungen oder stark industrialisierte Gebiete benötigen [50].

Vergleich von Mikroreaktoren, SMRs und traditionellen Kernkraftwerken

Die sich wandelnde Nuklearlandschaft bietet vielfältige Optionen zur Deckung unterschiedlicher Energiebedürfnisse. Mikroreaktoren, wie der Last Energy PWR-20, stellen eine der vielversprechendsten Lösungen zur Dekarbonisierung von Industrien und abgelegenen Anlagen dar, wobei ihre geringe Größe, schnelle Einsatzfähigkeit und luftgekühlte Bauweise sie flexibel und anpassungsfähig machen. SMRs bieten eine mittelgroße Lösung und liefern eine höhere

Leistung als Mikroreaktoren, während sie gleichzeitig die Modularität und Skalierbarkeit beibehalten, die für Städte oder Industrieregionen mit mittlerem Energiebedarf attraktiv sind. Traditionelle Kernkraftwerke bleiben trotz ihrer Komplexität und ihres hohen Ressourcenbedarfs unerreicht in ihrer Fähigkeit, große Bevölkerungszentren mit großflächiger Energieversorgung zu versorgen.

Jede Art von Nukleartechnologie spielt eine wichtige Rolle beim Übergang zu sauberer Energie. Mikroreaktoren, SMRs und traditionelle Kernkraftwerke bieten gemeinsam eine Reihe skalierbarer, flexibler und nachhaltiger Energieoptionen, wodurch Regierungen und Energieversorger die jeweils beste Lösung entsprechend regionaler Anforderungen, Ressourcen und langfristiger Energieziele auswählen können. Während die Welt zunehmend auf kohlenstoffarme Energie umstellt, werden diese Nukleartechnologien entscheidend dazu beitragen, unterschiedliche Energiebedarfe zu decken und den Fortschritt hin zu einer nachhaltigeren Zukunft voranzutreiben.

Kernreaktoren unterscheiden sich stark hinsichtlich ihrer Konstruktion, Brennstoffe, Kühlmittel und Anwendungen, wobei jeder Typ speziell auf bestimmte Anforderungen in Bezug auf Energieerzeugung, Sicherheit und Effizienz zugeschnitten ist. Das Verständnis dieser Unterschiede ist entscheidend, um den am besten geeigneten Reaktortyp entsprechend den betrieblichen Zielen und verfügbaren Ressourcen auszuwählen. Nachfolgend folgt ein detaillierter Überblick über die wichtigsten Arten von Kernreaktoren und ihre Unterschiede.

1. Druckwasserreaktoren (Pressurized Water Reactors – PWRs): Druckwasserreaktoren gehören weltweit zu den am häufigsten verwendeten Kernreaktoren und sind für ihre Stabilität und Sicherheitsmerkmale bekannt. Sie verwenden unter Druck stehendes Wasser sowohl als Kühlmittel als auch als Neutronenmoderator. In einem PWR wird das Wasser im Primärkreislauf unter hohem Druck gehalten, damit es nicht siedet. Die Wärme aus dem Reaktorkern wird über einen Dampferzeuger auf einen Sekundärkreislauf übertragen, in dem Dampf erzeugt wird, der eine Turbine antreibt. Diese Trennung des radioaktiven Primärkreislaufs von der Turbine erhöht die Sicherheit erheblich. PWRs verwenden typischerweise angereichertes Uran als Brennstoff, meist in Form von Uranoxid. Diese Reaktoren werden wegen ihrer hohen Betriebsstabilität, einfachen Steuerbarkeit und des geringen Risikos des Kühlmittelsiedens geschätzt. Sie werden hauptsächlich zur Stromerzeugung in Ländern wie den United States, France und Russia eingesetzt.

2. Siedewasserreaktoren (Boiling Water Reactors – BWRs): Siedewasserreaktoren verfolgen einen anderen Ansatz: Das Wasser im Reaktorkern darf sieden und erzeugt Dampf direkt innerhalb des Reaktordruckbehälters. Dieser Dampf, der eine gewisse Radioaktivität enthält, wird anschließend direkt zur Turbine geleitet, um Elektrizität zu erzeugen, wodurch ein Sekundärkreislauf überflüssig wird. Wie PWRs verwenden auch BWRs Wasser sowohl als Kühlmittel als auch als Moderator und nutzen angereichertes Uran als Brennstoff. Das einfachere Design von BWRs, bedingt durch das Fehlen eines Sekundärkreislaufs, ermöglicht eine etwas höhere thermische Effizienz und geringere Baukomplexität im Vergleich zu PWRs. Allerdings sind zusätzliche Containment-Maßnahmen erforderlich, da der Dampf in der Turbine radioaktiv ist.

BWRs werden häufig in Kernkraftwerken eingesetzt, insbesondere in den United States und Japan.

3. Schwerwasserreaktoren (CANDU-Reaktoren): Schwerwasserreaktoren, wie die kanadischen CANDU-Reaktoren, zeichnen sich durch die Verwendung von Deuteriumoxid (Schwerwasser) sowohl als Kühlmittel als auch als Moderator aus. Dieses Design ermöglicht die Nutzung von natürlichem (nicht angereichertem) Uran, wodurch diese Reaktoren effizient und kostengünstig werden, da keine Urananreicherung erforderlich ist. Schwerwasserreaktoren erreichen eine höhere Neutroneneffizienz und ermöglichen die Nutzung alternativer Brennstoffe wie Thorium. Ihre Fähigkeit, natürliches Uran zu verwenden, bietet Brennstoffflexibilität und reduziert die Abhängigkeit von Anreicherungsanlagen. Diese Reaktoren werden in Canada und India häufig zur Stromerzeugung eingesetzt, wo Schwerwasser relativ leicht verfügbar ist.

4. Schnelle Brutreaktoren (Fast Breeder Reactors – FBRs): Schnelle Brutreaktoren unterscheiden sich erheblich von anderen Reaktoren, da sie keinen Moderator verwenden und mit schnellen Neutronen arbeiten. Sie nutzen typischerweise ein Flüssigmetall – häufig Natrium – als Kühlmittel, wodurch der Reaktor bei hohen Temperaturen ohne Druckbeaufschlagung betrieben werden kann. FBRs sind bekannt für ihre Fähigkeit, Brennstoff zu „erbrüten“, also mehr spaltbares Material (gewöhnlich Plutonium) zu erzeugen, als sie verbrauchen. Diese Fähigkeit macht FBRs äußerst brennstoffeffizient und ermöglicht das Recycling nuklearer Abfälle durch deren Umwandlung in Brennstoff. FBRs verwenden angereichertes Uran oder Plutonium, oft gemischt mit abgereichertem Uran oder Thorium. Russia und France gehören zu den führenden Ländern beim Einsatz von FBRs für Energieerzeugung und Forschung, da sie eine effiziente Brennstoffnutzung ermöglichen und das Potenzial besitzen, nukleare Abfälle zu reduzieren.

5. Gasgekühlte Reaktoren (Gas-Cooled Reactors – GCRs): Gasgekühlte Reaktoren verwenden Kohlendioxid oder Helium als Kühlmittel und Graphit als Moderator. In diesen Reaktoren strömt Hochtemperaturgas durch den Reaktorkern und überträgt Wärme auf einen Sekundärkreislauf, der eine Turbine antreibt. GCRs können bei höheren Temperaturen arbeiten als wassergekühlte Reaktoren, wodurch die thermische Effizienz verbessert wird. Die Verwendung von Graphit als Moderator ermöglicht eine langsamere Neutronenmoderation und macht den Reaktor effizient sowie flexibel hinsichtlich der Brennstoffwahl, beispielsweise angereichertes oder natürliches Uran. GCRs waren historisch besonders im Vereinigten Königreich verbreitet, sind heute jedoch seltener. Fortschrittliche gasgekühlte Reaktordesigns werden weiterhin in experimentellen Anwendungen genutzt, um Hochtemperatur-Anwendungen der Kernenergie zu erforschen.

6. Flüssigsalzreaktoren (Molten Salt Reactors – MSRs): Flüssigsalzreaktoren verfolgen einen einzigartigen Ansatz, indem sie geschmolzenes Salz sowohl als Kühlmittel als auch als Brennstoffträger verwenden. In MSRs werden Uran oder Thorium in geschmolzenem Salz gelöst, das durch den Reaktorkern zirkuliert und Wärme an einen Sekundärkreislauf überträgt, um Elektrizität zu erzeugen. Dieser Reaktortyp arbeitet bei niedrigem Druck, jedoch sehr hohen Temperaturen, was die thermische Effizienz erhöht und das Explosionsrisiko reduziert. Das geschmolzene Salz kann kontinuierlich aufbereitet werden, um Spaltprodukte zu entfernen, wodurch Brennstoffeffizienz und Sicherheit verbessert werden. MSRs gelten als inhärent sicherer, da sie keine Druckbeaufschlagung benötigen. Obwohl sie derzeit hauptsächlich experimentell sind, laufen in Ländern wie den United States, China und Canada laufende Forschungsprogramme, insbesondere mit potenziellen zukünftigen Anwendungen im Thorium-Brennstoffkreislauf.

7. Hochtemperatur-Gasreaktoren (High-Temperature Gas-Cooled Reactors – HTGRs): Hochtemperatur-Gasreaktoren sind eine spezielle Form gasgekühlter Reaktoren, die Helium als Kühlmittel und Graphit als Moderator verwenden und bei extrem hohen Temperaturen arbeiten. Dieses Design ermöglicht HTGRs die Erzeugung von Hochtemperaturwärme, wodurch sie vielseitig für Anwendungen über die Stromerzeugung hinaus einsetzbar sind, darunter Wasserstoffproduktion und industrielle Prozesse mit hohem Wärmebedarf. Sie verwenden typischerweise angereichertes Uran oder Thorium, eingebettet in beschichtete Brennstoffpartikel. HTGRs besitzen eine hohe thermische Effizienz und eignen sich für die gekoppelte Erzeugung von Elektrizität und industrieller Prozesswärme. Obwohl sie derzeit hauptsächlich in der Forschung eingesetzt werden, besitzen HTGRs erhebliches Potenzial für die Integration in Wasserstoffproduktion und verschiedene Industriebereiche.

Arten von SMR-Kühlmitteln und Brennstoffen

Kleine modulare Reaktoren (SMRs) stellen einen innovativen Ansatz in der Nukleartechnologie dar und bieten kompakte, effiziente und vielseitige Designs, die sich erheblich hinsichtlich ihrer Brennstofftypen, Kühlsysteme und potenziellen Anwendungen unterscheiden. Das Verständnis der grundlegenden Arten von SMRs zeigt, wie diese Reaktoren an unterschiedliche Energiebedarfe angepasst werden können, darunter Stromerzeugung, industrielle Wärmeanwendungen und sogar Wasserstoffproduktion [51].

Uran-235 als häufigstes Brennstoffelement

In allen SMR-Designs ist Uran-235 (U-235) der primäre Kernbrennstoff für die Spaltung. Dieses Isotop ist ein zentraler Bestandteil der Kernenergie, da es Kettenreaktionen effizient aufrechterhalten kann. Australia ist mit seinen umfangreichen Uranreserven – darunter die weltweit größte Lagerstätte in Olympic Dam – gut positioniert, um die Entwicklung von SMRs zu unterstützen. In diesen Reaktoren ist ein Kühlsystem entscheidend, um Wärme aus dem Reaktorkern abzuführen, sichere Betriebstemperaturen aufrechtzuerhalten und eine Überhitzung zu verhindern. SMRs werden nach der Art des verwendeten Kühlmittels klassifiziert, was ihre Effizienz, Betriebstemperaturen und potenziellen Anwendungen erheblich beeinflusst [51].

Siedewasserreaktor (Boiling Water Reactor – BWR) (300 Megawatt)

Das SMR-Design des Siedewasserreaktors (BWR) arbeitet, indem Wasser innerhalb des Reaktorkerns direkt zum Sieden gebracht wird und dadurch Dampf erzeugt wird, der eine Turbine antreibt, um Elektrizität zu erzeugen. Dieses Ein-Kreislauf-System bedeutet, dass das Reaktorkühlmittel gleichzeitig als Dampfquelle dient, wobei der Dampf direkt im Reaktordruckbehälter erzeugt wird. BWRs verwenden angereichertes Uran in Form von Uranoxid-

Pellets als Brennstoff. Obwohl dieses Design das System vereinfacht, kann ein Brennstoffleck das Wasser radioaktiv machen, wodurch Radioaktivität möglicherweise auf die Turbine und den restlichen Kühlmittelkreislauf übertragen wird.

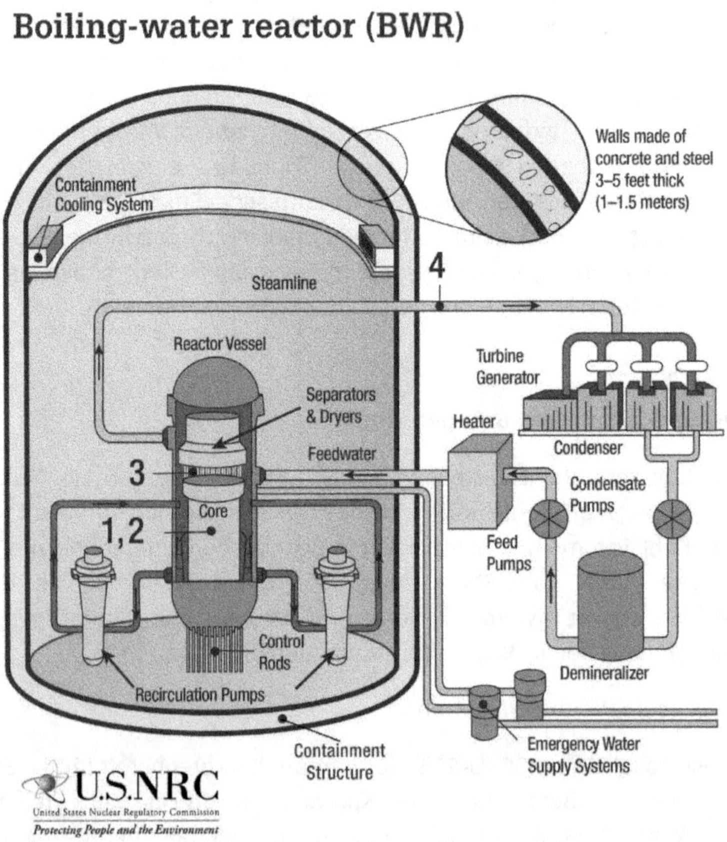

Abbildung 6: Typischer Siedewasserreaktor. Nuclear Regulatory Commission, CC BY 2.0, über Flickr.

Mit einem Wirkungsgrad von bis zu 35 % sind BWR-SMRs effektiv für die Stromerzeugung, erfordern jedoch strenge Sicherheitsmaßnahmen, um eine radioaktive Kontamination zu verhindern [51].

Abbildung 7: Der La Crosse Boiling Water Reactor (LACBWR) befindet sich am Ostufer des Mississippi River im Vernon County, Wisconsin, in der NRC-Region III. Nuclear Regulatory Commission, CC BY 2.0, über Flickr.

Der La Crosse Boiling Water Reactor (LACBWR), dargestellt in Abbildung 7, war ein kleiner experimenteller Kernreaktor in der Nähe von Genoa am Ufer des Mississippi River. Dieser Reaktor war einer der frühen Siedewasserreaktoren (BWRs) in den United States und wurde ursprünglich im Rahmen eines Demonstrationsprogramms errichtet, um das Potenzial der Kernenergie zur zuverlässigen Stromerzeugung zu bewerten. Der Betrieb begann 1967, und der Reaktor gehörte zunächst der Dairyland Power Cooperative in Partnerschaft mit der Atomic Energy Commission (AEC), die die kommerzielle Nukleartechnologie demonstrieren und weiterentwickeln wollte. Der Reaktor arbeitete mit einer vergleichsweise geringen Leistung von 50 Megawatt elektrisch (MWe), deutlich kleiner als die meisten kommerziellen Reaktoren, wodurch er als Testplattform für die BWR-Technologie diente, die später weit verbreitet wurde.

Als Siedewasserreaktor verwendete der La-Crosse-Reaktor ein Ein-Kreislauf-System, bei dem Wasser im Reaktorkern zum Sieden gebracht wurde und direkt Dampf erzeugte, der die Turbine zur Stromerzeugung antrieb. Im Gegensatz zu Druckwasserreaktoren (PWRs), die den Primärwasserkreislauf unter hohem Druck halten, um Sieden zu verhindern, erlauben BWRs das natürliche Sieden des Wassers im Reaktordruckbehälter. Dieses Design bietet bestimmte Vorteile, wie eine vereinfachte Anlagenkonstruktion, bringt jedoch auch Herausforderungen mit sich, da der im Reaktorkern erzeugte Dampf Spuren von Radioaktivität enthält. Dieser radioaktive

Dampf erfordert sorgfältige Handhabung, Abschirmung und Eindämmung, während er durch Turbinen- und Kondensatorsysteme geleitet wird, bevor er freigesetzt oder erneut zirkuliert wird.

Der La Crosse Boiling Water Reactor diente nicht nur der Stromerzeugung, sondern auch als Versuchsanlage zur Weiterentwicklung nuklearer Technologien und Sicherheitsprotokolle. Der Reaktor arbeitete mit angereichertem Uranbrennstoff, der eine stabile Spaltungsreaktion und hohe Wärmemengen erzeugte. Die Dairyland Power Cooperative nutzte die Anlage mit Unterstützung der AEC, um Betriebsdaten zu sammeln, die Sicherheit und Effizienz von BWRs zu verbessern und wertvolle Erkenntnisse zu gewinnen, die das Design zukünftiger BWRs beeinflussten. Dazu gehörten Untersuchungen über die Auswirkungen von Strahlung auf Materialien und das Verhalten von Brennstoffen im Laufe der Zeit, wodurch wichtige Daten für das Wachstum der Nuklearindustrie bereitgestellt wurden.

1987, nach zwanzig Jahren Betrieb, wurde der La-Crosse-Reaktor stillgelegt, da seine begrenzte Leistung und die Herausforderungen bei der Wartung einer älteren Anlage ihn wirtschaftlich unrentabel machten. Mit der Stilllegung begann der Rückbauprozess der Anlage, ein komplexes Vorhaben aufgrund der Notwendigkeit, den Reaktor sicher zu demontieren und radioaktive Materialien zu handhaben. Die U.S. Nuclear Regulatory Commission (NRC) überwachte den Rückbau und stellte die Einhaltung strenger Sicherheits- und Umweltstandards sicher. Über mehrere Jahrzehnte hinweg wurde die Anlage sorgfältig zurückgebaut, wobei Reaktorkomponenten entfernt, radioaktive Abfälle behandelt und das Reaktorgebäude schließlich abgerissen wurden.

Der Rückbauprozess in La Crosse wurde zu einem Beispiel für die Nuklearindustrie und demonstrierte bewährte Verfahren für die sichere Stilllegung von Kernkraftwerken. Dies war besonders wichtig, da viele ältere Reaktoren in den United States das Ende ihrer Betriebsdauer erreichten. Der Rückbau von La Crosse lieferte ein Modell für Abfallbehandlung, Standortsanierung und Umweltüberwachung und trug wertvolle Erfahrungen zum wachsenden Bereich der nuklearen Stilllegung bei.

Heute ist der Standort, an dem sich einst der La Crosse Boiling Water Reactor befand, weitgehend wiederhergestellt. Obwohl der Reaktor nicht mehr in Betrieb ist, bleibt sein Vermächtnis als früher Pionier der kommerziellen Nutzung der Kernenergie bestehen. Die während seines Betriebs gesammelten Daten und die Erkenntnisse aus seiner Stilllegung haben die Entwicklung und den Rückbau späterer Nuklearanlagen beeinflusst. Der La Crosse Boiling Water Reactor bleibt ein wichtiger Teil der Geschichte der Kernenergie in den United States und verdeutlicht die Herausforderungen und Beiträge früher Nuklearenergieprogramme.

Hochtemperatur-Gasreaktor (High Temperature Gas-cooled Reactor – HTGR) (80 Megawatt)

Der Small Modular Reactor des Typs Hochtemperatur-Gasreaktor (HTGR) verwendet Helium als Kühlmittel und arbeitet bei hohen Temperaturen von bis zu 850 °C. Dadurch eignen sich HTGRs nicht nur effizient zur Stromerzeugung, sondern auch für industrielle Prozesswärmeanwendungen. Graphit dient als Moderator, der die Neutronen abbremst, um die Spaltungsreaktion aufrechtzuerhalten, während Helium aufgrund seiner chemischen Inertheit und fehlenden Neutronenabsorption ausgewählt wird. Das erhitzte Gas treibt eine Turbine an, wobei das Design komplexe Komponenten umfasst, beispielsweise ein kritisches Magnetlager im heißen Gasstrom. Trotz dieser Herausforderungen erreichen HTGRs Wirkungsgrade von bis zu 41 %, und ihre hohen Betriebstemperaturen machen sie besonders nützlich für Industrien mit hohem Wärmebedarf [51].

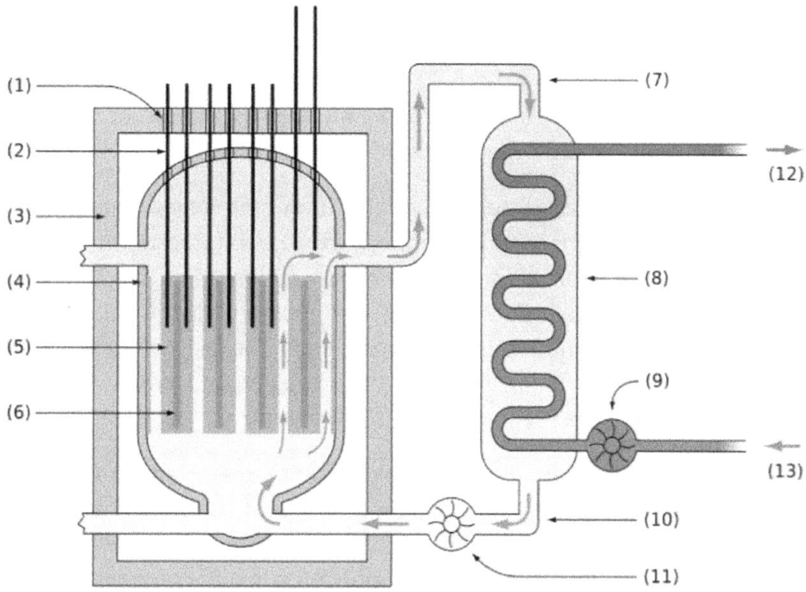

Key:

1. Charge tubes
2. Control rods
3. Radiation shielding
4. Pressure vessel
5. Graphite moderator
6. Fuel rods
7. Hot gas duct
8. Heat exchanger
9. Water circulator
10. Cool gas duct
11. Gas circulator
12. Steam
13. Water

Abbildung 8: Schematische Darstellung eines Magnox-Kernreaktors. Emoscopes, CC BY-SA 3.0, über Wikimedia Commons.

Ein Magnox-Kernreaktor, wie in Abbildung 8 dargestellt, ist einer der frühesten Typen gasgekühlter Kernreaktoren, die in den 1950er-Jahren im United Kingdom entwickelt wurden. Diese Reaktoren wurden hauptsächlich zur Stromerzeugung und zur Produktion von Plutonium für militärische Zwecke konzipiert. Der Name „Magnox" leitet sich von der Magnesium-Aluminium-Legierung ab, die zur Ummantelung des Uranbrennstoffs verwendet wurde und als „magnesium non-oxidizing" bezeichnet wird. Dieser Reaktortyp spielte eine bedeutende Rolle im frühen britischen Kernenergieprogramm und stellt einen wichtigen historischen Schritt in der Entwicklung der Nukleartechnologie dar.

Magnox-Reaktoren verwenden natürliches Uran als Brennstoff, das keine Anreicherung benötigt und vergleichsweise kostengünstig ist. Diese Eigenschaft machte die Reaktoren für frühe Kernenergieprogramme zugänglich und wirtschaftlich attraktiv. Der Uranbrennstoff ist in eine Magnox-Legierungsummantelung eingeschlossen, die Oxidation verhindert und das Uran vor dem im Reaktor zirkulierenden Kohlendioxid-Kühlmittel schützt.

Das Kühlmittel in Magnox-Reaktoren ist Kohlendioxid (CO_2), das durch den Reaktorkern strömt, die bei der Kernspaltung erzeugte Wärme aufnimmt und anschließend durch einen Wärmetauscher geleitet wird. Diese Wärme wird genutzt, um Dampf zu erzeugen, der eine Turbine antreibt und Elektrizität produziert. Der Moderator in einem Magnox-Reaktor ist Graphit, der die Neutronen abbremst, um eine stabile Spaltungsreaktion aufrechtzuerhalten und die effektive Nutzung von natürlichem Uranbrennstoff zu ermöglichen.

Das Design eines Magnox-Reaktors zeichnet sich durch eine gasgekühlte, graphitmoderierte Struktur aus, mit großen zylindrischen Kernen, die von Graphitblöcken umgeben sind. Kanäle innerhalb des Graphits enthalten Brennstäbe und den Kühlmittelstrom. Das gesamte System befindet sich innerhalb eines Stahl-Druckbehälters oder einer Beton-Containment-Struktur, um die hohen Drücke des CO_2-Kühlmittels zu kontrollieren. Diese Konfiguration ermöglichte es Magnox-Reaktoren, erhebliche Energiemengen zu erzeugen und dabei natürliches Uran als einfachere und wirtschaftlichere Brennstoffoption zu nutzen.

Eine besondere Eigenschaft von Magnox-Reaktoren ist die Brennstoffwechselmöglichkeit während des Betriebs („on-load refuelling"), die es erlaubt, Brennelemente auszutauschen, während der Reaktor weiterhin in Betrieb bleibt. Diese Fähigkeit ermöglicht einen kontinuierlichen Betrieb und eine konstante Stromerzeugung ohne regelmäßige Abschaltungen, wodurch diese Reaktoren flexibler für die Energieerzeugung wurden. Allerdings arbeiten Magnox-Reaktoren bei niedrigeren Temperaturen als moderne Reaktoren, was zu einem geringeren thermischen Wirkungsgrad von typischerweise etwa 20–30 % führt.

Magnox-Reaktoren boten mehrere Vorteile. Die Verwendung von natürlichem Uran machte eine kostspielige Urananreicherung überflüssig und reduzierte dadurch die Brennstoffaufbereitungskosten. Darüber hinaus ermöglichte die Brennstoffwechseltechnik während des Betriebs einen kontinuierlichen Anlagenbetrieb, minimierte Ausfallzeiten und erhöhte den Nutzen für die Stromerzeugung. Ein weiterer Vorteil war die Doppelnutzung („dual-use") der Magnox-Reaktoren: Sie konnten Elektrizität erzeugen und gleichzeitig Plutonium produzieren, ein wertvolles Nebenprodukt für Kernwaffenprogramme Mitte des 20. Jahrhunderts.

Trotz ihrer Vorteile hatten Magnox-Reaktoren mehrere Einschränkungen. Ein wesentlicher Nachteil war ihr geringer Wirkungsgrad aufgrund der niedrigen Betriebstemperatur, wodurch sie weniger effizient waren als spätere Reaktordesigns. Darüber hinaus neigte die Magnox-Legierungsummantelung zur Korrosion in Wasser, was die Brennstoffhandhabung und -lagerung erschwerte und die Lebensdauer der Ummantelung begrenzte. Mit der Zeit wurde die Wartung dieser Reaktoren aufgrund der alternden Infrastruktur zunehmend schwieriger, was letztlich zur Stilllegung führte, als neuere und effizientere Technologien verfügbar wurden.

Ursprünglich dienten Magnox-Reaktoren sowohl der Stromerzeugung als auch der Produktion von Plutonium für militärische Anwendungen. Das United Kingdom betrieb über mehrere Jahrzehnte hinweg eine Reihe von Magnox-Reaktoren, beginnend mit Calder Hall im Jahr 1956. Mit dem Fortschritt der Nukleartechnologie wurden Magnox-Reaktoren schrittweise außer Betrieb genommen, wobei der letzte betriebsfähige Magnox-Reaktor, Wylfa Nuclear Power Station Unit 1 in Wales, seinen Betrieb im Jahr 2015 einstellte.

Obwohl Magnox-Reaktoren heute nicht mehr aktiv genutzt werden, besitzen sie erheblichen historischen Wert als einige der frühesten stromerzeugenden Kernreaktoren. Ihr gasgekühltes, graphitmoderiertes Design demonstrierte die Machbarkeit der Kernenergie sowohl für die Stromerzeugung als auch für die Plutoniumproduktion und ebnete den Weg für weitere Entwicklungen in der Nukleartechnologie sowie für zukünftige Reaktordesigns.

Abbildung 9: Hinkley Point B, fortschrittlicher gasgekühlter Reaktor (Advanced Gas Cooled Reactor). Reading Tom, CC BY 2.0, über Flickr.

Hinkley Point B, dargestellt in Abbildung 9, ist ein Kernkraftwerk in Somerset und beherbergte zwei fortschrittliche gasgekühlte Reaktoren (Advanced Gas-cooled Reactors – AGRs), einen Reaktortyp, der einzigartig für das United Kingdom ist. AGRs stellen eine Weiterentwicklung des früheren Magnox-Reaktordesigns dar und wurden entwickelt, um einen höheren Wirkungsgrad und eine größere Leistungsabgabe zu erreichen. Der Bau von Hinkley Point B begann 1967, und das Kraftwerk nahm 1976 den vollständigen Betrieb auf. Die Anlage bestand aus zwei Reaktoren, die ursprünglich jeweils etwa 660 Megawatt elektrische Leistung erzeugen sollten – genug, um ungefähr 1,5 Millionen Haushalte mit Strom zu versorgen. Hinkley Point B stellte einen bedeutenden Fortschritt in der Nukleartechnologie des Vereinigten Königreichs dar, da es frühere Designs durch verbesserte thermische Effizienz und höhere Betriebsleistung weiterentwickelte.

Das Design des Advanced Gas-cooled Reactor verwendet Kohlendioxid (CO_2) als Kühlmittel, das durch den Reaktorkern zirkuliert und die bei der Kernspaltung erzeugte Wärme aufnimmt. Das heiße CO_2-Gas strömt anschließend durch einen Wärmetauscher, um Dampf zu erzeugen, der eine Turbine antreibt und Elektrizität produziert. Im Gegensatz zu früheren gasgekühlten Reaktoren arbeitet der AGR bei wesentlich höheren Temperaturen – bis zu 650 °C –, wodurch die thermische Effizienz des Systems verbessert wird. Die Verwendung von Graphit als Neutronenmoderator ermöglicht dem Reaktor den Einsatz von leicht angereichertem Uran als Brennstoff, im Gegensatz zum natürlichen Uran der früheren Magnox-Reaktoren. Diese Kombination aus CO_2-Kühlmittel und Graphitmoderator erwies sich als effektiv und ermöglichte AGRs Wirkungsgrade von nahezu 41 %, was eine deutliche Verbesserung gegenüber früheren Reaktordesigns darstellte.

Ein besonderes Merkmal der AGRs von Hinkley Point B – und von AGRs im Allgemeinen – ist ihr Brennstoffdesign und ihre Konfiguration. Der Reaktorkern besteht aus Tausenden von Graphitblöcken mit Kanälen für Uran-Brennstäbe und den CO_2-Kühlmittelstrom. Der Uranbrennstoff befindet sich in einer Edelstahlummantelung, die eine höhere Korrosionsbeständigkeit bietet als die Magnesiumlegierung früherer Designs. Diese Edelstahlummantelung ermöglicht den Betrieb bei höheren Temperaturen und trägt zur verbesserten Effizienz und verlängerten Lebensdauer des AGR bei. Darüber hinaus sind AGRs für Brennstoffwechsel während des Betriebs („on-load refuelling“) ausgelegt, was den Austausch abgebrannter Brennelemente bei laufendem Reaktor ermöglicht, Ausfallzeiten reduziert und die Energieproduktion maximiert.

Die Sicherheits- und Strukturmerkmale von Hinkley Point B spiegeln den Fokus auf verbesserte Eindämmung und Widerstandsfähigkeit wider. Jeder Reaktor ist in einem Beton-Druckbehälter untergebracht, der dem Hochdruck-CO_2-Kreislauf standhalten kann. Zusätzlich verfügt Hinkley Point B über mehrere Sicherheitssysteme, um im Notfall eine Reaktorabschaltung sicherzustellen, darunter Steuerstäbe, die rasch in den Kern eingeführt werden können, um die Spaltungsreaktion zu stoppen. Backup-Kühlsysteme sind ebenfalls vorhanden, um eine Überhitzung bei einer Unterbrechung des CO_2-Flusses zu verhindern.

Trotz seines Erfolges stand Hinkley Point B vor Herausforderungen, die typisch für frühe AGRs waren, darunter Probleme mit der Korrosion der Brennstoffummantelung und Veränderungen der Graphitmoderation im Laufe der Zeit. Mit zunehmendem Alter des Graphits im Kern kann dieser seine strukturelle Integrität verlieren, was die Fähigkeit des Kerns beeinträchtigt, Neutronen wirksam zu moderieren. Diese Probleme führten über die Jahre zu erhöhtem Wartungsaufwand und betrieblichen Anpassungen, um die Sicherheit weiterhin zu gewährleisten. Ursprünglich war Hinkley Point B für eine Betriebsdauer von etwa 25 Jahren ausgelegt, übertraf diese jedoch dank umfangreicher Modernisierungen und regelmäßiger Wartung deutlich. Mit zunehmendem Alter der Reaktoren wurden jedoch die Sicherheits- und Wirtschaftlichkeitsfragen eines weiteren Betriebs immer bedeutender. Daher wurde Hinkley Point B im August 2022 nach 46 Betriebsjahren endgültig stillgelegt.

Das Vermächtnis von Hinkley Point B ist in der britischen Nuklearindustrie bemerkenswert, da es das Potenzial fortschrittlicher gasgekühlter Reaktoren demonstrierte, über lange Zeiträume hinweg zuverlässige und effiziente Energie bereitzustellen. Das Kraftwerk spielte eine wichtige Rolle bei der Verringerung der Abhängigkeit des Vereinigten Königreichs von fossilen Brennstoffen und trug erheblich zur kohlenstoffarmen Energieversorgung des Landes bei. Der Erfolg und die Langlebigkeit von Hinkley Point B beeinflussten zudem spätere AGR-Entwicklungen sowie das Design und den Betrieb nachfolgender britischer Reaktoren. Während Hinkley Point B nun in die Rückbauphase eintritt, prägen sein Beitrag zur Kernenergie und die aus seinem Betrieb gewonnenen Erkenntnisse weiterhin die britische Nuklearstrategie und Energiepolitik.

Flüssigsalzreaktoren (Molten Salt Reactors – MSRs) (35–300 Megawatt)

Flüssigsalzreaktoren (MSRs) sind insofern einzigartig, als sie den Reaktorbrennstoff in einer geschmolzenen Salzmischung lösen können und dieses geschmolzene Salz sowohl als Brennstoff als auch als Kühlmittel verwenden. MSRs arbeiten bei hohen Temperaturen und niedrigem Druck, sind hoch effizient bei der Umwandlung thermischer Energie und können zusätzlich Prozesswärme bereitstellen. Diese Reaktoren eignen sich gut zur Stromerzeugung, stehen jedoch vor Herausforderungen wie Korrosion sowie der Notwendigkeit, die Brennstoff-/Kühlmittelmischung zur Brennstofferneuerung abzuschalten und abzulassen. Betriebstemperaturen von bis zu 850 °C machen MSRs kompatibel mit Hochtemperaturanwendungen. MSRs zählen zu den vielseitigsten SMR-Designs und verbinden effiziente Energieerzeugung mit potenziellen industriellen Anwendungen [51].

Der Integral Molten Salt Reactor (IMSR), der in Abbildung 10 schematisch dargestellt ist und vom kanadischen Unternehmen Terrestrial Energy entwickelt wurde, ist ein fortschrittlicher Typ eines Flüssigsalzreaktors (MSR), der auf erhöhte Sicherheit, vereinfachten Betrieb und verbesserte Effizienz in der kommerziellen Stromerzeugung ausgelegt ist. Dieser Reaktor stellt einen bedeutenden Fortschritt in der MSR-Technologie dar und zielt auf eine zuverlässige, kohlenstoffarme Energieerzeugung mit Anwendungen in der Stromproduktion, industriellen Prozesswärme und sogar Wasserstoffproduktion ab.

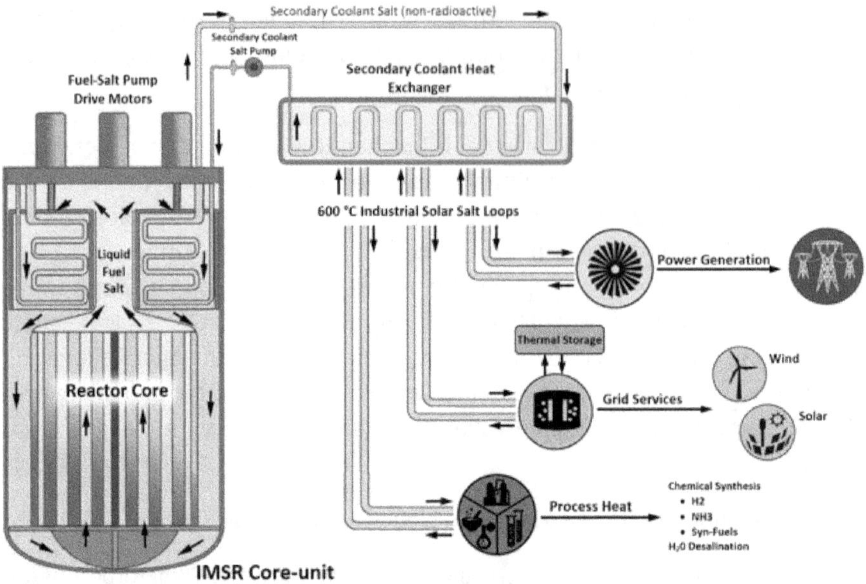

Abbildung 10: Schematische Darstellung der verschiedenen möglichen Wärmeanwendungen des IMSR. Terrestrial Energy, CC BY-SA 4.0, über Wikimedia Commons.

Eine der zentralen Innovationen des IMSR ist sein integriertes Reaktordesign. Der IMSR integriert alle primären Reaktorkomponenten – einschließlich Reaktorkern, Wärmetauschern und Pumpen – in ein einziges versiegeltes Gefäß, das als „Core-unit" bezeichnet wird. Dieser modulare Ansatz reduziert die Anzahl beweglicher Teile, die dem korrosiven geschmolzenen Salz ausgesetzt sind, verbessert dadurch sowohl Sicherheit als auch Betriebszuverlässigkeit und senkt gleichzeitig den Wartungsaufwand. Jede Core-unit ist für eine feste Betriebsdauer – typischerweise etwa sieben Jahre – ausgelegt und wird anschließend ersetzt, wodurch ein kontinuierlicher Reaktorbetrieb mit minimalen Unterbrechungen für die Brennstofferneuerung ermöglicht wird.

Der IMSR verwendet geschmolzenes Salz sowohl als Brennstoff als auch als Kühlmittel – ein einzigartiges Merkmal von Flüssigsalzreaktoren (MSRs), das die Notwendigkeit traditioneller fester Brennstäbe eliminiert. In diesem Design ist der Kernbrennstoff im geschmolzenen Salz gelöst, das durch den Reaktorkern strömt und die bei der Kernspaltung erzeugte Wärme aufnimmt. Das geschmolzene Salz überträgt diese Wärme anschließend auf einen sekundären Salzkreislauf, der zur Dampferzeugung oder zur Bereitstellung von Hochtemperaturwärme für industrielle Anwendungen genutzt werden kann. Durch den Betrieb bei hohen Temperaturen (bis zu 700 °C) und niedrigem Druck reduziert der IMSR das Risiko von Hochdruckausfällen erheblich und arbeitet effizienter als traditionelle Reaktoren mit niedrigeren Betriebstemperaturen.

Der IMSR integriert außerdem passive Sicherheitsmerkmale, die natürliche Kräfte wie Schwerkraft und Konvektion nutzen, um die Reaktorbedingungen zu regulieren. Wenn der Reaktor beispielsweise überhitzt, dehnt sich das geschmolzene Salz auf natürliche Weise aus, wodurch die Spaltungsreaktion verlangsamt und das System ohne aktives Eingreifen gekühlt wird. Zusätzlich ist der Reaktor mit einem Auffangtank ausgestattet, der den geschmolzenen Salzbrennstoff bei einer Notabschaltung automatisch in einen separaten Behälter ableiten kann. In diesem Tank kühlt der Brennstoff ab und erstarrt sicher, wodurch eine zusätzliche passive Sicherheitsebene geschaffen wird.

Brennstoffflexibilität und Effizienz sind weitere zentrale Merkmale des IMSR. Der Reaktor kann verschiedene Arten von Kernbrennstoffen verwenden, darunter niedrig angereichertes Uran und potenziell auch Thorium, wodurch er an unterschiedliche Brennstoffkreisläufe angepasst werden kann. Der Betrieb bei hohen Temperaturen ermöglicht dem IMSR einen thermischen Wirkungsgrad von etwa 45 %, was deutlich höher ist als bei vielen konventionellen Reaktoren. Diese hohe Effizienz macht den IMSR nicht nur für die Stromerzeugung geeignet, sondern auch für industrielle Anwendungen mit hohem Wärmebedarf, wie Wasserstoffproduktion und chemische Verarbeitung.

Das modulare Design und die Skalierbarkeit des IMSR machen ihn zu einer attraktiven Lösung für unterschiedliche Energieanforderungen. Seine modulare Core-unit vereinfacht den Bau und ermöglicht den standardisierten Einsatz von Einheiten, wodurch die Bauzeiten im Vergleich zu konventionellen Reaktoren verkürzt werden. Diese Modularität erlaubt außerdem die Skalierung des IMSR entsprechend dem Energiebedarf und macht ihn sowohl für kleinere Energieversorger als auch für große Industriebetreiber flexibel einsetzbar. Darüber hinaus reduzieren seine kompakte Größe und modulare Bauweise die erforderlichen Anfangsinvestitionen und erhöhen dadurch seine Attraktivität für eine breitere Nutzergruppe.

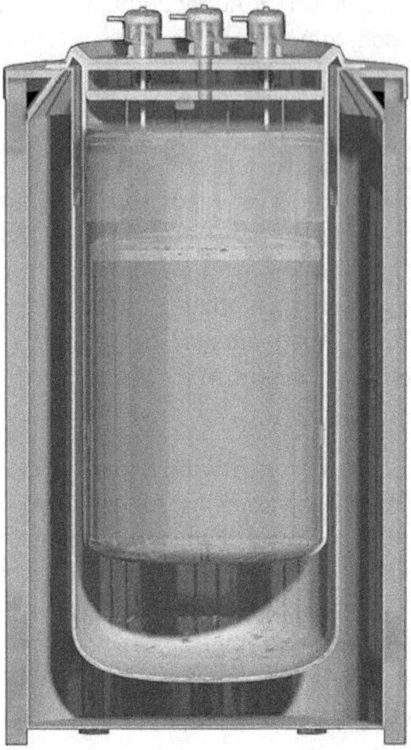

Abbildung 11: Reaktordruckbehälter (Core-unit) und Sicherheitsbehälter des Integral Molten Salt Reactor. Terrestrial Energy, CC BY-SA 4.0, über Wikimedia Commons.

Die Anwendungen und potenziellen Auswirkungen des IMSR gehen aufgrund seiner Hochtemperaturfähigkeiten weit über die reine Stromerzeugung hinaus. Die vom IMSR erzeugte Wärme kann in verschiedenen industriellen Anwendungen genutzt werden, darunter die Wasserstoffproduktion durch thermochemische Prozesse, Prozesswärme für die chemische Industrie sowie sogar die Herstellung synthetischer Kraftstoffe. Durch die Unterstützung sowohl von Energie- als auch von Industrieanwendungen bieten IMSRs eine multifunktionale Lösung für energieintensive Sektoren, die ihren CO_2-Fußabdruck reduzieren möchten.

Zusammenfassend ist der IMSR ein Flüssigsalzreaktor der nächsten Generation, der Sicherheit, Effizienz und Modularität in den Mittelpunkt stellt. Sein innovatives Design positioniert ihn als vielversprechenden Akteur innerhalb der fortschrittlichen Nukleartechnologie, mit dem Potenzial, sowohl für die Stromerzeugung als auch für industrielle Anwendungen als vielseitige kohlenstoffarme Energiequelle zu dienen. Sollte die Kommerzialisierung erfolgreich sein, könnte der IMSR erheblich zur Dekarbonisierung traditionell schwer elektrifizierbarer Sektoren beitragen und den globalen Übergang zu sauberer Energie vorantreiben.

Druckwasserreaktoren (Pressurized Water Reactors – PWRs) (60–300 Megawatt)

SMRs des Typs Druckwasserreaktor (PWR), siehe Diagramm in Abbildung 12, verwenden unter Druck stehendes Wasser sowohl als Kühlmittel als auch als Neutronenmoderator. In diesem Design trennt ein Zwei-Kreislauf-System das primäre Kühlmittel vom sekundären Dampferzeugerkreislauf, der Turbinen zur Stromerzeugung antreibt. Diese Konfiguration verhindert das Sieden des Wassers im Reaktorkern und gewährleistet dadurch einen stabilen Betrieb.

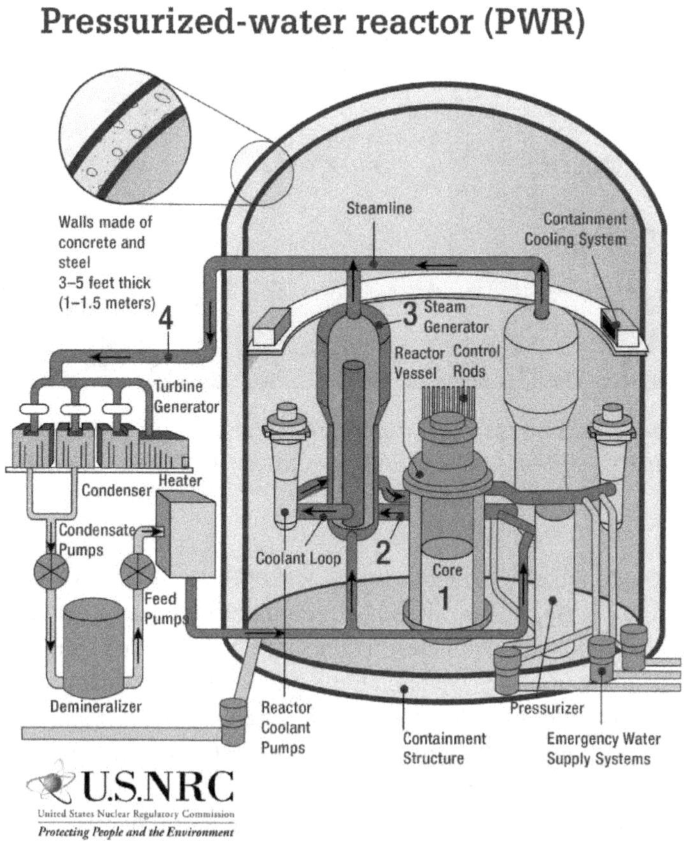

Abbildung 12: Typischer Druckwasserreaktor. Nuclear Regulatory Commission, CC BY 2.0, über Flickr.

Die Verwendung von unter Druck stehendem Wasser ermöglicht es PWRs, Wirkungsgrade von bis zu 35 % zu erreichen, wobei die Hochdruckumgebung robuste und kostenintensive Komponenten erfordert. Die Sicherheitsmaßnahmen in PWR-SMRs ähneln denen großer wassergekühlter Reaktoren. Dieses Design ist zuverlässig und weit verbreitet, wobei das Zwei-Kreislauf-System eine verbesserte Eindämmung radioaktiver Materialien bietet [51].

Abbildung 13: Zwei Druckwasserreaktoren (PWRs) im Bau am Kernkraftwerk Kudankulam Nuclear Power Plant, India. IAEA Imagebank, CC BY-SA 2.0, über Flickr.

Das Kernkraftwerk Kudankulam (Kudankulam Nuclear Power Plant – KKNPP), dargestellt in Abbildung 13 während der Bauphase, ist Indias größte Kernenergieanlage und befindet sich im Distrikt Tirunelveli im Bundesstaat Tamil Nadu nahe der Südspitze des Landes. Die Anlage wurde im Rahmen einer Zusammenarbeit zwischen India und Russia entwickelt, wird von der Nuclear Power Corporation of India Limited (NPCIL) betrieben und verwendet russisch entwickelte VVER-Reaktoren (Water-Water Energetic Reactor). Das KKNPP stellt einen bedeutenden Meilenstein im indischen Kernenergieprogramm dar – nicht nur aufgrund seiner Größe, sondern auch als Modell für zukünftige Zusammenarbeit und Fortschritte in der Nukleartechnologie.

Der Bau der Anlage Kudankulam begann im Jahr 2002 nach jahrelanger Planung und Verhandlungen zwischen India und Russia. Die Anlage verfügt derzeit über zwei betriebsbereite Reaktoren mit jeweils einer Leistung von 1.000 Megawatt elektrisch (MWe), die 2013 beziehungsweise 2016 an das Stromnetz angeschlossen wurden. Diese VVER-Reaktoren verwenden Druckwasser sowohl als Kühlmittel als auch als Moderator und integrieren mehrere moderne Sicherheitsmerkmale, darunter passive Kühlsysteme, die sich im Notfall automatisch aktivieren. Nach vollständiger Fertigstellung soll Kudankulam insgesamt sechs Reaktoren umfassen, wobei sich vier zusätzliche Blöcke derzeit im Bau befinden und in den kommenden Jahren schrittweise in Betrieb genommen werden sollen. Dadurch würde sich die

Gesamtleistung der Anlage auf 6.000 MWe erhöhen und sie zu einer der größten Kernenergieanlagen der Welt machen.

Die VVER-Reaktoren von Kudankulam sind für ihre fortschrittlichen Sicherheitsmerkmale bekannt. Jeder Reaktor verfügt über ein passives Wärmeabfuhrsystem, das die Kühlung des Reaktorkerns auch ohne externe Stromversorgung aufrechterhalten kann – eine wesentliche Funktion im Falle eines Stromausfalls. Die Reaktoren sind außerdem von einer doppelten Containment-Struktur umgeben, um im Falle eines Unfalls das Austreten radioaktiver Stoffe zu verhindern. Die Anlage umfasst zusätzliche Sicherheitsmaßnahmen wie Wasserstoffrekombinatoren zur Verhinderung von Wasserstoffansammlungen, einen Core Catcher zur Aufnahme geschmolzenen Brennstoffs sowie fortschrittliche seismische Schutzsysteme. Diese Merkmale entsprechen internationalen Standards und spiegeln das Engagement Indias für sichere und zuverlässige Kernenergie wider.

Die wirtschaftliche und strategische Bedeutung von Kudankulam ist für India erheblich. Kernenergie ist ein zentraler Bestandteil der indischen Strategie, den steigenden Energiebedarf zu decken und gleichzeitig die Abhängigkeit von fossilen Brennstoffen zu reduzieren. Kudankulam spielt dabei eine entscheidende Rolle, da die Anlage eine stabile, kohlenstoffarme Energiequelle bereitstellt und zur Verringerung der Kohleverstromung beiträgt. Darüber hinaus ist die Anlage Teil der langfristigen Ziele Indias zur Erweiterung der Kernenergiekapazität auf 22.480 MWe bis 2031. Kudankulam ist ein bedeutendes Beispiel für den Ehrgeiz des Landes, die Kernenergie auszubauen, und trägt sowohl zur Energiesicherheit als auch zur ökologischen Nachhaltigkeit bei.

Trotz ihrer Vorteile war die Kudankulam-Anlage Gegenstand von Kontroversen und lokalem Widerstand. Bedenken hinsichtlich Strahlenrisiken, möglicher Umweltfolgen und der Lage der Anlage in einer seismisch aktiven Zone führten zu Protesten lokaler Gemeinschaften und Umweltgruppen. Als Reaktion darauf betonten die indische Regierung und die Nuclear Power Corporation of India Limited die strengen Sicherheitsmaßnahmen der Anlage und sorgten für Transparenz bezüglich der Sicherheitsprotokolle. Die Proteste machten die Herausforderungen der Kernenergie in dicht besiedelten Gebieten deutlich und förderten weitere Diskussionen über das Gleichgewicht zwischen Energiebedarf und gesellschaftlichen Bedenken.

Das Kernkraftwerk Kudankulam stellt einen Meilenstein in der indischen Energielandschaft dar und zeigt das Potenzial der Kernenergie zur Unterstützung wirtschaftlichen Wachstums bei gleichzeitiger Bewältigung ökologischer Herausforderungen. Mit dem Fortschreiten des Baus weiterer Reaktoren wird erwartet, dass Kudankulam zu einem Eckpfeiler der indischen Nuklearinfrastruktur wird, die Energieunabhängigkeit stärkt und Indias Engagement für saubere Energie vorantreibt. Die Anlage gilt als Symbol der indo-russischen Zusammenarbeit im Bereich der Nukleartechnologie und veranschaulicht Indias Strategie, Kernenergie in seinen vielfältigen Energiemix zu integrieren, um eine nachhaltige und sichere Energiezukunft zu erreichen.

Als weiteres Beispiel für Druckwasserreaktoren ist das Kernkraftwerk Dukovany, dargestellt in Abbildung 14, eine der wichtigsten Stromquellen der Czech Republic. Es befindet sich in der Region Vysočina nahe dem Dorf Dukovany, etwa 30 Kilometer von der österreichischen Grenze entfernt. Betrieben wird die Anlage von der ČEZ Group, dem größten Stromerzeuger der Czech Republic. Seit der Inbetriebnahme im Jahr 1985 spielt Dukovany eine entscheidende Rolle in der Energielandschaft des Landes. Das Kraftwerk war das erste kommerzielle Kernkraftwerk der Czech Republic und bleibt ein bedeutender Bestandteil des nationalen Stromnetzes, indem es rund 20 % des Stroms des Landes erzeugt.

Dukovany verfügt über vier Druckwasserreaktoren (PWRs), genauer gesagt vom Typ VVER-440/V-213, mit jeweils einer Leistung von etwa 510 Megawatt elektrisch (MWe), wodurch die Gesamtleistung der Anlage ungefähr 2.040 MWe beträgt. Diese Reaktoren wurden von sowjetischen Ingenieuren entwickelt und beinhalten verschiedene Sicherheitsverbesserungen auf Grundlage der Erfahrungen mit früheren Kernreaktoren. Das VVER-Design – kurz für „Wasser-Wasser-Energiereaktor" auf Russisch – verwendet Leichtwasser sowohl als Kühlmittel als auch als Moderator, wodurch eine stabile und kontrollierte Spaltungsreaktion im Reaktorkern aufrechterhalten wird. Im Laufe der Jahre wurden die Reaktoren von Dukovany mehrfach modernisiert, um Sicherheit, Leistung und Effizienz zu verbessern, einschließlich Systemen für bessere Steuerung, Diagnostik und digitale Überwachung.

Abbildung 14: Im Reaktorgebäude des Kernkraftwerks Dukovany Nuclear Power Plant. Dukovany ist eines von zwei Kernkraftwerken in der Czech Republic. Es verfügt über zwei Hauptproduktionseinheiten, von denen jede zwei Druckwasserreaktoren enthält. Imagebank, CC BY-SA 2.0, über Flickr.

Die Sicherheitssysteme in Dukovany sind ein entscheidender Bestandteil des Anlagenbetriebs, insbesondere angesichts des Alters des Kraftwerks. Wie viele ältere Kernkraftwerke wurde Dukovany umfangreichen Sicherheitsbewertungen und Modernisierungen unterzogen, um den heutigen Sicherheitsstandards zu entsprechen. Dazu gehören seismische Verstärkungen, verbesserte Inspektionen der Reaktordruckbehälter sowie redundante Notkühlsysteme, um die Widerstandsfähigkeit der Anlage im Falle eines Unfalls sicherzustellen. Das Kraftwerk verfügt außerdem über umfassende Strahlungsüberwachungssysteme, um Emissionen zu kontrollieren und die umliegende Umwelt zu schützen. Das tschechische Staatliche Amt für nukleare Sicherheit (SÚJB) überwacht den regulatorischen Rahmen und die Sicherheitsinspektionen in Dukovany und stellt die Einhaltung nationaler und internationaler Sicherheitsprotokolle sicher.

Die wirtschaftliche Bedeutung von Dukovany ist erheblich, da die Anlage wesentlich zur Energiesicherheit der Czech Republic beiträgt. Kernenergie bildet einen Grundpfeiler des tschechischen Energiemixes, und Dukovany erzeugt gemeinsam mit dem Temelín Nuclear Power Plant mehr als ein Drittel des Stroms des Landes. Diese Abhängigkeit von Kernenergie hat es der Czech Republic ermöglicht, ihre Abhängigkeit von Kohle – historisch eine der wichtigsten Energiequellen – zu verringern. Die tschechische Regierung betrachtet Kernenergie als wesentlich für die Erreichung ihrer energiepolitischen Ziele, insbesondere zur Reduzierung von CO_2-Emissionen und zur Sicherstellung einer stabilen Versorgung mit kostengünstigem, kohlenstoffarmem Strom. Derzeit laufen Planungen für zusätzliche Reaktoreinheiten in Dukovany, wobei Angebote mehrerer internationaler Reaktorhersteller geprüft werden. Diese Erweiterungen sollen alternde Reaktoren ersetzen und die Energiewende des Landes unterstützen.

Im Laufe der Jahre wurde die Lebensdauer der Reaktoren von Dukovany dank kontinuierlicher Modernisierungen und Wartungsmaßnahmen mehrfach verlängert. Die ursprünglich für eine Betriebsdauer von 30 Jahren ausgelegten Reaktoren sollen nun mindestens bis 2035 in Betrieb bleiben, mit möglichen weiteren Verlängerungen abhängig von ihrem Zustand und regulatorischen Genehmigungen. Die ČEZ Group hat erhebliche Investitionen in Modernisierungsprojekte in Dukovany getätigt, um einen sicheren und effizienten Betrieb sicherzustellen, darunter der Austausch alternder Anlagenkomponenten, die Modernisierung der Steuerungssysteme sowie Verbesserungen im Bereich der Abfallbewirtschaftung.

Allerdings war das Kraftwerk auch Gegenstand von Widerstand und Besorgnis im benachbarten Austria, wo erheblicher öffentlicher Widerstand gegen Kernenergie besteht. Österreichische Umweltgruppen und einige politische Vertreter äußerten Bedenken hinsichtlich der Nähe der Anlage zur Grenze und ihrer Betriebssicherheit, insbesondere aufgrund ihres sowjetischen Ursprungsdesigns. Obwohl die tschechische Regierung ihre Nachbarn hinsichtlich der Sicherheitsmaßnahmen der Anlage beruhigt hat, verdeutlichen die Debatten um Dukovany die breiteren Spannungen in Europe bezüglich der Kernenergie, wo die Einstellungen von Land zu Land stark variieren.

Schnelle natrium- oder blei-wismutgekühlte Kernreaktoren (Liquid Metal Fast Nuclear Reactors – FNRs) (100–345 Megawatt)

Schnelle Kernreaktoren (Fast Nuclear Reactors – FNRs) in SMR-Form verwenden Flüssigmetalle wie Natrium, Blei oder Blei-Wismut als Kühlmittel. Diese Reaktoren arbeiten mit schnellen Neutronen, wodurch eine effiziente Brennstoffnutzung sowie die Möglichkeit ermöglicht wird, bestimmte langlebige radioaktive Isotope zu „verbrennen", wodurch nukleare Abfälle reduziert werden. Mit Betriebstemperaturen zwischen 550 °C und 800 °C eignen sich Flüssigmetall-FNRs sowohl für die Stromerzeugung als auch für industrielle Wärmeanwendungen. Die Verwendung von Natrium als Kühlmittel bietet eine ausgezeichnete Wärmeübertragung, reagiert jedoch heftig mit Wasser und stellt dadurch ein Sicherheitsrisiko dar. FNRs verwenden zudem fortschrittliche Brennstofftypen wie metallisches UZr mit minoren Aktiniden oder mononitridische Mischbrennstoffe. Dieses Design arbeitet bei niedrigem Druck und nutzt natürliche Konvektion für die Zirkulation des Kühlmittels, wodurch mechanische Komponenten minimiert werden [51].

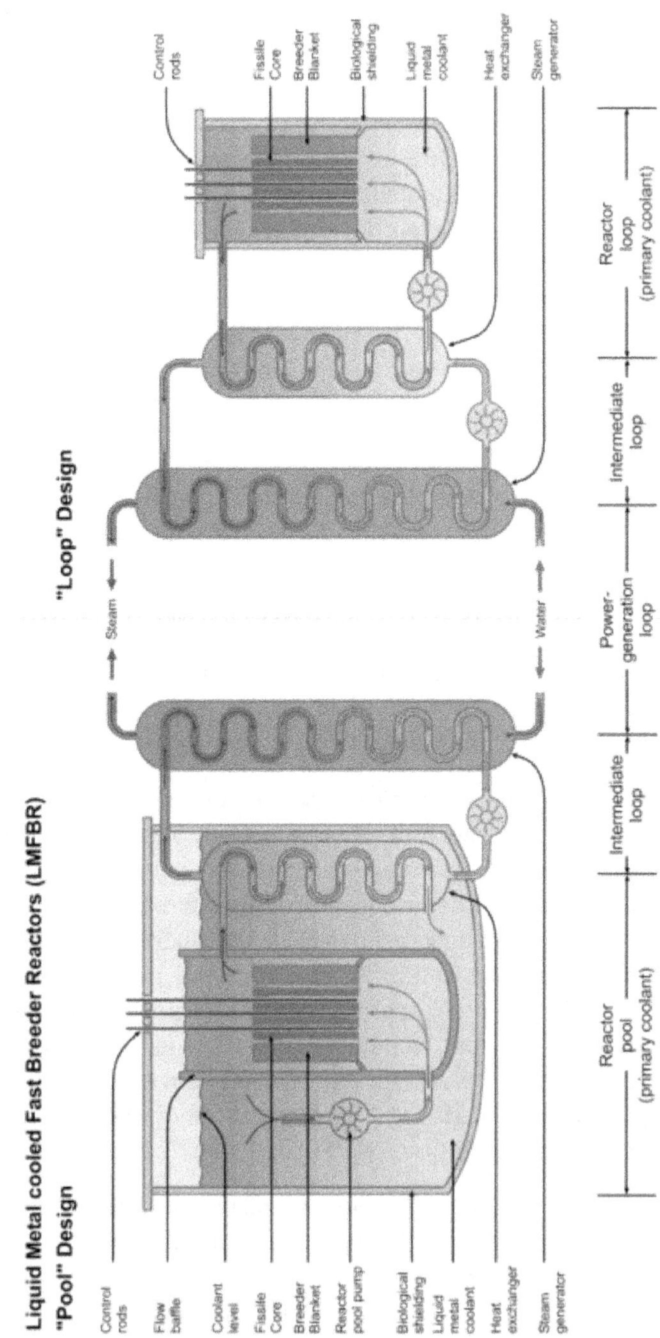

Abbildung 15: Zusammenfassende schematische Darstellung von Flüssigmetall-Schnellen Brutreaktoren (Liquid Metal Fast Breeder Reactors – LMFBR). Emoscopes, CC BY-SA 2.5, über Wikimedia Commons.

Flüssigmetall-Schnelle Brutreaktoren (Liquid Metal Fast Breeder Reactors – LMFBRs), wie schematisch in Abbildung 15 dargestellt, sind eine Art von Kernreaktoren, die flüssiges Metall – typischerweise Natrium oder eine Natrium-Kalium-Legierung – als Kühlmittel verwenden und darauf ausgelegt sind, mehr spaltbares Material zu erzeugen, als sie verbrauchen. Dieser Reaktortyp ist einzigartig, da er schnelle Neutronen anstelle moderierter (abgebremster) Neutronen nutzt, um die nukleare Kettenreaktion aufrechtzuerhalten. Der Begriff „Brutreaktor" („breeder") bezieht sich auf die Fähigkeit der LMFBRs, nicht spaltbares Uran-238 (U-238) in spaltbares Plutonium-239 (Pu-239) umzuwandeln und dadurch während des Betriebs neuen Brennstoff zu erzeugen. LMFBRs wurden erstmals Mitte des 20. Jahrhunderts entwickelt, um die Effizienz der Kernbrennstoffnutzung zu verbessern und Bedenken hinsichtlich einer möglichen Uranverknappung zu begegnen, indem zusätzlicher Brennstoff „erbrütet" wird.

Eines der wichtigsten Merkmale von LMFBRs ist die Verwendung eines Flüssigmetall-Kühlmittels, wobei Natrium die häufigste Wahl ist. Die hohe Wärmeleitfähigkeit von Natrium ermöglicht eine effiziente Abfuhr der Wärme aus dem Reaktorkern und hält die erforderliche Temperatur bei gleichzeitig niedrigem Betriebsdruck aufrecht. Dieser Niederdruckbetrieb reduziert das Risiko von Hochdruckausfällen, wie sie bei wassergekühlten Reaktoren auftreten können. Allerdings besitzt Natrium auch Nachteile: Es reagiert heftig mit Wasser und kann sich bei Kontakt mit Luft entzünden, wodurch spezielle Handhabungs- und Containment-Systeme erforderlich sind, um diese Risiken zu minimieren. Trotz dieser Herausforderungen machen die hervorragenden Wärmeübertragungseigenschaften von Natrium es zu einem idealen Kühlmittel für die hochenergetische Umgebung innerhalb eines LMFBR.

Im Gegensatz zu traditionellen Reaktoren, die langsame Neutronen verwenden, arbeiten LMFBRs mit einem schnellen Neutronenspektrum. Schnelle Neutronen werden nicht durch einen Moderator abgebremst und können Spaltungsreaktionen in einer größeren Bandbreite nuklearer Materialien auslösen, einschließlich des in den meisten Reaktorbrennstoffen enthaltenen U-238. Dadurch kann der Reaktor in einer umgebenden Hülle („blanket") aus U-238 neues spaltbares Material „erbrüten", indem dieses in Pu-239 umgewandelt wird, das anschließend als Brennstoff genutzt werden kann. Da LMFBRs mehr spaltbares Material erzeugen, als sie verbrauchen, sind sie äußerst brennstoffeffizient und könnten theoretisch einen nahezu selbsttragenden Brennstoffkreislauf ermöglichen. Dieses Design begegnet dem Problem der Uranverknappung, indem das häufiger vorkommende U-238 genutzt und die Lebensdauer nuklearer Brennstoffressourcen verlängert wird.

Die Sicherheitsmerkmale von LMFBRs sind überwiegend passiv und beruhen auf den inhärenten Eigenschaften der Materialien und des Designs des Reaktors. Beispielsweise bieten die thermische Trägheit und der hohe Siedepunkt von flüssigem Natrium einen Puffer gegen Temperaturschwankungen und helfen, eine Überhitzung zu verhindern. Darüber hinaus verfügen die meisten LMFBR-Designs über redundante Kühlkreisläufe und fortschrittliche Containment-Strukturen, um das hochreaktive Natrium-Kühlmittel zu kontrollieren. Dennoch bleibt das Risiko von Natriumlecks und Natriumbränden eine Herausforderung. Im Falle einer Fehlfunktion ermöglichen die passiven Systeme des Reaktors ein schrittweises Herunterfahren ohne unmittelbare menschliche Eingriffe oder externe Stromversorgung, was eine zusätzliche Sicherheitsebene für den Betrieb bietet.

LMFBRs bieten erhebliche Umweltvorteile, insbesondere im Hinblick auf die Entsorgung nuklearer Abfälle. Im Gegensatz zu konventionellen Reaktoren, die große Mengen hochradioaktiver Abfälle erzeugen, können LMFBRs bestimmte Abfallstoffe – insbesondere langlebige Aktiniden aus abgebrannten Brennelementen – als Brennstoff recyceln. Diese Fähigkeit reduziert sowohl das Volumen als auch die Lebensdauer radioaktiver Abfälle und stellt dadurch eine nachhaltigere Option für die Kernenergie dar. In einigen Fällen können LMFBRs außerdem dazu beitragen, Plutonium aus stillgelegten Kernwaffen zu „verbrennen", wodurch eine sinnvolle Nutzung ansonsten gefährlicher Materialien ermöglicht wird.

Trotz ihrer Vorteile stehen LMFBRs vor erheblichen wirtschaftlichen und technischen Herausforderungen. Die Reaktoren sind aufgrund der komplexen Systeme, die für die sichere Handhabung des Flüssigmetall-Kühlmittels erforderlich sind, teuer im Bau und Betrieb. Insbesondere natriumgekühlte Reaktoren sind kostenintensiv, da sie spezielle Containment- und Wartungssysteme benötigen, um mit der chemischen Reaktivität von Natrium umzugehen. Diese Herausforderungen haben die breite Einführung der LMFBR-Technologie verlangsamt, sodass weltweit nur wenige betriebsbereite Beispiele existieren, darunter die BN-600 Reactor- und BN-800 Reactor-Reaktoren in Russia sowie der inzwischen stillgelegte Monju Nuclear Reactor-Reaktor in Japan.

Abbildung 16: Reaktor BN-800. Rosatom – Staatliche Russische Atomenergiegesellschaft, CC0, über Wikimedia Commons.

Abbildung 17: Schneller Brutreaktor Monju in Fukui Prefecture, Japan. Nife, CC BY-SA 3.0, über Wikimedia Commons.

Nukleare Wasserstoffproduktion mit SMRs

Die hohen Temperaturen, die von gasgekühlten und flüssigsalzgekühlten SMRs erzeugt werden, machen sie geeignet für die Wasserstoffproduktion durch thermochemische Prozesse, häufig als „roter Wasserstoff" bezeichnet. Unter Nutzung nuklearer Wärme können Hochtemperaturelektrolyse oder thermochemische Wasserspaltungszyklen – wie Cu-Cl-, V-Cl-, Mg-Cl- und S-I-Zyklen – Wasserstoff aus Wasser erzeugen. Diese Zyklen verwenden Chemikalien in einem geschlossenen Kreislauf wieder, verbrauchen lediglich Wasser und erzeugen Wasserstoff sowie Sauerstoff. Der Wirkungsgrad variiert je nach Zyklus zwischen 46,9 % und 69 %. Während die nuklearbasierte Wasserstoffproduktion den Vorteil besitzt, Abwärme zu nutzen, erreichen elektrolytische Verfahren auf Basis erneuerbarer Energien derzeit vergleichbare Wirkungsgrade von etwa 70 %. Obwohl vielversprechend, beschränken die hohen Temperaturanforderungen (500–2.000 °C) die nukleare Wasserstoffproduktion auf bestimmte Reaktordesigns, wie HTGRs und MSRs, die vor einer kommerziellen Nutzung umfangreiche Tests erfordern [51].

Schwerindustrie und Nutzung von SMR-Abwärme

Die Abwärme gasgekühlter, flüssigsalzgekühlter und flüssigmetallgekühlter SMRs kann für Schwerindustrien wiederverwendet werden, die hohe Temperaturen benötigen. Industriezweige wie chemische Produktion, Zementherstellung und Primärmetallproduktion könnten von Abwärme im Bereich von 800–850 °C profitieren. Bestimmte Prozesse, wie die Blei- und Zinkverhüttung oder die Ammoniaksynthese im Haber-Bosch-Verfahren, passen gut zur Wärmeleistung von SMRs und schaffen potenziell eine Win-win-Situation für industrielle Effizienz und Energienutzung. Einige Industrien, wie die Zement- und Eisenproduktion, benötigen jedoch Temperaturen, die die Abwärmeleistung von SMRs übersteigen, wodurch zusätzliche Energiezufuhr – häufig durch Lichtbogenöfen – erforderlich wird, was die wirtschaftliche Attraktivität verringert [51].

SMRs bieten unterschiedliche Designs mit jeweils eigenen Vorteilen für Stromerzeugung, industrielle Anwendungen und Wasserstoffproduktion. BWRs ermöglichen direkte Dampferzeugung, HTGRs liefern Hochtemperaturwärme für spezialisierte Anwendungen, MSRs sind flexibel und effizient für Prozesswärme, PWRs bieten zuverlässige Containment-Systeme, und Flüssigmetall-FNRs zeichnen sich durch hohe Brennstoffeffizienz und Abfallreduzierung aus. Jeder SMR-Typ besitzt einzigartige betriebliche Vorteile und bietet Potenzial für weitere Fortschritte in Energie- und Industrieanwendungen, sobald die Technologie weiter ausgereift ist [51].

Entwicklung der Nukleartechnologie

Die Entwicklung der Nukleartechnologie erstreckt sich über mehr als ein Jahrhundert und ist geprägt von bedeutenden Fortschritten, vielfältigen Anwendungen und erheblichen Veränderungen der öffentlichen Wahrnehmung. Beginnend mit frühen theoretischen Entdeckungen entwickelte sich die Nukleartechnologie über mehrere Phasen hinweg – von der Entwicklung von Kernwaffen und der Energieerzeugung bis hin zu fortschrittenen Reaktoren und neuen Anwendungen in Medizin, Industrie und Weltraumforschung. Jede Phase baute auf vorherigem Wissen auf und erweiterte kontinuierlich das Potenzial der Nukleartechnologie, während gleichzeitig versucht wurde, Sicherheit, Effizienz und ökologische Nachhaltigkeit zu verbessern.

Die Ursprünge der Nukleartechnologie reichen bis ins späte 19. und frühe 20. Jahrhundert zurück, als wissenschaftliche Durchbrüche die Grundlagen der Kernphysik schufen. Bedeutende Persönlichkeiten wie Henri Becquerel, Marie Curie und Ernest Rutherford erforschten die Radioaktivität und identifizierten die Eigenschaften radioaktiver Elemente. Im Jahr 1938 entdeckten Otto Hahn und Fritz Strassmann die Kernspaltung und zeigten, dass die Spaltung eines Atoms enorme Energiemengen freisetzen kann. Kurz darauf lieferten Lise Meitner und Otto Frisch die theoretische Erklärung der Kernspaltung und markierten damit einen Wendepunkt im wissenschaftlichen Verständnis der Atomenergie.

Die Entdeckung der Kernspaltung während des World War II führte durch das Manhattan Project – ein von den United States geleitetes Forschungsprogramm – zur Entwicklung von Kernwaffen.

1945 gipfelte das Projekt in der Entwicklung der Atombombe, die anschließend in Atomic bombings of Hiroshima and Nagasaki eingesetzt wurde und die beispiellose Zerstörungskraft der Kernenergie demonstrierte. Dieses Ereignis veränderte die globale Geopolitik grundlegend und verdeutlichte den Dual-Use-Charakter der Nukleartechnologie – fähig sowohl zu enormer Zerstörung als auch zu großem Potenzial für zivile Anwendungen. Die Nachkriegszeit war von einem nuklearen Wettrüsten zwischen den Supermächten geprägt, das zu bedeutenden Fortschritten in der Waffentechnologie und Kernphysik führte.

In den 1950er-Jahren verlagerte sich der Schwerpunkt zunehmend auf die friedliche Nutzung der Kernenergie, insbesondere zur Stromerzeugung. Der erste zivile Kernreaktor, das Obninsk Nuclear Power Plant in der damaligen Soviet Union, nahm 1954 den Betrieb auf und wurde damit das weltweit erste ans Stromnetz angeschlossene Kernkraftwerk. Kurz darauf eröffneten die United States 1957 das Shippingport Atomic Power Station, das erste zivile Kernkraftwerk des Landes. Diese frühen Reaktoren, oft als Reaktoren der Generation I bezeichnet, basierten auf grundlegender Technologie mit einfachen Sicherheitsmerkmalen. Obwohl sie wirksam Strom erzeugten, wiesen sie Einschränkungen hinsichtlich Effizienz, Zuverlässigkeit und Sicherheit auf.

Mit dem steigenden Energiebedarf kam es in den 1960er- und 1970er-Jahren zu einer weltweiten Ausweitung der Kernenergie, begleitet von der Einführung von Reaktoren der Generation II. Diese Reaktoren, darunter Druckwasserreaktoren (PWRs) und Siedewasserreaktoren (BWRs), wurden zum Industriestandard und zählen bis heute zu den am weitesten verbreiteten Reaktortypen. Reaktoren der Generation II boten Verbesserungen in Effizienz, Sicherheit und Standardisierung. Diese Zeit war jedoch auch von bedeutenden Unfällen geprägt, wie dem Three Mile Island accident im Jahr 1979 und der Chernobyl disaster im Jahr 1986, die zu verstärkter öffentlicher Aufmerksamkeit, strengeren Vorschriften und einer Verlangsamung des Neubaus von Reaktoren in vielen Ländern führten. Öffentliche Sorgen hinsichtlich Sicherheit und Umweltgefahren führten zu einer stärkeren Konzentration auf die Entwicklung sichererer und zuverlässigerer Reaktoren.

Als Reaktion auf die Herausforderungen und Erkenntnisse früherer Generationen wurden in den 1990er- und frühen 2000er-Jahren Reaktoren der Generation III und III+ entwickelt. Diese Reaktoren integrierten fortschrittliche Sicherheitsmerkmale, wie passive Sicherheitssysteme, die ohne menschliches Eingreifen oder externe Stromversorgung funktionieren, eine verbesserte Brennstoffeffizienz sowie verlängerte Betriebslebensdauern. Beispiele hierfür sind die Reaktoren AP1000, EPR und ABWR (siehe Abbildung 18), die hochentwickelte Containment-Strukturen, digitale Überwachung und Notkühlsysteme einsetzen. Reaktoren der Generation III+ sollen schwere Unfälle durch mehrere Ebenen des „Defence-in-Depth“-Prinzips verhindern und Naturkatastrophen sowie Stromausfällen standhalten. Diese Designs haben das Interesse an der Kernenergie als sichere, zuverlässige und kohlenstoffarme Energiequelle neu belebt, insbesondere angesichts der Herausforderungen des Klimawandels.

Abbildung 18: Kernkraftwerk Kashiwazaki-Kariwa Nuclear Power Station, ABWR (Kashiwazaki-Kariwa, Japan). IAEA Imagebank, CC BY-SA 2.0, über Wikimedia Commons.

Aufbauend auf früheren Designs stellen Reaktoren der Generation IV eine Zukunftsvision der Nukleartechnologie dar, die sich auf Nachhaltigkeit, Sicherheit und Abfallreduzierung konzentriert. Zu den Reaktordesigns der Generation IV gehören unter anderem schnelle Brutreaktoren (Fast Breeder Reactors – FBRs), Flüssigsalzreaktoren (Molten Salt Reactors – MSRs), Hochtemperatur-Gasreaktoren (High-Temperature Gas-Cooled Reactors – HTGRs) und bleigekühlte schnelle Reaktoren (Lead-Cooled Fast Reactors – LFRs). Diese Reaktoren sind darauf ausgelegt, brennstoffeffizienter zu sein, nukleare Abfälle recyceln zu können und inhärent sicher zu arbeiten, wobei häufig Kühlmittel wie Flüssigmetalle, Gas oder geschmolzene Salze verwendet werden. Einige Designs zielen darauf ab, den nuklearen Brennstoffkreislauf zu schließen, indem neuer Brennstoff „erbrütet" wird, wodurch die Kernenergie nachhaltiger wird. Darüber hinaus können Reaktoren der Generation IV Hochtemperaturwärme für industrielle Prozesse, Wasserstoffproduktion und andere nicht-elektrische Anwendungen bereitstellen, wodurch die Vielseitigkeit der Kernenergie erweitert wird.

In den letzten Jahren sind Small Modular Reactors (SMRs) und Mikroreaktoren entstanden, die einen flexibleren und besser skalierbaren Ansatz für die Kernenergie versprechen. SMRs sind kompakte Reaktoren mit Leistungen zwischen 50 und 300 MWe, die für die Fertigung in Fabriken und den modularen Einsatz konzipiert sind. Aufgrund ihrer geringeren Größe und modularen Bauweise eignen sie sich für abgelegene Standorte, Industrieanlagen und kleinere Stromnetze und ermöglichen schrittweise Kapazitätserweiterungen nach Bedarf. Mikroreaktoren mit noch geringeren Leistungen von etwa 1 bis 20 MWe werden als hochmobile Systeme betrachtet, die lokale Energieversorgung in abgelegenen oder kritischen Bereichen ermöglichen können. Sowohl SMRs als auch Mikroreaktoren integrieren passive Sicherheitsmerkmale, wodurch sie sicherer und besser an unterschiedliche Energieanforderungen anpassbar werden.

Die Natur des Atoms erforschen

Der Weg zum Verständnis des Atoms begann mit frühen wissenschaftlichen Entdeckungen über Elemente und Strahlung. Uran, ein entscheidendes Element der Kernwissenschaft, wurde 1789 vom deutschen Chemiker Martin Klaproth entdeckt und nach dem Planeten Uranus benannt. Das Konzept ionisierender Strahlung entstand 1895, als Wilhelm Röntgen elektrischen Strom durch eine evakuierte Glasröhre leitete und dabei kontinuierliche Röntgenstrahlen erzeugte. Ein Jahr später stellte Henri Becquerel fest, dass Pechblende, ein uranreiches Erz, fotografische Platten durch die Emission von Betastrahlung (Elektronen) und Alphateilchen (Heliumkerne) schwärzte. Paul Villard identifizierte später die Gammastrahlung und ergänzte damit eine dritte Strahlungsart, die den Röntgenstrahlen ähnelt. Im Jahr 1896 prägten Pierre Curie und Marie Curie den Begriff „Radioaktivität" für diese Emissionen und isolierten erfolgreich Radium und Polonium aus Pechblende. Diese Elemente fanden bald praktische Anwendungen; Radium wurde beispielsweise in medizinischen Behandlungen eingesetzt. 1898 zeigte Samuel Prescott, dass Strahlung Lebensmittel sterilisieren kann, indem sie Bakterien abtötet [52].

Abbildung 19: Ernest Rutherford gilt als Begründer der experimentellen Kernphysik. Von George Grantham Bain Collection, Public Domain, über Store norske leksikon.

Im Jahr 1902 zeigte Ernest Rutherford, siehe Abbildung 19, dass Radioaktivität die spontane Emission von Alpha- oder Betateilchen umfasst, wodurch ein Element in ein anderes umgewandelt wird. Er entwickelte die Atomtheorie weiter und zeigte 1919, dass das Beschießen von Stickstoff mit Alphateilchen eine Kernumwandlung verursachte, bei der Sauerstoff entstand. Niels Bohr vertiefte dieses

Verständnis weiter und konzentrierte sich bis in die 1940er-Jahre auf die Anordnung der Elektronen um den Atomkern. Bereits 1911 entdeckte Frederick Soddy, dass radioaktive Elemente Isotope mit identischer Chemie, jedoch unterschiedlicher Kernzusammensetzung besitzen, und George de Hevesy bewies, dass diese Isotope aufgrund ihrer Nachweisbarkeit in kleinsten Mengen als wirksame Tracer verwendet werden können [52].

Die Entdeckung des Neutrons durch James Chadwick im Jahr 1932, gefolgt von den erfolgreichen Kernumwandlungen durch Protonenbeschuss von John Cockcroft und Ernest Walton, bereitete den Weg für die Herstellung künstlicher Radioisotope. 1934 fanden Irène Joliot-Curie und Frédéric Joliot-Curie heraus, dass durch das Beschießen von Atomen synthetische Radionuklide erzeugt werden können. Enrico Fermi erweiterte diese Erkenntnisse und zeigte, dass mit Neutronen anstelle von Protonen eine größere Vielfalt an Radionukliden erzeugt werden kann. Fermis Experimente mit Uran erzeugten nicht nur schwerere Elemente, sondern auch leichtere Fragmente und deuteten damit auf den Prozess der Kernspaltung hin. 1938 bewiesen Otto Hahn und Fritz Strassmann das Auftreten der Atomspaltung, indem sie das Nebenprodukt Barium identifizierten. Unter der Zusammenarbeit mit Niels Bohr erklärten Lise Meitner und Otto Frisch die Kernspaltung als die Aufteilung des Atomkerns in zwei Teile, wobei ungefähr 200 Millionen Elektronenvolt Energie freigesetzt werden. Die experimentelle Bestätigung durch Frisch im Januar 1939 bestätigte Albert Einsteins Veröffentlichung von 1905 über die Masse-Energie-Äquivalenz [52].

Die Nutzung der Kernspaltung

Die Entdeckung der Kernspaltung löste weltweit eine Welle intensiver Forschung in Laboratorien aus. Otto Hahn und Fritz Strassmann stellten fest, dass die Kernspaltung nicht nur Energie freisetzt, sondern auch zusätzliche Neutronen emittiert, die weitere Spaltungen in benachbarten Urankernen auslösen können und dadurch eine potenziell selbsttragende Kettenreaktion erzeugen. Dies wurde experimentell von Frédéric Joliot-Curie und seinen Kollegen in Paris sowie von Leo Szilard und Enrico Fermi in New York City bestätigt. Niels Bohr vermutete, dass das Uran-235-Isotop – und nicht das häufiger vorkommende

Abbildung 20: Ernest Lawrence, Enrico Fermi und Isidor Isaac Rabi in Bandelier. LA-Lawrence, Fermi, Rabi, Public Domain, über Picryl.

Uran-238 – eher zur Kernspaltung neigt, insbesondere bei langsamen Neutronen. Leo Szilard und Enrico Fermi bestätigten dies und schlugen die Verwendung eines „Moderators“ vor, um Neutronen abzubremsen und dadurch die Wahrscheinlichkeit einer Spaltung in U-235 zu erhöhen. Die 1939 veröffentlichte Analyse der Kernspaltung von Niels Bohr und John Archibald Wheeler legte die theoretische Grundlage für nukleare Kettenreaktionen [52].

Eine praktische Herausforderung ergab sich daraus, dass Uran-235 nur etwa 0,7 % des natürlichen Urans ausmacht, während Uran-238 die restlichen 99,3 % bildet. Dieser Unterschied in der isotopischen Zusammensetzung erforderte die Trennung von U-235 durch Anreicherung, wobei die geringfügigen physikalischen Unterschiede zwischen U-235 und U-238 genutzt wurden. Im Jahr 1939 führte Francis Perrin das Konzept der „kritischen Masse“ ein – der Mindestmenge an Uran, die erforderlich ist, um eine Kettenreaktion aufrechtzuerhalten. Rudolf Peierls erweiterte diese Ideen später, und seine Berechnungen waren entscheidend für die Entwicklung der Atombombe. In Paris demonstrierte Perrins Gruppe, dass eine Kettenreaktion in einem Uran-Wasser-Gemisch durch Neutroneneinspeisung aufrechterhalten werden konnte, was den Weg für kontrollierte Kernreaktionen – die Grundlage von Kernreaktoren – ebnete. Sie führten außerdem neutronenabsorbierende Materialien ein, um die Neutronenvermehrung zu regulieren, ein Prinzip, das noch heute in modernen Kernkraftwerken verwendet wird [52].

Das Wettrennen um den Bau von Kernwaffen

Mit den zunehmenden Spannungen während des World War II gewann die Forschung zur Kernspaltung militärische Bedeutung. Rudolf Peierls, ein Schüler von Werner Heisenberg, trug zum deutschen Kernenergieprojekt unter dem Heereswaffenamt bei. Ende 1939 stellte Heisenberg die Theorie auf, dass eine kontrollierte Kettenreaktion in einer „Uranmaschine“ (Kernreaktor) Energie erzeugen könne, während eine unkontrollierte Reaktion eine Sprengkraft hervorbringen würde, die herkömmliche Bomben weit übertrifft. Heisenberg schlug außerdem vor, dass die Verwendung von reinem U-235 einen mächtigen Sprengstoff erzeugen könne, überschätzte jedoch zunächst die dafür erforderliche kritische Masse [52].

1940 schlug Carl Friedrich von Weizsäcker, ein Kollege Heisenbergs, vor, dass eine Kettenreaktion einen Teil des U-238 in Element 94 umwandeln würde, das später den Namen Plutonium erhielt und als Sprengstoffmaterial dienen könnte. Er beantragte sogar ein Patent zur Herstellung dieses Elements in einer Uranmaschine. Bis 1942 war das deutsche Projekt jedoch mit Ressourcenmangel konfrontiert und verlagerte seinen Schwerpunkt auf die Raketenentwicklung. Dennoch blieb die Aussicht auf eine deutsche Atombombe ein wesentlicher Motivationsfaktor für die United States und United Kingdom, was schließlich zum Manhattan Project und zur Entwicklung der ersten Atombomben führte [52].

Das Streben nach Nukleartechnologie führte zu wissenschaftlichen Durchbrüchen, militärischen Anwendungen und der Etablierung der Kernenergie als dauerhafte Energiequelle. Die frühe Erforschung des Atoms und die Nutzung der Kernspaltung hinterließen einen unauslöschlichen Einfluss auf Wissenschaft, Energieversorgung und Weltgeschichte [52].

Kernphysik in Russland

Die Ursprünge der Kernphysik in Russia reichen mehr als ein Jahrzehnt vor die Russian Revolution zurück, wobei die Forschung an radioaktiven Mineralien um 1900 begann. Diese Mineralien stammten hauptsächlich aus Central Asia, einer Region mit reichen natürlichen Vorkommen radioaktiver Materialien. Bis 1909 leitete die Akademie der Wissenschaften in Saint Petersburg eine groß angelegte Untersuchung der Radioaktivität ein und markierte damit den Beginn der formalen russischen Forschung in der Kernwissenschaft. Diese Grundlage, die von frühen russischen Wissenschaftlern geschaffen wurde, gewann nach der Revolution von 1917 an Dynamik, als die Regierung wissenschaftliche Forschung stark förderte. In den Jahren nach der Revolution wurden in ganz Russia mehr als zehn physikalische Institute gegründet, insbesondere in Saint Petersburg, wodurch wissenschaftlicher Fortschritt zu einer nationalen Priorität wurde.

In den 1920er- und frühen 1930er-Jahren nutzten viele russische Physiker mit Unterstützung des Regimes die Möglichkeit, im Ausland zu arbeiten, um Fachwissen zu erwerben und die wissenschaftliche Wissensbasis Russias weiter auszubauen. Die neue Regierung erkannte, dass ein rascher Fortschritt im Bereich der Kernphysik entscheidend war, und betrachtete die Entsendung von Wissenschaftlern ins Ausland als besten Weg, dieses Ziel zu erreichen. Kirill Sinelnikov, Pyotr Kapitsa und Vladimir Vernadsky gehörten zu den bedeutenden russischen Wissenschaftlern, die in dieser Zeit im Ausland arbeiteten. Ihre Tätigkeit an angesehenen Forschungseinrichtungen außerhalb Russias ermöglichte es ihnen, modernste kernwissenschaftliche Methoden und Ideen aufzunehmen und später in den aufstrebenden wissenschaftlichen Instituten Russlands anzuwenden [52].

Anfang der 1930er-Jahre hatte Russia mehrere Forschungszentren gegründet, die sich der Kernphysik widmeten. Kirill Sinelnikov kehrte 1931 aus Cambridge zurück, um eine Abteilung am Ukrainischen Institut für Physik und Technologie (später umbenannt in Kharkov Institute of Physics and Technology – KIPT) in Kharkiv aufzubauen, das 1928 gegründet worden war. Etwa zur gleichen Zeit gründete Abram Ioffe eine auf Kernphysik spezialisierte Gruppe am Leningrader Physikalisch-Technischen Institut (FTI). Diese Gruppe wurde später als Ioffe-Institut eigenständig, wobei Ioffe selbst bis 1950 dessen Direktor blieb. Zum Team in Leningrad gehörte auch Igor Kurchatov, ein junger Wissenschaftler, der später eine führende Rolle in der russischen Kernforschung spielen sollte. Diese Zentren wurden entscheidend für die Weiterentwicklung des russischen Verständnisses der Kernphysik.

Abbildung 21: Hauptgebäude des Nationalen Wissenschaftszentrums „Kharkiv Institute of Physics and Technology" (NSC KIPT), Siedlung Pjatychatky, Kharkiv (2021). Foto: Sergiy Bobok. Aus Wikimedia Commons. Lizenz CC BY-SA 4.0. Фото: Serhii Bobok. 3 Wikimedia Commons. Ліцензія CC BY-SA 4.0.

Bis Ende der 1930er-Jahre wurden an sowohl dem Radium Institute als auch dem Leningrader FTI Zyklotrone – Geräte zur Beschleunigung atomarer Teilchen – installiert. Dabei handelte es sich um einige der größten Zyklotrone Europas zu jener Zeit, was Russias Bestreben unterstrich, an der Spitze der Kernforschung zu bleiben. Dieser Fortschritt fiel jedoch mit einer Phase intensiver politischer Repressionen während der stalinistischen Säuberungen zusammen, in deren Verlauf viele Wissenschaftler verhaftet, inhaftiert oder Schlimmeres erleiden mussten. Allein am Institut in Kharkiv wurde 1939 die Hälfte des Personals verhaftet. Trotz dieser Rückschläge wurde die russische Kernforschung fortgesetzt, und bis 1940 waren bedeutende Fortschritte beim Verständnis der Kernspaltung und des Potenzials einer Kettenreaktion erzielt worden, wodurch die Grundlage für weitere nukleare Entwicklungen geschaffen wurde [52].

Auf Drängen von Igor Kurchatov und seinen Kollegen richtete die Akademie der Wissenschaften im Juni 1940 ein „Komitee für das Problem des Urans" ein, unter dem Vorsitz von Vitaly Khlopin. Ziel dieses Komitees war es, das Potenzial von Uran als Brennstoffquelle zu erforschen und die Uranvorkommen Zentralasiens für wissenschaftliche und mögliche militärische Zwecke zu untersuchen. Das Radium Institute verfügte über eine Anlage in Tatarstan, in der Khlopin erfolgreich Russlands erstes hochreines Radium produzierte – eine bedeutende Leistung in der nuklearen Geschichte des Landes. Der Verlauf der Kernforschung änderte sich jedoch 1941, als die deutsche Invasion in Soviet Union viele Ressourcen und wissenschaftliche Bemühungen auf militärische Anwendungen umlenkte. Diese Phase markierte den Beginn der Verbindung von Kernwissenschaft und nationaler Verteidigung in Russland und bereitete den Weg für spätere Entwicklungen in den Bereichen Atomwaffen und Kernenergie.

Die Konzeption der Atombombe

Das frühe Konzept der Atombombe wurde maßgeblich von britischen Wissenschaftlern und geflüchteten Physikern beeinflusst, die durch die Dringlichkeit des Krieges motiviert waren. Unter diesen Physikern spielten insbesondere Rudolf Peierls und Otto Frisch eine entscheidende Rolle. Beide waren deutschstämmige Physiker, die vor dem nationalsozialistischen Deutschland geflohen waren und in United Kingdom Zuflucht gefunden hatten, wo sie trotz der Kriegswirren ihre Arbeit fortsetzten. Im Jahr 1940 verfassten sie ein kurzes, aber bahnbrechendes Dokument, das als Frisch-Peierls-Memorandum bekannt wurde. Dieses dreiseitige Memorandum legte die wissenschaftliche Grundlage für eine Atombombe dar und prognostizierte, dass eine relativ kleine Menge Uran-235 – etwa 5 Kilogramm – eine Explosion erzeugen könnte, die Tausenden Tonnen Dynamit entspricht. In ihrem Memorandum beschrieben sie, wie die Bombe gezündet werden könnte, schlugen mögliche Methoden zur Trennung von U-235 aus natürlichem Uran vor und erklärten die potenziellen Strahlungseffekte nach der Explosion. Einer ihrer wichtigsten Vorschläge war die Nutzung der thermischen Diffusion zur Trennung von U-235 vom häufiger vorkommenden Isotop U-238. Zu jener Zeit stieß dieses Memorandum in United Kingdom auf erhebliches Interesse – im Gegensatz zur zurückhaltenderen Haltung in den United States [52].

Als Reaktion auf das Memorandum richtete die britische Regierung eine Gruppe bedeutender Wissenschaftler ein, die als MAUD Committee bekannt wurde. Dieses Komitee überwachte die Atomforschung an mehreren angesehenen Institutionen, darunter die Universitäten von University of Birmingham, University of Bristol, University of Cambridge, University of Liverpool und University of Oxford. Ihre Aufgabe bestand darin, die Machbarkeit der Entwicklung einer Atombombe zu untersuchen. Die University of Birmingham und Imperial Chemical Industries (ICI) übernahmen die anspruchsvolle chemische Arbeit zur Herstellung gasförmiger Uranverbindungen und von reinem Uranmetall. 1940 stellte Dr. Philip Baxter bei ICI für Professor James Chadwick die erste kleine Charge Uranhexafluorid-Gas her – eine entscheidende Verbindung für die Urananreicherung. Später im selben Jahr erhielt ICI einen offiziellen Auftrag zur Produktion von 3 Kilogramm Uranhexafluorid, was einen wesentlichen Fortschritt für das Projekt darstellte. Andere Aspekte der Forschung wurden direkt von den Universitäten finanziert, was das gemeinsame Engagement akademischer Institutionen für die Kriegsanstrengungen unterstrich.

Die Forschung an der University of Cambridge führte zu zwei entscheidenden Durchbrüchen. Erstens zeigte experimentelle Arbeit, dass eine anhaltende Kettenreaktion auftreten kann, wenn langsame Neutronen mit einer Mischung aus Uranoxid und schwerem Wasser wechselwirken. Dies bestätigte, dass mehr Neutronen erzeugt als verbraucht wurden und bewies damit die

Machbarkeit einer selbsttragenden Reaktion. Der zweite Durchbruch stammte von Otto Frisch und Egerton Bretscher, die frühere Arbeiten von Hans Halban und Lew Kowarski erweiterten – französischen Wissenschaftlern, die aus Paris nach United Kingdom geflohen waren. Ihre Forschung konzentrierte sich auf die unterschiedlichen Reaktionen von U-235 und U-238 bei der Absorption von Neutronen. Sie beobachteten, dass U-235 leicht Kernspaltung durchlief, wenn es langsame Neutronen absorbierte, während U-238 eher dazu neigte, sich in ein neues Isotop, U-239, umzuwandeln. Dieses neue Isotop würde anschließend einen Betazerfall durchlaufen und Element 93 (später Neptunium genannt) erzeugen und schließlich in Element 94 (später Plutonium genannt) zerfallen. Bretscher und Feather vermuteten, dass dieses Element 94 sowohl durch langsame als auch schnelle Neutronen hochgradig spaltbar sei und aufgrund seiner unterschiedlichen chemischen Eigenschaften leicht von Uran getrennt werden könne. Diese Entdeckung schuf die theoretische Grundlage für die Herstellung von Plutonium, das später ein entscheidender Bestandteil der Atombombe werden sollte [52].

Diese theoretischen Arbeiten über Plutonium wurden 1940 unabhängig von Edwin McMillan und Philip Abelson in den United States bestätigt. In Cambridge schlug Dr. Nicholas Kemmer vor, die neuen Elemente nach dem Muster der äußersten Planeten des Sonnensystems zu benennen: Neptunium für Element 93, nach Neptune, und Plutonium für Element 94, nach Pluto. Zufälligerweise schlugen amerikanische Wissenschaftler dieselben Namen vor, wodurch ein internationaler Konsens entstand. Die offizielle Entdeckung von Plutonium im Jahr 1941 wird allgemein Glenn Seaborg und seinem Team in den United States zugeschrieben und markierte einen wichtigen Meilenstein in der Kernwissenschaft und der Entwicklung der Atombombe.

Diese Durchbrüche erweiterten nicht nur das theoretische Verständnis der Kernspaltung, sondern bereiteten auch den Weg für die praktische Entwicklung von Atomwaffen. Britische Wissenschaftler, unterstützt von geflüchteten Forschern, schufen grundlegendes Wissen und Techniken, die später für das von den United States geleitete Manhattan Project von entscheidender Bedeutung wurden. Ihre Arbeit unterstrich die enorme Bedeutung von Zusammenarbeit und gemeinsamer wissenschaftlicher Forschung in einer Zeit intensiver globaler Konflikte. Die aus dieser Forschung gewonnenen Erkenntnisse führten zu der Einsicht, dass Uran- und Plutoniumisotope beispiellose Energiemengen freisetzen können, wodurch Militärstrategien grundlegend verändert und der Verlauf der modernen Geschichte geprägt wurden [52].

Bis Ende 1940 hatten britische Wissenschaftler unter dem MAUD Committee bedeutende Fortschritte in der Atombombenforschung erzielt. Trotz der begrenzten finanziellen Mittel führten die koordinierten Bemühungen der Forschungsgruppen zu bemerkenswerten Erkenntnissen über die Kernspaltung und die Machbarkeit des Baus einer Atombombe. Während diese Arbeiten in United Kingdom streng geheim durchgeführt wurden, veröffentlichten Wissenschaftler in den United States weiterhin Forschungsergebnisse zur Kernphysik und zeigten zunächst wenig Dringlichkeit oder unmittelbaren Fokus auf die Entwicklung von Waffen. Die Briten hingegen waren zunehmend durch den andauernden Krieg in Europe und die Möglichkeit motiviert, dass Germany ebenfalls an Kernwaffen arbeitete.

Ein bedeutender Durchbruch im Frühjahr 1941 bestand in der Bestätigung des Spaltungsquerschnitts von Uran-235 (U-235) – ein entscheidender Faktor für das Verständnis, wie wahrscheinlich die Spaltung eines U-235-Kerns bei einer Kollision mit einem Neutron ist. Zunächst hatten die Physiker Rudolf Peierls und Otto Frisch theoretisiert, dass nahezu jede Neutronenkollision mit U-235 eine Kernspaltung auslösen würde, unabhängig von der Geschwindigkeit des Neutrons. Später wurde jedoch festgestellt, dass langsame Neutronen wesentlich wirksamer darin sind, Kernspaltung in U-235 hervorzurufen – eine Erkenntnis, die besonders für die Entwicklung von Kernreaktoren relevant war, während sie für Bombendesigns weniger Bedeutung hatte, da dort schnelle Neutronen ausreichend waren. Aufgrund dieser Erkenntnisse erklärte Peierls, dass eine Atombombe tatsächlich möglich sei, vorausgesetzt, hoch angereichertes U-235 könne bereitgestellt werden. Sie schätzten die kritische Masse für eine U-235-Bombe auf etwa 8 Kilogramm, wobei dieser Wert durch geeignetes neutronenreflektierendes Material reduziert werden könnte. Direkte Messungen blieben jedoch notwendig. In diesem Bewusstsein beschleunigten die Briten ihre Bemühungen, selbst nur wenige Mikrogramm reinen U-235 für Testzwecke herzustellen.

Im Juli 1941 veröffentlichte das MAUD Committee zwei zentrale Berichte. Der erste Bericht mit dem Titel „Use of Uranium for a Bomb" kam zu dem Schluss, dass der Bau einer Atombombe technisch machbar sei. Der Bericht schätzte, dass eine Bombe mit etwa 12 Kilogramm U-235 eine Explosion erzeugen würde, die rund 1.800 Tonnen TNT entspricht, und erhebliche Strahlung freisetzen würde, wodurch die Umgebung des Explosionsortes über längere Zeit gefährlich bliebe. Um täglich 1 Kilogramm U-235 zu produzieren, schätzte das Komitee, dass eine Anlage im Wert von 5 Millionen Pfund erforderlich wäre, die zudem eine große Zahl hochqualifizierter Arbeitskräfte benötigen würde, welche gleichzeitig auch für andere Kriegsprojekte gebraucht wurden. Aus Sorge darüber, dass Germany ebenfalls an Kernwaffen arbeiten könnte, drängte der Bericht darauf, dass United Kingdom das Bombenprojekt dringend und in Partnerschaft mit den United States verfolgen solle, obwohl sich Amerika zu diesem Zeitpunkt hauptsächlich auf die friedliche Nutzung von Uran für Energiegewinnung und Schiffsantriebe konzentrierte.

Der zweite Bericht, „Use of Uranium as a Source of Power", konzentrierte sich auf das Potenzial kontrollierter Kernspaltung zur Wärmeerzeugung für mechanische Anwendungen sowie zur Herstellung von Radioisotopen als Alternativen zu Radium. Er behandelte mögliche Moderatoren für den Spaltungsprozess, darunter schweres Wasser, Graphit und sogar gewöhnliches Wasser, sofern das Uran in U-235 angereichert wäre. Der Bericht prognostizierte, dass ein „Urankessel" – im Wesentlichen ein Kernreaktor – erhebliches Potenzial für die friedliche Energieproduktion in der Nachkriegszeit bieten würde, auch wenn seine Entwicklung während des Krieges als nicht prioritär angesehen wurde. Das Komitee empfahl, dass die Wissenschaftler Hans Halban und Lew Kowarski in die United States umsiedeln sollten, wo eine groß angelegte Produktion von schwerem Wasser geplant war. Auch die Möglichkeit, Plutonium anstelle von U-235 als Brennstoff zu verwenden, wurde erwähnt, was weitere Forschungen der britischen Wissenschaftler Bretscher und Feather zu den spaltbaren Eigenschaften von Plutonium anregte.

Die MAUD-Berichte führten zu einer vollständigen Neuorganisation der britischen Bemühungen in der Entwicklung von Atombomben und der Reaktorforschung beziehungsweise des

„Kesselprojekts". Die Arbeit des Komitees galt als bahnbrechend; innerhalb von fünfzehn Monaten hatte es United Kingdom zu einem führenden Land der Kernforschung gemacht und die Wirksamkeit gemeinschaftlicher wissenschaftlicher Koordination bewiesen. Premierminister Winston Churchill traf mit Unterstützung der Generalstabschefs die entscheidende Entscheidung, dem Bombenprojekt höchste Priorität einzuräumen. Die Auswirkungen der Berichte reichten weit über Großbritannien hinaus und führten zu einer hochrangigen Überprüfung in den United States unter Leitung der National Academy of Sciences. Anfangs konzentrierte sich das amerikanische Interesse auf Kernenergie und nicht auf Waffenentwicklung. Diese Haltung änderte sich dramatisch nach dem Attack on Pearl Harbor am 7. Dezember 1941, als die United States in den World War II eintraten. Mit diesem Wandel stellten die Vereinigten Staaten ihre enormen Ressourcen für die Entwicklung von Atombomben bereit, was zur Gründung des Manhattan Project führte – einer beispiellosen Zusammenarbeit, die letztlich zur Fertigstellung der Atombombe führte [52].

Das Manhattan-Projekt

Das Manhattan Project markierte einen entscheidenden Wendepunkt in der Entwicklung von Kernwaffen während des World War II, übertraf rasch die britischen Bemühungen und etablierte die United States als führende Nation in der Atomforschung. Anfang 1942 arbeiteten amerikanische Wissenschaftler und Ingenieure aktiv an mehreren konkurrierenden Methoden zur Urananreicherung für den Bombenbau, während gleichzeitig ein gewisser Informationsaustausch mit britischen Wissenschaftlern aufrechterhalten wurde. 1942 reisten mehrere bedeutende britische Forscher in die United States, wo sie vollständigen Zugang zur amerikanischen Atomforschung erhielten. Die Amerikaner verfolgten parallel drei Hauptverfahren zur Anreicherung: elektromagnetische Trennung unter Leitung von Ernest Lawrence in Berkeley, Zentrifugentrennung durch E. V. Murphree von Standard Oil sowie gasförmige Diffusion unter Koordination von Harold Urey an der Columbia University. Gleichzeitig erhielt Arthur Compton an der University of Chicago den Auftrag, einen Reaktor zur Produktion von Plutonium zu bauen – einem weiteren spaltbaren Material mit Potenzial für den Bombenbau. Zu diesem Zeitpunkt konzentrierten sich die Briten ausschließlich auf die gasförmige Diffusion und überließen den Amerikanern die Erforschung einer breiteren Palette von Methoden [52].

Im Juni 1942 übernahm die US-Armee die vollständige Kontrolle über das Projekt und beaufsichtigte Prozessentwicklung, technische Planung, Materialbeschaffung sowie die Auswahl von Standorten für Pilotanlagen zur Produktion spaltbarer Materialien nach allen vier Methoden. Diese massive Mobilisierung verlagerte den Schwerpunkt des Projekts auf industrielles Niveau, und zu diesem Zeitpunkt verringerte sich die Kommunikation mit United Kingdom deutlich. Dieser Zusammenbruch des Informationsaustauschs bedeutete einen Rückschlag für britische und kanadische Wissenschaftler, die insbesondere bei der Produktion von schwerem Wasser und der Reaktorforschung mit den Amerikanern zusammengearbeitet hatten. Als Reaktion darauf begann Winston Churchill die Machbarkeit des Baus einer Diffusionsanlage, einer Schwerwasseranlage und eines Kernreaktors innerhalb United Kingdoms zu prüfen, um die britische Kernforschung unabhängig zu stärken.

Die Verhandlungen zwischen der britischen und der amerikanischen Regierung dauerten mehrere Monate an und gipfelten schließlich in einem Abkommen, das im August 1943 in Quebec City von Winston Churchill und Präsident Franklin D. Roosevelt unterzeichnet wurde. Im Rahmen dieses Abkommens übergab United Kingdom sämtliche Forschungsberichte an die United States und erhielt im Gegenzug Kopien der Fortschrittsberichte von General Leslie Groves an den Präsidenten. Diese Berichte offenbarten den außergewöhnlichen Umfang und die enormen Kosten des Manhattan Project, dessen Ausgaben voraussichtlich mehr als 1 Milliarde US-Dollar betragen würden – eine bis dahin beispiellose Summe, die vollständig auf die Entwicklung der Atombombe ausgerichtet war. Anders als in United Kingdom konzentrierte sich das amerikanische Programm ausschließlich auf die Herstellung der Bombe, ohne Ressourcen für die Erforschung anderer friedlicher Anwendungen der Kernenergie bereitzustellen [52].

Abbildung 22: Dr. J. Robert Oppenheimer, Atomphysiker und Leiter des Manhattan Project. U.S. National Archives and Records Administration, Public Domain, über Picryl.

Bis 1943 war der Bau von Produktionsanlagen an mehreren Standorten bereits weit fortgeschritten. Die elektromagnetische Trennanlage, die sogenannte „Calutrons“ verwendete, sowie die Anlage zur gasförmigen Diffusion entwickelten sich rasch. Gleichzeitig wurde im Dezember 1942 an der University of Chicago die erste kontrollierte nukleare Kettenreaktion erreicht, als Enrico Fermi und sein Team erfolgreich einen experimentellen Graphitreaktor, bekannt als Chicago Pile-1, betrieben. Zur Produktion von Plutonium befand sich in Argonne ein großtechnischer Produktionsreaktor im Bau, wobei später weitere Reaktoren in Oak Ridge und Hanford errichtet wurden. Diese Anlagen wurden durch Wiederaufbereitungsanlagen ergänzt, die dazu dienten, Plutonium aus bestrahltem Uran zu extrahieren. Darüber hinaus wurden vier Anlagen zur Produktion von schwerem Wasser errichtet – drei in den United States und eine in Canada –, was das enorme Ausmaß des amerikanischen Nuklearprojekts unterstrich.

Während die Forschung fortgesetzt wurde, übernahmen J. Robert Oppenheimer (siehe Abbildung 22) und sein Team in Los Alamos die entscheidende Aufgabe, die Bomben zu entwerfen und zu bauen. Sie arbeiteten gleichzeitig an zwei Arten von Sprengkörpern: einem mit hoch angereichertem U-235 und einem anderen mit Pu-239. Beide Vorhaben waren äußerst komplex, doch bis Mitte 1945 waren ausreichende Mengen an Pu-239 und U-235 angesammelt worden, hauptsächlich aufgrund der Anreicherungsarbeiten in Oak Ridge. Das für die Bomben benötigte Uran stammte überwiegend aus dem Belgian Congo, einer Region mit bedeutenden Uranvorkommen.

Der Höhepunkt des Projekts war der Trinity Test am 16. Juli 1945 in Alamogordo, bei dem die erste atomare Vorrichtung, die mit Plutonium betrieben wurde, erfolgreich gezündet wurde. Der Erfolg des Tests demonstrierte die verheerende Kraft der Kernspaltung und bestätigte die Wirksamkeit des Plutoniumbomben-Designs. Das einfachere U-235-Bombendesign galt jedoch als ausreichend zuverlässig, sodass kein Test erforderlich war. Am 6. August 1945 wurde die erste Atombombe, ein U-235-Sprengkörper, über Hiroshima abgeworfen und verursachte massive Zerstörung. Nur drei Tage später, am 9. August, wurde eine zweite Bombe mit Plutonium (Pu-239) auf Nagasaki abgeworfen. Am selben Tag erklärte die Soviet Union Japan den Krieg, wodurch der Druck auf die japanische Regierung weiter zunahm [52].

Am 10. August 1945 kapitulierte Japan, wodurch der Krieg beendet wurde. Das Manhattan Project hatte nicht nur den Verlauf des World War II verändert, sondern auch das Atomzeitalter eingeläutet und damit globale Militärstrategien, Geopolitik und die zukünftige Entwicklung der Energieversorgung grundlegend beeinflusst. Das Projekt war ein Beispiel beispielloser wissenschaftlicher Zusammenarbeit, technischer Ingenieurskunst und staatlicher Unterstützung, warf jedoch zugleich tiefgreifende ethische und existenzielle Fragen über die Fähigkeit der Menschheit auf, eine derart zerstörerische Macht einzusetzen. Das Vermächtnis des Manhattan-Projekts wirkt bis heute fort und beeinflusst Nuklearpolitik, Rüstungskontrolle und die Entwicklung der Kernenergie über Generationen hinweg [52].

Das sowjetische Atombombenprogramm

Anfangs zögerte der sowjetische Führer Joseph Stalin, Ressourcen für die Entwicklung einer Atombombe bereitzustellen, da er sich auf den laufenden Krieg konzentrierte und vorsichtig war, Mittel von konventionellen militärischen Prioritäten abzuziehen. Geheimdienstberichte über Atomforschungsprogramme in Germany, United Kingdom und den United States änderten jedoch seine Sichtweise und führten dazu, dass er die strategischen Auswirkungen von Kernwaffen erkannte. Beratungen mit bedeutenden sowjetischen Wissenschaftlern, darunter Abram Ioffe, Pyotr Kapitsa, Vitaly Khlopin und Vladimir Vernadsky, überzeugten Stalin davon, dass eine Bombe relativ schnell entwickelt werden könnte. Auf Grundlage ihrer Empfehlungen initiierte er 1942 ein bescheidenes Atomforschungsprogramm. Igor Kurchatov, damals ein vergleichsweise junger und aufstrebender Wissenschaftler, wurde zum Leiter dieser Initiative ernannt. 1943 wurde Kurchatov Direktor des Labors Nr. 2, einer neu gegründeten Forschungseinrichtung am Stadtrand von Moscow, die später in LIPAN umbenannt und schließlich als Kurchatov Institute bekannt wurde. Die Gesamtverantwortung für das Bombenprogramm lag unter der Kontrolle des sowjetischen Sicherheitschefs Lavrenti Beria, während die administrative Aufsicht von der Ersten Hauptdirektion übernommen wurde, die später zum Ministerium für mittleren Maschinenbau wurde [52].

Die sowjetischen Kernforschungsbemühungen konzentrierten sich auf drei Hauptziele: das Erreichen einer kontrollierten Kettenreaktion, die Untersuchung von Methoden zur Isotopentrennung und die Erforschung von Designs für Bomben auf Basis von angereichertem Uran und Plutonium. Zur Einleitung einer kontrollierten Kettenreaktion experimentierten Wissenschaftler mit zwei Arten von Atomstapeln (Kernreaktoren): einem mit Graphit als Moderator und einem anderen mit schwerem Wasser. Zusätzlich untersuchten sie drei Methoden zur Trennung von Uranisotopen, um die erforderlichen Anreicherungsgrade zu erreichen: Gegenstrom-Thermodiffusion, gasförmige Diffusion und elektromagnetische Trennung. Diese frühen Experimente legten den Grundstein für die spätere Produktion spaltbarer Materialien, die für den Bombenbau entscheidend waren [52].

Nach der Niederlage des nationalsozialistischen Germany im Mai 1945 „rekrutierten" sowjetische Behörden deutsche Wissenschaftler zur Mitarbeit am Bombenprogramm, insbesondere im Bereich der Isotopentrennung zur Herstellung angereicherten Urans. Diese Rekrutierung erweiterte die sowjetischen Forschungskapazitäten und führte die Gaszentrifugentechnologie als neue Anreicherungsmethode zusätzlich zu den anderen Verfahren ein. Trotz des erfolgreichen ersten amerikanischen Atomtests im Juli 1945 blieb das sowjetische Programm weitgehend unbeeinflusst. Zu diesem Zeitpunkt machten Igor Kurchatov und sein Team bereits erhebliche Fortschritte bei der Entwicklung sowohl von Uran- als auch von Plutoniumbomben. Kurchatov hatte Entwürfe für einen industriellen Reaktor zur Produktion von Plutonium initiiert, während Wissenschaftler im Bereich der Uranisotopentrennung Fortschritte bei der gasförmigen Diffusion erzielten [52].

Die Atombombenabwürfe auf Hiroshima und Nagasaki im August 1945 erhöhten die Bedeutung des sowjetischen Nuklearprogramms erheblich und verdeutlichten die Notwendigkeit, die nuklearen Fähigkeiten der United States auszugleichen. Im November 1945 begann der Bau einer neuen geheimen Stadt im Ural Mountains namens Chelyabinsk-40 (später bekannt als Chelyabinsk-65 oder Mayak-Produktionsvereinigung), in der die ersten sowjetischen Plutoniumproduktionsreaktoren untergebracht werden sollten. Diese Anlage war die erste von zehn geheimen „Nuklearstädten" in der Soviet Union und umfasste eine Wiederaufbereitungsanlage zur Extraktion von Plutonium aus bestrahltem Uran. Der erste von fünf Reaktoren in Chelyabinsk-65 wurde 1948 in Betrieb genommen und markierte einen bedeutenden Meilenstein der sowjetischen Atomproduktion [52].

Im Hinblick auf die Urananreicherung beschlossen die sowjetischen Behörden Ende 1945 mit dem Bau der ersten Anlage zur gasförmigen Diffusion in Verkh-Neyvinsk (später die geschlossene Stadt Sverdlovsk-44) nahe Yekaterinburg zu beginnen. Spezialisierte Konstruktionsbüros wurden im Leningrader Kirow-Metallurgie- und Maschinenbauwerk sowie im Maschinenbauwerk Gorki eingerichtet, um diese Bemühungen zu unterstützen. Das Programm profitierte außerdem vom Fachwissen einer Gruppe deutscher Wissenschaftler, die am Sukhumi Physical Technical Institute arbeiteten. Gemeinsam trugen diese Gruppen wesentlich dazu bei, dass die Sowjetunion die für die Entwicklung von Kernwaffen entscheidenden Urananreicherungstechniken beherrschte.

Im April 1946 wurde die Bombenkonstruktion in ein neu gegründetes Zentrum namens Designbüro-11 in Sarov verlegt, das später zur geschlossenen Stadt Arzamas-16 wurde. Dieser Schritt markierte eine Intensivierung der Bemühungen zum Entwurf einer tatsächlichen Atombombe und brachte zusätzliche Experten ein, darunter den Metallurgen Yefim Slavsky, der mit der Herstellung des hochreinen Graphits für Kurchatovs Plutoniumreaktor F-1 beauftragt wurde. Der F-1-Reaktor, der im Labor Nr. 2 untergebracht war, wurde im Dezember 1946 in Betrieb genommen. Weitere Unterstützung kam vom Labor Nr. 3 in Moscow, heute bekannt als Institut für Theoretische und Experimentelle Physik, das durch Reaktorforschung wesentlich zum Fortschritt des Programms beitrug [52].

Geheimdienstliche Aktivitäten beeinflussten das Bombendesign, wodurch sowjetische Wissenschaftler ihre erste Vorrichtung eng am Nagasaki-Bombendesign (einer plutoniumbasierten Waffe) orientierten. Im August 1947 errichteten die Sowjets ein Testgelände nahe Semipalatinsk, wo die Vorbereitungen für den ersten Bombentest begannen. Dieser Standort wurde zum Zentrum sowjetischer Nuklearversuche. Im August 1949, nur zwei Jahre nach Fertigstellung des Testgeländes, zündete die Soviet Union erfolgreich ihre erste Atombombe, die RDS-1. Bereits vor diesem Test hatte eine weitere Gruppe sowjetischer Wissenschaftler unter Leitung von Igor Tamm und Andrei Sakharov mit ersten Arbeiten an einer Wasserstoffbombe begonnen und damit die nächste Phase der Kernwaffenentwicklung eingeleitet [52].

Die Wiederbelebung des „Nuklearkessels“

Am Ende des World War II war die verheerende Macht der Nukleartechnologie, wie sie nur fünfeinhalb Jahre zuvor im Frisch-Peierls-Memorandum vorhergesagt worden war, durch die Atombombe demonstriert worden. Mit dem Ende des Krieges begann sich die wissenschaftliche Aufmerksamkeit zunehmend auf die friedliche Nutzung der Kernenergie zu richten. Obwohl die Waffenentwicklung sowohl in der Soviet Union als auch im Westen angesichts der wachsenden Spannungen des Kalten Krieges fortgesetzt wurde, entstand ein neuer Schwerpunkt: die Nutzung der Kernenergie zur Erzeugung von Dampf und Elektrizität für zivile Zwecke. Wissenschaftler erkannten, dass die enorme Wärme, die durch Kernspaltung erzeugt wurde und ursprünglich für Waffen genutzt worden war, stattdessen zur Energieversorgung von Industrie und Haushalten eingesetzt werden konnte. Diese Erkenntnis eröffnete die Möglichkeit zur Entwicklung kompakter, langlebiger Energiequellen, die Branchen wie die Seeschifffahrt und den U-Boot-Betrieb grundlegend verändern könnten.

Der erste Schritt in diese Richtung wurde vom Argonne National Laboratory in Idaho mit dem Experimental Breeder Reactor-I unternommen. Dieser kleine Reaktor, der im Dezember 1951 in Betrieb ging, war der erste, der eine geringe Menge Elektrizität erzeugte. Obwohl seine Leistung minimal war, bewies er die Machbarkeit von Kernreaktoren zur Stromerzeugung und legte den Grundstein für zukünftige Fortschritte in der Kernenergie. 1953 kündigte Präsident Dwight D. Eisenhower das Programm Atoms for Peace an, wodurch bedeutende Forschungsanstrengungen auf die Stromerzeugung aus Kernenergie ausgerichtet wurden und ein Weg für die zivile Nutzung der Kernenergie in den United States geschaffen wurde.

In der Soviet Union beschleunigte sich die Kernenergieforschung nach dem Krieg ebenfalls und konzentrierte sich auf die Verbesserung bestehender Reaktoren sowie die Entwicklung neuer Designs. Das Institute of Physics and Power Engineering wurde 1946 in der geschlossenen Stadt Obninsk, etwa 100 Kilometer südwestlich von Moscow, gegründet, um die Entwicklung der Kernenergietechnologie voranzutreiben. Im Juni 1954 erreichte das FEI einen bedeutenden Meilenstein mit dem Betrieb des weltweit ersten kernkraftbetriebenen Elektrizitätserzeugers: des AM-1 Reactor, auch bekannt als Atom Mirny („friedliches Atom“). Dieser graphitmoderierte und wassergekühlte Reaktor hatte eine Auslegungsleistung von 30 MWt (5 MWe) und stellte einen bedeutenden Erfolg dar, da er zeigte, dass Nukleartechnologie für friedliche Anwendungen genutzt werden kann. Der AM-1-Reaktor blieb bis 1959 zur Stromerzeugung in Betrieb und wurde bis 2000 als Forschungseinrichtung weitergenutzt. Er diente als Prototyp für spätere sowjetische Reaktoren, einschließlich des RBMK Reactor-Modells, das im Chernobyl Nuclear Power Plant verwendet wurde [52].

Während der 1950er-Jahre erforschte das FEI in Obninsk auch schnelle Brutreaktoren (FBRs) und Blei-Wismut-Reaktoren für die sowjetische Marine. Der BR-1 Reactor (Bystry Reaktor oder Schnellreaktor), ein schneller Neutronenreaktor ohne Stromerzeugung, nahm im April 1955 den Betrieb auf. Er führte zum BR-5 Reactor, der 1959 mit einer Leistung von 5 MWt gestartet wurde und der Sowjetunion eine Plattform für grundlegende Forschung an natriumgekühlten schnellen Brutreaktoren bot. Der BR-5 wurde 1973 modernisiert und 1983 umfassend umgebaut, wodurch er zum BR-10 Reactor mit einer Leistung von 8 MWt wurde. Dieser Reaktor unterstützt weiterhin Untersuchungen zur Brennstoffhaltbarkeit, Materialforschung und Isotopenproduktion und spielt eine wichtige Rolle bei der Weiterentwicklung der Nukleartechnologie.

In den United States leitete Admiral Hyman Rickover die Entwicklung des Druckwasserreaktors (PWR), hauptsächlich für die Marine, insbesondere für U-Boote. Das PWR-Design verwendete angereicherten Uranoxid-Brennstoff und wurde mit gewöhnlichem (leichtem) Wasser gekühlt und moderiert. Der Prototypreaktor Mark 1 Naval Reactor, der im März 1953 in Idaho in Betrieb genommen wurde, ebnete den Weg für die USS Nautilus, das weltweit erste nuklearbetriebene U-Boot, das 1954 vom Stapel lief. Bis 1959 hatten sowohl die United States als auch die Soviet Union ihre ersten nuklearbetriebenen Überwasserschiffe in Dienst gestellt, womit die Ära des Nuklearantriebs in Marineflotten begann. Der Erfolg des Mark-1-Reaktors veranlasste die United States Atomic Energy Commission zum Bau des Demonstrationsreaktors Shippingport Atomic Power Station in Pennsylvania mit einer Leistung von 60 MWe. Shippingport nahm 1957 den Betrieb auf und blieb bis 1982 in Betrieb, wodurch das Potenzial der PWR-Technologie für die zivile Energieerzeugung demonstriert wurde [52].

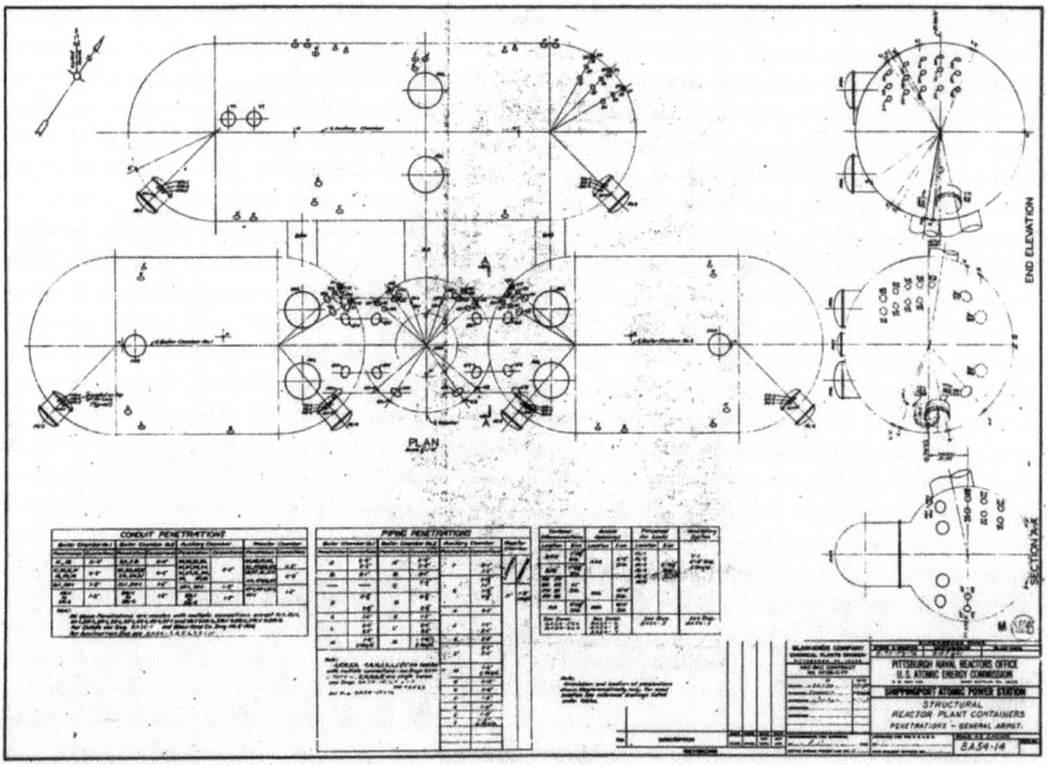

Abbildung 23: Pläne für das Shippingport Atomic Power Station am Ohio River, 25 Meilen nordwestlich von Pittsburgh, Shippingport, Beaver County, Pennsylvania. Library of Congress, Public Domain, über Getarchive.

Abbildung 24: Das Shippingport Atomic Power Station, das weltweit erste großtechnische Atomkraftwerk, das ausschließlich der friedlichen Stromerzeugung gewidmet war, befindet sich in der Nähe des heutigen Beaver Valley Nuclear Generating Station. Foto aus dem Jahr 1956. Library of Congress, CC BY 2.0, über Flickr.

Im United Kingdom nahm die nukleare Entwicklung nach dem Krieg aufgrund des eingeschränkten Zugangs zur Urananreicherungstechnologie, die von den United States kontrolliert wurde, einen anderen Verlauf. Stattdessen entwickelten britische Wissenschaftler Reaktoren, die mit natürlichem Uranmetall betrieben, mit Graphit moderiert und gasgekühlt wurden. Die Magnox-Reaktoren, deren erste Einheit im Calder Hall Nuclear Power Station 1956 den Betrieb aufnahm, repräsentierten diesen einzigartigen Ansatz. Diese Reaktoren mit einer Leistung von 50 MWe wurden mit natürlichem Uran betrieben und liefen bis 2003. Nach dem Bau von 26 Einheiten stellte Großbritannien 1963 die Entwicklung der Magnox-Reaktoren ein und wechselte zu fortschrittlichen gasgekühlten Reaktoren (AGRs), die angereicherten Uranoxid-Brennstoff verwendeten. Schließlich übernahm das Vereinigte Königreich das weltweit weiter verbreitete PWR-Design und erkannte dessen Effizienz und Wirtschaftlichkeit an [52].

Die Wiederbelebung des Konzepts des „Nuklearkessels“ durch diese Fortschritte zeigte das Potenzial der Nukleartechnologie, die Energieerzeugung grundlegend zu verändern. Von der Initiative Atoms for Peace über bahnbrechende Reaktoren in der Soviet Union bis hin zu Marineanwendungen in den United States markierten die Nachkriegsjahre eine transformative Epoche der nuklearen Entwicklung. Die Grundlagen, die in diesen frühen Projekten geschaffen wurden, förderten das fortlaufende Wachstum der Kernenergie als praktikable großtechnische Stromquelle und demonstrierten ihre Vielseitigkeit in unterschiedlichen Bereichen, einschließlich nationaler Verteidigung und ziviler Energieanwendungen [52].

Der Abschwung und die Wiederbelebung der Kernenergie

Von den späten 1970er-Jahren bis in die frühen 2000er-Jahre erlebte die Kernenergiebranche eine Phase des Rückgangs und der Stagnation. Der Schwung, den die Kernenergie Mitte des 20. Jahrhunderts gewonnen hatte, verlangsamte sich erheblich, mit nur wenigen neuen Reaktorbestellungen und einer allmählichen Veränderung der Wachstumsdynamik der Branche. Mitte der 1980er-Jahre hielt die Zahl neu ans Netz gehender Reaktoren kaum noch mit der Stilllegung älterer Anlagen Schritt. Obwohl die nukleare Kapazität um etwa ein Drittel zunahm und die Gesamtstromproduktion aufgrund verbesserter Auslastungsfaktoren und höherer Betriebseffizienz um 60 % stieg, sah sich die Branche mit Herausforderungen konfrontiert, die eine bedeutende Expansion verhinderten. Während dieser Zeit blieb der Anteil der Kernenergie an der weltweiten Stromproduktion bei etwa 16–17 % stabil. Viele Reaktorprojekte, die in den 1970er-Jahren begonnen worden waren, wurden eingestellt, was zu sinkenden Uranpreisen und einem Anstieg sekundärer Uranquellen führte. Ölunternehmen, die in Uran investiert hatten, zogen sich zurück, wodurch es zu einer Konsolidierung der Uranproduzenten kam und das Wachstum der Branche zusätzlich eingeschränkt wurde.

Trotz dieser Rückschläge zeigten sich Ende der 1990er-Jahre Anzeichen einer Wiederbelebung der Kernenergie. In Japan symbolisierte die Inbetriebnahme des Kashiwazaki-Kariwa Nuclear Power Station-Reaktors Kashiwazaki-Kariwa 6, eines 1350-MWe-Advanced Boiling Water Reactor (ABWR), einen Wandel in der Perspektive der Branche. Dieser Reaktor der dritten Generation stellte einen bedeutenden Fortschritt dar und demonstrierte verbesserte Sicherheitsmerkmale sowie höhere Betriebseffizienz, was das Potenzial für eine Renaissance der Kernenergie aufzeigte [52].

Mehrere Faktoren zu Beginn des 21. Jahrhunderts trugen dazu bei, das Interesse an der Kernenergie erneut zu entfachen. Der erste Faktor war der prognostizierte weltweite Anstieg des Strombedarfs, insbesondere in sich rasch entwickelnden Ländern. Mit dem Wachstum dieser Volkswirtschaften wurde die Nachfrage nach zuverlässigen, großskaligen Energiequellen immer wichtiger. Zweitens entwickelte sich die Energiesicherheit zu einem zentralen Anliegen. Staaten erkannten die Bedeutung zuverlässiger und bezahlbarer Energieversorgung, wobei die Kernenergie regelbare Elektrizität bereitstellen konnte, die schwankende Nachfrage ohne Unterbrechungen deckt. Schließlich wuchs das Bedürfnis, Kohlenstoffemissionen als Reaktion auf die Sorgen über den Klimawandel zu reduzieren. Kernenergie bot als kohlenstoffarme

Energiequelle die Möglichkeit, diesen Bedarf zu decken und gleichzeitig die Umweltbelastung zu minimieren.

Diese Faktoren fielen mit dem Aufkommen neuer Kernreaktoren der dritten Generation zusammen, die sicherer, effizienter und besser an die Anforderungen moderner Stromnetze angepasst waren. Im Jahr 2004 wurde der erste späte Reaktor der dritten Generation, ein 1600-MWe-European Pressurized Reactor, für Finland bestellt und signalisierte Europas erneutes Bekenntnis zur Kernenergie. France folgte bald mit Plänen zum Bau einer ähnlichen Anlage, und die United States begannen mit dem Bau von zwei neuen Westinghouse AP1000-Reaktoren. Dieses erneute Interesse an der Kernenergie verdeutlichte einen globalen Strategiewechsel im Energiesektor, bei dem Kernenergie wieder als praktikable Option für nachhaltige und sichere Stromerzeugung betrachtet wurde.

Während Europe und North America nur begrenzte nukleare Erweiterungen verfolgten, entwickelte sich Asia zum Zentrum des nuklearen Wachstums. China und India starteten ehrgeizige Kernenergieprogramme, getragen von starkem politischen Willen und erheblicher öffentlicher Unterstützung. Insbesondere China plante bis 2030 einen erheblichen Ausbau seiner Kernenergiekapazitäten, mit mehr als 100 vorgeschlagenen neuen Großreaktoren. Chinas Ansatz umfasste sowohl die Übernahme westlicher Reaktordesigns als auch die Entwicklung lokaler Anpassungen, die den spezifischen Energieanforderungen des Landes entsprachen. Diese ehrgeizige Expansion spiegelt die zentrale Rolle Asiens in der Zukunft der Kernenergie wider, während diese Länder daran arbeiten, wachsende Energiebedarfe und Umweltziele zu bewältigen.

Die Entwicklung der Kernenergie hat sich somit im Laufe der Jahrzehnte verändert. Beginnend mit wissenschaftlicher Forschung in Europe und dem anfänglichen Wachstum in United Kingdom und den United States erlebte die Kernenergie zunächst eine Phase des Stillstands, bevor sie in East Asia neues Leben fand. Dieses Wachstum führte zu mehr als 17.000 Reaktor-Betriebsjahren Erfahrung und demonstrierte das Potenzial der Kernenergie, einen zuverlässigen und bedeutenden Anteil der weltweiten Elektrizität bereitzustellen. Während sich die Nukleartechnologie weiterentwickelt, bleibt sie ein zentraler Akteur im globalen Streben nach nachhaltigen und kohlenstoffarmen Energielösungen und spiegelt ihre Anpassungsfähigkeit sowie ihre anhaltende Bedeutung für die Deckung des Energiebedarfs der Menschheit wider [52].

Kernenergie in der heutigen Welt

Die Nukleartechnologie, die ihren Ursprung in den 1940er-Jahren mit dem Schwerpunkt auf Waffenentwicklung während des World War II hatte, entwickelte sich in den 1950er-Jahren zunehmend in Richtung friedlicher Anwendungen, insbesondere zur Energieerzeugung. Durch die Nutzung der Kernspaltung zur Stromerzeugung erweiterte sich das Potenzial der Kernenergie erheblich. Seit dem Aufschwung der kommerziellen Kernenergieindustrie in den 1960er-Jahren haben Kernkraftwerke inzwischen rund 20.000 Reaktor-Betriebsjahre Erfahrung gesammelt und sind in 31 Ländern (plus Taiwan) aktiv. Regionale Stromübertragungsnetze erweitern zudem den

Einfluss der Kernenergie, insbesondere in Europe, wo viele Länder teilweise auf nuklear erzeugten Strom aus Nachbarstaaten angewiesen sind [53].

Anfangs war die Kernenergieindustrie während des Kalten Krieges durch klare Grenzen zwischen Ost und West geprägt. Heute wird sie jedoch durch internationale Zusammenarbeit und globalen Handel definiert. Ein moderner Kernreaktor, der in Asia gebaut wird, kann Komponenten aus South Korea, Canada, Japan, France, Germany, Russia und anderen Ländern verwenden, was die wahrhaft globale Natur der Branche verdeutlicht. Uran, das in Australia oder Namibia abgebaut wird, könnte Reaktoren in den United Arab Emirates versorgen, nachdem es mehrere Verarbeitungsschritte in verschiedenen Ländern durchlaufen hat – Konversion in France, Anreicherung in den Netherlands, Rückkonversion im United Kingdom und Brennstofffertigung in South Korea. Diese globale gegenseitige Abhängigkeit unterstreicht die Rolle der Nukleartechnologie als gemeinsame Lösung für Energieherausforderungen [53].

Über die Stromerzeugung hinaus spielt die Nukleartechnologie in mehreren Bereichen eine entscheidende Rolle. Sie unterstützt die Bekämpfung von Krankheiten, medizinische Diagnostik und Behandlungen sowie Weltraummissionen. Diese Anwendungen unterstreichen die Bedeutung der Nukleartechnologie für die Förderung nachhaltiger Entwicklungsziele weltweit. Im Jahr 2023 lieferten Kernkraftwerke gemeinsam 2.602 TWh Strom – ein Anstieg gegenüber 2.545 TWh im Jahr 2022 –, was das stetige Wachstum und die Widerstandsfähigkeit der Branche verdeutlicht [53].

Weltweit erzeugten vierzehn Länder im Jahr 2023 mindestens 25 % ihres Stroms aus Kernenergie. France deckt bis zu 70 % seines Strombedarfs durch Kernenergie, während Ukraine, Slovakia und Hungary rund 50 % ihrer Elektrizität aus nuklearen Quellen beziehen. Japan, das historisch mehr als ein Viertel seines Stroms aus Kernenergie gewann, arbeitet daran, seine nukleare Kapazität wieder auf frühere Niveaus auszubauen [53].

Im Jahr 2024 wurden mehrere neue Reaktoren an das Stromnetz angeschlossen. Zu den bemerkenswerten Beispielen gehören Kakrapar Atomic Power Station 4 in India (630 MWe), Vogtle Electric Generating Plant 4 in den United States (1117 MWe), Barakah Nuclear Power Plant 4 in den United Arab Emirates (1310 MWe), Fangchenggang Nuclear Power Plant 4 in China (1105 MWe) sowie Shidaowan Nuclear Power Plant Guohe One 1 in China (1400 MWe). Darüber hinaus wurden neue Reaktorprojekte begonnen, darunter El Dabaa 4 in Egypt, Zhangzhou 3 in China und Leningrad 2-3 in Russia. Der kontinuierliche Bau und die Inbetriebnahme neuer Reaktoren unterstreichen die entscheidende Rolle der Kernenergie bei der Deckung zukünftiger Energiebedarfe und der Reduzierung von Kohlenstoffemissionen. Gleichzeitig wurden ältere Reaktoren stillgelegt, darunter Kursk 2 in Russia, Maanshan 1 in Taiwan und Pickering 1 in Canada, da sie das Ende ihrer Betriebsdauer erreicht hatten [53].

Im Jahr 2023 waren weltweit 439 Reaktoren in Betrieb, 66 im Bau, 87 geplant und 344 vorgeschlagen. Jede Region weist unterschiedliche Entwicklungsstände der Kernenergie auf, was sowohl die operative als auch die strategische Vielfalt der Kernenergienutzung widerspiegelt. Beispielsweise führt China sowohl bei der Zahl der in Betrieb befindlichen als auch der im Bau befindlichen Reaktoren, wobei für die wachsende Flotte ein erheblicher Uranbedarf erwartet wird [53].

Kernreaktoren haben im Laufe der Zeit erhebliche Leistungsverbesserungen gezeigt, insbesondere hinsichtlich der Kapazitätsfaktoren – dem Verhältnis zwischen tatsächlicher und potenzieller Energieproduktion. Der Kapazitätsfaktor von Reaktoren hat sich in den letzten 40 Jahren deutlich verbessert und zeigt, dass bestehende Reaktoren über längere Betriebszeiten effizienter und zuverlässiger arbeiten können. Bemerkenswert ist, dass in den letzten Jahren kein signifikanter Rückgang des durchschnittlichen Kapazitätsfaktors mit zunehmendem Reaktoralter festgestellt wurde, was darauf hindeutet, dass Reaktoren auch im höheren Alter weiterhin hohe Leistungen erbringen [53].

Die weltweite Nachfrage nach Elektrizität wächst weiterhin und erfordert neue Stromerzeugungskapazitäten, um alternde fossile Kraftwerke – insbesondere Kohlekraftwerke –, die große Mengen Kohlendioxid ausstoßen, zu ersetzen. Obwohl erneuerbare Energiequellen ausgebaut wurden, machen fossile Brennstoffe immer noch 61 % der Stromerzeugung aus, nur geringfügig weniger als 66,5 % im Jahr 2005. Kernenergie bietet eine zuverlässige, kohlenstoffarme Lösung, um diesen Bedarf zu decken. Die International Energy Agency (IEA) der Organisation for Economic Co-operation and Development (OECD) prognostiziert, dass die nukleare Kapazität bis 2050 auf 916 GWe steigen müsste, um die globale Temperaturerhöhung im Rahmen von Net-Zero-Emissions-Szenarien (NZE) zu stabilisieren [53].

Neben kommerziellen Kernkraftwerken sind weltweit etwa 220 Forschungsreaktoren in mehr als 50 Ländern aktiv. Diese Reaktoren spielen eine wichtige Rolle in der wissenschaftlichen Forschung, der Produktion medizinischer Isotope und industriellen Anwendungen. Ein weiterer bedeutender Bereich der Kernenergie ist der Marineantrieb, insbesondere für militärische U-Boote und große Überwasserschiffe. Derzeit sind mehr als 160 nuklearbetriebene Schiffe (hauptsächlich U-Boote) im Einsatz, wobei Russia und die United States die Mehrheit betreiben. Russland betreibt außerdem eine Flotte nuklearbetriebener Eisbrecher und war Vorreiter bei der Nutzung eines schwimmenden Kernkraftwerks in Pevek in der Arktis, das abgelegene Regionen mit Energie versorgt [53].

Der Wandel der Nuklearindustrie von ihren militärischen Ursprüngen hin zu einem entscheidenden Bestandteil der globalen Energielandschaft verdeutlicht ihre Anpassungsfähigkeit und Bedeutung. Kernenergie liefert nicht nur kohlenstoffarmen Strom, sondern unterstützt auch medizinische, industrielle und weltraumbezogene Anwendungen. Während die Welt gleichzeitig mit wachsendem Energiebedarf und der Notwendigkeit zur Reduzierung von Kohlenstoffemissionen konfrontiert ist, bleibt die Nukleartechnologie ein unverzichtbares Instrument zur Erreichung einer nachhaltigen und sicheren Energiezukunft [53].

Vorteile von SMRs in der modernen Energieerzeugung

Kleine Modulare Reaktoren (Small Modular Reactors, SMRs) stellen einen transformativen Ansatz für die moderne Energieerzeugung dar und bieten zahlreiche Vorteile, die die Herausforderungen traditioneller Kernkraftwerke adressieren.

Einer der bedeutendsten Vorteile von SMRs sind ihre verbesserten Sicherheitsmerkmale. SMRs sind mit passiven Sicherheitssystemen ausgestattet, die natürliche Kräfte wie Schwerkraft und Konvektion nutzen, um den Reaktor ohne externe Stromversorgung oder Eingriffe von Bedienpersonal während Notfällen zu kühlen. Dieses Design minimiert das Risiko katastrophaler Ausfälle, wie Studien zeigen, wonach SMRs sich über längere Zeiträume sicher selbst abschalten und kühlen können, ohne auf aktive Systeme angewiesen zu sein [5, 29]. Darüber hinaus begrenzt die kleinere Größe von SMRs von Natur aus die Menge an radioaktivem Material, wodurch die potenziellen Auswirkungen eines Zwischenfalls reduziert werden [55]. Diese Sicherheitsmerkmale machen SMRs geeignet für den Einsatz an unterschiedlichsten Standorten, einschließlich städtischer Gebiete und abgelegener Regionen, in denen schnelle Notfallmaßnahmen schwierig sein können [11, 18].

Das modulare Design von SMRs ermöglicht eine skalierbare Energieerzeugung und macht sie anpassungsfähig an unterschiedliche Energiebedarfe. Mehrere SMRs können schrittweise installiert werden, wodurch die finanziellen Belastungen großer Kernenergieprojekte reduziert werden [13, 54]. Diese Flexibilität ist besonders vorteilhaft für Regionen mit unvorhersehbarem Energiebedarf oder kleineren Märkten, da Versorgungsunternehmen ihre Kapazitäten schrittweise entsprechend der Nachfrage erweitern können [14, 55]. Zusätzlich ermöglicht die fabrikbasierte Produktion von SMRs kürzere Bauzeiten und eine verbesserte Qualitätskontrolle, was ihre wirtschaftliche Tragfähigkeit weiter erhöht [13, 18].

SMRs erfordern im Vergleich zu traditionellen Kernkraftwerken deutlich geringere Anfangsinvestitionen, die potenzielle Investoren bei Großprojekten aufgrund hoher Vorlaufkosten häufig abschrecken [13]. Die kleinere Grundfläche und die modulare Bauweise der SMRs ermöglichen besser handhabbare finanzielle Verpflichtungen, wodurch Kernenergie auch für Länder und Energieversorger mit begrenzten Kapitalressourcen zugänglich wird [14, 54]. Dieses verringerte finanzielle Risiko ist besonders attraktiv für Akteure, die ihre Energieportfolios diversifizieren möchten, ohne enorme Ausgaben tätigen zu müssen [13, 55].

SMRs eignen sich besonders für abgelegene und netzferne Anwendungen, in denen traditionelle Energieinfrastrukturen fehlen. Viele entlegene Regionen sind derzeit auf fossile Brennstoffe angewiesen, die kostspielig und umweltschädlich sein können [8, 56]. SMRs können in diesen Regionen stabile, kohlenstoffarme Energie bereitstellen und die Abhängigkeit von emissionsintensiven Energiequellen wie Dieselgeneratoren verringern [11, 18]. Durch ihre kompakte Bauweise lassen sie sich in schwer zugängliche oder isolierte Gebiete transportieren und stellen somit eine praktische Lösung für Militärstützpunkte, Inselstaaten und Bergbauoperationen dar [13, 55].

Im Vergleich zu traditionellen Reaktoren benötigen SMRs weniger Fläche und Wasser, wodurch sich die Anzahl potenzieller Standorte für ihren Einsatz erweitert [13, 18]. Viele SMR-Designs nutzen Luftkühlungssysteme oder benötigen nur minimale Wassermengen zur Kühlung, wodurch sie sich auch für aride Regionen eignen [5, 29]. Dieser geringere Ressourcenbedarf erlaubt eine nähere Platzierung an urbanen Zentren, unterstützt nachhaltige Entwicklungsziele und minimiert Umweltauswirkungen [13, 57].

SMRs sind vielseitig einsetzbar und können weit mehr leisten als nur Stromerzeugung. Sie können Prozesswärme für industrielle Anwendungen wie Wasserstoffproduktion und Meerwasserentsalzung bereitstellen [18, 55]. Die hohe Temperaturleistung bestimmter SMR-Designs macht sie besonders geeignet für diese Anwendungen und bietet eine nachhaltige Quelle für Frischwasser und Energie [11, 54]. Diese Vielseitigkeit erhöht den Gesamtnutzen von SMRs bei der Deckung unterschiedlicher Energiebedürfnisse [3, 56].

Die Umweltbelastung von SMRs ist deutlich geringer als die fossiler Kraftwerke. Während des Betriebs erzeugen SMRs keine direkten Kohlenstoffemissionen und stellen damit einen wichtigen Bestandteil globaler Bemühungen zur Reduzierung von Treibhausgasemissionen dar [18, 55]. Darüber hinaus sind einige SMR-Designs darauf optimiert, die Entstehung nuklearer Abfälle zu minimieren, was ihre Umweltbilanz weiter verbessert [58, 59]. Durch die Bereitstellung zuverlässiger Grundlastenergie können SMRs erneuerbare Energiequellen ergänzen und zu einem nachhaltigeren Energiemix beitragen [13, 57].

SMRs können die Stabilität von Stromnetzen verbessern, insbesondere in Systemen mit hohem Anteil erneuerbarer Energien. Ihre Fähigkeit zum Lastfolgebetrieb ermöglicht es ihnen, ihre Leistung in Echtzeit anzupassen und damit die schwankende Natur erneuerbarer Quellen wie Wind- und Solarenergie zu ergänzen [56, 60]. Diese betriebliche Flexibilität ist entscheidend für die Aufrechterhaltung der Netzzuverlässigkeit und die Sicherstellung einer kontinuierlichen Energieversorgung [18, 57].

Die modulare Natur von SMRs ermöglicht eine schnellere Bereitstellung im Vergleich zu traditionellen Kernreaktoren, die häufig lange Bauzeiten erfordern [18, 58]. SMRs können in Fabriken vorgefertigt und anschließend vor Ort montiert werden, wodurch die Zeit bis zur Inbetriebnahme erheblich verkürzt wird [13, 55]. Diese schnelle Bereitstellung ist vorteilhaft, um dringenden Energiebedarf zu decken und nukleare Kapazitäten im Rahmen von Energiewendestrategien rasch auszubauen [14, 54].

Schließlich werden SMRs eine wichtige Rolle bei der Unterstützung globaler Dekarbonisierungsziele zugeschrieben. Während Länder versuchen, ihre Abhängigkeit von fossilen Brennstoffen zu reduzieren, bieten SMRs eine zuverlässige, kohlenstoffarme Alternative, die schrittweise ausgebaut werden kann [55, 59]. Ihre Fähigkeit, stabile Energie bereitzustellen und gleichzeitig Kohlenstoffemissionen zu minimieren, macht sie zu einem strategischen Instrument zur Erreichung nachhaltiger Energieziele [3, 18].

Kleine Modulare Reaktoren bieten somit eine überzeugende Lösung für die moderne Energieerzeugung, gekennzeichnet durch erhöhte Sicherheit, Flexibilität und Anpassungsfähigkeit. Ihre Fähigkeit, vielfältige Energieanforderungen zu erfüllen und gleichzeitig globale Dekarbonisierungsbemühungen zu unterstützen, positioniert sie als transformative Technologie auf dem Weg zu einer widerstandsfähigen, kohlenstoffarmen Energiezukunft.

SMRs im Vergleich zu traditionellen Kernreaktoren

Kleine Modulare Reaktoren (Small Modular Reactors, SMRs) und traditionelle Kernreaktoren verfolgen beide das Ziel, Kernenergie bereitzustellen, weisen jedoch erhebliche Unterschiede hinsichtlich ihres Designs, Betriebs, Einsatzes und ihrer wirtschaftlichen Rahmenbedingungen auf. Mit der Weiterentwicklung der Kernenergielandschaft zeigen diese Unterschiede sowohl besondere Vorteile als auch Herausforderungen für beide Technologien auf.

SMRs zeichnen sich durch ihre kleinere Größe aus und erzeugen typischerweise weniger als 300 MWe, wobei einige Mikroreaktoren lediglich 5 MWe produzieren. Dieses kompakte Design ermöglicht den Einsatz in abgelegenen Gebieten oder Regionen mit begrenzter Netzkapazität und macht SMRs besonders geeignet für dezentrale Energieversorgung [61, 62]. Im Gegensatz dazu sind traditionelle Kernreaktoren größer, erzeugen im Allgemeinen zwischen 1.000 und 1.600 MWe pro Einheit und sind für zentrale Energieproduktion ausgelegt, wobei sie häufig große urbane Gebiete mit Strom versorgen [14, 15]. Die Skalierbarkeit von SMRs ermöglicht Flexibilität bei der Energieerzeugung, da mehrere Einheiten kombiniert werden können, um steigenden Energiebedarf zu decken, während traditionelle Reaktoren weniger anpassungsfähig gegenüber schwankenden Energieanforderungen sind [19, 63].

Der Bau von SMRs legt besonderen Wert auf Modularität, wobei Komponenten außerhalb des Standorts gefertigt und anschließend vor Ort montiert werden, wodurch Bauzeiten und Arbeitskosten erheblich reduziert werden [62, 63]. Dieser modulare Ansatz ermöglicht eine schnellere Bereitstellung, da SMRs fabrikmäßig hergestellt und auf unterschiedlichen Wegen transportiert werden können. Traditionelle Reaktoren hingegen erfordern umfangreiche Bauarbeiten vor Ort, die aufgrund ihrer Größe und Komplexität häufig mehr als ein Jahrzehnt dauern und erhebliche Infrastruktur- sowie Arbeitsressourcen benötigen [14, 15]. Die schnellere Einsatzfähigkeit von SMRs kann Projektverzögerungen und Kapitalkosten verringern, während traditionelle Reaktoren von Skaleneffekten profitieren, die die hohen anfänglichen Baukosten langfristig teilweise ausgleichen können [14, 19].

SMRs haben im Allgemeinen niedrigere Anfangsinvestitionskosten aufgrund ihrer geringeren Größe und modularen Bauweise, wodurch flexiblere Finanzierungsoptionen möglich werden [19, 66]. Sie können schrittweise skaliert und entsprechend wachsender Nachfrage gebaut werden, was ein gestaffeltes Cashflow-Modell ermöglicht [64]. Traditionelle Reaktoren hingegen erfordern erhebliche Vorabinvestitionen und langfristige Finanzierung, was höhere finanzielle Risiken mit sich bringen kann, insbesondere aufgrund der langen Bauzeiten [14, 15]. Die niedrigere finanzielle Einstiegshürde macht SMRs attraktiv für kleinere Energieversorger oder Länder mit begrenzten Ressourcen, während traditionelle Reaktoren aufgrund ihrer höheren Kapazität langfristig niedrigere Energiekosten pro MWe erreichen können [19, 62].

Viele SMRs integrieren fortschrittliche passive Sicherheitsmerkmale, wie schwerkraftgetriebene Kühlsysteme, die die Abhängigkeit von aktiven Sicherheitssystemen und menschlichen Eingriffen reduzieren [16]. Ihre einfacheren Designs arbeiten typischerweise bei niedrigeren Drücken, was die Sicherheitsmargen erhöht und die Wahrscheinlichkeit katastrophaler Ausfälle verringert [16, 61]. Traditionelle Reaktoren verfügen zwar ebenfalls über umfangreiche Sicherheitssysteme, sind jedoch häufig auf eine Kombination aus aktiven und passiven Mechanismen angewiesen, was aufgrund des Betriebs bei hohen Drücken und Temperaturen komplexere Sicherheitsprotokolle erforderlich macht [15, 65]. Die inhärenten Sicherheitsmerkmale von SMRs können Betriebskosten und Risiken im Zusammenhang mit menschlichen Fehlern senken, während traditionelle Reaktoren insbesondere mit zunehmendem Anlagenalter höhere Kosten für regulatorische Anforderungen verursachen können [19, 62].

SMRs sind auf größere betriebliche Flexibilität ausgelegt und können verschiedene Anwendungen über die Stromerzeugung hinaus bedienen, darunter Meerwasserentsalzung und Wasserstoffproduktion [19, 62]. Sie können ihre Leistung zudem an den Netzbedarf anpassen und sind dadurch mit erneuerbaren Energiequellen kompatibel [61, 63]. Traditionelle Reaktoren hingegen sind hauptsächlich für die Grundlaststromerzeugung optimiert und weniger an variable Anforderungen anpassbar, wodurch ihre Fähigkeit zum Lastfolgebetrieb eingeschränkt ist [14, 15]. Diese Flexibilität positioniert SMRs besonders günstig in hybriden Energiesystemen, vor allem in kleineren Stromnetzen, in denen sie schwankende erneuerbare Energiequellen unterstützen können [19, 62].

Die kleinere physische Grundfläche von SMRs ermöglicht eine vielseitigere Standortwahl, einschließlich des Einsatzes in abgelegenen Regionen mit begrenzten Wasserressourcen [19, 63]. Einige SMRs können sogar unterirdisch installiert werden, wodurch Sicherheit erhöht und Umweltauswirkungen minimiert werden [61, 62]. Traditionelle Reaktoren hingegen benötigen erhebliche Infrastruktur sowie die Nähe zu großen Wasserquellen für die Kühlung, was ihre Einsatzmöglichkeiten einschränkt und ihren ökologischen Fußabdruck vergrößert [14, 15]. Die Fähigkeit von SMRs, in unterschiedlichen Umgebungen mit geringeren ökologischen Eingriffen betrieben zu werden, stellt einen bedeutenden Vorteil gegenüber traditionellen Reaktoren dar [19, 62].

SMRs verwenden häufig fortschrittliche Brennstofftypen, wie niedrig angereichertes Uran oder geschmolzene Salze, was längere Betriebszyklen und einen geringeren Brennstoffverbrauch ermöglichen kann [19, 63]. Einige Designs erlauben sogar das Recycling abgebrannter Brennelemente, wodurch die Gesamtmenge des erzeugten Atommülls potenziell reduziert wird [61, 62]. Traditionelle Reaktoren verwenden typischerweise angereichertes Uran und erzeugen erhebliche Mengen nuklearer Abfälle, die umfangreiche langfristige Lagerlösungen erfordern [14, 15]. Die fortschrittlichen Brennstoffkreisläufe von SMRs könnten die Abfallbewirtschaftung vereinfachen und den Bedarf an langfristigen Endlagerstätten verringern [19, 62].

Der regulatorische Rahmen für SMRs befindet sich noch in der Entwicklung, wobei viele Länder spezifische Vorschriften erarbeiten, um den besonderen Sicherheitsprotokollen und Einsatzstrategien dieser Reaktoren gerecht zu werden [62, 65]. Während traditionelle Reaktoren innerhalb etablierter regulatorischer Systeme betrieben werden, können die umfangreichen

Genehmigungsanforderungen zu langen und kostspieligen Zulassungsverfahren führen [15, 65]. Die neuartigen Designs der SMRs können regulatorische Herausforderungen mit sich bringen, allerdings beginnen einige Länder bereits mit der Einführung vereinfachter Verfahren, um deren Genehmigung zu erleichtern [19, 62].

Wichtige Akteure und Entwickler in der SMR-Industrie

Kleine Modulare Reaktoren (Small Modular Reactors, SMRs) entwickeln sich zu einer transformativen Kraft in der modernen Kernenergie und bringen zahlreiche Vorteile mit sich, die sie zu wichtigen Akteuren der zukünftigen nachhaltigen und sicheren Energieerzeugung machen. Die Entwicklung von SMRs in westlichen Ländern hat sich aufgrund erheblicher privater Investitionen sowohl großer Unternehmen als auch kleiner, unternehmerischer Firmen beschleunigt. Dieser Wandel von staatlich geführten Initiativen hin zu privatwirtschaftlich geprägter Forschung und Entwicklung kennzeichnet einen breiteren Übergang in der nuklearen Innovation, der sich auf den Ausbau sauberer Energie und die Verringerung finanzieller Risiken traditioneller Großreaktoren konzentriert [66].

Einer der wichtigsten wirtschaftlichen Vorteile von SMRs ist ihr geringeres finanzielles Risiko. Traditionelle Kernkraftwerke erfordern aufgrund ihrer Größe und langen Bauzeiten erhebliche Anfangsinvestitionen, während SMRs durch ihre kleinere, modulare und fabrikgefertigte Bauweise deutlich geringere Kapitalanforderungen haben. Ein Bericht der University of Chicago aus dem Jahr 2011 für das United States Department of Energy zeigte, dass kleinere Reaktoren finanzielle Risiken verringern und dadurch wettbewerbsfähiger gegenüber anderen Energiequellen werden könnten. Ihr einfaches modulares Design ermöglicht Massenproduktion in Fabriken, verbessert die Qualitätskontrolle und reduziert die Baukosten vor Ort. Durch Serienfertigung erreichen SMRs Skaleneffekte, wodurch sie sowohl für entwickelte als auch für sich entwickelnde Länder finanziell zugänglicher werden [66].

SMRs sind mit inhärenten Sicherheitsmerkmalen ausgestattet, die sie von traditionellen Reaktoren unterscheiden. Ihre kleinere Größe führt zu einem höheren Verhältnis von Oberfläche zu Volumen, wodurch eine effizientere passive Wärmeabfuhr möglich wird und der Bedarf an komplexen Sicherheitssystemen sinkt. Viele SMRs sind für eine Installation unterirdisch ausgelegt und bieten dadurch zusätzlichen Schutz gegen natürliche und menschengemachte Bedrohungen, einschließlich Erdbeben, Tsunamis und sogar Flugzeugabstürzen. Studien der American Nuclear Society aus dem Jahr 2010 zeigten, dass bestimmte Sicherheitsmaßnahmen, die für große Reaktoren erforderlich sind, bei kleineren Designs nicht notwendig sind, wodurch SMRs mit vereinfachten Sicherheitssystemen betrieben werden können. Diese Verringerung der Komplexität reduziert Betriebsrisiken und verbessert das allgemeine Sicherheitsprofil der Kernenergie [66].

Trotz ihrer zahlreichen Vorteile bleibt die Genehmigung von SMRs ein komplexes Thema. Viele Aufsichtsbehörden wenden auf SMRs dieselben Genehmigungskosten und Anforderungen an wie auf große Kernkraftwerke, was eine finanzielle Herausforderung darstellt. Als Reaktion darauf haben einige Länder Vorabprüfungsverfahren für Reaktordesigns eingeführt, wie etwa die Canadian Nuclear Safety Commission (CNSC) in Canada, die es Entwicklern ermöglicht, regulatorische Hindernisse frühzeitig zu erkennen und zu beseitigen. Beispielsweise umfasst Phase 1 der CNSC-Prüfung 5.000 Stunden Arbeitszeit des Regulierungspersonals, während Phase 2 diesen Aufwand verdoppelt, um das Systemdesign umfassend zu bewerten. Solche Verfahren sollen die regulatorische Genehmigung vereinfachen und es SMRs ermöglichen, schneller die Zulassung und den Einsatz zu erreichen [66].

SMRs sind vielseitig und an verschiedene Umgebungen und Zwecke anpassbar, die über die reine Stromerzeugung hinausgehen, etwa industrielle Wärmeversorgung, Meerwasserentsalzung und Energieversorgung abgelegener Regionen. Aufgrund ihrer geringen Größe und Modularität eignen sie sich ideal für kleinere Stromnetze, insbesondere in Ländern mit begrenzter nuklearer Infrastruktur oder eingeschränktem Zugang zu großen Wasserquellen. Sie können zudem Regionen mit schwieriger Geografie versorgen, wie Inseln oder abgelegene Gebiete, in denen traditionelle Kraftwerke unpraktisch wären. Darüber hinaus sind SMRs für modulare Montage ausgelegt, wodurch Bauzeiten verkürzt und schrittweise Kapazitätserweiterungen entsprechend wachsender Nachfrage ermöglicht werden, was eine flexible Energielösung schafft, die sich lokalen Bedürfnissen anpasst [66].

Die World Nuclear Association hat das Potenzial von SMRs für globale Standardisierung hervorgehoben, wodurch Kosten gesenkt und der Einsatz in verschiedenen Ländern vereinfacht werden könnten. Ihre geringe Größe und fortschrittlichen passiven Sicherheitssysteme machen sie geeignet für kleinere oder sich entwickelnde Länder mit begrenzter Erfahrung im Nuklearbereich. Beispielsweise könnten SMRs vollständig in kontrollierten Fabrikumgebungen montiert und anschließend zu ihren Einsatzorten transportiert werden, wodurch Bauqualität und Effizienz erheblich verbessert würden. Als kohlenstoffarme Energiequelle können SMRs fossile Kraftwerke direkt ersetzen und somit zur globalen Dekarbonisierung beitragen. Ihre geringere Abhängigkeit von externem Kühlwasser macht sie zudem geeignet für aride und abgelegene Regionen und reduziert die Umweltbelastung [66].

Ein entscheidender Faktor für den Erfolg von SMRs ist die Verfügbarkeit geeigneter Brennstoffe, insbesondere von hoch angereichertem niedrig angereichertem Uran (HALEU – High-Assay Low-Enriched Uranium), das U-235-Anteile von nahezu 20 % enthält. Der United States Nuclear Infrastructure Council hat sich für eine inländische Versorgung mit HALEU eingesetzt, um die Entwicklung fortschrittlicher Reaktoren zu unterstützen, da die meisten zivilen Anreicherungsanlagen keine Anreicherung über 5 % hinaus erreichen. In Anerkennung dieses Bedarfs beauftragte das United States Department of Energy das Unternehmen Centrus Energy mit dem Aufbau einer Zentrifugenkaskade zur Produktion von HALEU, während Urenco USA zugesagt hat, eine Produktionslinie in New Mexico einzurichten. Diese Brennstoffinitiative ist entscheidend, da sie es SMR-Entwicklern ermöglicht, unabhängig von ausländisch angereichertem Uran zu werden und Forschung sowie Einsatz innerhalb der United States zu erleichtern [66].

Das United States Department of Energy hat eine zentrale Rolle bei der Förderung der SMR-Entwicklung gespielt, indem es finanzielle Unterstützung bereitstellte und Partnerschaften förderte. Im Jahr 2012 startete das DOE das SMR Licensing Technical Support Program und stellte über fünf Jahre hinweg 452 Millionen US-Dollar zur Förderung der Genehmigung und des Baus von SMRs bereit. Diese Unterstützung umfasste auch Kooperationen mit Privatunternehmen, beispielsweise das Carbon-Free Power Project, das den Bau von Demonstrations-SMR-Anlagen im Westen der United States vorsieht. Darüber hinaus führte das DOE 2020 das Advanced Reactor Demonstration Program (ARDP) ein, um den Bau fortschrittlicher Reaktoren, einschließlich SMRs, innerhalb von sieben Jahren zu fördern. Solche Programme beschleunigen die Entwicklung von SMRs, ermöglichen öffentlich-private Partnerschaften und stärken die Rolle der Vereinigten Staaten bei der weltweiten Weiterentwicklung nuklearer Technologien [66].

Weltweit wird die Entwicklung von SMRs durch umfangreiche Forschung und Erprobung unterstützt, wobei internationale Organisationen wie die International Atomic Energy Agency (IAEA) eine bedeutende Rolle spielen. Die laufenden Bewertungsprogramme der IAEA für SMRs sollen die Entwicklung innovativer Reaktoren fördern, wie beispielsweise des Multi-Application Small Light Water Reactor, der Dampferzeuger und natürliche Umlaufkühlung integriert. Bis 2020 hatte die IAEA mehr als 70 SMR-Designs katalogisiert, was die Vielfalt und potenziellen Anwendungen dieser Reaktoren verdeutlicht. Die Canadian Nuclear Safety Commission beteiligt sich ebenfalls aktiv an Lizenzprüfungen für SMRs und bewertet Designs, die von Flüssigmetall- und Salzschmelzreaktoren bis hin zu gasgekühlten Reaktoren reichen, was ein breites Engagement für die Entwicklung flexibler und nachhaltiger Kernenergie widerspiegelt [66].

Die Modularität und geringere Größe von SMRs ermöglichen Skaleneffekte in ihrer Produktion, ähnlich wie bei anderen modularen Technologien. Mit zunehmender Produktion können standardisierte Prozesse, Komponenten und Schulungen der Arbeitskräfte zu weiteren Kostensenkungen führen. Darüber hinaus zielen internationale Initiativen im United Kingdom, in Canada und China darauf ab, Märkte zu schaffen, in denen SMRs qualitativ hochwertig und kosteneffizient produziert werden können. Durch die Kombination aus Fabrikfertigung und standortspezifischem Einsatz ermöglichen SMRs auch Ländern ohne umfangreiche nukleare Infrastruktur den Zugang zur Kernenergie und demokratisieren damit die Nutzung der Kernenergie für eine größere Vielfalt von Staaten und Anwendungen [66].

Da der Bedarf an neuen Stromerzeugungskapazitäten weltweit voraussichtlich weiter steigen wird, sind SMRs gut positioniert, um diesen Bedarf auf umweltverträgliche Weise zu decken. Ihre Rolle beim Ersatz alternder fossiler Kraftwerke, bei der Stabilisierung von Stromnetzen mit hohem Anteil erneuerbarer Energien und bei der Gewährleistung von Energiesicherheit findet weltweit zunehmende Anerkennung. Während sich Länder zur Erreichung von Netto-Null-Emissionen verpflichten, stellen SMRs eine skalierbare und saubere Energieoption dar, die unterschiedliche nationale Energiestrategien unterstützen kann. Darüber hinaus sind SMRs vielseitig genug, um spezialisierte Anwendungen wie schwimmende Kraftwerke oder Fernwärmesysteme in nördlichen Klimazonen zu unterstützen, wodurch ihre Bedeutung in unterschiedlichen geopolitischen Kontexten weiter zunimmt [66].

SMRs besitzen das Potenzial, die Kernenergiebranche grundlegend zu verändern, indem sie einer breiteren Bevölkerung saubere und zuverlässige Energie zugänglich machen und gleichzeitig Umweltbelastungen sowie finanzielle Risiken minimieren. Mit fortlaufenden Innovationen in den Bereichen Brennstoffversorgung, internationale Zusammenarbeit und regulatorische Reformen werden SMRs voraussichtlich eine entscheidende Rolle in einer kohlenstoffarmen und sicheren Energiezukunft spielen. Durch Kooperation und technologischen Fortschritt dürften SMRs zu einem integralen Bestandteil globaler Bemühungen werden, nachhaltige Energieunabhängigkeit und Klimaziele zu erreichen [66].

Leichtwasserreaktoren

Leichtwasserreaktoren (Light Water Reactors, LWRs) sind eine etablierte Nukleartechnologie, die gewöhnliches Wasser sowohl als Kühlmittel als auch als Moderator verwendet. Diese Reaktoren sind hocheffizient und sicher und profitieren von jahrzehntelanger Betriebserfahrung sowohl in zivilen Kraftwerken als auch in militärischen Anwendungen. In einem LWR wird Uranbrennstoff, typischerweise auf weniger als 5 % U-235 angereichert, in Brennstäben innerhalb des Reaktorkerns angeordnet. Der Reaktor verwendet Wasser, um Neutronen abzubremsen beziehungsweise zu „moderieren", wodurch Kernreaktionen effizienter werden. Das Wasser dient gleichzeitig als Kühlmittel und überträgt die im Reaktorkern erzeugte Wärme an einen Dampferzeuger, der letztlich Turbinen zur Stromerzeugung antreibt. LWRs sind bekannt für ihr vergleichsweise geringes technologisches Risiko, da sie auf bewährten Sicherheitsprotokollen und Komponenten basieren [66].

Die Entwicklung kleiner Leichtwasserreaktoren (sLWRs) hat ihren Ursprung in militärischen Anwendungen der 1950er-Jahre, als die United States kompakte Druckwasserreaktoren (PWRs) für Marineschiffe entwickelten. Eine bedeutende zivile Anpassung aus dieser frühen Entwicklung war der Big Rock Point Reactor, ein kleiner Siedewasserreaktor (BWR) mit einer Leistung von 67 MWe, der von den 1960er-Jahren bis zu seiner Stilllegung im Jahr 1997 erfolgreich betrieben wurde. In jüngerer Zeit hat die United States Nuclear Regulatory Commission (NRC) ihren Fokus auf kleine modulare Reaktoren (SMRs) auf Basis der LWR-Technologie verlagert und arbeitet dabei mit Unternehmen wie NuScale Power und Holtec International zusammen. Diese modernen Designs zielen darauf ab, die Vorteile traditioneller LWRs in einem kleineren modularen Format zu nutzen, wodurch regulatorische Hürden potenziell vereinfacht, Kosten gesenkt und die Einsatzflexibilität verbessert werden sollen.

Mehrere LWR-basierte SMR-Designs befinden sich derzeit weltweit in Entwicklungs- oder Einsatzphasen, wobei Russia, China und die United States die Innovation anführen. Russlands schwimmende Kernkraftwerke, einschließlich der KLT-40S Reactor- und RITM-200M Reactor-Reaktoren, gehören zu den Pionierdesigns. Der KLT-40S, der von Eisbrecherreaktoren abgeleitet wurde, erzeugt 35 MWe und kann zusätzlich thermische Energie für Fernwärme oder Meerwasserentsalzung liefern, wodurch er besonders vielseitig für abgelegene oder küstennahe

Standorte ist. Ebenso sind Russlands RITM-Reaktoren, darunter der RITM-200M, kompakte Hochsicherheitsreaktoren für schwimmende Plattformen und landgestützte Installationen mit Betriebszeiten von bis zu 60 Jahren. Chinas Ansatz mit dem ACP100 Reactor, der für ähnliche Anwendungen vorgesehen ist, unterstreicht ebenfalls das weltweite Interesse an LWR-basierten SMRs für dezentrale und netzferne Energieversorgungslösungen [66].

In den United States stehen Unternehmen wie NuScale Power und Holtec International an der Spitze der Innovation bei LWR-basierten SMRs. Das NuScale Power Module von NuScale, das bedeutende regulatorische Meilensteine bei der NRC erreicht hat, ist ein 77-MWe-Reaktor mit vereinfachtem integralem Design, natürlicher Konvektionskühlung und einem Nachladezyklus von 24 Monaten. Das SMR-160 von Holtec hingegen ist ein 160-MWe-Reaktor mit geradem Rohrdampferzeuger und passiven Kühlmerkmalen, der ebenfalls für unterirdische Installation konzipiert wurde, wodurch die Sicherheit erhöht wird. Beide Designs legen Wert auf Fabrikfertigung und modularen Einsatz, was die Montagezeit vor Ort reduziert und die Qualitätskontrolle verbessert. Die NRC beabsichtigt, internationale Erfahrungen zu nutzen, um regulatorische Rahmenbedingungen für diese und andere LWR-basierte SMR-Designs weiterzuentwickeln.

Diese modernen LWR-basierten SMRs sind mit erweiterten Sicherheitsmerkmalen ausgestattet, darunter passive Kühlsysteme, kompakte Architektur und Modularität, wodurch ihr Einsatz in unterschiedlichsten Umgebungen möglich wird – von schwimmenden Plattformen bis hin zu unterirdischen Anlagen. Während die meisten Designs weiterhin konventionelle Kühlung für ihre Dampfkondensatoren benötigen, bieten innovative Alternativen wie die luftgekühlte Kondensatoroption von NuScale wassersparende Lösungen für trockene Regionen. Aufgrund ihrer Flexibilität und robusten Sicherheit besitzen LWR-basierte SMRs großes Potenzial, fossile Kraftwerke zu ersetzen, Kohlenstoffemissionen zu reduzieren und dezentrale Energiebedarfe sowohl in urbanen als auch ländlichen und abgelegenen Regionen zu unterstützen [66].

Schwerwasserreaktoren

Schwerwasserreaktoren (Heavy Water Reactors, HWRs) sind eine besondere Art von Kernreaktoren, die schweres Wasser (Deuteriumoxid, D_2O) sowohl als Moderator als auch als Kühlmittel verwenden. Die Verwendung von schwerem Wasser ermöglicht es HWRs, natürliches Uran (mit geringem U-235-Anteil) als Brennstoff zu nutzen, ohne eine umfangreiche Anreicherung zu benötigen. Dadurch sind sie besonders nützlich in Ländern, in denen der Zugang zu angereichertem Uran begrenzt ist. India war ein Vorreiter bei der Entwicklung von Druckschwerwasserreaktoren (PHWRs) zur Stromerzeugung, beginnend mit internationalen Kooperationen und später mit der Entwicklung eines eigenständigen nationalen Programms. Im HWR-Design befindet sich der Uranbrennstoff in horizontalen Druckröhren, wodurch das Nachladen von Brennstoff während des Betriebs möglich wird. Dies reduziert Ausfallzeiten und erhöht die Verfügbarkeit des Reaktors. Diese kontinuierliche Brennstoffnachladung stellt einen wesentlichen Vorteil dar, da die Reaktoren mit minimalen Unterbrechungen betrieben werden können und den laufenden Energiebedarf zuverlässig decken [66].

Der PHWR-220 ist eines der ältesten und am stärksten standardisierten HWR-Modelle Indiens; derzeit sind sechzehn dieser Reaktoren in Betrieb. Mit einer thermischen Leistung von 800 MWt und einer elektrischen Leistung von 220 MWe verfügen die PHWR-220-Reaktoren über eine lange Betriebsgeschichte in Indien. Der erste dieser Reaktoren, Rajasthan Atomic Power Station Unit 1, wurde in Zusammenarbeit mit Atomic Energy of Canada Limited gebaut und nahm 1972 den Betrieb auf. Nach dieser Anfangsphase entwickelte die Nuclear Power Corporation of India Limited diese Reaktoren weiter und führte zahlreiche Designverbesserungen in späteren Anlagen ein. Frühe Reaktoren wie jene in Rajasthan verfügten über grundlegende Flutungs- und Einzelcontainmentsysteme. Spätere Modelle erhielten hingegen Sicherheitsverbesserungen wie Unterdrückungsbecken und teilweise Doppelcontainmentstrukturen. Standardisierte Reaktoren ab Narora integrierten zusätzlich Doppelcontainment, Unterdrückungsbecken sowie eine mit schwerem Wasser gefüllte Calandria, die in einem wassergefüllten Calandria-Gewölbe untergebracht war, um Sicherheit und Zuverlässigkeit weiter zu erhöhen. Diese Reaktoren erreichen typischerweise einen Abbrand von etwa 15 GWd/t und können während des Betriebs betankt werden, wodurch umfangreiche Abschaltungen vermieden und die Gesamtleistung verbessert werden [66].

Der Advanced Heavy Water Reactor ist ein innovativer Schwerwasserreaktor der nächsten Generation, entwickelt vom Bhabha Atomic Research Centre in Indien. Dieses Design markiert einen Übergang zur Nutzung von Thorium – einer in Indien reichlich vorhandenen Ressource – als primären Brennstoff. Der AHWR zielt darauf ab, das Potenzial von Thorium durch einen In-situ-Umwandlungsprozess zu maximieren, bei dem Thorium-232 innerhalb des Reaktorkerns in spaltbares Uran-233 umgewandelt wird. Für den Export wurde eine Variante des AHWR entwickelt, die niedrig angereichertes Uran (LEU) in Kombination mit Thorium verwendet, wodurch der Bedarf an Plutonium als anfänglicher Brennstoffkomponente minimiert wird. In dieser Version werden etwa 39 % der Leistung aus Thorium gewonnen, während der Abbrand mit beeindruckenden 64 GWd/t angegeben wird, was auf eine effiziente Brennstoffnutzung und reduzierte Abfallmengen hinweist. Die Brennstoffanreicherung in diesem exportorientierten AHWR erreicht bis zu 19,75 %, mit einem durchschnittlichen spaltbaren Anteil von 4,21 % im Uran-Thorium-Brennstoffgemisch, wodurch das Design vielseitig und mit internationalen Märkten kompatibel wird.

Strukturell verfügt der AHWR-300 LEU über vertikale Druckröhren und ein leichtwassergekühltes System, bei dem Wasser durch Konvektion unter hohem Druck zirkuliert und Dampf direkt innerhalb der Druckröhren erzeugt wird. Diese Konfiguration ermöglicht eine hocheffiziente Dampferzeugung und damit eine effektive Stromproduktion mit einer Nennleistung von 300 MWe und einer Nettoleistung von 284 MWe. Derzeit befindet sich der AHWR-300 LEU noch in der grundlegenden Designphase und stellt einen bedeutenden Fortschritt in der HWR-Technologie dar, indem Nachhaltigkeit mit innovativen Brennstoffzyklen kombiniert wird, die speziell auf die Nutzung lokaler Ressourcen ausgerichtet sind. Dadurch positioniert sich dieser Reaktor als vielversprechendes Modell sowohl für den nationalen als auch internationalen Einsatz [66].

Hochtemperatur-Gasgekühlte Reaktoren

Hochtemperatur-gasgekühlte Reaktoren (High-Temperature Gas-cooled Reactors, HTRs) stellen eine fortschrittliche Klasse von Kernreaktoren dar, die für höhere Effizienz und größere betriebliche Flexibilität ausgelegt sind. Unter Verwendung von Graphit als Moderator und entweder Helium, Kohlendioxid oder Stickstoff als primärem Kühlmittel können HTRs bei Temperaturen von 700–950 °C und potenziell bis zu 1000 °C betrieben werden, wodurch sie sich für zahlreiche Anwendungen über die Stromerzeugung hinaus eignen, etwa industrielle Prozesse und Wasserstoffproduktion. HTRs zeichnen sich durch die Verwendung von tristrukturell-isotropen (TRISO-)Brennstoffpartikeln aus, die aus einem Urankern bestehen, der von mehreren Schichten aus Kohlenstoff und Siliziumkarbid umgeben ist. Diese bieten eine robuste Einschlussstruktur für Spaltprodukte und bleiben auch bei Temperaturen von über 1600 °C stabil. Diese Reaktoren besitzen einen negativen Temperaturkoeffizienten der Reaktivität, was bedeutet, dass sich die Spaltungsreaktion bei steigender Temperatur verlangsamt. Zudem können sie Nachzerfallswärme passiv ableiten, was ihre inhärente Sicherheit erhöht [66].

HTRs können zwei verschiedene Brennstoffkonfigurationen verwenden: Blocktyp und Kugelhaufenbett. Bei Blocktyp-Designs sind TRISO-Partikel in hexagonale Graphitblöcke eingebettet. In Kugelhaufenbett-Designs befindet sich der Brennstoff in kugelförmigen Graphitkugeln von der Größe einer Billardkugel, die jeweils Tausende von TRISO-Partikeln enthalten. Trotz des hohen Volumens abgebrannter Brennelemente bieten HTRs Vorteile hinsichtlich reduzierter Radiotoxizität und geringerer Nachzerfallswärme aufgrund ihres hohen Brennstoffabbrands. Allerdings bedeutet der große Graphitanteil im Kern, dass sich der Brennstoff über ein größeres Volumen verteilt als bei Leichtwasserreaktoren (LWRs). Diese Reaktoren können auch Thorium als Brennstoff verwenden, was potenzielle Vorteile für Energiesicherheit und nukleare Nichtverbreitung bietet [66].

Chinas HTR-PM-Projekt, eine kommerzielle Demonstrationsanlage für HTRs, ist derzeit das weltweit fortschrittlichste HTR-Projekt. Es baut auf Chinas experimentellem HTR-10-Reaktor auf, der die Sicherheit des Reaktors demonstrierte, indem er bei einer absichtlich herbeigeführten Abschaltung einen Gleichgewichtszustand erreichte und damit die Sicherheit des TRISO-Brennstoffs bei hohen Temperaturen ohne aktive Kühlung bewies. Der HTR-PM besteht aus zwei 250-MWt-Reaktoren, die mit einer einzigen Dampfturbine verbunden sind und 210 MWe erzeugen. Die China Huaneng Group leitet dieses Projekt mit umfangreicher staatlicher Unterstützung und plant langfristig den Bau größerer HTR-PM600-Anlagen für die großskalige Stromerzeugung [66].

International wurden mehrere HTR-Designs mit unterschiedlichen Fähigkeiten und Zielsetzungen entwickelt. Japans High Temperature Engineering Test Reactor erreichte Kühlmitteltemperaturen von bis zu 950 °C und soll Wasserstoff durch thermochemische Prozesse aus Wasser erzeugen. Japans GTHTR-300C, eine Weiterentwicklung des HTTR, verwendet hocheffiziente Gasturbinen und kann Elektrizität mit nahezu 50 % thermischem Wirkungsgrad erzeugen. X-energy in den United States entwickelt den Xe-100, einen modularen 80-MWe-Kugelhaufenbett-HTR, der auf Versorgungsanwendungen und industrielle Wärmeversorgung abzielt. Das von Urenco entwickelte U-Battery-Konzept sieht einen äußerst kompakten modularen 4-MWe-HTR vor, der für abgelegene Installationen geeignet ist und die Vielseitigkeit der HTR-Technologie weiter verdeutlicht [66].

Neben der direkten Stromerzeugung eignen sich HTRs besonders gut für Hochtemperaturanwendungen und könnten potenziell Brayton-Kreisprozess-Gasturbinen antreiben, die mit einem thermischen Wirkungsgrad von nahezu 50 % arbeiten. Das Erreichen einer solchen Effizienz erfordert jedoch hochreines Helium als Kühlmittel, um Korrosion zu vermeiden, sowie ein Management des im Reaktor entstehenden Graphitstaubs. Aufgrund ihrer vergleichsweise niedrigen Leistungsdichte im Vergleich zu traditionellen Reaktoren bieten HTRs Vorteile beim Lastfolgebetrieb, das heißt, sie können sich effizient an schwankende Stromnachfrage anpassen, ohne erhebliche Effizienzverluste zu erleiden [66].

Schnelle Neutronenreaktoren

Schnelle Neutronenreaktoren (Fast Neutron Reactors, FNRs) stellen eine bedeutende Weiterentwicklung des Kernreaktordesigns dar und besitzen das Potenzial, einen weitaus größeren Anteil des Energiegehalts von Uran nutzbar zu machen als traditionelle Reaktoren. Im Gegensatz zu konventionellen Reaktoren, die langsame beziehungsweise „thermische" Neutronen verwenden und einen Moderator benötigen, arbeiten FNRs ohne Moderator und nutzen die hohe Energie schneller Neutronen zur Aufrechterhaltung der Kernspaltung. Dieser Ansatz ermöglicht es FNRs, nahezu die gesamte Energie im Uran zu nutzen, anstatt lediglich etwa 1 %, wie es typischerweise bei Leichtwasserreaktoren (LWRs) der Fall ist. Schnelle Reaktoren verwenden im Allgemeinen Flüssigmetalle wie Natrium, Blei oder Blei-Wismut als Kühlmittel, da diese eine ausgezeichnete Wärmeleitfähigkeit, hohe Siedepunkte und die Fähigkeit besitzen, bei atmosphärischem Druck zu arbeiten, wodurch die Sicherheit erhöht wird, indem das Risiko druckbedingter Ausfälle reduziert wird [66].

Die inhärenten passiven Sicherheitsmerkmale von FNRs verleihen ihnen zusätzliche Zuverlässigkeit und Robustheit. Ein natürlicher Reaktivitäts-Rückkopplungsmechanismus ermöglicht diesen Reaktoren eine Selbstregulierung: Wenn der Kühlmittelfluss abnimmt, steigt die Kerntemperatur, wodurch sich die Spaltungsreaktion verlangsamt. Diese automatische Leistungsanpassung reduziert die Abhängigkeit von externen Kontrollmechanismen und erhöht die Widerstandsfähigkeit gegenüber möglichen Fehlfunktionen. Die lange Betriebsdauer von FNRs mit Nachladeintervallen von bis zu 20 Jahren macht sie besonders attraktiv für abgelegene Installationen und dezentrale Energiesysteme. Diese lange Betriebsdauer wird durch Brennstofftypen unterstützt, die auf etwa 15–20 % angereichert sind, darunter Urannitrid sowie Uran-Plutonium-Legierungen, die robust genug sind, um den extremen Bedingungen innerhalb von FNRs standzuhalten.

Die FNR-Technologie hat sich hauptsächlich in zwei Kühlmittelkonfigurationen weiterentwickelt: flüssigmetallgekühlte und gasgekühlte Systeme. Flüssigmetallkühlmittel wie Natrium und Blei-Wismut bringen jeweils spezifische Vorteile und Herausforderungen mit sich. Natrium ist zwar brennbar und reagiert mit Wasser, bietet jedoch hohe thermische Effizienz und vereinfacht die Konstruktion, da es bei nahezu atmosphärischem Druck betrieben werden kann. Blei- und Blei-

Wismut-Kühlmittel sind zwar gegenüber einigen Metallen korrosiv, besitzen jedoch den Vorteil, weder mit Luft noch mit Wasser zu reagieren, wodurch die Sicherheit bei Leckagen weiter verbessert wird. Gasgekühlte schnelle Reaktoren, wie das Energy Multiplier Module und der Fast Modular Reactor, verwenden Helium oder überkritisches Kohlendioxid, wobei einige Designs Temperaturen von bis zu 900 °C erreichen. Diese hohen Betriebstemperaturen machen FNRs sowohl für die Stromerzeugung als auch für industrielle Anwendungen wie Wasserstoffproduktion und Meerwasserentsalzung geeignet [66].

Eine bedeutende Klasse von FNRs umfasst natriumgekühlte Reaktoren wie den in den United States entwickelten PRISM Reactor und Russlands BREST-300, die die ausgezeichneten Wärmeübertragungseigenschaften von Natrium nutzen. PRISM beispielsweise ist ein modularer Reaktor, der durch passive Kühlung für einen sicheren Betrieb ausgelegt ist. Er verwendet elektrometallurgische Wiederaufbereitung zur Wiederverwendung abgebrannter Brennelemente und könnte dadurch das Volumen nuklearer Abfälle reduzieren. Das von GE Hitachi Nuclear Energy entwickelte PRISM-Konzept wird unter anderem als Lösung für die Entsorgung überschüssiger Plutoniumbestände vorgeschlagen, beispielsweise im United Kingdom, wo es genutzt werden könnte, um Plutonium in weniger schädliche Formen umzuwandeln und gleichzeitig Elektrizität zu erzeugen.

Bleigekühlte Designs wie Russlands SVBR-100 und der Westinghouse Lead Fast Reactor bieten zusätzliche Vorteile hinsichtlich Sicherheit und Langlebigkeit. Bleigekühlte Reaktoren können bei atmosphärischem Druck betrieben werden und widerstehen hohen Temperaturen, wodurch sie besonders für eine hocheffiziente Energieerzeugung geeignet sind. Beispielsweise ist Russlands BREST-300, ein integraler Bestandteil des Pilot Demonstration Energy Complex, darauf ausgelegt, den nuklearen Brennstoffkreislauf zu schließen, indem vor Ort Anlagen zur Wiederverwertung abgebrannter Brennstoffe genutzt werden. Der SVBR-100, ursprünglich für den Einsatz in U-Booten entwickelt, wird inzwischen für zivile Stromerzeugung angepasst, mit Schwerpunkt auf modularem Einsatz und Kosteneffizienz [66].

FNRs, insbesondere in kleineren modularen Ausführungen, sind für die Fabrikproduktion und den Transport zu abgelegenen Standorten konzipiert und legen besonderen Wert auf Einfachheit und leichte Installation. Viele Designs ermöglichen es, die gesamte Reaktoreinheit am Ende ihrer Lebensdauer an eine regionale Anlage zurückzuführen, wodurch die Abfallbewirtschaftung erleichtert werden könnte. Beispielsweise verwendet das kompakte Gen4 Module von Gen4 Energy eine Blei-Wismut-Kühlung in einer transportablen, versiegelten Konfiguration, die ideal für isolierte oder netzferne Standorte ist.

Zusammenfassend besitzen schnelle Neutronenreaktoren großes Potenzial für eine nachhaltige nukleare Zukunft. Durch die bessere Nutzung von Uran, die Ermöglichung geschlossener Brennstoffkreisläufe und flexible Hochleistungsdesigns adressieren FNRs sowohl Umweltbedenken als auch Anforderungen an die Energiesicherheit. Die Vielfalt der FNR-Technologie – von natriumgekühlten über blei- bis hin zu gasgekühlten Designs – bietet Anpassungsfähigkeit an unterschiedlichste Energiebedarfe und verspricht eine vielseitige und robuste Lösung sowohl für großskalige als auch kleinere Energieanwendungen [66].

Salzschmelzereaktoren

Salzschmelzereaktoren (Molten Salt Reactors, MSRs) zeichnen sich durch ihre Fähigkeit aus, bei hohen Temperaturen und niedrigem Druck zu arbeiten, wobei geschmolzene Fluoridsalze als primäres Kühlmittel verwendet werden. Diese Salze, hauptsächlich Lithium-Beryllium-Fluorid und Lithiumfluorid, bleiben bei Temperaturen von bis zu 1400 °C flüssig, ohne dass – im Gegensatz zu konventionellen Druckwasserreaktoren (PWRs), die bei etwa 315 °C unter einem Druck von 150 Atmosphären arbeiten – eine Druckbeaufschlagung erforderlich ist. Diese höhere Betriebstemperatur kann den thermodynamischen Wirkungsgrad potenziell steigern und Prozesswärme für industrielle Anwendungen bereitstellen. Einige schnelle MSRs verwenden zudem Chloridsalze als Kühlmittel. Im Allgemeinen ist bei MSRs der Kernbrennstoff in der geschmolzenen Salzlösung gelöst, was einen einzigartigen Ansatz für Energieerzeugung und Nuklearabfallmanagement ermöglicht.

Das Konzept der MSRs entstand in den 1960er-Jahren in den United States, wo das Molten Salt Reactor Experiment am Oak Ridge National Laboratory von 1965 bis 1969 erfolgreich betrieben wurde. Dieser Prototyp verwendete Uran-235, das in geschmolzenen Lithium-, Beryllium- und Zirkoniumfluoridsalzen gelöst war, zusammen mit einem Graphitmoderator, und erreichte eine effiziente Energieerzeugung. Das Projekt wurde jedoch schließlich aufgrund geänderter Finanzierungsprioritäten und technologischer Herausforderungen eingestellt. Heute erlebt die MSR-Technologie weltweit ein erneutes Interesse, mit bedeutenden Forschungsaktivitäten in den United States, Japan, China, Russia und France sowie ihrer Aufnahme in die Generation-IV-Reaktordesigns für zukünftige Energielösungen.

In einem typischen MSR besteht das Brennstoffsalzgemisch aus Lithium- und Berylliumfluoridsalzen mit gelöstem angereichertem Uran (gewöhnlich U-235- oder U-233-Fluoride). Der Reaktorkern enthält unverkleideten Graphit als Moderator, wodurch der Salzfluss bei Temperaturen um 700 °C ermöglicht wird. Diese Konfiguration erlaubt ein flexibles Neutronenspektrum, häufig im intermediären Bereich, das die Möglichkeit des Brutens bietet, wenn auch nicht mit der Effizienz schneller Reaktoren. In einem homogenen Design kann Thorium direkt im Brennstoffsalz gelöst werden, wodurch der Reaktor spaltbares Uran-233 direkt im Reaktor erzeugen kann. Bei einem Zwei-Flüssigkeiten- oder heterogenen Design ermöglichen separate Kreisläufe für fruchtbares Thoriumsalz und spaltbares Uransalz einen kontinuierlichen Brutzyklus. Darüber hinaus können diese Reaktoren Spaltprodukte in Echtzeit aus dem Salz entfernen, wodurch ein kontinuierlicher Betrieb erleichtert und die Ansammlung langlebiger Actiniden minimiert wird [66].

MSRs besitzen inhärente Sicherheitsmerkmale, wie einen negativen Temperaturkoeffizienten der Reaktivität, was bedeutet, dass mit steigender Temperatur des Brennstoffsalzes die Reaktivität abnimmt und die Spaltungsreaktion dadurch auf natürliche Weise geregelt wird. Zusätzlich sorgt der flüssige Brennstoff für einen starken negativen Void-Koeffizienten, was die Stabilität weiter erhöht. Die meisten MSRs arbeiten nahe dem atmosphärischen Druck, wodurch das Risiko explosiver Freisetzungen im Falle eines Lecks minimiert wird. Die Reaktivitätskontrolle kann durch Anpassung der Durchflussrate des Kühlmittelsalzes erfolgen, während die primäre Reaktivitätsregelung typischerweise über die Temperatur des sekundären Kühlmittels gesteuert wird. Im Falle einer Überhitzung verfügen viele MSRs über sogenannte Gefrierstopfen, die es ermöglichen, das primäre Salz in einen unterkritischen, passiv gekühlten Auffangtank abzulassen.

Das MSR-Design bietet zahlreiche Vorteile, darunter hohe Brennstoffabbrandraten, minimale Produktion langlebiger radioaktiver Abfälle und das Potenzial für hohe thermische Effizienz aufgrund der erhöhten Betriebstemperaturen. Im Gegensatz zu konventionellen Reaktoren, die erhebliche Mengen an Uran oder Plutonium benötigen, können MSRs mit Thorium betrieben werden – einer häufigeren und potenziell weniger problematischen nuklearen Brennstoffquelle. Darüber hinaus erzeugen MSRs weniger Actiniden als traditionelle uranbetriebene Reaktoren, wodurch das Risiko der Waffenverbreitung reduziert und die langfristige Abfallbewirtschaftung erleichtert wird.

MSRs stehen jedoch auch vor mehreren technischen Herausforderungen, insbesondere hinsichtlich der Materialbeständigkeit und des Tritium-Managements. Das primäre Salz benötigt Lithium-7, ein spezielles Lithiumisotop, um die Tritiumproduktion zu vermeiden; dieses Isotop ist jedoch teuer und nur begrenzt verfügbar. Selbst bei gereinigtem Lithium-7 bleibt die Tritiumbildung ein fortlaufendes Problem, das fortschrittliche Einschluss- und Rückgewinnungssysteme erforderlich macht. Zusätzlich sind hochtemperierte Fluoridsalze korrosiv, was spezielle Materialien erfordert, die diesen extremen Bedingungen über lange Zeiträume standhalten können [66].

Moderne MSR-Konzepte umfassen verschiedene Anpassungen für spezialisierte Anwendungen. Beispielsweise integriert das Liquid Fluoride Thorium Reactor-Design einen fruchtbaren Thorium-Mantel, um Uran-233 zu erzeugen, wodurch ein effizienter und sicherer Thorium-Brennstoffkreislauf entsteht. Der von Terrestrial Energy entwickelte Integral Molten Salt Reactor verwendet eine einzelne austauschbare Kerneinheit, die Betrieb und Wartung erleichtert. Der Stable Salt Reactor von Moltex Energy nutzt Brennstoffbaugruppen mit geschmolzenen Chloridsalzen und stationären Kühlmittelsalzen, wodurch standardisierte Industriepumpen kosteneffektiv eingesetzt werden können.

Die einzigartigen Eigenschaften von MSRs machen sie zudem anpassungsfähig für die Kopplung mit erneuerbaren Energiequellen. Einige MSR-Entwickler, wie Moltex Energy, haben Konzepte wie die Salzschmelze-Wärmespeicherung („GridReserve“) eingeführt, bei denen überschüssige Wärme während Zeiten geringer Nachfrage in Nitratsalzspeichern gespeichert und während Spitzenlastzeiten wieder freigesetzt wird. Diese Eigenschaft ermöglicht es MSRs, als zuverlässige Ergänzung zu intermittierenden erneuerbaren Energiequellen wie Solar- und Windenergie zu fungieren und gleichzeitig Flexibilität für das Stromnetz bereitzustellen [66].

Obwohl MSRs aufgrund regulatorischer und technologischer Herausforderungen bislang nur begrenzt kommerziell eingesetzt wurden, machen ihre potenziellen Vorteile hinsichtlich Effizienz, Abfallmanagement und Brennstoffflexibilität sie zu einer vielversprechenden Technologie für zukünftige nukleare Energielösungen.

Wässrige Homogenreaktoren

Wässrige Homogenreaktoren (Aqueous Homogeneous Reactors, AHRs) sind eine besondere Art von Kernreaktoren, bei denen der Brennstoff direkt in den Moderator als Flüssigkeit gelöst wird, gewöhnlich in Form einer wässrigen Lösung. Typischerweise verwenden diese Reaktoren Urannitrat oder Uransulfat in Wasser, wobei das Uran entweder niedrig angereichert oder hoch angereichert ist. Die Lösung aus Brennstoff und Moderator zirkuliert durch den Reaktorkern, wo die Kernspaltung stattfindet, Energie erzeugt und eine selbsterhaltende Kettenreaktion ermöglicht. Einer der bemerkenswerten Vorteile von AHRs ist ihre Fähigkeit zur Selbstregulierung: Wenn sich der Reaktor erhitzt, dehnt sich die Brennstofflösung aus, wodurch die Konzentration des Urans sinkt und somit die Reaktivität reduziert wird. Dieser negative Rückkopplungsmechanismus verbessert das Sicherheitsprofil von AHRs, da die Reaktionsrate auf natürliche Weise an Temperaturänderungen angepasst wird [66].

Historisch gesehen wurden etwa 30 AHRs gebaut, hauptsächlich als Forschungsreaktoren. Ihre Fähigkeit, kontinuierlich zu arbeiten und gleichzeitig Spaltprodukte aus der zirkulierenden Lösung zu entfernen, stellt einen wesentlichen Vorteil dar. Diese Eigenschaft hilft nicht nur dabei, eine konstante Spaltungsrate aufrechtzuerhalten, indem die Ansammlung neutronenabsorbierender Nebenprodukte minimiert wird, sondern ermöglicht dem Reaktor auch eine höhere Brennstoffausnutzung. In den Netherlands beispielsweise wurde von 1974 bis 1977 ein 1-MWt-AHR betrieben, der ein Gemisch aus Thorium und hoch angereichertem Uran (HEU) als Mischoxidbrennstoff (MOX) verwendete. Diese Konfiguration demonstrierte die Eignung des Reaktors für Forschungszwecke, insbesondere für Isotopenproduktion und Neutronenerzeugung, die von seinem stabilen Neutronenfluss und der Fähigkeit zum unterbrechungsfreien Betrieb profitieren.

AHRs waren außerdem Gegenstand theoretischer Forschung zur Bestimmung der kleinstmöglichen Konfiguration eines Kernreaktors. In einer Studie aus dem Jahr 2006 theoretisierten Wissenschaftler, dass ein miniaturisierter AHR durch eine Lösung aus Americium-242m-(Am-242m)-Nitrat betrieben werden könnte. Dieses Reaktordesign mit einem Durchmesser von nur 19 cm und einer Gesamtmasse von knapp unter 5 kg würde 0,7 kg Am-242m als Kernbrennstoff enthalten. Ein derart kompakter Reaktor könnte eine Leistung von einigen Kilowatt erzeugen und wäre damit für spezialisierte Anwendungen geeignet, bei denen geringe Größe und hoher Neutronenfluss entscheidend sind. Mögliche Anwendungen umfassen hochintensive Neutronenquellen für wissenschaftliche Forschung sowie Energiequellen für Weltraummissionen, bei denen kompakte und zuverlässige Energiequellen von entscheidender Bedeutung sind [66].

Die Einfachheit von AHRs in Kombination mit ihrer Fähigkeit, Spaltprodukte kontinuierlich zu verwalten, macht sie für bestimmte Anwendungen attraktiv, doch bringt die Verwendung eines flüssigen Brennstoffs auch Herausforderungen mit sich. Beispielsweise erfordern die Aufrechterhaltung der chemischen Stabilität der Lösung, die Bewältigung radiolytischer Zersetzungseffekte (bei denen Wassermoleküle durch Strahlung gespalten werden) sowie der

Umgang mit korrosiven Auswirkungen auf Reaktormaterialien sorgfältige Konstruktion und Überwachung. Trotz dieser Herausforderungen bleiben AHRs ein wichtiges Instrument der Nuklearforschung und liefern wertvolle Erkenntnisse für Reaktordesign, Isotopenproduktion und Neutronenquellentechnologie. Ihre einzigartige Struktur und ihre betrieblichen Eigenschaften inspirieren weiterhin Fortschritte in der kompakten Reaktortechnologie und bei tragbaren nuklearen Energiequellen, insbesondere für Umgebungen, die kleine und hocheffiziente Reaktoren erfordern [66].

Modularer Bau mit kleinen Reaktoreinheiten

Der modulare Bau mit kleinen Reaktoreinheiten stellt einen Wandel von traditionellen großskaligen Kernkraftwerken hin zu einem flexibleren und skalierbaren Ansatz dar, bei dem mehrere kleine Reaktoren anstelle eines einzelnen großen Reaktors errichtet werden. Dieses Konzept wurde von Westinghouse Electric Company und den IRIS-Partnern mit ihrem International Reactor Innovative and Secure-Design untersucht, einem Reaktor mit einer Leistung von 330 MWe. Der Hauptvorteil dieses modularen Ansatzes besteht darin, dass er auf den wirtschaftlichen Vorteilen der Serienproduktion basiert und nicht auf den traditionellen Skaleneffekten großer Reaktoren. Durch die Standardisierung kleiner Reaktoren können viele Komponenten in kontrollierten Fabrikumgebungen vorgefertigt werden, was schnellere und konsistentere Bauprozesse, verbesserte Qualitätskontrolle und geringere Kosten ermöglicht. Westinghouse prognostizierte, dass die erste IRIS-Einheit innerhalb von drei Jahren gebaut werden könnte, während nachfolgende Einheiten jeweils nur zwei Jahre benötigen würden [66].

Einer der wesentlichen Vorteile des modularen Bauansatzes ist die Flexibilität, die er hinsichtlich Standortgestaltung und Betrieb bietet. Jede kleine Reaktoreinheit kann separat errichtet werden, wobei ausreichend physischer Raum vorhanden ist, um Arbeiten an nachfolgenden Einheiten zu ermöglichen, während frühere Einheiten bereits in Betrieb sind. Dieser gestufte Bauansatz reduziert die gesamte Standortfläche: Selbst bei mehreren kleinen Reaktoren kann der Flächenbedarf vergleichbar oder sogar geringer sein als bei einem einzelnen größeren Reaktor mit derselben Gesamtleistung. Beispielsweise würde ein Standort mit drei 330-MWe-IRIS-Einheiten (insgesamt etwa 1000 MWe) eine ähnliche oder kleinere Fläche beanspruchen als ein traditioneller 1000-MWe-Reaktor. Diese Flexibilität ermöglicht es Energieunternehmen, die Produktion entsprechend Nachfrage und finanziellen Möglichkeiten des Projekts schrittweise auszubauen und sich dabei sowohl an Standortbeschränkungen als auch an Netzgrenzen anzupassen [66].

Der Begriff „Small Modular Reactor" (SMR) beschreibt diesen modularen und flexiblen Ansatz, wird jedoch häufig allgemein auf jedes kleine Reaktordesign angewendet, selbst wenn diese nicht speziell für modularen Betrieb konzipiert wurden. SMRs, die für modularen Bau ausgelegt sind, ermöglichen Entwicklern den schrittweisen Aufbau von Kraftwerken, wobei mit jedem neuen Reaktor zusätzliche Kapazität geschaffen wird und gleichzeitig kontinuierliche Einnahmen generiert werden. Sobald ein Modul fertiggestellt ist und mit der Stromproduktion beginnt, erzeugt es Einnahmen, die zur Finanzierung weiterer Module genutzt werden können.

Westinghouse Electric Company hat gezeigt, dass dieser Ansatz zu deutlich geringeren Kapitalaufwendungen und reduziertem finanziellem Risiko führen kann. Beispielsweise schätzte das Unternehmen, dass der Aufbau einer Leistung von 1000 MWe durch drei IRIS-Einheiten in einem gestuften Ansatz einen maximalen negativen Cashflow von weniger als 700 Millionen US-Dollar erfordern würde – etwa ein Drittel der geschätzten Kosten für den Bau einer einzelnen großen 1000-MWe-Anlage in nur einer Bauphase.

Dieser modulare Ansatz bietet besondere Vorteile für Entwicklungsländer und Regionen mit kleineren Stromnetzen, in denen ein Reaktor mit mehr als 1000 MWe die Netzkapazität überfordern könnte. Anstatt in einen massiven Reaktor zu investieren, der hohe Anfangskosten und lange Bauzeiten erfordert, könnten Länder ihre Kapazitäten schrittweise in kleinen Einheiten erweitern und dabei Netzgrenzen sowie finanzielle Ressourcen berücksichtigen. Darüber hinaus können SMRs näher an Verbrauchszentren oder in abgelegenen Regionen installiert werden, in denen große Reaktoren unpraktisch wären. Dieses schrittweise Ausbaukonzept könnte die wirtschaftliche und operative Landschaft der Kernenergie grundlegend verändern und sie für eine breitere Palette von Anwendungen und Regionen zugänglich sowie skalierbar machen [66].

Wichtige Akteure der Branche

Die Branche der kleinen modularen Reaktoren (Small Modular Reactors, SMRs) erlebt derzeit einen erheblichen Aufschwung und zieht große Investitionen sowie Zusagen etablierter Kerntechnikunternehmen und innovativer Start-ups weltweit an. Diese Unternehmen entwickeln eine breite Palette an SMR-Technologien, die für unterschiedliche Anwendungen konzipiert sind – von der Stromerzeugung bis hin zu industrieller Prozesswärme und Meerwasserentsalzung. SMRs unterscheiden sich erheblich hinsichtlich Design, Größe und betrieblichem Schwerpunkt und bieten flexible Lösungen zur Deckung spezifischer Energieanforderungen. Nachfolgend einige bedeutende Entwickler und ihre SMR-Technologien:

1. Westinghouse Electric Company

Westinghouse hat den eVinci Micro Reactor entwickelt, einen Festkörper-Mikroreaktor, der hauptsächlich für abgelegene und netzferne Anwendungen vorgesehen ist. Mit einer Leistung von 5 MWe und einem Design, das auf minimalen Brennstoffwechsel ausgelegt ist, wurde der eVinci für Flexibilität und einfachen Transport konzipiert. Westinghouse konzentriert sich mit seiner langjährigen Erfahrung in der Kernenergie auf fabrikmontierte Reaktoren, die zuverlässige Energie für verschiedenste Einsatzbereiche liefern können.

2. NuScale Power

NuScale entwickelt den NuScale SMR (VOYGR-Kraftwerkskonfiguration), ein Leichtwasserreaktor-(LWR)-Design mit 77 MWe pro Modul, skalierbar auf bis zu 12 Module pro Anlage mit einer Gesamtleistung von 924 MWe. Das Design von NuScale wurde von der United States Nuclear Regulatory Commission (NRC) zertifiziert und positioniert das Unternehmen als führenden Akteur beim SMR-Einsatz in den United States. Die modulare Struktur des Reaktors ermöglicht eine flexible Konfiguration, die mit dem Energiebedarf wachsen kann.

3. Terrestrial Energy

Terrestrial Energy hat den Integral Molten Salt Reactor entwickelt, einen Hochtemperatur-Salzschmelzereaktor, der sich auf industrielle Prozesswärme und Stromerzeugung konzentriert. Das Design bietet hohe thermische Effizienz und eignet sich besonders für industrielle Anwendungen. Der IMSR ist für den Einsatz in North America vorgesehen und kombiniert hohe Betriebstemperaturen mit anpassbaren Konfigurationen für verschiedene industrielle Anwendungen.

4. Rolls-Royce SMR Ltd

Im United Kingdom entwickelt Rolls-Royce SMR Ltd einen 470-MWe-Druckwasserreaktor (PWR), der speziell für den britischen Markt konzipiert wurde. Dieser Reaktor soll die kohlenstoffarmen Energieziele des Landes unterstützen und wird durch staatliche Fördermittel unterstützt. Das SMR-Konzept von Rolls-Royce nutzt modulare Bauweise, reduziert Kosten und ermöglicht den Export in andere Regionen, wobei der Schwerpunkt auf skalierbaren, fabrikmontierten Reaktoren liegt.

5. GE Hitachi Nuclear Energy

Der BWRX-300 von GE Hitachi ist ein Siedewasserreaktor (BWR) mit einer Leistung von 300 MWe, basierend auf bewährter BWR-Technologie für den Einsatz im Versorgungsmaßstab. Der BWRX-300 wird derzeit von Regulierungsbehörden in Canada und den United States bewertet, wobei frühes Interesse von Ontario Power Generation besteht. Dieses vereinfachte Design zielt auf effiziente Stromerzeugung im Versorgungsmaßstab ab und eignet sich für eine breite Einführung bis Ende der 2020er-Jahre.

6. X-energy

Der Xe-100 von X-energy ist ein hochtemperatur-gasgekühlter Reaktor (HTGR), bei dem jedes Modul 80 MWe liefert und auf bis zu 320 MWe in modularer Kraftwerkskonfiguration skalierbar ist. Das Kugelhaufenbett-Design verwendet TRISO-Brennstoff und eignet sich ideal für Anwendungen mit Lastfolgebetrieb, wie industrielle Wärmeversorgung oder Stromerzeugung. X-energy konzentriert sich auf Hochtemperatur-Prozesswärme und spricht sowohl Netzbetreiber als auch Industriekunden an.

7. Holtec International

Das SMR-160 von Holtec ist ein 160-MWe-Leichtwasserreaktor für kleinmaßstäbliche Stromerzeugung und Meerwasserentsalzung. Dieser SMR legt besonderen Wert auf passive Sicherheitsmerkmale und ermöglicht den Einsatz in unterschiedlichen geografischen und wirtschaftlichen Umgebungen. Das kompakte und vielseitige Design von Holtec richtet sich insbesondere an Schwellenmärkte und bietet eine anpassungsfähige Lösung für verschiedenste Standorte und Anforderungen.

8. China National Nuclear Corporation

Chinas ACP100 ist ein 125-MWe-Druckwasserreaktor (PWR), der für kleinere Stromnetze, Inselstandorte und Industrieanlagen geeignet ist. Mit dem bereits laufenden Bau auf Hainan Island gehört der ACP100 zu den ersten SMRs weltweit, die die Bauphase erreicht haben. Unterstützt von der chinesischen Regierung zielt das Design der CNNC darauf ab, eine stabile und sichere Energiequelle für vielfältige Anwendungen bereitzustellen.

9. Rosatom

Der RITM-200 von Rosatom wurde ursprünglich für Eisbrecherschiffe entwickelt und später für landgestützte sowie schwimmende Kraftwerke angepasst. Jede Einheit erzeugt 55 MWe und ist für Anwendungen in abgelegenen arktischen Regionen ausgelegt, darunter Stromerzeugung und Meerwasserentsalzung. Rosatom hat RITM-200-Reaktoren bereits auf russischen Eisbrechern eingesetzt und arbeitet daran, die Technologie auf weitere isolierte Regionen auszuweiten.

10. Moltex Energy

Der Stable Salt Reactor – Wasteburner von Moltex Energy ist ein Salzschmelzereaktor, der für Abfallrecycling und saubere Energieerzeugung optimiert wurde. Durch die Nutzung abgebrannter Brennelemente reduziert dieses Design nuklearen Abfall und erzeugt gleichzeitig Elektrizität. Moltex fördert den SSR-W in Canada und plant den Bau einer Demonstrationsanlage in New Brunswick, wodurch eine einzigartige Lösung für Nuklearabfallmanagement geschaffen werden soll.

11. Korea Atomic Energy Research Institute

Der SMART Reactor von KAERI ist ein 100-MWe-PWR, der auf kleinere Stromnetze, Meerwasserentsalzung und kombinierte Wärme- und Stromanwendungen ausgerichtet ist. Dieses Design weckt Interesse bei Ländern mit kleineren Stromnetzen sowie Regionen mit Wasserknappheit. Die flexiblen Einsatzmöglichkeiten des SMART-Reaktors machen ihn sowohl für Entwicklungsländer als auch für spezifische Industrieanwendungen attraktiv.

12. Ultra Safe Nuclear Corporation

Der Micro Modular Reactor von USNC ist ein hochtemperatur-gasgekühlter Reaktor mit einer Leistung von 5 MWe, geeignet für abgelegene Stromerzeugung, industrielle Wärmeversorgung und Wasserstoffproduktion. Dieser Mikroreaktor konzentriert sich auf kompakte Lösungen für netzferne und abgelegene Standorte. Ein Einsatz in den Chalk River Laboratories in Canada ist bis 2026 geplant, wodurch er zu den wenigen speziell für isolierte Regionen konzipierten Reaktoren zählt.

13. Toshiba

Der 4S Reactor von Toshiba ist ein natriumgekühlter schneller Reaktor, der für abgelegene Regionen mit minimalem Brennstoffwechselbedarf entwickelt wurde und zwischen 10 MWe und 50 MWe erzeugt. Der 4S-Reaktor bietet eine langfristige Energielösung mit geringem

Wartungsaufwand und eignet sich besonders für isolierte Gemeinden und Standorte, an denen zuverlässige Energie mit minimalem Instandhaltungsaufwand erforderlich ist.

14. Newscale

Newscale entwickelt modulare Leichtwasserreaktoren (LWRs) unter der Konfiguration des NuScale Power Module. Diese Einheiten sind auf Flexibilität ausgelegt und sollen umfassende sowie anpassungsfähige Energielösungen für vielfältige Anwendungen weltweit bieten.

Branchentrends und Zukunftsausblick

Die SMR-Branche entwickelt sich rasch weiter. Entwickler konzentrieren sich auf innovative Designs mit Vorteilen wie Hochtemperaturbetrieb, passiven Sicherheitsmerkmalen, Brennstoffflexibilität und Eignung für industrielle sowie netzferne Anwendungen. Die Anpassungsfähigkeit von SMRs, kombiniert mit geringeren Anfangsinvestitionen und kürzeren Bauzeiten, fördert weltweit das Interesse und die Unterstützung durch Regierungen sowie den Privatsektor. Diese Reaktoren sind besonders attraktiv für Regionen mit Netzbeschränkungen, abgelegenem Energiebedarf oder ehrgeizigen Umweltzielen. Da immer mehr SMR-Designs regulatorische Zulassungen erhalten und die kommerzielle Einsatzphase erreichen, wird die Branche voraussichtlich erhebliche Beiträge zur globalen Energielandschaft leisten und sauberere, skalierbare sowie flexiblere nukleare Lösungen bereitstellen.

Kapitel 2
Machbarkeit und Standortauswahl für SMR-Kraftwerke

Schlüsselfaktoren bei der Standortauswahl für SMR-Kraftwerke

Ein Kraftwerk mit kleinen modularen Reaktoren (Small Modular Reactors, SMRs) benötigt eine Reihe physischer Gebäude, Bauwerke und Infrastrukturen, die darauf ausgelegt sind, die modulare Natur dieser Reaktoren zu optimieren, Sicherheit zu gewährleisten sowie einen effizienten Betrieb und eine effektive Wartung zu ermöglichen. Aufgrund ihrer kleineren Größe und ihres modularen Ansatzes besitzen SMR-Anlagen im Allgemeinen einen kompakteren Flächenbedarf als traditionelle Kernkraftwerke, wobei die Infrastruktur speziell auf modulare Komponenten und eine optimierte Errichtung abgestimmt ist.

Die Infrastruktur rund um SMR-Anlagen ist ebenfalls darauf ausgelegt, deren besondere betriebliche Anforderungen zu unterstützen. Dazu gehören spezialisierte Gebäude für den Reaktoreinschluss, Wartungseinrichtungen sowie Systeme für Abfallmanagement und Kühlung [61]. Die kompakte Bauweise von SMRs ermöglicht eine effizientere Nutzung von Land und Ressourcen und macht sie besonders geeignet für Regionen mit begrenzter Netzkapazität oder für Standorte, an denen traditionelle Kernkraftwerke unpraktisch wären [3, 11].

Die physischen Gebäude, Bauwerke und Infrastrukturen, die für SMR-Kraftwerke erforderlich sind, umfassen:

1. Reaktorgebäude

Das Reaktorgebäude beherbergt die zentralen SMR-Module und ist typischerweise für eine modulare Montage ausgelegt. Dieses Gebäude umfasst:

- Reaktoreinschlussstrukturen: Jedes SMR-Modul ist häufig in einem separaten Sicherheitsbehälter eingeschlossen, um es von der Umwelt zu isolieren und Strahlungslecks zu verhindern.
- Abschirmung und Strahlenschutz: Dazu gehören dicke Betonwände und strahlungsresistente Materialien rund um jedes Reaktormodul, die einen wesentlichen Schutz für das Personal und die Umgebung bieten.
- Seismischer und Umweltschutz: Aufgrund der kleineren und oftmals kompakteren Bauweise integrieren SMR-Reaktorgebäude seismische Isolierung, Hochwasserschutzbarrieren und Sturmresistenz. Einige Designs sehen eine teilweise oder vollständige Untergrundinstallation vor, um zusätzlichen Schutz zu gewährleisten.

2. Kontroll- und Überwachungsgebäude

Diese Einrichtung beherbergt die Leitwarte der Anlage, in der Bedienpersonal Betrieb, Sicherheit und Leistung des SMR überwacht und steuert. Wichtige Bestandteile umfassen:

- Leitwarte: Ausgestattet mit digitalen und automatisierten Systemen, die Echtzeitdaten über Reaktorstatus, Temperatur, Kühlmittelstände und Leistungsabgabe bereitstellen.
- Sicherheits- und Notfallsysteme: Redundante Sicherheits- und Backup-Systeme ermöglichen dem Personal eine schnelle Reaktion auf unerwartete Bedingungen. Einige SMRs verfügen über passive Sicherheitssysteme, wodurch weniger physische Infrastruktur erforderlich sein kann als bei größeren Anlagen.
- Datenspeicher- und Cybersicherheitseinrichtungen: Zur Gewährleistung eines sicheren Betriebs können Kontrollgebäude über robuste Cybersicherheits- und Datenmanagementinfrastrukturen verfügen, insbesondere wenn der SMR mit einem größeren Stromnetz verbunden oder ferngesteuert überwacht wird.

3. Kühlsysteme und Wärmetauscher

SMRs werden häufig mit innovativen Kühlsystemen ausgelegt, die bei atmosphärischem oder nahezu atmosphärischem Druck arbeiten. Dazu gehören:

- Primäre und sekundäre Kühlkreisläufe: Abhängig vom SMR-Design kann die Kühlung Wasser, Gas, geschmolzenes Salz oder Flüssigmetall verwenden, wobei jeweils spezifische Infrastrukturen erforderlich sind. Sekundäre Kreisläufe können mit externen Wärmetauschern oder Kühltürmen verbunden sein.

- Kühltürme und Wasserversorgungssysteme: Wassergekühlte SMRs benötigen Kühltürme, allerdings in kleinerem Maßstab als traditionelle Kernkraftwerke. Für wassergekühlte SMRs kann eine sichere und konstante Wasserquelle erforderlich sein oder alternativ Luftkühlung integriert werden.
- Wärmeabfuhrsysteme: Einige SMR-Designs verwenden luftgekühlte Kondensatoren oder Trockenkühlung, um den Wasserverbrauch zu reduzieren, was spezielle Infrastruktur für eine effektive Wärmeableitung erfordert.

4. Lagerung abgebrannter Brennelemente und Abfallmanagementanlagen

SMRs erzeugen abgebrannte Brennelemente und andere radioaktive Abfälle, weshalb sichere Lagerungseinrichtungen erforderlich sind.

- Vor-Ort-Abklingbecken für abgebrannte Brennelemente: Direkt nach dem Reaktorbetrieb werden abgebrannte Brennelemente mehrere Jahre lang in gekühlten Becken gelagert, bis ihre Radioaktivität abnimmt.
- Trockenlagerbehälteranlagen: Für die Langzeitlagerung verwenden SMRs sichere Beton- oder Stahlbehälter zur Aufnahme abgebrannter Brennelemente. Dieser Bereich ist stark abgeschirmt und wird kontinuierlich auf Strahlung überwacht.
- Abfallverarbeitungs- und Verpackungsbereiche: Diese Bereiche behandeln schwachradioaktive Abfälle, verpacken sie und bereiten sie für Transport oder Lagerung vor Ort vor.

5. Turbinen- und Generatorgebäude

SMRs, die zur Stromerzeugung ausgelegt sind, verfügen über ein Turbinengebäude, das kleiner ist als bei konventionellen Kraftwerken, und folgende Komponenten enthalten kann:

- Turbinengeneratoren: Turbinen wandeln den aus der Reaktorwärme erzeugten Dampf in Elektrizität um und verwenden aufgrund der geringeren Leistung des SMR typischerweise kleinere und kompaktere Anlagen.
- Dampfkondensatoren: Diese sind wesentlich für die Rückführung von Dampf in Wasser zur Wiederverwendung und können je nach Anlagenkonzept und verfügbaren Ressourcen wasser- oder luftgekühlt sein.
- Elektrische Schaltanlagenräume: Diese Räume enthalten elektrische Infrastruktur zur Steuerung der erzeugten Elektrizität und zur stabilen Einspeisung ins Stromnetz.

6. Hilfs- und Wartungsgebäude

Diese Gebäude unterstützen den laufenden Betrieb, die Wartung und die Verwaltung der Anlage:

- Wartungs- und Reparaturwerkstätten: Einrichtungen zur Handhabung und Wartung von SMR-Komponenten, die spezielle Werkzeuge oder Fernhantierungssysteme erfordern können.
- Lager- und Aufbewahrungsbereiche: Dienen der Lagerung von Ersatzteilen, Ausrüstung und Wartungswerkzeugen, die für den modularen Austausch und die regelmäßige Instandhaltung benötigt werden.

- Mitarbeitereinrichtungen und Verwaltungsbüros: Umfassen Arbeitsbereiche für das Anlagenpersonal, Besprechungsräume und Notfallstationen, die häufig in sicheren Bereichen entfernt von den Reaktoroperationen liegen.

7. Sicherheits- und Zugangskontrollinfrastruktur

Kernkraftwerke benötigen robuste Sicherheitsmaßnahmen, um unbefugten Zugang zu verhindern und die Sicherheit zu gewährleisten.

- Perimetersicherheit und Zugangskontrolle: Das Gelände ist typischerweise von Hochsicherheitszäunen, Kameras und Zugangspunkten umgeben, die von Sicherheitspersonal überwacht werden.
- Notfall- und medizinische Einrichtungen: Vor-Ort-Erste-Hilfe- und Notfallteams stehen bereit, um auf Zwischenfälle zu reagieren.

8. Übertragungs- und Netzanbindungsinfrastruktur

Zur Verteilung der erzeugten Energie benötigen SMRs eine Verbindung zum Stromnetz:

- Schaltanlagen und Übertragungsleitungen: Diese transportieren Elektrizität vom Kraftwerk in das lokale Stromnetz. Einige SMRs verfügen zudem über Schwarzstartfähigkeit, wodurch sie unabhängig gestartet und während eines Netzausfalls Strom liefern können.
- Netzanschlusssysteme: Netzmanagementeinrichtungen sind entscheidend, um die Leistung modularer Einheiten mit der Netznachfrage auszugleichen, insbesondere wenn die Anlage für flexiblen Betrieb ausgelegt ist.

Die Infrastruktur von SMRs ist im Vergleich zu traditionellen Kernkraftwerken optimiert, dank kleinerer Reaktormodule, fabrikgefertigter Komponenten und modularer Bautechniken. Dieser Designansatz ermöglicht eine schnelle Montage, reduziert den gesamten Flächenbedarf und erlaubt eine flexible Erweiterung entsprechend der Nachfrage. Dadurch sind SMR-Anlagen anpassungsfähig, skalierbar und effizient und eignen sich für verschiedenste Energie- und Industrieanwendungen, während gleichzeitig strenge Sicherheits- und Regulierungsstandards eingehalten werden.

Kraftwerkslayout

Das Layout eines Kraftwerks mit kleinen modularen Reaktoren (Small Modular Reactors, SMRs) ist darauf ausgelegt, Modularität, Sicherheit und Effizienz zu optimieren und spiegelt die grundlegenden Eigenschaften der SMR-Technologie wider. Mit einer kompakteren und effizienteren Struktur als traditionelle Kernkraftwerke profitieren SMR-Anlagen von modularen Komponenten und einer organisierten Anordnung, die speziell auf kleinere Reaktoren abgestimmt ist. Nachfolgend folgt eine detaillierte Beschreibung der wesentlichen Bereiche innerhalb eines typischen SMR-Kraftwerks.

Reaktorbereich

Im Reaktorbereich befindet sich jedes SMR-Modul in einem eigenen Sicherheitsbehältergebäude, das zum Schutz vor externen Gefahren wie Erdbeben, Überschwemmungen oder Flugzeugaufprall ausgelegt ist. Diese Einschlussstrukturen befinden sich häufig unterirdisch und bieten dadurch zusätzlichen Schutz. In Anlagen mit mehreren Modulen befinden sich mehrere Reaktorbuchten innerhalb des Einschlussbereichs, wobei jede Bucht eine separate SMR-Einheit beherbergt. Diese Anordnung ermöglicht einen einfachen Zugang für Wartung, Brennstoffwechsel und gegebenenfalls den modularen Austausch von Komponenten.

Der primäre Kühlkreislauf, der für die Zirkulation des Kühlmittels durch den Reaktor verantwortlich ist, befindet sich ebenfalls in diesem Bereich. Dieser Kreislauf umfasst Pumpen, Ventile und Rohrleitungen, die speziell an die jeweilige Kühlmittelart des SMR angepasst sind, beispielsweise Wasser, Gas oder geschmolzenes Salz.

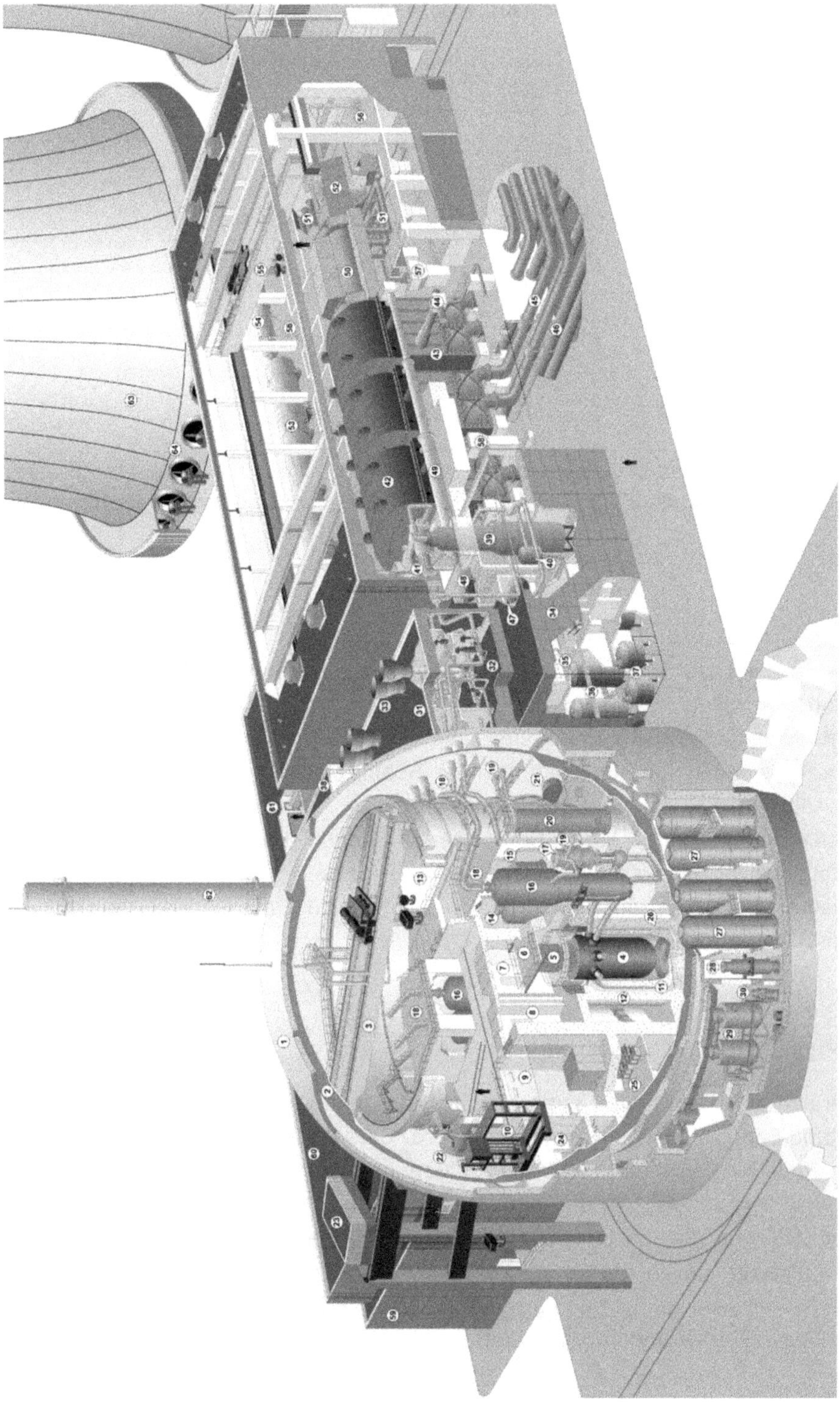

LEGEND

Reactor building:

1 – Concrete containment shell
2 – Steel containment shell
3 – Polar gantry crane
4 – Reactor pressure vessel
5 – Control rod drive mechanisms
6 – Cable bridge
7 – Reactor well
8 – Parking area for reactor internals
9 – Fuel storage pool
10 – Refueling machine
11 – Inner (biological) shield
12 – Support (biological) shield
13 – Parking area for reactor pressure vessel head
14 – Pressurizer
15 – Pressurizer relief tank
16 – Steam generators (4)
17 – Reactor coolant pumps (4)
18 – Main steam lines
19 – Feedwater lines
20 – Pressure accumulators (4)
21 – Personnel lock
22 – Equipment lock
23 – Gantry with hoist
24 – New fuel storage
25 – Transmitter room
26 – Guide tubes for neutron flux measurement (6)
27 – Flooding tanks (8)
28 – Residual heat coolers (4)
29 – Nuclear intercoolers (4)
30 – Safety injection pumps (4)
31 – Main steam and feedwater valve compartments
32 – Main steam valves
33 – Exhaust steam silencers

Auxiliary building:

34 – Radioactive wastewater treatment plant
35 – Air intake for reactor and auxiliary building
36 – Radioactive wastewater monitoring tanks
37 - Radioactive wastewater concentrate tanks
38 - Coolant storage and treatment plant

Turbine building:

39 - Steam superheaters (2)
40 - Condensate collection tanks (2)
41 - High-pressure turbine
42 - Low-pressure turbines (3)
43 - Condensers (3)
44 - Main steam bypass line
45 - Main cooling water outlet line
46 - Main cooling water inlet line
47 - Turbine oil drain tank
48 - Turbine oil supply tank
49 - Cross-over piping
50 - Generator
51 - Generator leads
52 - Exciter
53 - Feedwater tank
54 - Sprinkler tank
55 - Turbine building crane
56 - Pillar cranes
57 - Generator supports with shock absorbers
58 - Turbine supports with shock absorbers

Operation and switchgear building:

59 - Emergency diesel power supply
60 - Ventilation systems
61 - Control room
62 - Vent stack
63 - Cooling towers (two per block)
64 - Ventilators

Abbildung 25: Diagramm eines Kernkraftwerks mit einem Druckwasserreaktor, basierend auf dem Kernkraftwerk Biblis. Kaidor, CC BY-SA 4.0, über Wikimedia Commons.

Kontroll- und Betriebsbereich

Die Leitwarte dient als operatives Zentrum der Anlage, in dem die Steuerungssysteme aller Reaktoreinheiten verwaltet werden. Bedienpersonal kann wesentliche Parameter überwachen, darunter Reaktorzustände, Kühlmittelfluss, Temperatur, Strahlungswerte und Stromerzeugung. Die Leitwarte ist häufig mit modernen digitalen Schnittstellen ausgestattet und speziell darauf ausgelegt, die einzigartigen modularen Eigenschaften von SMRs zu verwalten. Angrenzend befindet sich das Notfallbetriebszentrum, das mit Backup-Systemen, Kommunikationsmitteln und Notfallprotokollen ausgestattet ist, um im Falle von Zwischenfällen Sicherheit zu gewährleisten. Zusätzlich gibt es Cybersicherheits- und Datenspeicherräume zum Schutz betrieblicher Daten und zur Umsetzung von Cybersicherheitsmaßnahmen.

Kühlungs- und Wärmetauscherbereich

Dieser Bereich beherbergt die Wärmetauscher, in denen Wärme vom primären Kühlmittel auf einen sekundären Kühlkreislauf übertragen wird. Bei wassergekühlten SMRs zirkuliert dieser sekundäre Kreislauf Wasser durch Kühltürme oder luftgekühlte Kondensatoren. Für Designs mit alternativen Kühlsystemen, wie geschmolzenem Salz oder Gas, wird spezialisierte Ausrüstung verwendet. Bei wassergekühlten SMRs sind Kühltürme oder luftgekühlte Kondensatoren kompakt ausgelegt, um in die optimierte Bauweise einer SMR-Anlage zu passen. Spezielle Stationen mit Pumpen, Ventilen und Steuerungssystemen regeln den Kühlmittelfluss sowohl im primären als auch im sekundären Kreislauf.

Turbinen- und Stromerzeugungsbereich

Das Turbinengebäude beherbergt – obwohl kleiner als in traditionellen Kraftwerken – Turbinengeneratoren, die durch Dampf aus dem sekundären Kühlkreislauf angetrieben werden. In modularen Anlagen können mehrere Turbineneinheiten vorhanden sein, um eine skalierbare Stromerzeugung zu ermöglichen. Dampfkondensatoren in diesem Bereich wandeln den Dampf wieder in Wasser um, sodass er in wassergekühlten SMRs erneut verwendet werden kann. Bei Designs mit Luft- oder Gaskreisläufen kann sich die Anordnung des Dampfsystems unterscheiden. In der Nähe des Turbinenbereichs befindet sich der elektrische Schaltanlagenraum, der die Infrastruktur zur Einspeisung des Stroms ins Netz sowie zur Lastverteilung, Spannungsregelung und Stromverteilung enthält.

Bereich für abgebrannte Brennelemente und Abfallmanagement

Nach der Entnahme aus dem Reaktor werden abgebrannte Brennstäbe in das Abklingbecken überführt, das sich innerhalb des Einschlussbereichs oder – bei Anlagen mit mehreren Modulen – in einer separaten Struktur befindet. Nach der Abkühlung werden die gebrauchten Brennelemente in Trockenlagerbehältern innerhalb eines gesicherten Lagerbereichs aufbewahrt. Die Anlage zur Abfallbehandlung und Verpackung verarbeitet schwachradioaktive Abfälle, verpackt diese und lagert sie gemäß regulatorischen Standards für den späteren Transport.

Hilfs- und Unterstützungsinfrastruktur

Dieser Bereich umfasst Wartungs- und Montagewerkstätten, die für die modulare Natur von SMRs erforderlich sind, und stellt Werkzeuge, Ausrüstung und Raum zur Verfügung, um Komponenten bei Bedarf zu montieren oder auszutauschen. Lager- und Aufbewahrungseinrichtungen dienen der Lagerung von Reaktorkomponenten, Brennelementen und anderer wesentlicher Ausrüstung. Darüber hinaus umfasst dieser Bereich Verwaltungsbüros, Besprechungsräume, Schulungsbereiche und Notfalleinrichtungen zur Unterstützung des Anlagenpersonals.

Sicherheits- und Zugangskontrollbereich

Die Anlage ist von einem gesicherten Perimeter mit hohen Sicherheitszäunen, Überwachungskameras und kontrollierten Zugangspunkten umgeben. Das rund um die Uhr besetzte Sicherheitskontrollzentrum überwacht sämtliche Sicherheitsaktivitäten innerhalb der Anlage. Zusätzlich gibt es Kontrollstellen für Besucher und Mitarbeiter, an denen Identitätsprüfungen und gegebenenfalls Strahlungskontrollen durchgeführt werden.

Übertragungs- und Netzanbindungsbereich

Die Schaltanlage verbindet die von den SMRs erzeugte Energie mit dem regionalen Stromnetz und umfasst Transformatoren, Leistungsschalter und weitere Komponenten zur Steuerung des Stromflusses. Netzanschlusssysteme stabilisieren die Leistungsausgabe, ermöglichen die Synchronisation der Anlage mit den Anforderungen des Stromnetzes und beinhalten Notstromgeneratoren sowie Schwarzstartfähigkeiten zur Aufrechterhaltung der Stabilität bei Stromausfällen.

Zusammenfassung der Layoutüberlegungen

Das Layout von SMRs, entsprechend dem in Abbildung 26 dargestellten Beispiel, legt besonderen Wert auf Kompaktheit, modulare Montage und betriebliche Effizienz. Jede Reaktoreinheit wird unabhängig betrieben und gewartet, wodurch eine schrittweise Erweiterung unterstützt wird, bei der zusätzliche Einheiten hinzugefügt werden können, ohne den laufenden Betrieb zu beeinträchtigen. Das Design der SMR-Anlage ermöglicht eine effiziente Stromerzeugung, erhöhte Sicherheit und einen reduzierten ökologischen Fußabdruck und macht sie damit zu einer flexiblen und modernen Lösung für die Kernenergie.

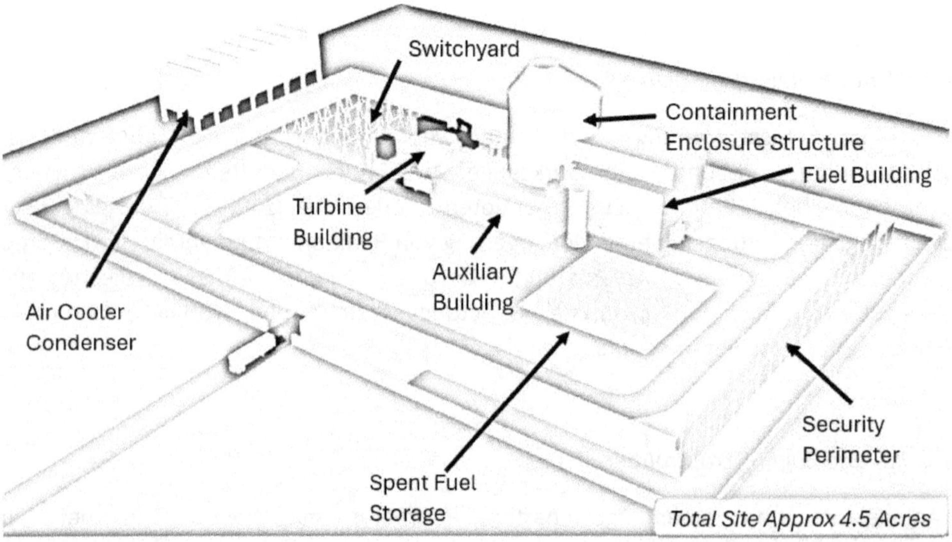

Abbildung 26: Beispiel eines SMR-Kraftwerkslayouts.

Das physische Layout eines Kraftwerks mit kleinen modularen Reaktoren (Small Modular Reactors, SMRs) ist sorgfältig darauf ausgelegt, die Vorteile von Modularität, Sicherheit und

Effizienz optimal zu nutzen. Im Vergleich zu traditionellen Kernkraftwerken sind SMR-Anlagen kompakter aufgebaut und verwenden optimierte Anordnungen, die die Baugeschwindigkeit erhöhen und die Gesamtkosten senken. Das Standortlayout ist in mehrere klar definierte Bereiche unterteilt, die jeweils bestimmten Funktionen gewidmet sind, um einen reibungslosen Betrieb und ein effizientes Management zu gewährleisten.

Reaktorbereich: Im Zentrum des SMR-Kraftwerks befindet sich das Reaktoreinschlussgebäude, in dem jedes SMR-Modul untergebracht ist. Diese Einschlussstrukturen werden häufig unterirdisch oder teilweise unterhalb des Bodenniveaus errichtet, um Schutz vor externen Gefahren wie Naturkatastrophen zu bieten und gleichzeitig die Strahlenabschirmung zu verbessern. Dicke Stahlbetonwände gewährleisten eine hohe strukturelle Stabilität und minimieren Risiken durch Erdbeben oder andere potenzielle Gefahren. Bei Anlagen mit mehreren Modulen sind die modularen Reaktorbuchten in Raster- oder Clusteranordnungen organisiert, sodass jeder Reaktor unabhängig betrieben werden kann. Dieses modulare Design ermöglicht gestaffelten Bau und Brennstoffwechsel, wodurch ein kontinuierlicher Betrieb ohne Unterbrechungen gewährleistet wird. Zusätzlich befindet sich die Infrastruktur des primären Kühlkreislaufs im Reaktorbereich, wo das Kühlmittel durch spezialisierte Pumpen und Wärmetauscher zirkuliert. Je nach SMR-Design können alternative Kühlmittel wie geschmolzenes Salz, Gas oder Blei verwendet werden, wobei die Infrastruktur entsprechend angepasst wird.

Kontroll- und Betriebsbereich: Die Leitwarte dient als Kommandozentrum der Anlage und steuert den Betrieb aller Reaktormodule. Sie befindet sich in einem separaten, abgeschirmten Gebäude, um das Bedienpersonal vor Strahlenbelastung zu schützen. Moderne digitale Steuerungssysteme ermöglichen eine zentrale Überwachung, sodass ein kleines Team mehrere Reaktoren gleichzeitig effizient verwalten kann. Angrenzend an die Leitwarte befindet sich das Notfallbetriebszentrum (Emergency Operations Center, EOC), das mit Backup-Systemen und Kommunikationsmitteln ausgestattet ist, um Vorfälle schnell zu bewältigen. Aufgrund der starken Abhängigkeit von digitaler Technologie sind Cybersicherheits- und IT-Räume entscheidend, um die digitale Infrastruktur der Anlage vor Cyberbedrohungen zu schützen und die Integrität der Steuerungssysteme und Daten sicherzustellen.

Kühlungs- und Wärmetauscherbereich: Die Wärmetauscher- und Sekundärkreislaufsysteme spielen eine entscheidende Rolle bei der Übertragung von Wärme vom primären Kühlmittel des Reaktors auf den sekundären Kreislauf. Dieser Bereich ist mit spezialisierten Wärmetauschern ausgestattet, die je nach spezifischem SMR-Design für Wasser-, Gas- oder Salzschmelzsysteme optimiert sind. Für wassergekühlte SMRs werden Kühltürme oder luftgekühlte Kondensatoren strategisch in der Nähe platziert, um Wärmeverluste zu minimieren und die Kühlleistung zu maximieren. Pumpen- und Ventilstationen in diesem Bereich gewährleisten eine gleichmäßige und kontrollierte Zirkulation des Kühlmittels und bieten gleichzeitig einfachen Zugang für Wartungsarbeiten, um Systemausfälle zu vermeiden.

Turbinen- und Stromerzeugungsbereich: Das Turbinengebäude beherbergt die Turbinen und Generatoren, die thermische Energie in Elektrizität umwandeln. SMR-Designs ermöglichen kompaktere Turbinen, wodurch die Größe dieses Gebäudes reduziert wird, ohne die Effizienz zu beeinträchtigen. Das Turbinengebäude befindet sich nahe dem Reaktorbereich, um die Länge der Dampfleitungen zu minimieren und dadurch Energieverluste zu reduzieren. Zusätzlich verwaltet der in der Nähe befindliche elektrische Schaltanlagenraum die Verteilung der Elektrizität ins Stromnetz und gewährleistet eine konstante Leistungsabgabe sowie Lastmanagement.

Bereich für abgebrannte Brennelemente und Abfallmanagement: Zur Verwaltung nuklearer Abfälle ist jede SMR-Einheit mit Abklingbecken für abgebrannte Brennelemente ausgestattet, die der temporären Lagerung gebrauchter Brennstäbe unmittelbar nach deren Entnahme aus dem Reaktor dienen. Diese Becken sind abgeschirmt und sicher konstruiert, um Strahlungslecks zu verhindern. Nach der Abkühlung wird der Brennstoff in den Bereich für Trockenlagerbehälter überführt, wo er langfristig in robusten und überwachten Behältern gelagert wird. Eine spezielle Abfallbehandlungsanlage übernimmt die Verarbeitung und Verpackung schwachradioaktiver Abfälle zur sicheren Entsorgung gemäß den Umweltvorschriften.

Hilfs- und Unterstützungsinfrastruktur: Zur Unterstützung des Anlagenbetriebs befinden sich Wartungs- und Werkstattanlagen vor Ort, die für die Montage, Reparatur und den Austausch modularer Komponenten genutzt werden. Diese Einrichtungen ermöglichen schnelle Arbeitsabläufe und reduzieren Stillstandszeiten. Lager- und Aufbewahrungseinrichtungen dienen der sicheren Lagerung von Reaktorkomponenten, Brennelementen und anderer wesentlicher Ausrüstung. Darüber hinaus bieten Verwaltungs- und Mitarbeitereinrichtungen Büroräume, Besprechungsräume und Schulungszentren für das Anlagenpersonal und gewährleisten damit reibungslose Verwaltungsabläufe sowie das Wohlbefinden der Mitarbeiter.

Sicherheits- und Zugangskontrollbereich: Das gesamte SMR-Gelände ist durch ein

Perimetersicherheitssystem geschützt, das kontrollierte Zugangspunkte, Überwachungskameras und Hochsicherheitszäune umfasst, um unbefugten Zutritt zu verhindern. Ein eigenes Sicherheitskontrollzentrum überwacht die Anlage rund um die Uhr und gewährleistet eine schnelle Reaktion auf Sicherheitsverletzungen. Kontrollstellen für Besucher und Mitarbeiter setzen strenge Sicherheitsprotokolle durch, einschließlich Strahlenkontrollen, sofern erforderlich.

Übertragungs- und Netzanbindungsbereich: Die Schaltanlage verbindet das SMR-Kraftwerk mit dem regionalen Stromnetz, wobei Transformatoren und Leistungsschalter die Stromübertragung steuern. Dieser Bereich befindet sich in der Nähe des Turbinengebäudes und gewährleistet eine effiziente Einspeisung der Energie ins Netz. Zusätzlich sind Netzstabilisierungssysteme integriert, darunter Notstromgeneratoren und unterbrechungsfreie Stromversorgungssysteme (USV), um einen kontinuierlichen Betrieb selbst bei Netzausfällen sicherzustellen.

Das Layout eines SMR-Kraftwerks ist auf Kompaktheit, Modularität und Betriebssicherheit ausgelegt. Der modulare Ansatz ermöglicht flexible Erweiterungen, sodass bei Bedarf neue Reaktoreinheiten hinzugefügt werden können, ohne den bestehenden Betrieb zu stören. Die Verwendung unterirdischer Einschlussgebäude sowie speziell ausgewiesener Bereiche für

Abfallmanagement und Sicherheit erhöht sowohl die Sicherheit als auch die Widerstandsfähigkeit der Anlage. Durch die sorgfältige Organisation der einzelnen Bereiche und den Einsatz moderner digitaler Technologien erreichen SMR-Kraftwerke ein ausgewogenes Verhältnis zwischen Betriebseffizienz, Sicherheit und Skalierbarkeit. Dieses durchdachte Layout unterstützt den Einsatz von SMRs als vielseitige und kosteneffiziente Lösung zur Deckung des globalen Energiebedarfs in unterschiedlichsten Umgebungen.

Nuklearrechtliche Compliance

Einer der kritischsten Aspekte bei der Entwicklung eines Kraftwerks mit kleinen modularen Reaktoren (Small Modular Reactors, SMRs) ist die vollständige Einhaltung nuklearrechtlicher Anforderungen. Bevor mit dem Bau begonnen werden kann, muss der Standort von der zuständigen nuklearen Aufsichtsbehörde genehmigt werden, beispielsweise von der United States Nuclear Regulatory Commission (NRC), der International Atomic Energy Agency (IAEA) oder entsprechenden nationalen Behörden anderer Länder. Diese Regulierungsbehörden legen strenge Standards fest, um sicherzustellen, dass der Betrieb nuklearer Anlagen sicher, geschützt und umweltverträglich erfolgt. Die Einhaltung dieser Standards erfordert den Nachweis, dass Konstruktion, Bau und Betrieb des SMR strenge Sicherheitskriterien erfüllen, darunter Strahlenschutz, Reaktorintegrität und Notfallvorsorge.

Der regulatorische Prozess für SMRs ähnelt zwar dem traditioneller Reaktoren, berücksichtigt jedoch auch die besonderen Merkmale ihres Designs, wie Modularität, geringeren Flächenbedarf und passive Sicherheitsfunktionen. Entwickler müssen detaillierte Sicherheitsanalyseberichte, Risikobewertungen und Konstruktionsdokumentationen vorlegen, um nachzuweisen, dass der SMR verschiedenen externen Bedrohungen wie Naturkatastrophen, Cyberangriffen oder Unfällen standhalten kann. Der Genehmigungsprozess kann mehrere Jahre dauern, da die Aufsichtsbehörden umfassende Bewertungen durchführen, um sicherzustellen, dass sämtliche Sicherheitsmaßnahmen angemessen berücksichtigt wurden. Die Nichteinhaltung regulatorischer Standards kann zu kostspieligen Verzögerungen, Geldstrafen oder sogar zur Verweigerung einer Betriebsgenehmigung führen, wodurch die regulatorische Compliance zu einem entscheidenden Bestandteil der Projektplanung für SMRs wird.

Umweltverträglichkeitsprüfungen (Environmental Impact Assessments – EIA)

Zusätzlich zur regulatorischen Compliance ist eine umfassende Umweltverträglichkeitsprüfung (Environmental Impact Assessment, EIA) erforderlich, bevor ein SMR-Projekt umgesetzt werden kann. Ziel einer EIA ist es, die potenziellen Auswirkungen des geplanten Kraftwerks auf die umliegende Umwelt zu bewerten. Dazu gehört eine gründliche Analyse, wie sich der Betrieb der Anlage auf Luft- und Wasserqualität, Bodenbeschaffenheit, lokale Tierwelt und Vegetation auswirken könnte. Der EIA-Prozess beginnt typischerweise mit einer Vorstudie zur Identifizierung potenzieller Umweltrisiken, gefolgt von detaillierten Bewertungen auf Grundlage wissenschaftlicher Daten und Prognosemodelle.

Ein zentraler Schwerpunkt einer EIA ist der Wasserverbrauch und die thermische Einleitung, insbesondere wenn der SMR wasserbasierte Kühlsysteme verwendet. Die Bewertung muss nachweisen, dass der Betrieb der Anlage keine negativen Auswirkungen auf nahegelegene Gewässer wie Flüsse oder Seen hat, etwa durch erhöhte Wassertemperaturen oder die Einleitung von Schadstoffen. Darüber hinaus untersucht die EIA die Entsorgung radioaktiver Abfälle und stellt sicher, dass sämtliche Nebenprodukte des Reaktors so gehandhabt, gelagert und entsorgt werden, dass Umweltbelastungen minimiert werden. Auch die Auswirkungen auf die lokale Luftqualität werden bewertet, insbesondere hinsichtlich Emissionen aus Hilfssystemen wie Notstrom-Dieselgeneratoren.

Nach Abschluss wird der EIA-Bericht in der Regel einer öffentlichen Prüfung und Konsultation unterzogen. Regulierungsbehörden können verlangen, dass Entwickler auf Bedenken der Öffentlichkeit oder von Umweltorganisationen eingehen, bevor eine Genehmigung erteilt wird. Dieser Prozess stellt nicht nur sicher, dass das SMR-Projekt mit Umwelt- und Nachhaltigkeitszielen übereinstimmt, sondern trägt auch dazu bei, öffentliches Vertrauen und Akzeptanz aufzubauen. Durch die frühzeitige Identifizierung potenzieller Umweltrisiken unterstützt die EIA Entwickler bei der Umsetzung wirksamer Minderungsstrategien und stellt sicher, dass das SMR-Kraftwerk mit minimalen ökologischen Auswirkungen betrieben wird.

Bewertung von Erdbeben- und Verwerfungsrisiken

Eine der grundlegenden Überlegungen bei der Auswahl eines Standorts für ein SMR-Kraftwerk ist die Bewertung der geologischen und seismischen Stabilität des Standortes. Die Anlage muss in einem Gebiet errichtet werden, das weder anfällig für starke Erdbebenaktivität ist noch sich in der Nähe aktiver geologischer Verwerfungen befindet. Obwohl SMRs aufgrund ihrer kleineren Größe und modularen Bauweise häufig mit erhöhter seismischer Widerstandsfähigkeit ausgelegt werden, bleibt die Stabilität des Untergrunds eine entscheidende Sicherheitsanforderung. Das Design von SMRs umfasst Merkmale wie flexible Fundamente, Stoßdämpfer und verstärkte Strukturen, die Bodenerschütterungen standhalten können. Dennoch ist die Wahl eines seismisch stabilen Standortes eine wesentliche vorbeugende Maßnahme.

Während der Standortbewertung führen Entwickler detaillierte geologische Untersuchungen durch, um das Vorhandensein von Verwerfungen, vergangene seismische Aktivitäten und das Potenzial zukünftiger Erdbeben zu analysieren. Dies umfasst die Auswertung historischer Daten sowie den Einsatz geotechnischer Messinstrumente zur Einschätzung der Wahrscheinlichkeit seismischer Ereignisse in der Region. Zeigt ein Standort Anzeichen aktiver Verwerfungen oder eine Geschichte häufiger Erschütterungen, kann er für den Bau eines SMR als ungeeignet eingestuft werden. Ziel ist es, Risiken zu minimieren, die die strukturelle Integrität des Reaktors und seiner Einschlusssysteme beeinträchtigen könnten, welche entscheidend sind, um Strahlungsfreisetzungen während eines seismischen Ereignisses zu verhindern. Durch die Auswahl eines Standorts mit minimalem seismischem Risiko können Entwickler effiziente und kostengünstige Strukturen entwerfen und gleichzeitig strenge Sicherheitsstandards erfüllen.

Bodenbeschaffenheit

Zusätzlich zu seismischen Bewertungen ist eine gründliche Bodenanalyse erforderlich, um sicherzustellen, dass der Standort die Infrastruktur des SMR während seiner gesamten Betriebsdauer ausreichend tragen kann. Die Stabilität des Bodens wirkt sich direkt auf die Sicherheit und Haltbarkeit des Reaktor-Fundaments aus. Für ein SMR-Kraftwerk, das schwere Komponenten wie Reaktoreinschlussstrukturen, Kühlsysteme und Nebengebäude umfasst, ist es entscheidend, dass der Boden diese Lasten ohne erhebliche Setzungen oder Verschiebungen tragen kann. Bodenabsenkungen könnten zu strukturellen Fehlstellungen, erhöhten Belastungen von Reaktorkomponenten oder im schlimmsten Fall zur Beeinträchtigung der Integrität des Reaktoreinschlusses führen.

Geotechnische Ingenieure führen Bodentests durch, um Eigenschaften wie Bodentyp, Dichte, Tragfähigkeit und Feuchtigkeitsgehalt zu bestimmen. Diese Tests helfen, potenzielle Probleme wie Bodenverflüssigung zu identifizieren, die insbesondere bei sandigen oder lockeren Böden während Erdbeben auftreten kann. Wird der Boden als instabil oder ungeeignet eingestuft, können zusätzliche Maßnahmen wie Bodenverdichtung, Verpressung oder sogar der Bau tiefer Pfahlgründungen erforderlich sein, um die Stabilität zu erhöhen. Ziel ist die Schaffung eines robusten Fundaments, das das Risiko von Setzungen oder Bewegungen minimiert – ein besonders wichtiger Aspekt bei Kernanlagen, bei denen selbst geringe strukturelle Verschiebungen schwerwiegende Sicherheitsfolgen haben können.

Durch die sorgfältige Bewertung sowohl der geologischen Bedingungen als auch der Bodenbeschaffenheit eines potenziellen Standorts können Entwickler sicherstellen, dass das SMR-Kraftwerk auf einem stabilen Fundament errichtet wird, wodurch das Risiko struktureller Schäden im Laufe der Zeit reduziert wird. Diese umfassende Bewertung erhöht nicht nur die Sicherheit und Zuverlässigkeit der Anlage, sondern trägt auch zu ihrer langfristigen betrieblichen Effizienz und Wirtschaftlichkeit bei. Die Kombination aus seismischen Bewertungen und Bodenanalysen stellt einen proaktiven Ansatz zum Risikomanagement dar und gewährleistet, dass der SMR selbst unter schwierigen Umweltbedingungen sicher betrieben werden kann.

Verfügbarkeit von Kühlwasser

Für kleine modulare Reaktoren (SMRs), die wasserbasierte Kühlsysteme verwenden, ist die Nähe zu einer zuverlässigen Wasserquelle ein entscheidender Faktor bei der Standortwahl. Der Kühlprozess dieser Reaktoren ist auf Wasser angewiesen, um die während der Kernspaltung entstehende erhebliche Wärme abzuführen. Das bedeutet, dass die Anlage Zugang zu einer kontinuierlichen Wasserversorgung benötigt, die häufig aus nahegelegenen Flüssen, Seen oder Küstengebieten stammt. Eine zuverlässige Wasserquelle gewährleistet die effiziente Funktion der Wärmeaustauschsysteme, die entscheidend für die Aufrechterhaltung sicherer Betriebstemperaturen im Reaktorkern sind. Die Verfügbarkeit ausreichender Kühlwassermengen ist nicht nur für den Normalbetrieb wesentlich, sondern auch in Notfallsituationen, in denen der Reaktor zusätzliche Kühlung benötigt, um eine Überhitzung zu verhindern.

Die Errichtung eines SMR-Kraftwerks in der Nähe natürlicher Gewässer kann zusätzliche Vorteile bieten, beispielsweise Kosteneinsparungen bei der Infrastruktur, da die Nähe den Bedarf an umfangreichen Rohrleitungssystemen zur Wasserförderung über große Entfernungen reduziert. Entwickler müssen jedoch auch die Umweltauswirkungen der Nutzung natürlicher Wasserquellen berücksichtigen. Dazu gehört die Bewertung potenzieller thermischer Verschmutzung, die aquatische Ökosysteme beeinträchtigen könnte, wenn das eingeleitete Wasser deutlich wärmer ist als die Umgebungstemperatur. Darüber hinaus sind regulatorische Genehmigungen erforderlich, um sicherzustellen, dass Wasserentnahme und Wassereinleitung weder lokale Wasserstände beeinträchtigen noch der umliegenden Umwelt schaden. Daher werden umfassende Umweltverträglichkeitsprüfungen durchgeführt, um den Bedarf an Kühlwasser mit ökologischer Nachhaltigkeit in Einklang zu bringen.

Alternative Kühloptionen

In Regionen, in denen Wasserquellen knapp oder unzuverlässig sind, bieten SMRs mit alternativen Kühltechnologien einen erheblichen Vorteil. Einige SMRs sind für den Einsatz von Luftkühlungs- oder Trockenkühlsystemen ausgelegt, wodurch die Abhängigkeit von großen Wassermengen entfällt. Diese Systeme nutzen Luft oder andere Fluide zur Wärmeabfuhr und eignen sich daher besonders für trockene, abgelegene oder Binnenregionen mit begrenztem Wasserzugang. Die Verwendung luftgekühlter Kondensatoren ermöglicht es beispielsweise, SMRs effizient zu betreiben, ohne natürliche Wasserquellen zu nutzen, wodurch sich die Anzahl potenzieller Standorte für diese Reaktoren erheblich erweitert.

Die Flexibilität von Luftkühlsystemen bietet mehrere Vorteile, darunter die Verringerung der Umweltauswirkungen durch Wasserentnahme und thermische Einleitung. Dies trägt nicht nur zum Schutz wertvoller Wasserressourcen bei, sondern vereinfacht auch den regulatorischen Prozess, da weniger Bedenken hinsichtlich Wasserentnahmegenehmigungen und Umweltauflagen bestehen. Luftgekühlte SMRs können zudem widerstandsfähiger gegenüber den Auswirkungen des Klimawandels sein, da sie weniger von Schwankungen der Wasserverfügbarkeit infolge von Dürren oder veränderten Niederschlagsmustern betroffen sind. Allerdings benötigen Luftkühlsysteme unter Umständen mehr Platz und weisen im Vergleich zu wassergekühlten Systemen eine etwas geringere thermische Effizienz auf, was die Gesamtgestaltung und die Kosten des Kraftwerks beeinflussen kann.

Durch die Integration sowohl wasserbasierter als auch alternativer Kühlsysteme in ihre Designs können SMRs an eine Vielzahl unterschiedlicher Umweltbedingungen angepasst werden. Diese Vielseitigkeit ermöglicht den Einsatz der SMR-Technologie in unterschiedlichsten geografischen Regionen – von Küstengebieten mit reichlichen Wasserressourcen bis hin zu Binnenregionen mit Wasserknappheit. Diese Anpassungsfähigkeit ist einer der Gründe, weshalb SMRs als vielversprechende Lösung für die Bereitstellung sauberer und zuverlässiger Energie in verschiedensten Kontexten gelten, darunter abgelegene Gemeinden, trockene Regionen und Entwicklungsländer mit begrenzter Infrastruktur.

Nähe zum Stromnetz

Für ein Kraftwerk mit kleinen modularen Reaktoren (SMRs) ist die Nähe zu bestehender elektrischer Netzinfrastruktur ein entscheidender Faktor bei der Standortwahl. Die Nähe zu Hochspannungsleitungen ermöglicht eine effizientere und kostengünstigere Verbindung zwischen dem Kraftwerk und dem nationalen oder regionalen Stromnetz. Dadurch wird der Bedarf an umfangreichen Neubauten von Übertragungsleitungen reduziert, die kostspielig, zeitaufwendig und häufig genehmigungspflichtig sind. Durch die Verringerung der Entfernung zu bestehenden Stromleitungen können SMR-Entwickler die anfänglichen Investitionskosten erheblich senken, die Projektdurchführbarkeit verbessern und die Zeit bis zur Inbetriebnahme verkürzen.

Darüber hinaus trägt eine nähere Verbindung zum Stromnetz zur Optimierung der Energieübertragungseffizienz bei. Je länger Elektrizität über Leitungen transportiert werden muss, desto größer sind die Energieverluste aufgrund elektrischen Widerstands, was die Gesamteffizienz der Stromversorgung beeinträchtigen kann. Durch die Wahl eines Standorts in der Nähe bestehender elektrischer Infrastruktur können SMR-Betreiber diese Verluste reduzieren und sicherstellen, dass ein größerer Anteil der erzeugten Elektrizität die Endverbraucher erreicht. Dies ist besonders wichtig für die wirtschaftliche Tragfähigkeit von SMR-Projekten, deren Ziel häufig darin besteht, flexible und kostengünstige Energielösungen bereitzustellen. Zusätzlich ermöglicht die Netzanbindung in der Nähe urbaner oder industrieller Zentren, dass SMRs Regionen mit hohem Strombedarf direkt versorgen können, wodurch sie eine attraktive Option für Netzstabilisierung und Spitzenlastmanagement darstellen.

Zugänglichkeit abgelegener Regionen

Einer der wichtigsten Vorteile von SMRs ist ihr Potenzial für den Einsatz in abgelegenen oder netzfernen Regionen, in denen traditionelle großskalige Kernreaktoren oder fossile Kraftwerke nicht praktikabel sind. SMRs sind modular, kompakt und für den autonomen Betrieb ausgelegt, wodurch sie sich ideal zur zuverlässigen Stromversorgung isolierter Regionen wie Bergbaustandorte, abgelegener Gemeinden oder Inselstaaten eignen. Doch selbst in solchen netzfernen Szenarien ist eine strategische Planung erforderlich, um sicherzustellen, dass die erzeugte Elektrizität effizient an die vorgesehenen Nutzer verteilt werden kann.

In abgelegenen Gebieten stellt das Fehlen bestehender Netzinfrastruktur besondere Herausforderungen dar. Obwohl SMRs unabhängig betrieben werden können, benötigen sie dennoch robuste Systeme für die lokale Stromverteilung. Dies kann den Aufbau von Mikronetzen oder lokalen Verteilungsnetzen umfassen, um Elektrizität an nahegelegene Industrien oder Gemeinden zu liefern. In solchen Fällen müssen Entwickler die Logistik für den Bau neuer Übertragungsleitungen, Umspannwerke und Verteilzentren berücksichtigen. Diese Projekte erfordern möglicherweise die Zusammenarbeit mit lokalen Behörden und Energieversorgungsunternehmen, um eine zuverlässige Stromversorgung sicherzustellen, insbesondere wenn die Region über keine etablierte Energieinfrastruktur verfügt.

Die modulare und flexible Natur von SMRs macht sie besonders geeignet für eine schrittweise Einführung in solchen Regionen. Ein erstes Modul kann sofort kritische Einrichtungen oder Industrien mit Strom versorgen, während zusätzliche Module entsprechend steigender Nachfrage oder dem Ausbau neuer Übertragungsinfrastruktur hinzugefügt werden können. Dieser Ansatz reduziert die anfänglichen Investitionskosten und ermöglicht eine schrittweise Erweiterung, wodurch sich leichter auf sich verändernde Energiebedarfe reagieren lässt. Darüber hinaus können SMRs mit erneuerbaren Energiequellen wie Wind- oder Solarenergie kombiniert werden, um hybride Energiesysteme zu schaffen, die die Energieversorgungssicherheit abgelegener Regionen erhöhen.

Logistik für Bau und Wartung

Die Zugänglichkeit des Standorts eines SMR-Kraftwerks ist ein entscheidender Faktor, insbesondere aufgrund der modularen Bauweise von SMRs. Im Gegensatz zu traditionellen Kernkraftwerken, die häufig jahrelange umfangreiche Bauarbeiten vor Ort erfordern, sind SMRs so konzipiert, dass ihre Komponenten in Fabriken gefertigt und anschließend zur Montage an den Standort transportiert werden. Dieser modulare Ansatz reduziert Bauzeit und Kosten erheblich, bedeutet jedoch auch, dass der gewählte Standort für den Transport großer vorgefertigter Module, schwerer Ausrüstung und nuklearer Brennstoffe zugänglich sein muss.

Um eine effiziente Lieferung zu gewährleisten, müssen Standorte über robuste Verkehrsinfrastruktur verfügen, beispielsweise Autobahnen, Eisenbahnlinien oder Wasserwege. Ein Bahnanschluss kann beispielsweise den Transport großer Reaktormodule und schwerer Maschinen erleichtern und den Bedarf an Spezialtransporten auf Straßen reduzieren, die logistisch schwierig und teuer sein können. Ebenso ist der Zugang zu schiffbaren Wasserwegen vorteilhaft, insbesondere bei Küsten- oder Flussstandorten, da Lastkähne übergroße Komponenten transportieren können, die auf dem Landweg nur schwer bewegt werden können. Straßen zum Standort müssen zudem in der Lage sein, Schwerlastfahrzeuge aufzunehmen, was eine ausreichende Straßenqualität und Kapazität erfordert. Diese Infrastruktur ist nicht nur während der anfänglichen Bauphase entscheidend, sondern auch für laufende Wartung, regelmäßigen Brennstoffwechsel und zukünftige Modernisierungen der Anlage.

Darüber hinaus ermöglicht die modulare Natur von SMRs eine zukünftige Skalierbarkeit. Standorte mit guter Verkehrsanbindung können zusätzliche Module leichter aufnehmen, falls die Anlage ihre Kapazität erweitert. Daher sind Transportlogistik und Infrastruktur nicht nur einmalige Überlegungen, sondern wesentliche Bestandteile der langfristigen Tragfähigkeit und Flexibilität des Kraftwerks.

Zugang für Notfallmaßnahmen

Ein weiterer wesentlicher Aspekt bei der Standortwahl ist die Sicherstellung, dass das SMR-Kraftwerk für Einsatzkräfte erreichbar ist. Sicherheit hat bei kerntechnischen Anlagen höchste

Priorität, und obwohl SMRs mit erweiterten Sicherheitsmerkmalen wie passiven Kühlsystemen und unterirdischen Einschlussstrukturen ausgestattet sind, ist es dennoch entscheidend, auf potenzielle Zwischenfälle vorbereitet zu sein. Schneller und zuverlässiger Zugang für Rettungsdienste wie Feuerwehr, medizinische Teams und Gefahrstoffeinheiten kann einen erheblichen Unterschied bei der wirksamen Bewältigung von Notfällen machen.

Der Standort muss über gut ausgebaute Straßen erreichbar sein, die auch bei schlechten Wetterbedingungen für Einsatzfahrzeuge geeignet sind. Die Nähe zu Städten oder Gemeinden mit etablierten Rettungsdiensten ist von Vorteil, da sie schnellere Reaktionszeiten ermöglicht. Darüber hinaus können alternative Zufahrtswege entscheidend sein, falls die Hauptzufahrtsstraße während einer Naturkatastrophe oder eines anderen Notfalls blockiert wird. Für abgelegenere SMR-Installationen kann es notwendig sein, spezielle Notfallinfrastruktur vor Ort einzurichten, beispielsweise Hubschrauberlandeplätze oder spezialisierte Notfalleinsatzteams.

Darüber hinaus kann ein effizientes Anlagenlayout das Notfallmanagement unterstützen. Klare und ungehinderte Wege, ausgewiesene Notausgänge und leicht zugängliche Leitwarten sind entscheidend für die sichere Evakuierung des Personals und dafür, dass Einsatzkräfte kritische Bereiche schnell erreichen können. Regelmäßige Übungen und die Koordination mit lokalen Rettungsdiensten tragen ebenfalls dazu bei, dass alle Beteiligten auf mögliche Situationen vorbereitet sind und erhöhen damit die allgemeine Sicherheit und Schutzwirkung der Anlage.

Zusammenfassend spielen Zugänglichkeit und Verkehrsinfrastruktur sowohl in der Bau- als auch in der Betriebsphase eines SMR-Kraftwerks eine entscheidende Rolle. Die Fähigkeit, modulare Komponenten, Ausrüstung und Brennstoffe effizient zu transportieren, kombiniert mit der Möglichkeit einer schnellen Notfallreaktion, sind wesentliche Faktoren für den erfolgreichen Einsatz und den sicheren Betrieb von SMRs. Durch die sorgfältige Bewertung dieser logistischen und sicherheitsrelevanten Aspekte können Entwickler die Standortwahl optimieren, um Effizienz zu maximieren und Risiken zu minimieren.

Sicherheitszonen und Nähe zu Bevölkerungszentren

Bei der Auswahl eines Standorts für ein Kraftwerk mit kleinen modularen Reaktoren (Small Modular Reactors, SMRs) ist einer der wichtigsten Aspekte die Nähe zu Bevölkerungszentren. Obwohl SMRs mit erweiterten Sicherheitsmerkmalen wie passiven Kühlsystemen und robusten Einschlussstrukturen ausgestattet sind, bestehen weiterhin regulatorische Anforderungen, die Sicherheits-Pufferzonen rund um kerntechnische Anlagen vorschreiben. Diese Sicherheitszonen dienen dem Schutz der umliegenden Bevölkerung im seltenen Fall eines Strahlungslecks oder anderer Zwischenfälle. Im Gegensatz zu traditionellen großen Kernreaktoren, die aufgrund ihrer Größe und potenziellen Risikofaktoren umfangreiche Sperrzonen erfordern, können SMRs dank ihres inhärenten Sicherheitsdesigns häufig mit kleineren Pufferzonen betrieben werden. Dennoch müssen diese Zonen weiterhin den lokalen und internationalen nuklearen Sicherheitsvorschriften entsprechen, beispielsweise jenen der International Atomic Energy

Agency (IAEA) oder regionaler Behörden wie der United States Nuclear Regulatory Commission (NRC).

Idealerweise sollte ein SMR-Standort in Gebieten mit geringer Bevölkerungsdichte liegen, um potenzielle Auswirkungen auf nahegelegene Gemeinden zu minimieren. Durch die Wahl eines Standorts fern dicht besiedelter urbaner Zentren wird das Risiko für Gesundheit und Sicherheit der Bevölkerung im unwahrscheinlichen Fall eines Notfalls reduziert. Darüber hinaus sorgt ein abgelegenerer Standort dafür, dass weniger logistische und regulatorische Hürden im Zusammenhang mit der öffentlichen Sicherheit bestehen, wodurch Genehmigungen für Bau und Betrieb leichter erteilt werden können. Allerdings muss dieses Bedürfnis nach Distanz mit anderen Faktoren in Einklang gebracht werden, beispielsweise der Zugänglichkeit für Materialtransporte und den Möglichkeiten des Notfallmanagements.

Wirtschaftliche Überlegungen und industrielle Anwendungen

Während Sicherheit oberste Priorität hat, spielen auch bedeutende wirtschaftliche Faktoren bei der Standortwahl eines SMR-Kraftwerks eine Rolle. In manchen Fällen werden Standorte bevorzugt, die sich relativ nahe an Industriegebieten oder wachsenden urbanen Regionen befinden, insbesondere wenn der SMR nicht nur Strom, sondern auch Prozesswärme für industrielle Anwendungen liefern soll. Die Nähe zu Industrieanlagen kann einen SMR besonders attraktiv für Branchen machen, die kontinuierliche Hochtemperaturwärme für ihre Prozesse benötigen, etwa chemische Produktion, Stahlherstellung oder Meerwasserentsalzung. Durch die Ansiedlung eines SMR in der Nähe industrieller Zentren kann das Kraftwerk Wärme und Elektrizität effizient bereitstellen, Energieübertragungsverluste reduzieren und die Kosten für industrielle Partner senken.

Darüber hinaus kann die Ansiedlung eines SMR in der Nähe wachsender urbaner Gebiete die lokale wirtschaftliche Entwicklung unterstützen. Das Vorhandensein einer zuverlässigen und kohlenstoffarmen Energiequelle kann Unternehmen anziehen, neue Entwicklungen fördern und Arbeitsplätze schaffen, wodurch die regionale Wirtschaft gestärkt wird. Obwohl die Nähe zu Bevölkerungszentren wirtschaftliche Vorteile bieten kann, muss sie sorgfältig gesteuert werden, um sicherzustellen, dass Sicherheitsstandards nicht beeinträchtigt werden. Dies erfordert häufig umfassende Risikobewertungen und Umweltverträglichkeitsstudien, um die Machbarkeit eines SMR in der Nähe dicht besiedelter Gebiete zu bestimmen.

Abwägung zwischen Sicherheit und wirtschaftlichen Vorteilen

Die Entscheidung über den Standort eines SMR-Kraftwerks erfordert eine sorgfältige Balance zwischen Sicherheitsanforderungen und wirtschaftlichen Vorteilen. Während abgelegene Standorte aus Sicherheitsgründen allgemein bevorzugt werden, insbesondere zur Reduzierung von Risiken für die Bevölkerung, bestehen starke Anreize, SMRs näher an den Orten zu errichten, an denen ihre Energie am dringendsten benötigt wird. Durch die Auswahl von Standorten in der

Nähe von Industriegebieten oder expandierenden Städten können Betreiber von der Nachfrage nach stabilen und kohlenstoffarmen Energiequellen profitieren, um Industrien zu versorgen und urbanes Wachstum zu unterstützen.

Darüber hinaus werden moderne SMR-Designs mit fortschrittlichen Sicherheitsmerkmalen entwickelt, die Risiken im Zusammenhang mit der Nähe zu Bevölkerungszentren verringern können. Merkmale wie unterirdische Einschlussstrukturen, passive Kühlsysteme und automatische Abschaltmechanismen reduzieren die Wahrscheinlichkeit eines katastrophalen Ereignisses erheblich. Infolgedessen können Regulierungsbehörden kleinere Sperrzonen für SMRs als für traditionelle Reaktoren zulassen, was eine größere Flexibilität bei der Standortwahl ermöglicht.

Letztlich hängt die Entscheidung über die Nähe zu Bevölkerungszentren von einer gründlichen Analyse sowohl sicherheitsrelevanter als auch wirtschaftlicher Faktoren ab. Indem sichergestellt wird, dass Standorte sowohl sicher als auch wirtschaftlich tragfähig sind, können Entwickler die Platzierung von SMRs optimieren, um die doppelten Ziele nachhaltiger Energieerzeugung und regionaler Wirtschaftsentwicklung zu erreichen.

Temperatur- und Wetterbedingungen

Bei der Auswahl eines Standorts für ein Kraftwerk mit kleinen modularen Reaktoren (SMRs) ist das Verständnis der lokalen klimatischen und Umweltbedingungen entscheidend, um einen effizienten Betrieb und langfristige Sicherheit der Anlage zu gewährleisten. Extreme Wetterbedingungen wie hohe Umgebungstemperaturen, starke Schneefälle oder häufige Stürme können die Leistung und Zuverlässigkeit der Anlage erheblich beeinflussen. Hohe Temperaturen können beispielsweise die Effizienz von Kühlsystemen verringern, insbesondere bei wassergekühlten Reaktoren, die auf konstante Kühlmitteltemperaturen angewiesen sind, um Überhitzung zu vermeiden. SMRs sind häufig mit robusten passiven Kühlsystemen ausgestattet, dennoch kann eine langfristige Belastung durch extreme Hitze diese Systeme beanspruchen, was potenziell die Effizienz der Anlage reduziert und die Betriebskosten erhöht.

Kalte Klimazonen bringen hingegen eigene Herausforderungen mit sich. Starker Schneefall kann Zufahrtsstraßen blockieren, Wartungsarbeiten erschweren und sogar Kühlsysteme beeinträchtigen, wenn sich Schnee auf luftgekühlten Kondensatoren ansammelt. In Regionen mit Frosttemperaturen besteht zudem die Gefahr, dass Kühlmittelleitungen einfrieren und dadurch der Kühlprozess des Reaktors gestört wird. Darüber hinaus können schwere Stürme, darunter Hurrikane und Taifune, Risiken für die Infrastruktur darstellen und externe Anlagen wie Kühltürme oder Stromübertragungsleitungen beschädigen. Daher muss das Design eines SMR-Standorts die spezifischen Wetterbedingungen der Region berücksichtigen und sicherstellen, dass die Anlage widerstandsfähig gegenüber solchen Bedingungen ist. Dies kann die Verstärkung von Gebäuden, die Installation von Sturmbarrieren oder die Entwicklung von Kühlsystemen umfassen, die sich an unterschiedliche Temperaturen anpassen können.

Bewertung des Hochwasserrisikos

Zusätzlich zu allgemeinen Wetterbedingungen ist eine umfassende Hochwasserrisikobewertung unerlässlich, insbesondere für Standorte in der Nähe von Flüssen, Seen oder Küstengebieten. Überschwemmungen stellen eines der größten Risiken für Kernkraftwerke dar, da Wasser in kritische Bereiche eindringen und dadurch Sicherheitssysteme des Reaktors beeinträchtigen sowie ungeplante Abschaltungen verursachen kann. Hochwasser kann elektrische Systeme beschädigen, Kühlpumpen außer Betrieb setzen und sogar den Boden unter wichtigen Strukturen erodieren, was zu Setzungen oder struktureller Instabilität führen könnte. Aufgrund des kleineren Flächenbedarfs von SMR-Anlagen können diese etwas anfälliger für lokale Überschwemmungen sein als große Kernkraftwerke, wodurch eine sorgfältige Standortbewertung noch wichtiger wird.

Hochwasserrisikobewertungen umfassen die Analyse historischer Hochwasserdaten, die Bewertung der Geländehöhe sowie die Untersuchung der potenziellen Auswirkungen steigender Meeresspiegel und extremer Wetterereignisse infolge des Klimawandels. Wird festgestellt, dass ein Standort gefährdet ist, können zusätzliche Schutzmaßnahmen erforderlich sein, etwa der Bau von Deichen, Hochwasserschutzmauern oder erhöhten Plattformen für kritische Infrastruktur. In Küstenregionen müssen zudem Sturmfluten berücksichtigt werden, die zu schneller Überflutung und erhöhten Wasserständen führen können. Durch die Integration solcher Schutzmaßnahmen können Entwickler das Risiko von Hochwasserschäden reduzieren und die Sicherheit sowie Langlebigkeit der SMR-Anlage gewährleisten.

Minderung von Umweltrisiken

Um die Auswahl eines SMR-Standorts zu optimieren, ist es entscheidend, lokale Klima- und Umweltfaktoren frühzeitig im Planungsprozess zu berücksichtigen. Dieser proaktive Ansatz unterstützt die Entwicklung von Reaktoren, die widerstandsfähig gegenüber extremen Wetterbedingungen sind, und reduziert die Wahrscheinlichkeit von Betriebsunterbrechungen oder Sicherheitsvorfällen. Beispielsweise können in Regionen mit hohen Temperaturen fortschrittliche Kühlsysteme wie luftgekühlte Kondensatoren oder Trockenkühltechnologien eingesetzt werden, um die Abhängigkeit von Wasserquellen zu verringern. Für kalte Regionen können Heizsysteme und Isolierungen in das Design integriert werden, um Kühlkreisläufe vor dem Einfrieren zu schützen.

Darüber hinaus ermöglicht die kontinuierliche Überwachung der Umweltbedingungen rund um den Standort – wie Luft- und Wassertemperaturen, Niederschlagsmengen und potenzielle Hochwasserwarnungen – den Betreibern eine schnelle Reaktion auf veränderte Bedingungen. Durch die Integration wetterresistenter Designs und die Aufrechterhaltung robuster Notfallpläne können SMR-Anlagen selbst unter schwierigen Umweltbedingungen stabile und sichere Betriebsabläufe gewährleisten. Diese sorgfältige Planung verbessert nicht nur die Betriebseffizienz der Anlage, sondern unterstützt auch die Erlangung regulatorischer Genehmigungen, da die Einhaltung strenger Umwelt- und Sicherheitsstandards häufig Voraussetzung für die Projektlizenzierung ist.

Flächenbedarf

Einer der wesentlichen Vorteile von kleinen modularen Reaktoren (Small Modular Reactors, SMRs) gegenüber traditionellen Kernreaktoren ist ihr geringerer Flächenbedarf. SMRs sind kompakt ausgelegt und benötigen deutlich weniger Platz als große Kernkraftwerke, die typischerweise ausgedehnte Flächen für Reaktoren, Kühltürme, Abfalllagerung und weitere Infrastruktur beanspruchen. Die kleinere Größe und die modulare Bauweise von SMRs bedeuten, dass sie auch auf begrenzteren Flächen errichtet werden können, wodurch Standorte geeignet werden, die für konventionelle Reaktoren zuvor als zu klein galten. Dieser reduzierte Flächenbedarf eröffnet Möglichkeiten zur Errichtung von SMRs auf ehemals industriell genutzten Standorten, sogenannten Brownfield-Standorten. Diese verfügen häufig bereits über bestehende Infrastruktur wie Zufahrtsstraßen, Stromleitungen und Wasserquellen, wodurch Baukosten und Bauzeit reduziert werden können. Darüber hinaus kann die Nutzung von Brownfield-Standorten zur Revitalisierung ungenutzter oder aufgegebener Industrieflächen beitragen, die lokale Wirtschaft stärken und gleichzeitig die Umweltbelastung durch die Erschließung neuer Greenfield-Standorte vermeiden.

Grundstückseigentum und Flächennutzung

Ein weiterer entscheidender Faktor bei der Auswahl eines Standorts für ein SMR-Kraftwerk ist die Sicherstellung, dass das Grundstück ordnungsgemäß für industrielle oder energieerzeugende Zwecke ausgewiesen ist. Eigentumsverhältnisse und Flächennutzungsregelungen können regional stark variieren und die Machbarkeit eines Projekts erheblich beeinflussen. Es ist wesentlich, dass der ausgewählte Standort über die entsprechende Flächennutzungswidmung verfügt, um rechtliche Komplikationen und Projektverzögerungen zu vermeiden. Der Grundstückserwerb sollte möglichst unkompliziert erfolgen und idealerweise nur geringe bürokratische Hürden mit sich bringen. Beispielsweise kann die Einholung erforderlicher Genehmigungen einfacher sein, wenn sich das Grundstück im Besitz des Staates oder eines Energieversorgungsunternehmens befindet, als bei privatem oder gemischtem Eigentum.

Darüber hinaus reduziert die Sicherung eines Standorts mit geeigneter Flächennutzung das Risiko von Widerstand seitens lokaler Gemeinschaften und Regulierungsbehörden. Ist jedoch eine Umwidmung erforderlich, kann dieser Prozess langwierig sein und öffentliche Konsultationen, Umweltprüfungen sowie Verhandlungen mit lokalen Behörden umfassen. Die frühzeitige Identifizierung potenzieller Flächennutzungsprobleme und eine proaktive Einbindung relevanter Interessengruppen können dazu beitragen, den Prozess zu beschleunigen. In manchen Fällen kann die Zusammenarbeit mit lokalen Regierungen zur Abstimmung des Projekts mit regionalen Energiestrategien ebenfalls einen reibungsloseren Grundstückserwerb und Genehmigungsprozess fördern.

Denkmalschutzstatus und indigene Ansprüche

Ein wesentlicher Aspekt der Flächennutzungsplanung für SMR-Standorte ist die Berücksichtigung kultureller und denkmalpflegerischer Faktoren, insbesondere in Gebieten mit historischer oder indigener Bedeutung. Viele potenzielle Standorte können unter Denkmalschutz stehen oder Gegenstand indigener Landansprüche sein, was Grundstückserwerb und Entwicklung erschweren kann. Beispielsweise können besondere Genehmigungen und Konsultationen erforderlich sein, wenn das Gelände als kulturell, historisch oder archäologisch bedeutsam anerkannt ist oder sich in der Nähe heiliger indigener Stätten befindet.

Die Einbindung indigener Gemeinschaften und die Achtung ihrer Rechte und Landansprüche sind nicht nur eine gesetzliche Verpflichtung, sondern auch eine ethische. Das Ignorieren dieser Rechte kann zu Protesten, rechtlichen Anfechtungen und Projektverzögerungen führen und möglicherweise das gesamte Vorhaben gefährden. Die frühzeitige Einrichtung offener Kommunikationswege mit indigenen Gruppen kann helfen, Bedenken auszuräumen, Vertrauen aufzubauen und – soweit möglich – ihre Perspektiven in die Projektentwicklung einzubeziehen. Dieser Ansatz gewährleistet die Einhaltung lokaler Vorschriften, fördert positive Beziehungen zur Gemeinschaft und reduziert das Risiko projektbezogener Verzögerungen aufgrund rechtlicher Streitigkeiten.

Strategische Überlegungen zur Flächennutzung

Die Einbeziehung von Flächennutzungsaspekten in die Planungsphase eines SMR-Projekts ist entscheidend, um die Standortwahl zu optimieren und den langfristigen Projekterfolg sicherzustellen. Durch die Nutzung des kompakten Flächenbedarfs von SMRs können Entwickler eine größere Bandbreite potenzieller Standorte in Betracht ziehen, einschließlich solcher mit bestehender Infrastruktur oder solcher, die für größere Kraftwerke ungeeignet wären. Die Sicherung geeigneter Flächen umfasst jedoch weit mehr als nur die Verfügbarkeit von Raum; sie erfordert eine sorgfältige Berücksichtigung rechtlicher, regulatorischer und sozialer Faktoren. Die Balance zwischen effizienter Flächennutzung und dem Respekt vor kulturellen und historischen Belangen ist entscheidend, um sicherzustellen, dass SMR-Projekte nicht nur technisch machbar, sondern auch gesellschaftlich verantwortungsvoll und nachhaltig sind.

Letztlich kann die frühzeitige Berücksichtigung von Flächenverfügbarkeit, Eigentumsverhältnissen, Flächennutzung und kulturellen Aspekten im Standortauswahlprozess dazu beitragen, kostspielige Verzögerungen zu vermeiden und eine reibungslosere Projektdurchführung zu fördern. Dieser umfassende Ansatz stellt sicher, dass der gewählte Standort sowohl regulatorischen Anforderungen als auch den Erwartungen der Gemeinschaft entspricht und damit zum Gesamterfolg und zur Akzeptanz des SMR-Projekts beiträgt.

Unterstützung der Gemeinschaft und öffentliche Wahrnehmung

Die öffentliche Akzeptanz ist ein zentraler Bestandteil jedes Kernenergieprojekts, und kleine modulare Reaktoren (SMRs) bilden hierbei keine Ausnahme. Die Wahrnehmung der Kernenergie innerhalb der Gemeinschaft kann den Erfolg oder Misserfolg eines Projekts erheblich beeinflussen. Obwohl SMRs mit verbesserten Sicherheitsmerkmalen entwickelt wurden und als sicherer gelten als traditionelle Kernreaktoren, bestehen weiterhin Bedenken hinsichtlich Strahlung, Abfallmanagement und potenzieller Unfälle. Daher ist es entscheidend, das Vertrauen und die Unterstützung der lokalen Bevölkerung zu gewinnen, um einen reibungslosen Genehmigungs- und Bauprozess zu gewährleisten.

Um Unterstützung in der Gemeinschaft aufzubauen, ist es wichtig, Interessengruppen frühzeitig in die Planungsphase einzubeziehen. Dazu gehört eine transparente Kommunikation über die Vorteile des Projekts, einschließlich seiner Sicherheitsmerkmale, Umweltvorteile und potenziellen wirtschaftlichen Gewinne. Bürgerversammlungen, Informationsveranstaltungen und offene Gespräche mit Anwohnern ermöglichen es Entwicklern, direkt auf Bedenken einzugehen, Missverständnisse auszuräumen und Vertrauen aufzubauen. Darüber hinaus kann die Einbindung lokaler Interessengruppen in Entscheidungsprozesse dazu beitragen, dass sich die Gemeinschaft wertgeschätzt und gehört fühlt, wodurch Widerstand reduziert werden kann. Dieser proaktive Ansatz kann Verzögerungen durch öffentliche Proteste oder rechtliche Anfechtungen mindern und den Projektzeitplan vorhersehbarer machen.

Arbeitsplatzschaffung und wirtschaftliche Vorteile

Eines der stärksten Argumente für die Ansiedlung eines SMR an einem bestimmten Standort ist das Potenzial zur Schaffung von Arbeitsplätzen und wirtschaftlicher Entwicklung. Bau, Betrieb und Wartung von SMR-Anlagen können einen erheblichen Beitrag zur lokalen Wirtschaft leisten, insbesondere in Regionen mit hoher Arbeitslosigkeit oder geringer industrieller Entwicklung. Während der Bauphase besteht ein hoher Bedarf an Fachkräften, Ingenieuren, Projektmanagern und Auftragnehmern, wodurch unmittelbar Arbeitsplätze entstehen. Diese Arbeitsplätze sind häufig gut bezahlt und tragen zur wirtschaftlichen Prosperität der Region bei.

Über die Bauphase hinaus schaffen SMRs langfristige Beschäftigungsmöglichkeiten für Anlagenbetreiber, Techniker, Sicherheitsinspektoren und Verwaltungspersonal. Darüber hinaus kann die Präsenz einer stabilen und zuverlässigen Energiequelle weitere Industrien anziehen und damit das Wirtschaftswachstum zusätzlich fördern. Unternehmen mit hohem und kontinuierlichem Energiebedarf – etwa Produktionsbetriebe oder Rechenzentren – könnten eher geneigt sein, sich in Regionen mit SMR-Anlagen anzusiedeln. Dies kann zusätzliche Arbeitsplätze schaffen und lokale Wirtschaftsaktivitäten wie Wohnungsbau, Einzelhandel und Dienstleistungen stimulieren.

Abwägung wirtschaftlicher Vorteile mit den Anliegen der Gemeinschaft

Obwohl die wirtschaftlichen Vorteile von SMRs überzeugend sein können, müssen sie sorgfältig gegen die Anliegen der Gemeinschaft abgewogen werden. So kann die Schaffung von Arbeitsplätzen zwar ein bedeutender Vorteil sein, jedoch möglicherweise nicht ausreichen, um öffentliche Bedenken hinsichtlich Sicherheit oder Umweltauswirkungen auszuräumen. Entwickler müssen klar darlegen, wie der SMR nicht nur wirtschaftliche Vorteile bringt, sondern auch Gesundheit und Sicherheit der Gemeinschaft priorisiert. Investitionen in lokale Infrastruktur wie Straßen, Schulen und Gesundheitseinrichtungen können zusätzlich das Engagement für das Wohlergehen der Region verdeutlichen.

In einigen Fällen können Entwickler Vereinbarungen über Gemeinschaftsvorteile anbieten, die Verpflichtungen zur Finanzierung lokaler Projekte oder zur Bereitstellung zusätzlicher Dienstleistungen für die Bevölkerung beinhalten. Dies kann von der Unterstützung lokaler Bildungsinitiativen bis hin zu Investitionen in Grünflächen und Freizeiteinrichtungen reichen. Durch den Nachweis, dass das Projekt sowohl wirtschaftlichen als auch gesellschaftlichen Nutzen bringt, können Entwickler Wohlwollen fördern und die Grundlage für eine Genehmigung des Projekts stärken.

Strategische Standortwahl für sozioökonomische Auswirkungen

Bei der Auswahl eines Standorts für einen SMR priorisieren Entwickler häufig Regionen, die am stärksten von den wirtschaftlichen Vorteilen profitieren können, die ein neues Kraftwerk mit sich bringt. Beispielsweise können Gebiete mit rückläufigen Industrien oder wirtschaftlich benachteiligte Regionen ideale Kandidaten sein. Solche Regionen verfügen oft bereits über bestehende Infrastruktur, die weitergenutzt werden kann, und profitieren gleichzeitig erheblich von der Schaffung neuer Arbeitsplätze sowie zusätzlichen Steuereinnahmen.

Strategisch betrachtet entspricht dieser Ansatz sowohl den Interessen der Gemeinschaft als auch der langfristigen Tragfähigkeit des Projekts. Durch die Auswahl eines Standorts, an dem die sozioökonomischen Auswirkungen eindeutig positiv sind, können Entwickler ein unterstützendes Umfeld schaffen, das reibungslosere regulatorische Genehmigungen und eine höhere Akzeptanz in der Bevölkerung ermöglicht. Dies kann Projektrisiken verringern und die erfolgreiche Integration der Anlage in die lokale Gemeinschaft sicherstellen.

Physische Sicherheit

Die Gewährleistung robuster physischer Sicherheit hat für jedes Kraftwerk mit kleinen modularen Reaktoren (SMRs) höchste Priorität. Da SMRs Kernenergie erzeugen, unterliegen sie strengen Sicherheitsmaßnahmen, um unbefugten Zugang zu verhindern und vor potenziellen Bedrohungen zu schützen. Das Design und Layout der Anlage müssen mehrere Ebenen physischer Sicherheit integrieren, um die Anlage, das Personal und die umliegende Gemeinschaft zu schützen. Dazu gehören kontrollierte Zugangspunkte mit Sicherheitskontrollen, verstärkte Zäune, Überwachungskameras, Bewegungsmelder sowie regelmäßige Patrouillen durch Sicherheitspersonal. Die Kombination dieser Maßnahmen stellt sicher, dass die Anlage wirksam gegen Eindringversuche oder Sabotage geschützt ist.

Ein zentraler Aspekt der Sicherheit von SMRs ist der Einsatz moderner Überwachungstechnologien wie hochauflösender Kameras, Drohnen und Wärmebildsensoren zur Überwachung des Perimeters und kritischer Bereiche innerhalb des Standorts. Darüber hinaus ist der Zugang zu sensiblen Bereichen wie Reaktoreinschlussgebäuden und Leitwarten ausschließlich autorisiertem Personal vorbehalten und wird durch biometrische Scanner, Zugangskarten und verschlüsselte digitale Systeme kontrolliert. Das Design vieler SMRs, bei dem zahlreiche Einheiten teilweise oder vollständig unterirdisch angeordnet sind, erhöht die Sicherheit zusätzlich, da dadurch der Zugang zu den Reaktoren für unbefugte Personen erschwert wird.

Darüber hinaus sind SMRs häufig mit passiven Sicherheitsmerkmalen und automatisierten Abschaltmechanismen ausgestattet, die im Falle einer Sicherheitsverletzung als zweite Verteidigungslinie dienen können. Diese Systeme können Reaktormodule schnell isolieren und verhindern, dass potenzielle Schäden zu einem größeren Sicherheitsvorfall eskalieren. Durch die Kombination robuster physischer Sicherheitsinfrastruktur mit fortschrittlichen technologischen Schutzmaßnahmen zielen SMRs darauf ab, das Risiko unbefugten Zugriffs zu minimieren und den Schutz der Anlage sicherzustellen.

Nähe zu sensiblen Einrichtungen

Der Standortauswahlprozess für ein SMR-Kraftwerk muss auch die Nähe zu anderer kritischer Infrastruktur berücksichtigen, beispielsweise Militärstützpunkten, Flughäfen oder nationalen Verteidigungsanlagen. Die Platzierung eines SMR in der Nähe solcher Einrichtungen könnte zusätzliche Sicherheitsrisiken schaffen oder zu Konflikten hinsichtlich Luftraum- und Gebietskontrolle führen. Beispielsweise könnte die Nähe zu einem Militärstützpunkt die Anlage im Falle militärischer Konflikte oder terroristischer Angriffe zu einem potenziellen Ziel machen und damit das allgemeine Sicherheitsrisikoprofil erhöhen.

Ebenso kann die Präsenz von Flughäfen oder Flugrouten in der Nähe eines SMR-Standorts Bedenken hinsichtlich möglicher Flugzeugunfälle hervorrufen. Obwohl SMRs so konzipiert sind, dass sie äußerst widerstandsfähig sind – einschließlich Schutzmaßnahmen gegen Flugzeugaufprall –, ist es dennoch ratsam, Standorte zu vermeiden, an denen die Wahrscheinlichkeit solcher Vorfälle erhöht ist. Durch die sorgfältige Auswahl von Standorten fern sensibler Einrichtungen können Entwickler das Risiko externer Bedrohungen reduzieren und sicherstellen, dass der SMR in einer sicheren und stabilen Umgebung betrieben wird.

Darüber hinaus legen Regulierungsbehörden häufig strenge Richtlinien bezüglich des zulässigen Abstands zwischen Kernkraftwerken und sensibler Infrastruktur fest. Diese Vorschriften dienen dem Schutz sowohl der SMR-Anlage als auch der kritischen Infrastruktur in ihrer Umgebung. Die Einhaltung dieser Richtlinien erhöht nicht nur die Sicherheit, sondern vereinfacht auch den regulatorischen Genehmigungsprozess und erleichtert damit den Fortschritt des Projekts ohne Verzögerungen.

Integrierte Sicherheitsstrategie

Neben physischen Barrieren und strategischer Standortwahl ist eine integrierte Sicherheitsstrategie für SMR-Anlagen unerlässlich. Dazu gehören kontinuierliche Risikobewertungen, Cybersicherheitsmaßnahmen und Notfallplanungen. SMRs sind auf digitale Steuerungssysteme für Überwachung und Betrieb angewiesen und dadurch potenziell anfällig für Cyberangriffe. Daher ist ein umfassendes Cybersicherheitskonzept entscheidend, um die digitale Infrastruktur der Anlage zu schützen und Betriebsunterbrechungen zu verhindern.

Die Notfallplanung ist ein weiterer zentraler Bestandteil der Sicherheitsstrategie eines SMR. Der Standort muss über ausgewiesene Evakuierungswege, sichere Schutzräume und abgestimmte Protokolle mit lokalen Rettungsdiensten verfügen. Regelmäßige Übungen und Schulungen des Anlagenpersonals gewährleisten die Vorbereitung auf unterschiedliche Szenarien – von Naturkatastrophen bis hin zu Sicherheitsvorfällen. Dieser proaktive Sicherheitsansatz schützt nicht nur die Anlage selbst, sondern stärkt auch das Vertrauen der umliegenden Gemeinschaft, indem deutlich wird, dass alle erforderlichen Maßnahmen getroffen wurden, um potenzielle Gefahren wirksam zu bewältigen.

Durch die Umsetzung dieser umfassenden Sicherheits- und Schutzmaßnahmen können SMRs ihr Engagement für höchste Sicherheitsstandards demonstrieren und gleichzeitig saubere sowie zuverlässige Energie liefern.

Beispiele geeigneter Standorte

Hinweis: Die in dieser Analyse genannten Standorte sind hypothetische Beispiele, die auf verschiedenen Kriterien der Standortauswahl für den Einsatz von kleinen modularen Reaktoren (SMRs) basieren. Diese beispielhaften Angaben dienen ausschließlich Informationszwecken und stellen weder eine Befürwortung noch eine Empfehlung oder Aufforderung dar, dass diese Regionen den Bau von SMR-Kraftwerken verfolgen oder genehmigen sollten. Die Machbarkeit des Baus eines SMR-Kraftwerks an einem bestimmten Standort würde umfassende Studien, regulatorische Genehmigungen, Umweltverträglichkeitsprüfungen und die Einbindung der Öffentlichkeit erfordern. Die Entscheidung über die Entwicklung nuklearer Infrastruktur liegt ausschließlich in der Verantwortung der jeweiligen Regierungen, Regulierungsbehörden und beteiligten Interessengruppen.

Nachfolgend sind 12 geeignete Standorte weltweit für den Bau von Kraftwerken mit kleinen modularen Reaktoren (Small Modular Reactors, SMRs) aufgeführt, wobei die oben beschriebenen Faktoren berücksichtigt wurden:

1. Wyoming, United States

- Begründung: Wyoming verfügt über eine lange Geschichte der Unterstützung von Energieprojekten, insbesondere im Bereich fossiler Brennstoffe, und ist daher ein idealer Kandidat für den Übergang zur Kernenergie. Der Bundesstaat besitzt große, seismisch stabile Flächen, die sich gut für den Einsatz von SMRs eignen. Darüber hinaus bietet die bestehende Infrastruktur von Kohlekraftwerken Möglichkeiten zur Umnutzung von Standorten, insbesondere in Gemeinden, die aufgrund von Arbeitsplatzverlusten im Kohlebergbau offen für neue Energiequellen sind. Das regulatorische Umfeld unterstützt nukleare Initiativen, was Wyoming zu einem attraktiven Standort für die Entwicklung von SMRs macht [67].
- Vorteile: Starke regulatorische Unterstützung, große verfügbare Flächen, bestehende Netzinfrastruktur und eine kernenergiefreundliche Lokalregierung.

2. Ontario, Canada

- Begründung: Ontario verfügt über einen starken regulatorischen Rahmen für Kernenergie und bestehende Kernkraftwerksinfrastruktur, insbesondere rund um die Bruce-Halbinsel und Darlington. Die Region profitiert von stabilen geologischen Bedingungen, der Nähe zu großen Süßwasserquellen (Große Seen) sowie einer hohen öffentlichen Akzeptanz der Kernenergie. Diese Faktoren schaffen ein günstiges Umfeld für den Einsatz von SMRs [8, 13].
- Vorteile: Bestehende Netzanbindung, Zugang zu Kühlwasser, unterstützendes regulatorisches Umfeld und Potenzial für Fernwärmeanwendungen.

3. Caithness, United Kingdom

- Begründung: Nordschottland, insbesondere die Gegend um Dounreay in Caithness, beherbergt bereits ehemalige Nuklearanlagen und verfügt daher über qualifizierte Arbeitskräfte und bestehende Infrastruktur. Das Gebiet weist eine geringe Bevölkerungsdichte, Zugang zu Wasserquellen und Nähe zu erneuerbaren Energiequellen für hybride Energiesysteme auf. Darüber hinaus passt die Unterstützung der schottischen Regierung für grüne Energieinitiativen gut zur Einführung nuklearer Technologien [8, 13].
- Vorteile: Bestehende nukleare Fachkompetenz, geringes seismisches Risiko, abgelegene Lage für Sicherheitszonen und staatliche Unterstützung für grüne Energieinitiativen.

4. Western Australia, Australia

- Begründung: Mit großen, dünn besiedelten Landflächen und stabilen geologischen Bedingungen eignet sich Westaustralien ideal für den Einsatz von SMRs. Die Region verfügt über umfangreiche Bergbau- und Industrieaktivitäten, die von der durch SMRs bereitgestellten Prozesswärme und Elektrizität profitieren könnten. Die Bergbau- und Industriesektoren der Region könnten die wirtschaftliche Tragfähigkeit von SMRs zusätzlich stärken [8, 13].
- Vorteile: Große verfügbare Flächen, Potenzial für industrielle Anwendungen, minimale seismische Aktivität und Unterstützung durch die Landesregierung.

5. Saskatchewan, Canada

- Begründung: Saskatchewan interessiert sich für Kernenergie, um seinen CO_2-Fußabdruck zu reduzieren, insbesondere in ressourcenintensiven Industrien. Die Region ist geologisch stabil und verfügt über Erfahrung im Uranbergbau, was gut mit nuklearer Entwicklung harmoniert. Die geologische Stabilität und die bestehende Uranabbauindustrie werden durch kernenergiefreundliche politische Maßnahmen und Infrastruktur unterstützt [13, 67].
- Vorteile: Kernenergiefreundliche öffentliche Politik, stabile Geologie, Potenzial für industrielle Wärmeanwendungen und bestehende Übertragungsinfrastruktur.

6. Kazakhstan (Steppenregion)

- Begründung: Kasachstan verfügt über bedeutende Erfahrung in der Herstellung von Kernbrennstoffen und im Uranbergbau. Die weiten Steppenregionen bieten isolierte Standorte, die sich mit minimaler seismischer Aktivität und reichlich verfügbarem Land gut für den Einsatz von SMRs eignen. Die staatliche Unterstützung für Kernenergie erhöht zusätzlich die Attraktivität des Standorts [8, 13].
- Vorteile: Zugang zu Uranressourcen, starke staatliche Unterstützung für Kernenergie und abgelegene Standorte für Sicherheitszonen.

7. Norrbotten, Sweden

- Begründung: Nordschweden, insbesondere Norrbotten, ist aufgrund seiner geringen Bevölkerungsdichte, stabilen Geologie und des kalten Klimas ein idealer Standort für SMRs, da dies die Effizienz der Reaktorkühlung verbessern kann [8, 13]. Die Region profitiert zudem von bestehenden Projekten im Bereich erneuerbarer Energien, wodurch potenzielle Synergien entstehen.
- Vorteile: Geringe Bevölkerungsdichte, Zugang zu Kühlwasser, Unterstützung des Übergangs zu sauberer Energie und ein starker regulatorischer Rahmen.

8. United Arab Emirates (Region Al Dhafra)

- Begründung: Die Vereinigten Arabischen Emirate haben bereits erheblich in Kernenergie investiert, insbesondere mit dem Kernkraftwerk Barakah. Die Region Al Dhafra bietet seismisch stabiles Gelände, Zugang zu Meerwasser für die Kühlung sowie einen wachsenden Bedarf an Meerwasserentsalzung, den SMRs unterstützen können [8, 13].
- Vorteile: Etablierter regulatorischer Rahmen, staatliche Unterstützung, Potenzial zur gleichzeitigen Erzeugung von entsalztem Wasser sowie robuste Sicherheitsmaßnahmen.

9. Atacama Desert, Chile

- Begründung: Die Atacama-Wüste in Chile ist eine der trockensten Regionen der Erde, besitzt jedoch erhebliches Potenzial für SMRs, insbesondere für luftgekühlte Designs. Das Land benötigt zuverlässige Energiequellen für seine Bergbauindustrie sowie Alternativen zur Abhängigkeit von fossilen Brennstoffen. Der hohe Energiebedarf des

Bergbausektors und die Notwendigkeit, die Energieversorgung zu diversifizieren, machen die Region zu einem geeigneten Kandidaten für nukleare Entwicklung [8, 13].
- Vorteile: Stabile Geologie, abgelegene Lage, hoher Bedarf an industrieller Prozesswärme und Potenzial zur Diversifizierung der Energieversorgung.

10. Lapland, Finland

- Begründung: Finnland verfügt über ein etabliertes Kernenergieprogramm und prüft den Einsatz von SMRs für Fernwärme. Die Region Lappland mit ihrem kalten Klima, der geringen Bevölkerungsdichte und stabilen geologischen Bedingungen eignet sich gut für den Einsatz von SMRs [8, 13].
- Vorteile: Geringes seismisches Risiko, unterstützendes regulatorisches Umfeld, Potenzial für Fernwärme und hohe öffentliche Akzeptanz.

11. Gyeongbuk Province, South Korea

- Begründung: Südkorea entwickelt aktiv SMRs wie den SMART-Reaktor und verfügt über umfangreiche Erfahrung im Bereich Kernenergie. Die Provinz Gyeongbuk bietet bestehende Infrastruktur, Nähe zu Industriegebieten und unterstützende staatliche Richtlinien. Die vorhandene Infrastruktur und die Nähe zu Industriezentren machen Gyeongbuk in Verbindung mit staatlicher Unterstützung zu einem erstklassigen Standort für neue Kernenergieanlagen [8, 13].
- Vorteile: Fortschrittliche Expertise in Kerntechnologie, etablierter regulatorischer Rahmen und Nähe zu industriellen Energieverbrauchern.

12. Northern Cape, South Africa

- Begründung: Südafrika untersucht den Einsatz von SMRs zur Stabilisierung seines Stromnetzes. Das Northern Cape mit seiner geringen Bevölkerungsdichte, großen verfügbaren Flächen und stabilen geologischen Bedingungen ist ein idealer Standort für SMRs, insbesondere für luftgekühlte Designs. Die geringe Bevölkerungsdichte, das reichlich verfügbare Land und die stabile Geologie machen die Region – unterstützt durch starke staatliche Unterstützung für Kernenergie – besonders geeignet [8, 13].
- Vorteile: Starke staatliche Unterstützung für Kernenergie, stabile geologische Bedingungen und Potenzial zur Verbesserung der Energiesicherheit.

Zusammenfassung der berücksichtigten Kriterien bei der Standortauswahl

- **Regulatorische Compliance:** Alle Standorte befinden sich in Regionen mit unterstützenden oder bereits etablierten regulatorischen Rahmenbedingungen für Kernenergie.
- **Geologische Stabilität:** Die ausgewählten Standorte liegen in Gebieten mit geringer seismischer Aktivität und stabilen Bodenverhältnissen.

- **Kühlwasser oder Alternativen:** Standorte in der Nähe von Wasserquellen wurden dort gewählt, wo dies erforderlich ist, während andere für luftgekühlte Reaktoren geeignet sind.
- **Netz- und Transportinfrastruktur:** Die Standorte wurden aufgrund ihrer Nähe zu Stromnetzen oder aufgrund ihrer Eignung für abgelegene Regionen ausgewählt, in denen SMRs einen besonderen Mehrwert bieten können.
- **Zugänglichkeit und Sicherheit:** Jeder Standort ist für Bau, Wartung und Notfalleinsätze erreichbar, wobei physische Sicherheitsaspekte berücksichtigt wurden.
- **Wirtschaftliche und sozioökonomische Faktoren:** Die Standorte befinden sich in Regionen, in denen SMRs durch Arbeitsplatzschaffung und Unterstützung industrieller Aktivitäten zur lokalen Wirtschaftsentwicklung beitragen können.

Diese Standorte stellen eine strategische Mischung aus entwickelten und sich entwickelnden Regionen dar und schaffen ein Gleichgewicht zwischen technologischer Machbarkeit, regulatorischer Bereitschaft und lokalen Energiebedürfnissen.

Die Auswahl eines geeigneten Standorts für ein SMR-Kraftwerk erfordert die sorgfältige Abwägung technischer, regulatorischer, ökologischer und gesellschaftlicher Faktoren. Die modulare und flexible Natur von SMRs ermöglicht ihren Einsatz an Standorten, die für traditionelle Reaktoren möglicherweise ungeeignet wären, etwa in abgelegenen oder netzfernen Regionen. Dennoch bleiben die Gewährleistung von Sicherheit, regulatorischer Compliance und öffentlicher Akzeptanz entscheidend für eine erfolgreiche Standortwahl und den sicheren Betrieb der Anlage.

Umweltauswirkungen und regulatorische Anforderungen

Umweltauswirkungen kleiner modularer Reaktoren

Kleine modulare Reaktoren (Small Modular Reactors, SMRs) werden zunehmend als flexible und umweltfreundliche Alternative zur traditionellen Kernenergieerzeugung angesehen. Dennoch bringt ihr Einsatz mehrere Umweltaspekte mit sich, die umfassend berücksichtigt werden müssen. Diese Zusammenfassung bewertet die wichtigsten Umweltauswirkungen im Zusammenhang mit dem Einsatz von SMRs auf Grundlage aktueller Fachliteratur.

Treibhausgasemissionen und Luftqualität

SMRs werden aufgrund ihrer niedrigen Kohlenstoffemissionen während des Betriebs geschätzt, da sie praktisch keine Treibhausgase erzeugen. Dadurch gelten sie als geeignete Option zur Verringerung des CO_2-Fußabdrucks im Vergleich zu fossil betriebenen Kraftwerken [14]. Allerdings müssen auch die Emissionen über den gesamten Lebenszyklus berücksichtigt werden. Indirekte Emissionen können in verschiedenen Phasen entstehen, darunter beim Bau der Anlage, beim Transport der Komponenten sowie beim Abbau und der Verarbeitung von

Kernbrennstoffen [68]. Obwohl die Betriebsphase von SMRs durch minimale Emissionen gekennzeichnet ist, muss die gesamte Umweltwirkung diese Lebenszyklusphasen einbeziehen, da sie zur Freisetzung von Treibhausgasen beitragen können [62].

Als Beispiel für die Reduzierung von Treibhausgasen und Nachhaltigkeit dient das Kernkraftwerk Shin-Kori (siehe Abbildung 27), das sich im Landkreis Ulju in Ulsan an der Südostküste Südkoreas befindet und zu den bedeutendsten Kernenergieanlagen des Landes zählt. Dieses Kraftwerk spielt eine zentrale Rolle in Südkoreas Strategie zur Diversifizierung seiner Energiequellen und zur Verringerung von Treibhausgasemissionen. Es wird von Korea Hydro & Nuclear Power (KHNP), einer Tochtergesellschaft der staatlichen Korea Electric Power Corporation (KEPCO), betrieben. Die Anlage ist ein Grundpfeiler der südkoreanischen Bemühungen um Energiesicherheit und Nachhaltigkeit.

Wichtige Merkmale und Reaktoreinheiten:

Das Kraftwerk Shin-Kori besteht aus mehreren Reaktoreinheiten, die sowohl ältere als auch moderne Technologien nutzen, um Effizienz und Sicherheit zu maximieren.

Shin-Kori Blöcke 1 & 2 (OPR-1000)

- Diese Blöcke verwenden das OPR-1000-Design (Optimized Power Reactor), eine inländisch entwickelte Version auf Basis früherer Technologien von Westinghouse Electric Company.
- Jeder dieser Reaktoren besitzt eine elektrische Leistung von 1.000 MWe.
- Block 1 nahm im August 2011 den kommerziellen Betrieb auf, gefolgt von Block 2 im Juli 2012.

Shin-Kori Blöcke 3 & 4 (APR-1400)

- Die nächste Entwicklungsphase umfasst die APR-1400-Reaktoren (Advanced Power Reactor), die bedeutende Fortschritte in der Reaktortechnologie mit besonderem Fokus auf Sicherheit und Effizienz darstellen.
- Jeder dieser Blöcke besitzt eine Leistung von 1.400 MWe und stellt damit eine erhebliche Leistungssteigerung gegenüber den älteren Reaktoren dar.
- Block 3 wurde im Dezember 2016 in Betrieb genommen, Block 4 folgte im August 2019.
- Die APR-1400-Reaktoren verfügen über verbesserte Notkühlsysteme für den Reaktorkern, moderne digitale Steuerungssysteme und erhöhte seismische Widerstandsfähigkeit zum Schutz gegen Erdbeben.

Shin-Kori Blöcke 5 & 6 (APR-1400)

- Die neuesten Ergänzungen des Shin-Kori-Komplexes, die Blöcke 5 und 6, basieren ebenfalls auf dem APR-1400-Design.
- Der Bau von Block 5 begann im April 2017, während Block 6 im September 2018 begonnen wurde.
- Diese Reaktoren sollen voraussichtlich 2024 beziehungsweise 2025 den Betrieb aufnehmen und damit die Kapazität der Anlage weiter erhöhen.

Abbildung 27: Blöcke 1–2 des südkoreanischen Kernkraftwerks Shin-Kori. IAEA Imagebank, CC BY-SA 2.0, über Wikimedia Commons.

Die neueren Reaktoren in Shin-Kori, insbesondere die APR-1400-Blöcke, integrieren modernste Technologien zur Verbesserung von Leistung und Sicherheit:

- **Passive Sicherheitssysteme:** Diese Reaktoren sind mit Systemen ausgestattet, die den Reaktorkern ohne aktive mechanische Komponenten oder Eingriffe des Bedienpersonals kühlen können, wodurch die Sicherheit in Notfallsituationen erheblich erhöht wird.
- **Digitale Instrumentierungs- und Steuerungssysteme:** Moderne digitale Systeme werden zur Überwachung und Steuerung des Anlagenbetriebs eingesetzt, wodurch die Zuverlässigkeit erhöht und die Reaktionszeiten auf potenzielle Probleme verbessert werden.
- **Seismische Widerstandsfähigkeit:** Diese Reaktoren sind so ausgelegt, dass sie erheblichen seismischen Ereignissen standhalten können, wodurch sie sich für Regionen mit Erdbebenrisiko eignen und hohe Sicherheitsreserven gewährleisten.

Das Kernkraftwerk Shin-Kori spielt eine zentrale Rolle für die Energiestabilität und das Wirtschaftswachstum Südkoreas:

- **Stromerzeugung:** Nach vollständiger Fertigstellung wird Shin-Kori eine Gesamtkapazität von nahezu 7.800 MWe besitzen und damit zu den größten Kernkraftwerksanlagen des Landes gehören.
- **Energieunabhängigkeit:** Durch die Nutzung von Kernenergie kann Südkorea seine Abhängigkeit von importierten fossilen Brennstoffen reduzieren und damit seine Energieunabhängigkeit stärken.

- **Reduzierung von Treibhausgasen:** Der geringe CO_2-Fußabdruck der Kernenergie unterstützt Südkoreas Verpflichtungen im Rahmen internationaler Klimaabkommen wie dem Pariser Abkommen, indem Treibhausgasemissionen erheblich gesenkt werden.

Trotz ihrer technologischen Fortschritte blieb die Anlage Shin-Kori nicht ohne Herausforderungen:

- **Sicherheitsbedenken:** Nach der Fukushima Daiichi nuclear disaster-Katastrophe im Jahr 2011 äußerten Anwohner und Umweltgruppen Bedenken hinsichtlich möglicher Nuklearunfälle. Als Reaktion darauf führte die Regierung umfangreiche Sicherheitsüberprüfungen durch und implementierte zusätzliche Schutzmaßnahmen.
- **Politische Richtungswechsel:** Die Haltung der südkoreanischen Regierung zur Kernenergie hat sich im Laufe der Jahre verändert. Während der Amtszeit von Moon Jae-in gab es Bestrebungen zum schrittweisen Ausstieg aus der Kernenergie. Spätere Regierungen erkannten jedoch die Notwendigkeit stabiler, kohlenstoffarmer Energiequellen an, was zu erneuter Unterstützung für den Ausbau nuklearer Kapazitäten führte.

Mit der nahezu abgeschlossenen Fertigstellung der Blöcke 5 und 6 positioniert sich Südkorea als führende Nation in der Nukleartechnologie, insbesondere durch das APR-1400-Design. Das Land hat seine Nukleartechnologie erfolgreich exportiert; ein herausragendes internationales Projekt ist dabei das Kernkraftwerk Barakah in den Vereinigten Arabischen Emiraten, das APR-1400-Reaktoren nutzt.

Das Kernkraftwerk Shin-Kori verdeutlicht Südkoreas Fachkompetenz im Bereich Nukleartechnologie sowie den strategischen Fokus des Landes auf Energiesicherheit und Nachhaltigkeit. Während Südkorea bestrebt ist, seinen Energiemix auszubalancieren, mehr erneuerbare Energien zu integrieren und gleichzeitig die Zuverlässigkeit der Kernenergie zu nutzen, bleibt Shin-Kori ein zentraler Bestandteil dieser Strategie. Die Anlage trägt nicht nur zur wirtschaftlichen Stabilität des Landes bei, sondern unterstreicht auch Südkoreas Engagement für eine kohlenstoffarme Zukunft.

Wasserverbrauch und thermische Verschmutzung

SMRs benötigen typischerweise erhebliche Mengen an Kühlwasser, was Auswirkungen auf lokale Gewässer haben kann, insbesondere in Regionen mit Wasserknappheit [68]. Die thermische Verschmutzung, die durch die Einleitung erwärmten Wassers in aquatische Umgebungen entsteht, kann die lokalen Wassertemperaturen erhöhen und dadurch aquatische Ökosysteme beeinträchtigen [15]. Einige Designs, beispielsweise solche mit Luft- oder Trockenkühlungssystemen, zielen darauf ab, diese Auswirkungen durch eine Verringerung des Süßwasserverbrauchs zu minimieren [69]. Diese Anpassungsfähigkeit der Kühlsysteme ist entscheidend, um den ökologischen Fußabdruck von SMRs zu reduzieren.

Flächennutzung und Beeinträchtigung von Lebensräumen

Der kompakte Flächenbedarf von SMRs führt im Allgemeinen zu geringeren Eingriffen in die Landschaft im Vergleich zu traditionellen Reaktoren und ermöglicht potenziell die Errichtung solcher Anlagen auf Brownfield-Standorten, wodurch Auswirkungen auf unberührte Naturflächen minimiert werden [14]. Dennoch können Bau und Betrieb von SMRs lokale Ökosysteme beeinträchtigen, insbesondere wenn sie sich in der Nähe sensibler Lebensräume befinden [62]. Daher sind eine sorgfältige Standortwahl und Umweltverträglichkeitsprüfungen unerlässlich, um ein Gleichgewicht zwischen Entwicklung und ökologischem Schutz zu gewährleisten.

Abfallmanagement

Wie traditionelle Kernreaktoren erzeugen auch SMRs radioaktive Abfälle, darunter abgebrannte Brennelemente, die aufgrund ihrer Gefährlichkeit langfristige Lagerungsprobleme verursachen [68]. Einige SMR-Designs sind jedoch darauf ausgelegt, pro erzeugter Energieeinheit weniger Abfall zu produzieren, wodurch bestimmte Herausforderungen des Abfallmanagements reduziert werden könnten [62]. Darüber hinaus besitzen einige Konzepte, beispielsweise Salzschmelzereaktoren, das Potenzial, abgebrannten Kernbrennstoff wiederzuverwerten und dadurch das Gesamtvolumen nuklearer Abfälle zu verringern [14].

Nuklearunfälle und radiologische Auswirkungen

SMRs werden mit erweiterten Sicherheitsmerkmalen entwickelt, darunter passive Kühlsysteme und unterirdische Einschlussstrukturen, die das Risiko von Unfällen und Strahlungslecks erheblich verringern [5]. Trotz dieser Fortschritte erfordern die inhärenten Risiken kerntechnischer Anlagen robuste Notfallvorsorgepläne, um mögliche unbeabsichtigte Freisetzungen radioaktiver Stoffe zu bewältigen [68]. Die starke Betonung von Sicherheit im Design von SMRs ist ein entscheidender Faktor zur Minimierung radiologischer Auswirkungen.

Transport und Logistik

Die fabrikgefertigte Bauweise von SMR-Komponenten ermöglicht eine Verringerung der Umweltauswirkungen während der Bauphase; jedoch bringt der Transport ökologische Risiken mit sich, darunter potenzielle Treibstofflecks und Emissionen im Zusammenhang mit Logistikprozessen [5]. Darüber hinaus müssen die Umweltauswirkungen des Uranabbaus und der Uranverarbeitung berücksichtigt werden, da diese Aktivitäten zur Zerstörung von Lebensräumen und zur Wasserverschmutzung führen können [62]. Daher ist eine umfassende Bewertung der gesamten Lieferkette unerlässlich.

Soziale und gesellschaftliche Auswirkungen

Die Errichtung von SMRs in der Nähe von Gemeinden führt häufig zu öffentlichen Bedenken hinsichtlich möglicher Strahlenbelastung, insbesondere in Regionen ohne vorherige nukleare Infrastruktur [62]. Eine frühzeitige Einbindung der lokalen Bevölkerung in den Planungsprozess ist entscheidend, um diese Bedenken anzusprechen und soziale Auswirkungen zu minimieren [14]. Effektive Kommunikation und Transparenz können das Vertrauen der Öffentlichkeit stärken und die Akzeptanz von SMR-Projekten fördern.

Obwohl SMRs erhebliche Chancen zur Verringerung von Kohlenstoffemissionen und zur Bereitstellung zuverlässiger kohlenstoffarmer Energie bieten, ist ihr Einsatz mit einer komplexen Reihe ökologischer Herausforderungen verbunden. Dazu zählen Auswirkungen auf Wasserressourcen, Herausforderungen im Abfallmanagement, Flächennutzung sowie das potenzielle Risiko nuklearer Unfälle. Die Bewältigung dieser Aspekte durch sorgfältige Planung, regulatorische Aufsicht und Einbindung der Gemeinschaft ist entscheidend, um sicherzustellen, dass SMRs nachhaltig zur zukünftigen Energieversorgung beitragen können.

Regulatorische Anforderungen für kleine modulare Reaktoren

Kleine modulare Reaktoren (Small Modular Reactors, SMRs) gewinnen zunehmend an Bedeutung als vielversprechende Technologie zur Unterstützung einer kohlenstoffarmen Energieerzeugung. Allerdings unterscheiden sich die regulatorischen Rahmenbedingungen erheblich zwischen den einzelnen Ländern und spiegeln unterschiedliche Ansätze hinsichtlich Sicherheit, Genehmigung, Umweltschutz und öffentlicher Beteiligung wider. Nachfolgend folgt ein detaillierter Überblick über die wichtigsten regulatorischen Anforderungen für SMRs in verschiedenen Regionen, einschließlich konkreter Beispiele dafür, wie unterschiedliche Staaten den Einsatz dieser Technologie angehen.

1. United States

In den USA ist die Nuclear Regulatory Commission (NRC) die wichtigste Regulierungsbehörde für die Genehmigung von Kernreaktoren. Die NRC verwendet ein strenges und etabliertes mehrstufiges Verfahren, das die Designzertifizierung (Design Certification – DC), die frühzeitige Standortgenehmigung (Early Site Permit – ESP) sowie die kombinierte Genehmigung (Combined License – COL) für Reaktorprojekte umfasst. Dieses Verfahren stellt sicher, dass sämtliche Sicherheits-, Umwelt- und Betriebsstandards erfüllt werden, bevor mit dem Bau begonnen werden darf.

Jüngste Entwicklungen in den USA haben das Potenzial von SMRs hervorgehoben:

- NuScale Power: Im Jahr 2020 wurde NuScale das erste Unternehmen, das eine Designzertifizierung für seinen SMR durch die NRC erhielt, was zeigte, dass SMRs strenge Sicherheitsanforderungen erfüllen können.

- Das Advanced Reactor Demonstration Program (ARDP), geleitet vom United States Department of Energy (DOE), stellt Finanzmittel bereit, um den Einsatz von SMRs durch öffentlich-private Partnerschaften zu beschleunigen.

Die Nuclear Regulatory Commission (NRC) fungiert in den Vereinigten Staaten als zentrale Regulierungsbehörde für die Überwachung der Genehmigung und Regulierung von Kernreaktoren. Die 1975 gegründete NRC hat den Auftrag, die sichere Nutzung radioaktiver Materialien für zivile Zwecke zu gewährleisten und gleichzeitig Menschen und Umwelt zu schützen. Die NRC verwendet ein umfassendes mehrstufiges Genehmigungsverfahren, das Designzertifizierung (DC), Early Site Permit (ESP) und Combined License (COL) umfasst. Dieses strenge Verfahren soll sicherstellen, dass sämtliche Sicherheits-, Umwelt- und Betriebsstandards erfüllt sind, bevor Bau oder Betrieb kerntechnischer Anlagen beginnen dürfen.

Mehrstufiges Genehmigungsverfahren

1. Designzertifizierung (DC):

Das Verfahren der Designzertifizierung stellt einen entscheidenden ersten Schritt bei der Genehmigung von Kernreaktoren dar. Im Rahmen dieses Prozesses werden Reaktordesigns anhand der von der NRC festgelegten Sicherheitsstandards bewertet. Die Zertifizierung bestätigt, dass das Reaktordesign sicher gebaut und betrieben werden kann. Die NRC überprüft die Konstruktionsunterlagen, die detaillierte Sicherheitsanalysen, Betriebsverfahren und Umweltverträglichkeitsprüfungen umfassen. Sobald ein Design zertifiziert wurde, kann es in späteren Genehmigungsanträgen referenziert werden, wodurch der Prozess für zukünftige Reaktoren mit demselben Design vereinfacht wird.

2. Early Site Permit (ESP):

Das Early-Site-Permit-Verfahren ermöglicht Antragstellern die Genehmigung eines vorgeschlagenen Reaktorstandorts, bevor ein konkretes Reaktordesign ausgewählt wurde. In dieser Phase wird die Eignung des Standorts auf Grundlage von Umwelt-, Sicherheits- und Notfallvorsorgeaspekten bewertet. Das ESP-Verfahren kann standortspezifische Fragen wie geologische und hydrologische Faktoren behandeln und dadurch den gesamten Genehmigungsprozess für den späteren Reaktorbau beschleunigen.

3. Combined License (COL):

Das Combined-License-Verfahren kombiniert die Baugenehmigung und die Betriebsgenehmigung in einem einzigen Antrag. Dieses Verfahren erlaubt es Antragstellern, einen umfassenden Antrag einzureichen, der sowohl das Reaktordesign als auch den vorgesehenen Standort sowie die erforderlichen Sicherheits- und Umweltanalysen umfasst. Das COL-Verfahren soll sicherstellen, dass alle regulatorischen Anforderungen erfüllt sind, bevor der Bau beginnt, wodurch Verzögerungen und Unsicherheiten im Zusammenhang mit dem Genehmigungsprozess minimiert werden.

2. Canada

Der regulatorische Rahmen für Kernenergieprojekte in Kanada wird von der Canadian Nuclear Safety Commission (CNSC) verwaltet. Die CNSC hat ein Verfahren zur Lieferanten-Designprüfung (Vendor Design Review – VDR) eingeführt, das dabei hilft, die Sicherheit und Machbarkeit neuer Reaktordesigns vor der formellen Genehmigung zu bewerten. Obwohl das VDR-Verfahren freiwillig ist, vereinfacht es die nachfolgenden Genehmigungsphasen erheblich und stellt damit eine attraktive Option für Entwickler dar.

Wichtige Projekte in Kanada umfassen:

- Terrestrial Energy und Moltex Energy, die beide Phase 1 des VDR-Prozesses abgeschlossen haben. Terrestrial Energy arbeitet an der Errichtung seines Integral Molten Salt Reactor (IMSR).
- Die Canadian Nuclear Laboratories (CNL) unterstützen die Entwicklung von SMRs durch ihre SMR Siting Initiative, die es Entwicklern ermöglicht, Projekte am Standort Chalk River vorzuschlagen.

Der regulatorische Rahmen Kanadas für Kernenergieprojekte wird hauptsächlich von der Canadian Nuclear Safety Commission (CNSC) überwacht, die eine entscheidende Rolle bei der Gewährleistung der Sicherheit und Machbarkeit nuklearer Energieentwicklungen spielt. Ein wesentlicher Bestandteil dieses Rahmens ist das Vendor-Design-Review-Verfahren (VDR), das – obwohl freiwillig – einen strukturierten Weg zur Bewertung neuer Reaktordesigns bietet, bevor diese in die formellen Genehmigungsphasen eintreten. Dieses Verfahren verbessert nicht nur die Sicherheitsbewertung, sondern vereinfacht auch spätere Genehmigungsschritte und macht es für Entwickler attraktiv, innovative Reaktortechnologien einzuführen [8, 70].

Zu den bedeutenden Projekten in Kanada gehören Terrestrial Energy und Moltex Energy, die erfolgreich Phase 1 des VDR-Prozesses abgeschlossen haben. Terrestrial Energy arbeitet an der Entwicklung seines Integral Molten Salt Reactor (IMSR), der die besonderen Sicherheits- und Betriebsvorteile der Salzschmelztechnologie nutzen soll. Salzschmelzereaktoren (Molten Salt Reactors – MSRs) sind dafür bekannt, bei atmosphärischem Druck betrieben werden zu können, wodurch das Risiko katastrophaler Ausfälle im Zusammenhang mit Hochdrucksystemen erheblich reduziert wird [71, 72]. Darüber hinaus erhöhen die inhärenten Sicherheitsmerkmale von MSRs, wie ihr niedriger Dampfdruck und ihre hohe Wärmeleitfähigkeit, ihre Attraktivität als Kernenergieoption der nächsten Generation [73, 74].

Die Canadian Nuclear Laboratories (CNL) unterstützen ebenfalls aktiv die Entwicklung kleiner modularer Reaktoren (SMRs) durch Initiativen wie die SMR Siting Initiative. Dieses Programm erleichtert die Einreichung neuer Projekte am Standort Chalk River, der auf eine lange Geschichte nuklearer Forschung und Betriebsaktivitäten zurückblickt. Der Standort Chalk River ist besonders vorteilhaft aufgrund seiner bestehenden Infrastruktur und regulatorischen Vertrautheit, wodurch der Entwicklungsprozess neuer SMR-Technologien beschleunigt werden kann [70, 75. Die Standortwahl für SMRs ist ein vielschichtiger Prozess, der eine sorgfältige

Berücksichtigung ökologischer, technischer und regulatorischer Faktoren erfordert, um sicherzustellen, dass vorgeschlagene Projekte mit den nationalen Energiezielen und Sicherheitsstandards übereinstimmen [8, 75.

3. United Kingdom

Im Vereinigten Königreich werden Kernenergieprojekte durch das Office for Nuclear Regulation (ONR) reguliert. Die Generic Design Assessment (GDA) ist ein wesentlicher Bestandteil des britischen Genehmigungsprozesses und bewertet die Sicherheits-, Schutz- und Umweltaspekte neuer Reaktordesigns. Sobald ein Design die GDA erfolgreich abgeschlossen hat, können Entwickler mit der standortspezifischen Genehmigung fortfahren.

Zu den jüngsten Entwicklungen gehören:

- Rolls-Royce SMR: Im Jahr 2021 reichte Rolls-Royce sein SMR-Design für die GDA ein, unterstützt durch erhebliche staatliche Fördermittel zur Beschleunigung der Entwicklung.
- Das Vereinigte Königreich hat einen Advanced Nuclear Fund eingerichtet, um SMRs im Rahmen seiner Strategie zur Erreichung von Netto-Null-Emissionen bis 2050 zu fördern.

Im Vereinigten Königreich werden Kernenergieprojekte vom Office for Nuclear Regulation (ONR) überwacht, das eine zentrale Rolle dabei spielt, sicherzustellen, dass Kernenergie sicher und geschützt entwickelt wird. Ein entscheidender Bestandteil des britischen Genehmigungsprozesses ist die Generic Design Assessment (GDA). Dieses Verfahren bewertet die Sicherheits-, Schutz- und Umweltwirkungen neuer Reaktordesigns, bevor diese gebaut und betrieben werden dürfen. Die GDA ist wesentlich für die Aufrechterhaltung hoher Sicherheitsstandards in der Nuklearindustrie, da sie eine gründliche Prüfung von Konstruktionsspezifikationen und Betriebsprotokollen ermöglicht [75]. Sobald ein Design die GDA erfolgreich abgeschlossen hat, dürfen Entwickler standortspezifische Genehmigungen beantragen, die für den tatsächlichen Bau und Betrieb kerntechnischer Anlagen erforderlich sind.

Zu den jüngsten Entwicklungen im britischen Nuklearsektor gehört die Entwicklung kleiner modularer Reaktoren (SMRs), insbesondere das Projekt Rolls-Royce SMR. Im Jahr 2021 reichte Rolls-Royce sein SMR-Design für die GDA ein, was einen bedeutenden Fortschritt für die nuklearen Fähigkeiten des Vereinigten Königreichs darstellte. Die britische Regierung stellte erhebliche Finanzmittel bereit, um die Entwicklung dieser Technologie zu beschleunigen, da ihr Potenzial zur Unterstützung des nationalen Energiemixes und der Klimaziele anerkannt wurde [75]. Die Einrichtung eines Advanced Nuclear Fund unterstreicht zusätzlich das Engagement des Vereinigten Königreichs zur Unterstützung von SMRs als Teil seiner umfassenderen Strategie zur Erreichung von Netto-Null-Emissionen bis 2050. Dieser Fonds soll Innovationen und Investitionen in fortschrittliche Nukleartechnologien fördern, die als entscheidend für den Übergang zu einer kohlenstoffarmen Wirtschaft angesehen werden.

Die britische Regierung betrachtet Kernenergie zudem als einen wesentlichen Bestandteil ihrer Energiestrategie, insbesondere im Zusammenhang mit der Bekämpfung des Klimawandels. Das Climate Change Act 2008 setzte ehrgeizige Ziele zur Reduzierung von Kohlenstoffemissionen, und die Rolle der Kernenergie bei der Erreichung dieser Ziele wird zunehmend anerkannt [76]. Die politische Landschaft rund um Kernenergie hat sich verändert, wobei ein wachsender Konsens besteht, dass neue Kernkraftwerke notwendig sind, um den zukünftigen Energiebedarf zu decken und gleichzeitig die Umweltbelastung zu minimieren [77]. Dieser Wandel spiegelt sich in öffentlichen Diskussionen und politischen Maßnahmen wider und unterstreicht die Bedeutung der Kernenergie im Übergang zu nachhaltigen Energiesystemen.

4. European Atomic Energy Community / European Union

Während die European Atomic Energy Community (EURATOM) einen allgemeinen regulatorischen Rahmen bereitstellt, behalten die einzelnen Mitgliedstaaten der Europäischen Union die Kontrolle über ihre nationalen nuklearen Vorschriften. Zum Beispiel:

- France: Die französische Nuklearsicherheitsbehörde Autorité de sûreté nucléaire (ASN) überwacht Kernenergieprojekte. Frankreich investiert in SMRs, wobei Électricité de France (EDF) das NUWARD-Design untersucht.
- Poland: Die polnische Nationale Atomenergiebehörde (PAA) entwickelt einen regulatorischen Rahmen zur Unterstützung von SMR-Projekten. Im Jahr 2021 unterzeichnete Polen Vereinbarungen mit Unternehmen wie NuScale Power und Westinghouse Electric Company, um den Einsatz von SMRs zu prüfen.

Die European Union (EU) spielt durch die European Atomic Energy Community (EURATOM) eine zentrale Rolle bei der Regulierung und Überwachung der Kernenergie. Während EURATOM einen allgemeinen regulatorischen Rahmen für nukleare Sicherheit und Sicherung festlegt, behalten die einzelnen EU-Mitgliedstaaten die Zuständigkeit für ihre nationalen nuklearen Vorschriften. Diese doppelte Struktur ermöglicht einen harmonisierten Ansatz für nukleare Sicherheit und berücksichtigt gleichzeitig die spezifischen Bedürfnisse und Gegebenheiten jedes Mitgliedstaates.

In France beispielsweise ist die Autorité de sûreté nucléaire (ASN) für die Überwachung nuklearer Projekte verantwortlich und stellt die Einhaltung sowohl nationaler als auch europäischer Vorschriften sicher. Frankreich treibt die Weiterentwicklung seiner nuklearen Kapazitäten aktiv voran, insbesondere im Bereich kleiner modularer Reaktoren (SMRs). Das staatliche Energieunternehmen Électricité de France (EDF) untersucht derzeit das NUWARD-Design, das eine bedeutende Investition in Nukleartechnologie der nächsten Generation darstellt und auf höhere Sicherheit und Effizienz in der Energieerzeugung abzielt. Diese Initiative steht im Einklang mit den umfassenderen Zielen von EURATOM zur Förderung von Forschung und Innovation im Bereich nuklearer Sicherheit in Europa.

Poland befindet sich hingegen im Prozess der Schaffung eines regulatorischen Rahmens zur Unterstützung seiner aufstrebenden SMR-Projekte. Die polnische Nationale

Atomenergiebehörde (PAA) führt diese Bemühungen an, zu denen auch Vereinbarungen mit bedeutenden Unternehmen wie NuScale Power und Westinghouse Electric Company im Jahr 2021 gehören, um die Erforschung und potenzielle Einführung von SMRs zu erleichtern. Diese Partnerschaften sind für Polen von entscheidender Bedeutung, da das Land seine Energiequellen diversifizieren und seinen CO_2-Fußabdruck reduzieren möchte – im Einklang mit dem Engagement der EU für nachhaltige Energiepraktiken.

Die durch EURATOM geschaffene regulatorische Landschaft wird zusätzlich durch Richtlinien wie die Richtlinie 2013/59/Euratom gestärkt, welche grundlegende Sicherheitsstandards zum Schutz vor ionisierender Strahlung festlegt. Diese Richtlinie unterstreicht das Engagement der EU, sicherzustellen, dass alle Mitgliedstaaten hohe Sicherheitsstandards im nuklearen Betrieb einhalten. Darüber hinaus zeigt die kooperative Natur von EURATOM-Initiativen, etwa das European Fast Sodium Reactor Community Project, die Strategie der EU, die Zusammenarbeit zwischen den Mitgliedstaaten zu fördern, um nukleare Sicherheit und Effizienz zu verbessern.

5. Russia

In Russland werden Kernenergieprojekte durch den Föderalen Dienst für ökologische, technologische und nukleare Aufsicht reguliert, bekannt als Rostekhnadzor. Russland hat Verfahren zur Genehmigung nuklearer Technologien vereinfacht und nutzt dabei jahrzehntelange Erfahrung im Nuklearbereich, insbesondere bei kleinen und mobilen Reaktoren.

- RITM-200-SMRs: Ursprünglich für Eisbrecher entwickelt, plant Russland die Ausweitung dieser Technologie auf abgelegene Regionen sowie auf schwimmende Kernkraftwerke wie die Akademik Lomonosov, das weltweit erste schwimmende SMR-Kraftwerk.

In Russland unterliegt die Regulierung nuklearer Projekte der Zuständigkeit von Rostekhnadzor. Diese Behörde ist verantwortlich für die Überwachung der Sicherheit und Compliance nuklearer Anlagen und Technologien und stellt sicher, dass sie strenge Umwelt- und Sicherheitsstandards erfüllen. Der russische Ansatz zur Kernenergie zeichnet sich durch ein vereinfachtes Verfahren zur Genehmigung nuklearer Technologien aus, das auf jahrzehntelanger Erfahrung in diesem Bereich basiert. Besonders deutlich wird diese Expertise bei der Entwicklung und Einführung kleiner modularer Reaktoren (SMRs), die zunehmend als praktikable Lösung sowohl für den heimischen Energiebedarf als auch für internationale Energiekooperationen angesehen werden [11, 78, 79].

Eine der bemerkenswerten Entwicklungen in Russlands Nukleartechnologie ist der kleine modulare Reaktor RITM-200. Ursprünglich für nuklearbetriebene Eisbrecher konzipiert, wird der RITM-200 nun für breitere Anwendungen angepasst, darunter der Einsatz in abgelegenen Regionen sowie auf schwimmenden Kernkraftwerken. Die Akademik Lomonosov, das weltweit erste schwimmende SMR-Kraftwerk, ist ein Beispiel für diesen innovativen Ansatz. Das Design des RITM-200 enthält Merkmale zur Verbesserung von Sicherheit und Effizienz und eignet sich daher besonders für isolierte Energiesysteme, in denen traditionelle Großreaktoren nicht praktikabel wären [79–81]. Die modulare Bauweise von SMRs wie dem RITM-200 ermöglicht einfacheren Bau und bessere Skalierbarkeit, was insbesondere für Regionen mit begrenzter Infrastruktur von Vorteil ist [3, 11].

Das weltweite Interesse an SMRs ist in den letzten Jahren stark gestiegen, angetrieben durch den Bedarf an nachhaltigen und flexiblen Energielösungen. Diese Reaktoren werden dafür ausgelegt, in Fabriken gefertigt und anschließend zu ihren Einsatzorten transportiert zu werden, wodurch Bauzeiten und Kosten im Vergleich zu traditionellen Kernkraftwerken erheblich reduziert werden. Darüber hinaus bieten SMRs verbesserte Sicherheitsmerkmale, etwa passive Sicherheitssysteme, die ohne externe Stromversorgung funktionieren können und dadurch das Unfallrisiko reduzieren [11, 16, 30]. Auch die wirtschaftliche Tragfähigkeit von SMRs ist ein entscheidender Faktor, da sie geringere Anfangsinvestitionen erfordern und schrittweise eingeführt werden können, wodurch die Energiekapazität entsprechend der Nachfrage sukzessive erhöht werden kann [30, 54].

6. China

Chinas Kernenergieprojekte werden von der National Nuclear Safety Administration (NNSA) überwacht. Das Land folgt einem strukturierten regulatorischen Rahmen, der Standortwahl, Baugenehmigung und Betriebslizenzierung umfasst.

- ACP100 (Linglong One): Im Jahr 2021 begann China mit dem Bau des weltweit ersten kommerziellen SMR auf der Insel Hainan. Dieses Projekt wird von der NNSA eng überwacht, um die Einhaltung von Sicherheits- und Umweltstandards sicherzustellen.

Chinas Kernenergieprojekte werden von der National Nuclear Safety Administration (NNSA) überwacht, die sicherstellt, dass sämtliche nuklearen Aktivitäten strenge Sicherheits- und Umweltstandards einhalten. Der von der NNSA etablierte regulatorische Rahmen umfasst mehrere entscheidende Phasen, darunter Standortwahl, Baugenehmigung und Betriebslizenzierung. Dieser strukturierte Ansatz ist wesentlich, um Sicherheit und öffentliches Vertrauen in die Kernenergie aufrechtzuerhalten, insbesondere nach globalen Nuklearereignissen wie der Fukushima Daiichi nuclear disaster-Katastrophe, die weltweit zu einer Neubewertung nuklearer Sicherheitsprotokolle führte [82, 83].

Abbildung 28: Trümmer aus den oberen Ebenen von Block 4 liegen neben dem Gebäude. Die Trümmer wurden entfernt, um den Bau einer neuen Abdeckung vorzubereiten, damit Brennelemente aus dem Abklingbecken des Blocks in ein gemeinsames Lagerbecken überführt werden können. Kernkraftwerk Fukushima Daiichi. 18. Dezember 2012. IAEA Imagebank, CC BY-SA 2.0, über Flickr.

Ein bedeutender Fortschritt in Chinas Nuklearlandschaft ist der Bau des ACP100, auch bekannt als Linglong One, der 2021 auf der Insel Hainan begann. Dieses Projekt ist bemerkenswert, da es sich um den weltweit ersten kommerziellen kleinen modularen Reaktor (SMR) handelt. Die National Nuclear Safety Administration (NNSA) überwacht den ACP100 eng, um die Einhaltung sowohl der Sicherheitsvorschriften als auch der Umweltstandards sicherzustellen, was Chinas Engagement zur Weiterentwicklung der Nukleartechnologie bei gleichzeitiger Priorisierung der Sicherheit widerspiegelt [16, 80]. Der ACP100 ist mit fortschrittlichen Sicherheitsmerkmalen ausgestattet, die typisch für die SMR-Technologie sind und im Vergleich zu traditionellen Großreaktoren eine höhere Betriebssicherheit bieten sollen [30].

Der regulatorische Rahmen für Kernenergieprojekte in China zeichnet sich durch seinen umfassenden Charakter aus und umfasst strenge Bewertungen in jeder Phase des Projektlebenszyklus. Dieser Rahmen ist nicht nur für inländische Projekte von Bedeutung, sondern positioniert China auch als potenziellen globalen Marktführer in der Nukleartechnologie, insbesondere in Regionen der Belt and Road Initiative. Durch die Weitergabe seiner regulatorischen Standards und Bauerfahrungen strebt China an, die internationale Zusammenarbeit im Bereich der Kernenergieentwicklung zu fördern und damit globale Bemühungen zur Bekämpfung des Klimawandels zu unterstützen [80, 81].

Darüber hinaus entspricht die Betonung kleiner modularer Reaktoren wie des ACP100 einem breiteren Trend in der Nuklearindustrie hin zu Modularisierung und Skalierbarkeit. Diese Reaktoren sind für die Fertigung in Fabriken konzipiert, was zu verkürzten Bauzeiten und geringeren Kosten sowie zu höherer Sicherheit durch standardisierte Designs führen kann [30]. Die Aufsicht durch die NNSA stellt sicher, dass diese Innovationen umgesetzt werden, ohne die Sicherheit zu beeinträchtigen, und begegnet damit öffentlichen Bedenken hinsichtlich der Kernenergie und ihrer potenziellen Risiken [86].

7. Japan

Die Nuclear Regulation Authority (NRA) Japans verfügt über strenge Sicherheitsvorschriften, insbesondere nach der Fukushima Daiichi nuclear disaster-Katastrophe. SMRs müssen erhöhte seismische und sicherheitstechnische Standards erfüllen, um eine Genehmigung zu erhalten.

- Japan betreibt aktiv Forschung zu SMRs für industrielle und abgelegene Anwendungen und konzentriert sich dabei auf Hochtemperatur-Gasreaktoren (HTGRs) und Salzschmelzereaktoren, um sein Energieportfolio zu diversifizieren.

Die Fukushima-Katastrophe markierte einen Wendepunkt in Japans Kernenergiepolitik und führte zu einer umfassenden Neubewertung von Sicherheitsprotokollen und regulatorischen Rahmenbedingungen. Die 2012 gegründete Nuclear Regulation Authority (NRA) ist seitdem für die Durchsetzung strenger Sicherheitsvorschriften verantwortlich, um die Integrität nuklearer Anlagen im ganzen Land sicherzustellen. Dieser Abschnitt untersucht die Auswirkungen dieser Vorschriften auf die Entwicklung kleiner modularer Reaktoren (SMRs) und den breiteren Kontext von Japans Energiestrategie.

Die NRA wurde als Reaktion auf die durch die Fukushima-Katastrophe offengelegten Schwächen gegründet, die die Notwendigkeit einer robusteren Regulierungsbehörde verdeutlichten. Zu den Hauptzielen der Behörde gehören:

- Sicherheitsaufsicht: Die NRA hat strenge Sicherheitsstandards eingeführt, die kerntechnische Anlagen erfüllen müssen, bevor sie eine Betriebsgenehmigung erhalten. Dazu gehören verschärfte seismische Standards, die angesichts Japans Erdbebengefährdung besonders wichtig sind.
- Öffentliche Transparenz: Die NRA legt großen Wert auf Transparenz, um das Vertrauen der Öffentlichkeit in die Kernenergie wiederherzustellen. Dies umfasst öffentliche Konsultationen und die Veröffentlichung sicherheitsrelevanter Informationen.

- Kontinuierliche Verbesserung: Die NRA verpflichtet Betreiber kerntechnischer Anlagen zu fortlaufenden Sicherheitsverbesserungen, die auf Erfahrungen aus nationalen und internationalen Vorfällen basieren.

SMRs stellen eine neue Entwicklungsstufe der Nukleartechnologie dar und zeichnen sich durch ihre geringere Größe, modulare Bauweise und erweiterten Sicherheitsmerkmale aus. Die Entwicklung von SMRs in Japan ist insbesondere im Post-Fukushima-Kontext relevant, da sie mehrere Vorteile bieten:

- Sicherheitsmerkmale: SMRs verfügen über inhärente Sicherheitsmerkmale, die das Risiko katastrophaler Ausfälle verringern. Viele SMRs nutzen beispielsweise passive Sicherheitssysteme, die natürliche Kräfte wie Schwerkraft und Konvektion verwenden, um einen sicheren Betrieb ohne aktive Eingriffe aufrechtzuerhalten.
- Seismische Widerstandsfähigkeit: Aufgrund der geologischen Bedingungen Japans werden SMRs so konstruiert, dass sie seismischen Ereignissen standhalten. Die strengen seismischen Standards der NRA erfordern umfassende Tests und Validierungen, um ihre Widerstandsfähigkeit sicherzustellen.
- Flexibilität beim Einsatz: SMRs können in abgelegenen Regionen oder Gebieten mit begrenzter Infrastruktur eingesetzt werden und eignen sich daher für industrielle Anwendungen und die Energieversorgung isolierter Regionen.

Japan verfolgt aktiv Forschung und Entwicklung in zwei spezifischen Typen von SMRs: Hochtemperatur-Gasreaktoren (HTGRs) und Salzschmelzereaktoren.

HTGRs verwenden Helium als Kühlmittel und Graphit als Moderator, wodurch sehr hohe Betriebstemperaturen erreicht werden können. Diese Eigenschaft ermöglicht eine effiziente Wasserstoffproduktion, die in verschiedenen industriellen Prozessen genutzt werden kann. Die japanische Regierung betrachtet HTGRs als potenzielle Lösung zur Reduzierung von Treibhausgasemissionen bei gleichzeitiger Gewährleistung einer stabilen Energieversorgung.

Salzschmelzereaktoren arbeiten mit einer flüssigen Salzschmelze, die sowohl als Kühlmittel als auch als Brennstoffträger dient. Diese Technologie bietet mehrere Vorteile, darunter erhöhte Sicherheit durch Betrieb bei niedrigem Druck sowie die Fähigkeit, verschiedene Brennstoffarten einschließlich Thorium zu nutzen. Japans Interesse an Salzschmelzereaktoren steht im Einklang mit seinen Zielen der Energiediversifizierung und Nachhaltigkeit.

8. South Korea

Das Korea Institute of Nuclear Safety (KINS) verwaltet die regulatorischen Prozesse für Nukleartechnologie in Südkorea. Das Land verwendet ein mehrstufiges Prüfverfahren, das sich auf Sicherheits- und Umweltauswirkungen konzentriert.

- Der SMART-Reaktor Südkoreas wurde im Inland zugelassen, und es bestehen Pläne, die Technologie in Länder des Nahen Ostens zu exportieren, insbesondere in Regionen mit kleineren Stromnetzen und begrenzten Wasserressourcen.

Die Verwaltung der Nukleartechnologie in Südkorea wird hauptsächlich vom Korea Institute of Nuclear Safety (KINS) überwacht, das ein mehrstufiges Prüfverfahren umsetzt, bei dem Sicherheits- und Umweltauswirkungen im Mittelpunkt stehen. Dieser regulatorische Rahmen ist von entscheidender Bedeutung, insbesondere da Südkorea seine Kernenergiekapazitäten erweitern möchte, um den steigenden Strombedarf zu decken. Das Land hat die Notwendigkeit der Kernenergie als zuverlässige und kosteneffiziente Energiequelle erkannt, die wesentlich zur Reduzierung von Treibhausgasemissionen im Vergleich zu fossilen Brennstoffen beiträgt [82, 83]. Dennoch bleibt die öffentliche Einstellung zur Kernenergie komplex und wird durch historische Ereignisse wie die Fukushima Daiichi nuclear disaster-Katastrophe beeinflusst, die zunächst Sicherheitsbedenken verstärkte, jedoch das Engagement der Regierung für den Ausbau der Kernenergie nicht aufhielt [84, 85].

Südkoreas innovativer Ansatz im Bereich der Nukleartechnologie zeigt sich besonders in der Entwicklung des System-integrated Modular Advanced Reactor (SMART). Dieser Reaktor wurde für den inländischen Einsatz zugelassen und ist speziell dafür ausgelegt, in Regionen mit kleineren Stromnetzen und begrenzten Wasserressourcen effizient zu arbeiten, wodurch er sich besonders für den Export in Länder des Nahen Ostens eignet [17, 86]. Das Design des SMART-Reaktors integriert fortschrittliche Sicherheitsmerkmale, darunter gekapselte Motoren für die Reaktorkühlmittelpumpen, die die Betriebssicherheit erhöhen, indem sie das Austreten von Kühlmittel verhindern [17]. Dieser Fokus auf Sicherheit und Anpassungsfähigkeit positioniert Südkorea als potenziellen Marktführer im globalen Markt für Nukleartechnologie, insbesondere in Regionen, in denen traditionelle Großreaktoren möglicherweise nicht praktikabel sind.

Die wirtschaftlichen Auswirkungen der südkoreanischen Kernenergiestrategie sind erheblich. Das Land verfolgt das Ziel, seinen Energiemix auszubalancieren, indem es den Übergang zu einem nachhaltigeren Energiesystem vollzieht und gleichzeitig weiterhin auf Kernenergie als wesentlichen Bestandteil setzt [83, 85]. Dieser Übergang ist jedoch mit Herausforderungen verbunden, da er ein sorgfältiges Management bestehender Nuklearanlagen sowie die Integration erneuerbarer Energiequellen erfordert. Die südkoreanische Regierung hat politische Maßnahmen eingeleitet, um Transparenz und öffentliches Verständnis für Kernenergie zu verbessern, was die gesellschaftliche Akzeptanz und Unterstützung für Nuklearprojekte stärken könnte [82, 87]. Während das Land diese komplexen Herausforderungen bewältigt, wird das Zusammenspiel zwischen Energiepolitik, öffentlicher Wahrnehmung und internationalen Marktchancen entscheidend für die zukünftige Entwicklung seiner nuklearen Energielandschaft sein.

9. Australia

Australien verfügt derzeit über ein Verbot von Kernkraftwerken. Dennoch untersucht die Australian Radiation Protection and Nuclear Safety Agency (ARPANSA) das Potenzial kleiner modularer Reaktoren (SMRs) für abgelegene Regionen und Bergbaustandorte, da diese Technologie flexibel einsetzbar ist und nur einen geringen Flächenbedarf besitzt.

- Australische politische Entscheidungsträger betrachten SMRs zunehmend als Möglichkeit, die Netto-Null-CO_2-Ziele zu erreichen, insbesondere in abgelegenen und netzfernen Regionen.

Die gegenwärtige Energielandschaft Australiens ist durch ein Verbot von Kernkraftwerken geprägt – eine Politik, die auf historischen, ökologischen und sicherheitsbezogenen Bedenken beruht. Dennoch prüft die australische Regierung inzwischen das Potenzial kleiner modularer Reaktoren (SMRs) als mögliche Alternative, insbesondere für abgelegene Regionen und Bergbaustandorte. Diese Überlegungen werden durch die Flexibilität und den geringeren Flächenbedarf von SMRs unterstützt, wodurch sie eine zuverlässige Energiequelle in Gebieten darstellen könnten, die häufig nicht an das Hauptstromnetz angeschlossen sind. Die Australian Radiation Protection and Nuclear Safety Agency (ARPANSA) ist aktiv an der Bewertung der Sicherheits- und Regulierungsrahmen beteiligt, die für den Einsatz solcher Technologien erforderlich wären [88].

Die Prüfung von SMRs steht im Einklang mit Australiens umfassender Verpflichtung, bis 2050 Netto-Null-CO_2-Emissionen zu erreichen. Politische Entscheidungsträger erkennen zunehmend, dass traditionelle Energiequellen, insbesondere fossile Brennstoffe, mit diesen Zielen nicht vereinbar sind. Während Australien von einem durch fossile Brennstoffe dominierten Energiemix zu einem System übergeht, das verstärkt auf erneuerbare Energien wie Solar- und Windenergie setzt, gewinnt die Rolle der Kernenergie – insbesondere durch SMRs – zunehmend an Bedeutung [89]. Das Potenzial von SMRs zur Unterstützung der Energieversorgung abgelegener Regionen ist besonders relevant, da diese Gebiete häufig keinen Zugang zu zuverlässigen Energiequellen haben, was wirtschaftliche Entwicklung und Nachhaltigkeitsbemühungen behindern kann [90].

Darüber hinaus geht die Integration von SMRs in Australiens Energiestrategie über die reine Energieerzeugung hinaus; sie soll auch die Energiesicherheit stärken und Treibhausgasemissionen reduzieren. Die australische Regierung untersucht verschiedene Wege zur Dekarbonisierung ihres Energiesektors, wobei SMRs eine bedeutende Rolle spielen könnten, indem sie eine stabile und emissionsarme Energiequelle bereitstellen, die die schwankende Erzeugung erneuerbarer Energien ergänzt [89]. Dieser Ansatz entspricht globalen Trends, bei denen Länder zunehmend ihre Energiestrategien diversifizieren und Kernenergieoptionen als Bestandteil ihrer Klimastrategien einbeziehen [90].

10. Argentina

Die Nuklearaufsichtsbehörde Argentiniens, die Autoridad Regulatoria Nuclear (ARN), spielt eine zentrale Rolle bei den nuklearen Initiativen des Landes. Argentinien gilt innerhalb Lateinamerikas als führend in der Entwicklung von SMRs:

- Der CAREM-Reaktor, ein im Inland entwickelter SMR, befindet sich im Bau und soll Energie für abgelegene Regionen bereitstellen sowie potenziell exportiert werden.

Die Nuklearaufsichtsbehörde Argentiniens (ARN) übernimmt eine entscheidende Funktion bei der Überwachung der nuklearen Initiativen des Landes, insbesondere bei der Entwicklung kleiner modularer Reaktoren (SMRs). Argentinien wird innerhalb Lateinamerikas als führend im Bereich der SMR-Technologie angesehen, wobei der CAREM-Reaktor ein herausragendes Beispiel darstellt. Der CAREM-Reaktor, der im Inland entwickelt und gebaut wird, soll Energielösungen für abgelegene Regionen bereitstellen und besitzt zugleich Exportpotenzial, was Argentiniens Engagement zur Weiterentwicklung seiner nuklearen Fähigkeiten und zur Deckung des Energiebedarfs in schwer zugänglichen Gebieten widerspiegelt [36, 91].

Der CAREM-Reaktor ist ein Druckwasserreaktor (Pressurized Water Reactor – PWR), eines der weltweit am häufigsten verwendeten Designs zur Kernenergieerzeugung. Dieses Reaktordesign ist für Argentinien besonders vorteilhaft, da es den strategischen Zielen technologischer Autonomie und energiepolitischer Unabhängigkeit entspricht [36, 92]. Die Entwicklung des CAREM-Reaktors ist Teil eines breiteren Trends, bei dem Länder verstärkt in SMR-Technologien investieren, da diese im Vergleich zu traditionellen Großreaktoren verbesserte Sicherheitsmerkmale, modulare Bauweise und geringere finanzielle Risiken bieten [3, 93]. Die modulare Natur von SMRs ermöglicht eine schrittweise Erweiterung der Kapazität, wodurch sie besonders für Regionen mit begrenzter Netzkapazität geeignet sind – ein wichtiger Faktor angesichts der vielfältigen geografischen Bedingungen Argentiniens [3, 94].

Abbildung 29: Baufortschritt des Kernkraftwerks CAREM (Juli 2019). Mariadelmar28, CC BY-SA 4.0, über Wikimedia Commons.

Darüber hinaus ist der historische Kontext Argentiniens im Bereich der Nukleartechnologie wesentlich, um die aktuellen Initiativen des Landes zu verstehen. Argentinien bewegte sich in einem komplexen geopolitischen Umfeld, insbesondere im Verhältnis zu Brazil, wobei beide Staaten unabhängige nukleare Fähigkeiten entwickelten. Dieses Bestreben wurde durch den Wunsch nach technologischer Souveränität und regionalem Prestige motiviert und führte schließlich zu Kooperationsabkommen über die friedliche Nutzung der Kernenergie [95, 96]. Argentiniens Engagement für die Kernenergie spiegelt sich auch in seinem regulatorischen Rahmen wider, der darauf abzielt, Sicherheit und die Einhaltung internationaler Standards zu gewährleisten und dadurch die Entwicklung sowie den potenziellen Export nuklearer Technologien zu fördern [97].

Die regulatorische Rolle der Autoridad Regulatoria Nuclear (ARN) ist entscheidend für die Aufrechterhaltung von Sicherheitsstandards und die Förderung von Innovationen im Nuklearsektor. Der regulatorische Rahmen der Behörde ist darauf ausgelegt, sich an die sich weiterentwickelnde Landschaft der Nukleartechnologie anzupassen und sicherzustellen, dass neue Entwicklungen wie der CAREM-Reaktor strenge Sicherheits- und Betriebsanforderungen erfüllen [98]. Diese Anpassungsfähigkeit ist von zentraler Bedeutung, da Argentinien bestrebt ist, sich als wichtiger Akteur auf dem globalen Nuklearmarkt zu positionieren – insbesondere im Bereich der SMR-Technologie, die weltweit zunehmend an Bedeutung gewinnt, da sie das Potenzial besitzt, Herausforderungen im Bereich Energiesicherheit und Umweltschutz zu bewältigen [99].

Globale Trends in der Regulierung von SMRs

- Internationale Zusammenarbeit: Viele Länder arbeiten gemeinsam an regulatorischen Rahmenwerken, um die Genehmigung von SMRs zu vereinfachen. Die International Atomic Energy Agency (IAEA) unterstützt diese Bemühungen durch die Förderung bewährter Verfahren und Sicherheitsstandards.
- Standardisierungsbemühungen: Es gibt Bestrebungen zur Harmonisierung regulatorischer Richtlinien, um grenzüberschreitende Technologietransfers zu erleichtern, wodurch der weltweite Einsatz von SMRs vereinfacht werden könnte.
- Öffentliche Beteiligung: Um Sicherheitsbedenken auszuräumen und die öffentliche Akzeptanz zu verbessern, legen Regulierungsbehörden zunehmend Wert auf Transparenz und die Einbindung der Bevölkerung in Entscheidungsprozesse.

Diese Beispiele verdeutlichen die unterschiedlichen regulatorischen Landschaften weltweit und zeigen, wie verschiedene Länder ihre Rahmenbedingungen anpassen, um den besonderen Eigenschaften von SMRs gerecht zu werden. Mit der Weiterentwicklung der Technologie werden die Harmonisierung und Vereinfachung regulatorischer Prozesse entscheidend sein, um den weltweiten Einsatz von SMRs zu unterstützen und Ländern den Übergang zu saubereren Energiequellen zu erleichtern.

Internationale Vorschriften für kleine modulare Reaktoren (SMRs)

Der Einsatz kleiner modularer Reaktoren (Small Modular Reactors, SMRs) unterliegt einem komplexen Regelwerk, das Sicherheit, Schutz, Umweltschutz und öffentliches Vertrauen gewährleisten soll. Diese Vorschriften unterscheiden sich von Land zu Land, werden jedoch durch internationale Standards beeinflusst, die von Organisationen wie der International Atomic Energy Agency (IAEA) festgelegt werden. Nachfolgend folgt eine detaillierte Erläuterung der spezifischen Vorschriften, die für SMRs gelten, mit Schwerpunkt auf Bau, Betrieb und Sicherheitsanforderungen.

1. Richtlinien der International Atomic Energy Agency (IAEA)

Die IAEA stellt einen globalen Rahmen für nukleare Sicherheit und Regulierung bereit und bietet Leitlinien zu bewährten Verfahren für Planung, Bau und Betrieb von SMRs. Obwohl die IAEA keine direkte regulatorische Autorität über nationale Nuklearprogramme besitzt, werden ihre Empfehlungen weithin übernommen, um Sicherheitsstandards international zu harmonisieren. Zu den wichtigsten IAEA-Standards für SMRs gehören:

- Sicherheit kerntechnischer Anlagen (SSR-2/1, SSR-2/2): Diese Standards behandeln die Sicherheitsanforderungen für Planung und Betrieb von Kernkraftwerken einschließlich SMRs. Sie betonen Sicherheitsbewertungen, Unfallverhütung und Notfallvorsorge.
- SMR-spezifische Leitlinien (SSG-53): Die IAEA hat spezielle Leitlinien für SMRs entwickelt, die sich auf deren besondere Merkmale wie modulare Bauweise, passive Sicherheitssysteme und Skalierbarkeit konzentrieren. Dazu gehören Empfehlungen zu Standortwahl, Genehmigung und Umweltverträglichkeitsprüfungen.
- Empfehlungen zur nuklearen Sicherheit (NSS-13): Diese Leitlinien stellen sicher, dass SMRs gegen Bedrohungen wie Sabotage oder Terrorismus geschützt sind. Sie umfassen physische Sicherheit, Cybersicherheit und den Schutz nuklearer Materialien.

2. United States: Nuclear Regulatory Commission (NRC)

In den Vereinigten Staaten ist die NRC für die Genehmigung und Regulierung von SMRs verantwortlich. Die NRC hat ihren regulatorischen Rahmen angepasst, um den besonderen Eigenschaften von SMRs gerecht zu werden:

- Designzertifizierung (DC): Entwickler müssen für ihre SMR-Modelle eine Designzertifizierung erhalten und nachweisen, dass sie alle Sicherheits- und technischen Anforderungen erfüllen. Das Design von NuScale Power war 2020 das erste SMR-Design mit NRC-Zertifizierung.
- Early Site Permit (ESP): Das ESP ermöglicht die Genehmigung eines Standorts, bevor ein konkretes Reaktordesign ausgewählt wird, wodurch der Genehmigungsprozess vereinfacht wird.
- Combined License (COL): Dieses Verfahren kombiniert Bau- und Betriebsgenehmigungen in einem einzigen Prozess und reduziert damit Zeit- und Kostenaufwand für den Einsatz von SMRs.

- Regulatorische Leitlinien für fortschrittliche Reaktoren (RG 1.233): Die NRC hat spezielle Leitlinien veröffentlicht, die sich mit den besonderen Design- und Sicherheitsmerkmalen von SMRs befassen, darunter passive Sicherheitssysteme und modulare Bauweise.

3. Canada: Canadian Nuclear Safety Commission (CNSC)

Kanada hat einen flexiblen regulatorischen Prozess entwickelt, um den Einsatz von SMRs zu unterstützen:

- Vendor Design Review (VDR): Das VDR ist ein dreiphasiges Vorlizenzierungsverfahren zur Bewertung der Sicherheit neuer Reaktordesigns vor der formellen Genehmigung. Dieses Verfahren ist freiwillig, hilft jedoch, die spätere Genehmigungsphase zu beschleunigen.
- Genehmigungen für Standortvorbereitung, Bau und Betrieb: Die CNSC verlangt separate Genehmigungen für Standortvorbereitung, Bau und Betrieb von SMRs. Jeder Antrag muss Umweltprüfungen, Sicherheitsanalysen und öffentliche Konsultationen enthalten.
- Umweltverträglichkeitsprüfungen (Environmental Impact Assessments – EIA): SMR-Projekte müssen umfassende Umweltprüfungen durchlaufen, um ihre Auswirkungen auf Ökosysteme, Wasserressourcen und lokale Gemeinschaften zu bewerten.

4. United Kingdom: Office for Nuclear Regulation (ONR)

Der regulatorische Rahmen des Vereinigten Königreichs unterstützt die Entwicklung von SMRs durch:

- Generic Design Assessment (GDA): Das GDA-Verfahren bewertet die Sicherheits-, Schutz- und Umweltauswirkungen neuer Reaktordesigns vor Baubeginn. Das SMR-Design von Rolls-Royce SMR befindet sich derzeit im GDA-Verfahren.
- Standortgenehmigung: Nach Abschluss des GDA müssen Entwickler eine standortspezifische Genehmigung für den Bau erhalten. Dabei muss nachgewiesen werden, dass das Design sämtliche Sicherheits- und Schutzstandards für den gewählten Standort erfüllt.
- Nuklearindustrie-Strategie: Die britische Regierung hat erhebliche Finanzmittel zugesagt, um die Entwicklung und Einführung von SMRs zu unterstützen, mit dem Ziel, regulatorische Prozesse zu vereinfachen und die Einsatzzeiten zu verkürzen.

5. European Atomic Energy Community-Rahmenwerk der European Union

Die European Atomic Energy Community (EURATOM) stellt einen regulatorischen Rahmen bereit, den alle Mitgliedstaaten der Europäischen Union im Bereich nukleare Sicherheit und Abfallmanagement einhalten müssen:

- Richtlinie 2009/71/Euratom: Diese Richtlinie konzentriert sich auf nukleare Sicherheit und verpflichtet die Mitgliedstaaten zur Einrichtung nationaler regulatorischer Rahmenwerke, die an internationale Standards angepasst sind.

- Richtlinie zur Entsorgung radioaktiver Abfälle (2011/70/Euratom): Diese Richtlinie stellt sicher, dass SMR-Projekte über robuste Abfallmanagementpläne verfügen, die Lagerung, Transport und Entsorgung abdecken.
- Länderspezifische Vorschriften: Während EURATOM den übergeordneten Rahmen vorgibt, verfügen einzelne Länder wie France und Poland über eigene nukleare Regulierungsbehörden zur Genehmigung und Überwachung von SMR-Projekten.

6. Russia: Rostekhnadzor (Föderaler Dienst für ökologische, technologische und nukleare Aufsicht)

Russland verfügt über ein gut etabliertes regulatorisches Rahmenwerk für Kernenergie, einschließlich SMRs:

- Vereinfachte Genehmigung für mobile Reaktoren: Russland hat spezielle Vorschriften für schwimmende und landgestützte SMRs entwickelt, beispielsweise für die RITM-200-Reaktoren, die auf Eisbrechern und schwimmenden Kraftwerken eingesetzt werden.
- Genehmigung von Bau und Betrieb: Russische Vorschriften ermöglichen beschleunigte Verfahren für Projekte, die auf bewährten Technologien basieren, wie etwa das schwimmende SMR-Kraftwerk Akademik Lomonosov.

7. China: National Nuclear Safety Administration (NNSA)

Chinas regulatorischer Rahmen unterstützt die ehrgeizige nukleare Expansion des Landes, einschließlich SMRs:

- Stufenweiser Genehmigungsprozess: China verwendet einen phasenweisen Ansatz, beginnend mit Standortwahl und Machbarkeitsstudien, gefolgt von Baugenehmigungen und Betriebslizenzen.
- ACP100 (Linglong One): Dieses SMR-Design war das erste weltweit, dessen Bau 2021 nach Erhalt der regulatorischen Genehmigung durch die NNSA begann.
- Fokus auf Innovation: Chinas regulatorischer Ansatz fördert die rasche Einführung innovativer Nukleartechnologien, unterstützt durch staatliche Investitionen.

8. Japan: Nuclear Regulation Authority (NRA)

Japans strenge Nuklearvorschriften, die nach der Fukushima Daiichi nuclear disaster-Katastrophe überarbeitet wurden, gelten ebenfalls für SMRs:

- Erhöhte Sicherheits- und seismische Standards: SMRs in Japan müssen strenge Sicherheitsanforderungen erfüllen, insbesondere im Hinblick auf seismische Widerstandsfähigkeit und Notfallmaßnahmen.
- Öffentliche Konsultation und Transparenz: Japan legt großen Wert auf die Einbindung der Öffentlichkeit in den regulatorischen Prozess, um sicherzustellen, dass lokale Gemeinschaften über neue SMR-Projekte informiert und konsultiert werden.

9. South Korea: Korea Institute of Nuclear Safety (KINS)

Südkorea verfolgt aktiv die Entwicklung von SMRs mit seinem SMART-Reaktor:

- Mehrstufiges Genehmigungsverfahren: KINS verwendet ein detailliertes mehrstufiges Prüfverfahren für neue Reaktordesigns mit Schwerpunkt auf Sicherheitsbewertungen und Umweltschutz.
- Exportgenehmigungen: Der regulatorische Rahmen Südkoreas enthält auch Bestimmungen für den Export von Nukleartechnologie, was ein zentraler Bestandteil der Strategie zur internationalen Einführung von SMART-Reaktoren ist.

Assessing Geographical and Geological Considerations

Die Auswahl eines Standorts für den Bau eines Kraftwerks mit kleinen modularen Reaktoren (Small Modular Reactors, SMRs) erfordert eine gründliche Bewertung geografischer und geologischer Faktoren, um Sicherheit, Stabilität und Betriebseffizienz zu gewährleisten. Im Gegensatz zu traditionellen großen Kernkraftwerken bieten SMRs aufgrund ihres geringeren Flächenbedarfs und ihrer erweiterten Sicherheitsmerkmale eine größere Flexibilität bei der Standortwahl. Dennoch bleiben bestimmte geografische und geologische Aspekte entscheidend, um langfristige Stabilität sicherzustellen und Risiken im Zusammenhang mit Naturkatastrophen zu minimieren.

Seismische Stabilität und Erdbebenrisikobewertung

Einer der wichtigsten Aspekte bei der Standortwahl ist die seismische Stabilität. Ein SMR-Kraftwerk muss in einem Gebiet mit minimaler seismischer Aktivität errichtet werden, um Schäden während eines Erdbebens zu vermeiden. Obwohl SMRs mit verbesserter seismischer Widerstandsfähigkeit konstruiert sind, reduziert der Bau auf einem stabilen Standort das Risiko struktureller Schäden und möglicher radioaktiver Leckagen erheblich.

Die seismische Stabilität ist ein entscheidender Faktor im Standortauswahlprozess für kleine modulare Reaktoren (SMRs). Das inhärente Design von SMRs, das fortschrittliche Sicherheitsmerkmale beinhaltet, bietet bereits ein gewisses Maß an Widerstandsfähigkeit gegenüber seismischen Ereignissen. Dennoch verringert der Bau solcher Anlagen in Regionen mit geringer seismischer Aktivität das Risiko struktureller Schäden und potenzieller radioaktiver Freisetzungen während von Erdbeben erheblich. Dies ist besonders wichtig angesichts der katastrophalen Folgen, die durch seismische Ereignisse an kerntechnischen Anlagen entstehen können, wie frühere Vorfälle – etwa die Fukushima Daiichi nuclear disaster-Katastrophe – gezeigt haben, die die Notwendigkeit robuster seismischer Sicherheitsmaßnahmen bei der Konstruktion von Kernkraftwerken deutlich machten [100].

Geologische Untersuchungen werden durchgeführt, um Verwerfungslinien, historische Erdbebendaten und die Stabilität des Untergrunds zu identifizieren. Standorte in der Nähe aktiver Verwerfungen oder in Regionen mit hoher seismischer Aktivität werden im Allgemeinen vermieden. Befindet sich ein Standort jedoch in einer Zone mit moderatem Risiko, können zusätzliche Sicherheitsmaßnahmen wie Basisisolierung, Stoßdämpfer und verstärkte Fundamente eingesetzt werden, um die Widerstandsfähigkeit des Reaktors zu erhöhen.

Verfahren zur Durchführung geologischer Untersuchungen für die Standortauswahl eines SMR-Kraftwerks

Die Durchführung geologischer Untersuchungen ist ein wesentlicher Schritt bei der Auswahl eines sicheren und stabilen Standorts für ein Kraftwerk mit kleinen modularen Reaktoren (Small Modular Reactors, SMRs). Dieses detaillierte Verfahren beschreibt, wie Verwerfungslinien, historische Erdbebendaten und die Stabilität des Untergrunds systematisch identifiziert und bewertet werden. Zudem enthält es Richtlinien zur Beurteilung potenzieller Risiken sowie zur Umsetzung zusätzlicher Sicherheitsmaßnahmen in Zonen mit mittlerem Risiko.

Schritt 1: Vorläufige Schreibtischstudie und Datenerhebung

1. Sammlung vorhandener Daten:

- Geologische Karten, seismologische Daten und historische Aufzeichnungen von nationalen geologischen und seismologischen Institutionen beschaffen.
- Satellitenbilder, Luftaufnahmen und Fernerkundungsdaten nutzen, um die allgemeine Geologie des Gebiets zu bewerten.
- Berichte früherer geologischer Untersuchungen für die ausgewählte Region auswerten, sofern verfügbar.

2. Identifizierung wichtiger geologischer Merkmale:

- Bekannte Verwerfungslinien, seismische Zonen und Gebiete mit historischer Erdbebenaktivität identifizieren.
- Die geologische Geschichte analysieren, um frühere seismische Ereignisse, Bodenbewegungen und die Stabilität des Geländes zu verstehen.

3. Regulatorische Prüfung:

- Lokale und internationale regulatorische Richtlinien konsultieren, um die seismischen und geologischen Anforderungen für Kernkraftwerke zu verstehen.
- Spezifische seismische Auslegungsstandards von Organisationen wie der International Atomic Energy Agency (IAEA) sowie nationaler Regulierungsbehörden prüfen.

Schritt 2: Standortbegehung und erste Bewertung

1. Durchführung von Standortbesichtigungen:

- Eine physische Inspektion des potenziellen Standorts durchführen, um die Ergebnisse der Schreibtischstudie zu bestätigen.
- Sichtbare geologische Merkmale wie Felsaufschlüsse, Bodenschichten, Hangstabilität sowie Anzeichen früherer Bodenbewegungen oder Erdrutsche dokumentieren.

2. Befragung lokaler Fachleute:

- Mit lokalen Geologen, Ingenieuren und Anwohnern sprechen, um Erfahrungsberichte über historische Bodenbewegungen oder ungewöhnliche geologische Aktivitäten zu sammeln.

3. Erstellung eines vorläufigen Berichts:

- Auf Grundlage der ersten Erkenntnisse einen vorläufigen Bewertungsbericht erstellen, der potenzielle geologische Risiken und Empfehlungen für weitere Untersuchungen enthält.

Schritt 3: Detaillierte geophysikalische Untersuchungen

1. Seismische Refraktions- und Reflexionsmessungen:

- Seismische Refraktionsmethoden einsetzen, um die Geschwindigkeiten der Untergrundschichten zu bestimmen und dadurch Verwerfungslinien sowie die Stabilität des Untergrunds zu identifizieren.
- Seismische Reflexionsmessungen durchführen, um detaillierte Bilder der Untergrundstrukturen wie Verwerfungen, Brüche und die Tiefe des Grundgesteins zu erstellen.

2. Bodenradar (Ground Penetrating Radar – GPR):

- GPR verwenden, um unterirdische Anomalien wie Hohlräume, Brüche oder verborgene Verwerfungslinien zu erkennen. Dies ist besonders in Gebieten mit geringer Bodenüberdeckung nützlich.

3. Magnetische und gravimetrische Untersuchungen:

- Magnetische Untersuchungen nutzen, um unterirdische Variationen durch geologische Formationen zu erkennen.

- Gravimetrische Untersuchungen durchführen, um Veränderungen im Gravitationsfeld zu messen, die auf Verwerfungen, Brüche oder Hohlräume hinweisen können.

Schritt 4: Bohrungen und Bodenprobenentnahme

1. Bohrungen:

- Bohrlöcher an strategischen Standorten niederbringen, um Boden- und Gesteinsproben aus verschiedenen Tiefen zu entnehmen.
- Sensoren in den Bohrlöchern installieren, um Bodenstabilität, Porenwasserdruck und seismische Aktivität über längere Zeiträume zu überwachen.

2. Geotechnische Prüfungen:

- Laboruntersuchungen an den entnommenen Boden- und Gesteinsproben durchführen, um Bodenbeschaffenheit, Scherfestigkeit, Kompressibilität und Verflüssigungspotenzial zu bestimmen.
- Die Tragfähigkeit des Bodens analysieren, um sicherzustellen, dass er die Last der SMR-Infrastruktur tragen kann.

Schritt 5: Bewertung seismischer Gefahren

1. Analyse historischer Erdbeben:

- Historische Erdbebendaten analysieren, um Häufigkeit, Stärke und Epizentren früherer Erdbeben in der Region zu bestimmen.
- Eine probabilistische seismische Gefährdungsanalyse (PSHA) durchführen, um die Wahrscheinlichkeit zukünftiger seismischer Ereignisse abzuschätzen.

2. Kartierung von Verwerfungslinien:

- Bestehende Verwerfungslinien kartieren und feststellen, ob sie aktiv oder inaktiv sind.
- Das Potenzial einer Reaktivierung durch tektonische Spannungen oder menschliche Aktivitäten bewerten.

3. Mikrozonierungsstudien:

- Eine Mikrozonierung durchführen, um den Standort anhand unterschiedlicher seismischer Risiken in verschiedene Zonen einzuteilen. Dies unterstützt die optimale Platzierung kritischer Infrastruktur.

Schritt 6: Bewertung der Bodenstabilität

1. Analyse der Hangstabilität:

- Die Stabilität von Hängen in der Nähe des Standorts bewerten, um Erdrutsche oder Bodenerosion zu verhindern, die die Sicherheit der Anlage gefährden könnten.
- Softwaremodelle verwenden, um das Verhalten von Hängen unter verschiedenen Bedingungen wie Starkregen oder seismischer Aktivität zu simulieren.

2. Analyse von Bodensenkungen und Setzungen:

- Das Risiko von Bodensenkungen bewerten, insbesondere in Gebieten mit lockerem Boden oder unterirdischen Hohlräumen.
- Bodenverdichtungstests durchführen, um Setzungsrisiken und den Bedarf an Bodenstabilisierungsmaßnahmen zu bestimmen.

Schritt 7: Auswertung der Ergebnisse und Maßnahmen zur Risikominderung

1. Datenanalyse:

- Alle gesammelten Daten zusammenführen und analysieren, um die geologische Eignung des Standorts insgesamt zu bewerten.
- Risikofaktoren des Standorts bewerten und einstufen, darunter Nähe zu Verwerfungslinien, Bodeninstabilität und historische Erdbebendaten.

2. Entwicklung von Minderungsstrategien:

- Für Standorte in Zonen mit mittlerem Risiko zusätzliche Sicherheitsmaßnahmen empfehlen, darunter:
    - Basisisolierung: Installation flexibler Lagerungen zur Entkopplung des Reaktorgebäudes von Bodenbewegungen.
    - Stoßdämpfer: Einsatz von Dämpfungssystemen zur Aufnahme seismischer Energie und Verringerung struktureller Belastungen.
    - Verstärkte Fundamente: Verwendung tiefer Fundamente oder Pfahlsysteme zur Verbesserung der Stabilität.

3. Kosten-Nutzen-Analyse:

- Eine Kosten-Nutzen-Analyse durchführen, um festzustellen, ob die zusätzlichen Baukosten für Sicherheitsmaßnahmen durch die strategischen Vorteile des Standorts gerechtfertigt sind.

Schritt 8: Abschlussbericht und Empfehlungen

1. Erstellung eines umfassenden geologischen Untersuchungsberichts:

- Alle Ergebnisse, Analysen und Empfehlungen in einem detaillierten Bericht dokumentieren.
- Karten, Diagramme und Abbildungen zu Verwerfungslinien, seismischen Zonen, Bodenverhältnissen und empfohlenen Sicherheitsmaßnahmen einfügen.

2. Präsentation der Ergebnisse gegenüber Stakeholdern:

- Den Bericht Regulierungsbehörden, Projektleitern und weiteren Beteiligten vorstellen.
- Auf Fragen, Bedenken oder Anforderungen zusätzlicher Daten und Analysen eingehen.

3. Einholung regulatorischer Genehmigungen:

- Den Bericht als Teil des Standortgenehmigungsantrags bei den zuständigen Behörden einreichen.
- Den Standortplan gegebenenfalls gemäß regulatorischem Feedback anpassen.

Schritt 9: Laufende Überwachung und Bewertung

1. Einrichtung eines Überwachungsprogramms:

- Seismometer, Bodenbewegungssensoren und weitere Überwachungseinrichtungen installieren, um die geologischen Bedingungen des Standorts kontinuierlich zu überwachen.
- Einen regelmäßigen Zeitplan zur Auswertung der Daten und Aktualisierung der Risikobewertungen festlegen.

2. Umsetzung von Notfallplänen:

- Notfallpläne zur Reaktion auf unerwartete seismische Ereignisse oder Bodeninstabilitäten entwickeln.
- Das Personal des Standorts in Notfallverfahren im Zusammenhang mit geologischen Gefahren schulen.

Geologische Untersuchungen spielen eine zentrale Rolle bei der Identifizierung geeigneter Standorte für den Bau von SMRs. Diese Untersuchungen bewerten Verwerfungslinien, historische Erdbebendaten und die Stabilität des Untergrunds, um sicherzustellen, dass ausgewählte Standorte nicht in der Nähe aktiver Verwerfungen oder in Regionen mit hoher seismischer Aktivität liegen. Befinden sich potenzielle Standorte in Zonen mit mittlerem Risiko, können zusätzliche Sicherheitsmaßnahmen umgesetzt werden. Techniken wie die Basisisolierung, bei der die Struktur von Bodenbewegungen entkoppelt wird, sowie der Einsatz von Stoßdämpfern können die seismische Widerstandsfähigkeit des Reaktors erhöhen [101, 102]. Verstärkte Fundamente sind ebenfalls entscheidend, um sicherzustellen, dass die strukturelle Integrität der Anlage während seismischer Ereignisse erhalten bleibt [103].

Der Auswahlprozess für SMR-Standorte ist vielschichtig und erfordert eine umfassende Analyse verschiedener Faktoren, einschließlich geologischer und ökologischer Aspekte. Forschungen zeigen, dass der Standortauswahlprozess auf klar definierten Kriterien basieren sollte, die nicht nur seismische Stabilität, sondern auch die Einbindung der Gemeinschaft und die logistische Machbarkeit umfassen [8, 104]. Die Integration fortschrittlicher Technologien wie Geographischer Informationssysteme (GIS) kann eine gründlichere Analyse potenzieller Standorte ermöglichen und dadurch fundiertere Entscheidungen unterstützen, die sowohl technischen Anforderungen als auch den Bedürfnissen der Gemeinschaft entsprechen [63].

Darüber hinaus tragen die Konstruktionsmerkmale von SMRs zu ihrer Widerstandsfähigkeit gegenüber seismischen Ereignissen bei. Beispielsweise ermöglicht die modulare Bauweise von SMRs kürzere Bauzeiten und verbesserte Sicherheitsprotokolle, die entscheidend zur Verringerung seismischer Risiken beitragen [11]. Die passiven Sicherheitsmerkmale vieler SMRs, wie die natürliche Kühlmittelzirkulation und unabhängige Kernkühlsysteme, erhöhen zusätzlich ihre Fähigkeit, seismischen Erschütterungen standzuhalten, ohne die Sicherheit zu beeinträchtigen [18].

Bodenverhältnisse und Bodenstabilität

Die Bodenbeschaffenheit und die Stabilität des Untergrunds sind entscheidende Faktoren, die die strukturelle Integrität eines SMR-Kraftwerks beeinflussen. Der Standort muss über einen Boden verfügen, der die schwere Infrastruktur des Reaktors, der Sicherheitsbehälter, Kühlsysteme und weiterer Komponenten tragen kann. Schlechte Bodenverhältnisse, wie weiche Tonböden oder sandige Böden, können zu Bodensenkungen führen, die langfristig die Sicherheit und Stabilität der Anlage beeinträchtigen könnten.

Geotechnische Untersuchungen sind erforderlich, um Bodenart, Tragfähigkeit und Grundwasserstände zu bewerten. Standorte mit stabilem Grundgestein oder festen Bodenfundamenten werden bevorzugt, da sie das Gewicht der Reaktormodule besser tragen und das Risiko von Setzungen oder ungleichmäßigen Bodenbewegungen verringern können. Falls ein Standort weniger ideale Bodenverhältnisse aufweist, können Maßnahmen wie Bodenverdichtung, Pfahlgründungen oder Bodenstabilisierung erforderlich sein, um die notwendige Stabilität sicherzustellen.

Verfahren zur Durchführung geotechnischer Untersuchungen für die Standortauswahl eines SMR-Kraftwerks

Geotechnische Untersuchungen sind entscheidend für die Bewertung der Eignung eines Standorts für den Bau eines Kraftwerks mit kleinen modularen Reaktoren (Small Modular Reactors, SMRs). Dieser Prozess umfasst eine Reihe von Schritten zur Bewertung von Bodenart, Tragfähigkeit, Grundwasserständen und der allgemeinen Stabilität des Untergrunds. Durch umfassende geotechnische Bewertungen können Entwickler feststellen, ob ein Standort in der Lage ist, schwere Reaktormodule und Infrastruktur zu tragen. Darüber hinaus können bei suboptimalen Bedingungen geeignete Bodenverbesserungsmaßnahmen identifiziert werden, um eine langfristige Stabilität sicherzustellen.

Schritt 1: Vorläufige Standortbewertung und Planung

1. Überprüfung bestehender Daten und Berichte:

- Informationen über Bodenverhältnisse, geologische Merkmale und frühere Landnutzungen aus kommunalen Unterlagen, geologischen Untersuchungen und historischen Berichten sammeln.
- Topografische Karten, Luftbilder und Satellitendaten auswerten, um einen Überblick über die physischen Eigenschaften des Standorts zu erhalten.

2. Erste Standortbesichtigung:

- Eine vorläufige Standortbegehung durchführen, um Oberflächenbedingungen zu bewerten, potenzielle Zufahrtswege zu identifizieren und sichtbare geologische Merkmale wie Felsaufschlüsse, Hänge oder Erosionsspuren festzustellen.
- Lokale Fachleute oder Grundstückseigentümer befragen, um Erfahrungswerte zur Bodenstabilität und zum Verhalten des Grundwassers zu sammeln.

3. Entwicklung eines geotechnischen Untersuchungsplans:

- Einen detaillierten Plan erstellen, der den Umfang der Untersuchung festlegt, einschließlich der Anzahl erforderlicher Bohrlöcher, Bodenprüfungen und Grundwasserüberwachungsbrunnen.
- Spezifische Prüfbereiche auf Grundlage des Standortlayouts festlegen, insbesondere dort, wo schwere Strukturen wie Reaktormodule, Kühltürme und Nebengebäude errichtet werden sollen.

Schritt 2: Bodenbohrungen und Probenentnahme

1. Durchführung von Bohrungen:

- Bohrgeräte verwenden, um an mehreren Stellen des Standorts Bohrlöcher zu erstellen. Die Bohrungen sollten typischerweise eine Tiefe von mindestens 20–30 Metern erreichen oder bis stabiles Grundgestein angetroffen wird.
- Die Bohrlöcher strategisch platzieren, um kritische Bereiche wie geplante Fundamentzonen, Zufahrtsstraßen und Lagerflächen abzudecken.

2. Bodenprobenentnahme:

- Bodenproben aus unterschiedlichen Tiefen mittels Verfahren wie Split-Spoon-Probenahme, Shelby-Rohren oder kontinuierlicher Kernbohrung entnehmen.
- Die Proben in gekennzeichneten Behältern lagern und zum geotechnischen Labor transportieren, wobei sie vor Verunreinigungen oder Feuchtigkeitsveränderungen geschützt werden müssen.

3. Entnahme von Gesteinskernen (falls erforderlich):

- Falls Grundgestein angetroffen wird, Gesteinskerne entnehmen, um Qualität und Tragfähigkeit der darunterliegenden Gesteinsschichten zu bewerten.
- Die Kernproben auf Brüche, Verwitterung und andere strukturelle Eigenschaften analysieren.

Schritt 3: In-situ-Prüfungen der Bodeneigenschaften

1. Standard Penetration Test (SPT):

- SPTs innerhalb der Bohrlöcher durchführen, um den Bodenwiderstand zu messen und Hinweise auf Bodendichte und Tragfähigkeit zu erhalten.
- Die Anzahl der Schläge dokumentieren, die erforderlich sind, um einen Spaltprobennehmer in den Boden einzutreiben, um Daten zur Bodenverdichtung und Konsistenz zu gewinnen.

2. Cone Penetration Test (CPT):

- CPTs durchführen, um kontinuierliche Profile des Bodenwiderstands, des Porenwasserdrucks und der Bodenschichtung zu erhalten. Dieser Test ist besonders nützlich zur Identifizierung schwacher oder kompressibler Bodenschichten.
- Die CPT-Ergebnisse zur Bewertung von Bodensteifigkeit, Scherfestigkeit und potenziellen Verflüssigungsrisiken verwenden.

3. Überwachung des Grundwasserspiegels:

- Überwachungsbrunnen in den Bohrlöchern installieren, um Grundwasserstände und deren Schwankungen über die Zeit zu messen.

- Grundwasserproben entnehmen, um deren chemische Zusammensetzung zu analysieren, die Baumaterialien oder Fundamente beeinflussen könnte.

Schritt 4: Laboruntersuchungen von Boden- und Gesteinsproben

1. Bodenklassifizierungstests:

- Korngrößenanalysen, Atterberg-Grenzen und Bodenklassifizierungstests durchführen, um die Bodenart (z. B. Ton, Schluff, Sand oder Kies) zu bestimmen.
- Das Vorhandensein quellfähiger Tone oder lockerer Sandböden identifizieren, die möglicherweise stabilisiert werden müssen.

2. Tragfähigkeits- und Verdichtungstests:

- Einaxiale Druckversuche, Triaxialtests und direkte Scherversuche durchführen, um Tragfähigkeit und Scherfestigkeit des Bodens zu bestimmen.
- Proctor-Verdichtungstests durchführen, um den optimalen Feuchtigkeitsgehalt und Verdichtungsgrad zur Verbesserung der Bodenstabilität zu ermitteln.

3. Analyse der Gesteinsqualität:

- Falls Gesteinsproben entnommen wurden, Untersuchungen zur Bestimmung der Gesteinsqualität, der einaxialen Druckfestigkeit und der Bruchdichte durchführen.
- Die Gesteinskerne auf potenzielle Schwachstellen analysieren, die die strukturelle Integrität beeinträchtigen könnten.

Schritt 5: Datenanalyse und Interpretation

1. Erstellung von Bodenprofilen und Querschnitten:

- Die aus Bohrungen, In-situ-Tests und Laborergebnissen gewonnenen Daten verwenden, um detaillierte Bodenprofile und Querschnittsdiagramme des Standorts zu erstellen.
- Schwache Bodenschichten, Grundwasserstände und potenzielle Instabilitätszonen identifizieren.

2. Bewertung der Standorteignung:

- Die gesamten geotechnischen Eigenschaften des Standorts bewerten, um festzustellen, ob er schwere Reaktormodule tragen kann.
- Tragfähigkeit, Setzungspotenzial und Verflüssigungsrisiken berechnen, insbesondere in Gebieten mit seismischer Aktivität.

3. Erstellung eines geotechnischen Untersuchungsberichts:

- Alle Ergebnisse dokumentieren, einschließlich Boden- und Gesteinseigenschaften, Grundwasserbedingungen und Empfehlungen für die Fundamentplanung.
- Karten, Diagramme und Grafiken einfügen, um die geotechnischen Bedingungen des Standorts zu veranschaulichen.

Schritt 6: Empfehlungen zur Bodenverbesserung (falls erforderlich)

1. Bodenverdichtungstechniken:

- Für lockere, körnige Böden Methoden wie dynamische Verdichtung, Vibroverdichtung oder Bodenverdichtungsverfahren empfehlen.
- Für bindige Böden Vorbelastungs- oder Auflastverfahren zur Konsolidierung des Untergrunds vor Baubeginn vorschlagen.

2. Pfahlgründungen:

- Falls die Bodenverhältnisse für Flachgründungen ungeeignet sind, den Einsatz von Rammpfählen, Bohrpfählen oder Schneckenbohrpfählen empfehlen, um stabile Bodenschichten oder Grundgestein zu erreichen.
- Pfahllängen, Durchmesser und Materialien entsprechend den Tragfähigkeitsanforderungen der SMR-Module festlegen.

3. Bodenstabilisierung:

- Bei instabilen Böden Stabilisierungstechniken wie Zementinjektionen, Kalkstabilisierung oder geosynthetische Verstärkungen empfehlen.
- In Gebieten mit moderatem seismischem Risiko Basisisolationssysteme oder Stoßdämpfer einsetzen, um die strukturelle Widerstandsfähigkeit zu erhöhen.

Schritt 7: Endprüfung und Genehmigung

1. Zusammenarbeit mit Tragwerks- und Bauingenieuren:

- Mit Tragwerksingenieuren zusammenarbeiten, um die geotechnischen Empfehlungen in das Gesamtdesign des Standorts zu integrieren.
- Fundamentpläne, Gebäudeanordnungen und Baumethoden überprüfen, um deren Vereinbarkeit mit den Standortbedingungen sicherzustellen.

2. Einreichung des Berichts bei den Regulierungsbehörden:

- Einen umfassenden geotechnischen Bericht zur Einreichung bei den Regulierungsbehörden im Rahmen des Standortgenehmigungsprozesses vorbereiten.
- Auf Rückmeldungen oder zusätzliche Anforderungen der Behörden eingehen, bevor die endgültige Standortauswahl erfolgt.

3. Planung laufender Überwachungen:

- Ein Überwachungsprogramm einrichten, um Bodenabsenkungen, Grundwasserstände und strukturelle Stabilität während und nach der Bauphase zu überwachen.
- Regelmäßige geotechnische Inspektionen planen, um potenzielle Probleme frühzeitig zu erkennen und zu beheben.

Bewertung des Hochwasserrisikos

Die Nähe zu Wasserquellen ist häufig ein Vorteil für SMR-Anlagen, die wassergekühlte Systeme nutzen, bringt jedoch auch das Risiko von Überschwemmungen mit sich. Eine umfassende Hochwasserrisikobewertung ist daher unerlässlich, insbesondere wenn sich der Standort in der Nähe von Flüssen, Seen oder Küstengebieten befindet. Steigende Meeresspiegel, Sturmfluten und extreme Wetterereignisse müssen in die Bewertung einbezogen werden.

Für Küstenstandorte umfassen die Überlegungen die Wahrscheinlichkeit von Tsunamis sowie die Auswirkungen des Klimawandels auf den Meeresspiegel. Bei Binnenstandorten liegt der Schwerpunkt auf Flusshochwasser, Sturzfluten und möglichen Dammbruch-Szenarien. Schutzmaßnahmen wie erhöhte Fundamente, Deiche und Hochwasserschutzbarrieren können in das Design integriert werden, um die Anlage vor Überschwemmungen zu schützen.

Topografische und geografische Merkmale

Die Topografie des ausgewählten Standorts beeinflusst den Bau, die Betriebseffizienz und die Sicherheit. Flaches oder leicht geneigtes Gelände wird im Allgemeinen bevorzugt, da es den Bau vereinfacht und den Bedarf an umfangreichen Erdarbeiten oder Geländeausgleich reduziert. Gebiete mit natürlicher Höhenlage können jedoch zusätzlichen Schutz vor Überschwemmungen bieten.

Geografische Merkmale wie Hügel, Berge oder Täler können Windmuster, Kühleffizienz und die Ausbreitung möglicher Emissionen im Falle eines Zwischenfalls beeinflussen. Standorte mit natürlichen Windschutzbarrieren oder solche in Regionen mit stabilen Wetterbedingungen werden bevorzugt, um betriebliche Störungen zu minimieren.

Nähe zu Wasserquellen für die Kühlung

Für SMRs, die wassergekühlte Systeme verwenden, ist der Zugang zu einer zuverlässigen Wasserquelle unerlässlich. Allerdings sind geologische Bewertungen notwendig, um sicherzustellen, dass die Wasserentnahme keine negativen Auswirkungen auf das lokale Ökosystem hat oder Bodensenkungen verursacht. Standorte in der Nähe von Flüssen, Seen oder Küsten werden bevorzugt, wobei auch Grundwasserressourcen genutzt werden können, wenn Oberflächenwasser nicht verfügbar ist.

Bei luftgekühlten oder trocken gekühlten SMR-Designs erhöht sich die Flexibilität der Standortwahl, da sie weniger auf große Wasserflächen angewiesen sind. Dennoch müssen das lokale Klima und die Lufttemperaturen berücksichtigt werden, um sicherzustellen, dass die Kühlsysteme auch unter extremen Wetterbedingungen wirksam bleiben.

Risiken durch Erdrutsche und Bodenerosion

Geologische Bewertungen sollten auch das Risiko von Erdrutschen berücksichtigen, insbesondere in Gebieten mit steilen Hängen oder instabilen Bodenschichten. Erdrutsche können durch starke Regenfälle, Erdbeben oder menschliche Aktivitäten ausgelöst werden und erhebliche Schäden an der Infrastruktur verursachen. Bodenerosion, insbesondere in Küsten- oder Flussgebieten, kann langfristig die Stabilität von Fundamenten beeinträchtigen.

Vorbeugende Maßnahmen wie Stützmauern, Terrassierungen und Vegetationsbedeckung können eingesetzt werden, um das Risiko von Erdrutschen und Bodenerosion zu verringern. Standorte mit einer Vorgeschichte von Erdrutschen oder erheblicher Erosion werden im Allgemeinen vermieden, sofern keine wirksamen Gegenmaßnahmen umgesetzt werden können.

Bewertung des Grundwasserspiegels und der Hydrogeologie

Der unterirdische Grundwasserspiegel spielt eine entscheidende Rolle beim Bau und Betrieb von SMRs. Hohe Grundwasserstände können zu Wassereintritten führen, die die Integrität unterirdischer Strukturen und Sicherheitssysteme beeinträchtigen könnten. Umgekehrt können sehr niedrige Grundwasserstände die Verfügbarkeit von Wasser für Kühlzwecke einschränken.

Hydrogeologische Untersuchungen helfen dabei, Tiefe, Fließrichtung und Qualität des Grundwassers zu bestimmen. Diese Untersuchungen sind besonders wichtig in Regionen, in denen Wasserressourcen knapp oder stark reguliert sind. Sicherzustellen, dass der Bau eines SMR keine negativen Auswirkungen auf die lokalen Wasserversorgungen hat, ist sowohl für die regulatorische Compliance als auch für die Unterstützung durch die Gemeinschaft von wesentlicher Bedeutung.

Langfristige geotechnische Überwachung

Angesichts der langen Lebensdauer von Kernreaktoren ist es unerlässlich, die geologischen und geotechnischen Bedingungen des Standorts über längere Zeiträume hinweg zu überwachen. Veränderungen der Bodenstabilität, der Grundwasserstände oder der seismischen Aktivität können die Sicherheit der Anlage beeinträchtigen. Kontinuierliche Überwachungssysteme in Kombination mit regelmäßigen Standortbewertungen helfen dabei, potenzielle Risiken frühzeitig zu erkennen und proaktive Wartungsmaßnahmen zu ermöglichen.

Diese langfristige Überwachung ist besonders wichtig für Standorte, die anfällig für schleichende geologische Veränderungen sein könnten, wie Küstenerosion, Veränderungen von Flussläufen oder Bodensenkungen infolge von Wasserentnahme oder natürlicher Bodenverdichtung.

Der Bau eines SMR-Kraftwerks erfordert ein detailliertes Verständnis der geografischen und geologischen Eigenschaften des Standorts, um Sicherheit, Stabilität und Betriebseffizienz zu gewährleisten. Durch die gründliche Bewertung von Faktoren wie seismischer Stabilität, Bodenverhältnissen, Hochwasserrisiken und Wasserverfügbarkeit können Entwickler Standorte auswählen, die Risiken minimieren und den langfristigen Erfolg des Projekts unterstützen. Obwohl SMRs im Vergleich zu traditionellen Kernreaktoren größere Flexibilität bei der Standortwahl bieten, bleibt die sorgfältige Berücksichtigung dieser Faktoren entscheidend, um eine sichere und zuverlässige Energiequelle zu gewährleisten.

Bewertungsskala zur Beurteilung der Standorteignung für ein SMR-Kraftwerk

Zur Bewertung der Eignung eines Standorts für ein Kraftwerk mit kleinen modularen Reaktoren (Small Modular Reactors, SMRs) verwendet die folgende Bewertungsskala ein punktbasiertes System zur Einstufung wichtiger Faktoren. Die Skala reicht von 1 (schlecht) bis 5 (ausgezeichnet) für jedes Kriterium, wobei höhere Werte bessere Bedingungen für Bau und Betrieb eines SMR anzeigen. Die Gesamtpunktzahl unterstützt eine fundierte Entscheidung bei der Standortwahl.

Kriterien zur Standortbewertung und Bewertungsskala

Kriterien	1 (Schlecht)	2 (Angemessen)	3 (Mittelmäßig)	4 (Gut)	5 (Ausgezeichnet)

1. Regulatorische und Genehmigungs-Compliance

- 1: Erhebliche regulatorische Hürden, komplexe Genehmigungsprozesse und geringe Wahrscheinlichkeit regulatorischer Unterstützung.
- 2: Schwieriges regulatorisches Umfeld, jedoch mit erheblichen Anpassungen umsetzbar.
- 3: Mäßig unterstützendes regulatorisches Umfeld; standardisierter Genehmigungsprozess mit klaren Anforderungen.
- 4: Positives regulatorisches Umfeld; vereinfachter Prozess mit einigen Fördermaßnahmen.

- 5: Starke regulatorische Unterstützung, beschleunigte Genehmigung und staatliche Förderprogramme für SMR-Projekte.

2. Geologische und seismische Stabilität

- 1: Hohe seismische Aktivität, Nähe zu aktiven Verwerfungslinien, instabile Bodenverhältnisse.
- 2: Mittleres seismisches Risiko mit gewisser Erdbebenhistorie; Bedenken hinsichtlich der Bodenstabilität.
- 3: Geringe bis mäßige seismische Aktivität; im Allgemeinen stabiler Untergrund mit minimalem Risiko.
- 4: Sehr geringes seismisches Risiko; stabiles Grundgestein und keine Verwerfungslinien.
- 5: Seismisch stabil, massives Grundgestein und ideale Bodenbedingungen für schwere Bauwerke.

3. Nähe zu Wasserquellen (für wassergekühlte SMRs)

- 1: Keine nahegelegene Wasserquelle; stabile Wasserversorgung schwer sicherzustellen.
- 2: Begrenzte Wasserverfügbarkeit; umfangreiche Infrastruktur zur Wasserversorgung erforderlich.
- 3: Wasserquelle in angemessener Entfernung verfügbar; gewisse Infrastruktur notwendig.
- 4: Zuverlässige Wasserquelle in unmittelbarer Nähe; mit minimaler Infrastruktur leicht zugänglich.
- 5: Reichlich Wasser direkt am Standort verfügbar; keine zusätzliche Infrastruktur erforderlich.

4. Netzanschluss und Stromverteilung

- 1: Keine bestehende elektrische Infrastruktur in der Nähe; erhebliche Investitionen erforderlich.
- 2: Begrenzter Netzzugang; umfangreiche Modernisierungen notwendig.
- 3: Mittlere Entfernung zum Stromnetz; einige Modernisierungen erforderlich.
- 4: Nähe zum Stromnetz; nur minimale Modernisierungen erforderlich.
- 5: Direkter Zugang zu Hochleistungsnetz-Infrastruktur mit minimalen Anschlusskosten.

5. Zugänglichkeit und Transportinfrastruktur

- 1: Abgelegener Standort ohne Straßen-, Schienen- oder Hafenanbindung; hohe Logistikkosten.
- 2: Schwieriger Zugang; erheblicher Ausbau von Straßen oder Schienen erforderlich.
- 3: Mäßig zugänglich; einige Infrastrukturverbesserungen notwendig.

- 4: Gute Straßen-, Schienen- oder Hafenanbindung mit geringfügigen Verbesserungen.
- 5: Hervorragender Zugang über Straßen, Eisenbahnen und Wasserwege; vollständig entwickelte Infrastruktur.

6. Nähe zu Bevölkerungszentren

- 1: Standort in dicht besiedeltem Gebiet; hohes Risiko für nahegelegene Bevölkerung.
- 2: Mittlere Bevölkerungsdichte; umfangreiche Sicherheitsmaßnahmen erforderlich.
- 3: Geringe Bevölkerungsdichte; Sicherheitszonen können eingerichtet werden.
- 4: Dünn besiedeltes Gebiet; minimales Risiko mit etablierten Sicherheitszonen.
- 5: Abgelegener Standort ohne nahegelegene Bevölkerung und damit maximaler Sicherheit.

7. Lokales Klima und Umweltbedingungen

- 1: Extreme Wetterbedingungen, hohes Risiko für Überschwemmungen oder Stürme.
- 2: Schwieriges Klima mit potenziellen Auswirkungen auf den Betrieb; gewisses Hochwasserrisiko.
- 3: Mäßige Wetterbedingungen mit beherrschbaren Risiken.
- 4: Günstiges Klima mit minimalen Betriebsunterbrechungen.
- 5: Ideale Klimabedingungen; geringes Risiko extremer Wetterereignisse oder Überschwemmungen.

8. Flächenverfügbarkeit und Landnutzung

- 1: Probleme beim Landerwerb, Zonierungsbeschränkungen oder indigene Landansprüche.
- 2: Komplexe Genehmigungen zur Landnutzung; einige Anpassungen der Zonierung erforderlich.
- 3: Land verfügbar, möglicherweise mit Umzonierung; moderater Erwerbsprozess.
- 4: Sofort verfügbares Land mit geeigneter Zonierung; wenige Hindernisse.
- 5: Große verfügbare Flächen mit klarer industrieller Zonierung; einfacher Erwerb.

9. Sozioökonomische Faktoren

- 1: Starke öffentliche Ablehnung; geringe Unterstützung durch die Gemeinschaft.
- 2: Gemischte öffentliche Meinung; umfangreiche Bürgerbeteiligung erforderlich.
- 3: Mäßige Unterstützung der Gemeinschaft; öffentliche Bedenken beherrschbar.
- 4: Allgemein unterstützende Gemeinschaft; positive wirtschaftliche Auswirkungen erwartet.
- 5: Starke Unterstützung der Gemeinschaft; hohe Nachfrage nach Arbeitsplätzen und wirtschaftlichen Vorteilen.

10. Sicherheits- und Schutzaspekte

- 1: Hohes Risiko von Sicherheitsbedrohungen; Nähe zu sensiblen Einrichtungen.
- 2: Mittlere Sicherheitsrisiken; umfangreiche Schutzmaßnahmen erforderlich.
- 3: Beherrschbare Sicherheitsrisiken mit standardmäßigen Schutzmaßnahmen.
- 4: Geringes Sicherheitsrisiko mit etablierten Sicherheitsprotokollen.
- 5: Hochsicheres Gebiet mit minimalem Risiko; Sicherheitsmaßnahmen leicht durchsetzbar.

Bewertung und Auswertung

1. Punktevergabe:

- Für jedes Kriterium auf Grundlage der Standortbewertung eine Punktzahl zwischen 1 und 5 vergeben.
- Die Punktzahlen aller Kriterien addieren.

2. Bewertungsskala:

- 45–50: Ausgezeichneter Standort — Sehr gut geeignet, nur minimale zusätzliche Investitionen erforderlich.
- 35–44: Guter Standort — Geeignet, einige Verbesserungen oder Minderungsmaßnahmen erforderlich.
- 25–34: Mittlerer Standort — Realisierbar, jedoch mit erheblichen Anpassungen und Investitionen verbunden.
- 15–24: Grenzwertiger Standort — Erhebliche Herausforderungen; möglicherweise ohne große Eingriffe nicht wirtschaftlich.
- 10–14: Schlechter Standort — Aufgrund schwerwiegender Einschränkungen nicht empfohlen.

3. Entscheidungsfindung:

- Standorte mit 35 Punkten oder mehr werden im Allgemeinen für weiterführende Machbarkeitsstudien empfohlen.
- Standorte mit weniger als 25 Punkten sollten überdacht werden, sofern kritische Faktoren nicht kosteneffektiv gemindert werden können.

Diese Bewertungsskala bietet einen systematischen Ansatz zur Beurteilung potenzieller Standorte für den Bau von SMR-Kraftwerken. Durch die Bewertung jedes Standorts anhand zentraler Kriterien können Projektentwickler fundierte Entscheidungen treffen und Standorte priorisieren, die das beste Gleichgewicht zwischen Sicherheit, Kosteneffizienz und regulatorischer Compliance bieten.

Quantifizierung für jedes Kriterium in der Bewertungsskala zur Beurteilung der Standorteignung

Zur Verbesserung von Objektivität und Konsistenz können für jedes Kriterium die folgenden quantifizierbaren Kennzahlen hinzugefügt werden. Diese Kennzahlen helfen dabei, Bewertungen auf Grundlage spezifischer, messbarer Faktoren zu vergeben und gewährleisten so einen klaren und systematischen Bewertungsprozess.

1. Regulatorische und Genehmigungs-Compliance

- 1 (Schlecht): Der regulatorische Genehmigungsprozess wird voraussichtlich mehr als 8 Jahre dauern; erheblicher Widerstand seitens der Behörden.
- 2 (Angemessen): Genehmigungsprozess dauert voraussichtlich 5–8 Jahre mit umfangreichen Anpassungen; moderate regulatorische Herausforderungen.
- 3 (Mittelmäßig): Standardisierter Genehmigungsprozess mit einer geschätzten Dauer von 3–5 Jahren; klare regulatorische Anforderungen.
- 4 (Gut): Vereinfachter Prozess mit einigen regulatorischen Anreizen; Genehmigung innerhalb von 2–3 Jahren.
- 5 (Ausgezeichnet): Schnellverfahren (weniger als 2 Jahre); starke staatliche Unterstützung und Fördermaßnahmen für SMR-Projekte.

2. Geologische und seismische Stabilität

- 1 (Schlecht): Standort innerhalb von 10 km zu aktiven Verwerfungslinien; historische Erdbebenstärken > 7,0.
- 2 (Angemessen): Seismische Risikozone mit einer Geschichte von Erdbeben zwischen 5,0–6,9; Bedenken hinsichtlich der Bodenstabilität.
- 3 (Mittelmäßig): Geringes bis mäßiges seismisches Risiko; minimale Erdbebenhistorie (< 5,0).
- 4 (Gut): Sehr geringe seismische Aktivität; stabiler Untergrund mit seltenen kleineren Erschütterungen.
- 5 (Ausgezeichnet): Keine bedeutende seismische Vorgeschichte; stabiles Grundgestein mit optimalen Bodenbedingungen.

3. Nähe zu Wasserquellen (für wassergekühlte SMRs)

- 1 (Schlecht): Keine Wasserquelle innerhalb von 50 km; teure Infrastruktur erforderlich.
- 2 (Angemessen): Wasserquelle zwischen 20–50 km entfernt; begrenzte Verfügbarkeit.
- 3 (Mittelmäßig): Wasserquelle innerhalb von 10–20 km; moderate Infrastruktur erforderlich.
- 4 (Gut): Zuverlässige Wasserquelle innerhalb von 5–10 km; einfacher Zugang mit minimaler Infrastruktur.
- 5 (Ausgezeichnet): Reichlich Wasser direkt am Standort oder innerhalb von 5 km verfügbar; keine zusätzliche Infrastruktur erforderlich.

4. Netzanschluss und Stromverteilung

- 1 (Schlecht): Nächstgelegenes Stromnetz mehr als 50 km entfernt; neue Umspannwerke und umfangreiche Übertragungsleitungen erforderlich.
- 2 (Angemessen): Netzanschluss zwischen 20–50 km entfernt; erhebliche Modernisierungen erforderlich.
- 3 (Mittelmäßig): Mittlerer Netzzugang innerhalb von 10–20 km; einige Modernisierungen notwendig.
- 4 (Gut): Guter Netzzugang innerhalb von 5–10 km; nur minimale Modernisierungen erforderlich.
- 5 (Ausgezeichnet): Direkter Zugang zu einem Hochleistungsstromnetz innerhalb von 5 km; keine wesentlichen Modernisierungen notwendig.

5. Zugänglichkeit und Transportinfrastruktur

- 1 (Schlecht): Abgelegener Standort; keine bestehenden Straßen- oder Bahnverbindungen; Bau- und Transportlogistik äußerst schwierig.
- 2 (Angemessen): Eingeschränkter Zugang über schlecht ausgebaute Straßen oder Eisenbahnlinien; erhebliche Infrastrukturmaßnahmen erforderlich.
- 3 (Mittelmäßig): Zugang über regionale Straßen möglich; moderate Verbesserungen erforderlich.
- 4 (Gut): Gute Anbindung über nationale Straßen und Schienenwege; geringfügige Verbesserungen erforderlich.
- 5 (Ausgezeichnet): Vollständig entwickelte Infrastruktur mit Autobahnen, Bahnverbindungen und Häfen in der Nähe.

6. Nähe zu Bevölkerungszentren

- 1 (Schlecht): Standort innerhalb von 10 km zu einem dicht besiedelten städtischen Gebiet (> 1 Million Einwohner).
- 2 (Angemessen): Bevölkerungsdichte > 500.000 Einwohner innerhalb von 20 km; umfangreiche Sicherheitszonen erforderlich.
- 3 (Mittelmäßig): Standort in Gebieten mit < 100.000 Einwohnern innerhalb von 20 km; Sicherheitszonen beherrschbar.
- 4 (Gut): Dünn besiedeltes Gebiet mit < 50.000 Einwohnern innerhalb von 20 km; minimale Sicherheitsbedenken.
- 5 (Ausgezeichnet): Abgelegene Region ohne bedeutende Bevölkerung innerhalb von 30 km; maximale Sicherheit.

7. Lokales Klima und Umweltbedingungen

- 1 (Schlecht): Häufige extreme Wetterereignisse (z. B. Hurrikane, schwere Überschwemmungen, Temperaturen > 40 °C).
- 2 (Angemessen): Regelmäßige raue Wetterbedingungen (z. B. saisonale Stürme, Schneefall > 1 Meter/Jahr).
- 3 (Mittelmäßig): Gemäßigtes Klima mit gelegentlichen wetterbedingten Störungen.
- 4 (Gut): Im Allgemeinen stabiles Klima mit minimalen wetterbedingten Unterbrechungen.

- 5 (Ausgezeichnet): Mildes Klima mit idealen Bedingungen für einen ganzjährigen Betrieb.

8. Flächenverfügbarkeit und Landnutzung

- 1 (Schlecht): Komplizierte Eigentumsverhältnisse; mehrere indigene Landansprüche oder Zonierungsbeschränkungen.
- 2 (Angemessen): Umzonierung und langwieriger Erwerbsprozess erforderlich; mäßiger Widerstand.
- 3 (Mittelmäßig): Land verfügbar, jedoch mit einigen notwendigen Zonierungsanpassungen; moderater Erwerbszeitraum.
- 4 (Gut): Sofort verfügbares Land mit wenigen rechtlichen Hindernissen; schneller Erwerb möglich.
- 5 (Ausgezeichnet): Große verfügbare Flächen mit klarer Zonierung für Energieerzeugung; sofortiger Erwerb möglich.

9. Sozioökonomische Faktoren

- 1 (Schlecht): Starke öffentliche Ablehnung (> 80 % gegen das Projekt); erhebliche Proteste in der Bevölkerung.
- 2 (Angemessen): Gemischte öffentliche Meinung (50–80 % Unterstützung); intensive Bürgerbeteiligung erforderlich.
- 3 (Mittelmäßig): Moderate Unterstützung (50–60 %); Bedenken durch Öffentlichkeitsarbeit beherrschbar.
- 4 (Gut): Allgemein unterstützende Gemeinschaft (> 60 %); sichtbare wirtschaftliche Vorteile.
- 5 (Ausgezeichnet): Starke Unterstützung durch die Gemeinschaft (> 80 %); hohe Nachfrage nach Arbeitsplätzen und wirtschaftlichem Nutzen.

10. Sicherheits- und Schutzaspekte

- 1 (Schlecht): Hochrisikogebiet mit Sicherheitsbedrohungen (z. B. Konfliktzonen oder terrorgefährdete Gebiete).
- 2 (Angemessen): Nähe zu sensiblen Einrichtungen wie Militärbasen oder Flughäfen; moderates Risiko.
- 3 (Mittelmäßig): Beherrschbare Sicherheitsrisiken; standardmäßige Schutzmaßnahmen erforderlich.
- 4 (Gut): Geringe Sicherheitsrisiken; etablierte Sicherheitsprotokolle vorhanden.
- 5 (Ausgezeichnet): Hochsicheres, abgelegenes Gebiet mit minimalen Bedrohungen; Sicherheitsmaßnahmen leicht umsetzbar.

Bewertung und Auswertung

- Gesamtpunktzahl: Die Bewertungen aller Kriterien werden addiert, um die Eignung des Standorts zu bestimmen.

- 45–50: Ausgezeichneter Standort — Ideal für den Bau eines SMR mit minimalen zusätzlichen Investitionen.
- 35–44: Guter Standort — Geeignet, jedoch mit einigen erforderlichen Verbesserungen.
- 25–34: Mittelmäßiger Standort — Realisierbar, aber mit erheblichen Anpassungen verbunden.
- 15–24: Grenzwertiger Standort — Erhebliche Herausforderungen; ohne umfangreiche Eingriffe nicht kosteneffektiv.
- 10–14: Schlechter Standort — Aufgrund gravierender Einschränkungen nicht empfohlen.

Entscheidungsrichtlinien

- Prioritätsstandorte: Standorte mit 35 Punkten oder mehr gelten als starke Kandidaten für weitere Machbarkeitsstudien und Investitionen.
- Vorsicht: Standorte mit 25–34 Punkten sollten nur weiterverfolgt werden, wenn Verbesserungen wirtschaftlich vertretbar sind.
- Vermeiden: Standorte mit weniger als 25 Punkten gelten im Allgemeinen als ungeeignet, sofern kritische Probleme nicht wirksam gemindert werden können.

Einbindung lokaler Gemeinschaften und Interessengruppen

Die Einbindung lokaler Gemeinschaften und Interessengruppen ist ein entscheidender Schritt bei der erfolgreichen Planung und dem Bau eines Kraftwerks mit kleinen modularen Reaktoren (Small Modular Reactors, SMRs). Vertrauen aufzubauen, Bedenken auszuräumen und öffentliche Unterstützung zu fördern, sind wesentliche Voraussetzungen für eine reibungslose Projektdurchführung. Ein gut strukturierter Beteiligungsprozess kann zu größerer Akzeptanz und Kooperation innerhalb der Gemeinschaft führen, was für den langfristigen Erfolg des Projekts von entscheidender Bedeutung ist. Nachfolgend folgt ein umfassender Leitfaden zur effektiven Einbindung von Interessengruppen während der verschiedenen Phasen des Lebenszyklus eines SMR-Projekts.

Der erste Schritt besteht darin, alle relevanten Interessengruppen zu identifizieren, darunter Anwohner, Gemeindevorsteher, Regierungsvertreter, Regulierungsbehörden, Umweltorganisationen und lokale Unternehmen. Eine Analyse dieser Interessengruppen hilft dabei, ihre Anliegen, Prioritäten und Interessen zu verstehen. Dieses Verständnis ist entscheidend für die Entwicklung von Kommunikationsstrategien, die effektiv auf ihre Bedürfnisse eingehen. Darüber hinaus ermöglicht die Zuordnung der Interessengruppen nach ihrem Einfluss und den potenziellen Auswirkungen des Projekts auf sie eine Priorisierung der Beteiligungsmaßnahmen, sodass zentrale Interessengruppen frühzeitig konsultiert werden können.

Die Einbindung marginalisierter Gruppen, insbesondere indigener Bevölkerungen, ist von großer Bedeutung, da diese häufig keine formelle Vertretung in öffentlichen Foren besitzen [105]. Kulturelle Sensibilität ist hierbei von zentraler Bedeutung; der Einsatz von Anthropologen oder Sozialwissenschaftlern kann helfen, die kulturelle Bedeutung und traditionelle Landnutzung dieser Gemeinschaften besser zu verstehen [106].

Die Entwicklung eines klaren Kommunikationsplans ist entscheidend, um Transparenz während des gesamten Projekts sicherzustellen. Dieser Plan sollte eine Mischung verschiedener Kommunikationsmethoden umfassen, darunter traditionelle Medien, soziale Medien, Gemeindetreffen und direkte Informationskampagnen. Einheitliche Botschaften über alle Kommunikationskanäle hinweg helfen dabei, die Verbreitung von Fehlinformationen zu verhindern. Die Entwicklung einer kulturell angemessenen Beteiligungsstrategie ist dabei besonders wichtig. Dazu gehört die Achtung kultureller Protokolle und Traditionen bei der Interaktion mit indigenen Gemeinschaften, etwa durch die Durchführung von Treffen unter Leitung von Gemeindeältesten [107]. Darüber hinaus kann die Bereitstellung von Materialien in indigenen Sprachen sowie der Einsatz von Dolmetschern das Verständnis und die Kommunikation verbessern [108]. Die Schulung des Projektpersonals im Bereich kulturelles Bewusstsein stellt sicher, dass dieses in der Lage ist, sinnvoll mit lokalen Gemeinschaften zu interagieren [105].

Die Ernennung eines speziellen Community-Liaison-Officers kann die Kommunikation zusätzlich erleichtern, indem dieser als verlässlicher Ansprechpartner für die Gemeinschaft dient. Die Nutzung mehrerer Plattformen – wie Newsletter, Webseiten, soziale Medien und öffentliche Bekanntmachungen – stellt sicher, dass Informationen ein breites Publikum erreichen und so Inklusivität und Vertrauen fördern. Transparente Kommunikationskanäle sind für eine wirksame Beteiligung der Interessengruppen unerlässlich. Der Einsatz von Community-Liaison-Officers mit Erfahrung in der Zusammenarbeit mit lokalen und indigenen Gemeinschaften kann helfen, die Kluft zwischen Projektteams und Interessengruppen zu überbrücken [109]. Die Nutzung verschiedener Kommunikationsplattformen – etwa öffentliche Versammlungen, soziale Medien und lokaler Rundfunk – stellt sicher, dass Informationen unterschiedliche Teile der Gemeinschaft erreichen [110]. Regelmäßige Updates und Rückmeldungsmechanismen fördern Vertrauen und demonstrieren Verantwortlichkeit [111].

Die Organisation öffentlicher Informationsveranstaltungen, Workshops und Bürgerversammlungen ermöglicht es dem Projektteam, die Gemeinschaft über die SMR-Technologie, ihre Sicherheitsmerkmale, Umweltvorteile und wirtschaftlichen Auswirkungen aufzuklären. Der Einsatz visueller Hilfsmittel wie Modelle, Videos und Virtual-Reality-Simulationen kann helfen, komplexe Konzepte zu vereinfachen und die Technologie verständlicher zu machen. Das Ansprechen häufig auftretender Bedenken und die Widerlegung von Mythen in Bezug auf Strahlenrisiken, Abfallmanagement und mögliche Unfälle durch evidenzbasierte Erklärungen kann die öffentliche Besorgnis erheblich verringern. Vorkonsultations-Workshops können komplexe Informationen vereinfachen und auf Bedenken der Gemeinschaft eingehen [112]. Die Durchführung von Bürgerversammlungen an leicht zugänglichen Orten fördert eine maximale Beteiligung, insbesondere indigener Gruppen, indem ihre Entscheidungsträger aktiv in die Diskussionen einbezogen werden [105].

Die Einholung von Rückmeldungen ist wesentlich, um die Stimmung in der Gemeinschaft zu verstehen und spezifische Anliegen zu adressieren. Die Verteilung von Umfragen und Fragebögen kann helfen, Meinungen zu verschiedenen Aspekten des Projekts zu erfassen, während Fokusgruppen und Rundtischgespräche mit unterschiedlichen Interessengruppen tiefere Einblicke in ihre Ansichten ermöglichen. Eine Politik der offenen Tür, bei der Bewohner Projektbüros besuchen oder direkt mit Vertretern sprechen können, fördert Transparenz und Vertrauen und ermöglicht einen direkteren Austausch.

Die frühzeitige Einrichtung eines Community Advisory Board (CAB) bietet eine formelle Plattform für den kontinuierlichen Dialog zwischen Projektteam und Gemeinschaft [107]. Das CAB, bestehend aus lokalen Führungspersönlichkeiten, technischen Experten und weiteren wichtigen Interessengruppen, dient als Kommunikationsbrücke und stellt sicher, dass Anliegen der Gemeinschaft zeitnah behandelt werden. Regelmäßige Treffen und Aktualisierungen mit dem CAB erhöhen Transparenz und Verantwortlichkeit, während der Zugang zu unabhängigen Experten fundierte Entscheidungen unterstützt. Die Stärkung indigener Gruppen durch spezielle Arbeitsgruppen ermöglicht ihnen eine sinnvolle Beteiligung an Diskussionen über Landnutzung und Umweltmanagement [113].

Die Achtung von Landrechten und Verträgen ist grundlegend, um eine gesellschaftliche Akzeptanz („social license to operate“) zu erhalten. Die Einhaltung nationaler Gesetze und internationaler Abkommen, wie der United Nations-Erklärung über die Rechte indigener Völker (UNDRIP), ist dabei von entscheidender Bedeutung [114]. Die Einholung einer freien, vorherigen und informierten Zustimmung (Free, Prior and Informed Consent – FPIC) indigener Gemeinschaften vor Beginn der Projektaktivitäten ist ein zentraler Bestandteil dieses Beteiligungsprozesses [115].

Die Einbindung unabhängiger Experten zur Überprüfung von Projektplänen und zur Durchführung von Umweltbewertungen verleiht dem Projekt zusätzliche Glaubwürdigkeit und stärkt das Vertrauen skeptischer Interessengruppen. Die öffentliche Zugänglichmachung unabhängiger Gutachten demonstriert Transparenz und unterstreicht das Engagement des Projekts für Sicherheit und Umweltschutz. Unabhängige Überprüfungen können zudem bestätigen, dass das Projekt alle regulatorischen Anforderungen erfüllt, was für die Gewinnung öffentlicher Akzeptanz von entscheidender Bedeutung ist.

Die Hervorhebung wirtschaftlicher und sozialer Vorteile des SMR-Projekts kann die Unterstützung durch die Gemeinschaft erheblich stärken. Dabei sollten potenzielle Arbeitsplatzschaffung, lokale Beschaffungsmöglichkeiten und wirtschaftliche Wiederbelebung betont werden. Die Bereitstellung konkreter Daten zur Anzahl und Art der entstehenden Arbeitsplätze kann greifbare Vorteile verdeutlichen. Darüber hinaus zeigt die Investition in Gemeinschaftsprogramme – etwa Bildungsstipendien, Infrastrukturverbesserungen oder Partnerschaften mit lokalen Schulen – ein langfristiges Engagement für das Wohlergehen der Gemeinschaft.

Sicherzustellen, dass lokale und indigene Gemeinschaften wirtschaftlich von dem Projekt profitieren, ist von wesentlicher Bedeutung. Dies kann durch Arbeitsplatzschaffung, lokale Beschaffung und Qualifizierungsprogramme erreicht werden [109]. Investitionen in Gemeinschaftsprojekte, die lokale Bedürfnisse adressieren – beispielsweise Infrastruktur, Gesundheitsversorgung und Bildung – können langfristige Partnerschaften und Unterstützung fördern [105].

Abbildung 30: Nuclear Energy Summit „Powering Tomorrow, Today", Abendveranstaltung im Atomium, Place de l'Atomium 1, Brüssel, Belgien. 20. März 2024. IAEA Imagebank, CC BY 2.0, über Flickr.

Conducting comprehensive Environmental Impact Assessments (EIA) and sharing the results Die Durchführung umfassender Umweltverträglichkeitsprüfungen (Environmental Impact Assessments – EIA) und die öffentliche Bereitstellung der Ergebnisse helfen dabei zu zeigen, wie das Projekt lokale Ökosysteme und Wasserressourcen schützen wird. Die Durchführung von Notfallübungen in Zusammenarbeit mit lokalen Behörden stärkt zusätzlich das Vertrauen der Gemeinschaft in die Sicherheitsprotokolle der Anlage. Transparenz bei den Plänen zur Abfallbewirtschaftung – einschließlich der Lagerung, Verwaltung oder Wiederverwertung radioaktiver Abfälle – hilft dabei, öffentliche Bedenken auszuräumen und Missverständnisse zu klären.

Die kontinuierliche Überwachung der öffentlichen Stimmung mithilfe von Sentiment-Analyse-Tools, Medienbeobachtung und Rückmeldungsformularen aus der Gemeinschaft ist während des gesamten Projektlebenszyklus von entscheidender Bedeutung [112]. Die Anpassung der Beteiligungsstrategien auf Grundlage des erhaltenen Feedbacks stellt sicher, dass das Projekt weiterhin mit den Erwartungen der Gemeinschaft übereinstimmt. Regelmäßige Fortschrittsberichte, insbesondere zu Zusagen, die während der Konsultationen gemacht wurden, fördern langfristiges Vertrauen und stärken die Verantwortlichkeit des Projektteams.

Um die Einhaltung regulatorischer Anforderungen sicherzustellen, ist es wichtig, sämtliche Aktivitäten zur Einbindung der Gemeinschaft – einschließlich Rückmeldungen und Antworten – zu dokumentieren. Die Vorbereitung auf öffentliche Anhörungen, die in vielen Rechtsordnungen vorgeschrieben sind, beinhaltet sicherzustellen, dass die Interessengruppen gut informiert und unterstützend eingestellt sind. Die frühzeitige und kontinuierliche Einbindung von Interessengruppen trägt dazu bei, potenzielle rechtliche Herausforderungen zu minimieren, die das Projekt verzögern könnten, und unterstützt dadurch einen reibungsloseren regulatorischen Genehmigungsprozess. Die Führung umfassender Aufzeichnungen über alle Beteiligungsaktivitäten ist wesentlich für Transparenz und regulatorische Compliance [106]. Die öffentliche Bereitstellung von Beteiligungsberichten kann verdeutlichen, wie Beiträge der Interessengruppen Projektentscheidungen beeinflusst haben, und dadurch Vertrauen und Unterstützung innerhalb der Gemeinschaft weiter stärken [105].

Die folgende Tabelle bietet einen Leitfaden, der einfach für die Planung, Nachverfolgung und Umsetzung von Aktivitäten zur Einbindung der Gemeinschaft und von Interessengruppen während der Entwicklung eines SMR-Kraftwerksprojekts verwendet werden kann:

Checkliste zur Einbindung lokaler Gemeinschaften und Interessengruppen			
No.	**Aufgabe**	**Beschreibung**	**Maßnahmenpunkte**
1	**Identifizierung und Zuordnung von Interessengruppen**	Alle relevanten Interessengruppen identifizieren (z. B. Anwohner, indigene Gruppen, Regierungsvertreter, Umweltorganisationen, lokale Unternehmen). Eine Analyse der Interessengruppen durchführen, um ihre Anliegen, ihren Einfluss und ihre Interessen zu verstehen. Die Interessengruppen entsprechend ihres Einflussgrades und der potenziellen Auswirkungen des Projekts auf sie zuordnen.	– Zentrale Gruppen identifizieren und priorisieren, die besondere Aufmerksamkeit benötigen könnten (z. B. indigene Gemeinschaften oder marginalisierte Bevölkerungsgruppen).

Checkliste zur Einbindung lokaler Gemeinschaften und Interessengruppen			
No.	**Aufgabe**	**Beschreibung**	**Maßnahmenpunkte**
2	**Planung der anfänglichen Einbindung von Interessengruppen**	Eine umfassende Kommunikations- und Beteiligungsstrategie entwickeln. Budget und Ressourcen für Beteiligungsaktivitäten bereitstellen. Einen speziellen Community-Liaison-Officer ernennen, der als kontinuierlicher Ansprechpartner dient.	– Schulungen für Projektmitarbeiter zur kulturellen Sensibilität durchführen, insbesondere bei der Zusammenarbeit mit indigenen Gemeinschaften.
3	**Einrichtung von Kommunikationskanälen**	Mehrere Kommunikationsplattformen einrichten (z. B. Newsletter, soziale Medien, Gemeindetreffen, Hotlines). Projektwebseiten oder Online-Portale zur Bereitstellung von Informationen entwickeln. Wichtige Materialien in lokale Sprachen übersetzen und bei Bedarf Dolmetscher für Besprechungen bereitstellen.	– Einen Rückmeldungsmechanismus einrichten (z. B. Vorschlagsboxen, Online-Umfragen oder Hotlines für die Gemeinschaft).
4	**Organisation von Informations- und Bildungsworkshops**	Öffentliche Informationsveranstaltungen, Bürgerversammlungen und Gemeindetreffen planen. Visuelle Hilfsmittel (z. B. Modelle, Videos, Simulationen) vorbereiten, um die SMR-Technologie, Sicherheitsmerkmale und Vorteile zu erläutern. Workshops durchführen, um spezifische Anliegen wie Strahlensicherheit, Umweltauswirkungen und Abfallmanagement zu behandeln.	– Treffen zu günstigen Zeiten und an leicht zugänglichen Orten planen, um eine möglichst hohe Beteiligung zu gewährleisten.
5	**Einholung von Rückmeldungen aus der Gemeinschaft**	Umfragen oder Fragebögen verteilen, um Rückmeldungen zu Anliegen und Erwartungen der Gemeinschaft einzuholen.	– Alle erhaltenen Rückmeldungen dokumentieren und

Checkliste zur Einbindung lokaler Gemeinschaften und Interessengruppen			
No.	**Aufgabe**	**Beschreibung**	**Maßnahmenpunkte**
		Fokusgruppendiskussionen mit unterschiedlichen Bevölkerungsgruppen durchführen (z. B. Jugendliche, Senioren oder Umweltvertreter). Eine Politik der offenen Tür einführen, damit Anwohner Projektbüros besuchen und ihre Anliegen besprechen können.	zeitnah auf Anfragen reagieren.
6	**Einrichtung von Community Advisory Boards (CAB)**	Ein Community Advisory Board (CAB) mit Vertretern lokaler Gemeinschaften, indigener Gruppen und weiterer Interessengruppen einrichten. Regelmäßige CAB-Sitzungen planen, um Projektaktualisierungen zu besprechen, Anliegen zu behandeln und Empfehlungen einzuholen.	– CAB-Mitgliedern Zugang zu unabhängigen Experten und Ressourcen bereitstellen, um fundierte Empfehlungen sicherzustellen..
7	**Einbindung unabhängiger externer Experten**	Unabhängige Experten beauftragen, Umweltverträglichkeitsprüfungen und Projektpläne zu überprüfen. Die Ergebnisse unabhängiger Gutachten zur Transparenz mit der Gemeinschaft teilen.	– Unabhängige Bewertungen nutzen, um potenzieller Skepsis entgegenzuwirken und Vertrauen aufzubauen.
8	**Hervorhebung wirtschaftlicher und sozialer Vorteile**	Detaillierte Informationen über Arbeitsplatzschaffung, lokale Beschaffungsmöglichkeiten und wirtschaftliche Vorteile vorbereiten. Programme für Investitionen in die Gemeinschaft entwickeln (z. B. Stipendien, Infrastrukturverbesserungen oder MINT-Bildungsprogramme).	– Fallstudien erfolgreicher SMR-Projekte und deren Vorteile für lokale Gemeinschaften vorstellen.

Checkliste zur Einbindung lokaler Gemeinschaften und Interessengruppen			
No.	**Aufgabe**	**Beschreibung**	**Maßnahmenpunkte**
9	**Umwelt- und Sicherheitsbedenken adressieren**	Umfassende Umweltverträglichkeitsprüfungen (Environmental Impact Assessments – EIAs) durchführen und die Ergebnisse mit den Interessengruppen teilen. Notfallübungen in Zusammenarbeit mit lokalen Behörden durchführen. Den Ansatz des Projekts zur Entsorgung nuklearer Abfälle sowie die Sicherheitsmaßnahmen klar erläutern.	– Materialien entwickeln, um Mythen und Fehlinformationen über Nukleartechnologie zu widerlegen.
10	**Kontinuierliche Überwachung und Rückmeldung**	Tools zur Sentimentanalyse und Rückmeldungsformulare der Gemeinschaft nutzen, um die öffentliche Wahrnehmung zu überwachen. Beteiligungsstrategien regelmäßig auf Grundlage von Rückmeldungen und sich entwickelnden Anliegen anpassen. Folgetreffen mit Mitgliedern der Gemeinschaft planen, um fortlaufende Anliegen zu behandeln.	– Erkenntnisse und gewonnene Erfahrungen dokumentieren, um zukünftige Beteiligungsmaßnahmen zu verbessern.
11	**Rechtliche und regulatorische Compliance**	Detaillierte Aufzeichnungen über alle Beteiligungsaktivitäten, Besprechungen, Vereinbarungen und Rückmeldungen führen. Die Einhaltung lokaler und internationaler Vorschriften im Zusammenhang mit der Konsultation der Gemeinschaft sicherstellen. Öffentliche Anhörungen vorbereiten, indem Interessengruppen frühzeitig	– Falls erforderlich, die freie, vorherige und informierte Zustimmung (Free, Prior and Informed Consent – FPIC) indigener Gruppen einholen.

Checkliste zur Einbindung lokaler Gemeinschaften und Interessengruppen			
No.	**Aufgabe**	**Beschreibung**	**Maßnahmenpunkte**
		eingebunden werden, um ihre Unterstützung zu gewinnen.	
12	**Nachbereitung der Beteiligung und Berichterstattung**	Eine Nachbewertung der Beteiligungsmaßnahmen durchführen, um die Wirksamkeit der Kommunikationsaktivitäten zu beurteilen. Einen Bericht erstellen, der die Rückmeldungen der Interessengruppen sowie die Art und Weise ihrer Berücksichtigung zusammenfasst. Den Abschlussbericht mit den Interessengruppen teilen und öffentlich zugänglich machen.	– Langfristige Initiativen zur Einbindung der Gemeinschaft planen, um das Vertrauen auch über die Bauphase hinaus aufrechtzuerhalten.

Fallstudien: Standortauswahl in verschiedenen Regionen

Zur Veranschaulichung der praktischen Anwendung von Standortauswahlkriterien für kleine modulare Reaktoren (Small Modular Reactors, SMRs) werden nachfolgend einige Fallstudien aus verschiedenen Regionen der Welt vorgestellt. Jede Fallstudie zeigt, wie unterschiedliche Faktoren – etwa regulatorische Compliance, geologische Stabilität, Zugang zu Kühlwasser, Netzanschluss und Einbindung der Gemeinschaft – während des Standortauswahlprozesses berücksichtigt wurden.

1. NuScale Power – Idaho National Laboratory (INL), United States

Hintergrund:

NuScale Power wählte das Idaho National Laboratory (INL) als Standort für die erste kommerzielle Einführung seiner SMR-Technologie. Das Projekt ist Teil des Carbon Free Power Project (CFPP), das mehrere westliche Bundesstaaten der USA mit sauberer und zuverlässiger Energie versorgen soll.

Wichtige Faktoren der Standortauswahl:

- **Regulatorische Compliance:** Die Nuclear Regulatory Commission (NRC) der USA verfügt über einen etablierten regulatorischen Rahmen, und die Geschichte des INL als nationales Forschungslabor erleichterte den Genehmigungsprozess.

- **Geologische Stabilität:** Das INL befindet sich in einer Region mit geringer seismischer Aktivität und bietet damit eine stabile Grundlage für die Reaktormodule.
- **Zugang zu Wasserquellen:** Der Standort verfügt über ausreichenden Zugang zu Kühlwasser über den Snake-River-Aquifer, was für wassergekühlte Reaktoren entscheidend ist.
- **Netzanschluss:** Das INL ist gut an das westliche Stromnetz angebunden und ermöglicht dadurch eine effiziente Stromverteilung an die beteiligten Energieversorger.
- **Unterstützung der Gemeinschaft:** NuScale Power führte umfangreiche Öffentlichkeitsarbeit durch, gewann die Unterstützung lokaler Interessengruppen und profitierte vom etablierten Ruf des INL im Bereich der Nuklearforschung.

Ergebnis:

Das Projekt soll bis 2029 betriebsbereit sein und wird die erste SMR-Installation in den Vereinigten Staaten darstellen. Es soll die Machbarkeit der SMR-Technologie zur Reduzierung von CO_2-Emissionen demonstrieren.

2. CAREM-Reaktor – Atucha Nuclear Complex, Argentina

Hintergrund:

Argentiniens CAREM-Projekt, entwickelt von der National Atomic Energy Commission (CNEA), befindet sich am Atucha Nuclear Complex, etwa 100 km nordwestlich von Buenos Aires. Der CAREM-Reaktor ist ein im Inland entwickelter SMR für Stromerzeugung und Anwendungen in abgelegenen Regionen.

Wichtige Faktoren der Standortauswahl:

- **Regulatorische Compliance:** Argentiniens Autoridad Regulatoria Nuclear (ARN) unterstützte das Projekt und stellte sicher, dass der Standort nationale und internationale Sicherheitsstandards erfüllt.
- **Geologische und seismische Aspekte:** Der Standort Atucha befindet sich in einer seismisch stabilen Region mit geringem Erdbebenrisiko und eignet sich daher ideal für Nuklearanlagen.
- **Nähe zu Wasserquellen:** Die Anlage liegt in der Nähe des Paraná-Flusses, der reichlich Kühlwasser bereitstellt.
- **Flächenverfügbarkeit:** Das Gelände ist bereits für nukleare Nutzung ausgewiesen, wodurch regulatorische und grundstücksbezogene Herausforderungen reduziert werden.
- **Einbindung der Gemeinschaft:** Die CNEA führte Gemeindetreffen und öffentliche Konsultationen durch, um Sicherheits- und Umweltbedenken anzusprechen.

Ergebnis:

Das CAREM-Projekt soll bis 2027 vollständig betriebsbereit sein und damit zu den ersten SMRs in Lateinamerika gehören. Es dient als Modell für die Einführung von SMRs in Entwicklungsländern.

3. Rolls-Royce SMR – Trawsfynydd, United Kingdom

Hintergrund:

Rolls-Royce SMR hat den Standort Trawsfynydd, ein ehemaliges Magnox-Kernkraftwerk in Wales, als möglichen Standort für die erste SMR-Installation im Vereinigten Königreich identifiziert. Der Standort wurde aufgrund seiner bestehenden Infrastruktur und nuklearen Vergangenheit ausgewählt.

Wichtige Faktoren der Standortauswahl:

- **Regulatorische Compliance:** Die Office for Nuclear Regulation (ONR) unterstützt das Projekt durch ihr Generic Design Assessment (GDA)-Verfahren und vereinfacht damit regulatorische Genehmigungen.
- **Geologische Stabilität:** Der Standort Trawsfynydd befindet sich in einer geologisch stabilen Region ohne bedeutende Verwerfungslinien und weist daher ein geringes seismisches Risiko auf.
- **Bestehende Infrastruktur:** Der Standort verfügt bereits über Netzanschlüsse, Zufahrtsstraßen und weitere Infrastruktur, wodurch Baukosten und Zeitpläne erheblich reduziert werden.
- **Unterstützung der Gemeinschaft:** Aufgrund der früheren Nutzung als Kernkraftwerksstandort ist die lokale Gemeinschaft mit der Nuklearindustrie vertraut, und erste Konsultationen zeigten starke öffentliche Unterstützung.
- **Wirtschaftliche Vorteile:** Das Projekt soll Arbeitsplätze schaffen und die regionale Wirtschaft stärken, die seit der Stilllegung des ursprünglichen Kraftwerks wirtschaftliche Rückgänge erlebt hat.

Ergebnis:

Bei Genehmigung könnte das SMR-Projekt Trawsfynydd Anfang der 2030er Jahre betriebsbereit sein und zum Ziel des Vereinigten Königreichs beitragen, bis 2050 Netto-Null-Emissionen zu erreichen.

4. RITM-200-Reaktor – Pevek, Russia

Hintergrund:

Der staatliche russische Nuklearkonzern Rosatom installierte seine RITM-200-Reaktoren auf dem schwimmenden Kernkraftwerk Akademik Lomonosov in Pevek. Dieser abgelegene arktische Standort wurde ausgewählt, um die isolierten Gemeinden und Industrien der Region zuverlässig mit Energie zu versorgen.

Wichtige Faktoren der Standortauswahl:

- Geologische und seismische Stabilität: Die Region Tschukotka ist geologisch stabil und weist nur ein minimales Risiko von Erdbeben oder Bodensenkungen auf.
- Verfügbarkeit von Kühlwasser: Aufgrund der Küstenlage hat das schwimmende Kraftwerk Zugang zu Meerwasser für die Kühlung.

- Netzanschluss: Die Anlage versorgt das isolierte regionale Stromnetz, das zuvor auf Dieselgeneratoren angewiesen war.
- Zugänglichkeit: Pewek ist während der Sommermonate auf dem Seeweg erreichbar, wodurch modulare Komponenten mit Spezialschiffen transportiert werden können.
- Einbindung der Gemeinschaft: Rosatom arbeitete mit lokalen Gemeinschaften und indigenen Gruppen zusammen, um Umwelt- und Strahlenschutzbedenken anzusprechen.

Ergebnis:

Die Anlage Akademik Lomonosov ist derzeit in Betrieb und hat das Potenzial von SMRs zur Energieversorgung abgelegener und anspruchsvoller Regionen demonstriert.

Kapitel 3
Entwurf und Konstruktion von SMR-Kraftwerken

Grundlegende Konstruktionsprinzipien von SMRs

Kleine modulare Reaktoren (Small Modular Reactors, SMRs) stellen eine neue Generation von Kernreaktoren dar, die nach mehreren zentralen Prinzipien entwickelt wurden. Diese Prinzipien konzentrieren sich darauf, Sicherheit, Effizienz, Flexibilität und Wirtschaftlichkeit im Vergleich zu traditionellen großtechnischen Kernreaktoren zu verbessern. Zu den grundlegenden Konstruktionsprinzipien, die die Entwicklung von SMRs leiten, gehören:

1. Modularität und Skalierbarkeit

- **Modulare Bauweise:** SMRs werden als fabrikgefertigte modulare Einheiten konzipiert. Diese Module können zum Standort transportiert und dort schnell montiert werden, wodurch Bauzeit und Kosten reduziert werden.
- **Skalierbare Einführung:** Das modulare Design ermöglicht eine schrittweise Erweiterung der Kapazität entsprechend der Nachfrage. Diese Flexibilität eignet sich sowohl für kleine Stromnetze als auch für wachsenden Energiebedarf.
- **Vorfertigung:** Die werkseitige Vorfertigung gewährleistet eine hohe Qualitätskontrolle, reduziert den Arbeitsaufwand vor Ort und minimiert Baurisiken, was zu einer schnelleren Inbetriebnahme führt.

2. Verbesserte Sicherheitsmerkmale

- **Passive Sicherheitssysteme:** SMRs nutzen passive Sicherheitssysteme, die ohne aktive Steuerungen, externe Stromversorgung oder menschliches Eingreifen funktionieren. Dazu gehören natürliche Kühlmittelzirkulation, schwerkraftgespeiste Wasserreservoirs und passive Wärmeabfuhr.

- **Inhärente Sicherheit:** Die Reaktoren sind so ausgelegt, dass sie von Natur aus sicher sind, beispielsweise durch negative Temperaturkoeffizienten, die die Reaktorleistung bei steigenden Temperaturen automatisch reduzieren.
- **Unterirdische Installation und seismische Widerstandsfähigkeit:** Viele SMRs werden unterirdisch oder teilweise eingegraben installiert und bieten dadurch zusätzlichen Schutz gegen Naturkatastrophen, Flugzeugabstürze oder Sabotage.

3. Kompaktes und vereinfachtes Design

- **Reduzierter Platzbedarf:** SMRs benötigen deutlich weniger Fläche als traditionelle Reaktoren und eignen sich daher für eine größere Bandbreite an Standorten, einschließlich abgelegener Gebiete und Industrieanlagen.
- **Vereinfachte Systeme:** Das Design konzentriert sich auf die Vereinfachung von Reaktorkomponenten und die Verringerung der Anzahl von Bauteilen, wodurch Zuverlässigkeit erhöht und Wartungsaufwand reduziert werden.
- **Integriertes Design:** SMRs verwenden häufig integrierte Reaktordruckbehälter, bei denen Hauptkomponenten wie Reaktorkern, Dampferzeuger und Druckhalter in einer einzigen Struktur untergebracht sind, um Komplexität zu verringern und die Sicherheit zu erhöhen.

4. Brennstoffeffizienz und Abfallreduzierung

- **Höherer Brennstoffausnutzungsgrad:** SMRs sind auf eine höhere Brennstoffeffizienz ausgelegt, wodurch längere Brennstoffzyklen ermöglicht und die Häufigkeit des Brennstoffwechsels reduziert werden.
- **Geschlossener Brennstoffkreislauf:** Einige SMRs, insbesondere solche mit Salzschmelzen- oder Schnellreaktordesigns, zielen auf einen geschlossenen Brennstoffkreislauf ab, um abgebrannten Brennstoff wiederzuverwerten und nukleare Abfälle zu reduzieren.
- **Minimierung von Abfällen:** SMRs erzeugen weniger radioaktive Abfälle pro erzeugter Energieeinheit als große Reaktoren, wodurch die Abfallbewirtschaftung einfacher und kostengünstiger wird.

5. Flexibilität bei den Brennstoffarten

- **Vielfältige Brennstoffoptionen:** SMRs können für verschiedene Brennstoffarten ausgelegt werden, darunter niedrig angereichertes Uran (LEU), Thorium und Mischoxid-Brennstoffe (MOX).
- **Hybridkonstruktionen:** Einige Designs integrieren fortschrittliche Brennstoffe wie TRISO-Brennstoff (Tri-structural Isotropic), der widerstandsfähiger gegenüber hohen Temperaturen und Strahlung ist.

- **Brennstoffsicherheit:** SMRs sind darauf ausgelegt, den Brennstoffverbrauch zu optimieren und die Abhängigkeit von häufigen Brennstofflieferungen zu verringern, wodurch sie sich besonders für abgelegene oder isolierte Standorte eignen.

6. Wirtschaftliche Wettbewerbsfähigkeit

- **Geringere Anfangsinvestitionen:** Die kleinere Größe und modulare Bauweise von SMRs reduzieren die anfänglichen Investitionskosten und machen Kernenergie für eine größere Anzahl von Märkten, einschließlich Entwicklungsländern, zugänglicher.
- **Schnellere Kapitalrendite:** Die kürzere Bauzeit und schnellere Inbetriebnahme von SMRs ermöglichen im Vergleich zu traditionellen Großreaktoren eine frühere Einnahmenerzielung.
- **Geringere Betriebskosten:** Das vereinfachte Design, der reduzierte Personalbedarf und geringere Wartungsanforderungen tragen zu niedrigeren Gesamtbetriebskosten bei.

7. Flexibilität bei den Anwendungen

- **Dezentrale Stromerzeugung:** SMRs können in dezentralen Stromnetzen eingesetzt werden und Energie für abgelegene Regionen, Inseln oder Gebiete mit begrenzter Netzanbindung bereitstellen.
- **Prozesswärme und industrielle Anwendungen:** Hochtemperatur-SMRs können für industrielle Prozesse wie Wasserstoffproduktion, Entsalzung oder Fernwärme genutzt werden.
- **Lastfolgebetrieb:** SMRs sind so konzipiert, dass sie ihre Leistung flexibel anpassen können, wodurch sie sich gut mit intermittierenden erneuerbaren Energiequellen wie Wind- und Solarenergie kombinieren lassen.

8. Verbesserte regulatorische Compliance

- **Standardisierung:** Die modulare Natur von SMRs ermöglicht eine Standardisierung der Konstruktion, wodurch regulatorische Genehmigungsprozesse vereinfacht und Lizenzierungszeiten verkürzt werden können.
- **Innovationen bei der Lizenzierung:** SMR-Entwickler arbeiten eng mit Regulierungsbehörden zusammen, um neue Genehmigungsrahmen zu schaffen, die die besonderen Eigenschaften von SMRs berücksichtigen und gleichzeitig Sicherheit gewährleisten, ohne unnötige Verzögerungen zu verursachen.
- **Globale Zusammenarbeit:** Die Entwicklung internationaler Standards und harmonisierter Vorschriften kann die weltweite Einführung von SMRs beschleunigen.

9. Umweltverträglichkeit

- **Reduzierte Treibhausgasemissionen:** SMRs bieten eine kohlenstoffarme Energiequelle und tragen damit zu den weltweiten Bemühungen zur Bekämpfung des Klimawandels bei.

- **Geringe Umweltauswirkungen:** Die kleinere Baugröße und der geringere Brennstoffbedarf reduzieren den ökologischen Fußabdruck von SMR-Anlagen im Vergleich zu traditionellen Kernreaktoren.
- **Eignung für Brownfield-Standorte:** SMRs können auf Brownfield-Standorten oder bereits industriell genutzten Flächen errichtet werden, wodurch der Bedarf an neuem Landverbrauch reduziert und ökologische Beeinträchtigungen minimiert werden.

Die Konstruktionsprinzipien für den Reaktorkern von kleinen modularen Reaktoren (Small Modular Reactors, SMRs) basieren grundlegend auf der Verbesserung von Sicherheit, Effizienz und Anpassungsfähigkeit an unterschiedliche Betriebsbedingungen. Diese Prinzipien werden durch die besonderen Eigenschaften von SMRs geprägt, die typischerweise durch ihre kleinere Größe, modulare Bauweise und fortschrittlichen Sicherheitsmerkmale definiert sind.

Eines der wichtigsten Konstruktionsprinzipien ist die Integration passiver Sicherheitssysteme. SMRs werden so entwickelt, dass sie natürliche physikalische Gesetze wie Schwerkraft und natürliche Zirkulation nutzen, um Sicherheit ohne aktive mechanische Systeme zu gewährleisten. Dies zeigt sich besonders deutlich bei Konstruktionen wie dem Westinghouse-SMR, der passive Sicherheitsmerkmale integriert, die von größeren Reaktordesigns wie dem AP1000 abgeleitet wurden [28, 116]. Diese Systeme sind entscheidend für die Aufrechterhaltung der Integrität des Reaktorkerns bei Unfällen, da sie ohne externe Stromversorgung oder Eingriffe des Bedienpersonals funktionieren können und dadurch das Risiko von Kernschmelzen und radiologischen Freisetzungen verringern [1].

Ein weiteres bedeutendes Prinzip ist die lange Betriebsdauer des Reaktorkerns, die darauf ausgelegt ist, die Häufigkeit von Brennstoffwechseln zu minimieren. Einige SMR-Designs verfügen beispielsweise über Reaktorkerne, die mehr als 18 Jahre ohne neuen Brennstoff betrieben werden können [117]. Diese lange Kernlebensdauer wird durch fortschrittliche Brennstoffmanagementstrategien erreicht, etwa durch den Einsatz abbrennbarer Absorber und optimierter Brennstoffzusammensetzungen, die helfen, die Reaktivität zu steuern und den Brennstoffzyklus zu verlängern [118, 119]. Die Fähigkeit, über längere Zeiträume ohne Brennstoffwechsel zu arbeiten, verbessert nicht nur die Betriebseffizienz, sondern reduziert auch die logistischen Herausforderungen im Zusammenhang mit Brennstoffversorgung und -management.

Die Anpassungsfähigkeit von SMRs an unterschiedliche Energieanforderungen und Netzbedingungen ist ein weiteres zentrales Konstruktionsprinzip. SMRs sind für einen flexiblen Betrieb ausgelegt und können ihre Leistung an variable Netzanforderungen anpassen, insbesondere in Kombination mit erneuerbaren Energiequellen [18]. Diese Flexibilität wird durch Merkmale wie Turbinen-Bypass-Systeme und Batteriespeichersysteme unterstützt, die es SMRs ermöglichen, Stabilität und Zuverlässigkeit der Stromversorgung aufrechtzuerhalten [18]. Darüber hinaus erlaubt ihre modulare Bauweise den Einsatz mehrerer Einheiten, wodurch eine skalierbare Anpassung an spezifische Energiebedürfnisse in unterschiedlichen geografischen und wirtschaftlichen Kontexten möglich wird [41].

Darüber hinaus spiegelt die Auswahl der Brennstoff- und Kühlmittelmaterialien in SMR-Designs das Bestreben wider, Sicherheit und Effizienz zu maximieren. Einige Konstruktionen verwenden beispielsweise niedrig angereichertes Uran oder Thoriumbrennstoffe, die widerstandsfähiger gegen Proliferation und umweltfreundlicher sein können [120]. Der Einsatz fortschrittlicher Kühlmittel wie überkritischem Kohlendioxid oder Salzschmelzen erhöht die thermische Effizienz und ermöglicht höhere Betriebstemperaturen, wodurch die Gesamteffizienz der Stromerzeugung verbessert werden kann [61, 121, 122].

Technische Konstruktionsdetails eines Kraftwerks mit kleinen modularen Reaktoren (SMR)

Die technische Konstruktion eines Kraftwerks mit kleinen modularen Reaktoren (Small Modular Reactors, SMRs) integriert fortschrittliche Nukleartechnologie, modulare Bauverfahren und innovative Sicherheitssysteme, um Effizienz, Sicherheit und Skalierbarkeit zu optimieren. Nachfolgend folgt eine detaillierte Beschreibung der wichtigsten technischen Komponenten, Systeme und Konstruktionsaspekte, die beim Bau und Betrieb eines SMR-Kraftwerks berücksichtigt werden.

Reaktorkern und Sicherheitsbehälterstruktur

Die Konstruktion des Reaktorkerns und seiner Sicherheitsbehälterstruktur ist ein entscheidender Aspekt von kleinen modularen Reaktoren (SMRs) und verbindet Sicherheit, Effizienz sowie moderne Fortschritte der Nukleartechnik. Die kompakte Bauweise von SMRs ermöglicht innovative Konstruktionsansätze, die sie von traditionellen Großreaktoren unterscheiden, wobei der Schwerpunkt auf der Minimierung von Risiken und der Maximierung der Energieausbeute liegt.

Reaktorkerndesign: Der Kern eines SMR ist darauf ausgelegt, Brennstoffeffizienz und Sicherheit zu optimieren. In den meisten SMR-Designs wird niedrig angereichertes Uran (Low-Enriched Uranium – LEU) verwendet, das typischerweise auf weniger als 20 % angereichert ist. Diese Brennstoffzusammensetzung stellt ein Gleichgewicht zwischen der Aufrechterhaltung einer kontrollierten nuklearen Kettenreaktion und der Einhaltung von Nichtverbreitungsstandards dar. Der Reaktorkern besteht aus Brennelementen, wobei jedes Brennelement mehrere Brennstäbe mit einem keramischen Uranoxidkern (UO_2) enthält. Die keramische Struktur von UO_2 bietet eine hervorragende thermische Stabilität und Strahlenbeständigkeit und gewährleistet dadurch die Integrität des Brennstoffs selbst unter Hochtemperaturbedingungen.

Jeder Brennstab ist von einer Ummantelung aus Zirkoniumlegierung umgeben, die als Barriere dient, um die Freisetzung radioaktiver Spaltprodukte zu verhindern. Die Hüllrohre sind so ausgelegt, dass sie hohen Strahlendosen sowie der korrosiven Umgebung innerhalb des Reaktors standhalten. Darüber hinaus sind die Brennelemente für längere Abbrandzyklen optimiert, sodass sie über längere Zeiträume im Reaktor verbleiben können, bevor ein Austausch erforderlich wird. Dies reduziert nicht nur betriebliche Stillstandszeiten, sondern verringert auch das Volumen abgebrannter Brennelemente und verbessert dadurch die Gesamteffizienz des Reaktors.

Im Hinblick auf Moderatoren und Kühlmittel verwenden viele SMRs Konfigurationen von Leichtwasserreaktoren (Light Water Reactors – LWR), bei denen Wasser sowohl als Moderator (zur Verlangsamung von Neutronen) als auch als Kühlmittel (zur Wärmeabfuhr) dient. Einige fortschrittliche SMR-Designs nutzen jedoch alternative Kühlmittel wie Salzschmelzen, Helium oder Blei, die höhere Betriebstemperaturen und damit eine höhere thermische Effizienz ermöglichen. Diese alternativen Kühlmittel verbessern insbesondere die Wärmeübertragungseigenschaften des Reaktors und eignen sich daher besonders für Hochtemperaturanwendungen wie Wasserstoffproduktion oder industrielle Prozesswärme.

Sicherheitsbehälterstruktur: Die Sicherheitsbehälterstruktur ist ein wesentliches Sicherheitsmerkmal jedes Kernkraftwerks und wird bei SMRs sowohl kompakt als auch robust ausgeführt. Der Reaktorkern befindet sich innerhalb eines verstärkten Sicherheitsbehälters aus Beton und Stahl, der so konstruiert ist, dass er sowohl inneren Drücken als auch äußeren Einwirkungen wie Erdbeben, Überschwemmungen oder möglichen Flugzeugabstürzen standhält. Diese robuste Bauweise stellt sicher, dass im unwahrscheinlichen Fall eines internen Fehlers radioaktive Stoffe innerhalb des Behälters eingeschlossen bleiben und keine Freisetzung in die Umwelt erfolgt.

Ein besonderes Merkmal vieler SMRs sind ihre unterirdischen Sicherheitsbehälterstrukturen. Durch die teilweise oder vollständige unterirdische Platzierung des Reaktordruckbehälters bietet das Design zusätzlichen Schutz vor äußeren Bedrohungen, einschließlich Naturkatastrophen oder potenziellen terroristischen Angriffen. Diese unterirdische Anordnung sorgt zudem für zusätzlichen Strahlenschutz und reduziert dadurch das Risiko für Anlagenpersonal und umliegende Gemeinschaften.

Ein zentraler Bestandteil der Sicherheitsbehälterstruktur von SMRs ist die Integration passiver Sicherheitsmerkmale. Im Gegensatz zu traditionellen Reaktoren, die stark auf aktive Systeme wie Pumpen und externe Stromversorgung angewiesen sind, werden SMRs mit passiven Systemen ausgelegt, die ohne menschliches Eingreifen oder externe Energie funktionieren. Im Falle einer Notabschaltung können beispielsweise natürliche Konvektion, schwerkraftgespeiste Kühlsysteme und Wärmetauscher automatisch aktiviert werden, um Wärme aus dem Reaktorkern abzuführen und eine Überhitzung zu verhindern. Dieses Design verbessert das Sicherheitsprofil des Reaktors erheblich, indem die Wahrscheinlichkeit katastrophaler Ausfälle wie Kernschmelzen reduziert wird.

Die Kombination aus robustem Sicherheitsbehälter, passiven Sicherheitssystemen und fortschrittlichen Materialien im SMR-Design stellt sicher, dass diese Reaktoren nicht nur sicherer, sondern auch widerstandsfähiger gegenüber unterschiedlichen betrieblichen Herausforderungen sind. Die Konstruktion des Reaktorkerns und der Sicherheitsbehälterstruktur ist entscheidend dafür, SMRs zu einer praktikablen, skalierbaren und nachhaltigen Option für die Zukunft der Kernenergie zu machen, insbesondere in Regionen, in denen traditionelle

Großreaktoren aufgrund von Platz-, Kosten- oder regulatorischen Einschränkungen nicht realisierbar sind.

Kühlsysteme und Wärmeübertragung im SMR-Design

Die Konstruktion von Kühlsystemen in kleinen modularen Reaktoren (SMRs) ist ein wesentlicher Aspekt zur Gewährleistung von Betriebseffizienz und Sicherheit. Kühlsysteme in SMRs sind darauf ausgelegt, die Wärmeübertragung auch unter Notfallbedingungen effizient zu steuern, indem traditionelle und innovative Technologien kombiniert werden. Die kompakte und modulare Natur von SMRs ermöglicht fortschrittliche Kühlmethoden, die ihre Zuverlässigkeit und Widerstandsfähigkeit im Vergleich zu traditionellen Großreaktoren erhöhen.

Primäres Kühlsystem: Das primäre Kühlsystem spielt eine grundlegende Rolle bei der Wärmeabfuhr aus dem Reaktorkern, um sichere Betriebstemperaturen aufrechtzuerhalten. In traditionellen wassergekühlten SMRs verwendet der Primärkreislauf unter Druck stehendes Wasser als Kühlmittel. Dieses Wasser zirkuliert durch den Reaktorkern und nimmt die bei der Kernspaltung erzeugte Wärme auf. Das erhitzte Wasser wird unter hohem Druck gehalten, damit es nicht siedet, und anschließend zu einem Wärmetauscher geleitet, wo die Wärme an den Sekundärkreislauf übertragen wird.

Im Gegensatz dazu arbeiten fortschrittliche SMR-Designs – etwa solche mit Salzschmelzen oder Gasen als Kühlmittel – bei deutlich höheren Temperaturen von häufig 700–900 °C. Diese Hochtemperaturkühlmittel strömen durch speziell konstruierte Kanäle im Reaktorkern und entziehen die Wärme effizienter als wasserbasierte Systeme. Salzschmelzen besitzen beispielsweise eine ausgezeichnete Wärmeleitfähigkeit und bleiben auch bei sehr hohen Temperaturen flüssig, wodurch sie sich ideal für Reaktoren eignen, die hohe thermische Wirkungsgrade erreichen sollen. Gasgekühlte Reaktoren verwenden häufig Helium, das chemisch inert ist und eine hohe Wärmekapazität besitzt, wodurch eine effektive Wärmeübertragung bei erhöhten Temperaturen ermöglicht wird.

Ein besonderes Merkmal vieler SMRs ist die Möglichkeit der natürlichen Zirkulation im primären Kühlkreislauf. Das bedeutet, dass das Kühlmittel im Falle eines Stromausfalls oder Pumpenversagens weiterhin ohne mechanische Pumpen durch das System strömen kann. Die natürliche Zirkulation basiert auf dem Auftriebsprinzip, bei dem erhitztes Kühlmittel aufsteigt und kältere Flüssigkeit absinkt, wodurch ein sich selbst erhaltender Kreislauf entsteht. Dieser passive Mechanismus erhöht die Sicherheit des Reaktors erheblich, insbesondere in Notfallsituationen, in denen aktive Systeme versagen könnten.

Sekundäres Kühlsystem: Das sekundäre Kühlsystem ist dafür verantwortlich, die aus dem Reaktorkern gewonnene Wärme in nutzbare Energie umzuwandeln. Nachdem das primäre Kühlmittel Wärme aus dem Kern aufgenommen hat, überträgt es diese über einen Wärmetauscher an den Sekundärkreislauf. Im Sekundärkreislauf wird Wasser in Dampf umgewandelt, der eine Turbine antreibt, die mit einem Stromgenerator verbunden ist.

Um die Abhängigkeit von Wasserressourcen zu verringern, werden viele SMRs mit Trockenkühlsystemen oder luftgekühlten Kondensatoren ausgelegt. Im Gegensatz zu traditionellen Kühltürmen, die große Mengen Wasser benötigen, verwenden diese Systeme Luft, um den Dampf wieder zu Wasser zu kondensieren, wodurch sie sich besonders für trockene Regionen oder Gebiete mit begrenzter Wasserverfügbarkeit eignen. Durch die Verwendung luftgekühlter Systeme können SMRs an Standorten errichtet werden, an denen traditionelle Reaktoren aufgrund von Wassermangel nicht praktikabel wären, wodurch sich ihre potenziellen Einsatzgebiete erweitern.

Passive Kühlsysteme: Eines der herausragenden Sicherheitsmerkmale von SMRs ist die Integration passiver Kühlsysteme. Diese Systeme sind so ausgelegt, dass sie ohne externe Stromversorgung oder aktive mechanische Komponenten arbeiten und stattdessen natürliche physikalische Prozesse zur Abfuhr der Nachzerfallswärme nach der Abschaltung des Reaktors nutzen.

Passive Systeme zur Nachzerfallswärmeabfuhr sind ein zentraler Bestandteil dieses Konzepts. Nach dem Abschalten des Reaktors enden die Kernspaltungsreaktionen, jedoch wird weiterhin Nachzerfallswärme erzeugt. Um eine Überhitzung zu verhindern, sind SMRs mit Systemen ausgestattet, die natürliche Konvektion, schwerkraftgespeiste Wassertanks und passive Wärmetauscher nutzen. In einigen Konstruktionen geben beispielsweise schwerkraftgespeiste Wassertanks Kühlmittel frei, wenn Temperaturen einen bestimmten Schwellenwert überschreiten, wodurch eine schnelle Kühlung ohne Eingreifen des Bedienpersonals ermöglicht wird.

Ein weiterer Ansatz passiver Systeme ist der Einsatz von Luft- oder Naturzug-Wärmetauschern, die Wärme durch natürlichen Luftstrom ableiten. Diese Systeme benötigen keine beweglichen Teile und sind daher selbst dann äußerst zuverlässig, wenn keine externe Stromversorgung verfügbar ist. Die Integration passiver Kühlfunktionen erhöht nicht nur die Sicherheit, sondern reduziert auch den Bedarf an umfangreichen Backup-Systemen, wodurch die Gesamtkosten und die Komplexität des Reaktordesigns gesenkt werden.

Turbinen- und Stromerzeugungssystem in SMRs

Das Turbinen- und Stromerzeugungssystem ist ein wesentlicher Bestandteil eines Kraftwerks mit kleinen modularen Reaktoren (Small Modular Reactors, SMRs), da es die vom Reaktor erzeugte Wärmeenergie in elektrische Energie umwandelt. SMRs sind auf hohe Effizienz und Anpassungsfähigkeit ausgelegt, wobei der Schwerpunkt auf kompakter Bauweise und Modularität liegt. Dieser Abschnitt erläutert detailliert, wie SMRs fortschrittliche Turbinentechnologie und Energieumwandlungssysteme nutzen, um die Stromerzeugung zu optimieren.

Betrieb der Dampfturbine: Der Prozess der Stromerzeugung in SMRs beginnt mit der Dampfturbine, die durch Dampf angetrieben wird, der im sekundären Kühlkreislauf erzeugt wird. Nachdem der Reaktorkern das primäre Kühlmittel erhitzt hat, wird diese Wärme über einen

Wärmetauscher an den sekundären Kreislauf übertragen. In wassergekühlten SMRs bringt die Wärme das Wasser im Sekundärkreislauf zum Sieden und erzeugt Dampf. Dieser Hochdruckdampf wird anschließend in eine Dampfturbine geleitet, die mit einem Generator verbunden ist. Die Turbinenschaufeln werden durch die Kraft des Dampfes angetrieben und wandeln die thermische Energie in mechanische Energie um, welche wiederum den Generator zur Stromerzeugung antreibt.

SMRs verwenden kompakte Turbinen-Generator-Einheiten, die speziell für den kleineren Platzbedarf der Anlage ausgelegt sind. Im Gegensatz zu traditionellen großtechnischen Kernreaktoren, die große Turbinenhallen benötigen, sind die Turbinensysteme von SMRs auf maximale Raumeffizienz optimiert. Dieses kompakte Design reduziert sowohl Bauzeit als auch Kosten und ermöglicht den Einsatz von SMRs an unterschiedlichsten Standorten, einschließlich abgelegener oder netzferner Gebiete mit begrenztem Platzangebot.

Effizienz der Energieumwandlung: Ein wesentlicher Vorteil von SMRs ist ihr Potenzial, hohe thermische Wirkungsgrade zu erreichen, die häufig im Bereich von 35–40 % oder darüber liegen. Diese Effizienz wird durch die Fähigkeit des Reaktors ermöglicht, bei erhöhten Temperaturen zu arbeiten, insbesondere bei fortschrittlichen Konstruktionen wie gasgekühlten oder Salzschmelzenreaktoren. Die höheren Betriebstemperaturen verbessern den Wirkungsgrad des Rankine-Kreisprozesses, des thermodynamischen Zyklus, der in Dampfturbinen zur Umwandlung von Wärme in Arbeit genutzt wird.

Gasgekühlte Reaktoren, die beispielsweise Helium als Kühlmittel verwenden, oder Salzschmelzenreaktoren können Temperaturen von bis zu 700–900 °C erreichen, was deutlich höher ist als bei traditionellen wassergekühlten Reaktoren. Dadurch können SMRs mehr Energie aus jeder Brennstoffeinheit gewinnen, was die Gesamteffizienz erhöht und gleichzeitig die Menge erzeugter radioaktiver Abfälle reduziert. Darüber hinaus ermöglichen alternative Kühlmittel mit besseren Wärmeübertragungseigenschaften eine effizientere Dampferzeugung, wodurch eine höhere Stromproduktion bei geringerem Brennstoffverbrauch erzielt wird.

Elektrische Systeme und Stromverteilung: Neben dem Turbinensystem sind SMRs mit hochentwickelter elektrischer Infrastruktur ausgestattet, um die Stromverteilung zu steuern und eine nahtlose Integration in das Stromnetz sicherzustellen. Die Anlage umfasst elektrische Schaltanlagen, Transformatoren und Synchronisierungseinrichtungen zur Regelung der Leistungsabgabe und zur Gewährleistung einer stabilen Einspeisung in das Netz. Diese Komponenten sind entscheidend für die Aufrechterhaltung stabiler Spannungsniveaus, die Bewältigung von Lastschwankungen und die Kompatibilität mit bestehender Netzinfrastruktur.

Ein entscheidender Aspekt des SMR-Designs ist die Integration redundanter Stromversorgungssysteme, um wesentliche Anlagenfunktionen auch bei Netzstörungen aufrechtzuerhalten. Dazu gehören typischerweise Dieselgeneratoren und unterbrechungsfreie Stromversorgungssysteme (USV), die kritische Systeme wie Reaktorkühlpumpen, Steuerungssysteme und Sicherheitsmechanismen mit Notstrom versorgen. Im Falle eines Netzausfalls können diese Backup-Systeme nahezu sofort aktiviert werden und sicherstellen, dass der Reaktor in einem sicheren Zustand bleibt.

SMRs verfügen außerdem über sogenannte Black-Start-Fähigkeiten, wodurch sie unabhängig ohne externe Netzversorgung neu gestartet werden können. Diese Eigenschaft macht SMRs besonders wertvoll für abgelegene oder isolierte Regionen, in denen die Netzzuverlässigkeit problematisch sein kann. Die Fähigkeit, Mikronetze und netzferne Stromversorgung zu unterstützen, macht SMRs zudem zu einem strategischen Vorteil für Regionen mit begrenztem Zugang zu stabiler Elektrizität.

Steuerungs- und Instrumentierungssysteme in SMRs

Die Steuerungs- und Instrumentierungssysteme von kleinen modularen Reaktoren (SMRs) spielen eine zentrale Rolle für den sicheren und effizienten Betrieb des Reaktors und der damit verbundenen Stromerzeugungssysteme. Diese Systeme integrieren modernste digitale Technologien, um Echtzeitüberwachung, Automatisierung und Sicherheitskontrollen bereitzustellen. Dieser Abschnitt erläutert, wie diese Systeme konzipiert sind, um die Leistung zu optimieren und gleichzeitig einen robusten Schutz vor potenziellen Bedrohungen sicherzustellen.

Zentralisierter Kontrollraum: Das Herzstück der Betriebsüberwachung eines SMR ist der zentralisierte Kontrollraum. Im Gegensatz zu traditionellen Kernkraftwerken, die häufig eine Kombination aus analogen und digitalen Steuerungen verwenden, werden SMRs mit vollständig integrierten digitalen Kontrollsystemen entwickelt. Diese fortschrittlichen Systeme ermöglichen es den Bedienern, den Reaktor, die Turbine, die Kühlsysteme und weitere wesentliche Anlagenkomponenten von einem einzigen zentralen Standort aus zu überwachen und zu steuern.

Der Kontrollraum ist mit Echtzeit-Datenanzeigen ausgestattet, die kontinuierliche Informationen über kritische Parameter wie Reaktorkerntemperatur, Kühlmitteldurchflussraten, Druckniveaus und Strahlungswerte liefern. Diese Datenströme werden von hochentwickelten Algorithmen verarbeitet, die ungewöhnliche Muster oder Abweichungen erkennen können, sodass Bediener schnell auf Veränderungen reagieren können. Neben manuellen Steuerungsmöglichkeiten umfasst das System automatisierte Funktionen zur Optimierung der Reaktorleistung, Anpassung der Leistungsabgabe und Verbesserung der Effizienz.

Eines der wichtigsten Merkmale der SMR-Steuerungssysteme ist die Integration automatisierter Sicherheitssysteme. Diese Systeme sind so ausgelegt, dass sie automatisch Schutzmaßnahmen einleiten, wenn Anomalien wie Kühlmittelverlust, Druckabweichungen oder Temperaturanstiege erkannt werden. Erkennt das System beispielsweise einen erheblichen Rückgang des Kühlmitteldurchflusses oder einen Anstieg der Kerntemperatur über sichere Grenzwerte hinaus, kann es automatisch eine Reaktorabschaltung auslösen, den Reaktorkern isolieren und passive Kühlsysteme aktivieren. Diese Automatisierung verbessert die Fähigkeit der Anlage, schnell auf potenzielle Sicherheitsbedrohungen zu reagieren, und minimiert das Risiko menschlicher Fehler in kritischen Situationen.

Cybersicherheitsmaßnahmen: Aufgrund der digitalen Natur von SMRs ist Cybersicherheit ein entscheidender Bestandteil ihrer Steuerungs- und Instrumentierungssysteme. Angesichts zunehmender globaler Sorgen über Cyberbedrohungen werden SMR-Anlagen mit robuster Cybersicherheitsinfrastruktur ausgestattet, um ihre digitalen Systeme vor böswilligen Angriffen zu schützen, die die Sicherheit gefährden oder den Betrieb stören könnten.

Die digitalen Steuerungssysteme von SMRs werden durch mehrere Ebenen von Cybersicherheitsmaßnahmen geschützt, darunter Firewalls, Intrusion-Detection-Systeme (IDS) und verschlüsselte Kommunikationskanäle. Firewalls fungieren als erste Verteidigungslinie, indem sie eingehenden und ausgehenden Netzwerkverkehr filtern, während Intrusion-Detection-Systeme das Netzwerk der Anlage kontinuierlich auf ungewöhnliche Aktivitäten überwachen, die auf einen Cyberangriff hinweisen könnten. Im Falle verdächtiger Aktivitäten werden automatische Warnmeldungen erzeugt, um die Bediener im Kontrollraum zu informieren und eine schnelle Reaktion auf potenzielle Bedrohungen zu ermöglichen.

Zusätzlich werden verschlüsselte Kommunikationsprotokolle verwendet, um Datenübertragungen zwischen Steuerungssystemen und externen Überwachungsstationen zu sichern. Dadurch wird gewährleistet, dass sensible Betriebsdaten – wie Reaktorstatus oder Sicherheitsprotokolle – vertraulich bleiben und vor unbefugtem Zugriff geschützt sind. Regelmäßige Cybersicherheitsaudits und Penetrationstests werden durchgeführt, um Schwachstellen zu identifizieren und Korrekturmaßnahmen umzusetzen, sodass die digitale Infrastruktur der Anlage widerstandsfähig gegenüber sich weiterentwickelnden Cyberbedrohungen bleibt.

Zum zusätzlichen Schutz der Anlage wird der Zugang zu kritischen Steuerungssystemen streng kontrolliert. Für Bediener und Wartungspersonal sind Mehrfaktor-Authentifizierung (MFA) und sichere Anmeldeverfahren erforderlich, um auf sensible Systeme zugreifen zu können. Dadurch wird unbefugter Zugriff verhindert und sichergestellt, dass nur geschultes und zertifiziertes Personal mit den Steuerungsmechanismen des Reaktors interagieren kann.

Abfallmanagement und Brennstoffhandhabung in SMR-Kraftwerken

Das Management nuklearer Abfälle und die Handhabung abgebrannter Brennelemente sind entscheidende Aspekte der Betriebssicherheit und Nachhaltigkeit von kleinen modularen Reaktoren (Small Modular Reactors, SMRs). Aufgrund ihrer kompakten Größe, fortschrittlichen Konstruktion und verbesserten Sicherheitsmerkmale werden SMRs so entwickelt, dass sie die Abfallproduktion minimieren und die Prozesse der Brennstoffhandhabung vereinfachen. Nachfolgend werden die wichtigsten Komponenten des Abfallmanagements und der Brennstoffhandhabung in SMRs erläutert.

Lagerung abgebrannter Brennelemente: Das Management abgebrannter Kernbrennstoffe ist ein entscheidender Schritt zur Gewährleistung der Sicherheit und ökologischen Nachhaltigkeit des Betriebs von SMRs. Wenn Kernbrennstoff das Ende seiner Nutzungsdauer im Reaktor erreicht, bleibt er hochradioaktiv und erzeugt weiterhin erhebliche Wärme. Um dies sicher zu handhaben, werden abgebrannte Brennelemente zunächst in standorteigene Abklingbecken überführt. Diese Becken sind speziell dafür ausgelegt, den Brennstoff durch Untertauchen in

Wasser zu kühlen, wodurch Wärme abgeführt und gleichzeitig ein Strahlenschutz gewährleistet wird. Die Brennelemente verbleiben typischerweise mehrere Jahre in diesen Becken, bis sie ausreichend abgekühlt sind.

Nach der ersten Abkühlphase werden die abgebrannten Brennelemente zur längerfristigen Lagerung in Trockenlagerbehälter überführt. Diese Trockenlagerbehälter sind robuste, luftdichte Behälter aus Stahl und Beton, die dafür ausgelegt sind, abgebrannte Brennelemente über Jahrzehnte sicher zu lagern. Die Verwendung solcher Behälter schafft nicht nur zusätzlichen Platz in den Abklingbecken, sondern reduziert auch das Risiko, das mit der Lagerung großer Mengen abgebrannter Brennelemente an einem einzigen Standort verbunden ist. Dieser stufenweise Ansatz der Brennstofflagerung erhöht die Sicherheit, da eine flexible und modulare Erweiterung der Lagerkapazität ermöglicht wird.

Fortschrittliche SMR-Designs, wie beispielsweise Salzschmelzenreaktoren, gehen im Bereich des Abfallmanagements noch einen Schritt weiter, indem sie Möglichkeiten zur Wiederaufbereitung oder zum Recycling von Brennstoff direkt vor Ort integrieren. Diese Reaktoren können abgebrannten Brennstoff verarbeiten, um wiederverwendbare Materialien zurückzugewinnen, wodurch das Gesamtvolumen hochradioaktiver Abfälle reduziert wird, die langfristig gelagert werden müssen. Diese Fähigkeit könnte es SMRs ermöglichen, in einem nachhaltigeren und geschlossenen Brennstoffkreislauf zu arbeiten, bei dem weniger Abfall erzeugt und ein größerer Teil des Energiegehalts des Brennstoffs genutzt wird.

Abfallminimierung: Einer der bedeutenden Vorteile von SMRs ist ihre Fähigkeit, die Produktion radioaktiver Abfälle im Vergleich zu traditionellen Großreaktoren zu verringern. Dies wird durch mehrere Konstruktionsverbesserungen erreicht:

1. **Höhere Brennstoffeffizienz:** SMRs sind auf längere Abbrandzyklen ausgelegt, wodurch mehr Energie aus dem Kernbrennstoff gewonnen werden kann, bevor dieser verbraucht ist. Diese Effizienz führt zu selteneren Brennstoffwechseln und einem geringeren Volumen abgebrannter Brennelemente.

2. **Reduzierte Produktion langlebiger Isotope:** Durch die Optimierung der Neutronenökonomie und den Einsatz fortschrittlicher Brennstoffzusammensetzungen können SMRs die Entstehung langlebiger radioaktiver Isotope minimieren. Dies reduziert die langfristigen Umweltauswirkungen nuklearer Abfälle und erleichtert deren Endlagerung.

3. **Fähigkeiten zur „Abfallverbrennung“:** Einige fortschrittliche SMR-Designs, insbesondere Salzschmelzenreaktoren, können abgebrannte Brennelemente konventioneller Reaktoren als Teil ihres Brennstoffmixes verwenden. Diese Reaktoren sind in der Lage, langlebige Aktiniden aus abgebrannten Brennelementen zu „verbrennen“ und dadurch bestehenden nuklearen Abfall in nutzbare Energie umzuwandeln. Dies reduziert nicht nur die Menge gelagerter abgebrannter Brennelemente, sondern entlastet auch geologische Endlager, die für die Abfallentsorgung erforderlich sind.

Brennstoffhandhabung und Sicherheitsmaßnahmen: Die Brennstoffhandhabung in SMRs ist aufgrund ihrer kleineren Größe und modularen Bauweise sicherer und effizienter gestaltet. Die in SMRs verwendeten Brennstoffe, wie niedrig angereichertes Uran (LEU) oder Thorium, werden typischerweise in versiegelte Brennelemente geladen, die einfacher zu handhaben und zu transportieren sind. Dieser modulare Ansatz reduziert das Risiko einer unbeabsichtigten Strahlenexposition während des Brennstoffwechselprozesses.

In vielen SMR-Designs kann der Brennstoffwechsel durchgeführt werden, ohne die gesamte Anlage abzuschalten. In Reaktoren mit Online-Brennstoffwechsel, wie beispielsweise Kugelhaufenreaktoren, kann frischer Brennstoff kontinuierlich eingebracht und abgebrannter Brennstoff gleichzeitig entfernt werden, wodurch Stillstandszeiten minimiert werden. Diese Eigenschaft verbessert nicht nur die Betriebseffizienz, sondern reduziert auch die Risiken, die mit traditionellen Brennstoffwechselprozessen verbunden sind.

Bei Salzschmelzenreaktoren befindet sich der Brennstoff bereits in flüssiger Form und zirkuliert kontinuierlich durch den Reaktor. Dadurch können Spaltprodukte in Echtzeit entfernt und die Ansammlung radioaktiver Abfälle reduziert werden. Der Brennstoff kann direkt vor Ort wiederaufbereitet werden, um wertvolle Isotope zurückzugewinnen und erneut zu verwenden, wodurch die Abfallproduktion weiter minimiert wird.

Langfristige Überlegungen zur Endlagerung von Abfällen: Trotz der Vorteile von SMRs bei der Abfallreduzierung bleibt die Herausforderung der langfristigen Endlagerung des verbleibenden hochradioaktiven Abfalls bestehen. Obwohl abgebrannte Brennelemente aus SMRs ein geringeres Volumen aufweisen, benötigen sie aufgrund ihrer Radioaktivität weiterhin über Tausende von Jahren sichere Lagerung. Länder, die SMRs entwickeln, prüfen geologische Endlager als dauerhafte Lösung für die Entsorgung hochradioaktiver Abfälle. Darüber hinaus laufen internationale Bemühungen zur Entwicklung fortschrittlicher Abfallmanagementtechnologien, wie etwa Tiefbohrloch-Endlagerung, die sicherere und kostengünstigere Alternativen bieten könnten.

SMRs integrieren fortschrittliche Strategien des Abfallmanagements, die die Umweltauswirkungen und Sicherheitsrisiken der Kernenergie erheblich reduzieren. Durch die Nutzung längerer Abbrandzyklen, die Integration passiver Sicherheitsmerkmale und die Erforschung innovativer Methoden des Brennstoffrecyclings ebnen SMRs den Weg für einen nachhaltigeren und effizienteren Ansatz der nuklearen Energieerzeugung.

Strukturingenieurwesen und Standortlayout in SMR-Kraftwerken

Der Bau eines Kraftwerks mit kleinen modularen Reaktoren (Small Modular Reactors, SMRs) erfordert fortschrittliches Strukturingenieurwesen und sorgfältige Standortplanung, um Sicherheit, Effizienz und Widerstandsfähigkeit zu gewährleisten. Die Konstruktionsprinzipien konzentrieren sich auf modulare Bauweise, robuste Fundamente und ein gut organisiertes Standortlayout, wodurch eine schnellere Umsetzung, Kosteneffizienz und erhöhte Sicherheit ermöglicht werden. Nachfolgend werden diese wesentlichen Elemente näher erläutert.

Modulare Bauweise: Eines der zentralen Konstruktionsmerkmale von SMR-Kraftwerken ist der modulare Bauansatz. Dabei werden wichtige Komponenten in kontrollierten Fabrikumgebungen vorgefertigt und anschließend zur Baustelle transportiert. Durch die Verwendung werkseitig gefertigter Module wird der Bauprozess vereinfacht und die Gesamtbauzeit sowie die Baukosten reduziert. Die Vorfertigung gewährleistet außerdem eine höhere Qualitätskontrolle, da die Module unter strengen Fabrikbedingungen und mit geringerer Einwirkung von Wetter- und Umwelteinflüssen hergestellt werden.

Neben der Beschleunigung des Bauzeitplans sind modulare Komponenten so konstruiert, dass sie vor Ort nahtlos zusammengefügt werden können. Dadurch werden die Komplexitäten reduziert, die typischerweise mit dem Bau traditioneller Kernkraftwerke verbunden sind. Diese Methode verringert zudem Arbeitsrisiken, indem die Menge an Arbeiten in potenziell gefährlichen Umgebungen begrenzt wird, wodurch eine sicherere Montage unter kontrollierten Bedingungen ermöglicht wird. Die vorgefertigten Module können alles umfassen – von Reaktorsicherheitsbehältern über Kühlsysteme bis hin zu Komponenten des Kontrollraums – und machen den SMR damit zu einer hochgradig anpassungsfähigen Lösung für unterschiedliche Standorte.

Fundamente und strukturelle Unterstützung: Das Strukturingenieurwesen eines SMR-Kraftwerks priorisiert die Widerstandsfähigkeit gegenüber Naturkatastrophen, insbesondere in Regionen mit Erdbebenrisiko oder instabilen Bodenverhältnissen. Die Fundamente werden besonders robust ausgelegt und nutzen Techniken wie Basisisolierung und Tiefpfahlgründungen zur Absorption seismischer Erschütterungen. Dieses Isolierungssystem entkoppelt die Reaktorstrukturen von Bodenbewegungen und reduziert dadurch die Auswirkungen eines Erdbebens auf die kritischen Komponenten der Anlage.

In Regionen mit instabilen Bodenverhältnissen werden Bodenverbesserungsmaßnahmen wie Bodenverdichtung oder der Einsatz verstärkter Betonpfähle angewendet. Diese Maßnahmen stellen sicher, dass das Fundament das hohe Gewicht der Reaktormodule und der zugehörigen Infrastruktur tragen kann und Probleme wie Bodensenkungen oder ungleichmäßige Bodenbewegungen im Laufe der Zeit verhindert werden. Die verstärkten Strukturen in SMRs sind darauf ausgelegt, sowohl den inneren Drücken des Reaktorbetriebs als auch äußeren Belastungen standzuhalten und dadurch ein hohes Maß an Schutz zu bieten.

Standortlayout: Das Standortlayout eines SMR-Kraftwerks wird sorgfältig geplant, um Sicherheit, Betriebseffizienz und Zugänglichkeit zu optimieren. Die Anlage ist in unterschiedliche Zonen gegliedert, die jeweils eine bestimmte Funktion erfüllen. Dadurch werden Abläufe vereinfacht und Sicherheitsprotokolle verbessert. Zu den Hauptzonen gehören typischerweise:

1. **Reaktorsicherheitsbereich:** Dies ist die zentrale Zone, in der die Reaktormodule untergebracht sind. Sie umfasst verstärkte Sicherheitsbehälterstrukturen, die im Falle eines Zwischenfalls die Freisetzung radioaktiver Stoffe verhindern sollen. Häufig sind diese Strukturen teilweise oder vollständig unterirdisch angeordnet, um zusätzlichen Schutz vor äußeren Bedrohungen wie Flugzeugabstürzen oder Naturkatastrophen zu bieten.

2. **Kontroll- und Betriebszone:** Der Kontrollraum und die zugehörigen Betriebsgebäude befinden sich in der Nähe der Reaktorzone, sind jedoch abgeschirmt, um das Personal vor Strahlung zu schützen. Diese Zone umfasst die zentralisierten Steuerungssysteme zur Überwachung des Reaktorbetriebs, der Sicherheitsmechanismen und der Kommunikationsinfrastruktur.

3. **Kühlinfrastruktur:** Die Kühlsysteme, einschließlich Kühltürmen, Wärmetauschern oder luftgekühlten Kondensatoren, werden strategisch platziert, um maximale Effizienz zu erreichen. Die Nähe der Kühlsysteme zur Reaktorzone reduziert Wärmeverluste und verbessert die Energieübertragungsraten.

4. **Turbinenhalle:** Die Turbinenhalle dient der Unterbringung von Dampfturbinen und Generatoren, welche die thermische Energie in elektrische Energie umwandeln. Dieser Bereich ist kompakt, jedoch effizient angeordnet, um den verfügbaren Platz optimal zu nutzen und gleichzeitig einen einfachen Zugang für Wartungsarbeiten zu gewährleisten.

5. **Abfallmanagementbereich:** Die Abfallmanagementzone ist für die Lagerung und Handhabung abgebrannter Brennelemente und radioaktiver Abfälle vorgesehen. Sie umfasst sichere Abklingbecken, Trockenlagerbehälter und Anlagen zur Abfallbehandlung, die alle darauf ausgelegt sind, die Umweltbelastung zu minimieren.

6. **Sicherheitsperimeter:** Das gesamte Gelände ist von einem gesicherten Perimeter mit Überwachungssystemen, Zugangskontrollpunkten und Barrieren umgeben, um unbefugten Zutritt zu verhindern. Dies schützt kritische Infrastruktur vor physischen Bedrohungen und gewährleistet die Einhaltung regulatorischer Sicherheitsstandards.

Zufahrtsstraßen und Transportinfrastruktur: Ein effektives Standortlayout erfordert außerdem gut geplante Zufahrtsstraßen und Transportinfrastruktur. Diese sind entscheidend für den Transport großer vorgefertigter Module, Reaktorbrennstoffs und schwerer Ausrüstung zur Anlage. Das Design umfasst breite Zufahrtswege, die den Transport übergroßer Fahrzeuge ermöglichen und eine termingerechte Anlieferung der Module sicherstellen.

Darüber hinaus ist das Layout so gestaltet, dass im Bedarfsfall eine schnelle Entsendung von Notfallteams ermöglicht wird. Spezielle Zufahrtspunkte für Ersthelfer sowie ausgewiesene Evakuierungswege sind in das Gesamtdesign integriert. Dadurch wird sichergestellt, dass das Personal im Falle eines Notfalls schnell und sicher reagieren kann.

Durch die Konzentration auf diese strukturellen und standortbezogenen Planungselemente erreichen SMR-Kraftwerke ein ausgewogenes Verhältnis von Sicherheit, Effizienz und Flexibilität. Das modulare Design ermöglicht Skalierbarkeit, sodass zusätzliche Reaktormodule im Laufe der Zeit hinzugefügt werden können, um wachsenden Energiebedarf zu decken. Die robuste Ingenieurtechnik und sorgfältige Standortplanung optimieren nicht nur die Leistung, sondern gewährleisten auch die Widerstandsfähigkeit der Anlage gegenüber natürlichen und vom Menschen verursachten Bedrohungen und machen SMRs zu einer praktikablen Lösung für nachhaltige Energieversorgung in unterschiedlichsten Umgebungen.

Sicherheitssysteme und Notfallvorsorge in SMR-Kraftwerken

Die Sicherheit von kleinen modularen Reaktoren (SMRs) ist ein zentraler Aspekt ihrer Konstruktion und ihres Betriebs. SMRs werden mit mehreren Ebenen passiver und aktiver Sicherheitssysteme entwickelt, um ein hohes Maß an Schutz vor Unfällen, Naturkatastrophen und anderen Notfällen zu gewährleisten. Das Design konzentriert sich auf Redundanz, Widerstandsfähigkeit und automatisierte Reaktionen zur Minimierung potenzieller Risiken. Nachfolgend wird detailliert erläutert, wie Sicherheitssysteme und Notfallvorsorge in den Betrieb von SMR-Kraftwerken integriert werden.

Passive und aktive Sicherheitssysteme: Ein wesentlicher Vorteil der SMR-Technologie ist die Integration sowohl passiver als auch aktiver Sicherheitssysteme. Im Gegensatz zu traditionellen Reaktoren, die häufig auf aktive Systeme angewiesen sind, die externe Stromversorgung oder menschliches Eingreifen benötigen, werden SMRs so konzipiert, dass sie in Notfällen weitgehend autark funktionieren können.

Passive Sicherheitssysteme nutzen natürliche physikalische Prozesse wie Schwerkraft, natürliche Konvektion und thermische Ausdehnung, um die Kühlung des Reaktors und Abschaltvorgänge zu steuern. Beispielsweise ist das Notkühlsystem des Reaktorkerns (Emergency Core Cooling System – ECCS) so ausgelegt, dass es sich bei einer Überhitzung des Reaktors automatisch aktiviert. Es verwendet schwerkraftgespeiste Wassertanks und natürliche Konvektion, um Kühlmittel durch den Reaktorkern zirkulieren zu lassen, selbst wenn die Stromversorgung ausfällt. Diese passiven Systeme funktionieren ohne mechanische Pumpen, externe Energiequellen oder Eingriffe des Bedienpersonals und reduzieren dadurch das Risiko menschlicher Fehler während einer Krise erheblich.

Zusätzlich zu den passiven Systemen werden aktive Sicherheitssysteme integriert, um weitere Schutzebenen bereitzustellen. Systeme wie Diesel-Notstromgeneratoren und automatisierte Regelventile überwachen die Reaktorbedingungen und greifen bei Bedarf ein. Wird beispielsweise eine Anomalie im Kühlmitteldurchfluss oder Druck festgestellt, werden automatische Abschaltmechanismen ausgelöst, um Schäden am Reaktor zu verhindern. Dieser doppelte Ansatz stellt sicher, dass SMRs sowohl gegenüber internen Fehlfunktionen als auch gegenüber externen Bedrohungen äußerst widerstandsfähig sind.

Seismischer Schutz und Hochwasserschutz: SMR-Kraftwerke werden häufig in Regionen errichtet, die Naturkatastrophen wie Erdbeben oder Überschwemmungen ausgesetzt sein können. Daher sind sie mit fortschrittlichen Maßnahmen zum Schutz vor seismischen Ereignissen und Hochwasser ausgestattet.

Zur Verbesserung der seismischen Widerstandsfähigkeit wird die Anlage mit Basisisolierungssystemen und seismischen Dämpfern ausgestattet. Die Basisisolierung besteht darin, das Reaktorgebäude auf speziellen Lagern zu platzieren, die seismische Erschütterungen absorbieren und die Struktur effektiv von Bodenbewegungen entkoppeln. Dadurch werden Schäden an kritischen Komponenten während eines Erdbebens verhindert. Zusätzlich wirken seismische Dämpfer als Stoßdämpfer und reduzieren die Auswirkungen von Vibrationen auf den Reaktorkern und die Kühlsysteme weiter.

Der Hochwasserschutz ist ein weiterer entscheidender Bestandteil der SMR-Sicherheit. Das Design umfasst erhöhte Plattformen und wasserdichte Barrieren, um wichtige Infrastruktur vor steigenden Wasserständen zu schützen. Der Reaktorsicherheitsbereich wird häufig oberhalb der höchsten historisch bekannten Hochwasserstände errichtet, um das Eindringen von Wasser bei extremen Wetterereignissen zu verhindern. Entwässerungssysteme und wasserdichte Türen werden ebenfalls installiert, um das Risiko von Überschwemmungen zu minimieren und den Betrieb der Anlage unter widrigen Bedingungen sicherzustellen.

Notfallpläne: Ein umfassender Notfallvorsorgeplan ist für jede kerntechnische Anlage unerlässlich, und SMRs bilden hierbei keine Ausnahme. Diese Pläne sollen sowohl das Anlagenpersonal als auch die umliegende Bevölkerung im unwahrscheinlichen Fall eines Zwischenfalls schützen.

SMR-Anlagen verfügen über Notfallzentren mit Echtzeitüberwachungs- und Kommunikationssystemen zur Koordination von Maßnahmen während einer Krise. Diese Zentren dienen als Kommandozentrale für das Management von Zwischenfällen und ermöglichen es den Betreibern, die Situation rasch zu bewerten, Sicherheitsprotokolle einzuleiten und mit lokalen Behörden zu kommunizieren.

Um bei Bedarf eine schnelle Evakuierung zu ermöglichen, ist das Gelände mit klar gekennzeichneten Evakuierungswegen und Sammelpunkten ausgestattet. Regelmäßig werden Übungen und Schulungen durchgeführt, damit das gesamte Anlagenpersonal mit den Notfallverfahren vertraut ist. Darüber hinaus sind Kommunikationssysteme eingerichtet, um die lokale Bevölkerung zeitnah zu informieren und dadurch Transparenz sowie öffentliches Vertrauen zu gewährleisten.

In Zusammenarbeit mit lokalen Behörden bestehen zudem Vereinbarungen über externe Notfallmaßnahmen, um bei Bedarf zusätzliche Ressourcen wie Feuerwehreinheiten, medizinische Teams oder Polizeikräfte mobilisieren zu können. Durch die Kombination interner Sicherheitsmaßnahmen mit externen Unterstützungssystemen sind SMR-Kraftwerke darauf vorbereitet, ein breites Spektrum möglicher Notfallszenarien zu bewältigen.

Minderung von Umweltauswirkungen in SMR-Kraftwerken

Kleine modulare Reaktoren (Small Modular Reactors, SMRs) wurden mit dem Schwerpunkt entwickelt, ihre Umweltauswirkungen zu minimieren. Angesichts des Klimawandels und des steigenden Energiebedarfs bieten SMRs eine sauberere Alternative zur Stromerzeugung aus fossilen Brennstoffen. Dennoch haben sie – wie jede Energiequelle – ökologische Auswirkungen, die sorgfältig gesteuert werden müssen. Nachfolgend wird detailliert erläutert, wie SMRs ihre Umweltauswirkungen durch strategisches Design und moderne Technologien reduzieren.

Minimaler Flächenverbrauch: Einer der bedeutendsten ökologischen Vorteile von SMRs ist ihr geringer Flächenbedarf im Vergleich zu traditionellen Kernreaktoren und anderen großtechnischen Kraftwerken. Aufgrund ihrer kleineren Größe und modularen Bauweise können SMRs auf Brownfield-Standorten errichtet werden – also auf bereits industriell genutzten Flächen, die für andere Formen der Entwicklung möglicherweise ungeeignet sind. Dadurch wird die Notwendigkeit reduziert, neue Flächen zu erschließen, wodurch natürliche Lebensräume geschützt und Auswirkungen auf lokale Ökosysteme verringert werden.

Das kompakte Design von SMRs macht sie außerdem ideal für Gebiete mit begrenztem Platzangebot, wie dicht besiedelte Regionen oder abgelegene Standorte mit eingeschränkter Flächenverfügbarkeit. Durch den geringeren Landbedarf tragen SMRs dazu bei, Wälder, Feuchtgebiete und andere wichtige Ökosysteme vor einer Umwandlung für Energieinfrastruktur zu bewahren. Darüber hinaus ermöglicht dieser kleinere Flächenbedarf eine größere Flexibilität bei der Standortwahl und reduziert potenzielle Konflikte mit bestehender Landnutzung oder Kulturerbestätten.

Geringe Kohlenstoffemissionen: SMRs spielen eine wichtige Rolle beim Übergang zu einer kohlenstoffarmen Energiezukunft. Im Gegensatz zu fossil befeuerten Kraftwerken erzeugen SMRs während des Betriebs nahezu keine Kohlenstoffemissionen. Dies macht sie zu einer attraktiven Option für Länder, die ihre Klimaziele erreichen wollen, etwa die Ziele des Paris Agreement.

Durch die Bereitstellung einer zuverlässigen und konstanten Grundlaststromversorgung können SMRs die Integration intermittierender erneuerbarer Energiequellen wie Wind- und Solarenergie unterstützen. Diese Kombination hilft, das Stromnetz zu stabilisieren, den Bedarf an fossil betriebenen Reservekraftwerken zu verringern und letztlich die gesamten Kohlenstoffemissionen zu senken. Da SMRs häufig für längere Brennstoffzyklen mit hohen Abbrandraten ausgelegt sind, nutzen sie Kernbrennstoff zudem effizienter, was zusätzlich zur Verringerung des CO_2-Fußabdrucks der nuklearen Energieerzeugung beiträgt.

Management des Kühlwassers: Der Wasserverbrauch ist für viele Kraftwerke ein bedeutendes Umweltproblem, insbesondere bei Anlagen, die Wasser zur Kühlung benötigen. Traditionelle Kernreaktoren benötigen häufig große Mengen Wasser zur Wärmeabfuhr, was zu Problemen wie thermischer Verschmutzung führen kann, wenn erwärmtes Wasser in Flüsse oder Seen eingeleitet wird und dort aquatische Ökosysteme beeinträchtigt.

SMRs hingegen werden so entwickelt, dass sie den Wasserverbrauch optimieren und die Umweltbelastung minimieren. Bei wassergekühlten SMRs kommen Kühltürme und luftgekühlte Kondensatoren zum Einsatz, um die Notwendigkeit einer kontinuierlichen Wasserentnahme zu reduzieren. Diese Systeme sind hocheffizient und verhindern die Rückleitung erhitzten Wassers in natürliche Gewässer, wodurch Wasserlebewesen geschützt und thermische Verschmutzung reduziert wird.

In Regionen mit begrenzter Wasserverfügbarkeit können SMRs außerdem mit Trockenkühlsystemen ausgestattet werden, die Luft statt Wasser zur Wärmeabfuhr verwenden. Diese Innovation schont nicht nur Wasserressourcen, sondern ermöglicht auch die Errichtung von SMRs in trockenen oder wasserarmen Regionen und erweitert damit die Zahl geeigneter

Standorte für diese Reaktoren. Durch die Priorisierung eines effizienten Wassermanagements tragen SMRs zu einer nachhaltigen Nutzung von Wasserressourcen bei und erhalten gleichzeitig eine hohe Betriebseffizienz.

Abbildung 31: Ein schneller Brutreaktor-Testreaktor (Fast Breeder Test Reactor), Kalpakkam Nuclear Complex, India. IAEA Imagebank, CC BY-SA 2.0, über Flickr.

Sicherheitsmerkmale und Redundanzen im SMR-Design

Das Design von kleinen modularen Reaktoren (Small Modular Reactors, SMRs) umfasst eine Vielzahl von Sicherheitsmerkmalen und Redundanzen, die ihre Betriebssicherheit und öffentliche Akzeptanz erhöhen. Diese Merkmale sind entscheidend, um die mit der Kernenergieerzeugung verbundenen Risiken zu bewältigen, insbesondere nach bedeutenden Nuklearereignissen wie Fukushima Daiichi nuclear disaster. Die Integration fortschrittlicher Sicherheitssysteme, passiver Sicherheitsmechanismen und modularer Konstruktionsprinzipien bildet die Grundlage des SMR-Konzepts und stellt sicher, dass diese Reaktoren unter unterschiedlichsten Bedingungen sicher betrieben werden können.

Eines der wichtigsten Sicherheitsmerkmale von SMRs sind ihre inhärenten Sicherheitseigenschaften, die sich aus ihrer geringen Leistungsdichte und hohen Wärmekapazität ergeben. Dieses Design bietet einen größeren Sicherheitsabstand bei

Betriebsstörungen wie Kühlmittelverluststörfällen (Loss of Coolant Accidents – LOCAs) und Kernschmelzszenarien. Beispielsweise verwendet der modulare Hochtemperatur-Gasreaktor (Modular High-Temperature Gas-Cooled Reactor – MHTGR) Helium als Kühlmittel, das aufgrund seiner hohen Wärmekapazität und geringen Dichte Wärme auch in Notfallsituationen effektiv ableiten kann [1]. Darüber hinaus integrieren SMRs häufig passive Sicherheitssysteme, die auf natürlichen physikalischen Gesetzen wie Schwerkraft und natürlicher Zirkulation basieren, um die Kühlung des Reaktors ohne aktive mechanische Systeme sicherzustellen [116, 123]. Diese Abhängigkeit von passiven Systemen reduziert die Wahrscheinlichkeit menschlicher Fehler und mechanischer Ausfälle erheblich, die häufige Ursachen nuklearer Unfälle sind.

Fallstudie: Modularer Hochtemperatur-Gasreaktor (MHTGR)

Ein praktisches Beispiel für diese inhärenten Sicherheitsmerkmale ist der modulare Hochtemperatur-Gasreaktor (MHTGR). Dieser Reaktor verwendet Helium als Kühlmittel – ein inertes Gas mit hervorragenden thermischen Eigenschaften. Die hohe Wärmekapazität und geringe Dichte von Helium tragen zu einer effizienten Wärmeabfuhr selbst unter Unfallbedingungen bei. Im Gegensatz zu Wasser wird Helium bei Bestrahlung mit Neutronen nicht radioaktiv und reagiert chemisch nicht mit den Reaktormaterialien, wodurch Risiken im Zusammenhang mit Kühlmittelverlusten oder chemischen Reaktionen minimiert werden. Im Falle eines Ausfalls der erzwungenen Kühlung kann der MHTGR weiterhin Wärme passiv durch natürliche Konvektion und Wärmeleitung ableiten und dabei die große thermische Trägheit seines Graphitmoderators und der Brennstoffblöcke nutzen.

Zusätzlich zu den passiven Sicherheitsmerkmalen werden SMRs mit mehreren Redundanzen ausgestattet, um ihr Sicherheitsprofil weiter zu verbessern. Diese Redundanzen umfassen Backup-Systeme für kritische Komponenten wie Notkühlsysteme und Stromversorgungssysteme. Beispielsweise integriert das Westinghouse-SMR-Design ein integrales Druckwasserreaktorsystem (Integral Pressurized Water Reactor – iPWR), bei dem alle Komponenten in einem einzigen Druckbehälter untergebracht sind, wodurch das Potenzial für Leckagen und Ausfälle minimiert wird [28]. Darüber hinaus ermöglicht die Integration von Batteriespeichersystemen den SMRs, ihre Betriebssicherheit auch bei Stromausfällen aufrechtzuerhalten, sodass wesentliche Sicherheitsfunktionen selbst ohne externe Stromversorgung ausgeführt werden können [18]. Dieser mehrschichtige Sicherheitsansatz, der inhärente Konstruktionsmerkmale mit redundanten Systemen kombiniert, schafft einen robusten Rahmen zur Beherrschung potenzieller Unfälle.

Die Entwicklung von SMRs wurde zudem durch die Lehren aus früheren Nuklearunfällen geprägt. Erweiterte Sicherheitsmerkmale wurden in die SMR-Designs integriert, um spezifische Schwachstellen traditioneller Kernreaktoren zu beheben. Beispielsweise verbessert die Integration fortschrittlicher Brennstofftechnologien und verbesserter Instrumentierung die Fähigkeit zur Überwachung und Steuerung der Reaktorbedingungen und reduziert dadurch das Risiko von Überhitzung und Brennstoffversagen [124]. Darüber hinaus umfassen SMR-Designs häufig fortschrittliche Sicherheitsbehälterstrukturen, die extremen äußeren Ereignissen wie Erdbeben und Tsunamis standhalten können und damit ihre Sicherheitsmerkmale weiter stärken

[55]. Diese Konstruktionsentscheidungen spiegeln einen proaktiven Sicherheitsansatz wider, der die Bedeutung historischer Erfahrungen für die Entwicklung zukünftiger Reaktorkonzepte betont.

Die modulare Natur von SMRs trägt ebenfalls zu ihrer Sicherheit und betrieblichen Flexibilität bei. Durch die Möglichkeit einer schrittweisen Kapazitätserweiterung können SMRs entsprechend lokaler Energiebedürfnisse eingesetzt werden, wodurch Risiken im Zusammenhang mit Überkapazitäten oder Unterauslastung nuklearer Anlagen reduziert werden [3]. Diese Anpassungsfähigkeit ist besonders vorteilhaft in Regionen mit begrenzter Netzkapazität, in denen kleinere modulare Einheiten in bestehende Energiesysteme integriert werden können, ohne die lokale Infrastruktur zu überlasten [94]. Darüber hinaus ermöglicht die Fertigung von SMRs in Fabriken eine bessere Qualitätskontrolle und höhere Konsistenz im Bauprozess, was entscheidend für die Einhaltung von Sicherheitsstandards während der Produktion ist [29].

Techniken zur Bewältigung von Kühlmittelverluststörfällen (LOCAs) und Kernschmelzszenarien in SMRs

Kleine modulare Reaktoren (SMRs) werden mit mehreren Sicherheitsebenen entwickelt, um Kühlmittelverluststörfälle (Loss of Coolant Accidents – LOCAs) und Kernschmelzszenarien wirksam zu beherrschen. Diese Techniken kombinieren passive Sicherheitsmechanismen, fortschrittliche Materialien und innovative technische Konstruktionen, die die Wahrscheinlichkeit katastrophaler Ausfälle erheblich verringern. Nachfolgend wird erläutert, welche Techniken zur Bewältigung solcher Situationen eingesetzt werden.

Notkühlsysteme für den Reaktorkern (Emergency Core Cooling Systems – ECCS)

Notkühlsysteme für den Reaktorkern (ECCS) sind ein grundlegendes Sicherheitsmerkmal zum Schutz von kleinen modularen Reaktoren (SMRs) während eines Kühlmittelverluststörfalls (LOCA), der durch Leckagen, Rohrbrüche oder andere mechanische Ausfälle entstehen kann, die zu einem plötzlichen Verlust von Kühlmittel im Primärsystem führen. In solchen Fällen ist die Kühlfähigkeit des Reaktors beeinträchtigt, und ohne Gegenmaßnahmen könnte der Kern überhitzen und schwere Schäden verursachen. Um diesem Risiko zu begegnen, integrieren SMRs sowohl aktive als auch passive ECCS-Mechanismen, die eine kontinuierliche Kühlung sicherstellen und Kernschäden verhindern – selbst ohne externe Stromversorgung oder manuelle Eingriffe.

Schwerkraftgespeiste Kühlmitteleinspeisung: Eines der zentralen Merkmale des ECCS in SMRs ist das schwerkraftgespeiste Kühlmitteleinspeisungssystem. Im Falle eines Kühlmittelverlusts geben große, hochgelegene Wassertanks Kühlmittel allein durch Schwerkraft direkt in den Reaktorkern ab. Dieses Design macht Pumpen oder elektrische Energie überflüssig, die während eines Notfalls möglicherweise nicht verfügbar sind. Der Vorteil schwerkraftgespeister Systeme liegt in ihrer Einfachheit und Zuverlässigkeit: Solange Wasser in den Tanks vorhanden ist, fließt das Kühlmittel ausschließlich durch die Wirkung der Schwerkraft in den Kern. Dieses Merkmal ist besonders vorteilhaft in Szenarien, in denen externe Energiequellen beeinträchtigt sind, etwa bei Naturkatastrophen oder schweren Systemausfällen. Durch die Sicherstellung eines kontinuierlichen Kühlmittelflusses zum Reaktorkern trägt das schwerkraftgespeiste System dazu bei, Überhitzung und potenzielle Kernschäden zu verhindern.

Passive Wärmetauscher: Ein weiterer entscheidender Bestandteil des ECCS in SMRs ist die Verwendung passiver Wärmetauscher, die mit natürlichen Konvektionskreisläufen verbunden sind. Diese Wärmetauscher sind dafür ausgelegt, Restwärme aus dem Reaktorkern an ein externes Kühlsystem zu übertragen, ohne mechanische Pumpen zu benötigen. Der Prozess nutzt thermische Gradienten zur Zirkulation des Kühlmittels: Heißes Kühlmittel steigt auf, während kühlere Flüssigkeit absinkt und dadurch ein kontinuierlicher Kreislauf entsteht. Dieser Mechanismus der natürlichen Konvektion ermöglicht es dem Reaktor, überschüssige Wärme selbst bei Ausfall des primären Kühlsystems abzuführen. Die passiven Wärmetauscher sind besonders wirksam bei der Ableitung der Nachzerfallswärme, die auch nach dem Abschalten des Reaktors weiterhin vom Brennstoff erzeugt wird. Durch die Entfernung dieser Restwärme spielen die Wärmetauscher eine entscheidende Rolle bei der Verhinderung eines Temperaturanstiegs im Kern und bei der Aufrechterhaltung der allgemeinen Reaktorsicherheit.

Druckentlastungsventile: Zusätzlich zu schwerkraftgespeisten Systemen und passiven Wärmetauschern umfassen SMRs mit Druckwasserreaktoren (PWRs) Druckentlastungsventile als Teil ihres ECCS. Diese Ventile sind so ausgelegt, dass sie automatisch Druck aus dem Reaktordruckbehälter ablassen, wenn kritische Werte erreicht werden, und dadurch weitere Schäden am System verhindern. Während eines LOCA kann der schnelle Verlust von Kühlmittel zu einem erheblichen Aufbau von Dampfdruck im Reaktordruckbehälter führen. Bleibt dieser Druck unkontrolliert, könnte dies zu strukturellem Versagen führen. Die Druckentlastungsventile dienen als Schutzmaßnahme, indem sie Dampf kontrolliert ablassen und dadurch die Integrität des Sicherheitsbehälters schützen sowie das Risiko eines katastrophalen Ausfalls reduzieren.

Wesentlicher Vorteil – Sicherstellung kontinuierlicher Kühlung und Verhinderung von Kernschäden: Die Integration dieser passiven ECCS-Komponenten stellt sicher, dass SMRs selbst unter schwierigsten Bedingungen sicher bleiben können. Im Gegensatz zu traditionellen Kernreaktoren, die häufig auf komplexe aktive Systeme und externe Energiequellen angewiesen sind, werden SMRs so ausgelegt, dass sie sich in Notfallsituationen selbst aufrechterhalten können. Die Fähigkeit, den Reaktorkern ohne Pumpen oder elektrische Energie zu kühlen, stellt einen bedeutenden Vorteil dar, da potenzielle Ausfallpunkte mechanischer Systeme eliminiert werden. Im schlimmsten Fall sorgt die Kombination aus schwerkraftgespeister Kühlmitteleinspeisung, passiven Wärmetauschern und Druckentlastungsventilen dafür, dass der Reaktorkern weiterhin mit Kühlmittel bedeckt bleibt und dadurch Überhitzung, Brennstoffschäden und mögliche radioaktive Freisetzungen verhindert werden.

Dieser mehrschichtige Ansatz der Notkühlung verdeutlicht die robusten Sicherheitsmaßnahmen, die in SMR-Designs integriert sind, und macht sie zu einer attraktiven Option zur Verbesserung der nuklearen Sicherheit bei gleichzeitiger Deckung des weltweiten Energiebedarfs.

Natürliche Umlaufkühlung

Kleine modulare Reaktoren (Small Modular Reactors, SMRs) sind so ausgelegt, dass sie natürliche Umlaufkühlung nutzen – eine passive Kühltechnik, die den Einsatz mechanischer Pumpen überflüssig macht. Dieser innovative Ansatz ist ein zentraler Bestandteil der Sicherheit von SMRs und stellt sicher, dass der Reaktorkern selbst in Notfallsituationen, in denen externe Stromquellen beeinträchtigt sein können, ausreichend gekühlt bleibt. Durch die Nutzung grundlegender physikalischer Prinzipien wie thermischer Gradienten und Strömungsdynamik erhöht die natürliche Umlaufkühlung die Widerstandsfähigkeit des Reaktors und macht SMRs inhärent sicherer als traditionelle Kernreaktoren, die auf aktive Kühlsysteme angewiesen sind.

Thermosiphon-Effekt: Im Zentrum der natürlichen Umlaufkühlung steht der Thermosiphon-Effekt – ein Prozess, der durch Unterschiede in der Dichte des Kühlmittels beim Erwärmen und Abkühlen angetrieben wird. Wenn der Reaktorkern Wärme erzeugt, erhöht sich die Temperatur des Kühlmittels, typischerweise Wasser, wodurch es sich ausdehnt und eine geringere Dichte erhält. Dieses heiße, weniger dichte Kühlmittel steigt im Reaktordruckbehälter auf und bewegt sich zu den höher gelegenen Wärmetauschern. Während das heiße Kühlmittel durch diese Wärmetauscher strömt, gibt es seine Wärme an einen sekundären Kühlkreislauf oder direkt an die Atmosphäre ab (bei luftgekühlten Systemen). Das nun abgekühlte Kühlmittel wird dichter und sinkt zurück zum unteren Bereich des Reaktordruckbehälters, wo es erneut in den Kern eintritt, um Wärme aufzunehmen.

Dieser kontinuierliche Konvektionskreislauf wird vollständig durch Unterschiede in der Fluiddichte angetrieben und benötigt weder externe Energiequellen noch mechanische Komponenten zur Aufrechterhaltung des Flusses. Der Thermosiphon-Effekt ist bei SMRs besonders effektiv aufgrund ihrer kompakten Größe und optimierten Konstruktion, die eine effiziente Wärmeübertragung und Zirkulation über kürzere Distanzen ermöglicht als bei Großreaktoren.

Keine externe Stromversorgung erforderlich: Einer der bedeutendsten Vorteile der natürlichen Umlaufkühlung besteht darin, dass sie unabhängig von externen Stromquellen arbeitet. Im Falle eines Stromausfalls, eines Geräteversagens oder eines schweren Zwischenfalls wie eines Kühlmittelverluststörfalls (Loss of Coolant Accident – LOCA) kann sich der Reaktor weiterhin passiv selbst kühlen. Dadurch entfällt die Notwendigkeit von Diesel-Notstromgeneratoren, Backup-Pumpen oder anderen mechanischen Systemen, die unter Belastung oder bei katastrophalen Ereignissen ausfallen könnten. Die Einfachheit und Zuverlässigkeit der natürlichen Umlaufkühlung macht sie zu einem idealen Merkmal für SMRs, die häufig an abgelegenen oder netzfernen Standorten eingesetzt werden, an denen die Aufrechterhaltung externer Stromversorgungen schwierig sein kann.

Die Abhängigkeit von natürlicher Zirkulation reduziert das Risiko menschlicher Fehler oder mechanischer Ausfälle erheblich, die häufige Ursachen nuklearer Unfälle sind. Durch den Verzicht auf Pumpen und elektrische Komponenten können SMRs mit natürlicher Umlaufkühlung die Stabilität des Reaktorkerns über längere Zeiträume aufrechterhalten, selbst ohne Eingriffe des Bedienpersonals. Dieses Merkmal ist insbesondere in Notfällen von entscheidender Bedeutung, da es den Bedienern zusätzliche Zeit gibt, die Situation zu bewerten und gegebenenfalls Sicherheitsmaßnahmen einzuleiten.

Wesentlicher Vorteil: Zuverlässige Kühlung unter extremen Bedingungen: Der Hauptvorteil der natürlichen Umlaufkühlung liegt in ihrer Fähigkeit, den Reaktorkern selbst bei vollständigem Stromausfall oder katastrophalen Systemfehlern auf sicheren Temperaturen zu halten. Dieser passive Kühlmechanismus stellt sicher, dass der Reaktorkern weiterhin vom Kühlmittel umgeben bleibt, wodurch Restwärme effektiv abgeführt und eine Überhitzung verhindert wird. Der natürliche Konvektionsprozess ist selbstregulierend: Steigt die Temperatur im Kern an, wird der Thermosiphon-Effekt stärker, wodurch sich der Kühlmittelfluss beschleunigt und die Wärmeabfuhr verbessert. Sinkt hingegen die Kerntemperatur, nimmt die Umlaufgeschwindigkeit ab und verhindert dadurch eine Überkühlung.

Diese integrierte Selbstregulierung macht die natürliche Umlaufkühlung zu einer äußerst effektiven und ausfallsicheren Methode zur Steuerung der Reaktortemperaturen und trägt wesentlich zur allgemeinen Sicherheit und Zuverlässigkeit von SMR-Designs bei. Durch die Minimierung des Bedarfs an aktiven Komponenten und die Verringerung der Abhängigkeit von menschlichen Eingriffen entspricht die natürliche Umlaufkühlung der sicherheitsorientierten Philosophie moderner Nukleartechnik und bietet eine robuste Lösung zur Gewährleistung der Reaktorstabilität unter allen Bedingungen.

Systeme zur Nachzerfallswärmeabfuhr

Selbst nachdem ein Reaktor abgeschaltet wurde, erzeugt der Brennstoff im Kern weiterhin Wärme aufgrund des radioaktiven Zerfalls von Spaltprodukten. Diese Restwärme, bekannt als Nachzerfallswärme, kann erhebliche Werte erreichen und – wenn sie nicht ordnungsgemäß abgeführt wird – zu Überhitzung und potenziellen Schäden am Reaktorkern führen. Für kleine modulare Reaktoren (SMRs) ist die Konstruktion von Systemen zur Nachzerfallswärmeabfuhr daher ein entscheidender Aspekt zur Gewährleistung der Anlagensicherheit, insbesondere in Notfallsituationen, in denen aktive Kühlsysteme beeinträchtigt sein könnten. SMRs integrieren fortschrittliche passive Systeme zur Nachzerfallswärmeabfuhr, um diese Herausforderung wirksam zu bewältigen, wobei natürliche physikalische Prozesse genutzt werden, um Wärme ohne mechanische oder elektrische Komponenten abzuleiten.

Passive Wärmetauscher zur Nachzerfallswärmeabfuhr: Eine der wichtigsten Methoden zur Beherrschung der Nachzerfallswärme in SMRs ist der Einsatz passiver Wärmetauscher. Diese Systeme sind speziell dafür ausgelegt, Wärme aus dem Reaktorkern abzuleiten und mithilfe von Luft oder Wasser an die Umgebung abzugeben. Die passiven Wärmetauscher nutzen natürliche Konvektion zur Zirkulation von Luft oder Wasser und transportieren dadurch Wärme vom Reaktordruckbehälter weg.

In Konstruktionen mit Wasserkühlung sind diese Wärmetauscher in sekundäre Kreisläufe integriert, die Wärme an Gewässer oder Kühltürme abgeben. In luftgekühlten Systemen hingegen wird die Wärme direkt an die Atmosphäre abgeführt, wodurch sie besonders geeignet für Regionen mit begrenztem Zugang zu großen Wassermengen sind. Der wesentliche Vorteil passiver Wärmetauscher besteht darin, dass sie keine aktiven Pumpen oder externen Energiequellen benötigen und somit auch bei Stromausfällen oder Systemstörungen eine kontinuierliche Wärmeabfuhr gewährleisten.

Luftgekühlte Kühltürme: Für SMRs in Regionen mit knappen Wasserressourcen stellen luftgekühlte Kühltürme eine effiziente Alternative zur Ableitung der Nachzerfallswärme dar. Diese Kühltürme nutzen Umgebungsluft, um Wärme aus den Wärmetauschern des Reaktors aufzunehmen und abzuführen. Das Design nutzt den natürlichen Luftstrom durch die Kühltürme zur Kühlung des Systems und macht große Wassermengen überflüssig, wie sie bei traditionellen Kernkraftwerken typischerweise erforderlich sind.

Durch die Nutzung von Luft als Kühlmedium können SMRs mit luftgekühlten Türmen in trockenen oder abgelegenen Regionen errichtet werden, in denen Wasserverfügbarkeit begrenzt ist. Gleichzeitig reduziert dies die Umweltbelastung im Zusammenhang mit Wasserverbrauch und macht SMRs zu einer nachhaltigeren Option für wasserarme Regionen. Darüber hinaus sind luftgekühlte Systeme weniger anfällig für Probleme wie thermische Verschmutzung, die lokale Ökosysteme beeinträchtigen kann, wenn große Mengen erhitzten Wassers in Flüsse oder Seen eingeleitet werden.

Schwerkraftgespeiste Notfall-Wassertanks: Ein weiterer wesentlicher Bestandteil des Nachzerfallswärmemanagements in SMRs ist der Einsatz schwerkraftgespeister Notfall-Wassertanks. Diese Tanks werden strategisch oberhalb des Reaktorkerns positioniert, um im Falle eines Ausfalls des Primärsystems einen kontinuierlichen Wasserfluss in das Kühlsystem sicherzustellen. Durch die ausschließliche Nutzung der Schwerkraft können diese Tanks Kühlmittel ohne Pumpen oder externe Stromversorgung an den Reaktorkern liefern, was insbesondere bei Notfällen wie einem vollständigen Stromausfall (Blackout-Szenarien) von großem Vorteil ist.

Das Wasser aus diesen Notfalltanks fließt direkt in den Kern, nimmt die Nachzerfallswärme auf und hält den Brennstoff bedeckt, wodurch eine Überhitzung verhindert wird. Dieser schwerkraftgetriebene Mechanismus ist so ausgelegt, dass er über längere Zeiträume autonom arbeitet und eine ausfallsichere Schutzebene bietet, die weder manuelle Eingriffe noch mechanische Aktivierung erfordert.

Wesentlicher Vorteil – Autonome Langzeitkühlung: Der Hauptvorteil passiver Systeme zur Nachzerfallswärmeabfuhr in SMRs liegt in ihrer Fähigkeit, autonom zu funktionieren und sicherzustellen, dass der Reaktor selbst ohne externe Stromversorgung oder Eingriffe des Bedienpersonals gekühlt bleibt. Durch die Integration passiver Systeme wie natürlicher Konvektionswärmetauscher, luftgekühlter Türme und schwerkraftgespeister Wassertanks können SMRs die Nachzerfallswärme über lange Zeiträume effektiv ableiten. Dies verbessert nicht nur das Sicherheitsprofil von SMRs, sondern vereinfacht auch ihren Betrieb, da die Abhängigkeit von komplexen mechanischen Systemen verringert wird, die störanfällig sein können.

Diese passiven Kühlstrategien bieten mehrere Ebenen der Redundanz und machen SMRs inhärent sicherer als traditionelle Kernreaktoren. Die Integration unterschiedlicher passiver Wärmeabfuhrtechniken stellt sicher, dass selbst in Worst-Case-Szenarien – wie einem vollständigen Stromausfall oder dem Versagen des Kühlsystems – der Reaktorkern ausreichend gekühlt bleibt, wodurch Brennstoffschäden verhindert und das Risiko radioaktiver Freisetzungen minimiert wird.

Techniken zur Begrenzung von Kernschäden

Kleine modulare Reaktoren (Small Modular Reactors, SMRs) werden mit fortschrittlichen Sicherheitsmerkmalen entwickelt, um das Risiko von Kernschäden zu verringern und schwere nukleare Zwischenfälle, wie etwa Kernschmelzszenarien, zu verhindern. Diese Techniken sind direkt in das Reaktordesign integriert, um die Widerstandsfähigkeit der Anlage selbst unter extremen Bedingungen zu erhöhen. Das Hauptziel besteht darin, potenzielle Kernschäden einzudämmen und die Freisetzung radioaktiver Stoffe zu verhindern, sodass der Reaktor unter allen Betriebsbedingungen sicher und stabil bleibt. Nachfolgend werden einige der Techniken zur Begrenzung von Kernschäden in der SMR-Technologie näher erläutert.

Kernfänger zur verbesserten Eindämmung: Eines der innovativen Sicherheitsmerkmale einiger SMR-Designs ist der sogenannte Kernfänger (Core Catcher). Ein Kernfänger ist eine Struktur unterhalb des Reaktordruckbehälters, die speziell dafür entwickelt wurde, geschmolzenes Kernmaterial – bekannt als Corium – aufzufangen und zu kühlen, falls eine Kernschmelze auftritt. Sollte der Reaktorkern aufgrund schwerer Überhitzung zu schmelzen beginnen, würde das geschmolzene Material nach unten in den Kernfänger fließen, der dafür ausgelegt ist, dieses Material einzuschließen und rasch abzukühlen.

Der Kernfänger verhindert, dass das Corium die Sicherheitsbehälterstruktur durchdringt, wodurch das Risiko einer Freisetzung radioaktiver Stoffe minimiert wird. Durch die Verteilung des geschmolzenen Materials auf eine große Oberfläche und die Verwendung von Materialien, die extremen Temperaturen standhalten können, leitet der Kernfänger Wärme effizienter ab und reduziert dadurch die Wahrscheinlichkeit von Schäden am Sicherheitsbehälter. Dieser passive Kühlmechanismus benötigt weder externe Energie noch aktive Eingriffe und stellt daher auch bei schweren Unfällen eine robuste Schutzmaßnahme dar.

Hochtemperatur-Kühlmittel: Salzschmelzen und Blei: Bestimmte SMRs verwenden alternative Kühlmittel wie Salzschmelzen oder Blei, die deutlich höhere Siedepunkte als Wasser besitzen. Diese Kühlmittel sind äußerst effektiv bei der Wärmeabfuhr selbst bei erhöhten Temperaturen und reduzieren dadurch das Risiko einer Überhitzung oder Kernschmelze erheblich. Beispiele hierfür sind:

- **Salzschmelzenreaktoren (Molten Salt Reactors – MSRs):** Salzschmelzen-Kühlmittel können bei Temperaturen von über 700 °C betrieben werden, ohne ihren Siedepunkt zu erreichen. Diese hohe thermische Belastbarkeit ermöglicht eine effektive Wärmeabfuhr aus dem Reaktorkern selbst unter Unfallbedingungen. Beginnt die Kerntemperatur anzusteigen, kann die Salzschmelze weiterhin Wärme aufnehmen und ableiten, ohne in einen gasförmigen Zustand überzugehen, wodurch stabile Reaktorbetriebsbedingungen erhalten bleiben.

- **Bleigekühlte Reaktoren:** Blei- und Blei-Wismut-Eutektikum-Kühlmittel werden in einigen SMR-Designs aufgrund ihrer hervorragenden Wärmeleitfähigkeit und ihres hohen Siedepunkts (über 1.700 °C) eingesetzt. Diese Eigenschaften ermöglichen es bleigekühlten Reaktoren, selbst unter extremen thermischen Bedingungen stabil zu bleiben und dadurch das Risiko einer Kernschmelze zu verringern.

Die Verwendung dieser Hochtemperatur-Kühlmittel verbessert nicht nur die Fähigkeit des Reaktors, extremen Bedingungen standzuhalten, sondern vereinfacht auch das Kühlsystem, da diese Kühlmittel bei Atmosphärendruck betrieben werden können. Dadurch entfällt die Notwendigkeit hochdruckfester Sicherheitsbehälterstrukturen, was das Risiko druckbedingter Unfälle reduziert.

Selbstregulierendes Brennstoffdesign: Ein weiterer entscheidender Aspekt der Begrenzung von Kernschäden in SMRs ist der Einsatz selbstregulierender Brennstoffdesigns, die die Reaktorleistung bei steigenden Temperaturen inhärent reduzieren. Beispiele hierfür sind:

- **Salzschmelzenreaktoren:** Bei Konstruktionen, bei denen der Brennstoff im Kühlmittel gelöst ist (Flüssigbrennstoffreaktoren), wird der Reaktor durch die thermische Ausdehnung des Brennstoffs selbstregulierend. Mit steigender Temperatur dehnt sich der flüssige Brennstoff aus und seine Dichte nimmt ab. Diese geringere Dichte reduziert die Wahrscheinlichkeit von Neutronenwechselwirkungen, wodurch die Kernspaltungsreaktion verlangsamt und die Reaktorleistung reduziert wird. Dieser negative Temperaturkoeffizient der Reaktivität wirkt als natürlicher Sicherheitsmechanismus und verhindert eine Überhitzung des Reaktorkerns.
- **Festbrennstoffdesigns:** SMRs mit festen Brennelementen integrieren Materialien, die sich bei höheren Temperaturen ausdehnen oder ihre Eigenschaften verändern und dadurch die Reaktivität verringern. Beispielsweise sind einige Brennelemente so konstruiert, dass sie sich unter Wärmeeinwirkung leicht ausdehnen, wodurch sich der Abstand zwischen den Brennstäben vergrößert und der Neutronenfluss reduziert wird. Dieses selbstbegrenzende Verhalten hilft, unkontrollierte Reaktionen bei einem Ausfall des Kühlsystems zu verhindern.

Durch die Integration selbstregulierender Brennstoffmechanismen können SMRs ihre Leistungsabgabe als Reaktion auf steigende Temperaturen anpassen, ohne dass Bedienereingriffe oder aktive Steuerungssysteme erforderlich sind. Dies bietet eine zusätzliche Schutzebene gegen Überhitzung und Kernschäden.

Wesentliche Vorteile – Umfassende Begrenzung von Kernschäden: Die Kombination aus Kernfängern, Hochtemperatur-Kühlmitteln und selbstregulierenden Brennstoffdesigns verbessert das Sicherheitsprofil von SMRs erheblich, insbesondere im Umgang mit extremen Szenarien, die bei traditionellen Reaktoren zu Kernschäden führen könnten. Diese Techniken zur

Begrenzung von Kernschäden sind nicht nur reaktive Maßnahmen, sondern proaktiv in das Reaktordesign integriert, um zu verhindern, dass Zwischenfälle zu schweren Unfällen eskalieren.

Die Fähigkeit, Temperaturen passiv zu kontrollieren und geschmolzene Materialien einzuschließen, stellt sicher, dass selbst im unwahrscheinlichen Fall einer schweren Fehlfunktion der Reaktorkern intakt bleibt und radioaktive Stoffe eingeschlossen werden. Dadurch wird das Potenzial für Umweltkontamination drastisch reduziert und das öffentliche Vertrauen in die Sicherheit der Kernenergie gestärkt. Durch die Priorisierung von Sicherheit mittels robuster technischer Lösungen stellen SMRs einen bedeutenden Fortschritt in der Entwicklung moderner Reaktortechnologien dar.

Unterirdische Sicherheitsbehälterstrukturen: Verbesserung von Sicherheit und Schutz

Eines der bedeutendsten Konstruktionsmerkmale von kleinen modularen Reaktoren (SMRs) ist die Verwendung unterirdischer Sicherheitsbehälterstrukturen. Diese Strukturen werden entwickelt, um verbesserten Schutz gegen eine Vielzahl äußerer Bedrohungen zu bieten und gleichzeitig die Sicherheit des Reaktors bei internen Störungen zu erhöhen. Durch die Platzierung des Reaktorsicherheitsbehälters unter der Erde profitieren SMRs von einer zusätzlichen physischen Schutzschicht, die bei traditionellen oberirdischen Kernreaktoren normalerweise nicht vorhanden ist. Unterirdische Konstruktionen sind besonders wirksam beim Schutz des Reaktors vor Naturkatastrophen, potenziellen Unfällen und vorsätzlichen Angriffen.

Verstärkter Beton und Stahlverkleidungen für robusten Schutz: Der Bau unterirdischer Sicherheitsbehälterstrukturen umfasst die Verwendung von verstärktem Beton und Stahlverkleidungen, um die Integrität des Sicherheitsbehälters sicherzustellen. Die Struktur ist so ausgelegt, dass sie sowohl inneren Drücken, die bei Betriebsstörungen entstehen, als auch äußeren Einwirkungen wie Erdbeben, Überschwemmungen oder sogar Flugzeugabstürzen standhält. Der verstärkte Beton wirkt als physische Barriere, die nicht nur die Freisetzung radioaktiver Stoffe verhindert, sondern auch äußere Erschütterungen absorbiert und abschwächt.

Zur weiteren Verbesserung der Widerstandsfähigkeit dient die Stahlverkleidung innerhalb der Sicherheitsstruktur als zusätzliche Schutzschicht, die das Austreten radioaktiver Gase oder Flüssigkeiten verhindert. Dieses zweischichtige Schutzsystem stellt sicher, dass selbst bei einer Beschädigung der äußeren Betonwand die innere Stahlverkleidung weiterhin als Sicherheitsbarriere fungiert. Darüber hinaus schützt die unterirdische Platzierung den Reaktor auf natürliche Weise vor oberirdischen Einwirkungen und reduziert dadurch das Risiko struktureller Schäden.

Passive Kühlkanäle zur Wärmeabfuhr: Eines der innovativen Merkmale unterirdischer Sicherheitsbehälterstrukturen in SMRs ist die Integration passiver Kühlkanäle. Diese Kanäle sind dafür ausgelegt, Wärme durch natürliche Konvektion abzuführen, wodurch aktive Kühlsysteme, die auf elektrischer Energie oder mechanischen Pumpen beruhen, überflüssig werden. Das passive Kühlsystem ist insbesondere in Szenarien wie Kühlmittelverluststörfällen (LOCAs) oder

Kernschmelzereignissen von entscheidender Bedeutung, bei denen der Reaktor schnell gekühlt werden muss, um Überhitzung zu verhindern.

Die Kühlkanäle sind strategisch in die Sicherheitsstruktur integriert und ermöglichen die Zirkulation von Umgebungsluft oder Wasser um den Reaktordruckbehälter. Diese natürliche Zirkulation des Kühlmittels hilft, überschüssige Wärme aus dem Sicherheitsbereich abzuleiten und das Risiko von Kernschäden zu reduzieren. Durch die Nutzung passiver Wärmeabfuhrmechanismen können SMRs den Reaktorkern selbst bei einem vollständigen Stromausfall weiter kühlen und dadurch die Sicherheit erheblich verbessern.

Wesentliche Vorteile – Verbesserter physischer Schutz und Sicherheit: Die Verwendung unterirdischer Sicherheitsbehälterstrukturen bietet mehrere wesentliche Vorteile für die Sicherheit und den Schutz von SMRs:

1. **Verbesserter physischer Schutz:** Die unterirdische Platzierung erschwert es äußeren Bedrohungen wie Terroranschlägen oder Unfällen erheblich, den Reaktorkern zu erreichen. Diese zusätzliche Sicherheitsschicht reduziert die Verwundbarkeit der Anlage gegenüber vorsätzlicher Sabotage oder schweren Einwirkungen.

2. **Minimierung radioaktiver Freisetzungen:** Im unwahrscheinlichen Fall einer schweren Reaktorstörung wirkt die unterirdische Sicherheitsstruktur als robuste Barriere gegen die Freisetzung radioaktiver Stoffe in die Umwelt. Dieses Konstruktionsmerkmal reduziert das Risiko einer Kontamination erheblich und schützt umliegende Gemeinschaften.

3. **Widerstandsfähigkeit gegenüber Naturkatastrophen:** Die unterirdische Bauweise schützt den Reaktor inhärent vor Naturkatastrophen wie Erdbeben, Hurrikanen und Tsunamis, die oberirdische Anlagen stärker gefährden. Die verstärkte Struktur ist darauf ausgelegt, seismische Erschütterungen zu absorbieren und dadurch die Widerstandsfähigkeit der Anlage weiter zu erhöhen.

4. **Langfristige Sicherheitsgewährleistung:** Durch die Integration passiver Kühlkanäle und robuster Sicherheitsbehältersysteme sind unterirdische SMRs darauf ausgelegt, sichere Betriebsbedingungen ohne Abhängigkeit von externen Stromquellen aufrechtzuerhalten. Diese Autarkie stellt sicher, dass sich der Reaktor selbst bei längeren Stromausfällen oder Notfällen sicher kühlen kann.

Insgesamt stellen unterirdische Sicherheitsbehälterstrukturen einen bedeutenden Fortschritt im nuklearen Sicherheitsdesign dar und machen SMRs zu einer sichereren und widerstandsfähigeren Option für die Zukunft der Kernenergie. Durch die Kombination robuster physischer Barrieren mit passiven Sicherheitsmerkmalen sind diese Reaktoren besser darauf vorbereitet, sowohl interne Störungen als auch äußere Bedrohungen zu bewältigen und dadurch ein höheres Maß an Schutz für Öffentlichkeit und Umwelt zu gewährleisten.

Redundante Sicherheitsbarrieren: Gewährleistung mehrerer Schutzebenen

Kleine modulare Reaktoren (Small Modular Reactors, SMRs) werden mit mehreren redundanten Sicherheitsbarrieren entwickelt, um radioaktive Stoffe wirksam einzuschließen und potenzielle Umweltkontaminationen zu verhindern. Diese Sicherheitsbarrieren sind ein wesentlicher Bestandteil der Konstruktionsphilosophie von SMRs, die auf robuste „Defence-in-Depth"-Strategien setzt. Durch die Integration mehrerer Eindämmungsebenen stellen SMRs sicher, dass selbst bei Ausfall einer Barriere weitere Schutzebenen vorhanden sind, um die Integrität des Reaktors zu erhalten und die Umwelt zu schützen.

Brennstabhüllrohre: Die erste Verteidigungslinie: Die Brennstabhüllrohre bilden die innerste Barriere und sind dafür ausgelegt, die Freisetzung radioaktiver Stoffe zu verhindern. In SMRs sind die Brennstäbe typischerweise mit einer Hülle aus Zirkoniumlegierung umschlossen, die eine hohe Korrosionsbeständigkeit und mechanische Festigkeit bietet. Diese Hülle wirkt als Abdichtung um die keramischen Uranoxid-Pellets (UO_2) und schließt radioaktive Spaltprodukte ein, die andernfalls in das Reaktorkühlmittel gelangen könnten.

Die Wahl einer Zirkoniumlegierung ist aufgrund ihrer hervorragenden Leistungsfähigkeit unter hohen Temperaturen und starker Strahlenbelastung entscheidend. Im Falle eines Kühlmittelverluststörfalls (Loss of Coolant Accident – LOCA) oder anderer Betriebsanomalien stellt die Hüllrohrstruktur eine wesentliche Schutzschicht dar und behält ihre Integrität lange genug bei, damit die Notkühlsysteme aktiviert werden können. Durch das Einschließen radioaktiver Spaltprodukte minimieren die Brennstabhüllrohre das Risiko radioaktiver Freisetzungen direkt an der Quelle.

Reaktordruckbehälter – Isolierung des Reaktorkerns: Die zweite Schutzebene in einem SMR ist der Reaktordruckbehälter, der den gesamten Reaktorkern und das Kühlsystem umschließt. Der aus hochfestem Stahl gefertigte Reaktordruckbehälter ist darauf ausgelegt, hohen Drücken und Temperaturen standzuhalten. Diese Eindämmung stellt sicher, dass radioaktive Stoffe selbst bei einer Beschädigung der Brennstabhüllrohre innerhalb des Reaktorsystems eingeschlossen bleiben.

Der Reaktordruckbehälter ist so konstruiert, dass er Korrosion, thermischen Spannungen und Strahlenschäden während der gesamten Betriebsdauer des Reaktors widersteht. Er ist mit Druckentlastungsventilen und weiteren Sicherheitsmechanismen ausgestattet, um Überdruck zu verhindern und dadurch das Risiko eines katastrophalen Versagens zu reduzieren. Durch die Isolierung des Reaktorkerns von der Umgebung stellt der Reaktordruckbehälter eine zusätzliche entscheidende Barriere gegen radioaktive Leckagen dar.

Sicherheitsgebäude: Die letzte Barriere: Das Sicherheitsgebäude bildet die äußerste Schutzschicht und ist dafür ausgelegt, die Freisetzung radioaktiver Stoffe in die Umwelt zu verhindern. Diese robuste Struktur aus verstärktem Beton und Stahl ist so konstruiert, dass sie sowohl inneren Drücken infolge potenzieller Unfälle als auch äußeren Bedrohungen wie Naturkatastrophen oder Flugzeugabstürzen standhält.

Das Sicherheitsgebäude ist häufig mit passiven Kühlsystemen integriert, die natürliche Luftströmungen zur Wärmeabfuhr im Notfall nutzen und dadurch einen Druckaufbau innerhalb der Struktur verhindern. Die Konstruktion des Gebäudes ist außerdem darauf optimiert, seismischen Belastungen standzuhalten, sodass die Eindämmung selbst bei einem Erdbeben intakt bleibt. Diese Barriere stellt die letzte Verteidigungslinie dar und bietet umfassenden Schutz gegen die unkontrollierte Freisetzung radioaktiver Stoffe.

Wesentliche Vorteile – Umfassender Schutz durch Redundanz: Der Einsatz mehrerer redundanter Sicherheitsbarrieren in SMRs bietet mehrere bedeutende Vorteile:

1. **Robuste „Defence-in-Depth"-Strategie:** Durch die Integration mehrerer Eindämmungsebenen bieten SMRs ein hohes Maß an Sicherheitsgewährleistung. Selbst wenn eine Schutzschicht versagt, verhindern nachfolgende Barrieren radioaktive Freisetzungen und reduzieren das Risiko von Umweltkontaminationen erheblich.

2. **Verbesserte Sicherheit für Anlage und Öffentlichkeit:** Die Kombination aus Brennstabhüllrohren, Reaktordruckbehälter und verstärktem Sicherheitsgebäude stellt sicher, dass sowohl das Anlagenpersonal als auch nahegelegene Gemeinschaften selbst bei schweren Unfällen vor Strahlenexposition geschützt bleiben.

3. **Anpassungsfähigkeit an extreme Szenarien:** Das mehrschichtige Design verbessert die Fähigkeit des Reaktors, extremen Szenarien wie Erdbeben, Überschwemmungen oder unbeabsichtigten Einschlägen standzuhalten. Dadurch werden SMRs zu einer sichereren und widerstandsfähigeren Option der Kernenergieerzeugung, insbesondere in Regionen mit erhöhtem Risiko für Naturkatastrophen.

Durch die Implementierung redundanter Sicherheitsbarrieren erreichen SMRs ein Sicherheitsniveau, das traditionellen Kernreaktoren überlegen ist. Dieser Konstruktionsansatz erfüllt nicht nur strenge regulatorische Anforderungen, sondern begegnet auch öffentlichen Bedenken hinsichtlich der nuklearen Sicherheit und macht SMRs zu einer praktikablen Lösung für nachhaltige und sichere Energieerzeugung.

Sind SMRs sicherer als große Kernreaktoren?

Die Sicherheit von kleinen modularen Reaktoren (Small Modular Reactors, SMRs) wird häufig anhand von zwei zentralen Faktoren bewertet: der Verringerung der Wahrscheinlichkeit schwerer Unfälle und der Minimierung radiologischer Folgen im Falle eines solchen Ereignisses. Der erste Faktor, der üblicherweise durch die Kernschadenshäufigkeit (Core Damage Frequency – CDF) quantifiziert wird, misst die Wahrscheinlichkeit, dass ein Reaktor unter extremen Bedingungen Kernschäden erleidet. SMRs gelten im Allgemeinen als Reaktoren mit niedrigerer CDF im Vergleich zu traditionellen Großreaktoren. Dies liegt vor allem daran, dass SMRs passive Sicherheitsmerkmale effektiver nutzen, wodurch die Abhängigkeit von aktiven Komponenten und menschlichen Eingriffen reduziert wird. Der zweite Faktor betrifft die potenziellen radiologischen Auswirkungen eines Unfalls. Diese werden durch die Konzentration radioaktiver Stoffe in bestimmten Entfernungen vom Reaktor bewertet, was direkt die erforderliche Größe der Notfallplanungszone (Emergency Planning Zone – EPZ) beeinflusst [125].

Einer der Hauptgründe für die erhöhte Sicherheit von SMRs liegt in ihrer grundlegenden Physik. Die kleinere Größe eines SMR reduziert von Natur aus die thermische Leistung, wodurch die Wärmeabfuhr sowohl im Normalbetrieb als auch in Notfällen vereinfacht wird. Bei Kernreaktoren ist die Sicherheit häufig gefährdet, wenn Wärme nicht wirksam abgeführt werden kann, was zu gefährlichen Temperatur- und Druckanstiegen führt. Dieser Wärmestau kann die strukturelle Integrität des Reaktors beeinträchtigen. Daher besteht ein wesentlicher Aspekt der nuklearen Sicherheit in der Aufrechterhaltung einer effektiven Wärmeabfuhr. Wenn die vom Reaktor erzeugte Wärme effizient aus dem System abgeführt werden kann, wird das Risiko von Unfällen erheblich reduziert [125].

Die Prinzipien der Wärmeübertragung sind entscheidend für das Verständnis, warum SMRs als sicherer gelten. Die Wärmeabfuhr hängt von drei Hauptfaktoren ab: dem Wärmeübergangskoeffizienten, dem Temperaturunterschied zwischen Reaktorkern und Umgebung sowie der verfügbaren Oberfläche für den Wärmeaustausch. Traditionelle Reaktoren verlassen sich auf hohe Wärmeübergangskoeffizienten, die durch aktive Komponenten wie Pumpen erreicht werden, welche anfällig für mechanische Ausfälle sind und elektrische Energie benötigen. Im Gegensatz dazu nutzen SMRs passive Kühlsysteme, die eine größere Oberfläche zur Wärmeabgabe verwenden. Durch natürliche Konvektion und Wärmeleitung können SMRs sichere Betriebstemperaturen aufrechterhalten, ohne komplexe aktive Systeme zu benötigen. Dies vereinfacht nicht nur das Reaktordesign, sondern erhöht auch die Zuverlässigkeit, da mögliche Ausfälle von Pumpen oder Stromversorgung eliminiert werden [125].

Zur Veranschaulichung der Vorteile von SMRs im Wärmemanagement kann die Beziehung zwischen Reaktorgröße, Leistungsabgabe und Wärmeübertragung betrachtet werden. Mit sinkender Reaktorleistung verbessert sich das Verhältnis von Wärmeübertragung zu Leistungsabgabe aufgrund der größeren Oberfläche im Verhältnis zum Reaktorvolumen. Ein 300-MW-SMR besitzt beispielsweise etwa 49 % mehr Wärmeübertragungskapazität pro Leistungseinheit als ein 1.000-MW-Großreaktor. Wird die Leistungsdichte des SMR weiter reduziert, kann die Wärmeübertragungseffizienz im Vergleich zu traditionellen Reaktoren um bis zu 233 % steigen. Dieser Effizienzgewinn ist entscheidend für SMRs, da er den Einsatz passiver Kühlsysteme ermöglicht, die keine externen Stromquellen benötigen, wodurch die Sicherheit weiter erhöht wird [125].

Die Verringerung der Leistungsdichte zur Erhöhung der Sicherheit bringt jedoch auch Zielkonflikte mit sich. Während sie die Fähigkeit zur passiven Wärmeabfuhr verbessert, verringert sie gleichzeitig die Kompaktheit des Reaktors, was sich auf die wirtschaftlichen Vorteile von SMRs auswirken könnte. Ein wesentlicher Vorteil von SMRs ist ihre geringe Größe, die Baukosten reduziert und eine modulare Einführung ermöglicht. Daher ist ein ausgewogenes Verhältnis zwischen Leistungsdichte und Sicherheit entscheidend, um die Vorteile der SMR-Technologie optimal zu nutzen [125].

Neben der Verringerung der Wahrscheinlichkeit schwerer Unfälle konzentrieren sich SMRs auch darauf, die radiologischen Folgen eines möglichen Zwischenfalls zu begrenzen. Dies erfordert ein Verständnis des sogenannten Source Terms, der Menge und Art der radioaktiven Stoffe im Reaktorkern beschreibt. Die Menge radioaktiver Stoffe hängt von Faktoren wie dem thermischen Wirkungsgrad des Reaktors, der Art des verwendeten Brennstoffs und dessen Anreicherungsgrad ab. Darüber hinaus beeinflusst die Zusammensetzung der radioaktiven Stoffe die Schwere möglicher Auswirkungen, da unterschiedliche Isotope unterschiedliche Arten und Intensitäten von Strahlung emittieren. Daher erfordert die Abschätzung der potenziellen radiologischen Auswirkungen eines SMR eine umfassende Analyse seiner Brennstoffeigenschaften und Betriebsbedingungen [125].

Damit SMRs in der Nähe besiedelter Gebiete eingesetzt werden können, muss nachgewiesen werden, dass selbst im unwahrscheinlichen Fall eines schweren Unfalls die radiologischen Folgen minimal bleiben. Dies ist entscheidend für die Verringerung der Größe der EPZ, die das Gebiet definiert, in dem im Falle einer radioaktiven Freisetzung Schutzmaßnahmen für die Bevölkerung erforderlich wären. Kann ein SMR seine radiologischen Auswirkungen auf die unmittelbare Umgebung des Reaktorstandorts begrenzen, kann die EPZ auf wenige hundert Meter reduziert werden, wodurch die wirtschaftlichen und logistischen Belastungen der Notfallplanung erheblich sinken [125].

Die Ausbreitung radioaktiver Stoffe in der Umwelt ist ein komplexer Prozess, der von Faktoren wie Windgeschwindigkeit, atmosphärischer Stabilität und Freisetzungshöhe beeinflusst wird. Ein vereinfachtes Gaußsches Fahnenmodell kann verwendet werden, um die Ausbreitung radioaktiver Stoffe bei einer unkontrollierten Freisetzung abzuschätzen. Laut diesem Modell nimmt mit sinkender Reaktorleistung auch die erforderliche Evakuierungsdistanz ab. Ein 1.000-MW-Reaktor könnte beispielsweise eine EPZ von 30 km erfordern, während ein 300-MW-SMR diese Zone erheblich verkleinern könnte. Um jedoch eine EPZ zu erreichen, die auf die unmittelbare Anlagengrenze beschränkt ist, sind weitere Verringerungen des Source Terms erforderlich, die nur durch fortschrittliche Eindämmungs- und Brennstoffmanagementstrategien erreicht werden können [125].

SMRs bieten eine vielversprechende Verbesserung der nuklearen Sicherheit, indem sie sowohl die Wahrscheinlichkeit schwerer Unfälle als auch deren potenzielle radiologische Auswirkungen reduzieren. Durch den Einsatz passiver Sicherheitsmerkmale und die Optimierung der Wärmeübertragung können SMRs zuverlässiger betrieben werden, ohne die komplexen aktiven Systeme großer Reaktoren. Darüber hinaus macht ihre Fähigkeit, die Größe der EPZ zu minimieren, sie geeignet für den Einsatz näher an besiedelten Gebieten und eröffnet neue Möglichkeiten für die Kernenergie als flexible und skalierbare Energiequelle. Die Realisierung dieser Vorteile erfordert jedoch weiterhin Innovationen im Reaktordesign und Brennstoffmanagement, um die Herausforderungen der Verkleinerung nuklearer Technologien bei gleichzeitiger wirtschaftlicher Tragfähigkeit zu bewältigen [125].

Modulare Bautechniken für SMRs

Kleine modulare Reaktoren (Small Modular Reactors, SMRs) sind strategisch so konzipiert, dass sie modulare Bautechniken integrieren, welche den Bauprozess vereinfachen, die Kosten senken und die für die Fertigstellung eines Projekts erforderliche Zeit reduzieren. Traditionelle großtechnische Kernreaktoren werden typischerweise direkt vor Ort errichtet, wobei erhebliche Arbeitskräfte und Ressourcen für den Bau jedes einzelnen Reaktorteils am Standort benötigt werden. Im Gegensatz dazu verwenden SMRs vorgefertigte Module, die in einer kontrollierten Fabrikumgebung hergestellt und anschließend zur Baustelle transportiert und dort montiert werden. Dieser Ansatz ermöglicht einen effizienteren und flexibleren Bau von SMRs und macht sie zu einer praktikablen Option für Regionen mit begrenzter Infrastruktur oder schwierigen Umweltbedingungen [126].

Die modulare Bauweise von SMRs bietet erhebliche Vorteile, darunter Kostenreduzierung, kürzere Bauzeiten, erhöhte Sicherheit und einen geringeren ökologischen Fußabdruck. Durch die Verlagerung eines großen Teils des Bauprozesses von der Baustelle in die Fabrik reduzieren SMRs das Risiko wetterbedingter Verzögerungen und ermöglichen eine konsistentere Qualitätskontrolle. Dieser fabrikbasierte Ansatz entspricht den globalen Zielen zum nachhaltigen Ausbau der Kernenergie und unterstützt die Bemühungen zur Dekarbonisierung des Energiesektors. Durch modulare Bauweise bieten SMRs eine Lösung, die sowohl wirtschaftlich als auch anpassungsfähig ist und unterschiedliche Energiebedarfe erfüllt, während gleichzeitig hohe Standards hinsichtlich Sicherheit und Zuverlässigkeit eingehalten werden.

Die modulare Bauweise ist ein zentrales Konzept für kleine modulare Reaktoren (SMRs) und spielt eine bedeutende Rolle dabei, diese Reaktoren wirtschaftlich tragfähig zu machen. Im Gegensatz zu traditionellen großtechnischen Kernreaktoren, die überwiegend vor Ort errichtet werden, basiert der SMR-Ansatz darauf, den Großteil der Komponenten in kontrollierten Fabrikumgebungen herzustellen. Diese Komponenten werden anschließend in Form von Modulen zur Baustelle transportiert und dort endmontiert. Dieser Wandel der Bauweise ist wesentlich, da er die wirtschaftliche Herausforderung adressiert, die durch die sogenannte „Economy of Scale“ entsteht, von der große Kernkraftwerke traditionell profitieren. Wenn SMR-Entwickler die hohen Kosten vermeiden wollen, die mit Großreaktoren verbunden sind, müssen sie grundlegend andere Fertigungs- und Bauverfahren anwenden. Anstatt SMR-Projekte wie traditionelle chemische oder energietechnische Anlagenbauprojekte zu behandeln, die stark von Skaleneffekten abhängen, sollten sie sich an Industrien wie dem Automobil- oder Schiffbau orientieren. In diesen Branchen werden die Endprodukte weitgehend in Fabriken gefertigt und erst vor Ort montiert oder feinabgestimmt [125].

Das Problem der Skaleneffekte stellt eine erhebliche Herausforderung für SMRs dar. Nach der häufig angewendeten „Sechs-Zehntel-Regel“ zur Kostenschätzung von Kernkraftwerken sinken die Investitionskosten nicht proportional mit der Verringerung der Reaktorgröße. Diese Regel besagt, dass mit sinkender Leistungskapazität eines Kraftwerks die Kosten pro Leistungseinheit (pro Megawatt) steigen. Beispielsweise könnten die Gesamtkosten für den Bau eines 300-MW-SMR zwar etwa 52 % niedriger sein als die eines traditionellen 1.000-MW-Kernkraftwerks, jedoch wären die Kosten pro Megawatt beim SMR tatsächlich um 62 % höher [125]. Dies bedeutet, dass kleinere Reaktoren insgesamt günstiger sein können, aber weniger kosteneffizient pro Megawatt sind, wenn sie mit denselben Methoden wie Großreaktoren gebaut werden. Um SMRs wirtschaftlich wettbewerbsfähig gegenüber anderen Energiesystemen zu machen, sind daher Innovationen sowohl im Design als auch im Bauprozess erforderlich. Dazu gehört die Entwicklung völlig neuer Reaktorkonzepte, die Umgestaltung der Fertigung hin zu industrieller Serienproduktion und die Minimierung der vor Ort erforderlichen Bauarbeiten [125].

Das Konzept der modularen Bauweise verändert den Geschäftsansatz für Kernenergieprojekte grundlegend. Es wandelt diese Projekte von traditionellen groß angelegten Bauvorhaben hin zu einem Ansatz, der eher einer Fertigungsindustrie ähnelt, in der Effizienz und Massenproduktion die wichtigsten Treiber der Kostenreduzierung sind. Die Idee ist eindeutig: Durch die Herstellung großer Teile des Reaktors außerhalb der Baustelle in Fabriken – wo Qualität strenger kontrolliert werden kann und die Produktion nicht durch Wetter oder andere standortbedingte Faktoren beeinträchtigt wird – können die Gesamtkosten und Bauzeiten erheblich reduziert werden. Obwohl das Konzept der modularen Bauweise theoretisch gut verstanden ist, bleibt seine praktische Umsetzung in SMR-Projekten anspruchsvoll. Selbst bei modularen Designs muss weiterhin ein erheblicher Teil der Bauarbeiten vor Ort erfolgen, und die quantitative Messung dieses Arbeitsanteils ist komplex. Beispielsweise verwenden bestehende Großreaktoren angeblich modulare Techniken, benötigen aber dennoch umfangreiche Montagearbeiten vor Ort, wodurch die potenziellen Kosten- und Zeiteinsparungen begrenzt werden [125].

Letztlich liegen die potenziellen Vorteile kleinerer SMRs klar auf der Hand. Die Verringerung der Gesamtkosten des Baus kann Kernenergie zugänglicher und erschwinglicher machen und gleichzeitig die Sicherheit erhöhen, da kleinere Reaktoren einfacher aufgebaut und inhärent sicherer sind. Darüber hinaus können SMRs flexibler betrieben werden und besser mit der intermittierenden Natur erneuerbarer Energiequellen harmonieren, indem sie verbesserte Lastfolgebetriebsfähigkeiten bieten. Die zentrale Herausforderung besteht jedoch weiterhin darin, die wirtschaftlichen Nachteile kleinerer Größenordnungen zu überwinden. Die modulare Bauweise ist die Schlüsselstrategie, um der Kostensteigerung entgegenzuwirken, die mit dem Verlust von Skaleneffekten verbunden ist. Durch die stärkere Verlagerung der Bauprozesse in Fabriken und die Behandlung von SMR-Projekten eher als Fertigungsprozess statt als traditionelles Anlagenbauprojekt können SMRs die Kosteneffizienz erreichen, die erforderlich ist, um eine tragfähige Option für zukünftige Energiebedürfnisse zu werden [125].

Die modulare Bauweise, bei der strukturelle Komponenten außerhalb der Baustelle gefertigt werden, hat zahlreiche Industrien grundlegend verändert – und die Kernenergie bildet hierbei keine Ausnahme. Dieser Ansatz ist besonders wertvoll beim Bau von Kernkraftwerken, da er die Zeit und Kosten der Montage vor Ort erheblich reduziert. Modulare Reaktoren, die kleiner, standardisiert und als Reihe von Komponenten gefertigt werden, können wesentlich schneller montiert werden als traditionelle Reaktoren, wodurch die Gesamtkosten und die Komplexität des Prozesses sinken. Die Vorteile modularer Bauweisen in Nuklearprojekten wurden durch gemeinsame Forschungsprojekte bestätigt, darunter ein Projekt von Laing O'Rourke, Arup, dem Building Research Establishment (BRE) und Imperial College London. Dieses dreijährige Projekt, finanziert unter anderem von Innovate UK und der Nuclear Decommissioning Authority, untersuchte die Machbarkeit der Anwendung von „Design for Manufacture and Assembly" (DfMA)-Techniken auf nukleare Strukturen und zeigte, dass modulare Bauweisen Effizienz und Qualität steigern können [125].

„Design for Manufacture and Assembly" (DfMA) ist ein systematischer Ansatz, der darauf abzielt, das Design von Komponenten und Produkten zu vereinfachen, um Fertigungs- und Montageprozesse effizienter, kostengünstiger und zuverlässiger zu gestalten. DfMA kombiniert zwei sich ergänzende Konzepte – „Design for Manufacture" (DFM) und „Design for Assembly" (DFA). DFM konzentriert sich darauf, das Design einzelner Komponenten zu optimieren, um ihre Herstellung zu vereinfachen und sicherzustellen, dass Teile mit den effizientesten Verfahren, Materialien und Werkzeugen gefertigt werden können. DFA hingegen legt den Schwerpunkt darauf, Produkte so zu gestalten, dass Komplexität, Zeitaufwand und Kosten bei der Montage der Komponenten minimiert werden. Durch die Kombination dieser Ansätze verfolgt DfMA das Ziel, die Anzahl der Teile zu reduzieren, die Geometrie von Komponenten zu vereinfachen und unnötige Komplexität im Montageprozess zu beseitigen.

Eines der grundlegenden Prinzipien von DfMA ist die Reduzierung der Anzahl der Bauteile in einem Produkt, da weniger Teile im Allgemeinen weniger Montageschritte, geringere Kosten und ein reduziertes Fehlerrisiko während Fertigung und Montage bedeuten. Durch die Vereinfachung des Designs und die Verringerung der Teileanzahl können Hersteller erhebliche Kosteneinsparungen erzielen – nicht nur in der Produktion, sondern auch bei Lagerhaltung und Qualitätskontrolle. Diese Vereinfachung führt außerdem zu kürzeren Montagezeiten und damit zu einer schnelleren Fertigstellung von Projekten. Beispielsweise kann DfMA in Branchen wie der Automobil- und Luftfahrtindustrie, in denen komplexe Produkte aus Tausenden von Teilen bestehen, den Montageprozess optimieren, indem sichergestellt wird, dass Komponenten nahtlos zusammenpassen und schnell – oft mithilfe automatisierter Systeme – montiert werden können.

DfMA konzentriert sich außerdem auf Standardisierung und Modularisierung, wobei Komponenten so entwickelt werden, dass sie austauschbar und in unterschiedlichen Produkten oder Projekten wiederverwendbar sind. Durch die Verwendung standardisierter Komponenten können Hersteller Skaleneffekte nutzen, Kosten senken und sicherstellen, dass Bauteile jederzeit verfügbar sind. Im modularen Bauwesen können standardisierte Komponenten beispielsweise in kontrollierten Fabrikumgebungen vorgefertigt und anschließend zur schnellen Montage zur Baustelle transportiert werden. Dieser Ansatz ist besonders vorteilhaft für Projekte wie kleine modulare Reaktoren (Small Modular Reactors, SMRs) oder vorgefertigte Gebäude, da die Anwendung von DfMA-Techniken ein hohes Maß an Präzision, gleichbleibender Qualität und reduzierten Arbeitsaufwand vor Ort ermöglicht. Vorgefertigte Module können effizient vor Ort montiert werden, wodurch die Bauzeit verkürzt und Risiken traditioneller Baustellenarbeiten minimiert werden.

Darüber hinaus integrieren DfMA-Techniken fortschrittliche Technologien wie 3D-Modellierung, computergestütztes Design (Computer-Aided Design – CAD) und digitale Simulationen, um sowohl die Entwurfs- als auch die Montageprozesse zu optimieren, bevor die physische Produktion beginnt. Mithilfe der 3D-Modellierung können Ingenieure potenzielle Konstruktionsprobleme frühzeitig erkennen und beheben, wodurch kostspielige Änderungen und Nacharbeiten in späteren Phasen reduziert werden. Digitale Simulationen ermöglichen es Herstellern, den Montageprozess zu visualisieren, potenzielle Engpässe zu identifizieren und die Reihenfolge der Arbeitsabläufe zu optimieren, um die Effizienz zu steigern. Dieser proaktive Ansatz hilft, Verzögerungen während der eigentlichen Produktions- und Montagephasen zu vermeiden und sicherzustellen, dass Projekte termingerecht und innerhalb des Budgets abgeschlossen werden.

Die Anwendung von DfMA-Techniken verbessert außerdem die Qualitätskontrolle, indem Prüf- und Kontrollmechanismen bereits in die Entwurfs- und Fertigungsphasen integriert werden. Komponenten, die nach DfMA-Prinzipien entwickelt wurden, lassen sich leichter inspizieren, handhaben und montieren, wodurch die Wahrscheinlichkeit von Defekten oder Ausfällen während des gesamten Produktlebenszyklus reduziert wird. Für Branchen mit strengen Sicherheits- und Qualitätsanforderungen – wie Kernenergie, Luft- und Raumfahrt oder Gesundheitswesen – stellt DfMA sicher, dass jede Komponente die erforderlichen Spezifikationen und Leistungsanforderungen erfüllt. Durch die Optimierung des Designs für eine einfache Fertigung und Montage können Unternehmen eine höhere Zuverlässigkeit erreichen, Abfall reduzieren und die Nachhaltigkeit ihrer Betriebsabläufe verbessern.

Letztlich ist DfMA ein leistungsfähiger Ansatz, der es Organisationen ermöglicht, Produkte effizienter, kostengünstiger und mit höherer Qualität bereitzustellen. Durch den Fokus auf die Entwurfsphase zur Vereinfachung von Fertigungs- und Montageprozessen steigert DfMA nicht nur die betriebliche Effizienz, sondern verbessert auch die Produktleistung und die Kundenzufriedenheit. Die Prinzipien von DfMA werden zunehmend in unterschiedlichen Branchen übernommen, da Unternehmen den Wert der Verringerung von Komplexität, der Verbesserung von Prozesseffizienz und der schnelleren Markteinführung erkennen. Während Industrien weiterhin Innovationen entwickeln und Automatisierung integrieren, wird die Rolle von DfMA bei der Steigerung von Produktivität und Wettbewerbsfähigkeit weiter wachsen.

Die Standardisierung im modularen Bauwesen ist insbesondere für wiederholbare Strukturen innerhalb von Kernkraftwerken von Vorteil, beispielsweise für Kabeltunnel. Kabeltunnel sind in Nuklearanlagen essenziell, da sie Leitungswege für elektrische Systeme bereitstellen. Ihr vergleichsweise einfacher Aufbau eignet sich besonders gut für die Modularisierung. In Versuchen, die im Rahmen des Forschungsprojekts durchgeführt wurden, wurden zwei Fertigteilmethoden für den Bau von Kabeltunneln getestet: die massive Fertigteilmethode, die nur minimale Arbeiten vor Ort erforderte, und die hybride Fertigteilmethode, bei der vorgefertigte Bewehrungen und permanente Schalungen verwendet wurden. Die Ergebnisse zeigten erhebliche Einsparungen beim Arbeitsaufwand vor Ort: Die massive Fertigteilmethode reduzierte den Arbeitsaufwand um 75 %, während die hybride Methode eine Reduktion um nahezu 50 % erreichte. Diese Ergebnisse verdeutlichen die Effizienz modularer Bauweisen, insbesondere im

Vergleich zu traditionellen Methoden, die umfangreiche Arbeiten auf der Baustelle erfordern [126].

Während einige Komponenten von Kernkraftwerken – wie Kabeltunnel – relativ einfach zu modularisieren sind, sind andere deutlich komplexer. Beispielsweise weisen Brennelementlagergebäude innerhalb von Kernkraftwerken komplizierte Konstruktionsanforderungen auf, darunter unregelmäßige Geometrien, dicke Wände und dichte Bewehrungsmuster. Weitere Versuche zeigten jedoch, dass modulare Bauweisen auch bei diesen komplexen Strukturen angewendet werden können, indem Elemente für die Fabrikfertigung optimiert werden. In einem Beispiel dauerte die traditionelle Vor-Ort-Konstruktion eines Brennelementgebäudes fünf Tage, während ein modularer Ansatz diese Zeit auf einen Tag reduzierte. Die Verwendung vorgefertigter Komponenten anstelle der Montage zahlreicher einzelner Stäbe und Bauteile vor Ort vereinfachte den Bauprozess erheblich. Solche Verbesserungen verdeutlichen das Potenzial von SMRs, den Arbeitsaufwand vor Ort zu verringern und Bauzeiten durch Modularisierung deutlich zu beschleunigen.

Die Integration von DfMA in den Bau von SMRs wird zusätzlich durch fortschrittliche Fertigungstechniken unterstützt, die sich deutlich von traditionellen Vor-Ort-Bauverfahren unterscheiden. In einer Fabrik können Arbeitsbedingungen und Produktivität präzise kontrolliert werden, wodurch der Fertigungsprozess optimiert wird. Beispielsweise werden bei modularen SMR-Bauweisen gerade Bewehrungsstäbe und wiederverwendbare Vorrichtungen eingesetzt, wodurch komplexe und zeitaufwändige Arbeitsschritte vermieden werden, die im konventionellen Bau von Kernkraftwerken üblich sind. Das Ergebnis ist ein effizienter Prozess, der sich besonders gut für die Massenproduktion eignet und SMRs wirtschaftlich wettbewerbsfähig gegenüber anderen Energiequellen macht. Robotergestützte Automatisierung verbessert die Fabrikfertigung zusätzlich. Versuche im Advanced Manufacturing Research Centre der University of Sheffield zeigten beispielsweise, dass ein robotergestütztes System nukleare Komponenten 75 % schneller montieren konnte als manuelle Methoden [126].

Der Einsatz von 3D-Modellierung und drahtlosen Sensornetzwerken (Wireless Sensor Networks – WSNs) erhöht zusätzlich die Effizienz und Qualitätskontrolle im SMR-Bau. Die 3D-Modellierung ermöglicht präzise Echtzeitanpassungen, bevor Module zur Baustelle transportiert werden, wodurch Fehlanpassungen und andere kostspielige Probleme vor Ort vermieden werden. WSNs ermöglichen die kontinuierliche Überwachung von Umgebungsbedingungen, was entscheidend für die Kontrolle von Faktoren wie Temperatur und Aushärtefestigkeit von Beton ist. Diese Technologien optimieren sowohl Fabrik- als auch Baustellenprozesse und stellen sicher, dass Komponenten strenge Sicherheits- und Qualitätsstandards erfüllen [126].

Die modulare Bauweise hat beeindruckende Ergebnisse erzielt: Studien zeigen, dass bis zu 70 % der Tiefbauarbeiten für SMRs in Fabriken durchgeführt werden können, wodurch sich die Bauzeit vor Ort um bis zu 80 % reduzieren lässt. Die im Rahmen von Forschungsprojekten entwickelten Techniken haben Methoden zur Montage sowohl standardisierter als auch komplexer Strukturen außerhalb der Baustelle verfeinert und gezeigt, dass Modularisierung hohe Qualitäts- und Sicherheitsstandards bei gleichzeitiger Kostensenkung gewährleisten kann. Modulare SMR-Bauweisen besitzen jedoch noch größeres Potenzial, wenn Reaktordesigns von Anfang an für modulare Lieferung optimiert werden. Durch „Economies of Multiples" anstelle klassischer Skaleneffekte profitieren SMRs von standardisierten Designs, die schrittweise Prozessverbesserungen und Kostensenkungen ermöglichen [126].

Die breite Verteilung modularer SMR-Fertigungsanlagen könnte zudem das Wirtschaftswachstum in verschiedenen Regionen fördern. Einrichtungen für nukleare Fertigteilproduktion könnten beispielsweise in unterschiedlichen Teilen eines Landes angesiedelt werden, wodurch Arbeitsplätze geschaffen und regionale Wirtschaften unterstützt würden. Der Gesamterfolg modularer Bauweisen bei SMRs liegt nicht nur in der Reduzierung von Kosten und Bauzeiten, sondern auch in der Erreichung hoher Standards hinsichtlich Qualität, Compliance und Sicherheit. Durch die Nutzung von DfMA und fortschrittlichen Fertigungsmethoden stellen SMRs einen transformativen Schritt im Nuklearbau dar und erfüllen Energiebedarfe auf effiziente, flexible und nachhaltige Weise.

Vorfertigung von Komponenten

Die Vorfertigung von Komponenten ist ein zentrales Merkmal beim Bau von kleinen modularen Reaktoren (Small Modular Reactors, SMRs) und revolutioniert die Art und Weise, wie Kernkraftwerke errichtet werden, indem sie den Bauprozess erheblich vereinfacht. Diese Technik umfasst die Herstellung kritischer Komponenten in kontrollierten Fabrikumgebungen anstatt direkt auf der Baustelle, wodurch Effizienz, Qualität und Baugeschwindigkeit deutlich verbessert werden. Beim traditionellen Bau von Kernkraftwerken muss ein großer Teil der Arbeiten vor Ort durchgeführt werden, was häufig zu Verzögerungen durch Wetterbedingungen, Arbeitskräftemangel oder logistische Herausforderungen führt. SMRs hingegen nutzen fabrikbasierte Fertigung, bei der wichtige Elemente wie Reaktordruckbehälter, Wärmetauscher, Turbinen und Sicherheitssysteme als standardisierte Module produziert werden. Diese kontrollierte Umgebung stellt sicher, dass die Komponenten mit gleichbleibend hoher Qualität gefertigt werden, wodurch das Risiko von Defekten minimiert wird und gewährleistet ist, dass alle Teile die strengen Sicherheits- und Leistungsstandards der Kernenergieerzeugung erfüllen.

Die Einführung von Fließbandfertigungstechniken bei der Herstellung von SMR-Modulen orientiert sich an Industrien wie der Automobil- und Luftfahrtindustrie, in denen Massenproduktion und Standardisierung seit Langem genutzt werden, um Kosten zu senken und die Effizienz zu steigern. Durch die Anwendung dieser Methoden auf die Produktion von SMR-Komponenten können Hersteller erhebliche Skaleneffekte erzielen, was entscheidend dafür ist, Kernenergie wirtschaftlich wettbewerbsfähiger zu machen. Der Fließbandansatz ermöglicht die schnelle Produktion mehrerer identischer Module und reduziert die Vorlaufzeiten im Vergleich zu individuell gefertigten Reaktoren erheblich. Durch die Standardisierung dieser Komponenten können Hersteller zudem die Lagerverwaltung optimieren und Abfall reduzieren, da Teile leicht zwischen verschiedenen SMR-Projekten ausgetauscht oder modernisiert werden können. Diese Skalierbarkeit ist besonders vorteilhaft, wenn mehrere Einheiten eingesetzt werden, um den steigenden Energiebedarf in verschiedenen Regionen zu decken.

Die Qualitätskontrolle ist ein weiterer wesentlicher Vorteil der Vorfertigung von SMR-Komponenten in Fabrikumgebungen. Im Gegensatz zu traditionellen Baustellen, bei denen die Qualitätskontrolle durch wechselnde Umweltbedingungen und menschliche Fehler beeinflusst werden kann, bietet die fabrikbasierte Fertigung eine kontrollierte Umgebung für umfassende Inspektionen und Tests. Dazu gehören zerstörungsfreie Prüfungen, Druckprüfungen von Reaktordruckbehältern und Funktionstests von Steuerungssystemen, bevor die Komponenten zur Baustelle transportiert werden. Indem sichergestellt wird, dass alle Komponenten bereits vor der Auslieferung strenge Qualitätsstandards erfüllen, wird die Wahrscheinlichkeit von Problemen während der Montage vor Ort erheblich reduziert. Dies beschleunigt nicht nur den Bauzeitplan, sondern erhöht auch die allgemeine Zuverlässigkeit und Sicherheit des Kernkraftwerks im späteren Betrieb.

Darüber hinaus minimiert die Vorfertigung den Bedarf an Arbeitskräften auf der Baustelle, was insbesondere an Standorten mit rauem Klima oder begrenztem Zugang zu qualifizierten Fachkräften von Vorteil ist. Da ein erheblicher Teil des SMR außerhalb der Baustelle produziert wird, verringert sich der Bedarf an umfangreichen Bauaktivitäten vor Ort, wodurch das Projekt weniger anfällig für wetterbedingte Verzögerungen und Sicherheitsrisiken wird. Dies führt außerdem zu einem besser vorhersehbaren Bauzeitplan und erleichtert Planung und Budgetierung. Der geringere Bedarf an Arbeitskräften vor Ort bedeutet zudem weniger logistische Herausforderungen und niedrigere Baukosten sowie einen kleineren ökologischen Fußabdruck, da für Bauarbeiten weniger Fläche beeinträchtigt werden muss.

Transport und Logistik

Der Transport und die Logistik von Komponenten kleiner modularer Reaktoren (SMRs) sind entscheidende Aspekte ihrer gesamten Bauweise, da sie die modulare Natur dieser Reaktoren nutzen, um Lieferung und Montage vor Ort zu vereinfachen. Einer der Hauptvorteile von SMRs besteht darin, dass ihre vorgefertigten Module mithilfe bestehender Transportinfrastruktur zur Baustelle transportiert werden können. Um dies zu ermöglichen, werden diese Module gezielt mit Abmessungen konstruiert, die den Größenbeschränkungen standardisierter Transportcontainer entsprechen, sodass sie per Straße, Schiene oder Binnenschiff transportiert werden können. Diese Konstruktionsüberlegung ermöglicht es SMR-Herstellern, etablierte Logistiknetzwerke zu nutzen, wodurch die Transportkosten erheblich reduziert und der Transport großer und komplexer Komponenten über weite Entfernungen vereinfacht wird.

Der modulare Transport gewährleistet nicht nur eine effiziente Lieferung von Reaktorkomponenten, sondern spielt auch eine wichtige Rolle bei der Verbesserung der Flexibilität der Standortwahl für SMR-Kraftwerke. Da die Module in Fabriken vorgefertigt und anschließend zum endgültigen Standort transportiert werden, können SMR-Projekte an Orten umgesetzt werden, die für traditionelle Kernreaktoren problematisch wären, beispielsweise in abgelegenen Regionen oder Gebieten mit begrenzter Infrastruktur. Die Möglichkeit, große Reaktormodule über bestehende Straßen- oder Wasserwege zu transportieren, macht den Bau spezieller Infrastruktur überflüssig und ermöglicht dadurch die Erschließung geografisch isolierter Regionen. Diese Fähigkeit ist besonders vorteilhaft für Länder mit vielfältigen geografischen Bedingungen oder Regionen mit hohem Energiebedarf außerhalb bestehender Stromnetze.

Neben der logistischen Effizienz trägt der Transport vorgefertigter Module auch dazu bei, Störungen an der Baustelle zu minimieren. Da der Umfang der Bauarbeiten vor Ort erheblich reduziert wird, begrenzt der modulare Transport die Auswirkungen auf die lokale Umwelt und die umliegenden Gemeinden. Der traditionelle Bau von Kernkraftwerken erfordert häufig umfangreiche Erdarbeiten, schwere Maschinen und langwierige Bauaktivitäten vor Ort, was zu erhöhtem Lärm, Staub und allgemeinen Beeinträchtigungen führt. Bei SMRs hingegen wird ein Großteil der Bauarbeiten außerhalb der Baustelle in kontrollierten Fabrikumgebungen durchgeführt, sodass vor Ort nur noch die Endmontage erforderlich ist. Dadurch verkürzt sich die Dauer der Bauaktivitäten am Standort erheblich und der gesamte ökologische Fußabdruck wird reduziert.

Die optimierte Logistik beim Transport von SMR-Modulen führt außerdem zu besser vorhersehbaren Projektzeitplänen und Budgets. Da weniger Variablen vor Ort berücksichtigt werden müssen – etwa wetterbedingte Verzögerungen oder bauliche Herausforderungen – können Projektentwickler Kosten besser kontrollieren und Zeitpläne zuverlässiger einhalten. Diese Vorhersehbarkeit ist ein wesentlicher Faktor dafür, dass SMR-Projekte für Investoren und andere Interessengruppen attraktiver werden, da sie die Risiken reduzieren, die mit traditionellen großtechnischen Kernkraftprojekten verbunden sind, welche häufig unter Kostenüberschreitungen und Verzögerungen leiden. Darüber hinaus führen der geringere Bedarf an Arbeitskräften und Ausrüstung vor Ort zu niedrigeren Sicherheitsrisiken für Beschäftigte und verbessern damit die Gesamteffizienz und Zuverlässigkeit des Projekts weiter.

Montage und Installation vor Ort

Die Montage und Installation kleiner modularer Reaktoren (Small Modular Reactors, SMRs) vor Ort stellen eine entscheidende Phase des Bauprozesses dar und nutzen die Vorteile des modularen Designs, um eine schnelle und effiziente Errichtung der Anlage zu ermöglichen. Sobald die vorgefertigten Module am vorgesehenen Standort eintreffen, beginnt der Montageprozess mit präziser Logistik und sorgfältiger Planung. Die Module werden bereits mit allen erforderlichen Komponenten, Systemen und Anschlüssen vorgefertigt, wodurch nach der Anlieferung eine optimierte Integration vor Ort möglich wird. Mithilfe von Schwerlastkränen werden große Module wie der Reaktordruckbehälter, Wärmetauscher und Sicherheitsbehälterstrukturen sorgfältig in Position gebracht. Anschließend werden diese Module mithilfe vorkonfigurierter Schraub- und Schweißverbindungen sicher befestigt, um eine robuste und langlebige Konstruktion zu gewährleisten. Die Verwendung standardisierter Schnittstellen und vorkonfigurierter Verbindungen vereinfacht diesen Integrationsprozess erheblich, reduziert das Fehlerpotenzial und beschleunigt die Montage.

Einer der größten Vorteile der modularen Montage ist die erhebliche Verkürzung der Bauzeit im Vergleich zu traditionellen Kernkraftwerken. Bei konventionellen Projekten kann die Bauzeit vor

Ort aufgrund der Komplexität der Montage zahlreicher Komponenten unter oft unvorhersehbaren Wetterbedingungen und logistischen Herausforderungen mehr als zehn Jahre betragen. SMRs hingegen nutzen modulare Bautechniken, bei denen ein Großteil der Arbeiten außerhalb der Baustelle in kontrollierten Fabrikumgebungen durchgeführt wird. Dadurch beschränkt sich die Phase vor Ort hauptsächlich auf die Montage und Verbindung der vorgefertigten Module. Dieser effiziente Ansatz ermöglicht es, SMR-Projekte innerhalb von zwei bis drei Jahren vollständig zu montieren, wodurch sich die Bauzeiten drastisch verkürzen. Dies beschleunigt nicht nur die Projektumsetzung, sondern reduziert auch die finanziellen Risiken langer Bauzeiten und macht SMR-Projekte für Investoren und andere Interessengruppen attraktiver.

Darüber hinaus unterstützt der modulare Ansatz beim Bau von SMRs Parallelbauverfahren, bei denen mehrere Bereiche der Anlage gleichzeitig errichtet werden können. Während beispielsweise die Hauptreaktoreinheit montiert wird, können Arbeiten an Hilfssystemen wie Kühltürmen, elektrischen Anlagen und Kontrollräumen parallel erfolgen. Diese gleichzeitige Errichtung unterschiedlicher Anlagenteile optimiert die Ressourcennutzung und reduziert die Gesamtdauer des Projekts. Durch die Möglichkeit, dass verschiedene Teams gleichzeitig an separaten Modulen arbeiten, werden Engpässe und sequenzielle Verzögerungen vermieden, wie sie beim traditionellen Bau von Kernkraftwerken häufig auftreten. Diese Methode ermöglicht außerdem eine effizientere Nutzung von Arbeitskräften und Ausrüstung, wodurch die Kosten weiter gesenkt und die Projekteffizienz verbessert werden.

Die Geschwindigkeit und Effizienz der Montage vor Ort tragen ebenfalls zu einer verbesserten Sicherheit bei. Durch die Verkürzung der Dauer der Arbeiten auf der Baustelle wird die Exposition der Bauarbeiter gegenüber potenziellen Gefahren und widrigen Umweltbedingungen minimiert. Darüber hinaus reduziert der vereinfachte Montageprozess mit vorkonfigurierten Verbindungen den Bedarf an komplexen Fertigungs- und Schweißarbeiten vor Ort, die traditionell arbeitsintensiv und anfällig für menschliche Fehler sind. Dadurch sinkt die Wahrscheinlichkeit baubedingter Unfälle, was zu einer sichereren Arbeitsumgebung beiträgt.

Insgesamt verdeutlichen die modulare Montage und Installation von SMRs die Vorteile moderner Bautechniken in der Nuklearindustrie. Durch die Vorfertigung von Komponenten außerhalb der Baustelle und die Nutzung paralleler Bauverfahren können SMRs schneller, sicherer und kostengünstiger errichtet werden als traditionelle Reaktoren. Dieser optimierte Ansatz entspricht nicht nur dem wachsenden Bedarf an sauberen Energielösungen, sondern bietet auch ein flexibles und skalierbares Modell zur Deckung zukünftiger Energiebedarfe an unterschiedlichsten Standorten – von städtischen Gebieten bis hin zu abgelegenen Regionen.

Standardisierung und Skalierbarkeit

Standardisierung und Skalierbarkeit sind zentrale Elemente der Designphilosophie kleiner modularer Reaktoren (SMRs) und bieten erhebliche Vorteile hinsichtlich Effizienz, Kostenreduktion und Flexibilität. Einer der wichtigsten Vorteile von SMRs ist ihr hochgradig standardisiertes Design. Im Gegensatz zu traditionellen Großreaktoren, die häufig maßgeschneiderte Konstruktionen für spezifische Standortbedingungen erfordern, werden

SMRs mithilfe standardisierter Komponenten und Bauverfahren entwickelt. Diese Einheitlichkeit ermöglicht die Replizierung an unterschiedlichen Standorten und reduziert sowohl den Zeitaufwand als auch die Kosten im Zusammenhang mit Design- und Genehmigungsprozessen. Durch den Einsatz standardisierter Module können SMR-Entwickler Genehmigungsverfahren vereinfachen, da Regulierungsbehörden zunehmend mit der Technologie und ihren Sicherheitsmerkmalen vertraut werden. Diese Vertrautheit kann zu schnelleren Genehmigungen und geringeren regulatorischen Hürden führen und damit den Einsatz von SMRs in verschiedenen Regionen erleichtern. Darüber hinaus trägt die Verwendung standardisierter Designs dazu bei, langfristig die Ingenieurkosten zu senken, da Erfahrungen aus einem Projekt direkt auf zukünftige Anlagen übertragen werden können und sowohl Design als auch Bauprozesse weiter optimiert werden.

Die Skalierbarkeit ist ein weiterer wesentlicher Vorteil von SMRs, der durch ihre modulare Bauweise ermöglicht wird. Der modulare Ansatz erlaubt es Energieversorgern und Projektentwicklern, die Leistungskapazität eines Kraftwerks schrittweise zu erhöhen, indem zusätzliche Reaktormodule nach Bedarf hinzugefügt werden. Dies unterscheidet sich grundlegend von traditionellen Kernkraftwerken, die hohe Anfangsinvestitionen für den Bau einzelner Großreaktoren mit fester Leistungskapazität erfordern. Bei SMRs kann zunächst ein einzelnes Modul installiert werden, um den aktuellen Energiebedarf zu decken, während zusätzliche Module später ergänzt werden können, wenn die Nachfrage steigt. Diese Flexibilität macht SMRs ideal für Regionen mit schrittweisem Bevölkerungswachstum oder sich wandelnden industriellen Anforderungen, in denen es möglicherweise nicht praktikabel oder wirtschaftlich ist, von Beginn an in einen Großreaktor zu investieren. Darüber hinaus passt sich die Möglichkeit, die Anlage im Laufe der Zeit zu erweitern, gut an Marktbedingungen an und erlaubt es Energieversorgern, ihre Stromerzeugungskapazität entsprechend wirtschaftlicher Entwicklungen, Nachfrageprognosen oder energiepolitischer Veränderungen anzupassen.

Die Skalierbarkeit von SMRs unterstützt zudem ihren Einsatz in netzfernen oder abgelegenen Regionen, in denen traditionelle Großreaktoren aufgrund begrenzter Infrastruktur oft nicht realisierbar sind. In solchen Gebieten kann ein SMR-Kraftwerk zunächst mit einem einzelnen Reaktor beginnen, um stabile und kohlenstoffarme Energie bereitzustellen, während zusätzliche Module später hinzugefügt werden können, um das Wachstum der Gemeinschaft oder die industrielle Entwicklung zu unterstützen. Dieser schrittweise Ansatz hilft, das finanzielle Risiko von Kernenergieprojekten zu reduzieren, da die Investitionskosten über mehrere Jahre verteilt werden können. Dadurch wird es für Investoren und Energieversorger einfacher, den Cashflow zu steuern und Finanzierungen zu sichern. Darüber hinaus können SMR-Entwickler durch den Einsatz standardisierter Module, die an verschiedenen Standorten repliziert werden können, Skaleneffekte sowohl in der Fertigung als auch im Bauwesen erzielen. Dies ermöglicht die Massenproduktion von Reaktorkomponenten und senkt die Stückkosten mit zunehmendem Produktionsvolumen.

Die kombinierten Vorteile von Standardisierung und Skalierbarkeit machen SMRs besonders attraktiv in einer Welt, die zunehmend auf den Übergang zu sauberer Energie ausgerichtet ist. Während Staaten ihre Kohlenstoffemissionen reduzieren und sich von fossilen Brennstoffen abwenden wollen, bieten SMRs eine zuverlässige und flexible Lösung, die an unterschiedlichste Energiebedarfe angepasst werden kann. Ob zur Bereitstellung von Grundlaststrom in städtischen Gebieten oder zur Versorgung netzferner Bergbauprojekte – die Anpassungsfähigkeit von SMRs ermöglicht ihre nahtlose Integration in unterschiedlichste Energiestrategien. Durch die Nutzung der Prinzipien von Standardisierung und Skalierbarkeit versprechen SMRs nicht nur, die Hürden für die Nutzung von Kernenergie zu senken, sondern auch die Widerstandsfähigkeit und Nachhaltigkeit der globalen Energielandschaft zu stärken.

Sicherheits- und Zuverlässigkeitsvorteile

Die Sicherheits- und Zuverlässigkeitsvorteile von kleinen modularen Reaktoren (Small Modular Reactors, SMRs) zählen zu ihren bedeutendsten Stärken, insbesondere im Vergleich zu traditionellen großtechnischen Kernreaktoren. Einer der wichtigsten Vorteile des SMR-Baus ist das reduzierte Risiko im Zusammenhang mit Arbeiten auf der Baustelle. Durch den Einsatz modularer Bautechniken wird ein Großteil der Fertigung und Montage von der Baustelle in kontrollierte Fabrikumgebungen verlagert. Dadurch verringert sich der Bedarf an großen Zahlen von Bauarbeitern und schwerem Gerät vor Ort erheblich, was die Wahrscheinlichkeit von baubedingten Unfällen und Verletzungen deutlich reduziert. Bei traditionellen Kernkraftprojekten, bei denen oft über viele Jahre hinweg Tausende von Arbeitskräften auf der Baustelle tätig sind, ist das Risiko von Zwischenfällen aufgrund der komplexen und intensiven Arbeiten naturgemäß höher. Im Gegensatz dazu ermöglicht der optimierte modulare Ansatz von SMRs die Vorfertigung und Vorprüfung von Komponenten in Fabriken, wo Sicherheitsprotokolle leichter kontrolliert und umgesetzt werden können. Nach Fertigstellung werden diese Module zur Baustelle transportiert und dort schnell montiert, wodurch die Zeit minimiert wird, die Arbeiter potenziell gefährlichen Bedingungen ausgesetzt sind.

Ein weiterer entscheidender Aspekt der Sicherheit von SMRs ist die Integration fortschrittlicher Sicherheitssysteme direkt in ihr modulares Design. SMRs werden mit verbesserten Sicherheitsmerkmalen konstruiert, die häufig robuster sind als jene älterer Großreaktoren. Eine der bedeutendsten Designverbesserungen ist die Integration passiver Sicherheitssysteme. Diese Systeme, zu denen passive Kühlmechanismen gehören, funktionieren ohne externe Stromversorgung oder aktive Eingriffe des Bedienpersonals. Im Falle eines Systemausfalls oder Stromverlusts können SMRs beispielsweise auf natürliche Prozesse wie Schwerkraft, natürliche Zirkulation und Konvektion zurückgreifen, um den Reaktorkern weiterhin zu kühlen. Dieses Design reduziert das Risiko einer Überhitzung oder eines Kernschmelzszenarios erheblich, da der Reaktor auch ohne mechanische Pumpen oder menschliche Eingriffe in einem sicheren Zustand verbleiben kann. Durch die Verringerung der Abhängigkeit von aktiven Systemen, die anfällig für Ausfälle sind, erhöhen SMRs die Gesamtzuverlässigkeit und senken die Wahrscheinlichkeit von Unfällen.

Darüber hinaus ermöglicht das modulare Design von SMRs die Integration unterirdischer Sicherheitsbehälterstrukturen. Diese unterirdischen Installationen bieten nicht nur zusätzlichen Schutz vor äußeren Bedrohungen wie Erdbeben oder Flugzeugabstürzen, sondern reduzieren auch das Risiko einer Strahlenfreisetzung im unwahrscheinlichen Fall eines Kernschadens. Die unterirdische Eindämmung schafft eine zusätzliche Sicherheitsebene, indem sie den Reaktorkern von der äußeren Umgebung isoliert, was insbesondere in Regionen mit erhöhtem Risiko für Naturkatastrophen von entscheidender Bedeutung ist. Das Design von SMRs legt außerdem großen Wert auf die Verwendung besonders widerstandsfähiger Materialien und Bauverfahren, um extremen Bedingungen standzuhalten und dadurch die Zuverlässigkeit dieser Anlagen weiter zu erhöhen.

Durch die Integration dieser Sicherheitsmerkmale bereits während der Vorfertigungsphase können Hersteller sicherstellen, dass jedes Modul strengen Tests unterzogen wird und höchste Qualitätsstandards erfüllt, bevor es zur Baustelle transportiert wird. Dieser kontrollierte Ansatz verbessert nicht nur die Zuverlässigkeit der Anlage im späteren Betrieb, sondern reduziert auch den Bedarf an kostspieligen Nachrüstungen oder Reparaturen nach der Installation. Dadurch sind SMRs nicht nur während des Baus und Betriebs sicherer, sondern bieten auch eine langfristige Zuverlässigkeit, die den strengen Sicherheitsanforderungen der Nuklearindustrie entspricht. Diese Fortschritte machen SMRs zu einer attraktiven Option für den Ausbau der Kernenergiekapazitäten in einer Weise, die sowohl Sicherheit als auch Nachhaltigkeit priorisiert und globale Energiebedürfnisse unterstützt, während gleichzeitig die traditionell mit der Kernenergie verbundenen Risiken reduziert werden.

Kosteneffizienz

Die Kosteneffizienz von kleinen modularen Reaktoren (Small Modular Reactors, SMRs) zählt zu ihren überzeugendsten Vorteilen, insbesondere im Vergleich zu traditionellen großtechnischen Kernreaktoren. Einer der wichtigsten Faktoren für diese Effizienz ist der Einsatz modularer Bautechniken, die die anfänglichen Investitionskosten für den Bau von Kernkraftwerken erheblich senken. Im Gegensatz zu konventionellen Reaktoren, die jahrelange intensive Bauarbeiten vor Ort und Tausende qualifizierter Arbeitskräfte erfordern, nutzen SMRs vorgefertigte Module, die in kontrollierten Fabrikumgebungen hergestellt werden. Diese Module werden anschließend zur Baustelle transportiert und dort schnell montiert. Durch die Verringerung des Arbeitsumfangs vor Ort können die Projektlaufzeiten erheblich verkürzt werden. Diese Verkürzung der Bauzeit führt direkt zu niedrigeren Arbeitskosten, da weniger Arbeitskräfte für kürzere Zeiträume benötigt werden und viele der mit Wetterverzögerungen oder komplexen Baustellenbedingungen verbundenen Risiken reduziert werden. Das Ergebnis ist ein besser vorhersehbares und leichter kontrollierbares Budget, was für Kernenergieprojekte von entscheidender Bedeutung ist, da diese historisch häufig von Kostenüberschreitungen und Verzögerungen betroffen waren.

Die Kostenvorteile von SMRs erstrecken sich auch auf ihre Auswirkungen auf die Finanzierung. Kernenergieprojekte erfordern in der Regel erhebliche Anfangsinvestitionen und sind daher stark auf umfangreiche Finanzierungen angewiesen, bevor mit dem Bau begonnen werden kann. Bei traditionellen Kernkraftwerken führen die langen Entwicklungszeiten und komplexen regulatorischen Verfahren jedoch häufig dazu, dass erst nach einem Jahrzehnt oder mehr Einnahmen generiert werden, wodurch das finanzielle Risiko für Investoren steigt. Im Gegensatz dazu ermöglichen die kürzeren Bauzeiten von SMRs eine deutlich frühere Stromerzeugung und damit auch frühere Einnahmen – oft bereits zwei bis drei Jahre nach Baubeginn. Diese schnellere Kapitalrendite verkürzt die Zeitspanne, in der Kapital gebunden ist, ohne Erträge zu erwirtschaften, und senkt dadurch das gesamte Finanzierungsrisiko. Investoren und Energieversorgungsunternehmen unterstützen eher Projekte, bei denen ein klarerer und schnellerer Weg zur Rentabilität besteht, wodurch SMRs besonders in Regionen mit begrenztem Zugang zu Kapital attraktiver werden.

Darüber hinaus trägt die fabrikbasierte Fertigung, die dem SMR-Baumodell inhärent ist, zur Kosteneffizienz bei, indem sie Skaleneffekte optimiert. Wenn Komponenten in Fabriken produziert werden, können Hersteller Prozesse und Materialien standardisieren, wodurch Massenproduktion möglich wird und die Stückkosten sinken. Dies steht im Gegensatz zu traditionellen Reaktoren, bei denen ein Großteil der Arbeiten individuell vor Ort ausgeführt wird, was zu Ineffizienzen und höheren Kosten führt. Durch den Einsatz standardisierter Designs und replizierbarer Komponenten profitieren SMRs von optimierten Lieferketten und geringerem Materialverlust. Darüber hinaus bieten Fabrikumgebungen eine bessere Kontrolle über Qualität und Prüfverfahren, wodurch die Wahrscheinlichkeit kostspieliger Fehler oder Nacharbeiten während der Installationsphase minimiert wird. Dieser Fokus auf Effizienz stellt sicher, dass das Budget vorhersehbar und kontrollierbar bleibt, was für den finanziellen Erfolg von Kernenergieprojekten von entscheidender Bedeutung ist.

Die Kombination aus niedrigeren Anfangskosten, reduzierten Finanzierungsrisiken und der Möglichkeit, schneller Renditen zu erzielen, positioniert SMRs als kosteneffiziente Lösung für den Ausbau nuklearer Energieerzeugungskapazitäten. In einer Branche, in der Kostenüberschreitungen historisch ein bedeutendes Hindernis für die Nutzung der Kernenergie darstellten, bieten SMRs eine pragmatische Alternative. Durch die Ausrichtung des Finanzierungsmodells auf die Anforderungen schnellerer Umsetzung und geringerer Risiken schaffen SMRs einen Weg für Industrie- und Entwicklungsländer gleichermaßen, Kernenergie in ihren Energiemix zu integrieren. Dieser Ansatz unterstützt nicht nur Ziele der Energiesicherheit und Nachhaltigkeit, sondern berücksichtigt auch wirtschaftliche Anforderungen und macht Kernenergie in einem wettbewerbsintensiven globalen Markt zugänglicher und praktikabler.

Umwelt- und Sozialvorteile

Kleine modulare Reaktoren (Small Modular Reactors, SMRs) bieten erhebliche ökologische und soziale Vorteile, die größtenteils auf ihre innovativen Bauverfahren und ihr effizientes Betriebsdesign zurückzuführen sind. Einer der überzeugendsten Umweltvorteile von SMRs ist die Verringerung des Flächenverbrauchs und des gesamten ökologischen Fußabdrucks. Traditionelle Kernkraftwerke benötigen große Flächen für den Bau, wobei umfangreiche Arbeiten vor Ort zu erheblichen Eingriffen in die Landschaft und zu langanhaltenden baubedingten Emissionen führen können. Im Gegensatz dazu nutzen SMRs modulare Bautechniken, bei denen ein erheblicher Teil der Montage außerhalb der Baustelle in kontrollierten Fabrikumgebungen erfolgt. Dieser Ansatz reduziert nicht nur den erforderlichen Flächenbedarf, sondern minimiert auch die Umweltbeeinträchtigungen, die typischerweise mit großangelegten Bauprojekten verbunden sind. Durch die Verkürzung der gesamten Bauzeit verringern SMRs zudem die Dauer, in der baubedingte Emissionen – wie Staub, Lärm und Fahrzeugabgase – die umliegende Umwelt beeinträchtigen. Dieser optimierte Prozess trägt dazu bei, den CO_2-Fußabdruck zu begrenzen und steht im Einklang mit globalen Nachhaltigkeitszielen.

Über die unmittelbaren Umweltvorteile hinaus bieten SMRs einen sozial verantwortungsvolleren Ansatz für die Entwicklung von Infrastruktur, insbesondere im Hinblick auf die Einbindung lokaler Gemeinschaften. Die modulare Bauweise erfordert weniger Arbeitskräfte auf der Baustelle und führt zu kürzeren sowie weniger störenden Bauphasen. Im Gegensatz zu konventionellen Kernkraftwerken, deren Bau ein Jahrzehnt oder länger dauern kann, lassen sich SMRs innerhalb weniger Jahre errichten. Diese Verkürzung der Bauzeit bedeutet weniger Beeinträchtigungen für Anwohner, da Lärm, Verkehr und Staubbelastung, die mit traditionellen Bauprojekten verbunden sind, erheblich reduziert werden. Die geringere Zahl von Arbeitskräften vor Ort bedeutet außerdem weniger Belastung für lokale Ressourcen wie Wohnraum, Verkehrsinfrastruktur und öffentliche Dienstleistungen, die beim Bau großtechnischer Projekte häufig stark beansprucht werden. Diese Verringerung sozialer Auswirkungen ist besonders wichtig in dicht besiedelten oder ökologisch sensiblen Gebieten, in denen große Infrastrukturprojekte ansonsten auf Widerstand stoßen könnten.

Die Einbindung der Gemeinschaft ist ein weiterer Bereich, in dem SMRs besondere Vorteile bieten. Die reduzierte Bautätigkeit vor Ort verringert nicht nur die Umweltbelastung, sondern mindert auch soziale Bedenken im Zusammenhang mit großen Industrieprojekten. Durch weniger Arbeitskräfte und kürzere Bauzeiten sinkt das Risiko langfristiger Beeinträchtigungen lokaler Gemeinschaften. Dies kann SMR-Projekte für Anwohner und lokale Interessengruppen akzeptabler machen und eine kooperativere Beziehung zwischen Projektentwicklern und der Gemeinschaft fördern. Darüber hinaus ermöglicht der modulare Ansatz den Projektplanern, Zeitpläne und potenzielle Auswirkungen besser gegenüber der Öffentlichkeit zu kommunizieren, wodurch Transparenz geschaffen und Vertrauen aufgebaut wird. Durch die frühzeitige Einbindung der Bevölkerung in den Planungsprozess und die Darstellung der geringeren Auswirkungen von SMRs im Vergleich zu traditionellen Kraftwerken können Projektentwickler Widerstände verringern und Unterstützung effektiver gewinnen.

Insgesamt machen die ökologischen und sozialen Vorteile von SMRs sie zu einer nachhaltigeren und gemeinschaftsfreundlicheren Option für den Ausbau der Kernenergie. Durch die Begrenzung des Flächenverbrauchs, die Verringerung baubedingter Emissionen und die Minimierung sozialer Beeinträchtigungen stellen SMRs einen modernen und verantwortungsvollen Ansatz für Energieinfrastruktur dar. Während Länder weltweit versuchen, den Bedarf an sauberer und zuverlässiger Energie mit Umweltbewahrung und gesellschaftlicher Akzeptanz in Einklang zu bringen, positionieren die Vorteile von SMRs diese Technologie als einen wichtigen Bestandteil des Übergangs zu einer kohlenstoffarmen Zukunft.

Technische Herausforderungen und Lösungsansätze

Die Entwicklung von Kernreaktortechnologien hat sich über mehrere Generationen hinweg weiterentwickelt, wobei jede Generation Verbesserungen in Design, Sicherheit und Effizienz widerspiegelt. Die erste Generation, bekannt als Generation I, konzentrierte sich hauptsächlich auf Prototypen und Pilotreaktoren mit dem Ziel, die Machbarkeit der Kernenergie als zuverlässige Energiequelle nachzuweisen. Diese frühen Reaktoren waren weitgehend experimentell und dienten als Testumgebung für technische Prozesse, die schließlich zur kommerziellen Stromerzeugung führten [125].

Reaktoren der Generation II bilden das Rückgrat der heutigen globalen Kernreaktorflotte. Diese Reaktoren wurden für die kommerzielle Stromerzeugung im großen Maßstab mit hoher Leistungskapazität entwickelt, um eine stabile Grundlastversorgung bereitzustellen. Viele Länder standardisierten die Designs der Generation II, um Kosten zu senken und technische Prozesse zu vereinfachen, wodurch Strom wirtschaftlicher erzeugt werden konnte. Trotz ihrer Effizienz wurde nach schweren Nuklearunfällen wie den Ereignissen auf Three Mile Island accident und Chernobyl disaster der Bedarf an verbesserten Sicherheitsmaßnahmen deutlich [125].

Als Reaktion darauf wurden Reaktoren der Generation III entwickelt, die die Lehren aus früheren Unfällen integrierten. Diese Reaktoren legten großen Wert auf Sicherheitsverbesserungen und verfügten sowohl über aktive als auch passive Sicherheitssysteme, um Kernschäden zu verhindern und Risiken zu minimieren. Die meisten Reaktoren der Generation III sind Leichtwasserreaktoren (Light Water Reactors – LWRs), wie Druckwasserreaktoren (Pressurized Water Reactors – PWRs) und Siedewasserreaktoren (Boiling Water Reactors – BWRs). Eine Weiterentwicklung dieser Kategorie, die Reaktoren der Generation III+, integriert noch robustere passive Sicherheitssysteme zur weiteren Erhöhung der Zuverlässigkeit. Beispiele hierfür sind der koreanische APR1400, der AP1000 von Westinghouse sowie der Europäische Druckwasserreaktor (EPR). Diese Reaktordesigns befinden sich weltweit im Betrieb oder im Bau und bieten sicherere sowie effizientere Energieerzeugung [125].

Technologien der Generation IV stellen den nächsten Schritt nuklearer Innovation dar und konzentrieren sich auf Nachhaltigkeit, Sicherheit und Kosteneffizienz. Diese Reaktoren gehen über traditionelle Leichtwasserdesigns hinaus und nutzen Kühlmittel wie Flüssigmetalle, Gase und Salzschmelzen, um höhere Betriebstemperaturen und Wirkungsgrade zu erreichen. Durch den Verzicht auf traditionelle Wasserkühlung sollen Reaktoren der Generation IV effizienter und flexibler werden und der Kernenergie möglicherweise eine größere Rolle in einer kohlenstoffarmen Zukunft ermöglichen [125].

Interessanterweise lassen sich kleine modulare Reaktoren (Small Modular Reactors – SMRs) nicht eindeutig in diese Generationsklassifikation einordnen. SMRs sind kein spezifischer Reaktortyp, sondern vielmehr eine neue Kategorie nuklearer Technologien, die sich auf kleinere modulare Einheiten konzentriert, welche in Fabriken gefertigt und vor Ort montiert werden können. Diese Reaktoren können je nach spezifischem Design Technologien der Generation III oder Generation IV nutzen. Die International Atomic Energy Agency (IAEA) definiert SMRs als

Reaktoren mit einer elektrischen Leistung von weniger als 300 Megawatt elektrisch (MWe). SMRs lassen sich in zwei Haupttypen unterteilen: LWR-basierte Designs, die auf bewährten Technologien beruhen, und Nicht-LWR-Designs, die innovative Kühlmethoden wie Flüssigmetall-, Gas- oder Salzschmelzenkühlung erforschen [125].

Mehrere Beispiele für LWR-basierte SMRs befinden sich derzeit in Entwicklung. Der koreanische SMART-Reaktor gehörte zu den ersten SMRs, die eine Designzertifizierung erhielten. Er integriert kompakte Designmerkmale, die große Kühlmittelrohre überflüssig machen und dadurch das Risiko schwerer Kühlmittelverluststörfälle reduzieren. Das US-amerikanische Unternehmen NuScale Power hat ein modulares PWR-Design mit passiven Sicherheitssystemen entwickelt, das ohne Pumpen betrieben werden kann, wodurch die Systemkomplexität reduziert und die Sicherheit erhöht wird. Besonders bemerkenswert ist die Fähigkeit des NuScale-Designs, bis zu zwölf Module in einem einzigen Kraftwerk unterzubringen, wobei jedes Modul unabhängig betrieben werden kann. Dieser Ansatz senkt die Betriebskosten, da ein einzelner Kontrollraum mehrere Module steuern kann [125].

Der ACP100 aus China, entwickelt von der China National Nuclear Corporation (CNNC), ist ein weiteres Beispiel für einen integralen PWR-SMR. Sein Schwerpunkt liegt auf der Integration passiver Sicherheitssysteme zur Erhöhung der Zuverlässigkeit. Mit dem Beginn des Baus des weltweit ersten kommerziellen Demonstrationsreaktors ACP100 in der Provinz Hainan wurde ein bedeutender Fortschritt bei der Einführung von SMRs erzielt. Auch die Europäische Union beteiligt sich mit der Entwicklung von NUWARD – einem Projekt unter Führung von Électricité de France (EDF) – am SMR-Wettlauf. NUWARD zielt darauf ab, bestehende PWR-Technologie zu nutzen, um eine flexible und skalierbare Energielösung mit vereinfachten regulatorischen Zulassungsverfahren in mehreren Ländern bereitzustellen [125].

Der i-SMR aus Südkorea repräsentiert eine neue Generation von SMRs, die besonders effizient, kostengünstig und vielseitig sein sollen. Dieses Design verfügt über einen borfreien Kern, wodurch komplexe chemische Systeme entfallen und Wartungsaufwand sowie Abfallproduktion reduziert werden. Das modulare Design des i-SMR integriert die Hauptkomponenten in einer einzigen Einheit, wodurch die Struktur des Reaktors vereinfacht und große Kühlmittelrohre, die zu Unfällen führen könnten, eliminiert werden. Dieser Designansatz senkt nicht nur die Kosten, sondern erhöht auch die Sicherheit durch passive Kühlsysteme, die keine externen Stromquellen benötigen [125].

Neben LWR-basierten Designs werden auch Nicht-LWR-SMRs entwickelt, um das Potenzial alternativer Kühlmittel zu erforschen. Dazu gehören Hochtemperatur-Gasreaktoren (HTGRs), Salzschmelzenreaktoren (MSRs) und natriumgekühlte schnelle Reaktoren (SFRs). Beispielsweise kombiniert der Natrium-Reaktor von TerraPower Natriumkühlung mit Salzschmelzen-Energiespeicherung und bietet sowohl Grundlast- als auch flexible Stromerzeugung. Der ARC-100, ein weiterer natriumgekühlter schneller Reaktor, soll Kernbrennstoff recyceln, dessen Nutzungsdauer verlängern und Abfälle reduzieren. Der Aurora-Reaktor von Oklo ist ein Mikroreaktor für netzferne Anwendungen, der Wärmerohre und Metallbrennstoff nutzt, um kompakte und effiziente Stromerzeugung zu ermöglichen [125].

Die Verwendung von Salzschmelzen als Kühlmittel wird in Designs wie dem Molten Chloride Fast Reactor (MCFR) von TerraPower und dem KP-FHR von Kairos Power untersucht, der Fluoridsalz-Kühlmittel nutzt, um hohe Betriebstemperaturen zu erreichen. Diese Reaktoren bieten Potenzial für hohe thermische Wirkungsgrade und Prozesswärmeanwendungen wie Wasserstoffproduktion und Meerwasserentsalzung. Der BREST-OD-300 in Russia konzentriert sich auf bleigekühlte Technologie und zielt darauf ab, einen geschlossenen nuklearen Brennstoffkreislauf zu demonstrieren, der Abfälle reduziert und die Nachhaltigkeit erhöht [125].

Insgesamt stellt die Entwicklung von SMRs einen Paradigmenwechsel in der Kernenergie dar. Durch den Fokus auf modulare Bauweise, Fabrikfertigung und innovative Kühltechnologien bieten SMRs einen vielversprechenden Weg zu flexiblerer, sichererer und kostengünstigerer Kernenergie. Diese Reaktoren sind darauf ausgelegt, erneuerbare Energiequellen zu ergänzen, abgelegene Regionen mit Strom zu versorgen und zu globalen Dekarbonisierungsbemühungen beizutragen. Dennoch bestehen weiterhin Herausforderungen in Bezug auf regulatorische Genehmigungen, Baukosten und Marktakzeptanz. Mit der fortschreitenden Entwicklung der SMR-Technologie besitzt sie jedoch das Potenzial, die Nuklearindustrie zu revolutionieren, indem Kernenergie im 21. Jahrhundert anpassungsfähiger, skalierbarer und wirtschaftlich tragfähiger gemacht wird [125].

Der Bau von kleinen modularen Reaktoren (Small Modular Reactors, SMRs) bringt eine besondere Reihe technischer Herausforderungen und potenzieller Lösungen mit sich, die für die Weiterentwicklung der Kernenergietechnologie von großer Bedeutung sind. SMRs wurden entwickelt, um mehrere Probleme traditioneller großer Kernreaktoren zu lösen, darunter hohe Investitionskosten, lange Bauzeiten und Sicherheitsbedenken. Diese Zusammenfassung untersucht die wichtigsten technischen Herausforderungen beim Bau von SMRs sowie die innovativen Lösungsansätze, die vorgeschlagen werden, um diese zu überwinden.

Eine der größten Herausforderungen beim Bau von SMRs sind die hohen Investitionskosten, die mit Kernkraftwerken verbunden sind. Obwohl SMRs kostengünstiger als ihre größeren Gegenstücke sein sollen, kann der Verlust von Skaleneffekten zu höheren spezifischen Investitionskosten führen [127]. Häufig ist der Bau mehrerer Einheiten erforderlich, um wirtschaftliche Wettbewerbsfähigkeit zu erreichen, was Finanzierung und Projektmanagement zusätzlich erschweren kann [65]. Zur Verringerung dieser Kosten schlagen Befürworter einen modularen Bauansatz vor, bei dem Reaktorkomponenten außerhalb der Baustelle gefertigt und anschließend zum Installationsort transportiert werden. Diese Methode reduziert nicht nur die Bauzeit vor Ort, sondern ermöglicht auch standardisierte Designs, die an verschiedenen Standorten repliziert werden können, wodurch die Kosteneffizienz verbessert wird [11, 128].

Eine weitere bedeutende Herausforderung ist der regulatorische und lizenzrechtliche Rahmen, der historisch auf große Reaktoren zugeschnitten wurde. Das Genehmigungsverfahren für SMRs ist häufig kompliziert und langsam, was den Einsatz mehrerer identischer Einheiten behindert [65]. Um diesem Problem zu begegnen, wächst die Forderung nach regulatorischen Reformen, die die besonderen Eigenschaften von SMRs – wie ihre Modularität und passiven Sicherheitsmerkmale – berücksichtigen. Eine Straffung des Genehmigungsprozesses könnte schnellere Zulassungen ermöglichen und Investitionen in die SMR-Technologie fördern [65].

Sicherheit ist ein zentrales Anliegen der Nukleartechnik, und obwohl SMRs mit verbesserten Sicherheitsmerkmalen ausgestattet sind, bleibt die Gewährleistung ihrer Zuverlässigkeit im Betrieb eine Herausforderung. Die inhärenten Sicherheitsmechanismen von SMRs, wie passive Kühlsysteme, sollen das Risiko von Unfällen minimieren [16]. Dennoch muss die technische Fachwelt diese Sicherheitssysteme weiterhin durch umfangreiche Tests und Simulationen validieren, um sicherzustellen, dass sie unter unterschiedlichen Betriebsbedingungen wie vorgesehen funktionieren [16, 129]. Darüber hinaus kann die Integration fortschrittlicher Überwachungstechnologien die Betriebssicherheit erhöhen, indem sie Echtzeitdaten über die Reaktorleistung liefert, was für die frühzeitige Erkennung potenzieller Probleme entscheidend ist [129].

Der Bauzeitplan von SMRs ist ein weiterer entscheidender Faktor, der ihre wirtschaftliche Tragfähigkeit beeinflusst. Traditionelle Kernkraftwerke sind häufig mit erheblichen Verzögerungen konfrontiert, die auf komplexe Bauprozesse und Herausforderungen im Projektmanagement zurückzuführen sind [130]. SMRs hingegen sind aufgrund ihrer modularen Bauweise und Fabrikfertigung auf kürzere Bauzeiten ausgelegt [128, 130]. Die Einhaltung dieser Zeitpläne erfordert jedoch sorgfältige Planung und Umsetzung sowie qualifizierte Arbeitskräfte, die mit modularen Bautechniken vertraut sind [131]. Die Einführung fortschrittlicher Projektmanagementmethoden und die Nutzung digitaler Werkzeuge zur Bauplanung können dazu beitragen, den Bauprozess zu optimieren und Verzögerungen zu reduzieren [131].

Überwindung zentraler Herausforderungen bei SMRs

Reduzierung des Source Terms: Obwohl SMRs von Natur aus eine geringere Menge radioaktiver Stoffe enthalten als große Kernreaktoren, ist eine weitere Reduzierung des sogenannten Source Terms entscheidend, um die Notfallplanungszone (Emergency Planning Zone – EPZ) auf das Kraftwerksgelände selbst zu begrenzen. Diese Reduzierung ist wichtig, damit SMRs näher an besiedelten Gebieten errichtet werden können und dadurch für dezentrale Energieerzeugung praktikabler werden. Ein Ansatz zur Erreichung dieses Ziels ist die Einführung fortschrittlicher passiver Sicherheitssysteme. Beispielsweise werden Leichtwasserreaktor-(LWR)-SMRs mit robusten Stahl-Sicherheitsbehältern entwickelt, die deutlich höheren Drücken standhalten können als die konventionellen Betonstrukturen großer Reaktoren. Dadurch wird die Fähigkeit des Sicherheitsbehälters verbessert, radioaktive Leckagen im Falle eines Unfalls zu verhindern. Nicht-LWR-SMRs, etwa solche mit Flüssigmetall- oder Salzschmelzenkühlung, arbeiten bei atmosphärischem oder niedrigem Druck, wodurch die Wahrscheinlichkeit von Hochdruckversagen und damit die potenzielle Freisetzung radioaktiver Stoffe erheblich reduziert wird [125].

Für gasgekühlte SMRs werden Brennstoffdesigns wie TRISO-Brennstoffpartikel (Tristructural Isotropic) verwendet, die mehrere Schutzschichten um den Kernbrennstoff integrieren. Diese Beschichtungen wirken als Mini-Sicherheitsbehälter und verhindern die Freisetzung radioaktiver Isotope selbst dann, wenn die primäre Eindämmung des Reaktors beeinträchtigt wird. Durch die Kombination robuster physischer Eindämmung mit inhärent sicheren Reaktordesigns kann der

Source Term drastisch reduziert werden. Der Nachweis eines reduzierten Source Terms ist entscheidend, um regulatorische Genehmigungen für die Errichtung von SMRs in dicht besiedelten Gebieten zu erhalten und dadurch ihre potenziellen Anwendungen über abgelegene Regionen hinaus auszuweiten [125].

Reduzierung der Fertigungs- und Baukosten: Eine bedeutende Herausforderung für SMRs besteht darin, die traditionellen Beschränkungen der „Economy of Scale“ zu überwinden, die historisch die Wirtschaftlichkeit großer Kernreaktoren bestimmt haben. Um SMRs wirtschaftlich tragfähig zu machen, müssen sich ihre Fertigungs- und Bauprozesse grundlegend von denen großer Reaktoren unterscheiden. Dazu gehört die Minimierung des Einsatzes schwerer Ausrüstung und die Verringerung des Umfangs der Bauarbeiten vor Ort. Die Fertigung kritischer Komponenten in kontrollierten Fabrikumgebungen gewährleistet eine gleichbleibende Qualität und verkürzt die Produktionszeiten. Durch die Nutzung modularer Bauweisen wird der Bedarf an spezialisierter Arbeitskraft und schwerem Gerät auf der Baustelle drastisch reduziert, was zu erheblichen Kosteneinsparungen führt [125].

Darüber hinaus müssen SMRs mit standortunabhängigen Merkmalen entwickelt werden, damit sie ohne umfangreiche standortspezifische Anpassungen breit eingesetzt werden können. Jüngste Fortschritte in der Fertigung, wie Automatisierung und Robotik, können Produktionszeiten weiter verkürzen und Kosten senken. Ein weiterer innovativer Ansatz zur Verringerung der Investitionskosten besteht in der Wiederverwendung bestehender Infrastruktur, beispielsweise stillgelegter Kohle- oder Gaskraftwerke. Dadurch können die Baukosten von SMRs um 15–35 % reduziert werden. Durch die Wiederverwendung von Komponenten wie Kühltürmen, Netzanschlüssen und Betriebsgebäuden können Projektentwickler Projekte schneller und mit geringerem finanziellem Risiko umsetzen [125].

Reduzierung des Bedarfs an Betriebs- und Wartungspersonal: Damit SMRs tatsächlich kosteneffizient sind, müssen sie mit weniger Personal betrieben werden können als große Kernkraftwerke. Traditionell erfordern Kernreaktoren umfangreiches Personal für Betrieb und Wartung (Operation and Maintenance – O&M), doch SMRs können sich diesen hohen Personalaufwand nicht leisten, wenn sie wirtschaftlich tragfähig sein sollen. Daher werden SMRs so entwickelt, dass sie auf fortschrittliche Automatisierung, künstliche Intelligenz (KI) und Digital-Twin-Technologien setzen, um menschliche Eingriffe zu minimieren. Autonome Steuerungssysteme werden entwickelt, die den Reaktorbetrieb mit minimaler Überwachung überwachen und steuern können. Dies erfordert sowohl Hardware- als auch Softwareinnovationen: Vereinfachte Reaktordesigns reduzieren die Anzahl der zu kontrollierenden Variablen, während KI-gestützte Software das Bedienpersonal bei Routineaufgaben und der Reaktion auf Anomalien unterstützt [125].

Digitale Zwillinge – virtuelle Abbilder des physischen Reaktors – können die Leistung in Echtzeit simulieren und Verschleiß an Komponenten vorhersagen, um Wartungspläne zu optimieren. Dieser vorausschauende Wartungsansatz kann die Lebensdauer von Reaktorkomponenten verlängern, Ausfallzeiten reduzieren und die Gesamteffizienz verbessern. Durch den Einsatz digitaler Technologien können SMRs den Personalbedarf reduzieren, ohne die Sicherheit zu beeinträchtigen, wodurch die Betriebskosten gesenkt werden [125].

Reduzierung von Unsicherheiten im Genehmigungsverfahren: Eines der größten Hindernisse für die breite Einführung von SMRs ist die Unsicherheit und Komplexität des derzeitigen Genehmigungsprozesses. Traditionelle Kernreaktoren unterliegen strengen regulatorischen Anforderungen, die auf großskalige und risikoreiche Betriebsweisen ausgerichtet sind. SMRs weisen jedoch aufgrund ihrer geringeren Größe und verbesserten Sicherheitsmerkmale von Natur aus ein niedrigeres Risikoprofil auf. Die Anwendung derselben konservativen regulatorischen Rahmenbedingungen, die für große Reaktoren entwickelt wurden, kann bei SMRs kontraproduktiv sein. Um dieses Problem zu überwinden, ist ein Übergang zu leistungs- und risikobasierten Regulierungsrahmen erforderlich. Solche Rahmenwerke würden sich auf das tatsächliche Risiko von SMRs konzentrieren, anstatt pauschale Vorschriften anzuwenden, die für Großreaktoren gedacht sind [125].

Die Entwicklung eines globalen, standardisierten Ansatzes für die Lizenzierung von SMRs könnte den Genehmigungsprozess vereinfachen, Kosten senken und die Einführung beschleunigen. Eine enge Zusammenarbeit zwischen Regulierungsbehörden und SMR-Entwicklern ist entscheidend, um klare Richtlinien zu schaffen, die die besonderen Sicherheitsmerkmale von SMRs widerspiegeln. Ein standardisiertes internationales Genehmigungsverfahren würde außerdem den Export von SMR-Technologien erleichtern, die Einführung in mehreren Ländern unterstützen und Zeit sowie Kosten standortspezifischer Prüfungen reduzieren [125].

Diversifizierung der Einsatzbereiche von SMRs: Über die reine Stromerzeugung hinaus besitzen SMRs das Potenzial, auch andere Sektoren zu dekarbonisieren, etwa industrielle Prozesswärme, Meerwasserentsalzung und sogar den Transportsektor. Im Gegensatz zu traditionellen Kernreaktoren, die häufig auf großskalige Stromproduktion beschränkt sind, macht die Flexibilität von SMRs sie ideal für vielfältige Anwendungen. Beispielsweise können hochtemperatur-gasgekühlte SMRs Prozesswärme für industrielle Anwendungen bereitstellen und dadurch die Abhängigkeit von fossilen Brennstoffen reduzieren. SMRs können auch im maritimen Transport eingesetzt werden und dort eine Alternative zu Dieselmotoren für Schiffe bieten, wodurch sie zur Dekarbonisierung dieses Sektors beitragen [125].

Jüngste Kooperationen zwischen SMR-Entwicklern und Industriezweigen wie der chemischen Verarbeitung und dem Schiffbau zeigen das Potenzial, die Rolle der Kernenergie über den Stromsektor hinaus auszuweiten. Durch die Nutzung von Kernreaktoren für Fernwärme, Wasserstoffproduktion und Meerwasserentsalzung können SMRs zu globalen Dekarbonisierungsbemühungen beitragen und gleichzeitig ihre Marktattraktivität erhöhen. Diese Diversifizierung hilft nicht nur, Treibhausgasemissionen zu reduzieren, sondern stärkt auch die wirtschaftliche Grundlage von SMRs und macht sie für Investoren und politische Entscheidungsträger attraktiver [125].

Um SMRs erfolgreich in großem Maßstab einzusetzen, müssen Entwickler Herausforderungen in Bezug auf Sicherheit, Kosten, Personalbedarf, Genehmigungsverfahren und Marktdifferenzierung bewältigen. Durch die Einführung fortschrittlicher Technologien wie passiver Sicherheitssysteme, modularer Bauweisen, KI-gestützter Automatisierung und digitaler Zwillinge können SMRs die erforderlichen Kostensenkungen und Sicherheitsverbesserungen erreichen. Darüber hinaus werden die Straffung regulatorischer Prozesse und die Erweiterung der

Einsatzmöglichkeiten von SMRs entscheidend sein, um ihr volles Potenzial im Übergang zu einer kohlenstoffarmen Zukunft zu verwirklichen [125].

Wichtige Komponenten und Systemintegrationen

Im Zentrum von SMR-Kraftwerken stehen mehrere entscheidende Komponenten und Systeme, die sorgfältig integriert werden, um einen effizienten, sicheren und zuverlässigen Betrieb zu gewährleisten. Bei der Betrachtung der wichtigsten Komponenten und Systemintegrationen von kleinen modularen Reaktoren (Small Modular Reactors, SMRs) ist es wesentlich, die komplexen Design- und Betriebsmerkmale zu verstehen, die diese Reaktoren von traditionellen Kernkraftwerken unterscheiden. Die folgenden Abschnitte beschreiben die Hauptkomponenten, deren Konstruktion und ihre Integration in das Gesamtsystem.

Reaktorkern und Reaktordruckbehälter

Der Reaktorkern eines SMR besteht typischerweise aus einer kompakten Anordnung von Brennstäben, die häufig niedrig angereichertes Uran oder alternative Brennstoffe wie Thorium oder Mischoxid-Brennstoff (MOX) verwenden. Diese Brennstäbe sind mit einer Hülle aus Zirkoniumlegierung ummantelt, die dazu dient, radioaktive Spaltprodukte einzuschließen und die Sicherheit zu erhöhen [116]. Der Kern befindet sich innerhalb eines robusten Reaktordruckbehälters aus hochfestem Stahl, der dafür ausgelegt ist, extremen Betriebsdrücken und Temperaturen standzuhalten. Viele SMRs integrieren den Reaktorkern und das Primärkühlsystem innerhalb eines einzigen Druckbehälters, wodurch das Design vereinfacht wird, da die Komplexität externer Rohrleitungen und Verbindungen reduziert wird [5].

Die Herstellung des Reaktordruckbehälters erfolgt in einer kontrollierten Fabrikumgebung, was eine präzise Fertigung und strenge Qualitätskontrolle ermöglicht. Dieser fabrikbasierte Ansatz erleichtert umfangreiche Tests, bevor der Behälter zum Kraftwerksstandort transportiert wird, wodurch das Risiko von Defekten minimiert und die allgemeine Sicherheit des Reaktors verbessert wird [5]. Das kompakte, integrale Design von SMRs reduziert nicht nur die Wahrscheinlichkeit von Leckagen, sondern vereinfacht auch die Montage vor Ort, da nur minimale Schweißarbeiten auf der Baustelle erforderlich sind [116].

Primärkühlsystem und Wärmetauscher

Das Primärkühlsystem spielt eine entscheidende Rolle beim Transfer der im Reaktorkern erzeugten Wärme zum Sekundärsystem, wo sie zur Dampferzeugung für die Stromproduktion genutzt wird. In wassergekühlten SMRs wird typischerweise unter Druck stehendes Wasser als Primärkühlmittel verwendet, während fortschrittliche Designs alternative Kühlmittel wie flüssiges Natrium oder Helium nutzen können, um höhere Betriebstemperaturen zu erreichen

[5]. Wärmetauscher sind ein wesentlicher Bestandteil dieses Systems und ermöglichen eine effiziente Wärmeübertragung auf den Sekundärkreislauf. Diese Komponenten werden häufig außerhalb der Baustelle vorgefertigt, was eine schnellere Installation ermöglicht und die Bauzeit vor Ort verkürzt [5].

Bei Konstruktionen mit natürlicher Zirkulation kann das Primärkühlsystem ohne Pumpen betrieben werden und stattdessen temperaturbedingte Dichteunterschiede nutzen, um das Kühlmittel zu zirkulieren. Diese passive Zirkulationsmethode vereinfacht nicht nur das System, sondern erhöht auch die Sicherheit, da das Risiko mechanischer Ausfälle von Pumpen reduziert wird [5, 7].

Sekundärkreislauf und Turbinen-Generator-System

Der Sekundärkühlkreislauf nimmt Wärme aus dem Primärsystem über Wärmetauscher auf und wandelt sie in Dampf um, der einen Turbinen-Generator-Satz antreibt und so Strom erzeugt. Die Turbinen-Generator-Einheiten in SMRs sind kleiner und kompakter als jene traditioneller Reaktoren, was zu einem insgesamt geringeren Platzbedarf beiträgt [7]. Die Komponenten des Sekundärkreislaufs, einschließlich Dampferzeugern und Turbinen, werden typischerweise als standardisierte Module vorgefertigt, was eine effiziente Fertigung und Prüfung vor der Installation ermöglicht [7].

Dieser modulare Ansatz vereinfacht nicht nur den Installationsprozess, sondern stellt auch sicher, dass alle Komponenten vor der Integration vor Ort vollständig betriebsbereit sind, wodurch der Aufwand für die Inbetriebnahme minimiert wird [7].

Sicherheitsbehälterstruktur

SMRs verwenden kompakte Sicherheitsbehälterstrukturen aus verstärktem Beton und Stahl, um eine robuste Barriere gegen Strahlenfreisetzung zu schaffen. Viele Designs verfügen über unterirdische Sicherheitsbehälter, um den Schutz gegen äußere Gefahren wie Erdbeben und Überschwemmungen zu verbessern [7]. Die Sicherheitsstruktur integriert häufig passive Kühlsysteme, die Wärme ohne externe Stromversorgung ableiten können und dadurch die Sicherheit weiter erhöhen [7].

Die Vorfertigung großer Sicherheitsbehältermodule ermöglicht eine schnelle Montage vor Ort und reduziert die Bauzeit im Vergleich zu traditionellen Reaktoren erheblich [7].

Steuerungs- und Instrumentierungssysteme

Fortschrittliche digitale Steuerungssysteme sind integraler Bestandteil des SMR-Betriebs und verwalten Reaktorfunktionen, während sie durch Echtzeitüberwachung kritischer Parameter wie Temperatur und Druck die Sicherheit gewährleisten [7]. Diese Systeme werden außerhalb der

Baustelle entwickelt und getestet, sodass sie vor der Installation vollständig funktionsfähig sind und dadurch umfangreiche Inbetriebnahmeaktivitäten reduziert werden [7]. Die Integration von Cybersicherheitsmaßnahmen ist ebenfalls entscheidend, um Schutz vor potenziellen digitalen Bedrohungen zu gewährleisten und sichere Kommunikation sowie Steuerung sicherzustellen [7].

Passive Sicherheitssysteme und Notkühlung des Reaktorkerns

Ein wesentliches Merkmal von SMRs ist ihre Abhängigkeit von passiven Sicherheitssystemen, die ohne externe Stromversorgung oder mechanische Eingriffe funktionieren können. Notkühlsysteme für den Reaktorkern (Emergency Core Cooling Systems – ECCS) sind so ausgelegt, dass sie sich im Falle eines Kühlmittelverluststörfalls (Loss of Coolant Accident – LOCA) automatisch aktivieren und schwerkraftgespeiste Wassertanks sowie Wärmetauscher nutzen, um Nachzerfallswärme aus dem Reaktorkern abzuführen [7]. Die Vorfertigung dieser Systeme erhöht die Zuverlässigkeit, da die Komplexität und potenzielle Ausfallpunkte aktiver Systeme reduziert werden [7].

Lagerung abgebrannter Brennelemente und Abfallmanagement

SMRs sind aufgrund höherer Brennstoffeffizienz und längerer Abbrandzyklen darauf ausgelegt, weniger radioaktive Abfälle zu erzeugen. Abgebrannte Brennelemente werden zunächst in Lagerbecken auf dem Kraftwerksgelände gekühlt und anschließend zur langfristigen Lagerung in Trockenlagerbehälter überführt [7]. Die modulare Bauweise der Lageranlagen für abgebrannte Brennelemente ermöglicht eine schnelle Installation und zukünftige Erweiterungen nach Bedarf und gewährleistet ein sicheres Management radioaktiver Abfälle während der gesamten Betriebsdauer der Anlage [7].

Systemintegration und Endmontage

Die Integration aller Komponenten zu einem zusammenhängenden Gesamtsystem ist ein Kennzeichen des modularen Bauansatzes. Jedes Modul ist so ausgelegt, dass es über standardisierte Verbindungen nahtlos mit anderen Modulen verbunden werden kann, wodurch ein optimierter Montageprozess ermöglicht wird [7]. Diese Modularität kann die gesamte Bauzeit von SMRs erheblich verkürzen und die Bauzeit im Vergleich zu den typischen 8–10 Jahren großer Reaktoren potenziell auf nur 2–3 Jahre reduzieren [7].

Kapitel 4
Regulatorischer und lizenzrechtlicher Rahmen für SMRs

Verständnis internationaler und nationaler Nuklearvorschriften

Internationale Nuklearvorschriften: Überblick und Bedeutung

Internationale Nuklearvorschriften bilden ein komplexes und entscheidendes Regelwerk, das entwickelt wurde, um die sichere, geschützte und friedliche Nutzung der Kernenergie zu gewährleisten. Diese Vorschriften sollen die öffentliche Gesundheit, die Umwelt und die nationale Sicherheit schützen und gleichzeitig die verantwortungsvolle Nutzung nuklearer Technologien für Energieerzeugung, Medizin und wissenschaftliche Forschung fördern. Angesichts der potenziellen Risiken im Zusammenhang mit Kernreaktoren, radioaktiven Stoffen und nuklearer Proliferation werden diese Vorschriften von internationalen Organisationen und nationalen Aufsichtsbehörden durchgesetzt, um Praktiken grenzüberschreitend zu standardisieren.

Der internationale nukleare Regulierungsrahmen basiert hauptsächlich auf Prinzipien und Richtlinien, die von zentralen Organisationen wie der International Atomic Energy Agency (IAEA), der World Nuclear Association (WNA), der Nuclear Energy Agency (NEA) unter der Organisation for Economic Co-operation and Development (OECD) sowie durch Abkommen wie den Treaty on the Non-Proliferation of Nuclear Weapons (NPT) festgelegt werden. Diese Organisationen und Abkommen stellen sicher, dass nukleare Aktivitäten in einer Weise durchgeführt werden, die Risiken minimiert und die internationale Zusammenarbeit stärkt.

Internationale Atomenergie-Organisation (IAEA)

Die International Atomic Energy Agency (IAEA), gegründet im Jahr 1957, ist eine zentrale Institution im Bereich der nuklearen Governance. Sie konzentriert sich auf die Förderung der friedlichen Nutzung der Kernenergie, die Entwicklung von Sicherheitsstandards sowie die Verhinderung nuklearer Proliferation. Das vielschichtige Mandat der Organisation ist entscheidend für die Gestaltung internationaler Nuklearpolitik und die Sicherstellung der Einhaltung entsprechender Verpflichtungen durch ihre Mitgliedstaaten.

Die IAEA spielt eine wichtige Rolle bei der Entwicklung von Sicherheitsstandards, deren Übernahme den Mitgliedstaaten empfohlen wird. Diese Standards umfassen ein breites Spektrum an Bereichen, darunter Strahlenschutz, Management radioaktiver Abfälle, Reaktorsicherheit und Notfallvorsorge. Obwohl diese Richtlinien rechtlich nicht bindend sind, dienen sie als wesentliche Referenzpunkte für nationale Vorschriften und beeinflussen maßgeblich, wie Staaten ihre Nuklearprogramme verwalten [132]. Beispielsweise werden IAEA-Standards häufig dort angewendet, wo nationale Regelungen fehlen, was ihre Bedeutung für Betriebsmanagement und Sicherheitsprotokolle von Kernreaktoren unterstreicht [132]. Darüber hinaus ist die Einhaltung der IAEA-Richtlinien entscheidend, um Umwelt- und Gesundheitsrisiken im Zusammenhang mit der Entsorgung radioaktiver Abfälle zu minimieren [133, 134].

Im Bereich der Sicherungsmaßnahmen und Verifikation spielt die IAEA eine zentrale Rolle bei der Überwachung der Einhaltung des Treaty on the Non-Proliferation of Nuclear Weapons (NPT). Die Organisation führt Inspektionen durch, um sicherzustellen, dass nukleare Materialien nicht für militärische Zwecke umgeleitet werden. Mitgliedstaaten sind verpflichtet, ihre Nuklearanlagen und nuklearen Materialien zu deklarieren [135]. Dieser Verifikationsprozess ist entscheidend für die Aufrechterhaltung internationalen Vertrauens und globaler Sicherheit im Zusammenhang mit nuklearen Fähigkeiten. Die Legitimität der Sicherungsmaßnahmen der IAEA basiert auf ihrer technischen Autorität und den strengen Methoden, die bei Inspektionen angewendet werden und für die Aufrechterhaltung globaler Nichtverbreitungsnormen von wesentlicher Bedeutung sind [135, 136]. Die Rolle der Organisation in diesem Bereich wurde in zahlreichen Studien hervorgehoben und unterstreicht ihre Bedeutung innerhalb des globalen Systems nuklearer Governance [137].

Abbildung 32: Internationaler Ausbildungskurs zur Entwicklung von Vorschriften und zugehörigen administrativen Maßnahmen für nukleare Sicherheit. Zwanzig Teilnehmer aus Mitgliedstaaten nahmen am Internationalen Ausbildungskurs zur Entwicklung von Vorschriften und zugehörigen administrativen Maßnahmen für nukleare Sicherheit teil, der am Hauptsitz der International Atomic Energy Agency in Vienna, Austria, stattfand. 13. Mai 2022. IAEA Imagebank, CC BY 2.0, über Flickr.

Die IAEA fördert außerdem die technische Zusammenarbeit, insbesondere in Entwicklungsländern, um die sichere und friedliche Nutzung der Kernenergie zu unterstützen. Dazu gehören Initiativen zum Kapazitätsaufbau, die die Fähigkeiten der Mitgliedstaaten stärken sollen, Nukleartechnologien wirksam und sicher einzusetzen [138, 139]. Beispielsweise war die IAEA an der Unterstützung nuklearkardiologischer Praktiken in Latin America und der Caribbean beteiligt, was ihr Engagement zur Bewältigung gesundheitlicher Herausforderungen durch nukleare Techniken verdeutlicht [139]. Darüber hinaus zielt das Internationale Projekt für innovative Kernreaktoren und Brennstoffkreisläufe (INPRO) der IAEA darauf ab, die Zusammenarbeit zwischen Mitgliedstaaten bei der Erforschung nachhaltiger Kernenergielösungen zu fördern, was ihre Rolle bei der Unterstützung technologischer Weiterentwicklung und internationaler Kooperation weiter unterstreicht [140, 141].

Der Vertrag über die Nichtverbreitung von Kernwaffen (NPT)

Der Treaty on the Non-Proliferation of Nuclear Weapons (NPT), der 1970 in Kraft trat, bildet einen grundlegenden Rahmen für die globale nukleare Governance. Sein Ziel ist es, die Verbreitung von Kernwaffen zu verhindern und die friedliche Nutzung der Kernenergie zu fördern. Der Vertrag basiert auf drei wesentlichen Säulen: Nichtverbreitung, Abrüstung und friedliche Nutzung der Kernenergie.

Der Nichtverbreitungsaspekt des NPT schreibt vor, dass Staaten ohne Kernwaffen auf den Erwerb solcher Waffen verzichten, während kernwaffenbesitzende Staaten zustimmen, weder Kernwaffen noch entsprechende Technologien an diese Staaten weiterzugeben. Dieses Prinzip ist entscheidend für die Aufrechterhaltung des Gleichgewichts der internationalen Sicherheit und zur Verhinderung eines nuklearen Wettrüstens [142, 143]. Die International Atomic Energy Agency (IAEA) spielt hierbei eine zentrale Rolle, indem sie Sicherungsmaßnahmen zur Überprüfung der Vertragseinhaltung umsetzt. Zu diesen Maßnahmen gehören Inspektionen und Materialbuchführung, um sicherzustellen, dass nukleare Materialien nicht für Waffenprogramme umgeleitet werden [135, 144].

Die Abrüstung bildet eine weitere zentrale Säule des NPT und fordert kernwaffenbesitzende Staaten dazu auf, Verhandlungen zur nuklearen Abrüstung zu führen. Trotz der Zielsetzungen des Vertrags verlief der Fortschritt bei der Abrüstung nur langsam, was bei nichtkernwaffenbesitzenden Staaten zu Frustration führte und zur Entstehung alternativer Rahmenwerke wie des Treaty on the Prohibition of Nuclear Weapons (TPNW) beitrug [142, 145]. Das Ausbleiben bedeutender Abrüstungsschritte hat Zweifel an der Wirksamkeit des Vertrags geweckt und Diskussionen über die Zukunft der nuklearen Governance ausgelöst . [142, 146].

Der NPT erkennt außerdem das Recht aller Vertragsstaaten an, Kernenergie für friedliche Zwecke zu entwickeln, sofern sie die Sicherungsmaßnahmen der IAEA einhalten. Dieser Aspekt ist wesentlich, um die Nutzung nuklearer Technologien zur Energieerzeugung zu fördern und gleichzeitig sicherzustellen, dass solche Entwicklungen keine Proliferationsrisiken verursachen [136]. Das Sicherungssystem der IAEA dient dazu, zu überwachen und zu verifizieren, dass nukleare Materialien ausschließlich für friedliche Anwendungen genutzt werden, wodurch die Ziele des Vertrags gestärkt werden [135, 144].

World Nuclear Association (WNA) und Nuclear Energy Agency (NEA)

Die World Nuclear Association (WNA) und die Nuclear Energy Agency (NEA) spielen zentrale Rollen im Bereich der Kernenergie und ergänzen die regulatorische Aufsicht der International Atomic Energy Agency (IAEA). Die WNA konzentriert sich auf die Zusammenarbeit zwischen Industrieakteuren, um bewährte Verfahren zu fördern und die nachhaltige Nutzung der Kernenergie zu unterstützen. Dazu gehören Diskussionen über regulatorische Herausforderungen, technologische Fortschritte und die öffentliche Akzeptanz der Kernenergie, die für Wachstum und Akzeptanz der Branche von entscheidender Bedeutung sind [147].

Die NEA unterstützt als spezialisierte Organisation innerhalb der Organisation for Economic Co-operation and Development (OECD) ihre Mitgliedstaaten dabei, hohe Sicherheitsstandards aufrechtzuerhalten und die wirtschaftliche sowie ökologische Leistungsfähigkeit der Kernenergie zu verbessern. Initiativen der NEA wie das International Criticality Safety Benchmark Evaluation Project (ICSBEP) und das International Reactor Physics Experiment Evaluation Project (IRPhEP) verdeutlichen ihr Engagement für die Bereitstellung verlässlicher Daten und Referenzwerte zur Unterstützung von Sicherheit und betrieblicher Effizienz in der Kernenergie [147-149]. Diese Projekte haben umfassende Datenbanken geschaffen, die für die Validierung nuklearer Daten und die Entwicklung fortschrittlicher Reaktortechnologien von entscheidender Bedeutung sind [147, 148].

Darüber hinaus umfasst die Arbeit der NEA die Entwicklung von Werkzeugen und Systemen zur Verifikation und Validierung nuklearer Daten, was wesentlich für die Gewährleistung der Sicherheit und Zuverlässigkeit nuklearer Anlagen ist [148]. Die Zusammenarbeit zwischen WNA und NEA schafft ein Umfeld, in dem bewährte Verfahren ausgetauscht und umgesetzt werden können, und trägt damit letztlich zur sicheren und nachhaltigen Weiterentwicklung der Kernenergie bei [147].

Wichtige internationale Verträge und Übereinkommen

Zusätzlich zum NPT regeln mehrere weitere internationale Verträge und Übereinkommen nukleare Aktivitäten.

Übereinkommen über nukleare Sicherheit (Convention on Nuclear Safety – CNS): Das Übereinkommen über nukleare Sicherheit (CNS) wurde 1994 als Reaktion auf wachsende Sorgen über die Sicherheit von Kernkraftwerken nach mehreren schwerwiegenden Ereignissen, darunter die Chernobyl disaster von 1986, verabschiedet. Ziel des CNS ist die Verbesserung der Sicherheit von Kernreaktoren weltweit durch die Schaffung eines rechtsverbindlichen Rahmens, der die Vertragsstaaten verpflichtet, ihre nuklearen Sicherheitsmaßnahmen regelmäßig zu überprüfen und zu verbessern. Das Übereinkommen verlangt von den Mitgliedstaaten, robuste regulatorische Rahmenbedingungen einzurichten und aufrechtzuerhalten, um sicherzustellen, dass Kernkraftwerke nach strengen Sicherheitsstandards betrieben werden. Es betont Transparenz und Zusammenarbeit, indem die Staaten verpflichtet werden, Berichte über ihre nuklearen Sicherheitspraktiken zur gegenseitigen Begutachtung vorzulegen. Das CNS fördert die internationale Zusammenarbeit beim Austausch bewährter Verfahren, der Verbesserung der Sicherheitskultur und der Minimierung des Unfallrisikos. Dieser Peer-Review-Prozess, der alle drei Jahre stattfindet, hilft dabei, Schwachstellen in Sicherheitspraktiken zu identifizieren und kontinuierliche Verbesserungen in der globalen Nuklearindustrie anzustoßen.

Gemeinsames Übereinkommen über die Sicherheit der Behandlung abgebrannter Brennelemente und über die Sicherheit der Behandlung radioaktiver Abfälle: Das 1997 verabschiedete Gemeinsame Übereinkommen über die Sicherheit der Behandlung abgebrannter Brennelemente und über die Sicherheit der Behandlung radioaktiver Abfälle ist der erste rechtsverbindliche internationale Vertrag, der sich mit den Herausforderungen des

Managements abgebrannter Kernbrennstoffe und radioaktiver Abfälle befasst. Das Übereinkommen konzentriert sich darauf sicherzustellen, dass radioaktive Abfälle so behandelt, gelagert und entsorgt werden, dass Mensch und Umwelt geschützt werden. Es umfasst alle Aspekte des radioaktiven Abfallmanagements, einschließlich Transport, Lagerung, Behandlung und Endlagerung. Die Vertragsstaaten sind verpflichtet, geeignete Maßnahmen zur Verhinderung von Unfällen und zur Minimierung der Freisetzung radioaktiver Stoffe während der Abfallbehandlung umzusetzen. Darüber hinaus fördert das Übereinkommen Transparenz, indem Mitgliedstaaten über ihre Abfallmanagementpraktiken berichten und Peer-Reviews durchlaufen müssen. Dadurch wird sichergestellt, dass Staaten hohe Sicherheitsstandards einhalten, Informationen austauschen und bei bewährten Verfahren zur sicheren Entsorgung nuklearer Abfälle zusammenarbeiten. Das Übereinkommen ist von entscheidender Bedeutung, da es langfristige Umwelt- und Sicherheitsfragen im Zusammenhang mit den wachsenden Mengen radioaktiver Abfälle aus Kernkraftwerken adressiert.

Übereinkommen über die frühzeitige Benachrichtigung bei nuklearen Unfällen und Übereinkommen über Hilfeleistung bei nuklearen Unfällen oder radiologischen Notfällen: Nach der Chernobyl disaster erkannte die internationale Gemeinschaft die Notwendigkeit rechtzeitiger Kommunikation und gegenseitiger Unterstützung im Falle nuklearer Unfälle. Das Übereinkommen über die frühzeitige Benachrichtigung bei nuklearen Unfällen sowie das Übereinkommen über Hilfeleistung bei nuklearen Unfällen oder radiologischen Notfällen wurden beide 1986 verabschiedet, um diesem Bedarf zu begegnen. Das Übereinkommen über frühzeitige Benachrichtigung verpflichtet Staaten, die International Atomic Energy Agency (IAEA) und Nachbarstaaten unverzüglich über nukleare Ereignisse zu informieren, die zu radioaktiven Freisetzungen über ihre Grenzen hinaus führen könnten. Dieses Frühwarnsystem hilft, die Auswirkungen nuklearer Unfälle zu begrenzen, indem betroffene Staaten rasch Schutzmaßnahmen ergreifen können.

Das Hilfeleistungsübereinkommen schafft gleichzeitig einen Rahmen für internationale Zusammenarbeit bei nuklearen Notfällen. Im Rahmen dieses Abkommens können Staaten Unterstützung anfordern und leisten, einschließlich technischer Expertise, Ausrüstung und Ressourcen zur Bewältigung nuklearer Ereignisse und zur Begrenzung ihrer Folgen. Diese Übereinkommen sind entscheidend für die Verbesserung globaler Vorsorge- und Reaktionsfähigkeiten und stellen sicher, dass Staaten wirksam auf nukleare Notfälle reagieren können, wodurch potenzielle Schäden für Gesundheit und Umwelt reduziert werden.

Umfassender Vertrag über das Verbot von Nuklearversuchen (Comprehensive Nuclear-Test-Ban Treaty – CTBT): Der Comprehensive Nuclear-Test-Ban Treaty (CTBT) ist ein ambitioniertes internationales Abkommen, das darauf abzielt, sämtliche Nuklearexplosionen – sowohl für militärische als auch zivile Zwecke – zu verbieten. Obwohl der Vertrag 1996 zur Unterzeichnung aufgelegt wurde, ist er bislang nicht in Kraft getreten, da mehrere Schlüsselstaaten, darunter die United States, China und India, ihn nicht ratifiziert haben. Der CTBT ist bedeutsam, da er die Entwicklung neuer Kernwaffen sowie die Verbreitung bestehender Nukleararsenale eindämmen soll. Durch das Verbot von Nuklearversuchen soll die qualitative Weiterentwicklung von Kernwaffen gestoppt und damit zur globalen Abrüstung beigetragen werden.

Zur Überprüfung der Vertragseinhaltung verfügt der CTBT über ein umfassendes Verifikationssystem mit einem globalen Netzwerk von 321 Überwachungsstationen und 16 Laboratorien, die seismische, hydroakustische, Infraschall- und Radionuklidsignale erfassen, die auf Nuklearexplosionen hinweisen. Diese Stationen sind weltweit strategisch verteilt, um sicherzustellen, dass jeder Nuklearversuch – selbst unterirdisch oder in abgelegenen Regionen – mit hoher Genauigkeit erkannt werden kann. Der Vertrag erlaubt außerdem Vor-Ort-Inspektionen zur Untersuchung verdächtiger Aktivitäten und stärkt dadurch seine Durchsetzungsfähigkeit. Obwohl der CTBT noch nicht rechtsverbindlich ist, hat er bereits erhebliche Wirkung entfaltet, da viele Staaten im Vorgriff auf sein vollständiges Inkrafttreten ein faktisches Moratorium für Nuklearversuche einhalten. Der CTBT gilt als wichtiger Schritt hin zur nuklearen Abrüstung und trägt zum langfristigen Ziel einer Welt ohne Kernwaffen bei.

Herausforderungen der internationalen Nuklearregulierung

Die Herausforderungen der internationalen Nuklearregulierung sind vielschichtig und ergeben sich aus verschiedenen Faktoren, die die globale nukleare Sicherheit und Sicherung beeinflussen. Diese Herausforderungen lassen sich in vier Hauptbereiche einteilen: unterschiedliche nationale Standards, das Aufkommen neuer Technologien, Risiken der nuklearen Proliferation und öffentliche Akzeptanz.

Unterschiedliche nationale Standards: Die International Atomic Energy Agency (IAEA) legt grundlegende Sicherheitsstandards für nukleare Tätigkeiten fest. Einzelne Staaten führen jedoch häufig zusätzliche Vorschriften ein, die erheblich von diesen internationalen Richtlinien abweichen können. Diese Unterschiede erschweren die internationale Zusammenarbeit und den Technologietransfer, da Länder über eigene regulatorische Rahmenwerke verfügen können, die nicht vollständig mit den IAEA-Standards übereinstimmen [150]. Die IAEA hat umfangreiche Leitlinien für Staaten entwickelt, die Kernenergieprogramme aufbauen möchten, und betont die Notwendigkeit der Einhaltung hoher internationaler Standards zur Verringerung von Risiken im Zusammenhang mit Nuklearunfällen und Proliferation [150]. Die fehlende Einheitlichkeit regulatorischer Praktiken kann die Gewährleistung konsistenter Sicherheitsmaßnahmen über Ländergrenzen hinweg erschweren und dadurch die globale nukleare Governance schwächen [132].

Neue Technologien: Das Aufkommen fortschrittlicher Nukleartechnologien wie kleiner modularer Reaktoren (Small Modular Reactors – SMRs), schneller Reaktoren und Salzschmelzenreaktoren stellt bestehende regulatorische Rahmenwerke vor erhebliche Herausforderungen. Diese Technologien erfordern häufig aktualisierte Richtlinien und vereinfachte Genehmigungsverfahren, um Innovationen zu fördern und gleichzeitig die Sicherheit zu gewährleisten [151]. Die derzeitige regulatorische Landschaft berücksichtigt möglicherweise nicht ausreichend die besonderen Sicherheits- und Betriebsmerkmale dieser neuen Technologien, weshalb bestehende Vorschriften neu bewertet werden müssen, um sicherzustellen, dass sie den Anforderungen moderner nuklearer Entwicklungen gerecht werden [152]. Wie in der Fachliteratur hervorgehoben wird, wurde das Vorsorgeprinzip bislang nicht ausreichend in die nukleare Sicherheitsregulierung integriert, was zusätzliche Herausforderungen bei der Anpassung an neue technologische Entwicklungen schafft [151].

Risiken der nuklearen Proliferation: Die Möglichkeit, dass Nukleartechnologie für die Entwicklung von Kernwaffen missbraucht werden könnte, bleibt ein zentrales Anliegen der internationalen Nuklearregulierung. Das Aufkommen fortschrittlicher Brennstoffkreisläufe und Anreicherungsverfahren erhöht die Notwendigkeit strenger Sicherungsmaßnahmen zur Verhinderung von Proliferation [150]. Die International Atomic Energy Agency (IAEA) spielt eine entscheidende Rolle bei der Entwicklung von Sicherungsmaßnahmen und der Förderung der Einhaltung entsprechender Verpflichtungen durch die Mitgliedstaaten, doch die Wirksamkeit dieser Maßnahmen kann durch unterschiedliche nationale Interessen und regulatorische Ansätze eingeschränkt werden [132]. Die Komplexität der Sicherstellung, dass nukleare Materialien nicht für militärische Zwecke missbraucht werden, unterstreicht die Notwendigkeit robuster internationaler Zusammenarbeit und der Einhaltung bestehender Nichtverbreitungsverträge [153].

Öffentliche Akzeptanz: Der Aufbau öffentlichen Vertrauens in die Kernenergie ist entscheidend für die weitere Entwicklung und Akzeptanz der Kernkraft. Schwerwiegende Ereignisse wie die Fukushima Daiichi nuclear disaster und die Chernobyl disaster haben die öffentliche Wahrnehmung der Kernenergie erheblich beeinflusst [154]. Untersuchungen zeigen, dass Einstellungen zur Kernenergie stärker durch Wertvorstellungen als durch wissenschaftliches Wissen geprägt werden, was darauf hindeutet, dass Regulierungsbehörden transparente Kommunikation und proaktive Sicherheitsmaßnahmen einsetzen müssen, um öffentliche Bedenken wirksam zu adressieren [155]. Die Schaffung eines transparenten regulatorischen Prozesses ist entscheidend, um das Vertrauen der Öffentlichkeit in die nukleare Sicherheit zu stärken und sicherzustellen, dass Gemeinschaften sich hinsichtlich des Betriebs nuklearer Anlagen sicher fühlen [154].

Internationale Vorschriften speziell für kleine modulare Reaktoren (SMRs)

Während bestehende internationale Nuklearvorschriften hauptsächlich große Kernreaktoren betreffen, hat das wachsende Interesse an kleinen modularen Reaktoren (SMRs) dazu geführt, dass Regulierungsbehörden spezifische Rahmenwerke entwickeln und anpassen, die auf diese fortschrittlichen Technologien zugeschnitten sind. Die besonderen Merkmale von SMRs – wie modulare Bauweise, verbesserte Sicherheitsfunktionen und potenzielle Einsätze in unterschiedlichen Umgebungen – erfordern Anpassungen der regulatorischen Landschaft. Im Folgenden wird eine detaillierte Darstellung der wichtigsten internationalen Vorschriften und Richtlinien gegeben, die speziell für SMRs relevant sind.

IAEA-Richtlinien zu SMRs: Die International Atomic Energy Agency (IAEA) spielt eine wichtige Rolle bei der Entwicklung von Sicherheitsstandards und regulatorischen Leitlinien für Nukleartechnologien, einschließlich SMRs. Die IAEA arbeitet aktiv an spezifischen Richtlinien zu Sicherheit, Genehmigung und Betrieb von SMRs und erkennt an, dass traditionelle regulatorische

Rahmenwerke, die für große Reaktoren entwickelt wurden, möglicherweise nicht vollständig auf diese kleineren modularen Systeme anwendbar sind.

Die spezifischen Sicherheitsleitfäden (Specific Safety Guides – SSG) der IAEA wurden erweitert, um SMRs einzubeziehen, wobei besonderes Augenmerk auf ihre passiven Sicherheitsmerkmale und neuartigen Designansätze gelegt wird. Beispielsweise wurde der SSG-12, der sich mit der Standortwahl von Reaktoren befasst, aktualisiert, um die reduzierten Notfallplanungszonen (Emergency Planning Zones – EPZs) von SMRs aufgrund ihrer inhärent sichereren Konstruktionen zu berücksichtigen. Darüber hinaus bietet die TECDOC-Reihe der IAEA Leitlinien zu Bereichen wie Sicherheitsbewertung von Designs, Unfallmanagement und Genehmigungsverfahren, die speziell auf die einzigartigen Eigenschaften von SMRs zugeschnitten sind.

Die IAEA fördert außerdem die internationale Zusammenarbeit durch koordinierte Forschungsprojekte (Coordinated Research Projects – CRPs), in denen Mitgliedstaaten Erfahrungen und bewährte Verfahren in Bezug auf Sicherheit, Genehmigung und Einführung von SMRs austauschen können. Ziel dieser Projekte ist die Harmonisierung regulatorischer Rahmenwerke zwischen Staaten, um eine sichere und effiziente weltweite Einführung von SMRs zu ermöglichen.

Übereinkommen über nukleare Sicherheit (Convention on Nuclear Safety – CNS): Das Übereinkommen über nukleare Sicherheit (CNS) ist ein rechtsverbindlicher internationaler Vertrag zur Verbesserung der Sicherheit von Kernkraftwerken. Obwohl das CNS ursprünglich für große Reaktoren konzipiert wurde, gelten seine Grundsätze auch für SMRs. Das Übereinkommen verpflichtet Mitgliedstaaten dazu, regulatorische Rahmenwerke einzurichten, die die Sicherheit aller nuklearen Anlagen – einschließlich SMRs – gewährleisten.

Im Rahmen des CNS müssen Staaten Berichte über ihre nuklearen Sicherheitsmaßnahmen vorlegen, die anschließend von anderen Vertragsparteien überprüft werden. Mit der zunehmenden Einführung von SMRs wird der Überprüfungsprozess verstärkt Diskussionen darüber umfassen, wie neue Reaktordesigns Sicherheitsziele erfüllen, insbesondere hinsichtlich passiver Sicherheitsmerkmale und modularer Bauweise. Das CNS betont zudem Transparenz und Peer-Review-Verfahren, die für den Aufbau von Vertrauen in die Sicherheit von SMR-Technologien von wesentlicher Bedeutung sind.

Harmonisierung von Genehmigungs- und Sicherheitsstandards: Eine der größten Herausforderungen bei der Einführung von SMRs ist das Fehlen harmonisierter internationaler Genehmigungsstandards. SMRs sind für die Massenproduktion konzipiert und sollen potenziell in mehreren Ländern eingesetzt werden. Unterschiedliche regulatorische Anforderungen können ihre Einführung jedoch erheblich verzögern und die Kosten erhöhen. Als Reaktion darauf arbeiten die International Atomic Energy Agency (IAEA), die Nuclear Energy Agency (NEA) und weitere internationale Organisationen an der Harmonisierung von Sicherheitsstandards für SMRs.

Die IAEA hat vorgeschlagen, einen technologieoffenen und leistungsbasierten Ansatz für die Genehmigung von SMRs einzuführen, der sich auf Sicherheitsziele statt auf starre Designvorgaben konzentriert. Dieser Ansatz bietet größere Flexibilität für innovative SMR-Designs, die sich von traditionellen Reaktoren unterscheiden. Darüber hinaus laufen

Bemühungen zur Entwicklung gemeinsamer Sicherheitsstandards, die in mehreren Rechtsräumen anerkannt werden können, wodurch redundante Genehmigungsverfahren reduziert werden.

Das Multinational Design Evaluation Programme (MDEP) ist eine weitere Initiative zur Harmonisierung von Sicherheitsbewertungen für SMRs zwischen teilnehmenden Staaten. Das MDEP erleichtert den Austausch technischer Informationen zwischen Nuklearaufsichtsbehörden und fördert die Zusammenarbeit bei der Genehmigung neuer Reaktordesigns, einschließlich SMRs.

Notfallplanung und reduzierte EPZs: Traditionelle Kernreaktoren erfordern aufgrund der Möglichkeit erheblicher radiologischer Freisetzungen im Falle eines Unfalls umfangreiche Notfallplanungszonen (Emergency Planning Zones – EPZs). SMRs hingegen sind mit verbesserten Sicherheitsmerkmalen und passiven Kühlsystemen ausgestattet, die darauf ausgelegt sind, die Wahrscheinlichkeit schwerer Unfälle zu verringern und potenzielle Freisetzungen radioaktiver Stoffe zu begrenzen.

Vor diesem Hintergrund prüfen die International Atomic Energy Agency (IAEA) und nationale Aufsichtsbehörden Anpassungen der EPZ-Anforderungen für SMRs. Beispielsweise konnte das NuScale Power Module, das von der U.S. Nuclear Regulatory Commission (NRC) eine Designzertifizierung erhielt, nachweisen, dass seine Sicherheitsmerkmale eine erheblich reduzierte EPZ rechtfertigen könnten, die auf das Kraftwerksgelände beschränkt ist. Die IAEA arbeitet an der Entwicklung von Richtlinien, die Sicherheitsanforderungen mit den praktischen Vorteilen reduzierter EPZs in Einklang bringen sollen. Dadurch könnten SMRs näher an besiedelten Gebieten, Industrieanlagen oder abgelegenen Gemeinden eingesetzt werden, die zuverlässige Energieversorgung benötigen.

Internationale Bemühungen zur standardisierten Designzulassung: Aufgrund der modularen Natur von SMRs, die für die Fabrikfertigung und die Montage vor Ort ausgelegt sind, besteht ein starkes Interesse an standardisierten Designzulassungen, die in mehreren Ländern anerkannt werden können. Ziel ist es, die Einführung von SMRs zu erleichtern, indem Designs, die in einem Land zugelassen wurden, auch in anderen Staaten akzeptiert werden. Dadurch sollen Zeit- und Kostenaufwand für regulatorische Genehmigungen in jedem neuen Land reduziert werden.

Organisationen wie die International Atomic Energy Agency (IAEA) und die Nuclear Energy Agency (NEA) arbeiten gemeinsam mit nationalen Aufsichtsbehörden an gegenseitigen Anerkennungsabkommen und der Angleichung von Methoden zur Sicherheitsbewertung. Dies würde es SMR-Anbietern ermöglichen, ihre Designs effizienter zu zertifizieren und Reaktoren international einzusetzen, ohne erheblichen regulatorischen Verzögerungen ausgesetzt zu sein.

Abfallmanagement und Stilllegung: Das Gemeinsame Übereinkommen über die Sicherheit der Behandlung abgebrannter Brennelemente und über die Sicherheit der Behandlung radioaktiver Abfälle gilt sowohl für SMRs als auch für große Reaktoren. SMRs – insbesondere solche mit fortschrittlichen Kühlmitteln wie Salzschmelzen oder Flüssigmetallen – können andere Arten radioaktiver Abfälle erzeugen als konventionelle Reaktoren. Daher entwickeln die IAEA und andere internationale Organisationen aktiv Richtlinien für das Management abgebrannter Brennelemente und radioaktiver Abfälle speziell für SMRs.

Darüber hinaus sind SMRs im Vergleich zu traditionellen Reaktoren auf längere Betriebszeiten und vereinfachte Stilllegungsverfahren ausgelegt. Die IAEA arbeitet daran sicherzustellen, dass diese Innovationen im SMR-Design in internationale Standards für Abfallmanagement und Stilllegung integriert werden, damit Staaten den gesamten Lebenszyklus dieser Reaktoren – von der Errichtung bis zur Stilllegung und Entsorgung radioaktiver Abfälle – planen können.

Nichtverbreitung und Exportkontrolle: Wie alle Nukleartechnologien unterliegen auch SMRs dem Treaty on the Non-Proliferation of Nuclear Weapons (NPT) und damit verbundenen internationalen Abkommen zur Verhinderung der Verbreitung von Kernwaffen. Insbesondere exportorientierte SMRs müssen strenge Exportkontrollvorschriften einhalten, um sicherzustellen, dass sensible Technologien nicht in die Hände unbefugter Akteure gelangen.

Die International Atomic Energy Agency (IAEA) prüft außerdem neue Sicherungs- und Überwachungstechniken für SMRs, insbesondere angesichts der Möglichkeit schwimmender Kernkraftwerke oder von Reaktoren in abgelegenen oder Offshore-Standorten. Diese Reaktoren stellen besondere Herausforderungen hinsichtlich der Sicherstellung dar, dass nukleares Material nicht für unbefugte Zwecke umgeleitet wird.

Obwohl der derzeitige internationale regulatorische Rahmen hauptsächlich auf große Reaktoren ausgerichtet ist, werden erhebliche Fortschritte erzielt, um diese Rahmenwerke an die besonderen Eigenschaften von SMRs anzupassen. Der Schwerpunkt auf Harmonisierung, leistungsbasierten Standards und internationaler Zusammenarbeit soll die Einführung von SMRs vereinfachen und gleichzeitig höchste Standards hinsichtlich Sicherheit, Sicherung und Nichtverbreitung gewährleisten.

Nationale Regulierungsbehörden und Harmonisierung

Nationale Regulierungsbehörden spielen eine entscheidende Rolle bei der Durchsetzung nuklearer Vorschriften innerhalb ihrer jeweiligen Rechtsräume und orientieren sich dabei an internationalen Standards von Organisationen wie der International Atomic Energy Agency (IAEA). Beispiele hierfür sind die U.S. Nuclear Regulatory Commission (NRC), die Autorité de sûreté nucléaire (ASN), die Nuclear Regulation Authority (NRA) Japans und das Office for Nuclear Regulation (ONR) des Vereinigten Königreichs. Diese Behörden setzen nicht nur Vorschriften um, sondern passen sie auch an lokale Gegebenheiten an, um nationale Prioritäten und Bedingungen angemessen zu berücksichtigen. Die IAEA stellt einen Rahmen internationaler Standards bereit, den nationale Regulierungsbehörden an ihre spezifischen Anforderungen anpassen und so ein regulatorisches Umfeld schaffen, das sowohl internationalen Normen entspricht als auch lokale Besonderheiten berücksichtigt.

Die Harmonisierung regulatorischer Praktiken ist besonders wichtig im Zusammenhang mit fortschrittlichen Nukleartechnologien, insbesondere mit dem Aufkommen von kleinen modularen Reaktoren (SMRs) und Reaktoren der nächsten Generation. Initiativen wie das Multinational Design Evaluation Programme (MDEP) und das SMR Regulators' Forum spielen hierbei eine zentrale Rolle. Ziel dieser Initiativen ist die Standardisierung von Designzulassungen und Sicherheitsbewertungen zwischen verschiedenen Staaten, um internationale Zusammenarbeit zu fördern und Hindernisse für die Einführung innovativer Nukleartechnologien zu reduzieren. Das MDEP verfolgt beispielsweise einen kooperativen Ansatz zwischen nationalen Aufsichtsbehörden zur Vereinfachung der Prüfverfahren neuer Reaktordesigns, was für die rechtzeitige und sichere Einführung von SMRs in den Energiemarkt von entscheidender Bedeutung ist.

Darüber hinaus geht die Rolle nationaler Regulierungsbehörden über reine Compliance hinaus; sie sind maßgeblich daran beteiligt, eine Sicherheitskultur und kontinuierliche Verbesserung innerhalb des Nuklearsektors zu fördern. Durch die Teilnahme an internationalen Dialogen und den Austausch bewährter Verfahren tragen diese Behörden zu einem globalen regulatorischen Rahmen bei, der Sicherheitsstandards und betriebliche Effizienz verbessert. Die Unterstützung der IAEA bei der Entwicklung nationaler Auditprogramme und Methoden zur Qualitätssicherung in der Strahlentherapie verdeutlicht, wie internationale Zusammenarbeit nationale Fähigkeiten stärken kann. Solche kooperativen Bemühungen erhöhen nicht nur die Wirksamkeit regulatorischer Systeme, sondern stellen auch sicher, dass Sicherheitsmaßnahmen im Einklang mit technologischen Fortschritten und neuen Herausforderungen im Nuklearbereich weiterentwickelt werden.

Nationale Vorschriften

Der Bau und Betrieb von kleinen modularen Reaktoren (Small Modular Reactors, SMRs) unterliegen nationalen Vorschriften, die von Land zu Land unterschiedlich sind und die jeweiligen Ansätze zur nuklearen Sicherheit, Genehmigung und zum Umweltschutz widerspiegeln. Diese Vorschriften müssen an die besonderen Eigenschaften von SMRs angepasst werden, darunter modulare Bauweise, verbesserte Sicherheitsmerkmale und geringere Umweltbelastungen im Vergleich zu traditionellen Großreaktoren. Im Folgenden wird dargestellt, wie verschiedene Staaten die regulatorischen Herausforderungen im Zusammenhang mit der Einführung und dem Bau von SMRs angehen.

United States

Die U.S. Nuclear Regulatory Commission (NRC) zählt zu den etabliertesten Nuklearaufsichtsbehörden weltweit und hat erhebliche Fortschritte bei der Entwicklung von speziell auf SMRs zugeschnittenen Rahmenwerken erzielt. Im Jahr 2019 zertifizierte die NRC das Design des NuScale Power Module und machte es damit zum ersten SMR mit Designzertifizierung in den Vereinigten Staaten. Der regulatorische Ansatz der NRC basiert auf leistungsorientierten und technologieoffenen Standards. Das bedeutet, dass nicht bestimmte Designmerkmale vorgeschrieben werden, sondern Sicherheitsziele im Mittelpunkt stehen. Diese

Flexibilität ermöglicht es SMR-Entwicklern, Innovationen umzusetzen und gleichzeitig strenge Sicherheitsanforderungen einzuhalten.

Um den Prozess weiter zu vereinfachen, überarbeitet die NRC ihre Genehmigungsverfahren, um die modulare Natur von SMRs besser zu berücksichtigen. Die NRC hat das Genehmigungsverfahren nach Part 52 eingeführt, das frühe Standortgenehmigungen, Designzertifizierungen sowie kombinierte Bau- und Betriebsgenehmigungen ermöglicht. Dieses integrierte Verfahren soll regulatorische Zeitrahmen und Kosten für SMRs reduzieren. Die Vereinigten Staaten prüfen außerdem Möglichkeiten zur Anpassung der Notfallplanungszonen (Emergency Planning Zones – EPZs) für SMRs, die aufgrund der verbesserten Sicherheitsmerkmale der Reaktoren möglicherweise auf das Kraftwerksgelände begrenzt werden könnten.

Canada

Die kanadische Nuklearaufsichtsbehörde, die Canadian Nuclear Safety Commission (CNSC), unterstützt die Einführung von SMRs aktiv. Die CNSC hat ein Vendor Design Review (VDR)-Verfahren eingeführt, das SMR-Entwicklern ermöglicht, bereits vor der Beantragung einer Baugenehmigung Rückmeldungen zu ihren Designs zu erhalten. Dieses freiwillige Vorlizenzierungsverfahren hilft Entwicklern, potenzielle regulatorische Herausforderungen frühzeitig zu erkennen und zu beheben, wodurch Projektrisiken reduziert werden.

Die CNSC legt außerdem großen Wert auf Öffentlichkeitsbeteiligung und Transparenz im Genehmigungsprozess, insbesondere weil SMRs möglicherweise in abgelegenen oder indigenen Gemeinschaften eingesetzt werden. Beispielsweise plant Ontario Power Generation (OPG), bis 2028 einen BWRX-300-SMR am Standort Darlington zu errichten, wobei die CNSC eng mit dem Projektentwickler zusammenarbeitet, um die Einhaltung nationaler Sicherheits- und Umweltstandards sicherzustellen. Der kanadische Ansatz untersucht zudem kleinere EPZs, um den Bau von SMRs näher an besiedelten Gebieten zu ermöglichen.

United Kingdom

Das Vereinigte Königreich hat starkes Interesse an der Entwicklung von SMRs als Teil seiner Strategie zur Dekarbonisierung des Energiesektors bekundet. Das Office for Nuclear Regulation (ONR) überwacht die Genehmigung und Regulierung nuklearer Anlagen, einschließlich SMRs. Der britische Regulierungsansatz legt besonderen Wert auf die Generic Design Assessment (GDA), die es dem ONR ermöglicht, SMR-Designs unabhängig von einem konkreten Standort zu bewerten. Dieses Verfahren erleichtert die Genehmigung von SMR-Projekten, indem Designs bereits vor standortspezifischen Anträgen zertifiziert werden.

Die britische Regierung hat außerdem erhebliche finanzielle Mittel zur Unterstützung der SMR-Entwicklung bereitgestellt, insbesondere für das Rolls-Royce SMR-Projekt, dessen erster Reaktor Anfang der 2030er Jahre betriebsbereit sein soll. Das ONR arbeitet daran, seinen regulatorischen

Rahmen an die modulare und flexible Natur von SMRs anzupassen, insbesondere hinsichtlich fabrikgefertigter Module und schneller Montage vor Ort.

European Union

Innerhalb der Europäischen Union (EU) wird die Kernenergie durch eine Kombination aus nationalen Vorschriften und übergeordneten EU-Richtlinien geregelt. Die European Atomic Energy Community (Euratom) legt Richtlinien für nukleare Sicherheit, Abfallmanagement und Strahlenschutz fest. Die einzelnen Mitgliedstaaten behalten jedoch die Zuständigkeit für die Regulierung ihrer Nuklearindustrien. Länder wie France und Finland prüfen aktiv den Einsatz von SMRs, wobei Électricité de France (EDF) die Entwicklung des NUWARD-SMR vorantreibt.

Der regulatorische Rahmen der EU konzentriert sich auf die Harmonisierung von Sicherheitsstandards zwischen den Mitgliedstaaten, insbesondere für fortschrittliche Reaktoren wie SMRs. Eine Herausforderung besteht weiterhin darin, die nationalen Aufsichtsbehörden mit den strengen Sicherheits- und Umweltstandards der EU in Einklang zu bringen, insbesondere bei grenzüberschreitenden Projekten und Lieferketten. Die EU untersucht außerdem, wie reduzierte EPZs die Einführung von SMRs in dichter besiedelten Regionen erleichtern könnten.

Russia

Russia gilt als führend beim Einsatz von SMRs, insbesondere bei schwimmenden Kernkraftwerken. Die Federal Service for Environmental, Technological and Nuclear Supervision (Rostekhnadzor) reguliert die Nuklearindustrie Russlands. Die Einführung des KLT-40S-SMR auf dem schwimmenden Kraftwerk Akademik Lomonosov (siehe Abbildung 33) stellte einen bedeutenden Meilenstein für den Einsatz von SMRs in abgelegenen Regionen dar. Der regulatorische Rahmen Russlands berücksichtigt sowohl landgestützte als auch maritime Anwendungen von SMRs und umfasst zusätzliche Anforderungen hinsichtlich der besonderen Herausforderungen beim Betrieb von Reaktoren auf dem Wasser.

Abbildung 33: Das erste russische schwimmende Kernkraftwerk Akademik Lomonosov während des Transports, 23. August 2019. Elena Dider, CC BY-SA 4.0, über Wikimedia Commons.

Die russischen Vorschriften legen besonderen Wert auf passive Sicherheitssysteme und modulare Bauweisen, wodurch ein schneller Einsatz in extremen Umgebungen wie der Arktis ermöglicht wird. Darüber hinaus entwickelt das Land bleigekühlte schnelle Reaktoren wie den BREST-OD-300, die einer regulatorischen Aufsicht unterliegen, die sich auf Hochtemperaturbetrieb und innovative Sicherheitsmerkmale konzentriert.

China

China verfolgt die Entwicklung von SMR-Technologien intensiv, um seine Energie- und Umweltziele zu erreichen. Die National Nuclear Safety Administration (NNSA) reguliert den chinesischen Nuklearsektor. China konzentriert sich sowohl auf landgestützte als auch auf maritime SMRs, beispielsweise den ACP100 (Linglong One), der sich derzeit im Bau befindet. Die NNSA hat ihren regulatorischen Rahmen angepasst, um die schnelle Entwicklung von SMRs zu unterstützen, wobei standardisierte Designs und vereinfachte Genehmigungsverfahren im Vordergrund stehen.

Chinas Ansatz umfasst die Beschleunigung der Prüf- und Genehmigungsprozesse für SMRs, um den ehrgeizigen Zeitplan für den Ausbau der Kernenergie einzuhalten. Die NNSA untersucht außerdem Exportmöglichkeiten für chinesische SMR-Designs, insbesondere in Regionen, in denen große Reaktoren aufgrund begrenzter Infrastruktur weniger geeignet sind.

South Korea

South Korea entwickelt aktiv SMR-Technologien durch Projekte wie den SMART-Reaktor und den neu vorgeschlagenen i-SMR. Das Korea Institute of Nuclear Safety (KINS) ist für die Regulierung der Nuklearindustrie einschließlich der SMRs verantwortlich. Der regulatorische Rahmen Südkoreas konzentriert sich darauf sicherzustellen, dass SMRs internationalen Sicherheitsstandards entsprechen, insbesondere angesichts der Pläne, diese Reaktoren in Länder des Nahen Ostens und Südostasiens zu exportieren.

Südkorea legt besonderen Wert auf passive Sicherheitssysteme und borfreie Reaktordesigns in seinen SMRs, um die betriebliche Komplexität zu reduzieren und die Sicherheit zu erhöhen. KINS arbeitet außerdem daran, bestehende Genehmigungsverfahren anzupassen, um den schnellen Einsatz und die modulare Bauweise von SMRs zu ermöglichen.

Japan

Die japanische Regulierungsbehörde, die Nuclear Regulation Authority (NRA), agiert bei der Genehmigung neuer Nuklearprojekte seit der Fukushima Daiichi nuclear disaster vorsichtig. Mit dem erneuten Fokus auf die Reduzierung von Kohlenstoffemissionen prüft Japan jedoch das Potenzial von SMRs. Die NRA entwickelt neue Richtlinien für den Einsatz von SMRs, wobei besonderes Augenmerk auf Erdbebensicherheit, Schutz vor Tsunamis und die Nutzung passiver Kühlsysteme gelegt wird.

Japans Ansatz betont robuste Sicherheitsmaßnahmen und eine aktive Öffentlichkeitsbeteiligung, um das Vertrauen in die Kernenergie wiederherzustellen. Die NRA untersucht außerdem, wie SMRs in bestehende Energieinfrastrukturen integriert werden können, insbesondere in Regionen mit begrenzter Netzkapazität.

Der Bau und Einsatz von SMRs werden durch unterschiedliche nationale Vorschriften beeinflusst, die die jeweiligen Prioritäten und Sicherheitsbedenken der einzelnen Staaten widerspiegeln. Obwohl sich international zunehmend Einigkeit über die Vorteile von SMRs abzeichnet, passen Regulierungsbehörden ihre bestehenden Rahmenwerke weiterhin an, um diese innovativen Reaktoren angemessen zu berücksichtigen. Der Schwerpunkt auf der Harmonisierung von Sicherheitsstandards, der Reduzierung von Notfallplanungszonen (EPZs) und der Vereinfachung von Genehmigungsverfahren ist entscheidend für den weltweiten Erfolg der SMR-Technologie. Mit zunehmender Verbreitung von SMRs wird die fortgesetzte Zusammenarbeit zwischen nationalen Aufsichtsbehörden, Industrieakteuren und internationalen Organisationen wie der International Atomic Energy Agency (IAEA) von entscheidender Bedeutung sein, um den sicheren und effizienten Einsatz dieser Reaktoren weltweit sicherzustellen.

Genehmigungsverfahren für den Bau und Betrieb von SMRs

Der Genehmigungsprozess für den Bau und Betrieb von kleinen modularen Reaktoren (Small Modular Reactors, SMRs) ist ein wesentlicher regulatorischer Ablauf, der sicherstellen soll, dass diese Reaktoren strenge Sicherheits-, Umwelt- und Betriebsstandards erfüllen. Aufgrund der besonderen Eigenschaften von SMRs – darunter ihr modulares Design, die Nutzung passiver Sicherheitssysteme und ihr Potenzial für den Einsatz an unterschiedlichsten Standorten – muss der Genehmigungsprozess angepasst werden, um diese Unterschiede zu berücksichtigen und gleichzeitig strenge Sicherheitsanforderungen aufrechtzuerhalten.

Vorlizenzierungsphase und Vendor Design Review

Die Vorlizenzierungsphase und die Vendor Design Review (VDR) sind entscheidende Bestandteile des Genehmigungsprozesses für kleine modulare Reaktoren (SMRs). Diese erste Phase umfasst Konsultationen zwischen dem Entwickler und der nationalen Aufsichtsbehörde und ermöglicht eine unverbindliche Prüfung vorgeschlagener Reaktordesigns, Sicherheitsmerkmale und technischer Spezifikationen. Das Hauptziel dieser Abstimmung besteht darin, potenzielle regulatorische Probleme frühzeitig im Verfahren zu identifizieren, um Verzögerungen während der formellen Genehmigungsphase zu minimieren. Beispielsweise hat die Canadian Nuclear Safety Commission (CNSC) ein strukturiertes dreistufiges VDR-Verfahren eingeführt, das speziell darauf ausgerichtet ist, SMR-Entwicklern bei der Lösung regulatorischer Fragen vor der Einreichung formeller Anträge zu helfen [156].

Während der Vorlizenzierungsphase müssen Entwickler umfassende Unterlagen einreichen, die detaillierte Beschreibungen des Reaktordesigns, der Sicherheitsmerkmale und der Risikobewertungen enthalten. Diese Unterlagen werden anschließend von der Aufsichtsbehörde sorgfältig geprüft, die Rückmeldungen zur Optimierung der Designs gibt, um die Einhaltung nationaler Sicherheitsstandards sicherzustellen. Diese proaktive Zusammenarbeit ist insbesondere für SMRs von Vorteil, da diese häufig innovative Technologien integrieren, die möglicherweise nicht direkt mit bestehenden regulatorischen Rahmenwerken für traditionelle Reaktoren übereinstimmen. Durch die frühzeitige Behandlung potenzieller Compliance-Probleme können Entwickler kostspielige Änderungen in späteren Phasen des Genehmigungsprozesses vermeiden und damit die Gesamteffizienz regulatorischer Zulassungen verbessern [156].

Darüber hinaus dient das VDR-Verfahren als Plattform für den Dialog zwischen Entwicklern und Regulierungsbehörden, was entscheidend für das gegenseitige Verständnis von Sicherheitserwartungen und technischen Anforderungen ist. Dieser kooperative Ansatz unterstützt nicht nur die Anpassung der Reaktordesigns an Sicherheitsstandards, sondern trägt auch zur Schaffung eines regulatorischen Umfelds bei, das flexibel auf die besonderen Herausforderungen von SMR-Technologien reagiert [156]. Die Strategie der CNSC zeigt beispielhaft, wie strukturierte Vorlizenzierungsprüfungen einen reibungsloseren Übergang in die formelle Genehmigungsphase ermöglichen und letztlich zur sicheren Einführung nuklearer Technologien beitragen können [156].

Standortwahl und Early Site Permits

Die Standortwahl und die Erlangung von Early Site Permits (ESPs) für Nuklearanlagen stellen eine entscheidende Phase bei der Entwicklung von Kernkraftwerken dar, insbesondere für kleine modulare Reaktoren (SMRs). Diese Phase umfasst eine umfassende Bewertung potenzieller Standorte anhand verschiedener Kriterien, darunter seismische Aktivität, Nähe zu Wasserquellen, Bevölkerungsdichte und Umweltbelastungen. Regulierungsbehörden verlangen umfangreiche Untersuchungen, um sicherzustellen, dass ausgewählte Standorte einen sicheren Reaktorbetrieb sowohl unter normalen als auch unter Notfallbedingungen ermöglichen.

Die Standortwahl für Nuklearanlagen ist ein vielschichtiger Prozess, der die Einhaltung klar definierter Kriterien erfordert. Beim Standortauswahlprozess für SMRs müssen Umweltbelastungen und die praktische Umsetzbarkeit des Einsatzes berücksichtigt werden, was die Bedeutung eines strukturierten Bewertungsansatzes unterstreicht [157]. Ebenso ist die Erhebung ökologischer und gesundheitsbezogener Daten erforderlich, um fundierte Entscheidungen zur Standortwahl zu treffen, wobei die Komplexität von Ökosystemen und potenziellen Expositionspfaden für Menschen die Bewertung erschwert [158]. Diese Komplexität wird zusätzlich durch Faktoren wie lokales Klima, geologische Bedingungen und die Verfügbarkeit von Kühlwasser verstärkt, die mit Sicherheits- und Umweltanforderungen in Einklang gebracht werden müssen [159].

In den United States spielt die U.S. Nuclear Regulatory Commission (NRC) eine zentrale Rolle im ESP-Verfahren, das Entwicklern ermöglicht, eine Standortgenehmigung einzuholen, bevor das endgültige Reaktordesign abgeschlossen ist. Dieser regulatorische Rahmen soll die Bauzeitpläne für SMR-Entwickler beschleunigen, da spätere standortspezifische Genehmigungen entfallen können. Die NRC bewertet im Rahmen des ESP-Antrags Standortsicherheit, Umweltwirkungen und Notfallvorsorge, um sicherzustellen, dass alle potenziellen Risiken vor Baubeginn berücksichtigt werden [160]. Die Bedeutung dieser Bewertungen wird auch durch die Arbeiten von Basri et al. hervorgehoben, die regulatorische Anforderungen für die Standortwahl von Kernkraftwerken untersuchen und die Übereinstimmung der malaysischen Richtlinien mit internationalen Standards betonen [160].

Darüber hinaus ist die Integration von Human Factors Engineering (HFE) in das Design und den Betrieb nuklearer Anlagen entscheidend für Sicherheit und Effizienz. Die Richtlinien der NRC für HFE betonen die Notwendigkeit gründlicher Bewertungen der Mensch-System-Schnittstellen, um potenzielle Sicherheitsrisiken zu minimieren [161]. Dieser Aspekt der Standortwahl und Genehmigung ist von wesentlicher Bedeutung, da er sicherstellt, dass die Betriebsumgebung für ein sicheres Reaktormanagement geeignet ist.

Designzertifizierung und Standardzulassung von Designs

Der Prozess der Designzertifizierung und Standardzulassung von Reaktordesigns ist ein zentraler Bestandteil der Genehmigung von Kernreaktoren, insbesondere von kleinen modularen Reaktoren (SMRs). Diese Phase umfasst eine umfassende Bewertung durch Regulierungsbehörden wie die U.S. Nuclear Regulatory Commission (NRC), um sicherzustellen, dass Reaktordesigns strenge Sicherheits- und Leistungsanforderungen erfüllen. Die Bewertung konzentriert sich auf kritische Komponenten wie das Reaktorkerndesign, passive Sicherheitssysteme, Sicherheitsbehälterstrukturen und Notkühlsysteme, die wesentlich zur Risikominderung im Zusammenhang mit nuklearen Anlagen beitragen [162, 163].

Bei SMRs kann der Designzertifizierungsprozess effizienter sein als bei traditionellen Großreaktoren. Diese Effizienz ergibt sich aus der modularen Natur von SMRs, die standardisierte Designs ermöglicht, die an mehreren Standorten repliziert werden können, ohne dass für jede neue Installation umfangreiche Prüfungen erforderlich sind. Die Zertifizierung des NuScale Power SMR durch die NRC – die erste ihrer Art in den Vereinigten Staaten – ist ein Beispiel für diesen vereinfachten Ansatz. Nach der Zertifizierung können Entwickler dasselbe Design an verschiedenen Standorten einsetzen, wodurch regulatorische Kosten erheblich reduziert und die Gesamtzeit bis zur Inbetriebnahme verkürzt werden [162, 163]. Diese Standardisierung verbessert nicht nur die wirtschaftliche Tragfähigkeit von SMRs, sondern fördert auch die Sicherheit durch bewährte Designmerkmale, die einer strengen Prüfung unterzogen wurden [163].

Darüber hinaus ist die Integration passiver Sicherheitssysteme in SMR-Designs ein entscheidender Faktor, der den Zertifizierungsprozess beeinflusst. Diese Systeme sind so konzipiert, dass sie ohne externe Stromversorgung oder Eingriffe des Bedienpersonals funktionieren und dadurch das Sicherheitsprofil des Reaktors in Notfallsituationen verbessern. Beispielsweise haben jüngste Fortschritte in der Nukleartechnologie zu Designs geführt, die Nachzerfallswärme über längere Zeiträume effektiv ableiten können – eine wesentliche Verbesserung gegenüber älteren Reaktordesigns [5, 162]. Die Betonung passiver Sicherheitsmechanismen entspricht dem regulatorischen Fokus auf die Minimierung potenzieller Gefahren und die Gewährleistung der öffentlichen Sicherheit, die in der Nuklearindustrie oberste Priorität besitzt [163].

Combined Construction and Operating License (COL)

Der Combined Construction and Operating License (COL)-Prozess stellt in den United States einen wichtigen regulatorischen Rahmen für Entwickler von kleinen modularen Reaktoren (Small Modular Reactors, SMRs) dar. Dieses Verfahren ermöglicht es Entwicklern, gleichzeitig Genehmigungen für Bau und Betrieb zu erhalten und dadurch den Zulassungsprozess zu vereinfachen. Der COL umfasst umfassende Bewertungen der Baupläne des Reaktors, der Sicherheitsmaßnahmen, der Qualitätssicherungsprogramme und der Betriebsprotokolle, die entscheidend sind, um die Sicherheit und Zuverlässigkeit nuklearer Anlagen zu gewährleisten.

Ein wesentlicher Bestandteil des COL-Verfahrens ist die Anforderung, dass Entwickler nachweisen müssen, dass der Reaktor unter verschiedenen Szenarien – einschließlich potenzieller Unfälle und Naturkatastrophen – sicher betrieben werden kann. Dies erfordert umfangreiche Dokumentationen, darunter probabilistische Risikoanalysen (Probabilistic Risk Assessments – PRAs), Sicherheitsanalysen und Notfallpläne. Die PRA-Methodik ist hierbei besonders relevant, da sie systematisch die Risiken komplexer soziotechnischer Systeme bewertet und einen Rahmen zur Einschätzung der Wahrscheinlichkeit und Folgen potenzieller Unfälle bietet [164, 165]. Die Analyse der Risikobedeutung innerhalb der PRA hilft bei der Einstufung risikobeitragender Faktoren und ist daher für Entscheidungsprozesse im Genehmigungsverfahren von entscheidender Bedeutung [164].

Darüber hinaus betont das COL-Verfahren die Notwendigkeit robuster Sicherheitsbewertungen, die sowohl deterministische als auch probabilistische Leistungsziele berücksichtigen. Beispielsweise stellt die Bewertung von Leckagerisiken in nuklearen Sicherheitsbehältern unter Unfallbedingungen einen Bereich dar, in dem probabilistische Sicherheitsbewertungsmethoden angewendet werden [166]. Diese Methoden verbessern nicht nur das Verständnis potenzieller Risiken, sondern unterstützen auch die Entwicklung wirksamer Sicherheitsmaßnahmen und Notfallstrategien [165].

Die Vorteile des COL-Verfahrens sind insbesondere für SMR-Projekte deutlich ausgeprägt, da diese auf kürzere Bauzeiten ausgerichtet sind. Durch die Reduzierung des Zeit- und Kostenaufwands, der für getrennte Genehmigungsphasen erforderlich wäre, schafft das COL-Verfahren einen effizienteren Weg zur Einführung neuer Nukleartechnologien. Diese Effizienz ist angesichts des steigenden Energiebedarfs und der Notwendigkeit nachhaltiger Energielösungen von entscheidender Bedeutung [167].

Der erste Schritt im COL-Verfahren besteht darin, dass Entwickler einen umfassenden Antrag einreichen müssen. Dieser Antrag muss detaillierte Pläne enthalten, die verschiedene Aspekte wie Bau, Sicherheitsmaßnahmen, Qualitätssicherungsprogramme und Betriebsprotokolle abdecken. Die Vollständigkeit dieser Unterlagen ist entscheidend, damit die U.S. Nuclear Regulatory Commission (NRC) die Einhaltung regulatorischer Anforderungen durch das vorgeschlagene Reaktordesign bewerten kann [163]. Die strengen Anforderungen der NRC stellen sicher, dass alle potenziellen Risiken identifiziert und minimiert werden, was insbesondere bei den innovativen Designs von SMRs von großer Bedeutung ist [65].

Sicherheitsbewertungen bilden einen zentralen Bestandteil des COL-Verfahrens. Entwickler müssen nachweisen, dass ihre Reaktoren unter einer Vielzahl von Szenarien – einschließlich potenzieller Unfälle und Naturereignisse – sicher betrieben werden können. Dies umfasst die Durchführung probabilistischer Risikoanalysen (PRAs) und Sicherheitsbewertungen, um die Wahrscheinlichkeit und Folgen verschiedener Ereignisse zu beurteilen [163]. Solche umfassenden Bewertungen sind wesentlich, um sicherzustellen, dass die Reaktoren widerstandsfähig gegenüber Ereignissen wie Erdbeben und extremen Wetterlagen sind und dadurch die allgemeine Sicherheit der Kernenergieerzeugung verbessern [65]. Der Fokus auf Sicherheit schützt nicht nur das Anlagenpersonal und die umliegenden Gemeinden, sondern stärkt auch das öffentliche Vertrauen in die Kernenergie als sichere Alternative zu fossilen Brennstoffen [168].

Ein weiterer wichtiger Bestandteil des COL-Verfahrens ist die Verpflichtung zur Erstellung umfassender Notfallpläne. Diese Pläne müssen die Verfahren und Protokolle beschreiben, die im Falle eines Ereignisses einzuhalten sind, um sicherzustellen, dass die Sicherheit des Anlagenpersonals, der umliegenden Bevölkerung und der Umwelt oberste Priorität hat [163]. Die Ausführlichkeit dieser Pläne ist entscheidend für ein wirksames Krisenmanagement und spiegelt das Engagement der NRC wider, hohe Sicherheitsstandards im Nuklearbetrieb aufrechtzuerhalten [65].

Das COL-Verfahren bietet mehrere Vorteile, die insbesondere für SMR-Projekte von Bedeutung sind. Ein wesentlicher Vorteil ist die Zeitersparnis; die gleichzeitige Erteilung von Bau- und Betriebsgenehmigungen kann die Gesamtzeit bis zur Inbetriebnahme eines neuen Reaktors erheblich verkürzen (Asuega et al., 2023). Dies ist besonders wichtig für SMRs, die für eine schnellere Einführung im Vergleich zu traditionellen Großreaktoren ausgelegt sind. Darüber hinaus kann die vereinfachte Struktur des COL-Verfahrens erhebliche Kosteneinsparungen für Entwickler ermöglichen, da der finanzielle Aufwand für regulatorische Compliance reduziert wird – ein entscheidender Vorteil angesichts der kapitalintensiven Natur nuklearer Projekte [163]. Zusätzlich stärken die umfassenden Sicherheitsbewertungen des COL-Verfahrens das öffentliche Vertrauen in die Kernenergie und begegnen Bedenken hinsichtlich Sicherheit und regulatorischer Konformität [168].

Trotz seiner Vorteile bringt das COL-Verfahren auch Herausforderungen mit sich. Die regulatorische Komplexität kann für neue Entwickler eine erhebliche Hürde darstellen und erfordert umfangreiche Fachkenntnisse sowie Ressourcen, um die spezifischen Anforderungen zu erfüllen und die Einhaltung der NRC-Vorschriften sicherzustellen [163]. Die öffentliche Wahrnehmung der Kernenergie bleibt ebenfalls eine bedeutende Herausforderung, weshalb Entwickler wirksame Kommunikations- und Öffentlichkeitsstrategien einsetzen müssen, um Bedenken auszuräumen und die Akzeptanz der SMR-Technologie zu fördern [65]. Darüber hinaus bringt die sich weiterentwickelnde Natur der SMR-Technologie Unsicherheiten hinsichtlich Design und Betriebsleistung mit sich, die Entwickler durch robuste Sicherheitsanalysen und Risikobewertungen adressieren müssen [168].

Umweltverträglichkeitsprüfung (Environmental Impact Assessment – EIA)

Die Umweltverträglichkeitsprüfung (Environmental Impact Assessment – EIA) ist ein entscheidender Prozess, der für Nuklearprojekte einschließlich kleiner modularer Reaktoren (SMRs) vorgeschrieben ist. Die EIA bewertet die potenziellen Umweltwirkungen, die mit dem Bau und Betrieb von SMRs verbunden sind, wobei verschiedene Umweltbereiche wie Luft, Wasser, Boden und lokale Ökosysteme untersucht werden. Diese Bewertung ist besonders wichtig angesichts der spezifischen Herausforderungen der Kernenergie, darunter das Management radioaktiver Abfälle, die Ableitung von Kühlwasser und die Möglichkeit von Unfällen [14, 16].

Der kleinere Flächenbedarf und die modulare Bauweise von SMRs führen im Allgemeinen zu geringeren Umweltauswirkungen im Vergleich zu traditionellen Großreaktoren. Dies liegt an ihrem Design, das eine effizientere Flächennutzung und potenziell geringere Emissionen während des Betriebs ermöglicht [121, 169]. Trotz dieser Vorteile müssen Entwickler jedoch weiterhin nachweisen, dass sie nationale und internationale Umweltstandards einhalten. Diese Compliance ist entscheidend, um sicherzustellen, dass Umweltwirkungen angemessen minimiert und lokale Gemeinschaften geschützt werden [5, 14].

Darüber hinaus werden die Ergebnisse der EIA in der Regel öffentlich zugänglich gemacht, sodass lokale Gemeinschaften am Entscheidungsprozess teilnehmen können. Diese Transparenz ist entscheidend, um öffentliche Bedenken zu adressieren und die gesellschaftliche Akzeptanz nuklearer Projekte zu fördern [19, 54]. Der öffentliche Prüfungsprozess stärkt nicht nur die Legitimität der EIA, sondern stellt auch sicher, dass die Stimmen der betroffenen Gemeinschaften gehört werden, bevor mit dem Bau begonnen wird [169, 170].

Öffentliche Konsultation und Einbindung von Interessengruppen

Öffentliche Konsultationen und die Einbindung von Interessengruppen sind wesentliche Bestandteile des Genehmigungsprozesses für kleine modulare Reaktoren (Small Modular Reactors, SMRs), insbesondere wenn diese Reaktoren in der Nähe besiedelter Gebiete errichtet werden sollen. Regulierungsbehörden verlangen von Entwicklern, dass sie mit lokalen Gemeinschaften, Regierungsstellen und verschiedenen Interessengruppen zusammenarbeiten, um Bedenken hinsichtlich Sicherheit, Umweltauswirkungen und Notfallvorsorge zu adressieren. Diese Beteiligung erfolgt häufig in Form öffentlicher Anhörungen und Informationsveranstaltungen, die dazu dienen, das Projekt zu erläutern, Fragen zu beantworten und Vertrauen innerhalb der Gemeinschaft aufzubauen. Die Bedeutung dieser Prozesse wird durch die Notwendigkeit unterstrichen, öffentliches Vertrauen in die Sicherheit und die Vorteile von SMRs zu schaffen, insbesondere da diese Reaktoren möglicherweise in Regionen eingesetzt werden, die für traditionelle Großreaktoren ungeeignet sind. Die Erlangung regulatorischer und gesellschaftlicher Akzeptanz hängt maßgeblich von wirksamen Strategien der Öffentlichkeitsbeteiligung ab.

Forschungsergebnisse zeigen, dass die Einbindung von Interessengruppen den Erfolg von Energieprojekten, einschließlich SMRs, erheblich beeinflusst. Beispielsweise betonen Geysmans et al. [171] die Notwendigkeit, die Beteiligung von Interessengruppen in der Notfallvorsorge auszuweiten, und heben hervor, dass sowohl formelle als auch informelle Beteiligung Machtverhältnisse prägen und Projektergebnisse beeinflussen können. Ebenso zeigt die Studie von Zhu [172], dass Investitionen in Projekte erneuerbarer Energien stark mit der Beteiligung von Interessengruppen korrelieren, da die Unterstützung lokaler Gemeinschaften Risiken reduzieren und die Realisierbarkeit von Projekten verbessern kann. Diese Beziehung ist besonders relevant für SMRs, da die Akzeptanz durch die Gemeinschaft entscheidend für den Projektfortschritt ist.

Darüber hinaus ist die Rolle öffentlicher Anhörungen in der Stadtplanung und Projektentwicklung gut dokumentiert. Ivanova diskutiert die Bedeutung öffentlicher Anhörungen für das Verständnis der Bedürfnisse und Einstellungen der Bürger gegenüber vorgeschlagenen Projekten und weist darauf hin, dass diese Foren wesentlich für die Förderung von Gemeinschaftsbeteiligung und Vertrauen sind [173]. Perko et al. [174] betonen außerdem, dass Transparenz bei der Einbindung von Interessengruppen entscheidend für eine wirksame Kommunikation und öffentliches Vertrauen ist, insbesondere im Zusammenhang mit nuklearen oder radiologischen Notfällen. Diese Transparenz erleichtert nicht nur fundierte Entscheidungsprozesse, sondern unterstützt auch einen partizipativen demokratischen Prozess, der für die Akzeptanz risikobehafteter Technologien wie SMRs von zentraler Bedeutung ist.

Die Integration der Einbindung von Interessengruppen in die Planung und Umsetzung von SMRs wird auch durch empirische Studien unterstützt. Beispielsweise identifizieren Waris et al. [175] wesentliche Elemente der Stakeholder-Beteiligung, die die Leistungsfähigkeit von Projekten im Bereich erneuerbarer Energien verbessern können, und zeigen, dass ein strukturierter Beteiligungsansatz zu besseren Projektergebnissen führt. Darüber hinaus beschreiben Lindner et al. [176] die Bedeutung der Beteiligung von Interessengruppen an Resilienzprojekten und heben hervor, wie kooperative Ansätze zu innovativen Lösungen und größerem Projekterfolg beitragen können. Dieses kooperative Umfeld ist besonders vorteilhaft für SMRs, da es den Austausch von Wissen und Fachkompetenz zwischen Interessengruppen ermöglicht und dadurch Sicherheitsbedenken adressiert sowie das Vertrauen der Gemeinschaft stärkt.

Bauphase und Tests vor Inbetriebnahme

Die Bauphase und die Tests vor der Inbetriebnahme von Kernkraftwerken sind entscheidend, um Sicherheit und die Einhaltung regulatorischer Anforderungen zu gewährleisten. Sobald alle erforderlichen Genehmigungen vorliegen, beginnt die Bauphase, während der die Aufsichtsbehörden regelmäßige Inspektionen durchführen, um die Einhaltung genehmigter Designs und Sicherheitsstandards sicherzustellen. Dies umfasst Qualitätssicherungsprüfungen, Materialtests und die Überprüfung von Sicherheitssystemen, die wesentlich sind, um die Integrität des Bauprozesses zu gewährleisten [177, 178].

Der modulare Bauprozess, insbesondere bei kleinen modularen Reaktoren (SMRs), ermöglicht die Vorfertigung vieler Komponenten in Fabriken, wodurch die Bauzeit vor Ort erheblich verkürzt und die damit verbundenen Risiken reduziert werden [179]. Während der Bauphase ist ein wirksames Risikomanagement von zentraler Bedeutung. Studien zeigen, dass die Identifikation von Risikofaktoren in jeder Arbeitsphase entscheidend für die sichere Umsetzung von Kernkraftwerksprojekten ist [179]. Die Komplexität des Baus eines Kernkraftwerks erfordert eine sorgfältige Planung und Durchführung, da typischerweise mehrere Phasen – einschließlich Erdarbeiten und Spannbetonarbeiten – notwendig sind, die mehrere Monate in Anspruch nehmen können [179, 180]. Darüber hinaus sind die wirtschaftlichen Auswirkungen der Bauphase erheblich, weshalb fortschrittliche Terminplanungs- und

Kostenmanagementmethoden wie die Linear Scheduling Method (LSM) eingesetzt werden, um Projektzeitpläne und Ressourcennutzung zu optimieren [181].

Bevor ein Kernkraftwerk den Betrieb aufnehmen kann, müssen Entwickler umfangreiche Tests vor der Inbetriebnahme durchführen, um sicherzustellen, dass alle Systeme wie vorgesehen funktionieren. Dazu gehören umfassende Prüfungen des Reaktorkerns, der Kühlsysteme, der Steuerungsmechanismen und der Notabschaltverfahren [182]. Regulierungsbehörden verlangen häufig detaillierte Berichte und Inspektionen, bevor die Genehmigung zur Beladung mit Kernbrennstoff erteilt wird, um sicherzustellen, dass alle Sicherheitsprotokolle erfüllt sind [177, 182]. Die Bedeutung der Sicherheit wurde nach früheren Nuklearunfällen weiter verstärkt, was zu einer Neubewertung von Sicherheitsmerkmalen moderner Reaktordesigns geführt hat, um die Zuverlässigkeit zu erhöhen und den Bedarf an umfangreichen Notfallmaßnahmen zu minimieren [183, 184].

Betriebsgenehmigung und laufende Aufsicht

Die Betriebsgenehmigung und die fortlaufende Aufsicht über kleine modulare Reaktoren (SMRs) sind entscheidende Bestandteile zur Gewährleistung der Sicherheit und Zuverlässigkeit der nuklearen Energieerzeugung. Nach erfolgreichen Tests vor der Inbetriebnahme erteilen die Regulierungsbehörden Betriebsgenehmigungen, die den kommerziellen Betrieb von SMRs ermöglichen. Diese erste Genehmigung stellt jedoch lediglich den Beginn eines umfassenden regulatorischen Rahmens dar, der kontinuierliche Überwachung und regelmäßige Inspektionen während der gesamten Betriebsdauer der Reaktoren vorschreibt. Diese laufende Aufsicht ist entscheidend, um sicherzustellen, dass SMRs dauerhaft strenge Sicherheits- und Umweltstandards erfüllen und dass auf potenzielle Probleme während des Betriebs schnell reagiert werden kann [15, 116].

Die regulatorische Landschaft für SMRs ist aufgrund ihrer innovativen Merkmale – wie autonome Steuerungssysteme und fortschrittliche digitale Überwachungstechnologien – besonders komplex. Diese Innovationen erfordern zusätzliche Prüfungen durch Regulierungsbehörden, um sicherzustellen, dass die Systeme zuverlässig und sicher funktionieren. Beispielsweise gewinnen digitale Zwillinge und KI-basierte Überwachungssysteme innerhalb des regulatorischen Rahmens für SMRs zunehmend an Bedeutung, da diese Technologien Echtzeitdaten und prädiktive Analysen liefern können, die die Betriebssicherheit und Effizienz verbessern [185, 186]. Der Einsatz solcher Technologien entspricht den Grundsätzen von Integrated Safety, Operations, Security, and Safeguards (ISOSS), die darauf abzielen, regulatorische Anforderungen bereits in der Designphase von SMR-Anlagen zu integrieren, um kostspielige Nachrüstungen zu vermeiden und die Einhaltung von Sicherheitsstandards von Anfang an sicherzustellen [185].

Darüber hinaus wurde der Genehmigungsprozess für SMRs weiterentwickelt und umfasst mittlerweile anspruchsvollere Methoden wie den Best Estimate Plus Uncertainty (BEPU)-Ansatz. Diese Methode ermöglicht ein differenzierteres Verständnis betrieblicher Risiken und Unsicherheiten und ersetzt konservative Bewertungsansätze durch ein Rahmenwerk, das die tatsächlichen Betriebsbedingungen moderner Kernreaktoren realistischer widerspiegelt [163].

Der Fokus auf kontinuierliche Verbesserung und Anpassung regulatorischer Praktiken ist entscheidend, insbesondere angesichts der Lehren aus früheren Nuklearunfällen, die die Bedeutung robuster Sicherheitssysteme und proaktiver regulatorischer Aufsicht verdeutlichen [16].

Der Genehmigungsprozess für SMRs umfasst mehrere Phasen, die sicherstellen sollen, dass diese fortschrittlichen Reaktoren sicher gebaut und betrieben werden. Von Vorlizenzierungskonsultationen bis hin zu kombinierten Bau- und Betriebsgenehmigungen entwickelt sich der Prozess kontinuierlich weiter, um den besonderen Eigenschaften von SMRs gerecht zu werden. Ziel ist es, Genehmigungsverfahren zu vereinfachen, ohne Kompromisse bei der Sicherheit einzugehen, und dadurch eine schnellere Einführung von SMRs zur Deckung des globalen Energiebedarfs zu ermöglichen. Während Staaten ihre Dekarbonisierungsziele verfolgen, wird die Weiterentwicklung regulatorischer Rahmenbedingungen für SMRs entscheidend dafür sein, dass diese Reaktoren künftig eine bedeutende Rolle in der globalen Energielandschaft einnehmen können.

Einhaltung von Sicherheits- und Umweltstandards

Der Bau, Betrieb und die Stilllegung von kleinen modularen Reaktoren (Small Modular Reactors, SMRs) unterliegen einer Vielzahl von Sicherheits- und Umweltstandards. Diese Standards sind entscheidend, um sicherzustellen, dass SMRs sicher betrieben werden, die Umweltbelastung minimieren und regulatorische Anforderungen in unterschiedlichen Rechtsräumen erfüllen. Die besonderen Konstruktions- und Betriebsmerkmale von SMRs – wie modulare Bauweise, passive Sicherheitssysteme und die Möglichkeit des Einsatzes in unterschiedlichen Umgebungen – erfordern spezifische Anpassungen bestehender nuklearer Sicherheitsrahmenwerke.

Standards für kleine modulare Reaktorkraftwerke (SMRs)

Der Bau, Betrieb und die Stilllegung von kleinen modularen Reaktoren (SMRs) werden durch ein komplexes System von Standards und Richtlinien geregelt, das Sicherheit, Sicherung und Umweltschutz gewährleisten soll. Diese Standards werden von verschiedenen internationalen und nationalen Organisationen entwickelt und gepflegt, darunter die International Atomic Energy Agency (IAEA), die International Organization for Standardization (ISO), die U.S. Nuclear Regulatory Commission (NRC) in den United States sowie weitere regionale und nationale Aufsichtsbehörden.

Nachfolgend finden sich einige der relevanten Standards, die üblicherweise auf SMR-Kraftwerke anwendbar sind:

1. Internationale Sicherheitsstandards

A. Sicherheitsstandards der International Atomic Energy Agency (IAEA)

- Allgemeine Sicherheitsanforderungen
    - IAEA GSR Part 1: Staatlicher, rechtlicher und regulatorischer Rahmen für Sicherheit
    - IAEA GSR Part 2: Führung und Management für Sicherheit
    - IAEA GSR Part 3: Strahlenschutz und Sicherheit von Strahlenquellen
    - IAEA GSR Part 4: Sicherheitsbewertung für Anlagen und Tätigkeiten
    - IAEA GSR Part 5: Management radioaktiver Abfälle vor der Endlagerung
    - IAEA GSR Part 6: Stilllegung von Anlagen
- Spezifische Sicherheitsanforderungen
    - SSR-2/1 (Rev. 1): Sicherheit von Kernkraftwerken: Auslegung
    - SSR-2/2 (Rev. 1): Sicherheit von Kernkraftwerken: Betrieb
    - SSR-4: Sicherheit von Anlagen des nuklearen Brennstoffkreislaufs
- Sicherheitsleitfäden
    - SSG-2: Deterministische Sicherheitsanalyse für Kernkraftwerke
    - SSG-3: Entwicklung und Anwendung probabilistischer Sicherheitsanalysen der Stufe 1
    - SSG-9: Programme zum Management schwerer Unfälle in Kernkraftwerken
    - SSG-12: Genehmigungsverfahren für Nuklearanlagen
    - SSG-30: Sicherheitsklassifizierung von Strukturen, Systemen und Komponenten in Kernkraftwerken

B. Nukleare Nichtverbreitung und Sicherheit

- IAEA INFCIRC/153: Umfassendes Sicherungsabkommen
- IAEA INFCIRC/225/Rev.5: Physischer Schutz von Kernmaterial und Nuklearanlagen
- IAEA NSS-13: Empfehlungen zur nuklearen Sicherheit hinsichtlich physischem Schutz
- IAEA Nuclear Security Series No. 8: Präventive und Schutzmaßnahmen gegen Insider-Bedrohungen

2. Strahlenschutzstandards

- Internationale Strahlenschutzkommission (ICRP)
    - ICRP-Publikation 103: Die Empfehlungen der ICRP von 2007
    - ICRP-Publikation 111: Schutz vor Radon an Arbeitsplätzen
- ISO-Standards für Strahlenschutz
    - ISO 2919: Umschlossene radioaktive Quellen – Klassifizierung
    - ISO 4037: Strahlenschutz – Röntgen- und Gamma-Referenzstrahlung zur Kalibrierung von Dosimetern
    - ISO 10276: Strahlenschutz – Umschlossene radioaktive Quellen – Verfahren zur Dichtheitsprüfung

3. Umweltschutzstandards

- Umweltstandards der IAEA
    - IAEA GSG-9: Umweltverträglichkeitsprüfung für Nuklearanlagen
    - IAEA SSG-17: Kontrolle herrenloser Strahlenquellen und anderer radioaktiver Stoffe in der Metallrecycling- und Metallproduktionsindustrie
- ISO-Umweltstandards
    - ISO 14001: Umweltmanagementsysteme
    - ISO 14040: Lebenszyklusanalyse
    - ISO 14064: Treibhausgase – Messung und Management des CO_2-Fußabdrucks
- Abfallmanagement
    - Gemeinsames Übereinkommen über die Sicherheit der Behandlung abgebrannter Brennelemente und über die Sicherheit der Behandlung radioaktiver Abfälle (IAEA)

4. Konstruktions- und Ingenieurstandards

- ASME-Standards
    - ASME BPVC Section III: Komponenten für Nuklearanlagen
    - ASME NQA-1: Anforderungen an die Qualitätssicherung für nukleare Anwendungen
    - ASME OM Code: Betrieb und Wartung von Kernkraftwerken
- ISO-Standards für Technik und Fertigung
    - ISO 9001: Qualitätsmanagementsysteme
    - ISO 55000: Asset-Management
    - ISO 19443: Qualitätsmanagementsysteme für die nukleare Lieferkette
- IEEE-Standards für elektrische Systeme
    - IEEE 603: Standardkriterien für Sicherheitssysteme in Kernkraftwerken
    - IEEE 379: Anwendung des Single-Failure-Kriteriums auf Sicherheitssysteme von Kernkraftwerken
    - IEEE 497: Instrumentierung zur Überwachung von Strahlungsbedingungen in Kernkraftwerken

5. Cybersicherheit und Informationsschutz

- IAEA Nuclear Security Series
    - NSS-17: Computersicherheit in Nuklearanlagen
    - NSS-33-T: Technische Leitlinien zur Reaktion auf Computersicherheitsvorfälle in Nuklearanlagen
- ISO/IEC-Standards

- ISO/IEC 27001: Informationssicherheits-Managementsysteme
- ISO/IEC 27032: Leitlinien zur Cybersicherheit

6. Genehmigungs- und Regulierungsrichtlinien

- Länderspezifische Vorschriften
  - U.S. Nuclear Regulatory Commission (NRC)
    - 10 CFR Part 50: Nationale Genehmigung von Produktions- und Nutzungsanlagen
    - 10 CFR Part 52: Genehmigungen, Zertifizierungen und Zulassungen für Kernkraftwerke
    - NRC Regulatory Guide 1.70: Standardformat und Inhalt von Sicherheitsanalyseberichten für Kernkraftwerke
  - Canadian Nuclear Safety Commission (CNSC)
    - REGDOC-2.5.2: Auslegung von Reaktoranlagen: Kernkraftwerke
    - REGDOC-2.3.2: Unfallmanagement: Kernkraftwerke
  - Autorité de sûreté nucléaire (ASN)
    - ASN Guide No. 22: Sicherheitsanalyseberichte für Nuklearanlagen
- Internationale Harmonisierung der Genehmigung
  - World Nuclear Association (WNA): Harmonisierung der Bewertung und Genehmigung von Reaktordesigns
  - Multinational Design Evaluation Programme (MDEP)

7. Betriebs- und Wartungsstandards

- Sicherheitsstandards der IAEA
  - NS-G-2.11: System zur Auswertung von Betriebserfahrungen aus Ereignissen in Nuklearanlagen
  - SSG-25: Periodische Sicherheitsüberprüfung von Kernkraftwerken
- ASME- und IEEE-Wartungsstandards
  - ASME OM Code: Betrieb und Wartung von Kernkraftwerken
  - IEEE 1205: Leitfaden zur Bewertung, Überwachung und Minderung von Alterungseffekten elektrischer Ausrüstung in Kernkraftwerken
- ISO-Standards für Asset-Management
  - ISO 55001: Asset-Management-Systeme
  - ISO 45001: Managementsysteme für Sicherheit und Gesundheitsschutz bei der Arbeit

8. Stilllegung und Dekontamination

- IAEA-Standards zur Stilllegung
  - WS-G-2.1: Stilllegung von Kernkraftwerken und Forschungsreaktoren
  - GSR Part 6: Stilllegung von Anlagen
- ISO-Standards für Abfallmanagement
  - ISO 17873: Abfallmanagementsysteme für radioaktive Abfälle
- Richtlinien zur Dekontamination
  - IAEA TRS-467: Management ausgedienter umschlossener radioaktiver Quellen
  - IAEA SSG-47: Stilllegung von Kernkraftwerken

9. Notfallvorsorge und Reaktion

- Sicherheitsstandards der IAEA
  - GSR Part 7: Vorsorge und Reaktion bei nuklearen oder radiologischen Notfällen
  - EPR-NPP: Vorsorge und Reaktion bei Notfällen in Kernkraftwerken
- Internationale Übereinkommen
  - Übereinkommen über die frühzeitige Benachrichtigung bei nuklearen Unfällen
  - Übereinkommen über Hilfeleistung bei nuklearen Unfällen oder radiologischen Notfällen

Sicherheitsstandards

Die Sicherheitsstandards für kleine modulare Reaktoren (Small Modular Reactors, SMRs) umfassen ein umfassendes Regelwerk, das Reaktordesign- und Bausicherheit, Strahlenschutz, Betriebssicherheit sowie Sicherheitsmaßnahmen behandelt. Diese Standards sind von entscheidender Bedeutung, um den sicheren Betrieb von Kernreaktoren zu gewährleisten, und orientieren sich an internationalen Protokollen und bewährten Verfahren.

Reaktordesign- und Bausicherheit

SMRs müssen die Sicherheitsstandards der International Atomic Energy Agency (IAEA) erfüllen, welche die grundlegenden Sicherheitsanforderungen für Kernreaktoren festlegen. Ein wesentlicher Schwerpunkt liegt auf der Integration passiver Sicherheitssysteme, die ohne menschliches Eingreifen oder externe Stromversorgung funktionieren sollen. Dieser Ansatz erhöht die Zuverlässigkeit des Reaktors in Notfallsituationen, da diese Systeme natürliche Kräfte wie Schwerkraft und natürliche Zirkulation nutzen, um sichere Betriebsbedingungen aufrechtzuerhalten [182, 187, 188]. Die Auslegung dieser Systeme ist entscheidend, da sie Nachzerfallswärme über längere Zeiträume wirksam ableiten und dadurch Kernschäden verhindern können [5].

Darüber hinaus werden Redundanz und Diversität kritischer Systeme hervorgehoben, um die Funktionsfähigkeit auch bei Ausfällen einzelner Komponenten sicherzustellen. Dies wird durch eine robuste Sicherheitsbehälterstrategie ergänzt, die selbst unter extremen Bedingungen wie Erdbeben und Überschwemmungen ihre Integrität bewahren muss [189]. Die Defence-in-Depth-Strategie verlangt mehrere Schutzebenen, darunter widerstandsfähige Sicherheitsbehälterstrukturen, Maßnahmen zur Begrenzung von Kernschäden und Notkühlsysteme, wodurch die Wahrscheinlichkeit einer Freisetzung radioaktiver Stoffe minimiert wird [5, 190]. Die Sicherheitsbewertung wird quantitativ durch Kennzahlen wie die Kernschadenshäufigkeit (Core Damage Frequency – CDF) und die Häufigkeit großer Freisetzungen (Large Release Frequency – LRF) unterstützt, die wesentlich für die Bewertung der Wahrscheinlichkeit schwerer Unfälle sind [184].

Strahlenschutz

Die Strahlenschutzstandards werden durch die Richtlinien der International Commission on Radiological Protection (ICRP) geregelt. Diese Richtlinien befürworten das ALARA-Prinzip („As Low As Reasonably Achievable" – so niedrig wie vernünftigerweise erreichbar), das darauf abzielt, die Strahlenexposition sowohl für Arbeitnehmer als auch für die Öffentlichkeit während des Normalbetriebs und in Notfällen zu minimieren [191]. Die Einrichtung von Ausschlusszonen und Notfallplanungszonen (Emergency Planning Zones – EPZs) ist ein wesentlicher Bestandteil des Strahlenschutzes, da diese Zonen dazu dienen, die Strahlenbelastung der Bevölkerung im Falle eines Unfalls zu kontrollieren [191].

Betriebssicherheit

Die Betriebssicherheitsstandards für SMRs erfordern die Einhaltung von Prinzipien des Human Factors Engineering (HFE), um die Gestaltung von Leitständen im Hinblick auf die Leistungsfähigkeit des Bedienpersonals zu optimieren. Dazu gehören die Entwicklung von Emergency Operating Procedures (EOPs) und Severe Accident Management Guidelines (SAMGs), um unerwartete Situationen wirksam bewältigen zu können [192]. Regelmäßige probabilistische Sicherheitsanalysen (PSA) und deterministische Sicherheitsbewertungen werden durchgeführt, um die Sicherheitsleistung der Anlage zu beurteilen und sicherzustellen, dass Betriebsprotokolle kontinuierlich verbessert und aktualisiert werden [192]. Darüber hinaus sind regelmäßige Sicherheitsübungen und Inspektionsprogramme unerlässlich, um die Betriebsbereitschaft aufrechtzuerhalten und die Einhaltung von Sicherheitsprotokollen sicherzustellen [192].

Sicherheitsmaßnahmen

Sicherheitsmaßnahmen für SMRs sind entscheidend zum Schutz vor potenziellen Bedrohungen, darunter Sabotage und Cyberangriffe. Die Einhaltung physischer Sicherheitsstandards ist verpflichtend, um unbefugten Zutritt zu verhindern [193]. Ebenso ist die Entwicklung von Cybersicherheitsprotokollen wesentlich, um digitale Steuerungssysteme vor böswilligen

Eingriffen zu schützen [193]. Darüber hinaus steht die Umsetzung von Sicherungsmaßnahmen zur Verhinderung der Proliferation nuklearer Materialien im Einklang mit dem Treaty on the Non-Proliferation of Nuclear Weapons (NPT) und den Sicherungsmaßnahmen der International Atomic Energy Agency (IAEA), um sicherzustellen, dass nukleare Materialien nicht für unerlaubte Zwecke umgeleitet werden [193].

Umweltstandards

Umweltstandards spielen eine wichtige Rolle dabei sicherzustellen, dass Projekte – insbesondere solche im Zusammenhang mit kleinen modularen Reaktoren – Vorschriften einhalten, die die Umwelt schützen. Dieser Abschnitt fasst relevante Literatur zu Umweltverträglichkeitsprüfungen (Environmental Impact Assessments – EIAs), Abfallmanagement, Stilllegung und Klimaresilienz zusammen und bietet einen umfassenden Überblick über die Standards und Verfahren, die für eine nachhaltige Entwicklung der Kernenergie erforderlich sind.

Umweltverträglichkeitsprüfungen (EIA)

Vor dem Bau von SMR-Projekten sind umfassende Umweltverträglichkeitsprüfungen (EIAs) vorgeschrieben, um potenzielle Umweltauswirkungen zu identifizieren. EIAs dienen als wesentliche Instrumente zur Bewertung der Umweltfolgen geplanter Projekte, einschließlich ihrer Auswirkungen auf Luft-, Wasser- und Bodenqualität sowie Biodiversität. Beispielsweise betont Mwanga, dass EIAs Entscheidungsträger über die Umweltfolgen von Entwicklungsprojekten informieren und dabei helfen, Minderungsstrategien zur Verringerung negativer Auswirkungen zu entwickeln [194]. Ebenso heben Karimi et al. hervor, dass der EIA-Prozess die Vorhersage und Bewertung von Auswirkungen auf die biophysische und soziale Umwelt umfasst und sicherstellt, dass Entwicklungen innerhalb ökologischer Belastungsgrenzen bleiben [195]. Darüber hinaus müssen Bewertungen auch thermische Einleitungen aus Kühlsystemen berücksichtigen, da diese erhebliche Auswirkungen auf nahegelegene aquatische Ökosysteme haben können, wie verschiedene Studien zu thermischen Effekten von Energieprojekten zeigen [196].

Abfallmanagement und Umgang mit abgebrannten Brennelementen

Die Einhaltung internationaler Rahmenwerke wie des Gemeinsamen Übereinkommens über die Sicherheit der Behandlung abgebrannter Brennelemente und über die Sicherheit der Behandlung radioaktiver Abfälle ist entscheidend für den sicheren Umgang mit abgebrannten Kernbrennstoffen und radioaktiven Abfällen. Wirksame Abfallmanagementstrategien, einschließlich Trockenlagerung in Behältern und geologischer Tiefenlagerung, sind wesentlich, um Umweltkontaminationen zu minimieren. Merk et al. [197] diskutieren die Bedeutung langfristiger Strategien für das Management nuklearer Abfälle und betonen, dass die Masse der

Abfälle zwar konstant bleibt, die Aktivität der Spaltprodukte jedoch mit zunehmender Energieproduktion steigt, was innovative Ansätze im Abfallmanagement erforderlich macht. Liu und Dai [134] unterstreichen zusätzlich die Bedeutung umfassender Managementpraktiken zur Verringerung der Risiken radioaktiver Abfälle und betonen die Notwendigkeit wirksamer Behandlungs- und Entsorgungsverfahren. Darüber hinaus ist die Integration fortschrittlicher Materialien zur Immobilisierung von Abfällen entscheidend für die langfristige Sicherheit [198].

Die Planung der Stilllegungsphase bereits während der Entwurfsphase nuklearer Anlagen ist entscheidend, um die sichere Entfernung radioaktiver Materialien zu gewährleisten. Die Einhaltung nationaler und internationaler Richtlinien, einschließlich der von der International Atomic Energy Agency (IAEA) festgelegten Standards, ist für eine wirksame Stilllegung und Standortsanierung erforderlich. Solomon et al. [199] weisen darauf hin, dass das Management hochradioaktiver Abfälle seit Langem eine politische Herausforderung darstellt und die Einhaltung strenger Standards notwendig ist, um gesellschaftliche Ängste im Zusammenhang mit Strahlung zu adressieren. Darüber hinaus ist die Wiederherstellung von Standorten in einen sicheren Zustand für die zukünftige Nutzung entscheidend, da dadurch Reststrahlungswerte minimiert und Umweltstandards eingehalten werden [200]. Die Integration dieser Verfahren ist wesentlich, um das Vertrauen der Öffentlichkeit aufrechtzuerhalten und Umweltsicherheit zu gewährleisten.

Die Auslegung von SMRs muss außerdem Resilienz gegenüber extremen Wetterereignissen wie Überschwemmungen und Stürmen berücksichtigen, deren Häufigkeit aufgrund des Klimawandels zunimmt. Dies erfordert die Integration von Klimaanpassungsstrategien in Standortwahl- und Designprozesse. Forschungsergebnisse zeigen, dass Nuklearanlagen so ausgelegt sein müssen, dass sie langfristigen Umweltveränderungen standhalten und dadurch Betriebskontinuität und Sicherheit gewährleisten [36]. Die Notwendigkeit solcher Resilienz wird durch die zunehmende Häufigkeit extremer Wetterereignisse unterstrichen, die erhebliche Risiken für Energieinfrastrukturen darstellen [63]. Durch die Berücksichtigung von Klimawandelaspekten in der Planungs- und Entwurfsphase können SMRs zu einer nachhaltigeren Energiezukunft beitragen und gleichzeitig Umweltauswirkungen minimieren.

Compliance- und Genehmigungsstandards

Die regulatorische Landschaft für kleine modulare Reaktoren (SMRs) ist durch ein komplexes Zusammenspiel nationaler und internationaler Standards, Compliance-Anforderungen und Genehmigungsverfahren geprägt. Jedes Land verfügt über eigene nationale Nuklearaufsichtsbehörden, wie die U.S. Nuclear Regulatory Commission (NRC), die Autorité de sûreté nucléaire (ASN) und die Canadian Nuclear Safety Commission (CNSC), die für die Überwachung der Sicherheits- und Umweltkonformität nuklearer Anlagen einschließlich SMRs verantwortlich sind. Diese Behörden entwickeln spezifische regulatorische Rahmenwerke, welche die Auslegung, den Bau und den Betrieb von Kernreaktoren regeln und sicherstellen, dass diese strenge Sicherheits- und Umweltstandards erfüllen [13].

Auf internationaler Ebene spielen Organisationen wie die International Atomic Energy Agency (IAEA) eine zentrale Rolle bei der Standardisierung von Sicherheitsanforderungen für Kernreaktoren über verschiedene Rechtsräume hinweg. Die Richtlinien der IAEA zielen darauf ab, Sicherheitspraktiken zu harmonisieren und regulatorische Hürden zu reduzieren, um den weltweiten Einsatz nuklearer Technologien einschließlich SMRs zu erleichtern. Diese Standardisierung ist wesentlich für die Förderung von Sicherheit und Effizienz in der Kernenergieerzeugung, da sie den Austausch bewährter Verfahren und von Erfahrungen zwischen verschiedenen Staaten ermöglicht [132].

Genehmigungsverfahren für SMRs umfassen typischerweise mehrere zentrale Bestandteile, darunter Designzertifizierungen und Vorabgenehmigungen vor Baubeginn. Diese Verfahren stellen sicher, dass Reaktordesigns die Sicherheitsanforderungen erfüllen, bevor mit dem Bau begonnen wird. Darüber hinaus sind während der Betriebsphase regelmäßige Sicherheitsüberprüfungen vorgeschrieben, um die Einhaltung von Sicherheitsvorschriften zu bewerten und notwendige Aktualisierungen oder Änderungen auf Grundlage neuer Sicherheitskenntnisse und technologischer Entwicklungen umzusetzen [13]. Zudem ist die Einhaltung landesspezifischer Umweltvorschriften ein grundlegender Bestandteil des Genehmigungsprozesses, da dadurch potenzielle Umweltauswirkungen nuklearer Tätigkeiten berücksichtigt und mit nationalen Umweltpolitiken in Einklang gebracht werden [13].

Fallstudie: Genehmigung eines SMR in verschiedenen Rechtsräumen

Genehmigungsverfahren für kleine modulare Reaktoren (SMRs) in den United States

Der Genehmigungs- und regulatorische Zulassungsprozess für kleine modulare Reaktoren (Small Modular Reactors, SMRs) in den Vereinigten Staaten wird von der U.S. Nuclear Regulatory Commission (NRC) überwacht. Die NRC hat ein strenges Regelwerk geschaffen, das sicherstellen soll, dass SMRs alle erforderlichen Sicherheits-, Umwelt- und Sicherheitsanforderungen erfüllen, bevor sie gebaut und betrieben werden dürfen. Obwohl dieser Prozess dem für traditionelle Großreaktoren ähnelt, gibt es spezifische Regelungen und Anpassungen, die auf die besonderen Eigenschaften von SMRs zugeschnitten sind.

1. Regulatorischer Rahmen und geltende Gesetze

Der wichtigste rechtliche Rahmen für die Genehmigung von SMRs in den Vereinigten Staaten ist im Code of Federal Regulations (CFR) festgelegt, insbesondere in 10 CFR Part 50 und 10 CFR Part 52. Diese Vorschriften beschreiben die Anforderungen für den Erhalt von Baugenehmigungen, Betriebsgenehmigungen und Designzertifizierungen für Kernkraftwerke. Die NRC veröffentlicht außerdem Leitfäden, sogenannte Regulatory Guides (RGs), und prüft Anträge auf Grundlage der Standards des Nuclear Energy Innovation and Modernization Act (NEIMA) von 2019, der darauf abzielt, den Genehmigungsprozess für fortschrittliche Reaktoren einschließlich SMRs zu vereinfachen.

2. Genehmigungswege für SMRs

Die U.S. Nuclear Regulatory Commission (NRC) bietet drei wesentliche Wege zur Genehmigung von Kernreaktoren einschließlich SMRs an:

- **10 CFR Part 50:** Dieses traditionelle zweistufige Verfahren umfasst zunächst die Erteilung einer Baugenehmigung (Construction Permit – CP) und anschließend einer Betriebsgenehmigung (Operating License – OL).
- **10 CFR Part 52:** Dieses Verfahren ermöglicht eine Combined License (COL), die sowohl Bau als auch Betrieb abdeckt, sofern Sicherheits- und Designanforderungen erfüllt werden.
- **Design Certification (DC):** Antragsteller können eine Vorabgenehmigung des Reaktordesigns erhalten, wodurch spätere Genehmigungsprozesse vereinfacht werden, da wiederholte Designprüfungen entfallen.

<u>A. Baugenehmigung und Betriebsgenehmigung (10 CFR Part 50)</u>

Im Verfahren nach Part 50 erhalten Antragsteller zunächst eine Baugenehmigung (CP) auf Grundlage eines vorläufigen Designs und einer Sicherheitsanalyse. Nach Abschluss des Baus muss anschließend eine Betriebsgenehmigung (OL) beantragt werden, die eine umfassendere Sicherheitsprüfung erfordert. Dieses Verfahren bietet zwar Flexibilität während der Bauphase, beinhaltet jedoch mehrere regulatorische Prüfungsstufen, wodurch sich der Gesamtzeitplan verlängern kann.

<u>B. Combined License (COL) gemäß 10 CFR Part 52</u>

Das Verfahren nach Part 52 vereinfacht den Genehmigungsprozess durch die Erteilung einer Combined License (COL), die sowohl Bau als auch Betrieb autorisiert. Dieses einstufige Verfahren setzt voraus, dass der Antragsteller die Einhaltung aller Sicherheits-, Sicherungs- und Umweltstandards nachweist. Eine COL wird bei SMRs allgemein bevorzugt, da sie regulatorische Unsicherheiten reduziert und einen beschleunigten Zeitplan ermöglicht. Nach Erteilung darf eine COL nur genutzt werden, wenn der Lizenznehmer eine Reihe von Inspections, Tests, Analyses, and Acceptance Criteria (ITAAC) erfüllt, um nachzuweisen, dass die Anlage gemäß den genehmigten Spezifikationen errichtet wurde.

<u>C. Designzertifizierungsverfahren (DC)</u>

Eine Design Certification (DC) ist eine weitere Möglichkeit im Rahmen von Part 52 und erlaubt es Herstellern, eine Vorabgenehmigung ihrer Reaktordesigns zu erhalten, bevor eine eigentliche Genehmigung beantragt wird. Das DC-Verfahren ist technologieoffen und für 15 Jahre gültig; eine Verlängerung ist möglich. Nach der Zertifizierung kann ein Reaktordesign von Energieversorgungsunternehmen verwendet werden, die eine COL beantragen, wodurch der Bedarf an wiederholten Designprüfungen erheblich reduziert wird.

3. Antragsverfahren und Anforderungen

Der Genehmigungsprozess der NRC umfasst mehrere Phasen der Antragstellung, Prüfung und Öffentlichkeitsbeteiligung:

- **Vorantragsphase:** Die NRC fördert eine frühzeitige Zusammenarbeit zwischen SMR-Entwicklern und der Regulierungsbehörde, um potenzielle Herausforderungen zu identifizieren, Anforderungen zu klären und den Prüfungsprozess zu vereinfachen.
- **Formelle Antragseinreichung:** Antragsteller reichen umfassende Unterlagen ein, darunter Sicherheitsanalyseberichte, Umweltverträglichkeitsprüfungen und Sicherheitspläne. Der Antrag muss die Einhaltung der NRC-Vorschriften nachweisen und technische Spezifikationen, Anlagendesign, Betriebsverfahren und Notfallvorsorgepläne enthalten.
- **Sicherheitsprüfung und Analyse:** Die NRC führt eine umfassende technische Prüfung der Sicherheitsanalysen durch und konzentriert sich dabei auf Aspekte wie Reaktorkerndesign, Kühlsysteme, Sicherheitsbehälterstrukturen und passive Sicherheitsmerkmale. Bei SMRs liegt besonderer Schwerpunkt auf passiven Sicherheitsmechanismen und kleineren Notfallplanungszonen (Emergency Planning Zones – EPZs) aufgrund ihres geringeren Risikoprofils.
- **Umweltprüfung:** Im Rahmen des National Environmental Policy Act (NEPA) verlangt die NRC eine Environmental Impact Statement (EIS), um potenzielle Umweltauswirkungen zu bewerten. Dazu gehören Untersuchungen der Geologie, Hydrologie, Ökologie sowie der Auswirkungen auf lokale Gemeinschaften.
- **Öffentliche Anhörungen und Einbindung von Interessengruppen:** Die NRC führt öffentliche Anhörungen durch, um Stellungnahmen von Interessengruppen wie lokalen Gemeinschaften, Umweltorganisationen und Branchenexperten einzuholen. Diese Anhörungen schaffen Transparenz und stellen sicher, dass die Öffentlichkeit am Entscheidungsprozess teilnehmen kann.

4. Besondere Aspekte bei SMRs

Die U.S. Nuclear Regulatory Commission (NRC) hat Anpassungen ihres traditionellen regulatorischen Rahmens vorgenommen, um den besonderen Eigenschaften von SMRs gerecht zu werden:

- **Reduzierte Notfallplanungszonen (EPZs):** Aufgrund ihrer geringeren Größe, niedrigeren Leistungsdichte und verbesserten Sicherheitsmerkmale können SMRs für kleinere EPZs im Vergleich zu Großreaktoren infrage kommen. Dies kann die Standortwahl näher an Bevölkerungszentren erleichtern und Übertragungskosten reduzieren.
- **Modulare Bauweise:** SMRs sind für modulare Bauverfahren konzipiert, bei denen Komponenten außerhalb des Standorts vorgefertigt und vor Ort montiert werden. Die NRC überprüft den modularen Bauprozess, um sicherzustellen, dass Qualitäts- und Sicherheitsstandards während Fertigung, Transport und Montage eingehalten werden.
- **Innovative Sicherheitsmerkmale:** SMRs basieren häufig auf passiven Sicherheitssystemen, die keine aktiven Steuerungen oder menschlichen Eingriffe benötigen. Die NRC bewertet diese Merkmale, um sicherzustellen, dass sie im Falle eines Unfalls ausreichenden Schutz bieten. Der Schwerpunkt liegt dabei auf der

Bewertung, wie passive Kühlsysteme, inhärente Sicherheitsmerkmale und vereinfachte Designs zur Risikominimierung beitragen.

5. Inspections, Tests, Analyses, and Acceptance Criteria (ITAAC)

Nach Erteilung einer Genehmigung muss der Lizenznehmer die Einhaltung der im COL festgelegten Inspections, Tests, Analyses, and Acceptance Criteria (ITAAC) nachweisen. Diese Kriterien sind entscheidend, um zu bestätigen, dass der SMR entsprechend den genehmigten Designspezifikationen errichtet wurde. Die NRC führt während Bau und Inbetriebnahme regelmäßige Inspektionen durch, um die Einhaltung zu überprüfen.

- **Inspektionen:** NRC-Inspektoren besuchen den Standort, um zu überprüfen, dass Bauarbeiten den Sicherheits- und Qualitätsstandards entsprechen.
- **Tests:** Lizenznehmer müssen spezifische Prüfungen kritischer Systeme und Komponenten durchführen, um deren ordnungsgemäße Funktion nachzuweisen.
- **Analysen:** Die NRC überprüft analytische Modelle und Simulationen, um die Sicherheitsleistung der Anlage unter verschiedenen Bedingungen zu bestätigen.
- **Akzeptanzkriterien:** Der Lizenznehmer muss alle festgelegten Akzeptanzkriterien erfüllen, bevor die Anlage den kommerziellen Betrieb aufnehmen darf.

6. Aktivitäten nach der Genehmigung

Auch nach Erteilung einer Betriebsgenehmigung unterliegen SMR-Betreiber einer kontinuierlichen regulatorischen Aufsicht:

- **Betriebssicherheitsinspektionen:** Die NRC führt regelmäßige Inspektionen durch, um Anlagenbetrieb, Wartungspraktiken und Sicherheitsmanagement zu überwachen.
- **Lizenzänderungen:** Wenn Änderungen am Anlagendesign oder an Betriebsverfahren erforderlich werden, muss der Betreiber eine Lizenzänderung beantragen, die der Prüfung durch die NRC unterliegt.
- **Stilllegungsanforderungen:** Am Ende der Betriebsdauer eines SMR muss der Betreiber einen Stilllegungsplan einreichen, der die sichere Demontage der Anlage, das Management radioaktiver Abfälle und die Wiederherstellung des Standorts beschreibt.

7. Herausforderungen und zukünftige Entwicklungen

Der Genehmigungsprozess der NRC für SMRs entwickelt sich kontinuierlich weiter, um den Anforderungen neuer Technologien gerecht zu werden und gleichzeitig die Verpflichtung zu Sicherheit und Gesundheitsschutz der Öffentlichkeit aufrechtzuerhalten. Eine der größten Herausforderungen besteht in der Harmonisierung regulatorischer Vorschriften zur Berücksichtigung neuer SMR-Designs, darunter Reaktoren mit nichttraditionellen Kühlmitteln wie Flüssigmetallen oder Salzschmelzen. Darüber hinaus ist die Entwicklung eines risikoorientierten und leistungsbasierten regulatorischen Rahmens entscheidend, um den Einsatz fortschrittlicher Reaktoren zu unterstützen und gleichzeitig strenge Sicherheitsstandards sicherzustellen.

Zusammenfassend lässt sich sagen, dass der Genehmigungsprozess für SMRs in den Vereinigten Staaten sehr umfassend ist und mehrere Prüfungsebenen umfasst, um Sicherheit, Sicherung und Umweltschutz zu gewährleisten. Obwohl das bestehende Rahmenwerk Wege zur Genehmigung von SMRs bietet, sind laufende Modernisierungsmaßnahmen entscheidend, um die Einführung dieser innovativen Technologien zu beschleunigen und zukünftigen Energiebedarf nachhaltig zu decken.

Genehmigungsverfahren für kleine modulare Reaktoren (SMRs) in Canada

Der Genehmigungs- und Regulierungsrahmen für kleine modulare Reaktoren (Small Modular Reactors, SMRs) in Kanada wird von der Canadian Nuclear Safety Commission (CNSC) verwaltet. Die CNSC ist dafür verantwortlich sicherzustellen, dass sämtliche nuklearen Aktivitäten im Land – einschließlich Bau und Betrieb von SMRs – strenge Sicherheits-, Sicherungs- und Umweltstandards einhalten. Kanada arbeitet aktiv daran, seinen Genehmigungsprozess für SMRs zu vereinfachen, um Innovationen zu fördern und die Ziele des Landes im Bereich sauberer Energie zu unterstützen.

1. Regulatorischer Rahmen für die Genehmigung von SMRs

Der kanadische Nuklearregulierungsrahmen basiert hauptsächlich auf dem Nuclear Safety and Control Act (NSCA) sowie den dazugehörigen Verordnungen. Dazu gehören:

- Vorschriften für Nuklearanlagen der Klasse I
- Strahlenschutzvorschriften
- Nuklearsicherheitsvorschriften
- Vorschriften zur Kontrolle von Import und Export im Bereich nuklearer Nichtverbreitung

Die Canadian Nuclear Safety Commission (CNSC) hat außerdem mehrere Regulierungsdokumente (REGDOCs) entwickelt, die Leitlinien zur Einhaltung regulatorischer Anforderungen bereitstellen. Darüber hinaus orientiert sich die CNSC an den Standards der International Atomic Energy Agency (IAEA), um sicherzustellen, dass die kanadischen Vorschriften internationalen bewährten Verfahren entsprechen.

2. Phasenbasierter Genehmigungsansatz für SMRs

Die CNSC hat einen phasenbasierten Ansatz für die Genehmigung von SMRs eingeführt und erkennt dabei an, dass sich diese Reaktoren hinsichtlich Design, Sicherheitsmerkmalen und Betriebsmodellen erheblich von traditionellen Großreaktoren unterscheiden. Dieser Ansatz reduziert regulatorische Unsicherheiten und schafft Flexibilität, insbesondere bei neuen und innovativen Reaktordesigns. Der Genehmigungsprozess besteht im Allgemeinen aus drei Hauptphasen:

- Phase 1: Vorlizenzierungsphase – Vendor Design Review (VDR)
- Phase 2: Standortvorbereitung und Baugenehmigung
- Phase 3: Betriebsgenehmigung und Inbetriebnahme

Jede Phase dient dazu, Sicherheits-, Umwelt- und Sicherungsfragen schrittweise zu behandeln und gleichzeitig die Einbindung von Interessengruppen zu ermöglichen.

A. Vorlizenzierungsphase – Vendor Design Review (VDR)

Die Vendor Design Review (VDR) ist ein optionales, jedoch dringend empfohlenes Vorlizenzierungsverfahren, das es SMR-Entwicklern ermöglicht, bereits in einer frühen Entwicklungsphase mit der CNSC zusammenzuarbeiten. Das VDR-Verfahren hilft dabei, potenzielle regulatorische Herausforderungen zu identifizieren und sicherzustellen, dass das Design den kanadischen Anforderungen entspricht, bevor ein formeller Genehmigungsantrag eingereicht wird. Das VDR-Verfahren erfolgt in drei Stufen:

1. Stufe 1: Grundlegende Designprüfung – Konzentration auf allgemeine Design- und Sicherheitskonzepte, um deren Übereinstimmung mit den Anforderungen der CNSC sicherzustellen.

2. Stufe 2: Detaillierte Designprüfung – Bewertung spezifischer Sicherheitsmerkmale wie Sicherheitsbehälter, Reaktorkühlung und passive Sicherheitssysteme.

3. Stufe 3: Systemprüfung – Umfassende Analyse des Sicherheitsanalyseberichts, einschließlich Bewertungen schwerer Unfallszenarien, Notfallvorsorge und Strahlenschutz.

Die VDR führt nicht zu einer Genehmigung, liefert jedoch detailliertes Feedback, das SMR-Entwicklern hilft, regulatorische Probleme frühzeitig zu adressieren. Dieser Schritt ist besonders vorteilhaft für neue Reaktortechnologien, die möglicherweise nicht in traditionelle regulatorische Rahmenwerke passen.

B. Standortvorbereitung und Baugenehmigung

Nach Abschluss der VDR (sofern durchgeführt) beginnt das formelle Genehmigungsverfahren mit den Anträgen auf Genehmigung der Standortvorbereitung und Baugenehmigung. Diese Phase umfasst mehrere wesentliche Schritte:

- **Standortbewertung:** Der Antragsteller muss detaillierte Berichte zur Standortwahl einreichen, einschließlich geologischer, hydrologischer und umweltbezogener Bewertungen. Die CNSC prüft die Eignung des Standorts für einen SMR und konzentriert sich dabei auf Faktoren wie seismische Stabilität, potenzielle Umweltauswirkungen und die Nähe zu besiedelten Gebieten.
- **Umweltverträglichkeitsprüfung (Environmental Impact Assessment – EIA):** Gemäß dem Canadian Environmental Assessment Act (CEAA) muss das Projekt eine Umweltverträglichkeitsprüfung durchlaufen. Dazu gehören öffentliche Konsultationen und die Einbindung von Interessengruppen zur Bewertung potenzieller Umweltauswirkungen des SMR-Projekts.
- **Öffentliche Anhörungen und Einbindung von Interessengruppen:** Die CNSC führt öffentliche Anhörungen durch, bei denen Mitglieder der Gemeinschaft, Umweltgruppen und andere Interessengruppen Stellungnahmen abgeben können. Der

Konsultationsprozess gewährleistet Transparenz und adressiert Bedenken hinsichtlich Sicherheit, Umweltschutz und sozioökonomischer Auswirkungen.

- **Antrag auf Baugenehmigung:** Nach Genehmigung der Standortvorbereitung beantragt der Entwickler eine Baugenehmigung. Dieser Antrag umfasst detaillierte technische Designs, Sicherheitsanalysen, Notfallpläne und Qualitätssicherungsprotokolle. Die CNSC bewertet diese Unterlagen, um sicherzustellen, dass Sicherheits- und regulatorische Anforderungen erfüllt werden.

Die Baugenehmigung erlaubt dem Antragsteller den Bau des Reaktors und der zugehörigen Infrastruktur. Während der Bauphase führt die CNSC fortlaufende Inspektionen durch, um sicherzustellen, dass sämtliche Arbeiten den genehmigten Sicherheits- und Qualitätsstandards entsprechen.

C. Betriebsgenehmigung und Inbetriebnahme

Nach Abschluss der Bauarbeiten muss der Antragsteller eine Betriebsgenehmigung beantragen. Diese Phase umfasst eine umfassende Bewertung der Betriebsbereitschaft der Anlage:

- **Vorbetriebliche Tests und Inbetriebnahme:** Bevor der Reaktor den kommerziellen Betrieb aufnehmen darf, muss er eine Reihe von Prüfungen durchlaufen, um nachzuweisen, dass alle Systeme wie vorgesehen funktionieren. Dazu gehören Tests von Reaktorsteuerungen, Kühlsystemen, Sicherheitsbehälterstrukturen und Strahlenschutzmaßnahmen.
- **Final Safety Analysis Report (FSAR):** Der Antragsteller muss einen endgültigen Sicherheitsanalysebericht einreichen, der Betriebsverfahren, Strategien zum Unfallmanagement und Strahlenschutzprotokolle beschreibt. Die CNSC prüft diesen Bericht, um sicherzustellen, dass die Anlage sämtliche Sicherheitsanforderungen erfüllt.
- **Notfallvorsorgeplan:** Betreiber von SMRs müssen nachweisen, dass robuste Notfallvorsorgepläne vorhanden sind, einschließlich der Koordination mit lokalen Behörden und Einsatzkräften.
- **Öffentliche Anhörungen und endgültige Genehmigung:** Die CNSC kann vor Erteilung der Betriebsgenehmigung zusätzliche öffentliche Anhörungen durchführen. Diese Anhörungen bieten eine letzte Gelegenheit zur öffentlichen Beteiligung und stellen sicher, dass alle Bedenken angemessen behandelt wurden.

Nach Erteilung der Betriebsgenehmigung darf der SMR den kommerziellen Betrieb aufnehmen. Die CNSC führt jedoch weiterhin regelmäßige Inspektionen und Audits durch, um die fortlaufende Einhaltung von Sicherheits-, Umwelt- und Sicherungsstandards sicherzustellen.

3. Wichtige Aspekte der SMR-Genehmigung in Kanada

- Der regulatorische Rahmen Kanadas für SMRs umfasst spezielle Anforderungen, die auf die besonderen Eigenschaften dieser Reaktoren zugeschnitten sind:
- **Passive Sicherheitsmerkmale:** Viele SMRs verfügen über passive Sicherheitssysteme, die keine aktiven Eingriffe oder externe Stromversorgung benötigen, um sicher zu

bleiben. Die CNSC bewertet diese Systeme hinsichtlich ihrer Zuverlässigkeit und Wirksamkeit bei der Unfallverhütung.

- **Reduzierte Notfallplanungszonen (EPZs):** Aufgrund der geringeren Größe und niedrigeren Leistungsdichte von SMRs können Entwickler möglicherweise kleinere Emergency Planning Zones (EPZs) als bei traditionellen Reaktoren nutzen. Dies kann die Standortwahl näher an urbanen Gebieten erleichtern.
- **Modulare Bauweise:** SMRs sind für modulare Bauverfahren ausgelegt, bei denen Komponenten außerhalb des Standorts gefertigt und vor Ort montiert werden. Die CNSC überprüft die Qualitätssicherungsprozesse für modulare Bauweisen, um sicherzustellen, dass Sicherheitsstandards während Fertigung, Transport und Montage eingehalten werden.
- **Anwendungen in abgelegenen und netzfernen Regionen:** SMRs eignen sich besonders für abgelegene Standorte wie Bergbaugebiete oder isolierte Gemeinden. Die CNSC bewertet die Machbarkeit des Einsatzes von SMRs in diesen Regionen und konzentriert sich dabei auf logistische Herausforderungen, Infrastrukturanforderungen und Notfallreaktionsfähigkeiten.

4. Internationale Zusammenarbeit und Harmonisierung

Die Canadian Nuclear Safety Commission (CNSC) beteiligt sich aktiv an internationalen Kooperationen zur Harmonisierung der SMR-Regulierung, insbesondere mit den United States und anderen Staaten, die den Einsatz von SMRs prüfen. Die CNSC nimmt an Foren der International Atomic Energy Agency (IAEA) sowie an bilateralen Abkommen teil, um bewährte Verfahren auszutauschen, regulatorische Doppelarbeit zu reduzieren und Genehmigungsprozesse für exportorientierte SMRs zu vereinfachen.

Der proaktive Ansatz der CNSC bei der Genehmigung von SMRs soll Innovationen fördern und gleichzeitig strenge Sicherheitsstandards gewährleisten. Durch die Einführung eines risikoorientierten und leistungsbasierten regulatorischen Rahmens positioniert sich Kanada als führender Akteur bei der Entwicklung und Einführung fortschrittlicher Nukleartechnologien einschließlich SMRs. Dieser Ansatz unterstützt nicht nur die Ziele Kanadas im Bereich sauberer Energie, sondern trägt auch zu den weltweiten Bemühungen zur Bekämpfung des Klimawandels durch die Verringerung der Abhängigkeit von fossilen Brennstoffen bei.

Genehmigungsverfahren für kleine modulare Reaktoren (SMRs) in Europe

Die Genehmigungs- und Regulierungslandschaft für kleine modulare Reaktoren (Small Modular Reactors, SMRs) in Europa entwickelt sich kontinuierlich weiter, um den Einsatz dieser innovativen Nukleartechnologien zu ermöglichen. Die European Union (EU) ist durch ein Geflecht nationaler Regulierungsrahmen gekennzeichnet, da jeder Mitgliedstaat für seine eigenen nuklearen Sicherheitsvorschriften verantwortlich ist. Gleichzeitig besteht jedoch ein starkes Bestreben, Standards und Verfahren europaweit zu harmonisieren, um Sicherheit zu gewährleisten, technologische Innovation zu fördern und grenzüberschreitende Zusammenarbeit zu erleichtern.

1. Regulatorischer Rahmen der Europäischen Union für nukleare Sicherheit

Obwohl jedes EU-Land über eine eigene Nuklearaufsichtsbehörde verfügt, spielt der Vertrag zur European Atomic Energy Community (EURATOM) eine zentrale Rolle bei der Schaffung eines kohärenten Ansatzes zur nuklearen Sicherheit. EURATOM hat ein umfassendes System von Richtlinien entwickelt, die von den Mitgliedstaaten in nationales Recht umgesetzt werden müssen, insbesondere in Bezug auf nukleare Sicherheit, Strahlenschutz und Abfallmanagement. Zu den wichtigsten Richtlinien für die Genehmigung von SMRs gehören:

- **Nuklearsicherheitsrichtlinie (2009/71/Euratom):** Schafft den übergeordneten Rahmen für nukleare Sicherheit in der EU und verpflichtet die Mitgliedstaaten zur Einrichtung unabhängiger Regulierungsbehörden sowie zur Gewährleistung hoher Sicherheitsstandards.
- **Richtlinie über die Entsorgung radioaktiver Abfälle (2011/70/Euratom):** Verpflichtet alle EU-Staaten zur Entwicklung von Programmen für die sichere Entsorgung abgebrannter Brennelemente und radioaktiver Abfälle.
- **Grundnormenrichtlinie (2013/59/Euratom):** Legt Mindeststandards für den Strahlenschutz fest, die beim Betrieb sämtlicher Nuklearanlagen einschließlich SMRs einzuhalten sind.

Diese Richtlinien verpflichten die Mitgliedstaaten zur Umsetzung strenger Sicherheitsmaßnahmen, die die Grundlage für die Genehmigung nuklearer Anlagen einschließlich SMRs bilden.

2. Harmonisierungsbestrebungen in Europa

Eine der größten Herausforderungen im europäischen Genehmigungsprozess für SMRs ist das Fehlen eines einheitlichen regulatorischen Rahmens zwischen den Mitgliedstaaten. Dennoch gibt es erhebliche Bemühungen zur Harmonisierung von Standards, insbesondere für neue Nukleartechnologien wie SMRs. Zu diesem Zweck wurden mehrere Initiativen ins Leben gerufen:

- **Western European Nuclear Regulators Association (WENRA):** WENRA veröffentlicht Empfehlungen und Referenzniveaus für nukleare Sicherheit, um einheitliche Standards unter ihren Mitgliedern sicherzustellen. Diese Leitlinien werden zunehmend von nationalen Aufsichtsbehörden als Maßstab für die Bewertung von SMR-Designs verwendet.
- **European Nuclear Safety Regulators Group (ENSREG):** ENSREG arbeitet an der Angleichung nuklearer Sicherheitsvorschriften zwischen den EU-Mitgliedstaaten und erleichtert den Austausch bewährter Verfahren. Die Organisation spielt eine wichtige Rolle bei der Förderung gemeinsamer Ansätze für Sicherheitsbewertungen von SMRs.
- **EURATOM-Forschungs- und Ausbildungsprogramm:** Diese Initiative finanziert Forschungsprojekte zur Entwicklung fortschrittlicher Nukleartechnologien einschließlich SMRs und unterstützt gleichzeitig die Harmonisierung von Sicherheitsbewertungen und regulatorischen Verfahren innerhalb der EU.

Die Harmonisierung ist für SMRs besonders wichtig, da sie den Prozess für Anbieter vereinfacht, die ihre Technologien in mehreren EU-Ländern einsetzen möchten, und dadurch Zeit- und Kostenaufwand für mehrere nationale Genehmigungen reduziert.

3. Nationale Genehmigungsverfahren in europäischen Staaten

Obwohl die EU eine Harmonisierung anstrebt, behalten die einzelnen Staaten ihre souveräne Zuständigkeit für die Genehmigung von Kernreaktoren. Das Genehmigungsverfahren für SMRs folgt typischerweise nationalen Verfahren, die an die EURATOM-Richtlinien angepasst sind, jedoch lokale regulatorische Anforderungen berücksichtigen. Nachfolgend einige Beispiele für den Umgang europäischer Staaten mit der Genehmigung von SMRs:

A. United Kingdom

Das Vereinigte Königreich ist trotz seines Austritts aus der EU weiterhin ein wichtiger Akteur im europäischen Nuklearsektor. Die britische Aufsichtsbehörde, das Office for Nuclear Regulation (ONR), ist für ihren robusten und unabhängigen Sicherheitsbewertungsprozess bekannt. Für SMRs nutzt das Vereinigte Königreich das sogenannte Generic Design Assessment (GDA)-Verfahren:

- **Schritt 1:** Vorläufige Sicherheitsbewertung, bei der die grundlegenden Sicherheitsmerkmale des SMR-Designs geprüft werden.
- **Schritt 2:** Detaillierte Bewertung mit Schwerpunkt auf Reaktorsicherheitssystemen, Sicherheit, Umweltschutz und Notfallvorsorge.
- **Schritt 3:** Abschlussbewertung, die öffentliche Konsultationen umfasst und bei erfolgreichem Abschluss zu einer Designakzeptanzbestätigung führt.

Das britische GDA-Verfahren ermöglicht es SMR-Anbietern, eine Designgenehmigung zu erhalten, bevor ein konkreter Standort ausgewählt wird, wodurch die Einführung von SMRs beschleunigt wird.

B. France

France mit seiner starken Nuklearindustrie prüft ebenfalls den Einsatz von SMRs zur Diversifizierung seines Energiemixes. Die Autorité de sûreté nucléaire (ASN) ist die nationale Aufsichtsbehörde für nukleare Sicherheit. Frankreich verfolgt einen strengen, phasenbasierten Ansatz zur Genehmigung nuklearer Anlagen, der Folgendes umfasst:

- **Vorlizenzierungsphase:** Anbieter können bereits während der Designphase mit der ASN zusammenarbeiten, um regulatorische Erwartungen zu klären.
- **Antrag auf Bau- und Betriebsgenehmigung:** Vor Erteilung einer Genehmigung sind umfassende Sicherheitsanalyseberichte, Umweltverträglichkeitsprüfungen und öffentliche Konsultationen erforderlich.
- **Periodische Sicherheitsüberprüfungen:** Nach der Inbetriebnahme müssen SMRs regelmäßige Prüfungen durchlaufen, um die fortlaufende Einhaltung der Sicherheitsstandards sicherzustellen.

Frankreich arbeitet daran, seine regulatorischen Verfahren mit den EU-Richtlinien in Einklang zu bringen und gleichzeitig seine hohen nationalen Sicherheitsstandards beizubehalten.

C. Finland

Finland ist für seine strengen nuklearen Sicherheitsvorschriften bekannt und steht neuen Nukleartechnologien wie SMRs offen gegenüber. Die Radiation and Nuclear Safety Authority (STUK) überwacht den Genehmigungsprozess, der folgende Schritte umfasst:

- **Vorläufige Sicherheitsbewertung:** Bewertung der Machbarkeit des SMR-Designs und seiner Übereinstimmung mit den finnischen Sicherheitsvorschriften.
- **Baugenehmigung:** Erfordert einen detaillierten Sicherheitsnachweis, einschließlich Standortbewertung, Umweltverträglichkeitsprüfung und Notfallplanung.
- **Betriebsgenehmigung:** Wird nach erfolgreichem Bau und erfolgreicher Inbetriebnahme erteilt und bestätigt, dass die Anlage alle betrieblichen Sicherheitsanforderungen erfüllt.

Der finnische Ansatz betont eine frühzeitige regulatorische Zusammenarbeit, um potenzielle Sicherheitsprobleme bereits während der Designphase zu identifizieren.

4. Zentrale Schritte im Genehmigungsprozess

Trotz der Unterschiede zwischen nationalen Regulierungsbehörden lässt sich der allgemeine Genehmigungsprozess für SMRs in Europa wie folgt zusammenfassen:

- **Vorlizenzierungsphase:** Gespräche zwischen SMR-Anbietern und Regulierungsbehörden zur Klärung von Sicherheitsanforderungen und Identifizierung potenzieller Herausforderungen. Die frühzeitige Zusammenarbeit hilft dabei, das Design an nationale Sicherheitsstandards anzupassen.
- **Designprüfung:** Detaillierte Prüfung des Reaktordesigns einschließlich Sicherheitssystemen, Sicherheitsmaßnahmen und Umweltverträglichkeitsbewertungen. Diese Phase kann Verfahren wie das britische GDA oder die finnische vorläufige Sicherheitsbewertung umfassen.
- **Standortgenehmigung:** Nach Genehmigung des Designs müssen Anbieter eine standortspezifische Genehmigung beantragen. Dies umfasst Bewertungen geologischer, hydrologischer und umweltbezogener Faktoren sowie öffentliche Konsultationen zur Einschätzung der Akzeptanz in der Bevölkerung.
- **Bau und Inbetriebnahme:** Nach Erteilung der Baugenehmigung wird der Reaktor unter Aufsicht der nationalen Regulierungsbehörde errichtet. Während der Inbetriebnahme werden umfangreiche Tests durchgeführt, um sicherzustellen, dass die Anlage sämtliche Sicherheitsstandards erfüllt, bevor sie den kommerziellen Betrieb aufnehmen darf.
- **Betriebsgenehmigung:** Nach Abschluss von Bau und Tests muss der Betreiber eine Betriebsgenehmigung beantragen. Dies erfordert die Einreichung eines Final Safety Analysis Report (FSAR), der Betriebsverfahren, Notfallpläne und Strahlenschutzmaßnahmen beschreibt.

- **Laufende Compliance und periodische Sicherheitsüberprüfungen:** Auch nach Inbetriebnahme müssen Reaktoren regelmäßige Sicherheitsüberprüfungen durchlaufen, um die fortlaufende Einhaltung regulatorischer Standards sicherzustellen. Dazu gehören Inspektionen, Sicherheitsaudits und die Auswertung von Ereignisberichten.

5. Herausforderungen und Chancen bei der Genehmigung von SMRs in Europa

Obwohl SMRs großes Potenzial für den Ausbau sauberer Energie in Europa besitzen, bringt die regulatorische Landschaft erhebliche Herausforderungen mit sich. Das Fehlen eines einheitlichen Genehmigungsrahmens bedeutet, dass Anbieter ein komplexes Geflecht nationaler Vorschriften bewältigen müssen, was die Einführung verlangsamen kann. Die Harmonisierungsbemühungen von Organisationen wie Western European Nuclear Regulators Association (WENRA) und European Nuclear Safety Regulators Group (ENSREG) bieten jedoch Chancen zur Vereinfachung des Prozesses.

Der starke Fokus Europas auf Sicherheit, Öffentlichkeitsbeteiligung und Umweltschutz bedeutet, dass Entwickler von SMRs nicht nur die Sicherheit und Zuverlässigkeit ihrer Technologien nachweisen müssen, sondern auch deren ökologische und gesellschaftliche Vorteile. Während europäische Staaten ihre Energiesysteme dekarbonisieren möchten, könnten SMRs insbesondere in Regionen, die Kohle- und Gaskraftwerke ersetzen wollen, eine bedeutende Rolle spielen. Dies erfordert jedoch eine fortgesetzte Zusammenarbeit zwischen Regulierungsbehörden, Anbietern und politischen Entscheidungsträgern, um regulatorische Hindernisse abzubauen und die Einführung von SMRs zu beschleunigen.

Genehmigungsverfahren für kleine modulare Reaktoren (SMRs) in India

Der Einsatz von kleinen modularen Reaktoren (Small Modular Reactors, SMRs) in Indien erfordert die Navigation durch ein komplexes und strenges regulatorisches Umfeld. Als Land mit ehrgeizigen Zielen im Bereich der Kernenergie untersucht Indien aktiv innovative Nukleartechnologien wie SMRs, um den steigenden Energiebedarf zu decken und gleichzeitig die CO_2-Emissionen zu reduzieren. Aufgrund der mit Kernenergie verbundenen Sicherheits-, Sicherungs- und Umweltaspekte ist der Genehmigungs- und Regulierungsprozess für SMRs jedoch sehr umfassend und umfasst mehrere Ebenen von Genehmigungen.

1. Regulatorischer Rahmen und zuständige Behörden

Die Regulierung der Kernenergie in Indien wird hauptsächlich durch das Atomic Energy Regulatory Board (AERB) überwacht. Das 1983 gegründete AERB ist dafür verantwortlich, die Sicherheit und regulatorische Konformität nuklearer Anlagen im gesamten Land sicherzustellen. Es arbeitet im Rahmen des Atomic Energy Act von 1962 und fungiert als unabhängige Behörde unter dem Department of Atomic Energy (DAE). Das DAE selbst überwacht das gesamte Kernenergieprogramm Indiens einschließlich Forschung, Entwicklung und Einsatz nuklearer Technologien.

Neben dem AERB spielen weitere Behörden und Institutionen eine wichtige Rolle im Nuklearsektor:

- **Department of Atomic Energy (DAE):** Überwacht das gesamte Management der Kernenergie, Forschungsreaktoren und des nuklearen Brennstoffkreislaufs.
- **Nuclear Power Corporation of India Limited (NPCIL):** Staatliches Unternehmen, das für Bau, Betrieb und Wartung von Kernkraftwerken verantwortlich ist.
- **Bhabha Atomic Research Centre (BARC):** Konzentriert sich auf Nuklearforschung und die Entwicklung fortschrittlicher Reaktortechnologien einschließlich SMRs.

2. Rechtlicher und regulatorischer Rahmen

Der regulatorische Rahmen für Kernenergie in Indien basiert hauptsächlich auf mehreren zentralen Gesetzen:

- **Atomic Energy Act von 1962:** Überträgt dem DAE die Befugnis, Kernenergie zu friedlichen Zwecken zu entwickeln und zu regulieren sowie die Genehmigung nuklearer Anlagen zu überwachen.
- **Atomic Energy (Radiation Protection) Rules von 2004:** Legen Sicherheits- und Strahlenschutzstandards für Nuklearanlagen fest.
- **Environmental Protection Act von 1986:** Verlangt Umweltverträglichkeitsprüfungen (Environmental Impact Assessments – EIAs) für Projekte mit erheblichen Umweltauswirkungen, einschließlich Kernkraftwerken.

Der bestehende regulatorische Rahmen konzentriert sich in erster Linie auf große Kernreaktoren. Für den Einsatz von SMRs könnten Änderungen bestehender Gesetze und Richtlinien erforderlich sein, um die besonderen Sicherheits- und Betriebsmerkmale von SMRs angemessen zu berücksichtigen.

3. Phasenweiser Genehmigungsprozess für SMRs

Das Genehmigungsverfahren für Bau und Betrieb von SMRs in Indien wird voraussichtlich einem mehrstufigen Ansatz folgen, ähnlich wie bei großen Kernkraftwerken. Gleichzeitig müssen jedoch die besonderen Herausforderungen und Vorteile von SMRs berücksichtigt werden, darunter modulare Bauweise, passive Sicherheitsmerkmale und Skalierbarkeit. Die folgenden Abschnitte beschreiben den phasenweisen Prozess:

A. Vorlizenzierungsphase

Vor der Einleitung eines formellen Genehmigungsantrags müssen Entwickler mit dem Atomic Energy Regulatory Board (AERB) und anderen relevanten Behörden zusammenarbeiten, um Machbarkeit, Sicherheit und regulatorische Anforderungen des Projekts zu erörtern. Diese Phase umfasst:

- Durchführung von Machbarkeitsstudien zur Bewertung der technischen und wirtschaftlichen Tragfähigkeit des Einsatzes von SMRs in bestimmten Regionen.

- Vorläufige Gespräche mit dem AERB zur Klärung regulatorischer Erwartungen, insbesondere in Bezug auf Sicherheitsstandards, Standortwahl und Umweltschutz.
- Erstellung eines ersten konzeptionellen Designs und Sicherheitsnachweises für die vorgeschlagene SMR-Technologie.

B. Standortwahl und Umweltbewertung

SMRs unterliegen – wie jedes andere Nuklearprojekt – strengen Kriterien für die Standortwahl. Entwickler müssen sicherstellen, dass die Richtlinien des Atomic Energy Regulatory Board (AERB) sowie des Ministry of Environment, Forest and Climate Change (MoEFCC) eingehalten werden. Zu den wichtigsten Schritten gehören:

- Durchführung einer umfassenden Umweltverträglichkeitsprüfung (Environmental Impact Assessment – EIA), um potenzielle ökologische und soziale Auswirkungen des vorgeschlagenen SMR-Standorts zu bewerten.
- Berücksichtigung von Faktoren wie Bevölkerungsdichte, Naturkatastrophen und Nähe zu Wasserquellen, da diese für die Standortgenehmigung entscheidend sind.
- Durchführung öffentlicher Konsultationen zur Einholung von Rückmeldungen lokaler Gemeinschaften und Interessengruppen. Die öffentliche Akzeptanz ist besonders wichtig, da Indien aufgrund historischer Ereignisse wie der Bhopal disaster sensibel gegenüber Nuklearprojekten reagiert.

C. Designzertifizierung und Sicherheitsprüfung

Nach Genehmigung des Standorts müssen Entwickler eine Designzertifizierung durch das Atomic Energy Regulatory Board (AERB) erhalten. Diese Phase umfasst eine detaillierte Prüfung des Reaktordesigns, einschließlich:

- Einreichung eines umfassenden Preliminary Safety Analysis Report (PSAR), der Design, Sicherheitsmerkmale und passive Kühlsysteme des Reaktors beschreibt.
- Nachweis der Einhaltung der strengen indischen Sicherheitsstandards, insbesondere in Bezug auf passive Sicherheitssysteme, Notfallvorsorge und Strahlenschutz.
- Das AERB bewertet das Design, um sicherzustellen, dass es internationalen bewährten Verfahren entspricht, wie sie von der International Atomic Energy Agency (IAEA) empfohlen werden.

D. Baugenehmigung

Nach Erhalt der Designzertifizierung können Entwickler eine Baugenehmigung beantragen. Diese Phase umfasst:

- Einreichung detaillierter Baupläne einschließlich Spezifikationen für Sicherheitssysteme, Sicherheitsbehälterstrukturen und Hilfssysteme.
- Durchführung von Standortinspektionen und Audits zur Sicherstellung der Einhaltung der AERB-Richtlinien.
- Die Baugenehmigung wird erst erteilt, wenn das AERB davon überzeugt ist, dass das Projekt sämtliche Sicherheits- und Umweltanforderungen erfüllt.

E. Betriebsgenehmigung

Nach Abschluss der Bauphase müssen Entwickler eine Betriebsgenehmigung beantragen. Das AERB verlangt:

- Einen Final Safety Analysis Report (FSAR), der detaillierte Bewertungen der Reaktorsicherheit, Notfallpläne und Strahlenschutzmaßnahmen enthält.
- Die Durchführung umfassender Tests vor der Inbetriebnahme, um sicherzustellen, dass sämtliche Systeme ordnungsgemäß funktionieren und Sicherheitsprotokolle implementiert wurden.
- Erst nach erfolgreichen Inspektionen und der Bestätigung aller Sicherheitsmaßnahmen kann die Betriebsgenehmigung erteilt werden, wodurch der SMR den kommerziellen Betrieb aufnehmen darf.

4. Herausforderungen und Chancen bei der Genehmigung von SMRs in Indien

Der Einsatz von SMRs in Indien bringt sowohl Herausforderungen als auch Chancen mit sich:

- **Regulatorische Reformen:** Der bestehende regulatorische Rahmen Indiens wurde für Großreaktoren entwickelt. Daher besteht Bedarf, Genehmigungsverfahren anzupassen, um die besonderen Eigenschaften von SMRs zu berücksichtigen. Dies könnte neue Vorschriften und Änderungen bestehender Gesetze erfordern.
- **Öffentliche Wahrnehmung und Akzeptanz:** Nuklearprojekte stoßen in Indien häufig auf öffentlichen Widerstand aufgrund von Sicherheitsbedenken und früheren Ereignissen. Entwickler müssen daher transparente Kommunikation und aktive Einbindung der Gemeinschaft fördern, um Vertrauen aufzubauen.
- **Infrastruktur und Lieferketten:** Indien verfügt über eine etablierte Nuklearindustrie, jedoch erfordert die Einführung von SMRs neue Fertigungskapazitäten und Lieferketten, die speziell auf modulare Reaktoren zugeschnitten sind.
- **Internationale Zusammenarbeit:** Aufgrund der Neuartigkeit der SMR-Technologie könnte Indien von Kooperationen mit Staaten profitieren, die bereits Fortschritte beim Einsatz von SMRs erzielt haben, darunter die United States, Canada und Russia.

5. Der Weg nach vorne

Indien hat Interesse an SMRs als Mittel zur Diversifizierung seines Energiemixes, zur Reduzierung von Kohlenstoffemissionen und zur Stärkung der Energiesicherheit gezeigt. Damit SMRs jedoch Realität werden können, muss das Land regulatorische Herausforderungen bewältigen, öffentliches Vertrauen schaffen und die notwendige Infrastruktur entwickeln. Die Regierung hat über das Department of Atomic Energy (DAE) bereits Gespräche über den Einsatz von SMR-Technologien für abgelegene Regionen und industrielle Anwendungen eingeleitet. Zukünftig werden regulatorische Reformen, internationale Zusammenarbeit und Öffentlichkeitsbeteiligung entscheidend für die erfolgreiche Einführung von SMRs in Indien sein. Durch die Nutzung seiner bestehenden Expertise im Nuklearbereich und die Entwicklung vereinfachter Genehmigungsprozesse hat Indien das Potenzial, eine führende Rolle beim Einsatz von SMRs im asiatisch-pazifischen Raum einzunehmen.

Genehmigungsverfahren für kleine modulare Reaktoren (SMRs) in China

China hat sich als weltweit führender Akteur bei der Entwicklung der Kernenergie etabliert, insbesondere durch die aktive Förderung von kleinen modularen Reaktoren (Small Modular Reactors, SMRs). Diese strategische Initiative ist Teil der umfassenderen Bemühungen Chinas, sein Energieportfolio zu diversifizieren und seine ehrgeizigen Ziele zur Klimaneutralität bis 2060 zu erreichen. Der Einsatz von SMRs wird als wichtiger Schritt beim Übergang zu einem kohlenstoffarmen Energiesystem angesehen, da diese Reaktoren verbesserte Sicherheitsmerkmale, verkürzte Bauzeiten und die Möglichkeit bieten, in unterschiedlichsten Umgebungen – einschließlich abgelegener Regionen – eingesetzt zu werden, in denen große Reaktoren nicht praktikabel wären [11, 16].

Der Genehmigungs- und Regulierungsprozess für SMRs in China ist komplex und umfasst mehrere Ebenen von Genehmigungen verschiedener nationaler Aufsichtsbehörden. Dieser Rahmen entwickelt sich kontinuierlich weiter, um die besonderen Eigenschaften von SMRs zu berücksichtigen und gleichzeitig die Einhaltung strenger Sicherheits- und Umweltstandards sicherzustellen. Die rechtliche Entwicklung der kommerziellen Kernenergie in China verlief in drei Phasen: Beginn (1985–2002), Wachstum (2003–2015) und Reife (2016–heute), was die zunehmende Ausgereiftheit regulatorischer Rahmenbedingungen zur Unterstützung des Ausbaus der Kernenergie widerspiegelt [201]. Die chinesische Regierung legt großen Wert auf Genehmigungen im Bereich der nuklearen Sicherheit, insbesondere angesichts der Lehren aus früheren Nuklearereignissen wie der Fukushima Daiichi nuclear disaster [202].

Darüber hinaus wird die Entwicklung von SMRs in China durch einen starken nationalen Politikrahmen unterstützt, der darauf abzielt, Kernenergie wirksam in den Energiemix des Landes zu integrieren. Der Medium and Long-term Nuclear Power Development Plan enthält konkrete Ziele für die nukleare Kapazität, wobei der Einsatz von SMRs ein zentraler Bestandteil dieser Strategie ist [203, 204]. Die regulatorische Landschaft wird fortlaufend angepasst, um die Genehmigung und Einführung dieser fortschrittlichen Reaktordesigns zu erleichtern, die aufgrund ihres Potenzials zur Verbesserung der Energiesicherheit und zur Förderung ökologischer Nachhaltigkeit anerkannt sind [65].

1. Regulatorischer Rahmen und zuständige Behörden

Die Regulierung der Kernenergie in China wird von mehreren wichtigen Organisationen überwacht:

- **National Nuclear Safety Administration (NNSA):** Die wichtigste Aufsichtsbehörde für die Sicherheit nuklearer Anlagen einschließlich der Genehmigung und Überwachung von Kernkraftwerken und Reaktoren. Sie arbeitet unter dem Ministry of Ecology and Environment (MEE) und ist verantwortlich für die Einhaltung nuklearer Sicherheitsstandards, die Durchführung von Inspektionen und die Durchsetzung regulatorischer Vorgaben.

- **National Energy Administration (NEA):** Überwacht die allgemeine Entwicklung und Verwaltung des chinesischen Energiesektors einschließlich der Kernenergie. Die NEA ist an der Politikgestaltung, Planung und Regulierung der Energiebranche beteiligt.
- **China Atomic Energy Authority (CAEA):** Konzentriert sich auf die friedliche Nutzung der Kernenergie einschließlich internationaler Zusammenarbeit, Technologieentwicklung und strategischer Ausrichtung nuklearer Projekte.

Diese Regulierungsbehörden arbeiten zusammen, um sicherzustellen, dass SMRs nationale Sicherheitsanforderungen erfüllen, internationalen bewährten Verfahren entsprechen und in einer Weise eingesetzt werden, die Chinas Energie- und Umweltziele unterstützt.

2. Rechtlicher und regulatorischer Rahmen

Das regulatorische Umfeld für Kernenergie in China wird durch eine Reihe von Gesetzen, Vorschriften und Richtlinien bestimmt:

- **Nuclear Safety Law (2018):** Dieses Gesetz bildet den Grundpfeiler des chinesischen Nuklearregulierungsrahmens und schafft die rechtliche Grundlage für nukleare Sicherheit, Notfallmanagement und Strahlenschutz.
- **Regulations on the Safety of Civilian Nuclear Installations (1986, überarbeitet 2015):** Legen Sicherheitsstandards für Bau, Betrieb und Stilllegung nuklearer Anlagen fest.
- **Environmental Protection Law (2015):** Verlangt umfassende Umweltverträglichkeitsprüfungen (Environmental Impact Assessments – EIAs) für alle großen Infrastrukturprojekte einschließlich Kernkraftwerken.

Diese Gesetze und Vorschriften sollen sicherstellen, dass Nuklearprojekte einschließlich SMRs strenge Sicherheits-, Sicherungs- und Umweltstandards einhalten.

3. Phasenweiser Genehmigungsprozess für SMRs

Der Genehmigungsprozess für SMRs in China ähnelt dem für große Kernreaktoren, wurde jedoch angepasst, um die besonderen Design- und Betriebsmerkmale von SMRs zu berücksichtigen. Er folgt einem phasenweisen Ansatz, der Standortgenehmigung, Baugenehmigung, Inbetriebnahme und Betriebsgenehmigung umfasst. Die wichtigsten Phasen sind wie folgt:

<u>A. Vorlizenzierung und Machbarkeitsbewertung</u>

Der Prozess beginnt mit Machbarkeitsstudien und frühen Bewertungsphasen. Während dieser Phase arbeiten SMR-Entwickler mit der National Nuclear Safety Administration (NNSA) und anderen relevanten Behörden zusammen, um regulatorische Anforderungen zu klären und ihre Projekte mit nationalen Strategien abzustimmen. Zu den wichtigsten Schritten gehören:

- Durchführung von Vor-Machbarkeitsstudien zur Bewertung der technischen, wirtschaftlichen und ökologischen Tragfähigkeit des SMR-Projekts.
- Erstellung erster Designkonzepte und Durchführung von Vorlizenzierungsgesprächen mit der NNSA zur Diskussion von Sicherheitsstandards, Standortkriterien und potenziellen regulatorischen Herausforderungen.

- Einreichung eines vorläufigen Projektvorschlags bei der National Development and Reform Commission (NDRC) zur strategischen Genehmigung.

B. Standortwahl und Umweltverträglichkeitsprüfung (EIA)

Nach der ersten Projektgenehmigung verlagert sich der Schwerpunkt auf Standortwahl und Umweltbewertung. Diese Phase umfasst:

- Durchführung einer umfassenden Umweltverträglichkeitsprüfung (Environmental Impact Assessment – EIA), um potenzielle Risiken für Umwelt und öffentliche Gesundheit zu identifizieren. Der EIA-Bericht muss durch das Ministry of Ecology and Environment (MEE) genehmigt werden.
- Bewertung der seismischen Stabilität, Hydrologie und Bevölkerungsdichte des vorgeschlagenen Standorts, um die Einhaltung der strengen chinesischen Standortkriterien sicherzustellen.
- Einbindung lokaler Interessengruppen und Gemeinschaften zur Einholung von Rückmeldungen und zur Behandlung von Bedenken hinsichtlich des geplanten Projekts.

C. Designzertifizierung und Sicherheitsprüfung

Die Designzertifizierung ist eine entscheidende Phase, in der das Reaktordesign einer strengen Bewertung durch die National Nuclear Safety Administration (NNSA) unterzogen wird. Dies umfasst:

- Einreichung eines Preliminary Safety Analysis Report (PSAR), der Einzelheiten zu Sicherheitsmerkmalen, passiven Kühlsystemen und Notfallvorsorgeplänen des Reaktors enthält.
- Nachweis der Einhaltung chinesischer nuklearer Sicherheitsstandards sowie der Richtlinien der International Atomic Energy Agency (IAEA).
- Durchführung technischer Bewertungen zur Überprüfung der Robustheit des SMR-Designs, einschließlich der Fähigkeit, externen Gefahren wie Erdbeben und Überschwemmungen standzuhalten.

Die NNSA kann zusätzliche unabhängige Sicherheitsbewertungen oder Prüfungen durch Dritte verlangen, um die Sicherheitsmerkmale des Reaktors zu verifizieren.

D. Baugenehmigung

Nach Erhalt der Designgenehmigung kann der Entwickler eine Baugenehmigung beantragen. Diese Phase umfasst:

- Bereitstellung detaillierter technischer Zeichnungen, Baupläne und Sicherheitsprotokolle zur Prüfung durch die NNSA.
- Durchführung von Vor-Ort-Inspektionen und Qualitätssicherungsaudits, um sicherzustellen, dass die Bauarbeiten den regulatorischen Standards entsprechen.
- Erhalt einer formellen Baugenehmigung, die den Beginn der Bauarbeiten autorisiert.

E. Inbetriebnahme und Betriebsgenehmigung

Nach Abschluss der Bauarbeiten muss der SMR eine Reihe von Tests und Inspektionen durchlaufen, bevor er den Betrieb aufnehmen darf. Zu den wichtigsten Schritten gehören:

- Durchführung von Tests vor der Inbetriebnahme zur Überprüfung der Funktionsfähigkeit aller Sicherheitssysteme, Sicherheitsbehälterstrukturen und Reaktorkomponenten.
- Einreichung eines Final Safety Analysis Report (FSAR), der detaillierte Bewertungen der Betriebssicherheit, Notfallpläne und Strahlenschutzmaßnahmen enthält.
- Erhalt einer Betriebsgenehmigung durch die NNSA, die den kommerziellen Betrieb des SMR erlaubt.

Die Betriebsgenehmigung wird erst erteilt, wenn die NNSA davon überzeugt ist, dass der Reaktor sämtliche Sicherheits-, Sicherungs- und Umweltanforderungen erfüllt.

4. Herausforderungen und Chancen bei der Genehmigung von SMRs in China

Herausforderungen:

- **Anpassung des regulatorischen Rahmens:** Das bestehende regulatorische System Chinas ist primär auf Großreaktoren ausgerichtet. Die Anpassung an die besonderen Eigenschaften von SMRs erfordert umfangreiche Überarbeitungen bestehender Gesetze und Richtlinien.
- **Öffentliche Akzeptanz:** Wie bei jedem Nuklearprojekt stellt die öffentliche Wahrnehmung eine bedeutende Herausforderung dar. Chinesische Nuklearbehörden müssen transparente Kommunikation mit lokalen Gemeinschaften fördern, um Vertrauen und Unterstützung aufzubauen.
- **Lieferketten und Infrastruktur:** Der Aufbau der erforderlichen Lieferketten für modulare Fertigung und Montage von SMRs stellt logistische Herausforderungen dar, insbesondere in abgelegenen Regionen, in denen China den Einsatz von SMRs plant.

Chancen:

- **Klimaneutralitätsziele:** Chinas Verpflichtung zur Erreichung der Klimaneutralität bis 2060 schafft starke Anreize für den Einsatz von SMRs, insbesondere zur Dekarbonisierung abgelegener Regionen und industrieller Prozesse.
- **Exportpotenzial:** China strebt an, führend beim Export von SMR-Technologien zu werden, insbesondere in Entwicklungsländer mit unzureichender Infrastruktur für große Kernreaktoren. Die Vereinfachung des Genehmigungsprozesses wird Chinas Wettbewerbsfähigkeit auf dem globalen Nuklearmarkt stärken.
- **Technologische Innovation:** Die Einführung fortschrittlicher Technologien wie digitaler Zwillinge und KI-gestützter Überwachungssysteme kann den Betrieb von SMRs optimieren und die Sicherheit verbessern, wodurch diese Reaktoren sowohl für den nationalen als auch den internationalen Markt attraktiver werden.

5. Fazit

Der regulatorische Rahmen Chinas für SMRs entwickelt sich kontinuierlich weiter, um Innovationen im Bereich der Nukleartechnologie mit der Notwendigkeit hoher Sicherheits- und

Umweltstandards in Einklang zu bringen. Der phasenweise Genehmigungsprozess, der von der National Nuclear Safety Administration (NNSA) überwacht und von weiteren Regulierungsbehörden unterstützt wird, stellt sicher, dass SMRs sicher und effizient eingesetzt werden können. Während China seinen regulatorischen Ansatz weiter verfeinert, ist das Land gut positioniert, die SMR-Technologie zur Erreichung seiner Energie- und Umweltziele sowohl im Inland als auch als bedeutender Akteur auf dem internationalen Nuklearmarkt einzusetzen.

Genehmigungsverfahren für kleine modulare Reaktoren (SMRs) in Australia

Der Prozess zur Genehmigung von kleinen modularen Reaktoren (Small Modular Reactors, SMRs) in Australien ist sowohl komplex als auch im Wandel begriffen, da das Land derzeit – Stand November 2024 – über keine etablierte Kernenergieindustrie verfügt. Australien verfolgte historisch eine Politik gegen Kernenergie, hauptsächlich aufgrund öffentlicher und politischer Bedenken. Der zunehmende Fokus auf die Reduzierung von Kohlenstoffemissionen, die Erreichung von Netto-Null-Zielen und die Suche nach nachhaltigen Energiealternativen hat jedoch das Interesse an Kernenergie, insbesondere an SMRs, wiederbelebt. Diese kompakten Reaktoren werden als potenziell sicherere und flexiblere Lösung für den australischen Energiebedarf angesehen. Dennoch steht das Land vor erheblichen regulatorischen, rechtlichen und gesellschaftlichen Hürden bei der Schaffung eines Rahmens für den Einsatz von SMRs.

1. Regulierungsbehörden und regulatorischer Rahmen

Die Regulierung nuklearer Aktivitäten in Australien erfolgt hauptsächlich durch die Australian Radiation Protection and Nuclear Safety Agency (ARPANSA), die für Strahlenschutz, nukleare Sicherheit und Genehmigungen zuständig ist. Zusätzlich ist die Australian Nuclear Science and Technology Organisation (ANSTO) an nuklearer Forschung und der Nutzung radioaktiver Materialien beteiligt, besitzt jedoch keine direkte Zuständigkeit für die Stromerzeugung aus Kernenergie.

Der gesetzliche Rahmen für die Nuklearregulierung in Australien umfasst:

- **Australian Radiation Protection and Nuclear Safety Act 1998:** Dieses Gesetz ermächtigt ARPANSA zur Regulierung aller Commonwealth-Einrichtungen, die Tätigkeiten im Zusammenhang mit Strahlung und Kernenergie durchführen.
- **Environment Protection and Biodiversity Conservation Act 1999 (EPBC Act):** Jedes bedeutende Projekt einschließlich eines Kernkraftwerks müsste eine Umweltprüfung gemäß dem EPBC Act durchlaufen, um Auswirkungen auf Biodiversität, Ökosysteme und Gemeinschaften zu bewerten.
- **Nuclear Non-Proliferation (Safeguards) Act 1987:** Dieses Gesetz stellt sicher, dass Australiens nukleare Aktivitäten internationalen Sicherungsmaßnahmen und Verträgen entsprechen, insbesondere jenen im Zusammenhang mit dem Vertrag über die Nichtverbreitung von Kernwaffen (NPT).

2. Rechtliche Beschränkungen für Kernenergie

Australien verfügt derzeit über gesetzliche Beschränkungen für den Bau von Kernkraftwerken. Der Environment Protection and Biodiversity Conservation Act 1999 verbietet ausdrücklich die Genehmigung von Kernkraftwerken, und der Australian Radiation Protection and Nuclear Safety Act 1998 beschränkt die Nutzung nuklearer Materialien auf Forschungs- und medizinische Zwecke. Darüber hinaus verbieten mehrere Gesetze der Bundesstaaten – wie beispielsweise der Nuclear Activities (Prohibitions) Act in Victoria – ausdrücklich den Bau nuklearer Anlagen.

Damit SMRs in Australien eingesetzt werden könnten, müssten diese rechtlichen Barrieren durch Gesetzesänderungen sowohl auf Bundes- als auch auf Landesebene beseitigt werden. Dies würde erheblichen politischen Willen, öffentliche Konsultationen und möglicherweise einen Wandel der öffentlichen Wahrnehmung gegenüber Kernenergie erfordern.

3. Möglicher Genehmigungsweg für SMRs

Trotz der derzeitigen Verbote wächst das Interesse an SMRs als kohlenstoffarme Energiequelle. Sollte Australien den Einsatz von SMRs vorantreiben, würde der Genehmigungsprozess wahrscheinlich einem mehrstufigen Ansatz folgen, ähnlich wie in Ländern mit etablierter Kernenergiebranche wie den United States, Canada oder dem United Kingdom. Nachfolgend eine Übersicht darüber, wie ein Genehmigungsprozess für SMRs in Australien strukturiert werden könnte:

<u>A. Vorlizenzierung und Machbarkeitsstudien</u>

Bevor ein formeller Genehmigungsantrag eingereicht werden kann, würden potenzielle SMR-Entwickler wahrscheinlich mit Australian Radiation Protection and Nuclear Safety Agency (ARPANSA), dem Department of Industry, Science and Resources und anderen relevanten Behörden zusammenarbeiten, um regulatorische Erwartungen und die Machbarkeit des Projekts zu besprechen. Diese Phase würde Folgendes umfassen:

- Durchführung von Machbarkeitsstudien zur Bewertung der wirtschaftlichen Tragfähigkeit und potenzieller Standorte für den Einsatz von SMRs.
- Vorläufige Gespräche mit Regulierungsbehörden, um Anforderungen in Bezug auf Sicherheit, Umwelt und Sicherung zu verstehen.
- Erstellung eines grundlegenden konzeptionellen Designs und Sicherheitsnachweises zur Demonstration der Sicherheitsmerkmale der SMR-Technologie.

<u>B. Umweltprüfung und Konsultation der Gemeinschaft</u>

Angesichts der strengen australischen Umweltschutzgesetze würde jeder Vorschlag zum Bau eines SMR eine umfassende Umweltprüfung gemäß dem EPBC Act erfordern. Dies würde umfassen:

- Bewertung der Umweltauswirkungen des vorgeschlagenen SMR-Standorts, einschließlich Auswirkungen auf lokale Ökosysteme, Wasserressourcen und potenzielle Strahlenexposition.
- Durchführung öffentlicher Konsultationen zur Erfassung der Stimmung in der Bevölkerung und zur Behandlung von Bedenken. Öffentliche Opposition war historisch

ein bedeutendes Hindernis für Kernenergieprojekte in Australien, weshalb die Unterstützung der Gemeinschaft entscheidend wäre.
- Sicherstellung der Einhaltung indigener Landrechte und Konsultationen mit indigenen Gemeinschaften, falls das Projekt auf oder in der Nähe ihrer Gebiete vorgeschlagen wird.

C. Designzertifizierung und Sicherheitsprüfung

Nach Abschluss der Umweltprüfungen und Erhalt erster regulatorischer Rückmeldungen müssten SMR-Entwickler eine Designzertifizierung durch Australian Radiation Protection and Nuclear Safety Agency (ARPANSA) erhalten. Diese Phase würde Folgendes umfassen:

- Einreichung eines detaillierten Sicherheitsanalyseberichts mit Bewertungen des Reaktordesigns, passiver Sicherheitsmerkmale, Strahlenschutzmaßnahmen und Notfallplänen.
- Nachweis, dass der SMR die strengen australischen Sicherheits- und Sicherungsstandards sowie internationale bewährte Verfahren erfüllt, beispielsweise jene der International Atomic Energy Agency (IAEA).
- Sicherstellung der Einhaltung der australischen Verpflichtungen zur Nichtverbreitung gemäß dem Nuclear Non-Proliferation (Safeguards) Act.

D. Bau- und Betriebsgenehmigungen

Wird die Designzertifizierung genehmigt, würden Entwickler anschließend eine Baugenehmigung beantragen. Dieser Prozess würde umfassen:

- Einreichung detaillierter Baupläne einschließlich der Auslegung kritischer Sicherheitssysteme, Infrastruktur und Standortsicherungsmaßnahmen.
- Durchführung von Standortinspektionen und Audits zur Sicherstellung der Einhaltung von Sicherheits- und Umweltvorschriften.
- Nach Abschluss der Bauarbeiten wäre vor Erteilung einer Betriebsgenehmigung eine abschließende Sicherheitsbewertung erforderlich. Diese würde Tests der Reaktorsysteme, Notfallübungen und die Überprüfung von Strahlenschutzmaßnahmen umfassen.

4. Herausforderungen und Überlegungen bei der Genehmigung von SMRs in Australien

Der Einsatz von SMRs in Australien bringt mehrere besondere Herausforderungen mit sich:

- **Regulatorische und gesetzliche Reformen:** Der derzeitige Rechtsrahmen verbietet die Stromerzeugung aus Kernenergie, weshalb umfangreiche gesetzliche Reformen erforderlich wären, um den Einsatz von SMRs zu ermöglichen. Dies würde Änderungen von Bundes- und Landesgesetzen sowie die Entwicklung neuer spezifischer Vorschriften für SMRs umfassen.
- **Öffentliche Wahrnehmung:** In Australien besteht erheblicher öffentlicher Widerstand gegen Kernenergie aufgrund historischer Bedenken hinsichtlich Sicherheit, Abfallmanagement und Umweltauswirkungen. Um öffentliche Unterstützung zu

gewinnen, wären umfangreiche Informationskampagnen und transparente Einbindung von Interessengruppen notwendig.

- **Lieferketten und Infrastruktur:** Australien verfügt nicht über die bestehende nukleare Infrastruktur, die Länder wie die United States oder Canada besitzen. Der Aufbau einer nationalen Lieferkette und die Ausbildung qualifizierter Fachkräfte wären entscheidend zur Unterstützung des Baus und Betriebs von SMRs.
- **Standortwahl und Umweltschutz:** Australiens strenge Umweltvorschriften und die Sensibilität in Bezug auf indigene Landrechte bedeuten, dass die Standortwahl mit großer Sorgfalt erfolgen müsste. Projekte müssten minimale Umweltauswirkungen nachweisen und robuste Konzepte für Abfallmanagement und Stilllegung enthalten.

5. Der Weg nach vorne

Obwohl SMRs eine vielversprechende Lösung für Australiens Energieherausforderungen darstellen – insbesondere zur Erreichung der Dekarbonisierungsziele –, ist der Weg zu ihrem Einsatz mit regulatorischen, rechtlichen und gesellschaftlichen Komplexitäten verbunden. Australien müsste schrittweise vorgehen und mit Machbarkeitsstudien, gesetzlichen Reformen und Pilotprojekten beginnen, um die Sicherheit und Tragfähigkeit von SMR-Technologien nachzuweisen. Durch die Bewältigung dieser Herausforderungen könnte Australien SMRs potenziell als Grundpfeiler seiner zukünftigen Energiestrategie nutzen und damit eine kohlenstoffarme und zuverlässige Energiequelle schaffen, die erneuerbare Energien ergänzt und die Abhängigkeit des Landes von fossilen Brennstoffen reduziert.

Zukünftige Trends in der nuklearen Regulierungspolitik

Zukünftige Trends in der nuklearen Regulierungspolitik werden durch ein Zusammenspiel von Sicherheitsbedenken, technologischen Fortschritten, Umweltaspekten und der öffentlichen Wahrnehmung geprägt. Während Staaten sich mit Fragen der Energiesicherheit und des Klimawandels auseinandersetzen, entwickeln sich die regulatorischen Rahmenbedingungen für die Kernenergie weiter, um diesen vielschichtigen Herausforderungen gerecht zu werden.

Ein bedeutender Trend ist die Verschärfung von Sicherheitsvorschriften als Reaktion auf frühere Nuklearunfälle. Die Fukushima Daiichi nuclear disaster im Jahr 2011 veranlasste viele Länder dazu, ihre Nuklearpolitik neu zu bewerten und die Sicherheitsprotokolle für bestehende Reaktoren sowie Neubauten zu verbessern [205]. Diese Entwicklung spiegelt einen breiteren globalen Trend wider, Sicherheit in der Kernenergie zu priorisieren, was entscheidend ist, um öffentliches Vertrauen und gesellschaftliche Akzeptanz zu gewinnen. Beispielsweise haben Regulierungsbehörden in South Korea die Sicherheitsstandards verschärft und erwägen die Stilllegung älterer Anlagen, um Risiken im Zusammenhang mit Strahlenexposition zu reduzieren [206]. Ebenso zeigt die Einrichtung unabhängiger Regulierungsbehörden, wie der Nuclear Safety

Regulatory Authority in India, eine Entwicklung hin zu robusteren Governance-Strukturen, die sich an neue Sicherheitsherausforderungen anpassen können [207].

Ein weiterer Trend ist die zunehmende Integration von Umweltaspekten in nukleare Regulierungspolitiken. Während Staaten versuchen, die Ziele für nachhaltige Entwicklung (Sustainable Development Goals – SDGs) zu erreichen und den Klimawandel zu bekämpfen, wird Kernenergie zunehmend als kohlenstoffarme Alternative zu fossilen Brennstoffen anerkannt [208]. Diese Anerkennung führt zu einer Neubewertung der Rolle der Kernenergie innerhalb nationaler Energiestrategien, insbesondere in Ländern mit hohem Energiebedarf. Staaten wie France und Slovakia haben Kernenergie erfolgreich in ihren Energiemix integriert und decken mehr als 50 % ihres Energiebedarfs durch nukleare Quellen [209]. Dieser Trend deutet darauf hin, dass zukünftige regulatorische Rahmenbedingungen die Umweltvorteile der Kernenergie stärker betonen werden, während gleichzeitig Fragen des Abfallmanagements und der Nachhaltigkeit behandelt werden [210].

Technologische Fortschritte, insbesondere im Bereich des Reaktordesigns, beeinflussen ebenfalls die Regulierungspolitik. Das Aufkommen von kleinen modularen Reaktoren (SMRs) eröffnet neue Möglichkeiten für einen sichereren und flexibleren Einsatz von Kernenergie. Diese Reaktoren sind darauf ausgelegt, wirtschaftlicher zu sein und ein geringeres Unfallrisiko aufzuweisen, was zu günstigeren regulatorischen Rahmenbedingungen führen könnte [58]. Die erfolgreiche Integration von SMRs in bestehende regulatorische Systeme erfordert jedoch eine sorgfältige Berücksichtigung von Sicherheits-, Wirtschafts- und Umweltaspekten [211]. Darüber hinaus gewinnt die Entwicklung thoriumbasierter Nukleartechnologien als potenzielle zukünftige Brennstoffquelle zunehmend an Aufmerksamkeit, was möglicherweise neue regulatorische Ansätze erforderlich macht, um deren besondere Eigenschaften zu berücksichtigen [212].

Die öffentliche Wahrnehmung bleibt ein entscheidender Faktor bei der Gestaltung nuklearer Regulierungspolitik. Studien zeigen, dass die Einstellung der Bevölkerung zur Kernenergie regional stark variiert und sowohl von historischen Unfällen als auch vom aktuellen Energiebedarf beeinflusst wird [213]. In OECD-Ländern ist Skepsis gegenüber Kernenergie weit verbreitet, während Nicht-OECD-Länder häufig positivere Ansichten vertreten [214]. Daher müssen Regulierungsbehörden aktiv mit der Öffentlichkeit kommunizieren, um Verständnis und Akzeptanz für Kernenergie zu fördern, was für die erfolgreiche Umsetzung zukünftiger Nuklearprojekte von wesentlicher Bedeutung ist.

Kapitel 5
Bauprozess von SMR-basierten Kraftwerken

Planung und Zeitrahmen für den Bau von SMRs

Entwurfsphasen für die Entwicklung von SMRs

Die Auslegung und Entwicklung von kleinen modularen Reaktoren (Small Modular Reactors, SMRs) sind komplexe Prozesse, die mehrere Phasen umfassen, um die Sicherheit, Effizienz und Konformität der Reaktorsysteme sicherzustellen. Weltweit verwenden Reaktorhersteller, Betreiber und Regulierungsbehörden teilweise unterschiedliche Begriffe zur Beschreibung der Entwicklungsstufen von Reaktordesigns, was zu Missverständnissen führen kann – insbesondere dann, wenn ein Reaktordesign in mehreren Rechtsräumen mit etablierten Nuklearvorschriften genehmigt werden soll. Um diese Inkonsistenzen zu überwinden, ist es entscheidend, einen klaren und allgemein anerkannten Rahmen zu schaffen, der die Entwicklungsstufen systematisch kategorisiert. Dieser Bericht unterteilt den Designprozess in vier unterschiedliche Phasen: Konzeptentwurf, anlagenbezogene Engineering-Auslegung, systembezogene Engineering-Auslegung und komponentenbezogene Engineering-Auslegung. Diese Phasen repräsentieren zunehmende Detaillierungsgrade und sind darauf ausgelegt, die spezifischen Sicherheits- und Umweltbewertungen zu berücksichtigen, die in jeder Phase erforderlich sind. Die Beschreibung der einzelnen Phasen basiert auf den Anforderungen eines First-of-a-Kind-(FOAK)-SMR, wobei der Umfang bei nth-of-a-kind-(NOAK)-Reaktoren reduziert werden kann, insbesondere wenn diese im selben Land wie die ursprüngliche FOAK-Anlage genehmigt und errichtet werden [215].

Phase 1: Konzeptentwurf

Die erste Phase, die als Konzeptentwurfsphase bezeichnet wird, umfasst die Auswahl und Weiterentwicklung von Designoptionen. In dieser Phase werden grundlegende Fragestellungen behandelt, vorläufige Lösungen entwickelt, wesentliche Risiken identifiziert und Strategien zu deren Minderung formuliert. Das Hauptziel besteht darin, eine solide Grundlage für das gesamte Reaktordesign zu schaffen, indem verschiedene Konzepte untersucht und mit den angestrebten Sicherheitsprinzipien in Einklang gebracht werden [215].

Das Ergebnis dieser Phase ist in der Regel ein umfassender Satz von Dokumenten, welche den ursprünglichen Designansatz, die zentralen Sicherheitsprinzipien und die Begründung wesentlicher Entscheidungen beschreiben. Diese Unterlagen dienen als Blaupause für die weitere Entwicklung des Reaktors. Idealerweise wird der Großteil dieser Arbeiten vor der formellen Einbindung der Regulierungsbehörden abgeschlossen, obwohl einige Rechtsräume begrenzte Vorlizenzierungsgespräche zulassen, um erste regulatorische Fragestellungen zu klären [215].

Phase 2: Anlagenbezogene Engineering-Auslegung

In der Phase der anlagenbezogenen Engineering-Auslegung verlagert sich der Schwerpunkt auf die Definition der wesentlichen Systeme, Strukturen und Komponenten (Systems, Structures and Components – SSCs) des Reaktors. In dieser Phase werden zentrale Elemente wie Prozessflussdiagramme, die erste Instrumentierungs- und Steuerungsarchitektur (Instrumentation and Control – I&C), vorläufige Layoutentwürfe sowie erste Entwürfe von 3D-Modellen entwickelt. Außerdem werden Sicherheitsspezifikationen definiert und vorläufige Designparameter für kritische SSCs festgelegt [215].

Zu diesem Zeitpunkt ist das Design ausreichend fortgeschritten, um erste Bewertungen hinsichtlich der Einhaltung regulatorischer Sicherheitsstandards, Umweltauswirkungen und Sicherheitsanforderungen zu ermöglichen. Die in dieser Phase erstellte detaillierte Dokumentation bildet die Grundlage für regulatorische Prüfungen und bereitet die detaillierteren Engineering-Arbeiten der nachfolgenden Phasen vor [215].

Phase 3: Systembezogene Engineering-Auslegung

Die Phase der systembezogenen Engineering-Auslegung ist durch die weitere Verfeinerung der SSCs sowie die Entwicklung zusätzlicher Systeme gekennzeichnet, die für die Funktionalität des Reaktors erforderlich sind. Diese Phase baut auf den Grundlagen aus Phase 2 auf und umfasst detaillierte Rohrleitungs- und Instrumentierungsdiagramme, eine umfassende Anlagen- und Komponentenliste sowie aktualisierte Architekturpläne für die Steuerungssysteme. Darüber hinaus werden ein weiterentwickeltes 3D-Modell und detaillierte Spezifikationen für kritische Komponenten erstellt.

Während dieser Phase wird das Designteam typischerweise erweitert, wobei häufig externe Auftragnehmer oder Partner hinzugezogen werden, um spezifische Subsysteme zu bearbeiten.

Es werden wichtige Bewertungen durchgeführt, darunter Auslegungsstörfallbedingungen, probabilistische Sicherheitsanalysen (PSA Level 1 und 2), Human Factors Engineering sowie vorläufige Bewertungen interner und externer Gefährdungen. Das Design ist in diesem Stadium ausreichend detailliert, um die Erstellung eines Preliminary Safety Analysis Report (PSAR) zu unterstützen, der für die Erlangung regulatorischer Genehmigungen vor Beginn der Bauphase wesentlich ist [215].

Phase 4: Komponentenbezogene Engineering-Auslegung

Die letzte Phase, die als komponentenbezogene Engineering-Auslegung bezeichnet wird, konzentriert sich auf die detaillierte technische Ausarbeitung, die für die Herstellung sämtlicher SSCs der gesamten Anlage erforderlich ist. Diese Phase ist für SMRs besonders kritisch, da ihr modularer Bauansatz verlangt, dass viele Systeme vollständig ausgelegt und gefertigt werden, bevor die Montage vor Ort beginnen kann. Im Gegensatz zu traditionellen großen Kernreaktoren, bei denen bestimmte nicht sicherheitsrelevante Systeme während der Bauphase entwickelt werden können, erfordern SMRs, dass die meisten Komponenten bereits frühzeitig finalisiert werden [215].

Das Hauptziel dieser Phase besteht in der Erstellung der endgültigen detaillierten Engineering-Designs, einschließlich Fertigungsspezifikationen, Komponentenlayouts und vollständiger 3D-Modelle. Die Ergebnisse umfassen außerdem die endgültige Dokumentation für Sicherheitsbewertungen, darunter deterministische Analysen, probabilistische Sicherheitsanalysen sowie umfassende Bewertungen menschlicher Faktoren, interner und externer Gefährdungen, Stilllegung und Umweltauswirkungen. Diese Phase gipfelt in der Erstellung eines Final Safety Analysis Report (FSAR), der entscheidend für die Erlangung der erforderlichen Genehmigungen für Bau und Betrieb des Reaktors ist [215].

Zusammenfassung der Integration der Designphasen

Der vierphasige Ansatz für die Entwicklung von SMRs bietet eine strukturierte Methodik, die Klarheit verbessert und Konsistenz zwischen internationalen regulatorischen Rahmenwerken gewährleistet. Durch die schrittweise Erhöhung des Detaillierungsgrads und den Fokus auf Sicherheits- und Umweltbewertungen in jeder Phase erleichtert diese Methodik einen reibungsloseren regulatorischen Genehmigungsprozess, insbesondere bei FOAK-Projekten. Bei NOAK-Reaktoren kann die vorhandene Dokumentation aus früheren Phasen die Zeit- und Kostenaufwände für die Genehmigung erheblich reduzieren, insbesondere wenn das Design mit dem genehmigten FOAK-Reaktor übereinstimmt [215].

Insgesamt verbessert dieser phasenweise Ansatz nicht nur die regulatorische Konformität, sondern optimiert auch den Entwicklungszeitplan und ermöglicht damit einen effizienteren Einsatz von SMRs zur Deckung des globalen Energiebedarfs. Der strukturierte Übergang vom Konzeptentwurf bis zur detaillierten Komponentenentwicklung stellt sicher, dass jeder Reaktor nach höchsten Sicherheitsstandards gebaut wird und gleichzeitig die besonderen Vorteile der modularen Bauweise, die der SMR-Technologie innewohnen, genutzt werden.

Planung eines SMR-Kraftwerksprojekts

Die Entwicklung und der Bau eines Small Modular Reactor (SMR)-Kraftwerks sind ein komplexer und mehrphasiger Prozess, der eine sorgfältige Planung erfordert, um regulatorische Konformität, Sicherheit, Kosteneffizienz und eine termingerechte Projektausführung sicherzustellen. Der Planungsprozess beinhaltet ein detailliertes Verständnis der Entwurfsphasen, regulatorischen Anforderungen, Standortbewertungen sowie die Koordination zwischen verschiedenen Interessengruppen, darunter Reaktorhersteller, Regulierungsbehörden und Engineering-Unternehmen. Die Planung und Umsetzung von SMR-Projekten muss mit den nachstehend beschriebenen spezifischen Designphasen abgestimmt werden, um den erfolgreichen Einsatz eines First-of-a-Kind-(FOAK)- oder nth-of-a-kind-(NOAK)-SMR-Reaktors sicherzustellen. Dieser strukturierte Ansatz verbessert nicht nur die Machbarkeit des Projekts, sondern vereinfacht auch regulatorische Genehmigungen und optimiert den gesamten Projektzeitplan.

Phase 1: Konzeptentwurf

Die erste Planungsphase, bekannt als Konzeptentwurfsphase, umfasst die Festlegung der grundlegenden Elemente des SMR-Projekts. In dieser Phase liegt der Schwerpunkt auf der Auswahl optimaler Designoptionen, der Identifizierung kritischer Risiken und der Entwicklung vorläufiger Lösungen zur Bewältigung potenzieller Herausforderungen. Während dieser Phase führen Reaktorhersteller und Projektbeteiligte übergeordnete Bewertungen durch, um verschiedene Reaktorkonzepte zu untersuchen, technologische Innovationen zu bewerten und das Projekt mit regulatorischen Erwartungen in Einklang zu bringen.

Während dieser Phase wird ein umfassender Satz von Dokumenten erstellt, der die Sicherheitsprinzipien, die Designbegründung und die wichtigsten getroffenen Entscheidungen beschreibt. Diese Dokumente dienen als Grundlage für die nachfolgenden Entwicklungsstufen. Obwohl die Einbindung der Regulierungsbehörden in dieser Phase oft begrenzt ist, erlauben einige Rechtsräume frühe Vorlizenzierungsgespräche, um erste regulatorische Bedenken zu behandeln und einen klaren Weg für den Genehmigungsprozess zu schaffen. Die Ergebnisse der Konzeptentwurfsphase geben die strategische Richtung des Projekts vor und schaffen die Grundlage für detaillierte Engineering- und Sicherheitsbewertungen in den folgenden Phasen.

Phase 2: Anlagenbezogene Engineering-Auslegung

Sobald der konzeptionelle Rahmen festgelegt ist, geht das Projekt in die Phase der anlagenbezogenen Engineering-Auslegung über. In diesem Stadium liegt der Schwerpunkt auf der Definition der wesentlichen Systeme, Strukturen und Komponenten (Systems, Structures and Components – SSCs), die das Grundgerüst der SMR-Anlage bilden. Detaillierte Prozessflussdiagramme, erste Instrumentierungs- und Steuerungsarchitekturen (Instrumentation and Control – I&C), vorläufige Layoutentwürfe und 3D-Modelle werden entwickelt, um ein klareres Bild der physischen und betrieblichen Struktur des Reaktors zu vermitteln.

Während dieser Phase beginnen die Projektteams außerdem damit, Sicherheitsspezifikationen zu definieren und vorläufige Designparameter für kritische Systeme festzulegen. Dies ist entscheidend für die Durchführung erster Bewertungen hinsichtlich regulatorischer Konformität, Umweltauswirkungen und Sicherheitsmaßnahmen. Die in dieser Phase erstellte detaillierte Dokumentation bildet die Grundlage für regulatorische Prüfungen und ermöglicht es den Beteiligten, die Einhaltung von Sicherheitsstandards und Umweltanforderungen nachzuweisen. Darüber hinaus schafft diese Phase die Grundlage für weiterführende Engineering-Arbeiten und bereitet das Projekt auf die Systemintegration in der nächsten Phase vor.

Phase 3: Systembezogene Engineering-Auslegung

Die Phase der systembezogenen Engineering-Auslegung markiert den Übergang von der übergeordneten Planung hin zur detaillierten technischen Ausarbeitung. In dieser Phase werden die Definitionen der SSCs weiter verfeinert, und zusätzliche Systeme, die für die Funktionalität des Reaktors erforderlich sind, werden in das Design integriert. Dazu gehören die Entwicklung detaillierter Rohrleitungs- und Instrumentierungsdiagramme, eine umfassende Anlagen- und Ausrüstungsliste sowie erweiterte Architekturpläne für die Steuerungssysteme.

In diesem Stadium wird das Designteam erweitert, wobei häufig externe Auftragnehmer mit spezialisiertem Fachwissen in Bereichen wie Reaktorchemie, Strahlenschutz und radioaktives Abfallmanagement eingebunden werden. Es werden wichtige Bewertungen durchgeführt, darunter Auslegungsstörfallbedingungen, probabilistische Sicherheitsanalysen (PSA Level 1 und 2) sowie vorläufige Gefahrenbewertungen. Das Ergebnis dieser Phase ist ein Preliminary Safety Analysis Report (PSAR), der eine wesentliche Voraussetzung für die Erlangung regulatorischer Genehmigungen zum Beginn der Bauphase darstellt. Dieser Bericht umfasst sämtliche sicherheitsrelevanten Designaspekte, Human Factors Engineering und Umweltverträglichkeitsbewertungen und stellt sicher, dass der Reaktor die strengen Anforderungen an Betriebssicherheit und Umweltschutz erfüllt.

Phase 4: Komponentenbezogene Engineering-Auslegung

Die letzte Phase des Planungsprozesses ist die komponentenbezogene Engineering-Auslegung, in der sich der Schwerpunkt auf die detaillierte technische Ausarbeitung für Fertigung und Bau verlagert. Diese Phase ist für SMRs besonders wichtig, da ihre modulare Bauweise verlangt, dass die meisten Systeme vollständig ausgelegt, gefertigt und getestet werden, bevor sie zur Montage an den Standort transportiert werden.

In dieser Phase erstellt das Projektteam die endgültige Designdokumentation einschließlich Fertigungsspezifikationen, Komponentenlayouts und vollständiger 3D-Modelle der Reaktorsysteme. Ziel ist es, Designänderungen nach Baubeginn zu minimieren und dadurch Kosten und Projektlaufzeiten zu reduzieren. Die Ergebnisse umfassen außerdem den Final Safety Analysis Report (FSAR), der deterministische Sicherheitsanalysen, probabilistische Sicherheitsbewertungen, Human Factors, interne und externe Gefährdungen sowie Stilllegungspläne abdeckt. Diese umfassende Dokumentation ist entscheidend für die Erlangung der endgültigen Betriebsgenehmigung und ermöglicht dem Reaktor den Übergang in die Bau- und Inbetriebnahmephase.

Integration regulatorischer Konformität und Standortplanung

Während des gesamten Planungsprozesses ist die Einhaltung nationaler und internationaler regulatorischer Standards von zentraler Bedeutung. In Ländern mit etablierten nuklearen Regulierungsrahmen müssen SMR-Projekte mit Sicherheitsrichtlinien, Umweltschutzgesetzen und Genehmigungsanforderungen übereinstimmen. Dies erfordert eine enge Zusammenarbeit mit Regulierungsbehörden wie der National Nuclear Safety Administration (NNSA) in China, der U.S. Nuclear Regulatory Commission (NRC) in den Vereinigten Staaten oder der Canadian Nuclear Safety Commission (CNSC) in Kanada.

Die Standortwahl ist ein weiterer entscheidender Bestandteil des Planungsprozesses. Faktoren wie seismische Stabilität, Nähe zu Wasserquellen, Bevölkerungsdichte und Umweltverträglichkeitsbewertungen spielen eine wesentliche Rolle bei der Beurteilung der Machbarkeit eines SMR-Projekts. Umfassende Umweltverträglichkeitsprüfungen (Environmental Impact Assessments – EIAs) werden durchgeführt, um potenzielle Risiken für Umwelt und öffentliche Gesundheit zu identifizieren und sicherzustellen, dass das Projekt mit den Zielen nachhaltiger Entwicklung übereinstimmt.

Projektausführung: Vom Entwurf bis zur Inbetriebnahme

Sobald die Entwurfsphasen abgeschlossen und die erforderlichen regulatorischen Genehmigungen erteilt wurden, verlagert sich der Schwerpunkt auf Bau und Inbetriebnahme des SMR-Kraftwerks. Aufgrund der modularen Bauweise von SMRs findet ein großer Teil der Fertigung außerhalb des Standorts in kontrollierten Fabrikumgebungen statt, wodurch eine schnellere Montage und geringere Kosten ermöglicht werden. Die modulare Bauweise minimiert außerdem den ökologischen Fußabdruck und reduziert die Dauer der Arbeiten vor Ort, was insbesondere für Projekte in abgelegenen oder ökologisch sensiblen Gebieten von Vorteil ist.

Die Inbetriebnahmephase umfasst umfassende Prüfungen und Validierungen aller Systeme, um sicherzustellen, dass sie Sicherheits- und Leistungsstandards erfüllen. Dazu gehören Kalt- und

Heißfunktionstests, Reaktorstarttests und Volllastbetriebsversuche. Sobald der Reaktor diese Tests erfolgreich bestanden hat, erhält er seine Betriebsgenehmigung und darf den kommerziellen Betrieb aufnehmen.

Einbeziehung von Bauvorschriften, Regelwerken und Normen in den Planungsprozess

Der Bau eines Small Modular Reactor (SMR)-Kraftwerks ist ein stark regulierter und komplexer Prozess, der eine Vielzahl von Bauvorschriften, Baugesetzen und Normen einhalten muss. Diese Anforderungen sind wesentlich, um Sicherheit, Umweltschutz und die Einhaltung nationaler sowie internationaler Richtlinien sicherzustellen. Im Folgenden wird ein Überblick über wichtige Bauvorschriften, Baugesetze und Normen gegeben, die bei der Planung eines SMR-Kraftwerksprojekts berücksichtigt werden müssen.

Bei der Planung des Baus eines Small Modular Reactor (SMR)-Kraftwerks ist die Einhaltung verschiedener Bauvorschriften, Baugesetze und kernenergiespezifischer Normen erforderlich, um die Sicherheits-, Umwelt- und Betriebsanforderungen des Gastlandes zu erfüllen. Jedes Land verfügt über eigene Vorschriften und Normen sowie internationale Richtlinien, die seine regulatorischen Rahmenwerke beeinflussen. Nachfolgend finden sich Beispiele einiger wichtiger anwendbarer Vorschriften und Normen für SMR-Projekte in den United States, Europe, China, India, dem United Kingdom, Canada, France, Russia und Australia. Dabei handelt es sich nicht um eine vollständige Auflistung.

1. Vereinigte Staaten

Bei der Planung des Baus eines Small Modular Reactor (SMR)-Kraftwerks in den Vereinigten Staaten müssen zahlreiche Bauvorschriften, Baugesetze und kernenergiespezifische Normen eingehalten werden. Die Vereinigten Staaten verfügen über einen stark regulierten Rahmen für Kernenergieprojekte, und SMRs müssen sowohl nuklearspezifische regulatorische Anforderungen als auch allgemeine Bauvorschriften erfüllen. Nachfolgend wird eine detaillierte Erläuterung der Vorschriften, Normen und Regelwerke gegeben, die für den Bau von SMR-Kraftwerken in den USA gelten.

1. Vorschriften der Nuclear Regulatory Commission (NRC)

Die wichtigste Regulierungsbehörde für Kernenergie in den USA ist die U.S. Nuclear Regulatory Commission (NRC). Die NRC hat umfassende Vorschriften für die Planung, den Bau und den Betrieb von Kernkraftwerken einschließlich SMRs entwickelt. Besonders relevant sind folgende Teile des Code of Federal Regulations (CFR):

- **10 CFR Part 50:** Diese Vorschrift regelt die Genehmigung von Produktions- und Nutzungsanlagen einschließlich traditioneller Kernreaktoren. Entwickler von SMRs können nach diesem Abschnitt getrennte Bau- und Betriebsgenehmigungen beantragen.

- **10 CFR Part 52:** Für SMRs ist es häufig effizienter, Genehmigungen gemäß Part 52 zu beantragen, der kombinierte Bau- und Betriebsgenehmigungen (Combined Construction and Operating Licenses – COLs) regelt. Dieser Abschnitt vereinfacht den Genehmigungsprozess, indem Sicherheitsprüfungen, Baugenehmigungen und Betriebsgenehmigungen in einem einzigen Verfahren zusammengeführt werden.
- **10 CFR Part 72:** Regelt die Genehmigungsanforderungen für die unabhängige Lagerung abgebrannter Kernbrennstoffe, was für SMRs mit radioaktiven Abfällen wesentlich ist.
- **10 CFR Part 73:** Legt Anforderungen an die physische Sicherheit fest, um Nuklearanlagen vor Sabotage oder unbefugtem Zugriff zu schützen.
- **10 CFR Part 100:** Definiert Standortkriterien für Kernkraftwerke einschließlich geologischer und seismologischer Bewertungen.

Diese NRC-Vorschriften stellen sicher, dass Sicherheits-, Sicherungs- und Umweltschutzanforderungen während der Planungs-, Bau- und Betriebsphasen von Kernkraftwerken erfüllt werden.

2. ASME Boiler and Pressure Vessel Code

Der ASME Boiler and Pressure Vessel Code (BPVC) ist entscheidend für die Auslegung und den Bau nuklearer Reaktorkomponenten:

- **ASME Section III:** Konzentriert sich speziell auf den Bau von Komponenten für Kernkraftwerke, wie Reaktordruckbehälter, Rohrleitungen und Dampferzeuger.
- **ASME Section XI:** Enthält Richtlinien für die Inspektion nuklearer Kraftwerkskomponenten während des Betriebs, um fortlaufende Sicherheit und Integrität sicherzustellen.

Der ASME BPVC gewährleistet, dass sämtliche drucktragenden Komponenten so konstruiert sind, dass sie Betriebsbelastungen standhalten und während des gesamten Lebenszyklus der Anlage sicher bleiben.

3. Standards des Institute of Electrical and Electronics Engineers (IEEE)

Elektrische Systeme in SMRs müssen IEEE-Standards entsprechen, die wesentlich für die Zuverlässigkeit und Sicherheit elektrischer und steuerungstechnischer Systeme in Nuklearanlagen sind:

- **IEEE 603:** Legt Kriterien für Schutz- und Steuerungssysteme von Kernkraftwerken fest.
- **IEEE 7-4.3.2:** Bezieht sich auf Softwareanforderungen für Sicherheitssysteme in Kernkraftwerken und ist besonders relevant für die fortschrittlichen Steuerungssysteme in SMRs.

Diese Standards gewährleisten die Zuverlässigkeit von Instrumentierung, Steuerungssystemen und Software, die für die Reaktorsicherheit entscheidend sind.

4. Vorschriften der National Fire Protection Association (NFPA)

Brandschutz ist für die Sicherheit nuklearer Anlagen von entscheidender Bedeutung:

- **NFPA 804:** Enthält Richtlinien für den Brandschutz in Kernkraftwerken.
- **NFPA 805:** Ermöglicht einen risikoorientierten und leistungsbasierten Ansatz für den Brandschutz und bietet Flexibilität bei der Umsetzung von Brandschutzmaßnahmen in SMRs.

Die Anwendung dieser NFPA-Vorschriften ist notwendig, um das Risiko brandbedingter Vorfälle in Nuklearanlagen zu minimieren.

5. International Building Code (IBC)

Der International Building Code (IBC) ist die wichtigste allgemeine Bauvorschrift in den USA und gilt für die Tragwerksplanung von SMR-Gebäuden:

- **IBC 2018/2021:** Enthält Richtlinien zu struktureller Integrität, Erdbebenauslegung, Windwiderstand und Brandschutz. Kernkraftwerke einschließlich SMRs müssen diese Anforderungen erfüllen, um die Sicherheit der Gebäude mit Reaktorsystemen sicherzustellen.
- **ASCE 7-16 (Minimum Design Loads for Buildings and Other Structures):** Wird in Verbindung mit dem IBC verwendet, um strukturelle Lasten durch Wind, seismische Aktivitäten, Schnee und andere Einwirkungen zu bestimmen.

Die Einhaltung des IBC stellt sicher, dass der Bau von SMR-Anlagen höchsten Standards in Bezug auf strukturelle Integrität und Sicherheit entspricht.

6. Vorschriften der Environmental Protection Agency (EPA)

Umweltschutz ist ein wesentlicher Bestandteil von SMR-Projekten und erfordert die Einhaltung der EPA-Vorschriften:

- **National Environmental Policy Act (NEPA):** Verlangt eine Environmental Impact Statement (EIS), um potenzielle Umweltauswirkungen des Baus und Betriebs von SMRs zu bewerten.
- **Clean Air Act (CAA) und Clean Water Act (CWA):** Stellen sicher, dass Emissionen und Einleitungen aus Nuklearanlagen den bundesweiten Umweltstandards entsprechen.

Diese Vorschriften schützen Luft- und Wasserqualität und gewährleisten, dass SMRs minimale Auswirkungen auf die umliegende Umwelt haben.

7. Standards der Occupational Safety and Health Administration (OSHA)

Die Arbeitssicherheit wird durch OSHA-Standards geregelt, die für Bau, Betrieb und Wartung nuklearer Anlagen gelten:

- **29 CFR Part 1910:** Umfasst allgemeine Industriestandards einschließlich elektrischer Sicherheit, Umgang mit Gefahrstoffen und persönlicher Schutzausrüstung (PSA).
- **29 CFR Part 1926:** Enthält Sicherheitsstandards speziell für Bauprojekte und stellt sicher, dass SMR-Baustellen bewährte Verfahren der Arbeitssicherheit einhalten.

Die Einhaltung der OSHA-Standards ist wesentlich zum Schutz der Arbeitnehmer während Bau und Betrieb von SMR-Anlagen.

8. Seismische und strukturelle Auslegungsvorschriften

Da SMRs an verschiedenen Standorten einschließlich erdbebengefährdeter Regionen eingesetzt werden können, ist die Einhaltung seismischer Auslegungsstandards von entscheidender Bedeutung:

- **ASCE 43-19 (Seismic Design Criteria for Structures, Systems, and Components in Nuclear Facilities):** Legt Auslegungskriterien fest, um sicherzustellen, dass SMR-Strukturen seismischen Ereignissen standhalten können.
- **IBC Chapter 16:** Enthält Anforderungen an die Tragwerksplanung von Gebäuden in seismisch aktiven Regionen.

Diese Standards tragen dazu bei, die Widerstandsfähigkeit von SMR-Anlagen im Falle eines Erdbebens sicherzustellen.

9. Weitere relevante Normen

- **ANSI/ANS-Standards (American Nuclear Society):** Decken verschiedene Aspekte der Planung nuklearer Anlagen ab, beispielsweise ANS-2.2 (Kriterien für Erdbebeninstrumentierung) und ANS-58.14 (Sicherheits- und Druckentlastungssysteme).
- **Nuclear Quality Assurance (NQA-1):** Legt Qualitätssicherungsanforderungen für den Bau nuklearer Anlagen fest und stellt sicher, dass Komponenten und Systeme höchsten Qualitäts- und Zuverlässigkeitsstandards entsprechen.

2. Europa (Allgemeiner Rahmen)

Europa ist eine Region mit vielfältigen regulatorischen Rahmenbedingungen aufgrund der unterschiedlichen nationalen Anforderungen seiner Mitgliedstaaten sowie übergreifender Richtlinien der European Union (EU). Nachfolgend folgt eine ausführliche Erläuterung der wichtigsten Normen und Vorschriften, die beim Bau von SMR-Kraftwerken in Europa berücksichtigt werden müssen.

1. Europäischer Rahmen für nukleare Sicherheit

In Europa werden Bau und Betrieb nuklearer Anlagen einschließlich SMRs durch eine Kombination aus nationalen Vorschriften und Richtlinien der European Union (EU) geregelt. Diese Vorschriften stellen sicher, dass Kernkraftwerke strenge Sicherheits-, Umwelt- und Bauanforderungen erfüllen. Wichtige EU-Richtlinien umfassen:

- **Richtlinie 2009/71/Euratom des Rates (geändert durch Richtlinie 2014/87/Euratom):** Schafft einen Gemeinschaftsrahmen für nukleare Sicherheit und stellt sicher, dass die Mitgliedstaaten hohe Sicherheitsstandards für Nuklearanlagen umsetzen. Sie verlangt regelmäßige Sicherheitsbewertungen, Peer-Reviews und kontinuierliche Verbesserungen.

- **Richtlinie 2011/70/Euratom des Rates:** Regelt den verantwortungsvollen Umgang mit abgebrannten Brennelementen und radioaktiven Abfällen. Sie verpflichtet die EU-Mitgliedstaaten zur Einrichtung nationaler Rahmenwerke für die sichere Entsorgung radioaktiver Abfälle, einschließlich abgebrannter Brennstoffe aus SMRs.
- **Richtlinie 2013/59/Euratom des Rates:** Legt grundlegende Sicherheitsstandards für den Strahlenschutz fest und umfasst den Schutz von Arbeitnehmern, der Öffentlichkeit und der Umwelt vor ionisierender Strahlung. Diese Richtlinie ist für Betrieb und Wartung von SMRs relevant.

Diese EU-Richtlinien schaffen einen gemeinsamen rechtlichen Rahmen für nukleare Sicherheit, Abfallmanagement und Strahlenschutz in Europa, der in die Planungs- und Bauphasen von SMR-Projekten integriert werden muss.

2. Nationale Regulierungsbehörden und Genehmigungen

Jedes europäische Land verfügt über eine eigene nationale Nuklearaufsichtsbehörde, die für die Genehmigung und Überwachung des Baus von Kernkraftwerken einschließlich SMRs zuständig ist. Diese Behörden stellen sicher, dass Nuklearprojekte sowohl nationale Gesetze als auch EU-Richtlinien einhalten. Beispiele hierfür sind:

- **France:** Die Autorité de sûreté nucléaire (ASN) ist verantwortlich für nukleare Sicherheit, Genehmigungen und regulatorische Aufsicht.
- **Germany:** Das Bundesamt für die Sicherheit der nuklearen Entsorgung (BASE) und das Federal Ministry for the Environment, Nature Conservation, Nuclear Safety and Consumer Protection (BMUV) überwachen die nukleare Sicherheit.
- **United Kingdom:** Das Office for Nuclear Regulation (ONR) reguliert nukleare Sicherheit und Genehmigungen, auch nach dem Brexit.
- **Finland:** Die Radiation and Nuclear Safety Authority (STUK) ist für nukleare Sicherheitsvorschriften zuständig.

Jedes Land kann zusätzliche nationale Vorschriften haben, die während der Planungs-, Bau- und Betriebsphasen einzuhalten sind. Daher ist es für SMR-Entwickler entscheidend, die spezifischen Anforderungen des Gastlandes zu verstehen.

3. Richtlinien der International Atomic Energy Agency (IAEA)

Obwohl nicht speziell auf die EU beschränkt, stellt die International Atomic Energy Agency (IAEA) international anerkannte Richtlinien bereit, die häufig von europäischen Ländern übernommen werden:

- **IAEA-Sicherheitsstandards:** Diese decken Bereiche wie Standortwahl, Auslegungssicherheit, Betriebssicherheit und Stilllegung ab. Europäische Regulierungsbehörden orientieren sich typischerweise an den IAEA-Standards, um globale bewährte Verfahren sicherzustellen.

- **IAEA GSR Part 4:** Gilt für Sicherheitsbewertungen während der Planung, des Baus und des Betriebs von Kernreaktoren einschließlich SMRs.

Diese Richtlinien bieten einen umfassenden Rahmen zur Gewährleistung der Sicherheit und Zuverlässigkeit von SMR-Projekten und werden in der Regel ergänzend zu nationalen Vorschriften angewendet.

4. Europäische Bau- und Konstruktionsnormen

Der Bau eines SMR-Kraftwerks in Europa muss außerdem allgemeinen europäischen Bau- und Konstruktionsnormen entsprechen, darunter:

- Eurocodes: Die Eurocodes sind harmonisierte europäische Normen für die Tragwerksplanung. Wichtige Eurocodes für den Bau von SMRs sind:
    - Eurocode 2 (EN 1992) für die Bemessung von Betontragwerken.
    - Eurocode 3 (EN 1993) für die Bemessung von Stahltragwerken.
    - Eurocode 7 (EN 1997) für geotechnische Bemessungen, entscheidend für die Bewertung von Bodenstabilität und Fundamentanforderungen von SMRs.
    - Eurocode 8 (EN 1998) für die seismische Bemessung, um sicherzustellen, dass Nuklearanlagen Erdbeben standhalten können.
- EN 1090: Legt Anforderungen für die Ausführung von Stahl- und Aluminiumtragwerken fest und gewährleistet die Integrität der Baumaterialien.
- EN 61513: Bezieht sich auf Instrumentierungs- und Steuerungssysteme speziell für Kernreaktoren und gewährleistet Zuverlässigkeit und Sicherheit im Betrieb.

Diese Normen sind entscheidend, um die strukturelle Integrität und Widerstandsfähigkeit von SMR-Kraftwerken sicherzustellen, insbesondere in seismisch aktiven Regionen oder Gebieten mit anspruchsvollen Umweltbedingungen.

5. Umwelt- und Folgenabschätzungen

Umweltschutz ist ein wesentlicher Bestandteil des Baus von SMRs in Europa. Entwickler müssen folgende Richtlinien einhalten:

- **Richtlinie über die Umweltverträglichkeitsprüfung (Environmental Impact Assessment – EIA) (2014/52/EU):** Verlangt eine Umweltverträglichkeitsprüfung für Projekte mit erheblichen Umweltauswirkungen einschließlich Kernkraftwerken. Dazu gehört die Bewertung potenzieller Auswirkungen eines SMR auf lokale Ökosysteme, Wasserquellen und Luftqualität.
- **Habitat-Richtlinie (92/43/EWG) und Vogelschutzrichtlinie (2009/147/EG):** Stellen sicher, dass SMR-Projekte geschützte natürliche Lebensräume und Vogelarten nicht negativ beeinträchtigen.
- **Wasserrahmenrichtlinie (2000/60/EG):** Regelt die Auswirkungen nuklearer Anlagen auf Gewässer und stellt sicher, dass Bau und Betrieb von SMRs Wasserressourcen nicht verunreinigen.

Diese Umweltvorschriften gewährleisten, dass Bau und Betrieb von SMRs mit Europas Engagement für Nachhaltigkeit und Umweltschutz im Einklang stehen.

6. Brandschutz- und Sicherheitsnormen

Brandschutz ist in Nuklearanlagen einschließlich SMRs von entscheidender Bedeutung:

- **EN 1366:** Legt Standards für den Feuerwiderstand technischer Installationen wie Lüftungs- und Elektrosysteme fest.
- **EN 54:** Regelt Brandmelde- und Alarmsysteme, um eine schnelle Reaktion auf potenzielle Brandgefahren sicherzustellen.
- **NFPA-Standards:** Obwohl primär amerikanisch, werden bestimmte Standards der National Fire Protection Association (NFPA) auch in Europa herangezogen, um umfassende Brandschutzstrategien sicherzustellen.

7. Elektrische und steuerungstechnische Normen

Die elektrischen und steuerungstechnischen Systeme in SMRs müssen Normen entsprechen wie:

- **IEC 61513:** Bezieht sich auf Instrumentierungs- und Steuerungssysteme für Kernkraftwerke und gewährleistet die Sicherheit und Zuverlässigkeit der Steuerungssysteme.
- **IEC 61226:** Klassifiziert die Sicherheitsfunktionen von Instrumentierungs- und Steuerungssystemen, was entscheidend für die Integrität des SMR-Betriebs ist.

Diese Normen stellen sicher, dass die elektrischen Systeme zur Unterstützung von SMR-Reaktoren für maximale Sicherheit und Effizienz ausgelegt sind.

Der Bau eines SMR-Kraftwerks in Europa erfordert die Einhaltung eines umfassenden Satzes internationaler, regionaler und nationaler Vorschriften. Dazu gehören nuklearspezifische Sicherheitsstandards, allgemeine Bauvorschriften, Umweltschutzgesetze und Brandschutzmaßnahmen. Durch die Einhaltung dieser vielfältigen Standards können SMR-Entwickler sicherstellen, dass ihre Projekte die strengen Anforderungen an Sicherheit, Umweltverträglichkeit und Bauqualität erfüllen, die für einen erfolgreichen Einsatz in Europa notwendig sind.

Die Planung eines SMR in Europa umfasst nicht nur die Bewältigung regulatorischer und technischer Herausforderungen, sondern auch die Navigation innerhalb eines vielschichtigen regulatorischen Umfelds. Entwickler müssen frühzeitig mit nationalen Regulierungsbehörden zusammenarbeiten, EU-Richtlinien einhalten und sich an internationalen Leitlinien orientieren, um die erforderlichen Genehmigungen für Bau und Betrieb zu erhalten.

3. China

China verfügt über einen gut etablierten regulatorischen Rahmen für Kernkraftwerke, der sowohl Sicherheit als auch eine effiziente Projektdurchführung betont. Nachfolgend folgt eine detaillierte Erläuterung der wichtigsten Normen und Vorschriften, die bei der Planung des Baus eines SMR-Kraftwerks in China berücksichtigt werden müssen.

1. Chinas nuklearer Regulierungsrahmen

Die regulatorische Aufsicht über Nuklearanlagen einschließlich SMRs wird in China hauptsächlich von der National Nuclear Safety Administration (NNSA) wahrgenommen, die dem Ministry of Ecology and Environment (MEE) untersteht. Die NNSA legt Standards für nukleare Sicherheit, Reaktordesign, Bau, Betrieb und Stilllegung fest. Wichtige von der NNSA durchgesetzte Vorschriften und Normen umfassen:

- **Regulations on the Safety of Civil Nuclear Facilities (HAF001):** Legt den allgemeinen Sicherheitsrahmen für Nuklearanlagen in China fest und deckt Planung, Bau, Inbetriebnahme, Betrieb und Stilllegung ab.
- **Nuclear Safety Law of the People's Republic of China (2017):** Dieses Gesetz bildet die rechtliche Grundlage für nukleare Sicherheit und definiert die Verantwortlichkeiten von Anlagenbetreibern, Regulierungsbehörden und Drittparteien, die an Nuklearprojekten beteiligt sind. Es umfasst Anforderungen an Sicherheitsbewertungen, Inspektionen und Genehmigungsverfahren.
- **HAF102 und HAF103:** Enthalten detaillierte Sicherheitsrichtlinien für Standortwahl, Planung und Bau von Kernkraftwerken und stellen sicher, dass alle Projekte strenge Sicherheitsstandards zum Schutz der öffentlichen Gesundheit und der Umwelt erfüllen.

Diese Vorschriften bilden die rechtliche Grundlage für die sichere Entwicklung und den sicheren Betrieb von SMRs in China und gewährleisten, dass sämtliche Nuklearprojekte unter strenger regulatorischer Aufsicht durchgeführt werden.

2. Design- und Sicherheitsstandards für SMRs

China hat verschiedene internationale Nuklearsicherheitsstandards übernommen und angepasst – insbesondere jene der International Atomic Energy Agency (IAEA) –, um seine eigenen Vorschriften an globale bewährte Verfahren anzupassen. Gleichzeitig hat China eigene Standards entwickelt, die auf lokale Bedingungen und spezifische Nukleartechnologien zugeschnitten sind. Relevante Normen für den Bau von SMRs umfassen:

- **GB/T 50318-2017:** Diese nationale Norm behandelt Sicherheitsanforderungen für das Design von Kernkraftwerken einschließlich Kriterien für seismische Auslegung, strukturelle Integrität und Brandschutzmaßnahmen.
- **GB/T 50739-2012:** Bezieht sich auf die Bewertung der seismischen Sicherheit von Nuklearanlagen, was angesichts der unterschiedlichen seismischen Aktivitätszonen Chinas besonders wichtig ist.
- **HJ 660-2013:** Legt Umweltschutzstandards speziell für Kernkraftwerke fest und behandelt radioaktive Emissionen, Abfallmanagement und Strahlenschutz für die umliegende Umwelt.

Chinas Sicherheitsstandards stellen sicher, dass SMRs so ausgelegt werden, dass sie Naturkatastrophen einschließlich Erdbeben und extremen Wetterereignissen standhalten und gleichzeitig die Umweltauswirkungen minimieren.

3. Bauvorschriften und Konstruktionsnormen

Zusätzlich zu nuklearspezifischen Standards müssen SMR-Projekte in China allgemeine Bauvorschriften einhalten, die für alle groß angelegten Infrastrukturprojekte gelten. Dazu gehören:

- **GB 50229-2006:** Behandelt die Vorschriften für die Planung von Kernkraftwerken mit Schwerpunkt auf Tragwerksplanung, Materialspezifikationen und Bautechniken zur Gewährleistung von Sicherheit und Dauerhaftigkeit.
- **GB 50009-2012:** Der Lastenstandard für Bauwerke, der strukturelle Lasten definiert, die in der Entwurfsphase berücksichtigt werden müssen, beispielsweise Wind-, Schnee- und seismische Lasten.
- **GB 50204-2015:** Beschreibt Qualitätsstandards für Betonbauwerke und gewährleistet die Integrität von Reaktorsicherheitsbehältern und anderer kritischer Infrastruktur.
- **GB 50191-2012:** Enthält Vorgaben für die seismische Auslegung von Gebäuden und Bauwerken, besonders wichtig für Nuklearanlagen in seismisch aktiven Regionen.
- **JGJ 18-2012:** Die Norm für Brandschutz im Bauwesen, die sicherstellt, dass SMRs mit geeigneten Brandschutzsystemen einschließlich feuerbeständiger Materialien sowie Brandmelde- und Löschsystemen errichtet werden.

Diese Vorschriften sind entscheidend, um sicherzustellen, dass der SMR nicht nur Betriebsbelastungen, sondern auch externen Gefahren wie Erdbeben und Bränden standhält.

4. Umweltschutz und Umweltverträglichkeitsprüfung

Das Ministry of Ecology and Environment (MEE) überwacht den Umweltschutz für sämtliche Infrastrukturprojekte einschließlich Kernkraftwerke. Wichtige Vorschriften umfassen:

- **Environmental Impact Assessment (EIA) Law (2003, überarbeitet 2018):** Verlangt eine umfassende Umweltverträglichkeitsprüfung vor Beginn jeglicher Bauarbeiten. Diese Bewertung untersucht potenzielle Auswirkungen des SMR auf Luftqualität, Wasserressourcen und lokale Ökosysteme.
- **HJ 2.1-2011:** Richtlinien für die Erstellung von Umweltverträglichkeitsberichten für Nuklearanlagen, einschließlich Methoden zur Bewertung radiologischer Auswirkungen, des Abfallmanagements und von Notfallplänen.
- **Regulations on the Prevention and Control of Environmental Pollution by Solid Waste (2020):** Regelt die Entsorgung radioaktiver Abfälle und stellt sicher, dass SMRs Abfälle auf umweltverträgliche Weise behandeln.

Diese Umweltvorschriften gewährleisten, dass SMR-Projekte ihre Auswirkungen auf die Umwelt minimieren und Chinas strenge Standards zur Umweltverschmutzung einhalten.

5. Brandschutz- und Sicherheitsstandards

Brandschutz ist ein entscheidender Aspekt beim Bau von Kernkraftwerken in China:

- **GB 50261-2005:** Die nationale Vorschrift für Brandschutz in Nuklearanlagen, die feuerbeständige Materialien, Notfallreaktionssysteme sowie Brandmelde- und Löschsysteme abdeckt.
- **NFPA-Standards**: Obwohl China hauptsächlich eigene nationale Normen verwendet, beziehen sich einige Anlagen zusätzlich auf Standards der National Fire Protection Association (NFPA), um umfassende Brandschutzstrategien sicherzustellen.

6. *Standards für Instrumentierung und Steuerung*

- Die Steuerungs- und Sicherheitssysteme in SMRs müssen strengen Standards entsprechen, um die Betriebssicherheit zu gewährleisten:
- **GB/T 19671-2011:** Legt Anforderungen an Instrumentierungs- und Steuerungssysteme von Kernkraftwerken fest, einschließlich Leitstanddesign, Automatisierung und Systemredundanzen.
- **GB/T 16813-2018:** Bezieht sich auf die Klassifizierung sicherheitsrelevanter Instrumentierungs- und Steuerungssysteme und stellt sicher, dass kritische Systeme so ausgelegt sind, dass Ausfälle verhindert und potenzielle Risiken minimiert werden.

Diese Normen sind wesentlich, um die Zuverlässigkeit der Steuerungssysteme sicherzustellen, die den Reaktorbetrieb und Notabschaltungen steuern.

Die Planung des Baus eines SMR-Kraftwerks in China erfordert die sorgfältige Einhaltung eines umfassenden Satzes von Vorschriften, Bauvorschriften und Sicherheitsstandards. Dazu gehören die Einhaltung nationaler und internationaler Nuklearsicherheitsrichtlinien, struktureller und seismischer Normen, Umweltverträglichkeitsprüfungen und Brandschutzmaßnahmen.

Die Integration dieser Standards stellt sicher, dass SMR-Projekte in China nicht nur sicher und effizient, sondern auch ökologisch nachhaltig sind. Entwickler müssen eng mit der National Nuclear Safety Administration (NNSA) und dem Ministry of Ecology and Environment (MEE) zusammenarbeiten, um die komplexe regulatorische Landschaft zu bewältigen und sicherzustellen, dass ihre Projekte alle rechtlichen und technischen Anforderungen für Bau, Betrieb und Stilllegung erfüllen. Durch die Einhaltung dieser strengen Standards können SMR-Projekte zu Chinas ehrgeizigen Zielen im Bereich sauberer Energie und Klimaneutralität beitragen.

4. Indien

Der Bau von Small Modular Reactor (SMR)-Kraftwerken in India erfordert die Einhaltung eines strengen Rahmens aus Bauvorschriften, Baugesetzen, Nuklearsicherheitsstandards und Umweltschutzrichtlinien. Indien verfügt über eine gut etablierte Kernenergieindustrie, die sowohl durch nationale Standards als auch durch internationale Richtlinien geregelt wird, um Sicherheit, Effizienz und Nachhaltigkeit von Nuklearprojekten sicherzustellen. Nachfolgend folgt eine ausführliche Beschreibung der wichtigsten Vorschriften und Standards, die bei der Planung des Baus eines SMR in Indien berücksichtigt werden müssen.

1. Indiens nuklearer Regulierungsrahmen

Der indische Kernenergiesektor wird hauptsächlich durch das Atomic Energy Regulatory Board (AERB) reguliert, das dem Department of Atomic Energy (DAE) untersteht. Das AERB ist dafür verantwortlich sicherzustellen, dass Kernkraftwerke einschließlich SMRs während ihres gesamten Lebenszyklus – von der Planung bis zur Stilllegung – sämtliche Sicherheitsvorschriften einhalten. Zu den wichtigsten regulatorischen Dokumenten, die den Bau von SMRs beeinflussen, gehören:

- **Atomic Energy Act, 1962:** Dieses Gesetz bildet den rechtlichen Rahmen für die Regulierung sämtlicher nuklearer Aktivitäten in Indien einschließlich Bau, Betrieb und Stilllegung von Kernkraftwerken.
- **AERB Safety Code for Nuclear Power Plants (AERB/NPP/SC):** Legt Sicherheitsanforderungen für Planung, Bau, Inbetriebnahme und Betrieb von Kernkraftwerken fest und gewährleistet die Einhaltung nationaler und internationaler Sicherheitsstandards.
- **AERB Safety Guide on Siting of Nuclear Power Plants (AERB/SG/S-1):** Enthält Richtlinien für die Auswahl geeigneter Standorte für Kernkraftwerke einschließlich der Bewertung geologischer, seismischer und umweltbezogener Faktoren.

Diese Vorschriften stellen sicher, dass alle Nuklearanlagen einschließlich SMRs nach höchsten Sicherheitsstandards geplant und betrieben werden, um die öffentliche Gesundheit und die Umwelt zu schützen.

2. Design- und Sicherheitsstandards für SMRs

Die Auslegung und Sicherheitsbewertung von SMRs in Indien muss sowohl nationalen als auch internationalen Standards entsprechen, insbesondere jenen der International Atomic Energy Agency (IAEA). Das AERB hat mehrere IAEA-Richtlinien übernommen und an indische Bedingungen angepasst. Wichtige Sicherheitsstandards für SMRs umfassen:

- **AERB/NPP/SG/D-3:** Dieser Sicherheitsleitfaden konzentriert sich auf die sicherheitstechnische Auslegung von Kernkraftwerken einschließlich seismischer Sicherheit, struktureller Integrität, Brandschutz und Strahlenschutzabschirmung.
- **IS 875 (Part 3): 2015:** Diese indische Norm behandelt die Bemessungslasten für Gebäude und Bauwerke, insbesondere Windlasten, was für die Tragwerksplanung von SMRs zur Widerstandsfähigkeit gegen extreme Wetterbedingungen entscheidend ist.
- **IS 1893 (Part 1): 2016:** Legt Kriterien für die erdbebensichere Auslegung von Bauwerken fest, besonders wichtig zur Gewährleistung der Sicherheit von Nuklearanlagen in seismisch aktiven Zonen.

Die Einhaltung sowohl nationaler Standards als auch IAEA-Richtlinien stellt sicher, dass SMRs für unterschiedliche natürliche und menschengemachte Gefahren ausgelegt sind.

3. Bauvorschriften und Konstruktionsstandards

SMR-Projekte in Indien müssen außerdem allgemeine Bauvorschriften und Normen einhalten, die für Infrastrukturprojekte gelten, insbesondere in Bezug auf Gebäudesicherheit, strukturelle Integrität und Brandschutz:

- **National** Building Code of India (NBC), 2016: Der NBC bildet die übergeordnete Richtlinie für Baupraktiken in Indien. Er deckt sämtliche Aspekte der Gebäudeplanung und des Bauwesens ab, einschließlich Brandschutz, Tragwerksplanung und Sicherheit während der Bauphase.
- **IS 456: 2000:** Diese Norm behandelt allgemeine Anforderungen an Planung und Bau von Stahlbetonkonstruktionen, was für den Bau von SMR-Sicherheitsbehältern und anderen Betonstrukturen entscheidend ist.
- **IS 3370 (Part 2): 2009:** Enthält Richtlinien für die Planung von Betonbauwerken zur Lagerung gefährlicher Stoffe und stellt sicher, dass SMRs mit Materialien errichtet werden, die radioaktive Inhalte sicher aufnehmen können.

Diese Bauvorschriften gewährleisten, dass SMR-Projekte in Indien strukturellen Belastungen standhalten und gleichzeitig hohe Sicherheitsstandards einhalten.

4. Umweltschutz und Umweltverträglichkeitsprüfung

Das Ministry of Environment, Forest and Climate Change (MoEFCC) reguliert die Umweltaspekte von SMR-Bauprojekten in Indien. Nuklearprojekte müssen umfassende Umweltbewertungen durchlaufen, um die Einhaltung der Umweltgesetze des Landes sicherzustellen:

- **Environment (Protection) Act, 1986:** Schafft den rechtlichen Rahmen für den Umweltschutz in Indien und schreibt die Bewertung potenzieller Umweltauswirkungen für alle großen Infrastrukturprojekte vor.
- **Environmental Impact Assessment (EIA) Notification, 2006:** Verlangt einen umfassenden Umweltverträglichkeitsbericht für Nuklearprojekte, einschließlich Luft- und Wasserqualität, Strahlenschutz, Abfallmanagement und sozialer Auswirkungen auf umliegende Gemeinschaften.
- **AERB/SG/G-8:** Enthält spezifische Richtlinien für das Management radioaktiver Abfälle, um Umweltkontaminationen zu minimieren und die sichere Entsorgung abgebrannter Brennelemente sicherzustellen.

Diese Umweltvorschriften dienen dem Schutz von Ökosystemen, Wasserressourcen und Gemeinschaften rund um Kernkraftwerke.

5. Brandschutz- und Sicherheitsstandards

Brandschutz ist in Kernkraftwerken einschließlich SMRs von entscheidender Bedeutung, um Unfälle mit potenziell katastrophalen Folgen zu verhindern:

- **AERB/SG/D-4:** Legt Anforderungen an den Brandschutz in Nuklearanlagen fest, einschließlich Brandmelde-, Lösch- und Notfallreaktionssystemen.

- **NBC Fire and Life Safety Provisions (Part 4):** Definiert Brandschutzstandards für Industrieanlagen und stellt sicher, dass SMRs mit geeigneten Brandbekämpfungs- und Evakuierungssystemen ausgestattet sind.

6. Instrumentierungs- und Steuerungssysteme

Die Steuerungssysteme für SMRs in Indien müssen strengen Standards entsprechen, um einen sicheren Betrieb und wirksame Notfallmaßnahmen zu gewährleisten:

• **AERB/SG/D-9:** Behandelt die sicherheitstechnische Klassifizierung und Auslegungsanforderungen für Instrumentierungs- und Steuerungssysteme in Kernkraftwerken.

• **IS 3043: 2018:** Enthält Richtlinien zur Erdung elektrischer Anlagen, was entscheidend für die Zuverlässigkeit der Steuerungssysteme in SMRs ist.

• **IS 732: 2019:** Legt Verfahrensregeln für elektrische Installationen fest, die eingehalten werden müssen, um elektrische Fehler zu verhindern, welche die Sicherheit von SMRs beeinträchtigen könnten.

Die Planung des Baus eines SMR-Kraftwerks in Indien erfordert die umfassende Einhaltung eines breiten Spektrums an Vorschriften, Bauvorschriften und Sicherheitsstandards. Die Integration dieser Richtlinien stellt sicher, dass SMR-Projekte sowohl sicher als auch effizient sind und gleichzeitig ihre Umweltbelastung minimieren.

5. Vereinigtes Königreich

Die regulatorische Landschaft im United Kingdom ist robust ausgestaltet und darauf ausgerichtet sicherzustellen, dass alle Nuklearprojekte einschließlich SMRs sicher, effizient und nachhaltig entwickelt werden. Nachfolgend folgt eine detaillierte Übersicht über die wichtigsten Vorschriften und Normen, die bei der Planung des Baus eines SMR im Vereinigten Königreich berücksichtigt werden müssen.

1. Nuklearer Regulierungsrahmen des Vereinigten Königreichs

Im Vereinigten Königreich wird die Regulierung von Kernkraftwerken hauptsächlich durch das Office for Nuclear Regulation (ONR) überwacht. Das ONR ist dafür verantwortlich sicherzustellen, dass sämtliche nuklearen Aktivitäten den Anforderungen an Sicherheit, Sicherung und Umweltschutz entsprechen. Der regulatorische Ansatz des ONR konzentriert sich auf Risikomanagement, Sicherheitsbewertungen und die Einhaltung nationaler sowie internationaler Standards.

- **Nuclear Installations Act, 1965:** Dieses Gesetz bildet die rechtliche Grundlage für die Regulierung nuklearer Anlagen einschließlich der Genehmigung und Überwachung von Kernkraftwerken.

- **Health and Safety at Work Act, 1974:** Schafft den allgemeinen Rahmen für Gesundheitsschutz und Sicherheit am Arbeitsplatz einschließlich Baustellen für Nuklearprojekte.
- **Nuclear Industries Security Regulations, 2003:** Konzentriert sich auf die Sicherung nuklearer Materialien und den Schutz nuklearer Standorte vor potenziellen Bedrohungen einschließlich Cybersicherheitsrisiken.

Das ONR verfolgt einen zielorientierten regulatorischen Ansatz, der Entwicklern Flexibilität bietet, eigene Methoden zur Erreichung der Sicherheitsziele vorzuschlagen, sofern sie die Einhaltung der festgelegten Sicherheitsprinzipien nachweisen können.

2. Sicherheitsstandards für die Auslegung von SMRs

Die Auslegung und Sicherheitsbewertung von SMRs muss strengen Sicherheitsstandards entsprechen, darunter sowohl britische Richtlinien als auch internationale bewährte Verfahren der International Atomic Energy Agency (IAEA). Zu den wichtigsten für SMRs relevanten Standards gehören:

- **ONR Safety Assessment Principles (SAPs):** Enthalten detaillierte Leitlinien zu den Erwartungen an nukleare Sicherheit einschließlich Reaktorkerndesign, Sicherheitsbehältern und Sicherheitssystemen.
- **Western European Nuclear Regulators Association (WENRA) Safety Reference Levels:** Stellen einen harmonisierten Ansatz für Sicherheitsstandards in Europa bereit, an denen sich das Vereinigte Königreich auch nach dem Brexit weiterhin orientiert.
- **BS EN 61513:** Diese Norm konzentriert sich auf die Auslegung und das Management von Instrumentierungs- und Steuerungssystemen (I&C) für Kernreaktoren und gewährleistet hohe Zuverlässigkeit und Sicherheit.

Diese Sicherheitsstandards stellen sicher, dass SMRs so ausgelegt werden, dass Risiken der Kernenergieerzeugung minimiert werden, insbesondere in Bereichen wie Unfallvermeidung, Notfallreaktion und Strahlenschutz.

3. Bauvorschriften und Konstruktionsregelungen

SMR-Projekte im Vereinigten Königreich müssen eine umfassende Reihe von Bauvorschriften und Konstruktionsregelungen einhalten, um strukturelle Integrität, Brandschutz und die allgemeine Einhaltung nationaler Baustandards sicherzustellen:

- **Building Regulations 2010:** Diese Vorschriften decken sämtliche Aspekte der Gebäudeplanung und des Bauwesens ab, einschließlich Brandschutz, struktureller Stabilität und Energieeffizienz. Die Einhaltung dieser Vorschriften ist für alle Neubauprojekte im Vereinigten Königreich verpflichtend.
- **BS EN 1993 (Eurocode 3):** Enthält Standards für die Planung von Stahltragwerken und ist insbesondere für den Bau von Reaktorgebäuden und Sicherheitsbehältern relevant.

- **BS EN 1992 (Eurocode 2):** Gilt für die Planung von Betonbauwerken und stellt sicher, dass der Bau von SMRs hohen Anforderungen an Dauerhaftigkeit und strukturelle Integrität entspricht.
- **Construction (Design and Management) Regulations, 2015:** Diese Vorschriften konzentrieren sich auf Gesundheitsschutz und Sicherheit während Planung, Entwurf und Bau und betonen die Notwendigkeit, Risiken für Bauarbeiter zu minimieren.

Diese Konstruktionsstandards stellen sicher, dass SMR-Projekte so gebaut werden, dass sie unterschiedlichen Umwelt- und Strukturbelastungen standhalten und höchste Sicherheits- und Qualitätsstandards gewährleisten.

4. Umwelt- und Planungsgenehmigungen

Umweltschutz ist ein zentraler Aspekt von Nuklearprojekten im Vereinigten Königreich. Die Environment Agency (EA) und die Scottish Environment Protection Agency (SEPA) regulieren die Umweltaspekte von Kernkraftwerken einschließlich SMRs. Zu den wichtigsten Vorschriften gehören:

- **Environmental Permitting Regulations, 2016:** Dieses Regelwerk verpflichtet Nuklearprojekte zur Einholung von Umweltgenehmigungen, die Bereiche wie radioaktives Abfallmanagement, Emissionskontrolle und Wasserverbrauch abdecken.
- **Planning Act, 2008:** Verlangt für große Infrastrukturprojekte einschließlich Kernkraftwerken ein umfassendes Genehmigungsverfahren mit öffentlichen Konsultationen und Umweltverträglichkeitsprüfungen (Environmental Impact Assessments – EIA).
- **Environmental Impact Assessment (EIA) Directive:** Obwohl ursprünglich eine EU-Richtlinie, wurde sie im Vereinigten Königreich beibehalten und verlangt umfassende Umweltverträglichkeitsprüfungen für groß angelegte Bauprojekte, um potenzielle Auswirkungen auf lokale Ökosysteme, Luftqualität und Wasserressourcen zu bewerten.

5. Brandschutz- und Sicherheitsstandards

Brandschutz ist für SMRs von entscheidender Bedeutung, um Unfälle mit potenziell katastrophalen Folgen zu verhindern. Zu den wichtigsten Normen gehören:

- **BS 9999:2017:** Konzentriert sich auf Brandschutz bei Planung, Management und Nutzung von Gebäuden und enthält Leitlinien zu Brandmeldung, Brandbekämpfung und Notfallevakuierung.
- **BS EN 13501-1:** Legt die Klassifizierung von Baustoffen nach Feuerwiderstand fest und stellt sicher, dass die im SMR-Bau verwendeten Materialien den Brandschutzanforderungen entsprechen.

Diese Brandschutzstandards gewährleisten, dass SMRs mit angemessenen Brandschutzsystemen ausgestattet sind und dadurch das Risiko brandbedingter Unfälle reduziert wird.

6. Instrumentierungs- und Steuerungssysteme

Die Instrumentierungs- und Steuerungssysteme von SMRs im Vereinigten Königreich müssen strengen Normen entsprechen, um einen sicheren und effizienten Reaktorbetrieb zu gewährleisten:

- **BS EN 61508:** Diese Norm konzentriert sich auf die funktionale Sicherheit elektrischer, elektronischer und programmierbarer elektronischer sicherheitsbezogener Systeme und gewährleistet Zuverlässigkeit sowie eine Verringerung des Ausfallrisikos.
- **BS EN 61513:** Enthält spezifische Leitlinien für Anforderungen an Instrumentierungs- und Steuerungssysteme in Kernkraftwerken mit Schwerpunkt auf Sicherheit und Redundanz.

7. Stilllegung und Abfallmanagement

SMRs müssen außerdem strenge Vorschriften zur Stilllegung und zum Management radioaktiver Abfälle einhalten, um Umweltbelastungen zu minimieren:

- **Radioactive Waste Management Code of Practice:** Legt Anforderungen für die sichere Lagerung, Behandlung und Entsorgung radioaktiver Abfälle fest, die von Kernkraftwerken erzeugt werden.
- **Decommissioning Strategy (UK Government):** Das Vereinigte Königreich verfügt über spezifische Richtlinien für die sichere Stilllegung nuklearer Anlagen einschließlich finanzieller Vorsorgemaßnahmen und Sicherheitsprotokolle zum Schutz von Arbeitnehmern und Umwelt.

Der Bau und Betrieb eines SMR-Kraftwerks im Vereinigten Königreich erfordern die Navigation durch ein komplexes regulatorisches Umfeld, das Sicherheit, Umweltschutz, strukturelle Integrität, Brandschutz und Abfallmanagement umfasst. Durch die Einhaltung dieser umfassenden Vorschriften können SMR-Entwickler sicherstellen, dass ihre Projekte die strengen Sicherheitsstandards erfüllen, die im Vereinigten Königreich erwartet werden, und gleichzeitig Risiken für Öffentlichkeit und Umwelt minimieren.

Die Planung eines SMR-Projekts im Vereinigten Königreich erfordert eine frühzeitige Zusammenarbeit mit Regulierungsbehörden wie dem Office for Nuclear Regulation (ONR), der Environment Agency sowie lokalen Planungsbehörden, um die Einhaltung aller Anforderungen sicherzustellen und die erforderlichen Genehmigungen zu erhalten. Durch die Integration der britischen regulatorischen Anforderungen in den Projektplanungsprozess können SMR-Entwickler Projektzeitpläne optimieren und reibungslosere regulatorische Genehmigungen erleichtern.

6. Kanada

Die Canadian Nuclear Safety Commission (CNSC) ist die wichtigste Regulierungsbehörde, die sämtliche nuklearbezogenen Aktivitäten einschließlich SMR-Projekten überwacht. Nachfolgend folgt eine ausführliche Erläuterung der wichtigsten Vorschriften, Standards und Regelwerke, die bei der Planung eines SMR-Bauprojekts in Canada eingehalten werden müssen.

1. Regulatorischer Rahmen und Genehmigungen

Kanada verfügt über einen klar definierten regulatorischen Rahmen für Kernenergieprojekte einschließlich SMRs. Die Canadian Nuclear Safety Commission (CNSC) überwacht sämtliche nuklearbezogenen Aktivitäten im Land, um Sicherheit, Sicherung und Umweltschutz sicherzustellen.

- **Nuclear Safety and Control Act (NSCA), 1997:** Dies ist das grundlegende Gesetz, das die Befugnisse der CNSC festlegt. Es bildet den Rahmen für die Genehmigung nuklearer Anlagen einschließlich SMRs und enthält Bestimmungen zu Strahlenschutz, nuklearer Sicherheit und Umweltbewertungen.
- CNSC Regulations: Im Rahmen des NSCA gibt es mehrere Vorschriften, die für SMR-Projekte relevant sind, darunter:
  - General Nuclear Safety and Control Regulations
  - Class I Nuclear Facilities Regulations
  - Radiation Protection Regulations
  - Nuclear Security Regulations

Die CNSC verlangt von SMR-Entwicklern ein mehrphasiges Genehmigungsverfahren, das Standortvorbereitung, Bau, Betrieb und Stilllegung umfasst. Jede Phase beinhaltet strenge Sicherheitsbewertungen, öffentliche Konsultationen und Umweltprüfungen.

2. Design- und Sicherheitsstandards für SMRs

SMRs in Kanada müssen detaillierte Design- und Sicherheitsstandards erfüllen, die sowohl nationalen als auch internationalen bewährten Verfahren entsprechen. Diese Standards stellen sicher, dass SMRs mit robusten Sicherheitsmaßnahmen und fortschrittlichen technologischen Merkmalen entwickelt werden.

- CNSC Regulatory Documents (REGDOCs): Die CNSC stellt umfassende Leitlinien über ihre REGDOC-Reihe bereit, darunter:
  - REGDOC-2.5.2: Behandelt Designanforderungen für Kernkraftwerke mit Schwerpunkt auf Sicherheitssystemen, Unfallverhütung und Risikomanagement.
  - REGDOC-2.4.4: Enthält Leitlinien zu probabilistischen Sicherheitsanalysen, die für die Bewertung der Sicherheit von SMRs entscheidend sind.
  - REGDOC-2.9.1: Bezieht sich auf Umweltschutzrichtlinien für Nuklearanlagen und gewährleistet die Einhaltung kanadischer Umweltgesetze.
- International Atomic Energy Agency (IAEA) Standards: Kanada orientiert sich häufig an den Empfehlungen der IAEA, um globale bewährte Verfahren im Bereich der nuklearen Sicherheit sicherzustellen.
- CSA Standards (Canadian Standards Association): Die CSA entwickelt und pflegt nukleare Standards, auf die sich die CNSC regelmäßig bezieht, darunter:
  - CSA N286: Konzentriert sich auf Qualitätsmanagement in Nuklearanlagen.
  - CSA N290.1: Behandelt Anforderungen an den Bau nuklearer Anlagen.
  - CSA N293: Bezieht sich auf den Brandschutz in Kernkraftwerken.

- CSA N288.6: Enthält Leitlinien für Umwelt-Risikobewertungen.

3. Bauvorschriften und Konstruktionsregelungen

Die kanadischen Bauvorschriften für SMRs stellen sicher, dass Nuklearanlagen nach höchsten Standards in Bezug auf Sicherheit, Dauerhaftigkeit und Nachhaltigkeit errichtet werden.

- **National Building Code of Canada (NBC):** Der NBC ist die wichtigste Bauvorschrift Kanadas und legt Standards für Planung und Bau von Gebäuden im ganzen Land fest. Für Nuklearprojekte gelten zusätzliche Anforderungen hinsichtlich struktureller Integrität, Brandschutz und Widerstandsfähigkeit gegenüber Naturkatastrophen.
- **National Fire Code of Canada (NFC):** Stellt sicher, dass Brandschutzmaßnahmen während Bau und Betrieb von SMRs vorhanden sind, einschließlich Feuerlöschsystemen, Evakuierungsprotokollen und feuerbeständigen Materialien.
- **CSA N291:** Legt Anforderungen an den Bau von Strukturen nuklearer Anlagen fest, mit Schwerpunkt auf Erdbebenfestigkeit und struktureller Robustheit.

4. Umweltprüfungen und Genehmigungen

Umweltschutz ist ein wesentlicher Bestandteil der Entwicklung von SMRs in Kanada. Die CNSC und andere Bundesbehörden stellen sicher, dass SMR-Projekte strenge Umweltvorschriften einhalten.

- Impact Assessment Act (IAA), 2019: Gemäß dem IAA können SMR-Projekte eine Umweltverträglichkeitsprüfung (Environmental Impact Assessment – EIA) erfordern, um potenzielle Auswirkungen auf Luftqualität, Wasserressourcen, Wildtiere und lokale Gemeinschaften zu bewerten. Diese Bewertung umfasst auch öffentliche Konsultationen zur Berücksichtigung der Anliegen lokaler Interessengruppen.
- **Canadian Environmental Protection Act (CEPA), 1999:** Dieses Gesetz stellt sicher, dass SMR-Projekte Umweltstandards hinsichtlich Emissionen, Abfallentsorgung und Chemikalienmanagement einhalten.
- Fisheries Act: Schützt kanadische Gewässer und aquatische Lebensformen, was insbesondere für SMRs relevant ist, die sich in der Nähe von Gewässern befinden.
- **CNSC REGDOC-2.9.1:** Enthält Leitlinien zum Umweltschutz während der Planungs-, Bau- und Betriebsphasen nuklearer Anlagen.

5. Brandschutz- und Sicherheitsstandards

Brandschutz ist für Nuklearanlagen einschließlich SMRs von entscheidender Bedeutung, um Unfälle zu verhindern und die Sicherheit von Personal und umliegenden Gemeinschaften zu gewährleisten.

- **CSA N293:** Konzentriert sich auf den Brandschutz in Kernkraftwerken und beschreibt Anforderungen an Brandmelde- und Feuerlöschsysteme sowie Notfallpläne.
- **National Fire Code (NFC):** Legt Standards für Brandschutzmaßnahmen fest, darunter feuerbeständige Materialien, Notausgänge und Notfallprotokolle.

6. Instrumentierungs- und Steuerungssysteme

SMRs benötigen hochentwickelte Instrumentierungs- und Steuerungssysteme (I&C), um einen sicheren und effizienten Reaktorbetrieb zu gewährleisten.

- **CSA N290.6:** Enthält Standards für nukleare Instrumentierung und stellt sicher, dass SMRs über zuverlässige Steuerungssysteme für Überwachung und Sicherheit verfügen.
- **IEC 61513:** Bezieht sich auf die Planung von Instrumentierungs- und Steuerungssystemen für Kernreaktoren und gewährleistet die Einhaltung internationaler Sicherheitsstandards.

7. Stilllegung und Abfallmanagement

Kanada verfügt über strenge Vorschriften für die Stilllegung nuklearer Anlagen und das Management radioaktiver Abfälle.

- **REGDOC-2.11.2:** Dieses Regulierungsdokument der CNSC enthält Leitlinien zum Management radioaktiver Abfälle und stellt sicher, dass Betreiber von SMRs umfassende Strategien für das Abfallmanagement entwickeln.
- **CSA N294:** Konzentriert sich auf die Stilllegung nuklearer Anlagen und beschreibt Anforderungen an Standortsanierung, Abfallentsorgung und Strahlenschutz.

8. Sicherheit und Cybersicherheit

Die Sicherung nuklearer Anlagen hat in Kanada hohe Priorität, insbesondere bei SMRs, die möglicherweise an abgelegenen oder dezentralen Standorten eingesetzt werden.

- **Nuclear Security Regulations:** Die CNSC verlangt von SMR-Projekten die Umsetzung strenger Sicherheitsmaßnahmen einschließlich physischer Sicherheit, Cybersicherheit und Schutz vor Sabotage.
- **CSA N290.7:** Enthält Standards für Cybersicherheit in Nuklearanlagen und stellt sicher, dass digitale Steuerungssysteme vor Cyberbedrohungen geschützt sind.

Die Planung, Auslegung und der Bau eines SMR-Kraftwerks in Kanada erfordern die Navigation durch einen umfassenden Satz von Bauvorschriften, Konstruktionsregelungen und Sicherheitsstandards. Durch die Einhaltung der Anforderungen der Canadian Nuclear Safety Commission (CNSC), der CSA-Standards und weiterer regulatorischer Rahmenwerke können SMR-Entwickler sicherstellen, dass ihre Projekte höchsten Standards in Bezug auf Sicherheit, Sicherung und Umweltschutz entsprechen.

Eine erfolgreiche Projektplanung für SMRs in Kanada erfordert eine frühzeitige Zusammenarbeit mit Regulierungsbehörden, umfassende Umweltbewertungen sowie die Einhaltung strenger Design- und Sicherheitsprotokolle. Diese Maßnahmen sind entscheidend, um öffentliches Vertrauen zu gewinnen, regulatorische Genehmigungen zu erhalten und den sicheren Einsatz der SMR-Technologie in Kanada zu gewährleisten.

7. Frankreich

Der Bau und Betrieb von Small Modular Reactors (SMRs) in France werden durch ein umfassendes System von Vorschriften, Regelwerken und Normen geregelt. Frankreich verfügt aufgrund seiner starken Abhängigkeit von der Kernenergie über einen gut etablierten nuklearen Regulierungsrahmen, der höchste Standards in Bezug auf Sicherheit, Sicherung und Umweltschutz für Nuklearanlagen gewährleistet. Nachfolgend folgt eine detaillierte Übersicht über die Bauvorschriften, Konstruktionsregelungen und Standards, die bei der Planung eines SMR-Kraftwerks in Frankreich berücksichtigt werden müssen.

1. Regulatorischer Rahmen und Genehmigungsbehörde

Die Autorité de sûreté nucléaire (ASN) ist die wichtigste Regulierungsbehörde für nukleare Aktivitäten in Frankreich. Die ASN ist verantwortlich für Genehmigungen, regulatorische Konformität und die Sicherstellung, dass Nuklearanlagen einschließlich SMRs strenge Sicherheits- und Umweltstandards erfüllen.

- **French Nuclear Safety Law (Loi TSN, 2006):** Dieses Gesetz schafft den Rahmen für nukleare Sicherheit und Strahlenschutz und ermächtigt die ASN zur Regulierung nuklearer Anlagen sowie zur Durchsetzung regulatorischer Anforderungen.
- **Decree No. 2007-1557:** Regelt Bau, Betrieb und Stilllegung nuklearer Anlagen und beschreibt die Verfahren für Genehmigungen und regulatorische Aufsicht.
- **INB Order (Arrêté INB):** Definiert die Sicherheitsregeln für grundlegende Nuklearanlagen (Installations Nucléaires de Base – INB) einschließlich SMRs. Die INB-Vorschriften umfassen Sicherheitsbewertungen, Designanforderungen und Betriebsverfahren.

Der Genehmigungsprozess für SMRs in Frankreich umfasst mehrere Phasen einschließlich Standortwahl, Sicherheitsbewertungen, Baugenehmigungen und Betriebserlaubnissen. Dieser Prozess wird von der ASN streng überwacht, um sicherzustellen, dass sämtliche Sicherheits- und Umweltanforderungen erfüllt werden.

2. Design- und Sicherheitsstandards für SMRs

Frankreich verfügt über strenge Standards für die Planung und Sicherheit von Kernreaktoren und stellt sicher, dass SMRs mit fortschrittlichen Sicherheitsmaßnahmen und modernster Technologie entwickelt werden.

- **RCC-M Code:** Der Code „Règles de Conception et de Construction des Matériels Mécaniques des Ilots Nucléaires“ (RCC-M) legt Standards für Planung und Bau mechanischer Ausrüstungen in Nuklearanlagen fest, darunter Druckbehälter, Rohrleitungen und Wärmetauscher.
- **RCC-E Code:** Konzentriert sich auf elektrische Systeme in Kernkraftwerken und stellt sicher, dass elektrische Komponenten Sicherheits- und Zuverlässigkeitsanforderungen erfüllen.

- **RCC-CW Code:** Gilt für den Hoch- und Tiefbau nuklearer Anlagen und legt Anforderungen an strukturelle Integrität und Dauerhaftigkeit von Gebäuden fest, die Kernreaktoren beherbergen.
- International Atomic Energy Agency (IAEA) Safety Standards: Frankreich richtet viele seiner nuklearen Sicherheitsvorschriften an den Leitlinien der IAEA aus und stellt damit sicher, dass SMRs internationalen bewährten Verfahren entsprechen.
- **EDF Standards:** Als wichtigster Nuklearbetreiber Frankreichs verfügt Électricité de France (EDF) über eigene interne Sicherheits- und Engineering-Standards, die den nationalen regulatorischen Rahmen ergänzen.

3. Bau- und Konstruktionsvorschriften

Der Bau von SMRs in Frankreich muss einer umfassenden Reihe von Bau- und Konstruktionsvorschriften entsprechen, um Sicherheit, Dauerhaftigkeit und ökologische Nachhaltigkeit sicherzustellen.

- Code de la Construction et de l'Habitation (CCH): Das französische Baugesetz regelt Baupraktiken einschließlich struktureller Integrität, Brandschutz und Energieeffizienz. Obwohl es primär Wohn- und Gewerbebauten betrifft, gelten bestimmte Bestimmungen auch für Nuklearanlagen.
- **Eurocodes:** Als Mitglied der European Union hält sich Frankreich an die Eurocodes, ein System europäischer Normen für die Tragwerksplanung von Gebäuden und Ingenieurbauwerken. Dazu gehören:
    - Eurocode 2: Planung von Betonbauwerken.
    - Eurocode 3: Planung von Stahlbauwerken.
    - Eurocode 8: Planung erdbebensicherer Bauwerke, was für die seismische Sicherheit nuklearer Anlagen von entscheidender Bedeutung ist.
- **NF Standards:** Die „Norme Française“ (NF)-Standards werden von der AFNOR entwickelt und decken verschiedene Aspekte des Bauwesens, der Materialien und der Sicherheit ab.

4. Brandschutz und Umweltschutz

Brandschutz und Umweltschutz sind entscheidende Aspekte von SMR-Projekten, um Unfälle zu verhindern und die Einhaltung strenger Umweltvorschriften sicherzustellen.

- **Arrêté INB:** Die INB-Verordnung schreibt Brandschutzsysteme, feuerbeständige Materialien und Notfallpläne für Nuklearanlagen vor.
- **Environmental Code (Code de l'Environnement):** Dieses Gesetz regelt den Schutz natürlicher Ressourcen, Abfallmanagement und die Kontrolle von Umweltverschmutzung. SMR-Projekte müssen umfassende Umweltverträglichkeitsprüfungen durchlaufen, um potenzielle Umweltgefahren zu identifizieren und zu minimieren.
- **Seveso III Directive Compliance:** Nuklearanlagen in Frankreich müssen die Seveso-III-Richtlinie einhalten, deren Ziel die Verhinderung schwerer Industrieunfälle mit

gefährlichen Stoffen sowie die Minimierung ihrer Auswirkungen auf Gesundheit und Umwelt ist.

5. Instrumentierung, Steuerungssysteme und Cybersicherheit

Die Zuverlässigkeit von Instrumentierungs- und Steuerungssystemen (I&C) sowie der Cybersicherheit ist für den sicheren Betrieb von SMRs in Frankreich von entscheidender Bedeutung.

- **RCC-E Code:** Enthält Standards für Planung und Bau von Instrumentierungs- und Steuerungssystemen in Nuklearanlagen und stellt sicher, dass diese zuverlässig sind und den sicheren Reaktorbetrieb gewährleisten.
- **ISO/IEC 27001:** Bezieht sich auf Managementsysteme für Informationssicherheit, die entscheidend sind, um die digitale Infrastruktur von Kernkraftwerken vor Cyberbedrohungen zu schützen.
- **Cybersecurity Requirements for Critical Infrastructure:** Frankreich verfügt im Rahmen der Loi de Programmation Militaire (LPM) über spezielle Vorschriften, die kritische Infrastrukturen einschließlich Nuklearanlagen verpflichten, robuste Cybersicherheitsmaßnahmen umzusetzen.

6. Stilllegung und Abfallmanagement

Frankreich legt großen Wert auf die sichere Stilllegung nuklearer Anlagen und das Management radioaktiver Abfälle.

- **Plan National de Gestion des Matières et Déchets Radioactifs (PNGMDR):** Der nationale Plan beschreibt Strategien für das Management radioaktiver Abfälle einschließlich jener, die von SMRs erzeugt werden.
- **RCC-Waste:** Dieser Code enthält Leitlinien für Lagerung, Behandlung und Entsorgung radioaktiver Abfälle aus Kernreaktoren.
- **ASN Guidelines:** Die ASN verlangt, dass umfassende Stilllegungspläne bereits vor dem Bau eines SMR eingereicht werden, um sicherzustellen, dass die Anlagen am Ende ihrer Betriebsdauer sicher rückgebaut werden können.

7. Qualitätssicherung und Fertigungsstandards

SMR-Projekte müssen strenge Qualitätssicherungsstandards einhalten, um Sicherheit und Zuverlässigkeit sämtlicher Komponenten zu gewährleisten.

- **ISO 9001:** Qualitätsmanagementsysteme zur Sicherstellung, dass alle Prozesse – von der Planung bis zum Bau – höchsten Standards entsprechen.

- **RCC-M:** Behandelt Qualitätsanforderungen für die Fertigung mechanischer Komponenten in Nuklearanlagen.

- **CE Marking:** Stellt sicher, dass Komponenten, die beim Bau von SMRs verwendet werden, den EU-Vorschriften entsprechen, insbesondere in Bezug auf Druckgeräte, elektrische Systeme und Baustoffe.

Die Planung und der Bau eines SMR-Kraftwerks in Frankreich erfordern die Einhaltung eines umfassenden Systems aus Bauvorschriften, Konstruktionsregelungen und Sicherheitsstandards. Die Einhaltung der Vorschriften der Autorité de sûreté nucléaire (ASN), der RCC-Codes, der Eurocodes und der Umweltgesetze stellt sicher, dass SMRs sicher, effizient und nachhaltig entwickelt und betrieben werden.

8. Russland

Der Bau und Betrieb von Small Modular Reactors (SMRs) in Russia unterliegen einem umfassenden System regulatorischer Rahmenwerke und Standards, das auf der langjährigen Erfahrung des Landes in der Entwicklung der Kernenergie basiert. Russland hat sich als weltweit führend in der Nuklearindustrie etabliert und verfügt über bedeutende Fachkenntnisse in Planung, Bau und Betrieb verschiedener Reaktortypen einschließlich SMRs. Nachfolgend werden die Bauvorschriften, Konstruktionsregelungen und Standards beschrieben, die bei der Planung eines SMR-Kraftwerksprojekts in Russland berücksichtigt werden müssen.

1. Regulatorischer Rahmen und Genehmigungsbehörden

In Russland wird die Nuklearindustrie von mehreren staatlichen Stellen streng reguliert, um Sicherheit, Konformität und Umweltschutz sicherzustellen:

- **Rostekhnadzor (Federal Environmental, Industrial and Nuclear Supervision Service):** Die wichtigste Regulierungsbehörde, die nukleare Sicherheit, Bau, Genehmigung und Betrieb nuklearer Anlagen einschließlich SMRs überwacht.
- **Rosatom State Atomic Energy Corporation:** Verantwortlich für die Entwicklung und den Betrieb von Kernkraftwerken in Russland. Rosatom spielt eine bedeutende Rolle bei der Förderung des Einsatzes von SMRs sowohl im Inland als auch international.
- **Federal Law No. 170-FZ (On the Use of Atomic Energy):** Dieses Gesetz schafft den rechtlichen Rahmen für die Nutzung der Kernenergie in Russland und behandelt Genehmigungen, Sicherheitsvorschriften und nukleare Haftung.

Der Genehmigungsprozess für SMRs in Russland umfasst mehrere Phasen, darunter Designgenehmigung, Baugenehmigungen, Inbetriebnahme und Betriebslizenzen. Rostekhnadzor stellt sicher, dass jede Phase den nationalen Sicherheits- und Umweltstandards entspricht.

2. Design- und Sicherheitsstandards für SMRs

Russland hat strenge Standards für Planung, Sicherheit und Bau von Kernreaktoren entwickelt, insbesondere für SMRs, die modulare Bauweisen und passive Sicherheitssysteme nutzen.

- **NP-001-15 (General Safety Provisions for Nuclear Power Plants):** Diese Vorschrift beschreibt die allgemeinen Sicherheitsanforderungen für Planung, Bau und Betrieb von Kernkraftwerken einschließlich SMRs. Sie betont den Einsatz passiver Sicherheitssysteme und fortschrittlicher Reaktortechnologien.

- **NP-082-07 (Requirements for the Design of Nuclear Power Plants with Small Reactors):** Konzentriert sich speziell auf Sicherheitsanforderungen für SMRs und behandelt Reaktorkerndesign, Kühlsysteme und Sicherheitsbehälterstrukturen.
- **GOST R Standards:** Russische nationale Standards für Engineering, Materialien und Bauwesen, die auch Anforderungen für Nuklearanlagen enthalten.
- **RB Series (Regulatory Guidelines):** Diese Richtlinien decken spezifische technische Anforderungen in Bereichen wie Reaktorphysik, Thermohydraulik und Strahlenschutz ab.

Russische SMR-Designs, wie der KLT-40S, der in schwimmenden Kernkraftwerken eingesetzt wird, legen besonderen Wert auf robuste Sicherheitsmerkmale einschließlich passiver Kühlsysteme und fortschrittlicher Sicherheitsbehälter, um das Risiko von Unfällen zu minimieren.

3. Bau- und Konstruktionsvorschriften

Der Bau von SMRs in Russland muss einer Reihe nationaler Bauvorschriften entsprechen, um strukturelle Integrität, Dauerhaftigkeit und Sicherheit sicherzustellen:

- **SNIP (Construction Norms and Rules):** Die russische Bauvorschrift legt Anforderungen für Tragwerksplanung, Hoch- und Tiefbau sowie Infrastrukturprojekte fest. Diese Vorschriften decken alles von Bodenanalysen bis zum Brandschutz ab und sind für den Bau nuklearer Anlagen von entscheidender Bedeutung.
- **SP (Set of Rules):** Ergänzende Richtlinien zu den SNIP-Standards mit detaillierteren technischen Anforderungen für spezifische Bautätigkeiten einschließlich solcher im Zusammenhang mit Nuklearanlagen.
- **GOST 27751-2014:** Legt die Grundsätze der strukturellen Zuverlässigkeit von Gebäuden und Bauwerken fest und konzentriert sich auf Sicherheit, Dauerhaftigkeit und Widerstandsfähigkeit gegen Umwelteinflüsse.
- **Seismic Standards:** In Regionen mit seismischer Aktivität müssen zusätzliche Anforderungen gemäß SP 14.13330.2018 (Seismic Building Standards) eingehalten werden, um sicherzustellen, dass SMR-Anlagen potenziellen Erdbeben standhalten können.

4. Brandschutz und Umweltschutz

Brandschutz und Umweltschutz sind entscheidende Bestandteile der Planung von SMR-Projekten in Russland:

- **Federal Law No. 123-FZ (Technical Regulations on Fire Safety Requirements):** Dieses Gesetz schreibt Brandschutzsysteme, Notfallprotokolle und feuerbeständige Materialien in Nuklearanlagen vor.
- **NP-096-15 (Safety Requirements for Handling Radioactive Waste):** Regelt den sicheren Umgang mit radioaktiven Abfällen und gewährleistet minimale Umweltbelastungen.

- **Federal Law No. 7-FZ (On Environmental Protection):** Verlangt umfassende Umweltverträglichkeitsprüfungen (Environmental Impact Assessments – EIA), bevor mit dem Bau begonnen wird. Dazu gehört die Bewertung der Auswirkungen auf lokale Ökosysteme und Gewässer, was insbesondere für schwimmende SMRs wichtig ist.

5. Instrumentierungs-, Steuerungs- und Cybersicherheitssysteme

Die Integration moderner Instrumentierungs- und Steuerungssysteme (I&C) sowie Cybersicherheitsmaßnahmen ist wesentlich, um den sicheren und zuverlässigen Betrieb von SMRs in Russland zu gewährleisten:

- **NP-011-99 (Requirements for Nuclear Power Plant Control Systems):** Definiert Standards für Planung, Umsetzung und Wartung von Steuerungssystemen zur Gewährleistung der Reaktorsicherheit.
- **ISO/IEC 27001:** Obwohl kein spezifisch russischer Standard, werden internationale Cybersicherheitsstandards wie ISO/IEC 27001 zunehmend übernommen, um die digitale Infrastruktur von Kernkraftwerken vor Cyberbedrohungen zu schützen.
- **Federal Security Service (FSB):** Gibt Richtlinien und Vorschriften zur Cybersicherheit heraus, insbesondere für kritische Infrastrukturen wie Kernkraftwerke.

6. Stilllegung und Abfallmanagement

Russland legt großen Wert auf die Stilllegung nuklearer Anlagen und das Management radioaktiver Abfälle:

- **NP-020-01 (Requirements for the Decommissioning of Nuclear Facilities):** Enthält detaillierte Richtlinien für die sichere Stilllegung von Kernreaktoren einschließlich SMRs.
- **Federal Target Program for Radioactive Waste Management:** Konzentriert sich auf die Entwicklung von Infrastruktur zur sicheren Entsorgung und Wiederverwertung radioaktiver Materialien im Einklang mit internationalen bewährten Verfahren.

7. Qualitätssicherung und Fertigungsstandards

Qualitätssicherung ist ein entscheidender Bestandteil des Baus und Betriebs von SMRs, um Sicherheit und Zuverlässigkeit sicherzustellen:

- **ISO 9001:** Obwohl internationaler Standard, wird ISO 9001 in Russland breit eingesetzt, um Qualitätsmanagementsysteme in verschiedenen Industriezweigen einschließlich der Kernenergie einzuführen.
- **GOST Standards for Nuclear Equipment:** Regeln die Fertigung und Prüfung nuklearer Komponenten, um die Einhaltung von Sicherheits- und Leistungsanforderungen sicherzustellen.

Die Planung und der Bau eines SMR-Kraftwerks in Russland erfordern die Einhaltung eines umfassenden Systems aus Bauvorschriften, Konstruktionsregelungen und Sicherheitsstandards. Der regulatorische Rahmen ist robust ausgestaltet, wobei Rostekhnadzor eine zentrale Rolle bei der Sicherstellung der Einhaltung strenger Sicherheitsprotokolle spielt.

Russlands Erfahrung mit Nukleartechnologie kombiniert mit seiner starken regulatorischen Aufsicht macht das Land zu einem führenden Akteur beim Einsatz von SMR-Technologien sowohl im Inland als auch international.

9. Australien

Die Planung, der Bau und der Betrieb von Small Modular Reactors (SMRs) in Australia umfassen ein umfassendes System aus Bauvorschriften, Konstruktionsregelungen und nuklearen Sicherheitsstandards. Da Australien SMRs als Teil seiner zukünftigen Energiestrategie in Betracht zieht, ist die Einhaltung strenger Sicherheits- und Umweltstandards entscheidend, um öffentliches Vertrauen und regulatorische Genehmigungen zu gewinnen.

1. Regulatorischer Rahmen und Genehmigungsbehörden

In Australien werden Aktivitäten im Bereich der Kernenergie streng reguliert, hauptsächlich durch Bundesgesetze und spezielle Regulierungsbehörden überwacht:

- **Australian Radiation Protection and Nuclear Safety Agency (ARPANSA):** ARPANSA ist die wichtigste Bundesbehörde für nukleare Sicherheit und Strahlenschutz. Sie legt Sicherheitsstandards fest, erteilt Genehmigungen und überwacht die Einhaltung von Vorschriften für Nuklearanlagen einschließlich SMRs.
- **Australian Nuclear Science and Technology Organisation (ANSTO):** Obwohl ANSTO hauptsächlich auf Forschung ausgerichtet ist, stellt die Organisation technisches Fachwissen und Unterstützung für nuklearbezogene Projekte bereit.
- **Behörden der Bundesstaaten und Territorien:** Jeder Bundesstaat und jedes Territorium verfügt über eigene Vorschriften zu Bauvorschriften, Umweltschutz und Landnutzung. Diese müssen bei Nuklearprojekten mit den Bundesvorschriften abgestimmt werden.
- **Umweltbehörden (Environmental Protection Agencies – EPAs):** Diese Behörden überwachen Umweltbewertungen, Genehmigungen und die Kontrolle potenzieller Umweltauswirkungen im Zusammenhang mit Bau und Betrieb von SMRs.

2. Relevante Bundesgesetze und Sicherheitsstandards

Australien verfügt derzeit über keine kommerziellen Kernreaktoren; die bestehenden regulatorischen Rahmenwerke könnten jedoch SMRs unter strengen Bedingungen aufnehmen:

- **Australian Radiation Protection and Nuclear Safety Act 1998 (ARPANS Act):** Dies ist das grundlegende Gesetz zur Regelung der Nutzung von Kernenergie und des Strahlenschutzes in Australien. Es verlangt, dass Nuklearanlagen strenge Sicherheitsbewertungen und Genehmigungsverfahren durchlaufen.
- **Australian Radiation Protection and Nuclear Safety Regulations 2018:** Diese Vorschriften enthalten detaillierte Anforderungen zu Strahlenschutz, Sicherheitsmanagement und dem sicheren Umgang mit radioaktiven Materialien.
- **Environment Protection and Biodiversity Conservation Act 1999 (EPBC Act):** Dieses Gesetz schreibt umfassende Umweltverträglichkeitsprüfungen (Environmental Impact

Assessments – EIA) für Nuklearanlagen einschließlich SMRs vor, um Auswirkungen auf Biodiversität, Wasserressourcen und Ökosysteme zu bewerten.

3. Design- und Sicherheitsstandards für SMRs

SMRs müssen nationale und internationale Sicherheitsstandards einhalten, um einen sicheren und effizienten Betrieb zu gewährleisten. Australiens Ansatz zur Entwicklung von SMRs würde sich wahrscheinlich an internationalen bewährten Verfahren orientieren:

- **International Atomic Energy Agency (IAEA) Safety Standards**: Australien ist Mitglied der IAEA und würde diese Sicherheitsstandards in sein regulatorisches Rahmenwerk für SMRs integrieren. Dazu gehören Anforderungen an Reaktordesign, Sicherheitsanalysen und Notfallvorsorge.
- **ISO-Standards (ISO 9001, ISO 14001, ISO 45001):** Diese internationalen Standards decken Qualitätsmanagement, Umweltmanagement sowie Arbeits- und Gesundheitsschutz ab. Die Einhaltung dieser Standards stellt sicher, dass SMR-Projekte globale Sicherheitsmaßstäbe erfüllen.
- **IAEA Safety Requirements (SSR-2/1, SSR-2/2):** Diese Dokumente enthalten Sicherheitsanforderungen für Planung und Betrieb von Kernkraftwerken einschließlich passiver Sicherheitssysteme und Sicherheitsbehälter, die für SMRs wesentlich sind.

4. Bauvorschriften und Konstruktionsregelungen

Der Bau von SMRs in Australien müsste den nationalen Bauvorschriften entsprechen, um strukturelle Integrität, Sicherheit und Dauerhaftigkeit der Anlagen sicherzustellen:

- **National Construction Code (NCC):** Der NCC legt die Mindestanforderungen für Planung und Bau von Gebäuden in ganz Australien fest. Er enthält Bestimmungen zu Brandschutz, struktureller Integrität und Energieeffizienz, die für SMR-Anlagen wesentlich sind.
- **Australian Standards (AS/NZS):** Diese Standards decken ein breites Spektrum baubezogener Tätigkeiten ab. Relevante Standards umfassen:
    - AS 1170.4 (Earthquake Actions): Stellt sicher, dass Nuklearanlagen so ausgelegt sind, dass sie seismischen Ereignissen standhalten, was für die Sicherheit von SMRs entscheidend ist.
    - AS/NZS 3000 (Electrical Installations – Wiring Rules): Regelt die elektrischen Systeme von SMR-Anlagen und gewährleistet die Einhaltung von Sicherheitsanforderungen.
    - AS 2885 (Pipelines – Gas and Liquid Petroleum): Relevant, wenn der SMR mit anderer Infrastruktur für Prozesswärmeanwendungen oder Kraft-Wärme-Kopplung integriert wird.

5. Brandschutz und Notfallvorsorge

Angesichts der Natur nuklearer Anlagen sind Brandschutz und Notfallmaßnahmen von entscheidender Bedeutung:

- **AS 3745 (Planning for Emergencies in Facilities)**: Enthält Richtlinien für die Notfallplanung einschließlich der Entwicklung eines Notfallplans für Nuklearanlagen.
- **Fire and Rescue NSW und andere Behörden der Bundesstaaten:** Diese Stellen können zusätzliche Anforderungen an den Brandschutz stellen, insbesondere wenn sich ein SMR in abgelegenen Gebieten oder in der Nähe dicht besiedelter Regionen befindet.

6. Umweltschutz und Abfallmanagement

Umweltschutz ist ein zentraler Bestandteil der Planung von SMR-Projekten in Australien:

- **EPBC Act Environmental Impact Assessments:** SMRs würden eine detaillierte Umweltverträglichkeitsprüfung benötigen, um potenzielle Auswirkungen auf Luftqualität, Wasserressourcen und lokale Biodiversität zu bewerten. Dies ist angesichts der empfindlichen australischen Ökosysteme besonders wichtig.
- **Radioactive Waste Management:** Das Management radioaktiver Abfälle müsste der Radioactive Waste Management Policy von ARPANSA sowie dem gemeinsamen Übereinkommen der IAEA über die Sicherheit der Behandlung abgebrannter Brennelemente und radioaktiver Abfälle entsprechen.
- **ISO 14001 (Environmental Management Systems):** Stellt sicher, dass das SMR-Projekt seinen ökologischen Fußabdruck während Bau und Betrieb minimiert.

7. Instrumentierungs-, Steuerungs- und Cybersicherheitssysteme

SMRs beinhalten hochentwickelte Instrumentierungs- und Steuerungssysteme, die robust und sicher sein müssen:

- **AS/NZS IEC 61508 (Functional Safety of Electrical/Electronic Systems):** Stellt sicher, dass Steuerungssysteme für SMRs so ausgelegt sind, dass sie hohe Sicherheitsintegritätsstufen erfüllen.
- **Cybersicherheitsrichtlinien des Australian Cyber Security Centre (ACSC)**: Nuklearanlagen müssen mit starken Cybersicherheitsmaßnahmen ausgestattet sein, um kritische Infrastruktur vor potenziellen Bedrohungen zu schützen.

8. Qualitätssicherung und Fertigungsstandards

Die Sicherstellung hoher Qualität während Bau und Betrieb von SMRs ist von wesentlicher Bedeutung:

- **ISO 9001 (Quality Management Systems):** Dieser Standard stellt sicher, dass sämtliche Prozesse – von der Planung über den Bau bis hin zum Betrieb – höchsten Qualitätsstandards entsprechen.
- **AS/NZS ISO 3834 (Quality Requirements for Fusion Welding of Metallic Materials):** Relevant für den Bau von Reaktorkomponenten.

Die Planung des Baus eines SMR-Kraftwerks in Australien erfordert die sorgfältige Einhaltung eines breiten Spektrums an Bauvorschriften, Konstruktionsregelungen, Sicherheitsstandards und Umweltrichtlinien. Der regulatorische Rahmen des Landes, angeführt von Australian

Radiation Protection and Nuclear Safety Agency (ARPANSA) sowie anderen Bundes- und Landesbehörden, ist darauf ausgelegt sicherzustellen, dass Nuklearprojekte strenge Sicherheits- und Umweltstandards erfüllen.

Angesichts der besonderen Herausforderungen von SMRs einschließlich modularer Bauweise und passiver Sicherheitssysteme müsste Australien internationale bewährte Verfahren nutzen und gleichzeitig sein bestehendes regulatorisches Rahmenwerk anpassen, um die spezifischen Merkmale der SMR-Technologie zu berücksichtigen. Auf diese Weise könnte Australien sich positionieren, SMRs sicher und effektiv in seinen Energiemix zu integrieren und damit seine Dekarbonisierungsziele sowie seine Energiesicherheit zu unterstützen.

Bauzeitplanung

Der Bauzeitplan für ein Small Modular Reactor (SMR)-Kraftwerk ist ein entscheidender Aspekt seines Einsatzes und wird von verschiedenen Faktoren beeinflusst, darunter die Komplexität des Designs, regulatorische Anforderungen, Standortbedingungen und die Verfügbarkeit von Ressourcen. Die modulare Bauweise von SMRs ermöglicht im Vergleich zu traditionellen großen Kernreaktoren einen potenziell beschleunigten Bauprozess, da große Reaktoren aufgrund ihres Umfangs und ihrer Komplexität typischerweise längere Bauzeiten aufweisen. Dieser Abschnitt fasst relevante Literatur zusammen, um die erwarteten Phasen und Zeiträume beim Bau eines SMR-Kraftwerks darzustellen.

1. Vorbereitungs- und Vorbauphase (2 bis 5 Jahre)

Die Vorbauphase ist entscheidend, um die Grundlage für das SMR-Projekt zu schaffen. Diese Phase umfasst typischerweise Machbarkeitsstudien, Standortwahl, regulatorische Genehmigungen, Umweltbewertungen und detaillierte Planungsarbeiten. Die Dauer dieser Phase kann je nach regulatorischem Umfeld und den spezifischen Anforderungen der jeweiligen Rechtsordnung erheblich variieren.

Machbarkeitsstudien, welche die technische, wirtschaftliche und ökologische Tragfähigkeit des Projekts bewerten, dauern im Allgemeinen etwa 6 Monate bis 1 Jahr [15]. Anschließend können Standortwahl- und Genehmigungsverfahren zwischen 1 und 3 Jahren in Anspruch nehmen, da dabei regulatorische Genehmigungen eingeholt und Umweltverträglichkeitsprüfungen durchgeführt werden müssen [65]. Die Design- und Engineeringphase, die die Finalisierung des Reaktordesigns und die Durchführung von Sicherheitsanalysen umfasst, kann weitere 1 bis 2 Jahre dauern [205]. Zusammengenommen führen diese Schritte zu einer geschätzten Dauer der Vorbauphase von 2 bis 5 Jahren.

2. Herstellung und Fertigung (1 bis 3 Jahre)

Einer der bedeutendsten Vorteile von SMRs ist ihre Nutzung fabrikbasierter modularer Bauweise. Dieses Verfahren ermöglicht die Vorfertigung wichtiger Komponenten außerhalb des Standorts, wodurch Qualität verbessert und Risiken reduziert werden, die mit Baustellenarbeiten verbunden sind. Die Fertigung von SMR-Modulen, wie Reaktordruckbehältern und Dampferzeugern, dauert typischerweise etwa 1 bis 2 Jahre, abhängig von der Komplexität der Komponenten und der Lieferkettenlogistik [216]. Darüber hinaus können strenge Qualitätskontrollen und Prüfungen dieser Komponenten vor dem Versand weitere 6 Monate bis 1 Jahr zur Bauzeit hinzufügen [64]. Daher wird die Dauer der Herstellungs- und Fertigungsphase auf 1 bis 3 Jahre geschätzt.

3. Bau und Montage vor Ort (2 bis 3 Jahre)

Die Bauphase vor Ort umfasst die Montage der vorgefertigten Module und die Integration verschiedener Systeme. Die anfängliche Standortvorbereitung und Fundamentarbeiten können ungefähr 6 Monate bis 1 Jahr dauern [13. Der modulare Montageprozess, der aufgrund der vorgefertigten Komponenten deutlich schneller ist als traditionelle Methoden, benötigt typischerweise etwa 1 bis 2 Jahre [163]. Nach der Montage können Systemintegration und Prüfungen, einschließlich Sicherheitskontrollen und Inbetriebnahmeaktivitäten, weitere 6 Monate bis 1 Jahr in Anspruch nehmen [217]. Somit wird die Gesamtdauer für Bau und Montage vor Ort auf 2 bis 3 Jahre geschätzt.

4. Inbetriebnahme und Anlaufphase (6 Monate bis 1 Jahr)

Die letzte Phase umfasst umfangreiche Inbetriebnahmetests, um sicherzustellen, dass alle Systeme wie vorgesehen funktionieren. Dazu gehören das Beladen des Reaktors mit Kernbrennstoff und die Durchführung erster Tests, um zu überprüfen, dass der Reaktor sicher kritisch werden kann. Diese Phase kann 3 bis 6 Monate dauern [116]. Die betriebliche Einsatzbereitschaft, einschließlich abschließender Kontrollen und regulatorischer Inspektionen, kann weitere 3 bis 6 Monate beanspruchen [185]. Folglich wird erwartet, dass die Inbetriebnahme- und Startphase zwischen 6 Monaten und 1 Jahr dauert.

Geschätzter Gesamtzeitplan

Zusammenfassend liegt der Gesamtzeitrahmen für den Bau eines SMR-Kraftwerks – von der ersten Planung bis zum vollständigen Betrieb – im Allgemeinen zwischen 5 und 10 Jahren. Die Aufteilung stellt sich wie folgt dar:

- Vorbauphase: 2 bis 5 Jahre
- Herstellung und Fertigung: 1 bis 3 Jahre
- Bau und Montage vor Ort: 2 bis 3 Jahre
- Inbetriebnahme und Startphase: 6 Monate bis 1 Jahr

Faktoren, die den Zeitplan beeinflussen

Mehrere Faktoren können den Bauzeitplan für SMRs beeinflussen. Regulatorische Genehmigungen stellen häufig den größten Engpass dar, insbesondere bei First-of-a-Kind-Reaktoren in Rechtsordnungen mit strengen Sicherheitsanforderungen [218]. Die Verfügbarkeit spezialisierter Fertigungskapazitäten sowie Standortbedingungen, wie Umweltfaktoren und lokale Infrastruktur, spielen ebenfalls eine entscheidende Rolle [219]. Effizientes Projektmanagement und eine zuverlässige Lieferkette sind wesentlich, um Verzögerungen zu minimieren, insbesondere bei der Lieferung vorgefertigter Module [220]. Länder mit etablierten Nuklearindustrien können aufgrund vereinfachter regulatorischer Prozesse und qualifizierter Arbeitskräfte schnellere Zeitpläne erreichen [221].

Vergleich mit traditionellen großen Kernreaktoren

Traditionelle große Kernreaktoren benötigen typischerweise 10 bis 15 Jahre von der Planung bis zur Inbetriebnahme, bedingt durch umfangreiche Baustellenarbeiten und komplexe regulatorische Anforderungen. Im Gegensatz dazu können die modulare Bauweise und die Fabrikfertigung von SMRs die Bauzeit um bis zu 50 % verkürzen [222]. Diese Effizienz positioniert SMRs als vielversprechende Alternative zur Deckung der weltweit wachsenden Nachfrage nach sauberen Energielösungen.

Verkürzung des Bauzeitplans für SMRs

Der Bauzeitplan für Small Modular Reactors (SMRs) könnte potenziell von derzeit geschätzten 5 bis 10 Jahren auf realistischere 3 bis 6 Jahre reduziert werden. Diese Verkürzung kann durch eine Kombination von Strategien erreicht werden, die sich auf die Vereinfachung regulatorischer Genehmigungen, die Weiterentwicklung modularer und fabrikbasierter Bauweisen, die Verbesserung der Baustellenmontage und des Projektmanagements sowie die Beschleunigung von Prüfungen und Inbetriebnahme konzentrieren.

1. Vereinfachung regulatorischer Genehmigungen (Potenzielle Reduktion: 1 bis 2 Jahre)

Der regulatorische Genehmigungsprozess stellt einen bedeutenden Engpass beim Bau von SMRs dar. Die Vereinfachung dieses Prozesses kann zu erheblichen Zeiteinsparungen führen. Ein wirksamer Ansatz ist die Einführung harmonisierter regulatorischer Rahmenwerke. Durch internationale Zusammenarbeit bei der Schaffung standardisierter Sicherheitsvorschriften können Länder die Anerkennung von in einer Rechtsordnung zertifizierten Designs durch andere Staaten erleichtern und dadurch zusätzliche Prüfungen minimieren [19]. Darüber hinaus ermöglicht die frühzeitige Zusammenarbeit mit Regulierungsbehörden die frühzeitige Identifikation potenzieller Probleme, was erfolgreich in Ländern wie Canada und dem United Kingdom umgesetzt wurde [14]. Regulatorische „Sandboxes“, in denen Entwickler SMR-Designs unter regulatorischer Aufsicht testen können, können Genehmigungen ebenfalls beschleunigen und die Genehmigungsphase potenziell um 6 bis 12 Monate verkürzen [14]. Dadurch könnten die Vorbau- und Genehmigungsphasen von 2 bis 5 Jahren auf etwa 1,5 bis 3 Jahre reduziert werden.

2. Weiterentwicklung modularer und fabrikbasierter Bauweisen (Potenzielle Reduktion: 1 bis 1,5 Jahre)

Die modulare Natur von SMRs ermöglicht bereits gewisse Zeiteinsparungen beim Bau, doch weitere Fortschritte können diesen Vorteil noch verstärken. Eine verstärkte Fertigung von Komponenten in Fabriken kann die Bauzeit vor Ort erheblich verkürzen, da Fabrikumgebungen weniger anfällig für wetterbedingte Verzögerungen sind [223]. Der Einsatz fortschrittlicher Robotik und Automatisierung in der Fertigung kann Produktionsprozesse rationalisieren und die Fertigungsphase potenziell um bis zu 6 Monate verkürzen [14]. Darüber hinaus ermöglicht die Standardisierung von Reaktorkomponenten über verschiedene SMR-Projekte hinweg die Massenfertigung, wodurch Lieferzeiten und Kosten reduziert werden [19]. Der Einsatz von 3D-Drucktechnologien für komplexe Bauteile kann Fertigungsprozesse zusätzlich beschleunigen, indem die Effizienz von Prototyping verbessert und Materialverschwendung minimiert wird [19]. Insgesamt könnten Fertigungs- und Bauphasen von 3 bis 5 Jahren auf etwa 1,5 bis 2,5 Jahre reduziert werden.

3. Verbesserung der Montage vor Ort und des Projektmanagements (Potenzielle Reduktion: 6 Monate bis 1 Jahr)

Die Optimierung der Montageprozesse vor Ort ist entscheidend, um Bauzeiten zu verkürzen. Die Anwendung paralleler Bauverfahren ermöglicht die gleichzeitige Montage verschiedener Module, wodurch der Gesamtzeitplan erheblich beschleunigt werden kann [223].. Die Integration digitaler Zwillinge und KI-basierter Projektmanagementwerkzeuge kann Terminplanung optimieren, Fortschritte in Echtzeit überwachen und potenzielle Verzögerungen vorhersagen sowie minimieren [14]. Darüber hinaus kann die Lieferung größerer vormontierter Module an den Standort den Arbeitsaufwand vor Ort reduzieren und die Montagezeit verkürzen, sodass eine Montagezeit von nur 12 bis 18 Monaten möglich wird [223]. Diese Optimierungen könnten die Phasen für Bau und Montage vor Ort von 2 bis 3 Jahren auf etwa 1 bis 1,5 Jahre reduzieren.

4. Beschleunigung von Tests und Inbetriebnahme (Potenzielle Reduktion: 6 Monate)

Die Inbetriebnahmephase, die umfangreiche Sicherheitsprüfungen und Tests umfasst, bietet ebenfalls Potenzial für Zeiteinsparungen. Der Einsatz fortschrittlicher Simulationssoftware für virtuelle Tests kann helfen, Probleme bereits vor Beginn physischer Prüfungen zu identifizieren und zu beheben und dadurch die Inbetriebnahmezeit zu verkürzen [14]. Zusätzlich können automatisierte Qualitätssicherungssysteme die Überprüfung von Sicherheitsprotokollen beschleunigen und die Dauer der Inbetriebnahme weiter reduzieren [223].. Dadurch könnte die Inbetriebnahmephase von 6 bis 12 Monaten auf etwa 3 bis 6 Monate verkürzt werden.

Zusammenfassung der Zeitverkürzungen

Durch die Umsetzung dieser Strategien könnte der Gesamtzeitrahmen für den Bau von SMRs realistischerweise wie folgt reduziert werden:

- **Vorbau- und Genehmigungsphase:** von 2–5 Jahren → auf 1,5–3 Jahre
- **Herstellung und Fertigung:** von 1–3 Jahren → auf 1–2 Jahre
- **Bau und Montage vor Ort:** von 2–3 Jahren → auf 1–1,5 Jahre
- **Inbetriebnahme und Startphase:** von 6 Monaten–1 Jahr → auf 3–6 Monate

Dies führt zu einem insgesamt komprimierten Zeitrahmen von ungefähr 3 bis 6 Jahren.

Beispiele aus Fallstudien zu Entwicklungszeiten

Nachfolgend werden drei Fallstudien zu Small Modular Reactors (SMRs) vorgestellt, die entweder bereits fertiggestellt wurden oder sich in fortgeschrittenen Entwicklungsstadien befinden. Sie veranschaulichen die Zeitspannen von der Planung bis zur Inbetriebnahme.

1. Akademik Lomonosov (KLT-40S, Russland)

- **Überblick:** Die Akademik Lomonosov ist ein schwimmendes Kernkraftwerk mit zwei KLT-40S-Reaktoren. Es wurde von Rosatom entwickelt, um entlegene arktische Regionen Russlands mit Elektrizität zu versorgen.
- **Reaktortyp:** Blocktyp-SMR (KLT-40S, 35 MWe pro Reaktor).
- **Standort:** Pevek, Russland.

Zeitplan

- **Planung und Design:** Das Projekt begann im Jahr 2006, wobei die detaillierten Planungsarbeiten ungefähr 4 Jahre dauerten.
- **Baubeginn:** Der physische Bau der schwimmenden Plattform begann 2009.
- **Montage und Installation vor Ort:** Nach Verzögerungen aufgrund finanzieller und logistischer Herausforderungen wurden die Reaktoren 2013 auf der schwimmenden Plattform installiert.
- **Tests und Inbetriebnahme:** Das Kraftwerk wurde 2018 zu Seetests gestartet und im Dezember 2019 an das Stromnetz angeschlossen.
- **Gesamtdauer:** Ungefähr 13 Jahre von der ersten Planung bis zur Inbetriebnahme.

Wichtige Erkenntnisse

Der Zeitplan verlängerte sich aufgrund der Komplexität des Projekts und der logistischen Herausforderungen beim Bau einer schwimmenden Plattform. Der einzigartige Ansatz, den SMR auf einem Lastkahn einzusetzen, reduzierte jedoch die Bauzeit vor Ort erheblich und machte das Konzept ideal für abgelegene Regionen.

2. NuScale Power Module (Vereinigte Staaten)

- **Überblick:** NuScale Power ist ein führender SMR-Entwickler in den United States und plant den Einsatz seines ersten Reaktors am Standort des Idaho National Laboratory. Das Projekt verwendet ein innovatives Design mit 77-MWe-Reaktormodulen.
- **Reaktortyp:** Integraler Druckwasserreaktor (Integral Pressurized Water Reactor – iPWR).
- **Standort:** Idaho National Laboratory (INL), Idaho, USA.

Zeitplan

- **Planung und Design:** Das Konzept für den NuScale-Reaktor wurde Anfang der 2000er Jahre entwickelt, wobei intensive Designarbeiten 2007 begannen.
- **Genehmigung und regulatorische Zulassung:** NuScale reichte 2016 seinen Antrag auf Designzertifizierung bei der U.S. Nuclear Regulatory Commission (NRC) ein. Die NRC genehmigte die Designzertifizierung 2020 nach einem umfassenden Prüfungsverfahren.
- **Bauplanung:** Die erste Standortgenehmigung wurde 2021 erteilt, wobei der Baubeginn für 2025 vorgesehen ist.
- **Erwartete Inbetriebnahme:** Das erste Modul soll bis 2029 betriebsbereit sein.
- **Geschätzte Gesamtdauer:** Ungefähr 22 Jahre vom ursprünglichen Konzept bis zur Inbetriebnahme.

Wichtige Erkenntnisse

Das NuScale-Projekt verdeutlicht den erheblichen Zeitaufwand für regulatorische Genehmigungen in Ländern mit strengen Sicherheitsstandards. Der Einsatz fabrikgefertigter Module soll die Bauzeit vor Ort reduzieren, mit dem Ziel, nach Inbetriebnahme der ersten Einheit für nachfolgende Reaktoren eine Bauzeit von ungefähr 3 Jahren zu erreichen.

3. HTR-PM (Hochtemperatur-Gasgekühlter Reaktor, China)

- **Überblick:** Das HTR-PM-Projekt ist ein von China entwickelter hochtemperatur-gasgekühlter SMR. Es besteht aus zwei Reaktoren, die gemeinsam eine einzelne 210-MWe-Dampfturbine antreiben.
- **Reaktortyp:** Kugelhaufen-Hochtemperatur-Gasgekühlter Reaktor (Pebble-bed High-Temperature Gas-Cooled Reactor – HTGR).
- **Standort:** Shidaowan, China.

Zeitplan

- **Planung und Design:** Das Projekt wurde Anfang der 2000er Jahre konzipiert, wobei Forschung und Designarbeiten bis 2008 abgeschlossen waren.
- **Baubeginn:** Die Bauarbeiten begannen 2012 mit dem Ziel, Chinas Fähigkeiten in der Nukleartechnologie zu demonstrieren.
- **Tests und Inbetriebnahme:** Nach mehreren Verzögerungen im Zusammenhang mit Prüfungen und Sicherheitsvalidierungen erreichten die Reaktoren im September 2021 erstmals Kritikalität und waren Ende 2022 vollständig betriebsbereit.
- **Gesamtdauer:** Ungefähr 14 Jahre von der Planung bis zur Inbetriebnahme.

Wichtige Erkenntnisse

Chinas Erfahrungen mit dem HTR-PM-Projekt zeigen, dass trotz einer starken nationalen Lieferkette und eines robusten regulatorischen Rahmens die Entwicklung neuer Nukleartechnologien weiterhin erhebliche Herausforderungen mit sich bringt, insbesondere während der Test- und Validierungsphasen. Die modulare Bauweise des HTR-PM wird jedoch voraussichtlich die Bauzeiten zukünftiger Reaktoren erheblich verkürzen.

Aus den Fallstudien gewonnene Erkenntnisse

- **Regulatorische Genehmigungen:** Ein wesentlicher Engpass bei allen Projekten ist die Erlangung regulatorischer Genehmigungen, insbesondere in Ländern mit strengen Sicherheitsstandards wie den United States. Dieser Schritt allein kann 5 bis 7 Jahre oder länger dauern.
- **Modulare Bauweise:** Der Übergang zu fabrikgefertigten modularen Komponenten, wie bei den Projekten NuScale Power Module und HTR-PM, besitzt das Potenzial, die Bauzeit vor Ort drastisch zu verkürzen. Für zukünftige Einheiten werden Bauzeiten von lediglich 2 bis 3 Jahren angestrebt.
- **Komplexe Logistik:** Projekte wie Akademik Lomonosov zeigen, dass innovative Lösungen wie schwimmende Kernkraftwerke Infrastrukturprobleme in abgelegenen Regionen lösen können, jedoch mit besonderen logistischen Herausforderungen verbunden sind, die den Gesamtzeitplan verlängern können.

Die Verkürzung der Zeitspanne von der Planung bis zur Inbetriebnahme von SMRs erfordert die Vereinfachung regulatorischer Prozesse, den Einsatz fortschrittlicher Bautechniken sowie die Einführung digitaler Technologien für Projektmanagement und Designvalidierung.

Es gibt einige Beispiele für Small Modular Reactors (SMRs), die in relativ kurzen Zeiträumen gebaut und in Betrieb genommen wurden, wobei manche Projekte in weniger als 10 Jahren und sogar unter 5 Jahren abgeschlossen wurden. Diese Beispiele beruhen häufig auf vereinfachten regulatorischen Verfahren, optimierten Bautechniken und modularen Designprinzipien, insbesondere in Ländern mit starker staatlicher Unterstützung für die Kernenergie. Zwei Beispiele sind:

1. HTR-10 (China)

Der HTR-10 ist ein hochtemperatur-gasgekühlter Reaktor (HTGR), der vom Tsinghua University Institute of Nuclear and New Energy Technology in China entwickelt wurde. Dieser Reaktor wurde als Demonstrationsprojekt konzipiert, um die Machbarkeit der Kugelhaufentechnologie zu testen und die Sicherheitsvorteile modularer HTGR-Systeme zu validieren. Das Projekt sollte in erster Linie fortschrittliche Nukleartechnologien erforschen, welche sowohl Sicherheit als auch Effizienz verbessern könnten. Der HTR-10 wird als Kugelhaufen-HTGR klassifiziert und besitzt eine vergleichsweise geringe elektrische Leistungskapazität von 10 MWe. Strategisch auf dem

Campus der Tsinghua University in Beijing gelegen, dient er sowohl als Forschungsinstrument als auch als technologische Demonstrationsanlage.

Die Planungs- und anfängliche Forschungsphase für den HTR-10 begann Anfang der 1990er Jahre und legte die Grundlage für die anschließende Designphase. Der Bau begann offiziell 1995 nach mehreren Jahren der Designoptimierung und Machbarkeitsstudien. Das Projekt entwickelte sich effizient weiter, und bis zum Jahr 2000 erreichte der Reaktor seine erste Kritikalität, womit die Inbetriebnahme erfolgreich abgeschlossen wurde. Vom Baubeginn bis zur Inbetriebnahme dauerte der gesamte Prozess somit ungefähr 5 Jahre.

Dieses Projekt verdeutlicht die Vorteile kleinerer, forschungsorientierter SMRs. Durch den Einsatz modularer Designs und vereinfachter regulatorischer Prozesse konnte China erhebliche Verkürzungen der Bauzeiten erreichen. Das relativ einfache und kompakte Design des HTR-10 ermöglichte eine schnellere Bauausführung und regulatorische Genehmigung und demonstrierte damit, dass SMRs – insbesondere solche für Forschungs- und Demonstrationszwecke – effizient entwickelt und eingesetzt werden können.

2. Akademik Lomonosov (KLT-40S, Russland)

Die Akademik Lomonosov ist ein von Russia entwickeltes schwimmendes Kernkraftwerk mit zwei KLT-40S-Reaktoren. Dieses innovative Projekt wurde konzipiert, um eine zuverlässige Energieversorgung für abgelegene arktische Regionen bereitzustellen und die Praxistauglichkeit sowie Vielseitigkeit transportabler Small Modular Reactor (SMR)-Technologie zu demonstrieren. Das schwimmende Kraftwerk verwendet Blocktyp-SMR-Reaktoren, wobei jede Einheit 35 MWe erzeugen kann, was zu einer Gesamtleistung von 70 MWe führt. Strategisch in der Hafenstadt Pevek in der Region Tschukotka positioniert, löst das Projekt die Herausforderung der Stromversorgung isolierter Gebiete, in denen der Aufbau traditioneller Infrastruktur schwierig und kostenintensiv wäre.

Die Planungs- und Designphase der Akademik Lomonosov begann 2006 und bildete die Grundlage für diese hochspezialisierte nukleare Energielösung. Im Jahr 2009 begann der Bau der schwimmenden Plattform, welche die Reaktoren und Hilfssysteme beherbergte. Nach der Bewältigung verschiedener technischer und logistischer Herausforderungen erreichte das Projekt 2019 einen entscheidenden Meilenstein, als die Reaktoren an das Stromnetz angeschlossen wurden und der kommerzielle Betrieb begann.

Obwohl sich das Gesamtprojekt von der ersten Planung bis zur vollständigen Inbetriebnahme über ungefähr 13 Jahre erstreckte, wurde die eigentliche Bauphase innerhalb von etwa 10 Jahren abgeschlossen. Der Einsatz modularer und transportabler Technologien stellte einen bedeutenden Vorteil dar, da die Reaktoren außerhalb des Standorts montiert und anschließend zu ihrem endgültigen Einsatzort transportiert werden konnten. Dieser Ansatz minimierte den Bedarf an umfangreichen Bauarbeiten vor Ort und beschleunigte den Projektzeitplan, wodurch die Stromversorgung abgelegener Regionen effizienter möglich wurde. Der Erfolg des Projekts

Akademik Lomonosov unterstreicht das Potenzial modularer SMRs für den Einsatz in Gebieten mit schwierigen Umweltbedingungen und begrenzter Infrastruktur.

Potenzielle SMRs mit angestrebten Bauzeiten von unter 5 Jahren

Bemerkenswert ist, dass NuScale Power mit Sitz in den United States für seinen ersten großtechnischen SMR-Einsatz eine Bauzeit von 3 bis 4 Jahren anstrebt, vorausgesetzt regulatorische Genehmigungen und vorbereitende Arbeiten werden rechtzeitig abgeschlossen. Dieser ambitionierte Zeitrahmen wird durch das modulare Design des Reaktors unterstützt, das Fabrikfertigung und vereinfachte Montage vor Ort ermöglicht und dadurch die Gesamtbauzeit sowie die Kosten reduziert [127].

Ebenso strebt der von GE Hitachi Nuclear Energy entwickelte BWRX-300, der derzeit für den Einsatz in Canada und den United States vorgesehen ist, eine Bauzeit von 3 bis 5 Jahren an, sobald sämtliche erforderlichen Genehmigungen vorliegen. Der BWRX-300 profitiert von einem vereinfachten und modularen Design, das auf bestehender Leichtwasserreaktortechnologie basiert, wodurch Sicherheit und Effizienz verbessert und gleichzeitig schnellere Bauprozesse ermöglicht werden [224, 225]. Der modulare Ansatz erlaubt zudem den parallelen Bau mehrerer Einheiten, was den Einsatzzeitplan zusätzlich beschleunigt [127].

Die wirtschaftlichen Auswirkungen dieser verkürzten Bauzeiten sind erheblich. Untersuchungen zeigen, dass die modulare Natur von SMRs zu geringeren Investitionskosten und verbesserter Wirtschaftlichkeit führen kann, da die schrittweise Errichtung von Einheiten je nach Marktbedingungen und Nachfrage optimiert werden kann [226]. Diese Flexibilität bei Bau und Betrieb ist entscheidend, um den steigenden Energiebedarf zu decken und gleichzeitig die Risiken großer Nuklearprojekte zu minimieren, die historisch häufig unter Kostenüberschreitungen und verlängerten Zeitplänen litten [127].

Beispielhafter Bauzeitplan für ein 4000-MW-SMR-Kraftwerk bestehend aus 40 × 100-MW-SMRs

Dieser Zeitplan ist darauf ausgelegt, den modularen Bau zu optimieren, die Bauzeit zu reduzieren und gleichzeitig die Einhaltung regulatorischer, sicherheitsbezogener und umweltrelevanter Standards sicherzustellen. Aufgrund der modularen Natur von SMRs können viele Tätigkeiten parallel durchgeführt werden, was eine schnellere Umsetzung ermöglicht.

Nachfolgend wird ein beispielhafter Bauzeitplan auf hoher Ebene dargestellt, der einen Zeitraum von ungefähr 6 bis 8 Jahren abdeckt, was für ein groß angelegtes SMR-Projekt als realistisch angesehen wird. Dieser Zeitplan umfasst zentrale Phasen wie Planung, Genehmigung, Beschaffung, Bau, Prüfung und Inbetriebnahme.

Jahr 1 – 2: Vorbauphase

1. Projektplanung und Machbarkeitsstudie (6 Monate)

- Durchführung von Machbarkeitsstudien, Standortbewertungen und Umweltverträglichkeitsanalysen.
- Entwicklung des Projektbudgets, Finanzierungsplans und der Risikobewertungen.
- Auswahl der Projektmanagement- und Engineering-Designteams.

2. Regulatorische Genehmigungen und Lizenzierung (12–18 Monate)

- Beantragung und Sicherung erster Genehmigungen und Lizenzen bei den Regulierungsbehörden.
- Einreichung des Preliminary Safety Analysis Report (PSAR) bei der nuklearen Aufsichtsbehörde.
- Durchführung öffentlicher Konsultationen und Bearbeitung der Anliegen von Interessengruppen.
- Einholung umweltrechtlicher Genehmigungen und Durchführung des Landerwerbs.

3. Engineering und Planung (18 Monate)

- Abschluss der konzeptionellen Planung sowie der Anlagen- und Systemplanung.
- Entwicklung detaillierter Komponentendesigns für die modulare Fertigung.
- Finalisierung der Beschaffungsstrategie und Lieferantenvereinbarungen.
- Einreichung des Final Safety Analysis Report (FSAR) zur Genehmigung.

Jahr 2 – 3: Beschaffungs- und Fertigungsphase

4. Beschaffung und Lieferantenverträge (12 Monate)

- Abschluss von Verträgen mit Lieferanten für Reaktormodule, Turbinen, Kühlsysteme und weitere Hauptkomponenten.
- Beschaffung von Langläufer-Komponenten wie Reaktordruckbehältern, Dampferzeugern und Steuerungssystemen.
- Einrichtung von Qualitätskontroll- und Inspektionsverfahren gemeinsam mit den Lieferanten.

5. Fabrikbasierte Fertigung der Module (18–24 Monate)

- Beginn der Fertigung wesentlicher Komponenten in kontrollierten Fabrikumgebungen.
- Herstellung vorgefertigter Module einschließlich Reaktordruckbehälter, Wärmetauscher und Dampfturbinen.
- Vormontage von Systemen und Durchführung von Qualitätssicherungsprüfungen vor dem Transport.

Jahr 3 – 5: Standortvorbereitung und Tiefbauarbeiten

6. Standortvorbereitung (6–9 Monate)

- Räumung des Geländes, Vorbereitung der Fundamente und Einrichtung von Zufahrtsstraßen.
- Aufbau temporärer Einrichtungen für Arbeitskräfte, Materiallagerung und Logistik.

- Installation von Versorgungsanschlüssen (Wasser, Strom, Telekommunikation).

7. Hoch- und Tiefbauarbeiten (24 Monate)

- Bau von Reaktorgebäuden, Turbinenhallen, Leitständen und Kühltürmen.
- Installation unterirdischer Rohrleitungen, elektrischer Verkabelungen und Hilfssysteme.
- Errichtung der Sicherheitsbehälterstrukturen für jedes Reaktormodul.
- Durchführung von Prüfungen der strukturellen Integrität an Gebäuden und Tragwerken.

Jahr 4 – 6: Installation und Montage der SMRs

8. Transport und Montage der Module (18–24 Monate)

- Transport der vorgefertigten Module per Straße, Schiene oder Lastkahn zum Standort.
- Einsatz von Schwerlastkränen zur Positionierung von Reaktormodulen, Dampferzeugern und Kühlsystemen.
- Verbindung der Module über vorkonfigurierte Schnittstellen für elektrische Systeme, Steuerungssysteme und Kühlsysteme.

9. Installation der mechanischen, elektrischen und sanitärtechnischen Systeme (MEP) (12–18 Monate)

- Installation elektrischer Systeme, Instrumentierungs- und Steuerungssysteme (I&C).
- Anschluss der Reaktoreinheiten an das Stromnetz sowie an Kühlwassereinlass- und -auslasssysteme.
- Durchführung von Dichtheitsprüfungen, Drucktests und Systemintegritätsprüfungen.

Jahr 5 – 7: Prüfung und Inbetriebnahme

10. Vorinbetriebnahmetests (6 Monate)

- Durchführung einzelner Tests an Reaktormodulen, Turbinen und Hilfssystemen.
- Durchführung kalter hydrostatischer Prüfungen, elektrischer Systemtests und Kalibrierung der Steuerungssysteme.
- Simulation von Notabschaltungsszenarien zur Validierung der Sicherheitssysteme.

11. Brennstoffbeladung und Erststart (6–9 Monate)

- Einholung regulatorischer Genehmigungen für die Brennstoffbeladung.
- Beladung der Reaktorkerne mit Kernbrennstoff und Versiegelung der Druckbehälter.
- Durchführung erster Starttests einschließlich Niedrigleistungstests und Heißfunktionstests.

12. Endgültige Inbetriebnahme und Netzanschluss (6 Monate)

- Durchführung von Vollleistungstests zur Validierung der Leistung unter Betriebsbedingungen.
- Schrittweiser Anschluss der Reaktoren an das Stromnetz, beginnend mit der ersten Modulgruppe.

- Durchführung abschließender regulatorischer Inspektionen und Erhalt der Betriebsgenehmigung.

Jahr 6 – 8: Vollbetrieb und Projektübergabe

13. Phasenweise Betriebsaufnahme (12 Monate)

- Inbetriebnahme jeder Gruppe von 10 Reaktoren in Phasen zur Optimierung der Netzintegration.
- Überwachung des Anfangsbetriebs zur Sicherstellung stabiler Stromerzeugung und Systemzuverlässigkeit.
- Schulung des Betriebspersonals vor Ort.

14. Projektabschluss (6 Monate)

- Abschluss der Projektdokumentation, regulatorischen Konformitätsberichte und Sicherheitszertifizierungen.
- Durchführung einer Nachprojektbewertung zur Ermittlung gewonnener Erkenntnisse.
- Übergabe des Kraftwerksbetriebs an das Versorgungsunternehmen.

Geschätzte Zusammenfassung des Zeitplans

- **Gesamte Projektdauer:** 6–8 Jahre
- **Bau und Inbetriebnahme:** 4–5 Jahre
- **Modulare Montage und Prüfung:** 2–3 Jahre

Dieser Zeitplan optimiert den Einsatz modularer Bauverfahren, paralleler Arbeitsabläufe und vereinfachter regulatorischer Prozesse, um die Gesamtprojektdauer zu verkürzen. Durch den Einsatz fabrikbasierter Fertigung, externer Vorfertigung und phasenweiser Inbetriebnahme kann der Zeitrahmen für ein SMR-Kraftwerk im Vergleich zu traditionellen großen Kernreaktoren realistisch reduziert werden.

Der Bauzeitplan für ein 4.000-MW-Small-Modular-Reactor-(SMR)-Kraftwerk, das aus 40 einzelnen 100-MW-SMR-Einheiten besteht, basiert auf mehreren wesentlichen Annahmen, um einen effizienten und realistischen Zeitplan zu erstellen. Das Projekt soll die modulare Natur von SMRs nutzen, um den Bau zu rationalisieren, Kosten zu senken und regulatorische Anforderungen zu erfüllen. Nachfolgend folgt eine ausführliche Erläuterung dieser Annahmen und ihrer Auswirkungen auf Planung und Umsetzung des Projekts.

Standort- und regulatorischer Kontext: Es wird angenommen, dass das Projekt in einem Land mit einem etablierten, aber vergleichsweise effizienten nuklearen Regulierungsrahmen durchgeführt wird, beispielsweise in den United States, Canada oder dem United Kingdom. Diese Länder verfügen bereits über umfassende, aber optimierte nukleare Genehmigungsverfahren, die innovative SMR-Technologien berücksichtigen können und dadurch den gesamten Genehmigungszeitraum potenziell verkürzen. Der Standort des Kraftwerks wird auf flachem, stabilem Gelände mit guter Anbindung an wesentliche Transportinfrastrukturen wie Straßen,

Eisenbahnlinien oder Wasserwege angenommen. Dieser logistische Vorteil ist entscheidend, um große vorgefertigte Module effizient zur Baustelle zu transportieren. Zusätzlich ist vorgesehen, dass sich das Kraftwerk in einer halb abgelegenen Region befindet, die zwar relativ isoliert ist, jedoch weiterhin Zugang zu bestehender Versorgungsinfrastruktur besitzt. Dieses Konzept eignet sich besonders für Küstenregionen oder dünn besiedelte Gebiete, in denen Netzstabilität eine Herausforderung darstellt und zuverlässige, unabhängige Energiequellen wie SMRs benötigt werden.

Reaktortyp und Design: Für dieses Projekt werden druckwasserreaktorbasierte (PWR-basierte) SMRs angenommen, die auf bewährten Designs wie dem NuScale Power Module, SMART (System-integrated Modular Advanced Reactor) oder dem BWRX-300 basieren. Diese Designs integrieren fortschrittliche passive Sicherheitssysteme und eignen sich daher besonders gut für modulare Bauverfahren. Die Reaktoren sind vollständig modular aufgebaut, was bedeutet, dass die meisten Komponenten in kontrollierten Fabrikumgebungen vorgefertigt werden. Dieser modulare Ansatz reduziert die für den Bau vor Ort erforderliche Zeit erheblich und ermöglicht eine effiziente parallele Montage und Installation mehrerer Einheiten gleichzeitig.

Personal- und Arbeitskräfteanforderungen: Das Projekt geht von der Verfügbarkeit hochqualifizierter Fachkräfte aus, darunter Nuklearingenieure, Bauspezialisten, Kranführer und Sicherheitsexperten. Aufgrund des hochspezialisierten Charakters des Projekts wird erwartet, dass die Belegschaft sowohl lokale als auch internationale Fachkräfte umfasst. Während der Spitzenbauphasen – insbesondere bei Tiefbauarbeiten und der Montage der Module – werden etwa 1.500 bis 2.000 Personen gleichzeitig auf der Baustelle tätig sein. Zusätzlich wird ein separates Team von 500 bis 700 qualifizierten Arbeitskräften für die externe Modulfertigung eingesetzt, einschließlich der Herstellung von Reaktordruckbehältern, Dampferzeugern und anderen kritischen Komponenten. Die starke Nutzung externer Vorfertigung soll die Intensität der Arbeiten vor Ort verringern und dadurch Kosten sowie Bauzeiten senken.

Bau- und Engineeringansatz: Ein bedeutender Teil des Bauprozesses basiert auf externer Vorfertigung, wobei moderne Fertigungstechniken genutzt werden, um nukleartaugliche Komponenten in Fabriken herzustellen. Durch die Minimierung der Bautätigkeiten vor Ort reduziert das Projekt potenzielle Verzögerungen durch Wetterbedingungen oder standortspezifische Herausforderungen. Die modulare Natur der SMRs ermöglicht parallele Bauaktivitäten; beispielsweise können einige Reaktoren vor Ort montiert werden, während andere bereits Vorinbetriebnahmetests durchlaufen. Dieser parallele Ansatz dient der Optimierung des Projektzeitplans und ermöglicht die phasenweise Inbetriebnahme der Reaktoreinheiten. Darüber hinaus setzt der Zeitplan die Verfügbarkeit spezialisierter Baumaschinen voraus, wie Schwerlastkräne und Transportfahrzeuge, die für den Umgang mit großen vorgefertigten Modulen unerlässlich sind.

Genehmigung und regulatorische Konformität: Es wird angenommen, dass die regulatorische Zusammenarbeit proaktiv erfolgt und Möglichkeiten für Vorab-Genehmigungsgespräche bestehen, um potenzielle Probleme frühzeitig im Prozess zu identifizieren und zu lösen. Der regulatorische Rahmen soll gleichzeitige Prüfungen von Sicherheitsbewertungen ermöglichen und dadurch den gesamten Genehmigungszeitraum verkürzen. Zudem wird davon ausgegangen, dass das gewählte SMR-Design bereits in mindestens einem Land eine vorläufige Zertifizierung erhalten hat, wodurch Genehmigungen in anderen Rechtsordnungen vereinfacht werden können. Darüber hinaus werden Vorab-Genehmigungsaktivitäten wie Sicherheitsdesignprüfungen vor der formellen Baugenehmigung durchgeführt, wodurch Verzögerungen in den kritischen frühen Projektphasen reduziert werden.

Zeitliche Überlegungen: Die geschätzte Gesamtdauer des Projekts beträgt zwischen 6 und 8 Jahren. Dieser Zeitrahmen nutzt modulare Bauweisen und die Möglichkeit paralleler Bauaktivitäten, die beide für ein Projekt dieser Größenordnung wesentlich sind. Der phasenweise Inbetriebnahmeansatz sieht vor, Gruppen von jeweils 10 Reaktoren nacheinander in Betrieb zu nehmen, wodurch früher Einnahmen erzielt werden können, während der Bau weiterer Einheiten fortgesetzt wird. Dieser Ansatz reduziert nicht nur finanzielle Risiken, sondern beschleunigt auch die gesamte Umsetzung des Kraftwerksprojekts.

Finanzielle und logistische Annahmen: Das Projekt geht davon aus, dass die Finanzierung frühzeitig gesichert wird, um Verzögerungen aufgrund von Finanzierungslücken zu minimieren. Es werden günstige Finanzierungsbedingungen angenommen, mit dem Ziel, Zinssätze und sonstige Finanzierungskosten zu senken. Effiziente Logistik ist entscheidend für den Transport vorgefertigter Module von den Fabriken zur Baustelle, und der Zeitplan setzt minimale Verzögerungen bei Transport- und Zollabfertigungsprozessen voraus. Diese Effizienz ist angesichts des Umfangs und der Komplexität des Projekts besonders wichtig.

Umwelt- und Sozialaspekte: Die Planungsphase umfasst umfassende Umweltverträglichkeitsprüfungen (Environmental Impact Assessments – EIA) sowie öffentliche Konsultationen, die innerhalb der ersten 18 Monate des Projekts abgeschlossen werden sollen. Das Projekt integriert zudem robuste Minderungsstrategien zur Behandlung umweltbezogener Bedenken, insbesondere hinsichtlich Abfallmanagement und Emissionen. Die frühzeitige Einbindung lokaler Gemeinschaften besitzt hohe Priorität, um öffentliche Unterstützung zu gewinnen, insbesondere in Regionen, in denen Nuklearprojekte auf Widerstand stoßen könnten. Transparente Kommunikation und die Beteiligung der Bevölkerung sind entscheidend für eine reibungslose Projektdurchführung.

Zusammenfassung der wichtigsten Annahmen: Zusammenfassend basiert das Projekt auf mehreren entscheidenden Annahmen:

- Der Standort befindet sich in einer halb abgelegenen Region mit bestehender Infrastrukturunterstützung.
- Die Reaktoren sind modulare PWR-basierte SMRs mit fortschrittlichen passiven Sicherheitsmerkmalen.
- Die Belegschaft umfasst bis zu 2.000 Personen auf der Baustelle während Spitzenzeiten, ergänzt durch Personal für die externe Fertigung.
- Umfangreiche Nutzung von Vorfertigung und modularen Bauverfahren soll die Bautätigkeiten vor Ort minimieren.
- Regulatorische Prozesse sind optimiert und umfassen Vorab-Genehmigungsverfahren zur Verkürzung der Zulassungszeiten.

- Die Gesamtdauer des Projekts wird auf 6 bis 8 Jahre geschätzt, einschließlich eines phasenweisen Inbetriebnahmeplans.

Diese Annahmen sind entscheidend, um den Bauzeitplan zu optimieren, regulatorische Anforderungen einzuhalten und Risiken zu minimieren. Die Integration fortschrittlicher modularer Bauverfahren, einer qualifizierten Fachkräftebasis und strategischer regulatorischer Zusammenarbeit ist der Schlüssel zur termingerechten und budgetgerechten Umsetzung des Projekts.

Als Einführung in die finanziellen Aspekte der Umsetzung eines SMR-Kraftwerks kann festgehalten werden, dass die Kosten für den Bau eines 4.000-MW-Small-Modular-Reactor-(SMR)-Kraftwerks, bestehend aus 40 einzelnen 100-MW-SMRs, erheblich variieren können. Ausschlaggebend sind Faktoren wie Standort, Reaktortechnologie, regulatorisches Umfeld und die Effizienz des Bauprozesses. Dennoch können die Kosten anhand verfügbarer Daten bestehender SMR-Projekte sowie unter Berücksichtigung von Skaleneffekten abgeschätzt werden.

Geschätzte Gesamtkosten des Projekts:

Die Gesamtkosten eines 4.000-MW-SMR-Kraftwerks können zwischen 16 Milliarden und 24 Milliarden US-Dollar liegen. Dies entspricht ungefähr 4.000 bis 6.000 US-Dollar pro Kilowatt (kW) installierter Leistung. Die große Spannbreite der Kostenschätzungen ergibt sich aus verschiedenen Unsicherheiten, darunter standortspezifische Faktoren, regulatorische Hürden, Arbeitskosten und die gewählte Reaktortechnologie.

Kostenaufschlüsselung:

1. Kosten der Reaktormodule:

- Kosten pro Reaktoreinheit: Die Kosten für jede 100-MW-SMR-Einheit werden auf etwa 300 bis 500 Millionen US-Dollar geschätzt.
- Gesamtkosten der Reaktormodule (40 Einheiten): Daraus ergeben sich Gesamtkosten für die Reaktormodule zwischen 12 Milliarden und 20 Milliarden US-Dollar.

2. Standortvorbereitung und Tiefbauarbeiten:

- Kostenschätzung: Etwa 1 Milliarde bis 1,5 Milliarden US-Dollar.
- Dies umfasst Landerwerb, Standortfreimachung, Erdarbeiten, Fundamente und den Bau von Unterstützungsgebäuden.

3. Balance of Plant (BOP) und Infrastruktur:

- Kostenschätzung: Rund 1,5 Milliarden bis 2,5 Milliarden US-Dollar.
- Die Balance of Plant umfasst Energieumwandlungssysteme, Kühlsysteme, elektrische Infrastruktur, Leitstände und Hilfseinrichtungen.

4. Externe Vorfertigung und Modulmontage:

- Kostenschätzung: Zwischen 500 Millionen und 1 Milliarde US-Dollar.
- Dies deckt die Kosten für die Herstellung und den Transport vorgefertigter Module von Fabriken zur Baustelle ab.

5. Regulierung, Genehmigungen und Zulassungen:

- Kostenschätzung: Etwa 300 Millionen bis 500 Millionen US-Dollar.
- Dies umfasst die Kosten für Genehmigungen, regulatorische Zulassungen, Umweltverträglichkeitsprüfungen und Rechtskosten.

6. Engineering-, Beschaffungs- und Baumanagement (EPC):

- Kostenschätzung: Rund 500 Millionen bis 800 Millionen US-Dollar.
- Dies umfasst Projektmanagement, detaillierte technische Planung, Beschaffung und Baumanagement.

7. Rückstellungen und Risikomanagement:

- Kostenschätzung: Etwa 10 % der gesamten Projektkosten, entsprechend ungefähr 1,5 Milliarden bis 2 Milliarden US-Dollar.
- Dies berücksichtigt unvorhergesehene Ausgaben, mögliche Verzögerungen und Kostenüberschreitungen.

Faktoren, die die Kosten beeinflussen:

1. Standort und regulatorisches Umfeld:

- In Ländern mit optimierten regulatorischen Prozessen (z. B. Canada, dem United Kingdom oder den United States) können die Kosten aufgrund effizienter Genehmigungsverfahren geringer ausfallen. Im Gegensatz dazu können strengere regulatorische Umfelder oder Länder mit begrenzter Erfahrung bei Nuklearprojekten die Kosten erhöhen.

2. Skaleneffekte:

- Der Einsatz modularer Bauverfahren und die Möglichkeit zur Standardisierung von Komponenten können Kosten senken. Allerdings kann es sich bei einem First-of-a-Kind-(FOAK)-Projekt um zusätzliche Aufwendungen handeln, die die Kosten im Vergleich zu nth-of-a-kind-(NOAK)-Einheiten erhöhen.

3. Arbeitskosten:

- Die Arbeitskosten können je nach Projektstandort erheblich variieren. Regionen mit höheren Löhnen oder begrenzter Verfügbarkeit qualifizierter Fachkräfte verursachen höhere Kosten.

4. Lieferkette und Logistik:

- Die Verfügbarkeit von Fertigungsanlagen für vorgefertigte Module, Transportlogistik und Infrastruktur für Schwerlastgeräte kann die Kosten beeinflussen.

5. Finanzierungskosten:

- Aufgrund des Zeitrahmens von 6 bis 8 Jahren wird das Projekt wahrscheinlich erhebliche Finanzierungskosten verursachen. Die Sicherung zinsgünstiger Finanzierungen oder staatlich unterstützter Darlehen kann diese Belastung verringern.

Kostenvergleich mit traditionellen Kernkraftwerken:

Zum Vergleich: Traditionelle große Kernkraftwerke (z. B. 1.000-MW-Einheiten) kosten typischerweise zwischen 6.000 und 10.000 US-Dollar pro kW. Der Kostenvorteil von SMRs ergibt sich hauptsächlich aus dem modularen Bauansatz, kürzeren Bauzeiten und geringeren regulatorischen Risiken, insbesondere bei Projekten mit mehreren kleineren Einheiten.

Fazit:

- Geschätzte Gesamtkosten des Projekts: 16 bis 24 Milliarden US-Dollar
- Kosten pro kW: 4.000 bis 6.000 US-Dollar
- Geschätzter Projektzeitraum: 6 bis 8 Jahre (mit Potenzial zur Reduzierung auf 5 Jahre durch Optimierung)

Die endgültigen Kosten können je nach standortspezifischen Faktoren, technologischen Fortschritten und der Effizienz des Projektmanagements variieren. Durch die Optimierung modularer Bauverfahren und die Vereinfachung regulatorischer Genehmigungen könnten Kosten und Zeitrahmen potenziell weiter reduziert werden.

Die Kosten pro Kilowatt (kW) für Small Modular Reactors (SMRs) variieren erheblich abhängig von Design, Technologie und Marktbedingungen. Aktuelle Studien weisen auf eine breite Kostenspanne hin, die sowohl das Potenzial zur Kostensenkung durch Modularisierung als auch die Herausforderungen hoher Anfangsinvestitionen widerspiegelt.

Laut Asuega et al. [168] liegen die durchschnittlichen Kosten fortschrittlicher SMR-Designs bei ungefähr 3.782 US-Dollar pro kW, wobei einige Designs mit lediglich 2.500 US-Dollar pro kW angegeben werden. Dies stimmt mit den Ergebnissen von Abdulla et al. [227] überein, die darauf hinweisen, dass die mittleren Kostenschätzungen für SMRs stark variieren können – von 4.000 bis 16.300 US-Dollar pro kW für kleinere Reaktoren, insbesondere einen 45-MWe-SMR, und von 3.200 bis 7.100 US-Dollar pro kW für einen größeren 225-MWe-SMR. Diese Unterschiede verdeutlichen die Unsicherheit bei Kostenschätzungen aufgrund von Faktoren wie Designkomplexität, Standort und Produktionsumfang.

Weitere Analysen von Hong und Brook [19]] zeigen, dass die „nth-of-a-kind“-Kosten für SMRs voraussichtlich unter 100 US-Dollar pro MWh Stromerzeugung liegen werden, was darauf hindeutet, dass SMRs für Mikrogrid-Anwendungen wirtschaftlich tragfähig werden könnten. Dies ist besonders relevant, da die Stromgestehungskosten (Levelized Cost of Electricity – LCOE) von SMRs voraussichtlich wettbewerbsfähig gegenüber anderen Energiequellen sein werden, insbesondere unter Berücksichtigung potenziell kürzerer Bauzeiten und niedrigerer Kosten durch Fabrikfertigung und standardisierte Komponenten [228].

Darüber hinaus wird die wirtschaftliche Perspektive von SMRs durch die Notwendigkeit der Minimierung von Investitionskosten beeinflusst, wie von Webbe-Wood und Nuttall [229] hervorgehoben wird. Sie betonen, dass hohe Investitionskosten die Realisierbarkeit von SMR-Projekten gefährden können. Diese Einschätzung wird von Kessides und Kuznetsov [3] geteilt, die feststellen, dass SMRs zwar höhere spezifische Investitionskosten im Vergleich zu größeren Reaktoren aufweisen können, ihre kürzeren Bauzeiten und ihre Flexibilität jedoch erhebliche wirtschaftliche Vorteile bieten können.

Um die Kosten für den Bau eines 4.000-MW-Small-Modular-Reactor-(SMR)-Kraftwerks effektiv mit denen eines 4.000-MW-Kraftwerks auf Basis erneuerbarer Energien (bestehend aus Solar- und Windenergie) zu vergleichen, müssen die typischen Investitionskosten (Capital Expenditure – CapEx) jeder Technologie berücksichtigt werden. Dieser Vergleich umfasst sämtliche notwendigen Annahmen, da sich die Kostenstrukturen und die Faktoren, welche die jeweilige Art der Stromerzeugung beeinflussen, erheblich unterscheiden können.

Geschätzte Kosten für den Bau eines 4.000-MW-Kraftwerks auf Basis erneuerbarer Energien (Solar und Wind)

1. Schätzung der Investitionskosten:

- Kosten für Solarenergie: Die durchschnittlichen Kosten für netzgekoppelte Solarkraftwerke im Jahr 2024 liegen bei ungefähr 1.000 bis 1.500 US-Dollar pro kW installierter Leistung.
- Kosten für Windenergie: Onshore-Windkraftanlagen kosten typischerweise etwa 1.200 bis 1.800 US-Dollar pro kW installierter Leistung.
- Für diesen Vergleich wird eine Mischung aus 50 % Solar- und 50 % Windenergie angenommen, um die Gesamtleistung von 4.000 MW zu erreichen:
    - 2.000 MW Solarenergie
    - 2.000 MW Windenergie
- Kostenaufschlüsselung:
    - Solarenergie (2.000 MW): 2 Milliarden bis 3 Milliarden US-Dollar
    - Windenergie (2.000 MW): 2,4 Milliarden bis 3,6 Milliarden US-Dollar
- Geschätzte Gesamtkosten (Erneuerbare Energien): 4,4 Milliarden bis 6,6 Milliarden US-Dollar.

2. Kosten für Land und Infrastruktur:

- Solar- und Windparks benötigen erhebliche Flächen, insbesondere Windparks aufgrund der erforderlichen Abstände zwischen den Turbinen. Die geschätzten Grundstücks- und Infrastrukturkosten (z. B. Übertragungsleitungen, Umspannwerke und Zufahrtsstraßen) können zusätzliche 500 Millionen bis 1 Milliarde US-Dollar betragen.

3. Kosten für Energiespeicherung:

- Zur Gewährleistung der Netzstabilität – insbesondere bei intermittierenden Energiequellen wie Solar- und Windenergie – ist Batteriespeicherung unerlässlich. Die Kosten für netzgekoppelte Batteriespeicher liegen bei ungefähr 400 bis 500 US-Dollar pro kWh Speicherkapazität.
- Um eine Reserveversorgung für die schwankende Stromerzeugung bereitzustellen, wird eine Speicherkapazität angenommen, die ausreicht, um 4 Stunden Spitzenlast abzudecken (16 GWh).
    - Geschätzte Speicherkosten: 6,4 Milliarden bis 8 Milliarden US-Dollar.

4. Geschätzte Gesamtkosten für erneuerbare Energien (einschließlich Speicher):

- Ohne Speicher: 4,4 Milliarden bis 6,6 Milliarden US-Dollar
- Mit Speicher: 10,8 Milliarden bis 14,6 Milliarden US-Dollar.

Vergleichsanalyse: Kosten von SMRs im Vergleich zu erneuerbaren Energien.

Kategorie	**SMR (4,000 MW)**	**Erneuerbare Energien (4,000 MW)**
Investitionskosten	$16 billion to $24 billion USD	$4.4 billion to $6.6 billion USD
Mit Energiespeicherung	N/A	$10.8 billion to $14.6 billion USD
Bauzeit	6 to 8 years	2 to 4 years
Flächenbedarf	Moderat	Hoch (Solar- und Windparks benötigen große Flächen)
Kapazitätsfaktor	90%+	25-35% (solar), 35-45% (wind)
Netzstabilität	Hoch (kontinuierliche Stromerzeugung)	Niedrig ohne Speicherung; benötigt Batteriespeicher
Lebensdauer	60+ years	20-30 years (panels/turbines)

Annahmen für den Vergleich:

- Standort und Standortvorbereitung:
    - Für das SMR-Kraftwerk wird der Zugang zu einem halb abgelegenen, stabilen Standort mit bestehender Infrastruktur angenommen.
    - Für Solar- und Windenergieprojekte wird eine Kombination aus Onshore-Windparks und großen Solarparks angenommen, die sich typischerweise in Regionen mit hoher Windstärke und hoher Sonneneinstrahlung befinden.

- Regulierung und Genehmigung:
    - SMR-Projekte erfordern umfangreiche regulatorische Genehmigungen, was zu höheren Anfangskosten und längeren Bauzeiten beiträgt.
    - Solar- und Windenergieprojekte unterliegen weniger regulatorischen Hürden, was zu kürzeren Vorlaufzeiten führt.
- Kapazitätsfaktor:
    - SMRs besitzen einen Kapazitätsfaktor von über 90 %, was bedeutet, dass sie kontinuierlich Strom erzeugen können.
    - Solarenergie weist einen Kapazitätsfaktor von etwa 25–35 % auf, während Windenergie – abhängig vom Standort – zwischen 35–45 % liegt.
    - Um die kontinuierliche Leistung von 4.000 MW eines SMR-Kraftwerks zu erreichen, müsste ein Kraftwerk auf Basis erneuerbarer Energien zusätzliche Kapazitäten installieren oder auf Energiespeicherung zurückgreifen.
- Energiespeicherung:
    - Erneuerbare Energiequellen benötigen Energiespeicher, um Schwankungen auszugleichen und eine stabile Stromversorgung sicherzustellen. Die Kosten für Batteriespeicher erhöhen die Gesamtkosten des Projekts erheblich.
- Lebensdauer und Wartung:
    - SMRs sind für eine Lebensdauer von 60 Jahren oder mehr ausgelegt und werden periodisch mit Brennstoff nachgeladen.
    - Solarmodule und Windturbinen besitzen typischerweise Lebensdauern von 20–30 Jahren und erfordern regelmäßigen Ersatz sowie langfristig höhere Wartungskosten.

Fazit:

- Kosteneffizienz: Ohne Berücksichtigung von Energiespeichern sind erneuerbare Energien deutlich günstiger zu errichten als SMRs. Wenn jedoch Energiespeicherung zur Gewährleistung der Netzstabilität und zur Nachbildung der Zuverlässigkeit von Kernenergie berücksichtigt wird, verringert sich dieser Kostenvorteil erheblich.
- Bauzeit: Erneuerbare Energien weisen im Vergleich zu SMRs kürzere Bauzeiten auf, da SMRs mehr Zeit für regulatorische Genehmigungen und Bauarbeiten benötigen. Nach der Inbetriebnahme liefern SMRs jedoch kontinuierliche und zuverlässige Energie.
- Eignung für Grundlastversorgung: SMRs eignen sich besser zur Bereitstellung stabiler Energie rund um die Uhr und sind daher ideal für die Grundlaststromversorgung. Im Gegensatz dazu eignen sich erneuerbare Energien eher für variable Strombedarfe, sofern sie nicht mit umfangreichen Speicherlösungen kombiniert werden.
- Langfristige Investition: Obwohl SMRs höhere Anfangsinvestitionen erfordern, können ihre lange Betriebsdauer und ihr hoher Kapazitätsfaktor über Jahrzehnte hinweg stabile Stromversorgung und finanzielle Erträge gewährleisten. Erneuerbare Energien sind zwar anfänglich kostengünstiger, erfordern jedoch fortlaufende Investitionen in Speicher, Ersatzanlagen und Wartung.

Letztlich hängt die Wahl zwischen SMRs und erneuerbaren Energien von den spezifischen Anforderungen der jeweiligen Region, den Anforderungen an die Netzstabilität, finanziellen Rahmenbedingungen und umweltpolitischen Prioritäten ab.

Modulare Montage und Integration vor Ort

Modulare Montage: Externe Vorfertigung in Fabriken

Der Bau von Small Modular Reactors (SMRs) nutzt einen modularen Montageansatz, der sich hauptsächlich auf die externe Vorfertigung in spezialisierten Fabriken konzentriert. Diese Strategie stellt eine bedeutende Abkehr vom traditionellen Bau von Kernreaktoren dar, der häufig umfangreiche Fertigungs- und Montagearbeiten direkt auf der Baustelle umfasst. Durch die Verlagerung des Großteils des Bauprozesses in kontrollierte Fabrikumgebungen können SMR-Projekte höhere Effizienz, Kosteneinsparungen und eine gleichbleibende Qualität erreichen.

Fabrikbasierte Fertigung

Einer der innovativsten Aspekte des SMR-Baus ist der umfassende Einsatz fabrikbasierter Fertigungstechniken. Im Gegensatz zu konventionellen großen Kernreaktoren, bei denen viele Komponenten vor Ort gebaut und montiert werden müssen, sind SMRs modular ausgelegt. Wichtige Komponenten wie der Reaktordruckbehälter, Dampferzeuger, Wärmetauscher, Turbinen, Sicherheitsbehälterstrukturen und Rohrleitungssysteme werden außerhalb des Standorts vorgefertigt. Dieser Ansatz bietet erhebliche Vorteile, da diese kritischen Bauteile in einer kontrollierten Umgebung hergestellt werden können, die frei von den Schwankungen typischer Außenbaustellen ist.

Fabrikumgebungen bieten stabile Bedingungen, in denen Faktoren wie Temperatur, Luftfeuchtigkeit und Luftqualität präzise kontrolliert werden können. Dadurch wird sichergestellt, dass die Komponenten nach höchsten Standards gefertigt werden, ohne Risiken durch Umweltstörungen. Darüber hinaus verbessert die externe Vorfertigung die Arbeitseffizienz, da spezialisierte Arbeitskräfte sich an einem zentralen Standort auf bestimmte Aufgaben konzentrieren können. Dies reduziert die Abhängigkeit von hochqualifizierten Fachkräften an oft abgelegenen und anspruchsvollen Baustellen von Kernkraftwerken. Durch die Verringerung des Arbeitsaufwands vor Ort trägt die fabrikbasierte Fertigung außerdem dazu bei, wetterbedingte Verzögerungen zu minimieren, die bei traditionellen Bauprojekten häufig auftreten.

Fließbandproduktion

Die modularen Komponenten von SMRs werden mithilfe von Fließbandtechniken produziert – ein Verfahren, das von Branchen wie der Automobil- und Schiffbauindustrie inspiriert ist. In diesen Industrien ermöglichen standardisierte Produktionslinien eine hocheffiziente Massenfertigung.

In ähnlicher Weise werden SMR-Komponenten auf wiederholbare und standardisierte Weise hergestellt, wodurch Hersteller Skaleneffekte erzielen können. Das bedeutet, dass mit steigender Produktionsmenge die Kosten pro Einheit sinken, was die Gesamtkosten des Projekts reduzieren kann.

Die Nutzung der Fließbandproduktion dient nicht nur der Effizienzsteigerung, sondern auch der Sicherstellung von Wiederholbarkeit und Konsistenz. Durch die Standardisierung des Produktionsprozesses wird jedes Modul nach identischen Spezifikationen gefertigt, wodurch eine gleichbleibende Qualität und Leistung gewährleistet wird. Diese Konsistenz ist im Bau von Kernreaktoren von entscheidender Bedeutung, da selbst geringfügige Abweichungen erhebliche Sicherheitsprobleme verursachen können. Darüber hinaus reduziert die Produktion großer Stückzahlen die Wahrscheinlichkeit von Fertigungsverzögerungen, die häufig auftreten, wenn Komponenten individuell auf der Baustelle hergestellt werden. Gleichzeitig vereinfacht dieser Ansatz die Materialbeschaffung, da Fabriken Rohstoffe in großen Mengen einkaufen können, was die Kosten zusätzlich senkt.

Qualitätskontrolle und Prüfung

Ein wesentlicher Vorteil der externen modularen Vorfertigung besteht in der Möglichkeit, strenge Qualitätskontrollen und Tests in der Fabrik durchzuführen, bevor die Komponenten zur Baustelle transportiert werden. Beim traditionellen Bau großer Reaktoren vor Ort ist die Qualitätskontrolle aufgrund der Komplexität der Umgebung und der Schwierigkeit umfassender Echtzeitprüfungen oft problematisch. In einer Fabrik hingegen können Komponenten unter kontrollierten Bedingungen umfangreichen Prüfungen unterzogen werden, um sicherzustellen, dass sie den nuklearen Sicherheitsstandards entsprechen.

Die Qualitätskontrollprozesse in der Fabrik umfassen Druckprüfungen, Integritätskontrollen und Simulationen, um zu bestätigen, dass jedes Modul nach der Installation vor Ort wie vorgesehen funktioniert. Beispielsweise werden Reaktordruckbehälter und Sicherheitsbehältersysteme Hochdrucktests unterzogen, um ihre strukturelle Integrität zu überprüfen und sicherzustellen, dass sie den betrieblichen Belastungen standhalten können. Wärmetauscher und Dampferzeuger werden auf Effizienz und Dichtheit getestet, während Steuerungssysteme hinsichtlich Reaktionsfähigkeit und Zuverlässigkeit validiert werden.

Diese Qualitätssicherungsmaßnahmen sind entscheidend, da sie den Bedarf an umfangreichen Tests während der Installation vor Ort erheblich reduzieren. Durch die Behebung potenzieller Probleme in einer kontrollierten Umgebung wird das Risiko von Verzögerungen und kostspieligen Nacharbeiten auf der Baustelle minimiert. Dadurch verkürzt sich nicht nur der gesamte Bauzeitplan, sondern auch die Sicherheit wird verbessert, da sichergestellt wird, dass jedes Modul den Spezifikationen entspricht, bevor es in das Reaktorsystem integriert wird.

Aufschlüsselung des fabrikbasierten Fertigungsprozesses

Die Fertigung von Small Modular Reactors (SMRs) ist ein komplexer Prozess, der mehrere sorgfältig geplante Phasen umfasst, um die Einhaltung nuklearer Sicherheitsstandards und Qualitätskontrollmaßnahmen sicherzustellen. Jede Phase – von der Finalisierung des Designs bis zur Vorbereitung für den Transport – ist entscheidend für die Gesamtsicherheit und Wirksamkeit des Reaktors.

Finalisierung von Design und Engineering: Die erste Phase der SMR-Fertigung ist die Finalisierung von Design und Engineering. Dabei werden detaillierte Konstruktionspläne erstellt, einschließlich präziser 3D-Modelle und technischer Zeichnungen für sämtliche Komponenten. Dieser Designprozess muss zahlreiche Faktoren berücksichtigen, darunter Materialeigenschaften, thermische Dynamik, Sicherheitsanforderungen und modulare Kompatibilität. Das Engineering-Team arbeitet eng mit Nuklearsicherheitsexperten zusammen, um sicherzustellen, dass sämtliche Designs sowohl nationalen als auch internationalen Vorschriften entsprechen [230, 231]. Fortschrittliche digitale Simulationen und CAD-Software (Computer-Aided Design) spielen eine wesentliche Rolle bei der Optimierung der Komponentenlayouts und bei der Identifikation potenzieller Probleme, bevor die physische Produktion beginnt [230, 231]].

Beschaffung von Rohmaterialien: Die Beschaffung von Rohmaterialien ist eine weitere entscheidende Phase bei der Fertigung von SMRs. Hochwertige, nukleartaugliche Materialien sind erforderlich, um den extremen Bedingungen in einem Kernreaktor standzuhalten, einschließlich hoher Temperaturen, hoher Drücke und Strahlenbelastung. Zu den wichtigsten Materialien gehören hochfester Stahl für Reaktordruckbehälter, nickelbasierte Legierungen für Wärmetauscher und spezielle Keramiken für Komponenten in Hochtemperatur-Gasreaktoren [232, 233]. Beispielsweise wird Graphit aufgrund seiner hervorragenden Eigenschaften unter Bestrahlung und seiner mechanischen Stabilität bei hohen Temperaturen häufig als Moderator und strukturelle Komponente in Reaktoren verwendet [232, 233]. Zusätzlich sind Materialien für Steuerstäbe, häufig aus Borcarbid oder Hafnium gefertigt, wesentlich zur Regulierung der Kernreaktion und gewährleisten einen sicheren und effizienten Reaktorbetrieb [234, 235].

Der Beschaffungsprozess ist darauf ausgelegt sicherzustellen, dass sämtliche Materialien strenge Spezifikationen erfüllen, was für die Haltbarkeit und Sicherheit der Reaktorkomponenten entscheidend ist. Die Integrität von Materialien wie Graphit ist besonders wichtig, da sie unter Neutronenfluss und hohen Temperaturen erhebliche physikalische Veränderungen erfahren können, die die Reaktorleistung beeinflussen könnten [232, 236]. Daher sind sorgfältige Materialauswahl und umfangreiche Prüfungen von zentraler Bedeutung für die erfolgreiche Fertigung von SMRs.

Fertigungsprozesse: Die Fertigung von Komponenten für Small Modular Reactors (SMRs) umfasst eine Reihe hochentwickelter Prozesse, die Präzision, Haltbarkeit und Sicherheit gewährleisten. Diese Zusammenfassung beschreibt die wichtigsten Fertigungsprozesse, darunter Präzisionsbearbeitung und Schweißtechnik, modulare Montage und Vormontage sowie Beschichtungs- und Oberflächenbehandlungstechnologien.

Die Herstellung kritischer Komponenten wie Reaktordruckbehälter, Dampferzeuger und Sicherheitsbehälterschalen erfolgt hauptsächlich mithilfe von CNC-Maschinen (Computer Numerical Control). Diese Maschinen ermöglichen eine hochpräzise Bearbeitung der Druckbehälter, die typischerweise aus massiven Stahlblöcken gefertigt werden. Die Stahlblöcke durchlaufen mehrere Wärmebehandlungen, um ihre Festigkeit und Haltbarkeit zu erhöhen und sicherzustellen, dass sie den Betriebsdrücken und Temperaturen eines Kernreaktors standhalten können. Fortschrittliche Schweißverfahren wie Elektronenstrahlschweißen und automatisiertes Lichtbogenschweißen werden eingesetzt, um starke und fehlerfreie Verbindungen herzustellen. Diese Verfahren sind entscheidend für die Aufrechterhaltung der Integrität von Druckbehältern und anderen Komponenten unter extremen Bedingungen.

Der Bau von Small Modular Reactors (SMRs) hat durch jüngste Fortschritte in der Schweißtechnologie einen bedeutenden Durchbruch erreicht. Das britische Unternehmen Sheffield Forgemasters demonstrierte einen erheblichen Fortschritt in der Fertigung von Reaktordruckbehältern, indem das Schweißen eines nuklearen Druckbehälters in Originalgröße in weniger als 24 Stunden abgeschlossen wurde – ein Prozess, der traditionell bis zu 12 Monate dauern kann [237]. Dieser innovative Ansatz markiert einen potenziellen Wendepunkt in der Nuklearindustrie, da er eine schnellere Einführung von SMRs ermöglicht und gleichzeitig die Kosten erheblich senkt.

Traditionell wurden Kernreaktoren als individuelle groß angelegte Ingenieurprojekte errichtet, die jahrelange Bauzeiten, komplexe Infrastruktur und erhebliche Investitionen erforderten. Die Entwicklung von SMRs stellt jedoch einen Paradigmenwechsel dar, indem Kernkraftwerke in fabrikgefertigte Einheiten umgewandelt werden, die standardisiert und in Serie produziert werden können. Im Gegensatz zu konventionellen Reaktoren benötigen SMRs keine massiven Sicherheitsgebäude in gleichem Umfang, wodurch sie schneller installiert und flexibler an unterschiedliche Energiebedarfe angepasst werden können. Durch den Übergang von maßgeschneiderten Bauprojekten zu modularen, standardisierten Designs können SMRs an lokale Energieanforderungen angepasst und flexibler eingesetzt werden [237].

Einer der wichtigsten Engpässe beim Bau von Kernreaktoren war historisch gesehen der zeitaufwendige Schweißprozess der Reaktordruckbehälter. Diese Behälter sind essenziell, da sie den Reaktorkern enthalten und die Isolation radioaktiver Stoffe von der Umwelt gewährleisten. Mit traditionellen Schweißverfahren kann das Schweißen dieser dickwandigen Behälter aus hochfestem Stahl über ein Jahr dauern. Sheffield Forgemasters hat diese Herausforderung durch den Einsatz des Local Electron-Beam Welding (LEBW) überwunden – einer revolutionären Schweißtechnologie, die die Schweißzeit auf weniger als einen Tag reduziert hat [237].

Die LEBW-Technik verwendet eine leistungsstarke Elektronenkanone, um einen konzentrierten Elektronenstrahl in einer lokalen Vakuumumgebung zu erzeugen. Dieser Prozess ermöglicht eine Fusion mit hoher Energiedichte, bei der Metallkomponenten mit außergewöhnlicher Effizienz geschmolzen und verbunden werden. Die Technologie erreicht eine Schweißeffizienz von bis zu 95 %, mit tiefer Durchdringung und einem beeindruckenden Verhältnis von Tiefe zu Breite, wodurch auch dicke Materialien problemlos verarbeitet werden können [237]. Für dieses Projekt schweißte Sheffield Forgemasters einen Reaktordruckbehälter mit einem Durchmesser von drei

Metern und Wandstärken von 200 Millimetern. Die Ergebnisse waren beeindruckend: Die Schweißnähte wurden vollkommen fehlerfrei abgeschlossen – ein bedeutender Erfolg angesichts der strengen Sicherheitsanforderungen für Nuklearkomponenten [237].

Die Vorteile von LEBW gehen weit über die Geschwindigkeit hinaus. Dieses Verfahren reduziert nicht nur die benötigte Schweißzeit, sondern senkt auch die Produktionskosten. Aufgrund der Präzision und Effizienz der Technik sind weniger Schweißnahtprüfungen erforderlich, da die Verbindungen nahezu nicht vom Grundmaterial zu unterscheiden sind. Darüber hinaus integriert die Schweißanlage fortschrittliche Techniken wie „sloping-in" und „sloping-out", welche den Beginn und das Ende jeder Schweißnaht optimieren und dadurch die Integrität und Zuverlässigkeit zusätzlich erhöhen [237].

Dieser Meilenstein ist besonders bedeutend für den britischen Nuklearsektor, der über Jahrzehnte hinweg – abgesehen von Entwicklungen bei U-Boot-Reaktoren und einigen Vorzeigeprojekten – weitgehend stagnierte. Die Regierung des United Kingdom plant nun die Wiederbelebung der Nuklearindustrie mit neuen Kraftwerken, darunter 15 modulare Reaktoren in Zusammenarbeit mit Rolls-Royce. Der Erfolg der LEBW-Technologie könnte eine entscheidende Rolle bei der Beschleunigung dieser Projekte spielen und die Kosten sowie die Zeit für den Einsatz von SMRs erheblich reduzieren [237].

Die Entwicklung des Local Electron-Beam Welding stellt einen disruptiven technologischen Fortschritt dar, der perfekt zur modularen und skalierbaren Natur des SMR-Baus passt. Durch die drastische Reduzierung der Schweißzeiten und die Gewährleistung hochwertiger, fehlerfreier Schweißnähte verspricht diese Innovation, Kernenergie zugänglicher und kosteneffizienter zu machen. Da Länder weltweit nach kohlenstoffarmen Energielösungen suchen, könnte die Fähigkeit, SMRs mithilfe solcher bahnbrechenden Technologien schnell einzusetzen, eine wesentliche Rolle bei der Deckung des globalen Energiebedarfs und der Erreichung von Dekarbonisierungszielen spielen [237].

Local Electron-Beam Welding (LEBW) ist eine hochmoderne Schweißtechnologie, die einen hochenergetischen Elektronenstrahl nutzt, um Metallkomponenten mit außergewöhnlicher Präzision und Effizienz zu verbinden. Im Gegensatz zu traditionellen Schweißverfahren, die typischerweise umfangreiche Wärmeeinbringung und großdimensionierte Ausrüstung erfordern, konzentriert LEBW einen hochfokussierten Elektronenstrom auf einen lokalen Bereich des Metalls, wodurch dieses sofort erhitzt und geschmolzen wird. Dieser Prozess ermöglicht tiefere Eindringung bei minimaler Wärmeausbreitung, was zu stärkeren und präziseren Schweißnähten führt. Die lokale Natur des Verfahrens reduziert das Risiko thermischer Verformungen oder Schäden an umliegenden Bereichen erheblich, was besonders in Industrien wichtig ist, in denen strukturelle Integrität entscheidend ist – etwa in der Kernenergie-, Luftfahrt- und Automobilindustrie.

Einer der wichtigsten Vorteile von LEBW ist die Fähigkeit, in einer kontrollierten Vakuumumgebung zu arbeiten. Der Elektronenstrahl wird durch eine leistungsstarke Elektronenkanone innerhalb einer Vakuumkammer erzeugt, was nicht nur Oxidation verhindert, sondern auch sicherstellt, dass der Strahl stark fokussiert bleibt. Die Vakuumumgebung verhindert die Streuung der Elektronen und erhält dadurch die Integrität der Schweißnaht sowie eine außergewöhnliche Präzision. Diese Eigenschaft ist besonders vorteilhaft bei der Verarbeitung hochwertiger Materialien, die empfindlich gegenüber Verunreinigungen sind, wie jene, die beim Bau von Reaktordruckbehältern in Small Modular Reactors (SMRs) verwendet werden. Durch die Aufrechterhaltung einer sauberen Umgebung erzeugt LEBW nahezu fehlerfreie Schweißnähte, was stärkere Verbindungen und langlebigere Komponenten ermöglicht.

Die Effizienz von LEBW stellt einen weiteren bedeutenden Vorteil gegenüber konventionellen Schweißverfahren dar. Traditionelle Schweißmethoden – insbesondere bei dickem und hochfestem Stahl für nukleare Anwendungen – können Monate in Anspruch nehmen, da mehrere Schweißdurchgänge, Vorwärmungen und nachträgliche Wärmebehandlungen erforderlich sind, um Spannungen abzubauen. Im Gegensatz dazu kann LEBW komplexe Schweißnähte innerhalb weniger Stunden fertigstellen. Beispielsweise wurde ein Projekt, das mit herkömmlichen Verfahren über ein Jahr Schweißzeit erfordert hätte, mit LEBW in weniger als 24 Stunden abgeschlossen. Dies wird durch die hohe Energiedichte des Elektronenstrahls ermöglicht, der dicke Materialien mit nur einem Durchgang durchdringen kann. Das Ergebnis ist eine drastische Verkürzung der Bauzeit, was insbesondere für Branchen wie die Kernenergie von enormer Bedeutung ist, in denen termingerechte Projektumsetzung entscheidend ist.

Die hohe Präzision von LEBW führt ebenfalls zu Kosteneinsparungen. Da das Verfahren nahezu perfekte Schweißnähte erzeugt, die dem Grundmaterial entsprechen, reduziert es den Bedarf an umfangreichen Prüfungen und Nacharbeiten, die bei traditionellen Schweißverfahren üblich sind. Die Fähigkeit, fehlerfreie Schweißnähte herzustellen, eliminiert den Bedarf an kostspieligen zerstörungsfreien Prüfverfahren (Non-Destructive Testing – NDT), die normalerweise zur Überprüfung konventioneller Schweißnähte erforderlich sind. Darüber hinaus führt die Effizienz des Elektronenstrahlschweißens zu geringerer Materialverschwendung, wodurch die Kosten weiter sinken. Diese Einsparungen sind insbesondere bei Großprojekten wie dem Bau von SMRs von großer Bedeutung, da selbst geringe Zeit- und Kosteneinsparungen erhebliche finanzielle Vorteile bringen können.

Ein weiteres bemerkenswertes Merkmal von LEBW ist seine Vielseitigkeit bei komplexen Geometrien. Die Technologie ist in der Lage, komplizierte Formen und Konfigurationen zu schweißen, die mit traditionellen Verfahren schwierig oder unmöglich wären. Der Elektronenstrahl kann präzise gesteuert werden, um komplexen Bahnen zu folgen, wodurch sich das Verfahren ideal für Anwendungen mit hohen Präzisionsanforderungen eignet – beispielsweise beim Verbinden von Reaktordruckbehältern mit geneigten oder gekrümmten Oberflächen. Der Einsatz fortschrittlicher Techniken wie „sloping-in" und „sloping-out" gewährleistet einen gleichmäßigen Beginn und Abschluss der Schweißnaht und reduziert Spannungskonzentrationen, die potenzielle Schwachstellen verursachen könnten. Diese Flexibilität ermöglicht die Anpassung von LEBW an unterschiedliche Designanforderungen und macht das Verfahren ideal für modulare Reaktorkomponenten mit besonderen geometrischen Einschränkungen.

Im Hinblick auf Skalierbarkeit besitzt LEBW erhebliches Potenzial für die Zukunft des modularen Reaktorbaus. Da sich die Nuklearindustrie zunehmend kleineren und flexibleren Designs wie

SMRs zuwendet, wird die Fähigkeit zur Massenproduktion standardisierter Komponenten mit gleichbleibender Qualität immer wichtiger. Durch die Nutzung der Geschwindigkeit und Präzision von LEBW können Hersteller höhere Produktionsraten in Fabriken erreichen und damit die Gesamtbauzeit von Kernkraftwerken verkürzen. Diese Technologie unterstützt nicht nur den modularen Montageansatz, sondern verbessert auch die Zuverlässigkeit und Sicherheit von Kernreaktoren, indem sie sicherstellt, dass kritische Komponenten nach höchsten Standards geschweißt werden.

Darüber hinaus umfasst die Fertigung von Rohrleitungssystemen präzises Schneiden und Vorfertigung mit Verbindungselementen, die eine schnelle Montage vor Ort ermöglichen. Dieser Ansatz rationalisiert nicht nur den Bauprozess, sondern minimiert auch potenzielle Fehler während der Montage, was für die Aufrechterhaltung der Sicherheitsstandards in Nuklearanlagen von entscheidender Bedeutung ist.

Sobald die einzelnen Komponenten gefertigt sind, werden sie innerhalb der Fabrik zu größeren Modulen vormontiert. Dieser modulare Montageprozess umfasst die Vormontage kritischer Komponenten wie Reaktorkern, Wärmetauscher und Steuerungssysteme, um Kompatibilität und Funktionalität vor dem Versand sicherzustellen. Factory Acceptance Tests (FATs) werden durchgeführt, um zu bestätigen, dass jedes Modul die geforderten Spezifikationen und Leistungsstandards erfüllt. Dieser modulare Ansatz erhöht die Effizienz, da mehrere Einheiten parallel gefertigt werden können, wodurch die gesamte Bauzeit von SMRs erheblich reduziert wird.

Komponenten, die hoher Strahlung oder korrosiven Umgebungen ausgesetzt sind, durchlaufen spezielle Beschichtungsprozesse, um ihre Haltbarkeit und Leistungsfähigkeit zu verbessern. Korrosionsschutzbeschichtungen werden auf Wärmetauscher und andere Komponenten aufgetragen, um sie langfristig vor Materialabbau zu schützen. Zusätzlich werden Strahlenschutzmaterialien auf kritische Oberflächen aufgebracht, um Personal während Wartungsarbeiten zu schützen. Die Wirksamkeit dieser Beschichtungen ist von entscheidender Bedeutung, da sie nicht nur die Lebensdauer der Komponenten verlängern, sondern auch die Sicherheit der Betriebsumgebung gewährleisten.

Jüngste Fortschritte bei Beschichtungstechnologien, wie die Entwicklung hochdichter Polymer-Harz-Verbundwerkstoffe, zeigen vielversprechende Ergebnisse bei der Verbesserung der Abschirmleistung dieser Materialien. Verfahren wie Sprühbeschichtung werden untersucht, um eine gleichmäßige Verteilung der Abschirmmaterialien sicherzustellen, was wesentlich für eine konsistente Leistung über die gesamte beschichtete Oberfläche hinweg ist.

Qualitätssicherung und Prüfung: Die Herstellung von Small Modular Reactors (SMRs) erfordert strenge Qualitätssicherungs- und Prüfprotokolle, um höchste Sicherheits- und Zuverlässigkeitsstandards zu gewährleisten. Aufgrund der kritischen Natur der Kernenergieerzeugung – bei der selbst geringfügige Defekte erhebliche Sicherheitsprobleme verursachen können – setzen Hersteller in jeder Phase des Fertigungsprozesses umfassende Qualitätskontrollmaßnahmen ein. Dieser ganzheitliche Ansatz verbessert nicht nur das

Sicherheitsprofil von SMRs, sondern stärkt auch das öffentliche Vertrauen in die Nukleartechnologie.

Einer der Grundpfeiler der Qualitätssicherung bei der SMR-Fertigung ist die zerstörungsfreie Prüfung (Non-Destructive Testing – NDT). NDT umfasst eine Vielzahl von Verfahren, die darauf ausgelegt sind, innere Fehler in Komponenten zu identifizieren, ohne diese zu beschädigen. Zu den am häufigsten verwendeten Methoden gehören Ultraschallprüfung, radiografische Prüfung und Magnetpulverprüfung. Die Ultraschallprüfung nutzt hochfrequente Schallwellen zur Erkennung von Materialfehlern, während radiografische Prüfungen Röntgen- oder Gammastrahlen verwenden, um innere Strukturen sichtbar zu machen. Magnetpulverprüfungen sind besonders wirksam bei der Erkennung von Oberflächen- und oberflächennahen Fehlern in ferromagnetischen Materialien.

Im Zusammenhang mit der SMR-Produktion werden kritische Komponenten wie Druckbehälter und Reaktorkerne unter simulierten Betriebsbedingungen umfassend geprüft. Dieser Prozess ist entscheidend, um die Integrität dieser Komponenten zu bestätigen und sicherzustellen, dass sie den extremen Bedingungen während des Betriebs standhalten können. Darüber hinaus werden Dichtheitsprüfungen und hydrostatische Drucktests an Rohrleitungssystemen durchgeführt, um ihre Fähigkeit zu bestätigen, hohen Drücken ohne Versagen standzuhalten. Diese Tests sind von wesentlicher Bedeutung, um potenzielle Leckagen zu verhindern, die die Sicherheit des Reaktors und seiner Umgebung gefährden könnten.

Neben der zerstörungsfreien Prüfung spielen Funktionstests und Simulationen eine zentrale Rolle im Qualitätssicherungsprozess von SMRs. Bevor die Module ausgeliefert werden, werden vollständig montierte Einheiten einer Reihe von Funktionstests in kontrollierten Umgebungen unterzogen. Diese Tests sollen bestätigen, dass die Module unter verschiedenen Betriebsszenarien wie vorgesehen funktionieren. Beispielsweise werden thermische Zyklustests eingesetzt, um Temperaturschwankungen zu simulieren, denen der Reaktor während seiner Betriebsdauer ausgesetzt sein könnte. Diese Prüfungen stellen sicher, dass Materialien und Komponenten thermischen Belastungen standhalten können, ohne sich abzubauen oder zu versagen.

Betriebssimulationen sind ein weiterer entscheidender Bestandteil der Funktionstests. Diese Simulationen nutzen fortschrittliche Steuerungssysteme, um die Betriebsumgebung des Reaktors nachzubilden und Ingenieuren zu ermöglichen, zu überprüfen, ob alle Sicherheitsprotokolle ordnungsgemäß funktionieren. Durch die Simulation realer Bedingungen können Hersteller potenzielle Probleme identifizieren und beheben, bevor die Module im Feld eingesetzt werden. Dieser proaktive Ansatz der Qualitätssicherung erhöht nicht nur die Zuverlässigkeit von SMRs, sondern trägt auch zur allgemeinen Sicherheit der Kernenergieerzeugung bei.

Anforderungen an die Humanressourcen: Die Herstellung von Small Modular Reactors (SMRs) erfordert eine vielfältige und hochqualifizierte Belegschaft, die verschiedene spezialisierte Rollen umfasst, welche für Design, Fertigung, Prüfung und Sicherheitsüberwachung dieser fortschrittlichen Nuklearsysteme essenziell sind. Diese Zusammenfassung untersucht die

Anforderungen an die Humanressourcen in drei Hauptbereichen: Engineering- und Designexperten, qualifizierte Fachkräfte für die Fertigung sowie technische Spezialisten für Prüfung und Sicherheit.

Das Design von SMRs ist in hohem Maße von verschiedenen Ingenieurdisziplinen abhängig. Nuklearingenieure und Maschinenbauingenieure spielen eine zentrale Rolle bei der Entwicklung von Reaktorkomponenten und stellen sicher, dass die Designs strengen Sicherheitsstandards entsprechen. Diese Ingenieure sind verantwortlich für die Integration fortschrittlicher Sicherheitsmerkmale in die Reaktordesigns, was insbesondere angesichts der verstärkten Sicherheitsbedenken nach Ereignissen wie der Fukushima-Katastrophe von entscheidender Bedeutung ist [13]. Elektroingenieure sind ebenfalls unverzichtbar und konzentrieren sich auf die Entwicklung von Steuerungs- und Instrumentierungssystemen, die für den sicheren Betrieb von SMRs essenziell sind [238]. Die Komplexität dieser Systeme erfordert eine Belegschaft, die nicht nur technisch kompetent ist, sondern auch umfassende Kenntnisse regulatorischer Anforderungen und Sicherheitsprotokolle besitzt [239].

Neben technischem Fachwissen erfordert die Fertigung von Reaktorkomponenten qualifizierte Fachkräfte wie Schweißer, Maschinisten und Rohrleitungsbauer. Diese Fachkräfte sind entscheidend für die präzise Fertigung von Reaktorkomponenten, bei denen die Einhaltung nuklearer Sicherheitsstandards unverzichtbar ist [239]. Qualitätskontrollinspektoren spielen dabei eine wesentliche Rolle, indem sie sicherstellen, dass alle gefertigten Teile die strengen Sicherheits- und Qualitätsanforderungen der Nuklearindustrie erfüllen [239]. Die Integration fortschrittlicher Fertigungstechniken wie modularer Bauweisen unterstreicht zusätzlich den Bedarf an qualifizierten Arbeitskräften, die sich an innovative Fertigungsprozesse anpassen können [240].

Die Sicherheit von SMRs während der Fertigungsphase wird von technischen Spezialisten überwacht, darunter Techniker für zerstörungsfreie Prüfungen (NDT-Techniker), die kritische Inspektionen an Reaktorkomponenten durchführen. Ihre Arbeit ist entscheidend, um potenzielle Fehler zu identifizieren, die die Sicherheit beeinträchtigen könnten [239]. Sicherheitsbeauftragte sind ebenfalls unverzichtbar, da sie die Einhaltung regulatorischer Anforderungen während des gesamten Fertigungsprozesses gewährleisten. Diese Überwachung ist wesentlich für die Aufrechterhaltung einer Sicherheitskultur innerhalb der Organisation, die nachweislich einen erheblichen Einfluss auf die Betriebssicherheit und das öffentliche Vertrauen in die Nukleartechnologie hat [241]. Die geschätzte Belegschaft für eine SMR-Fabrik liegt zwischen 500 und 700 qualifizierten Mitarbeitern, was den umfangreichen Personalbedarf für die sichere und effiziente Produktion dieser Reaktoren verdeutlicht [224].

Besondere Anforderungen an die SMR-Fertigung: Die Herstellung von Small Modular Reactors (SMRs) in einer Fabrikumgebung erfordert die Einhaltung mehrerer spezialisierter Anforderungen, um Sicherheit, regulatorische Konformität und logistische Effizienz sicherzustellen. Diese Anforderungen lassen sich in drei Hauptbereiche unterteilen: nukleartaugliche Einrichtungen, Einhaltung internationaler Sicherheitsstandards und Logistikplanung für den Transport.

Fabriken, die SMRs produzieren, müssen strenge Zertifizierungsstandards für Nuklearanlagen erfüllen. Dazu gehören die Einrichtung von Reinräumen, spezialisierten Belüftungssystemen und angemessener Strahlungsabschirmung zum Schutz von Mitarbeitern und Umwelt. Design und Bau dieser Einrichtungen sind von entscheidender Bedeutung, da sie die einzigartigen Sicherheits- und Betriebsanforderungen nuklearer Komponenten berücksichtigen müssen. Das modulare Design von SMRs ermöglicht eine fabrikbasierte Produktion, die Sicherheit und Qualitätskontrolle im Vergleich zu traditionellen Bauverfahren vor Ort verbessern kann [15, 223]. Die Integration fortschrittlicher Sicherheitssysteme in SMR-Designs unterstreicht zusätzlich die Notwendigkeit spezialisierter Fertigungsumgebungen, welche diese Technologien unterstützen können [18, 242].

Die Einhaltung internationaler Sicherheitsstandards ist eine weitere wesentliche Anforderung für die SMR-Fertigung. Fabriken müssen Richtlinien von Organisationen wie der International Atomic Energy Agency (IAEA), der American Society of Mechanical Engineers (ASME) sowie verschiedenen ISO-Standards für Nuklearkomponenten einhalten. Diese Standards gewährleisten, dass die Fertigungsprozesse mit globalen Sicherheitsprotokollen übereinstimmen, was für die Erlangung regulatorischer Genehmigungen und des öffentlichen Vertrauens von entscheidender Bedeutung ist [14, 185]. Die Integration von Sicherheit, Betrieb, Schutzmaßnahmen und Sicherungssystemen in das Design von SMRs bildet einen grundlegenden Bestandteil ihrer Entwicklung, wie verschiedene Studien über die regulatorischen Rahmenbedingungen für sichere Nuklearanlagen hervorheben [185, 243].

Aufgrund der Größe und des Gewichts modularer Komponenten ist eine sorgfältige Logistikplanung für den Transport von der Fertigungsanlage zur Baustelle erforderlich. Dies umfasst die Koordination von Schwerlasthebeeinrichtungen, spezialisierten Transportfahrzeugen und sorgfältig geplanten Routen, die übergroße Lasten aufnehmen können. Die modulare Natur von SMRs erleichtert ihren Transport, da sie in Sektionen gefertigt und vor Ort montiert werden können, wodurch die logistischen Herausforderungen traditioneller großer Kernkraftwerke erheblich reduziert werden [127]. Eine effektive Logistikplanung gewährleistet nicht nur die sichere Lieferung der Komponenten, sondern trägt auch zur allgemeinen Kosteneffizienz und Effektivität des SMR-Einsatzprozesses bei [3, 15].

Transport der Module zur Baustelle

Der Transport vorgefertigter Module zur Baustelle ist eine entscheidende Phase beim Bau von Small Modular Reactors (SMRs). Durch den Einsatz modularer Bauverfahren wird ein erheblicher Teil der Reaktormontage außerhalb des Standorts in kontrollierten Fabrikumgebungen durchgeführt, was eine effizientere und rationalisierte Montage vor Ort ermöglicht. Der Transport dieser großen und komplexen Module bringt jedoch eigene Herausforderungen mit sich und erfordert sorgfältige Planung, um eine termingerechte und sichere Lieferung zu gewährleisten. Dieser Prozess lässt sich in zwei Hauptbereiche unterteilen: modulare Transportlogistik und Minimierung von Störungen auf der Baustelle.

Modulare Transportlogistik

Sobald die SMR-Module vorgefertigt sind, müssen sie mithilfe eines gut koordinierten Logistikplans zur Baustelle transportiert werden. Die Module sind häufig groß, schwer und aufgrund der enthaltenen nukleartauglichen Komponenten äußerst empfindlich. Um diesen Herausforderungen zu begegnen, werden die Module typischerweise so konstruiert, dass sie in Standard-Schiffscontainer oder spezialisierte Transportfahrzeuge passen. Dies ermöglicht Flexibilität bei der Nutzung verschiedener Transportmittel wie Straßentransporte, Eisenbahnwaggons oder Lastkähne, abhängig von der Nähe des Standorts zu bestehender Verkehrsinfrastruktur.

Abbildung 34: SMRs können problemlos von der Fabrik zum Standort transportiert werden [244].

Vor dem Transport wird ein umfassender Logistikplan erstellt, der Faktoren wie Größe, Gewicht und Empfindlichkeit der Module sowie die Zugänglichkeit der Transportwege berücksichtigt. Beispielsweise kann der Transport eines großen Reaktordruckbehälters einen speziellen Tieflader mit verstärkten Stützstrukturen erfordern, während kleinere und leichtere Komponenten in Standardcontainern transportiert werden können. Die Logistikplanung umfasst außerdem die Bewertung der Tragfähigkeit von Straßen, Brücken und Tunneln für schwere Lasten, was gegebenenfalls temporäre Straßenanpassungen oder Sondergenehmigungen für Schwertransporte erforderlich machen kann.

An Küsten- oder Flussstandorten kann der Transport per Lastkahn genutzt werden, um große Module direkt zur Baustelle zu liefern, wodurch Straßenverkehr und Belastung der Infrastruktur reduziert werden. Der Schienentransport eignet sich hingegen besonders für

Langstreckentransporte, insbesondere wenn der Straßenzugang begrenzt oder kostenintensiv ist. Um Schäden während des Transports zu vermeiden, wird jedes Modul sicher verpackt sowie Vibrations- und Stoßtests unterzogen, damit empfindliche Komponenten in optimalem Zustand auf der Baustelle ankommen.

Minimierung von Störungen auf der Baustelle

Einer der wesentlichen Vorteile modularer Bauweisen besteht darin, dass die Aktivitäten vor Ort erheblich reduziert werden können, wodurch Umwelt- und Sozialbelastungen minimiert werden. Durch den Transport nahezu vollständig montierter Module zur Baustelle wird der Bedarf an umfangreicher Fertigung vor Ort deutlich verringert. Dieser Ansatz ist besonders vorteilhaft in abgelegenen oder ökologisch sensiblen Gebieten, in denen traditionelle Bauverfahren erhebliche negative Auswirkungen haben könnten.

Die modulare Transportmethode reduziert die Menge an schwerem Gerät, Materialien und Personal, die vor Ort benötigt werden, wodurch Lärmpegel, Staubentwicklung und Verkehrsbelastung direkt gesenkt werden. Dies ist besonders wichtig bei Bauprojekten in der Nähe von Wohngebieten oder geschützten Ökosystemen. Durch die Verringerung des Umfangs der Baustellenaktivitäten kann das Projekt mit einer kleineren Flächenbeanspruchung umgesetzt werden, wodurch die Auswirkungen auf die lokale Umwelt reduziert und umfangreiche Standortvorbereitungen wie Rodungen oder Veränderungen natürlicher Landschaften minimiert werden.

Darüber hinaus trägt dieser Ansatz dazu bei, Störungen für lokale Gemeinschaften zu reduzieren, da die Anzahl der Arbeitskräfte und Baufahrzeuge, die zur Baustelle fahren, erheblich sinkt. Weniger Aktivitäten vor Ort bedeuten auch kürzere Bauzeiten, was den Anwohnern zugutekommt, da die Dauer von Lärm- und Staubemissionen reduziert wird. In einigen Fällen kann der modulare Transport gezielt außerhalb der Hauptverkehrszeiten koordiniert werden, um die Auswirkungen auf den lokalen Verkehr und den Alltag zusätzlich zu minimieren.

Integration und Montage vor Ort beim Bau von SMRs

Die Integration und Montage von Small Modular Reactors (SMRs) vor Ort sind entscheidende Phasen des Bauprozesses, bei denen das modulare Design genutzt wird, um die Installation zu rationalisieren, die Bauzeit zu verkürzen und die Projekteffizienz zu steigern. Zu den wichtigsten Phasen gehören Standortvorbereitung, modulare Montage mithilfe von Schwerlastkränen, parallele Bauaktivitäten sowie Vorinbetriebnahmetests und Systemintegration. Jede dieser Phasen ist darauf ausgelegt, maximale Effizienz zu erreichen und gleichzeitig höchste Sicherheits- und Qualitätsstandards einzuhalten.

Standortvorbereitung

Bevor modulare Komponenten auf der Baustelle eintreffen, sind umfangreiche Vorbereitungsarbeiten erforderlich, um einen reibungslosen und effizienten Montageprozess sicherzustellen. Dazu gehören Geländenivellierung, Bodenstabilisierung und der Bau der notwendigen Fundamente zur Unterstützung der schweren Reaktormodule. Zusätzlich müssen Infrastrukturmaßnahmen wie Zufahrtsstraßen, Wasserversorgungssysteme, Entwässerung und Stromanschlüsse abgeschlossen werden. Diese Vorbereitungen sind entscheidend, da der Montageprozess nach Anlieferung der Module ohne Verzögerungen ablaufen muss.

Zur ordnungsgemäßen Standortvorbereitung gehört auch die Einrichtung temporärer Einrichtungen wie Lagerflächen, Unterkünfte für Arbeitskräfte und Baustellenbüros für das Projektmanagement. Das Bauteam stellt sicher, dass Fundamente und grundlegende Bauwerke – etwa Stahlbetonfundamente für Reaktoreinheiten und Nebengebäude – bis zur Lieferung der Module fertiggestellt sind. Diese Vorbereitungsphase ist im modularen Bauwesen besonders wichtig, da sie einen nahtlosen Übergang zur Montagephase ermöglicht und potenzielle Verzögerungen durch unvollständige Vorarbeiten minimiert.

Modulare Montage mithilfe von Schwerlastkränen

Sobald die Baustelle vollständig vorbereitet ist, werden die modularen Komponenten zur Baustelle transportiert und mithilfe von Schwerlastkränen montiert. Diese Phase umfasst die präzise Positionierung großer vorgefertigter Module wie Reaktordruckbehälter, Dampferzeuger und Sicherheitsbehälterstrukturen auf den vorbereiteten Fundamenten. Aufgrund der erheblichen Größe und des Gewichts dieser Komponenten wird der Montageprozess sorgfältig geplant und ausgeführt, um Sicherheit und Effizienz sicherzustellen.

The use of pre-configured connections, such as bolt-and-weld joints, allows for the rapid and secure integration of modules. This method eliminates the need for extensive on-site fabrication, reducing construction time and minimizing human error. The heavy-lift cranes are operated by skilled personnel to position each module accurately, ensuring that the connections align perfectly. This level of precision is essential, as even slight misalignments could lead to costly delays and potential safety issues.

Abbildung 35: SMRs können teilweise oder vollständig unterirdisch gebaut werden [244].

Parallele Bauaktivitäten

Einer der größten Vorteile eines modularen Bauansatzes ist die Möglichkeit, parallele Bauaktivitäten durchzuführen. Während ein Team mit der Montage der Reaktormodule beschäftigt ist, können andere Teams gleichzeitig an separaten Bereichen der Anlage arbeiten, beispielsweise an Kühltürmen, Turbinenhallen, elektrischen Umspannwerken und Leitständen. Dieser parallele Arbeitsablauf verkürzt den gesamten Projektzeitplan erheblich, da mehrere Bauphasen gleichzeitig voranschreiten können.

Beispielsweise können Teams während der Integration der Hauptreaktormodule gleichzeitig Rohrleitungen verlegen, elektrische Verkabelungen installieren und Hilfsstrukturen fertigstellen. Dieser gleichzeitige Bauansatz verkürzt nicht nur den Projektzeitplan, sondern optimiert auch die Ressourcennutzung, indem Arbeitskräfte und Ausrüstung kontinuierlich ohne Stillstandszeiten eingesetzt werden. Durch die Aufteilung des Bauprozesses in parallele Arbeitsströme können erhebliche Zeiteinsparungen erzielt werden, was entscheidend für die Senkung der Kosten und die Beschleunigung der Betriebsbereitschaft des Kraftwerks ist.

Vorinbetriebnahmetests und Systemintegration

Nach Abschluss der physischen Montage aller Module besteht der nächste Schritt in der Durchführung von Vorinbetriebnahmetests und der Systemintegration. Diese Phase ist entscheidend, um sicherzustellen, dass sämtliche Systeme ordnungsgemäß funktionieren, bevor das Kraftwerk vollständig in Betrieb genommen wird. Der Prüfprozess umfasst umfangreiche Kontrollen elektrischer Systeme, Steuerungssysteme, Kühlkreisläufe und

Sicherheitsmechanismen, um zu bestätigen, dass sie den Konstruktionsspezifikationen und Sicherheitsstandards entsprechen.

Vorinbetriebnahmetests werden typischerweise stufenweise durchgeführt, beginnend mit einzelnen Modulen und anschließend integrierten Systemen. Beispielsweise kann das Kühlsystem des Reaktorkerns zunächst unabhängig getestet werden, bevor es mit dem Dampfturbinensystem verbunden wird. Steuerungs- und Automatisierungssysteme werden ebenfalls umfassend geprüft, um einen reibungslosen Betrieb sicherzustellen. Alle während dieser Phase identifizierten Probleme werden behoben, bevor die Anlage in die vollständige Inbetriebnahme übergeht, wodurch potenzielle Betriebsrisiken verhindert werden.

Die Systemintegration ist ein komplexer Prozess, der sicherstellt, dass sämtliche Teilsysteme – wie Instrumentierungs- und Steuerungssysteme (I&C), Notkühlsysteme und Energieumwandlungseinheiten – harmonisch zusammenarbeiten. Diese Tests bestätigen, dass die Reaktormodule nach ihrer Verbindung als geschlossene Einheit funktionieren. Der Erfolg dieser Vorinbetriebnahmeaktivitäten ist entscheidend für die Erlangung der notwendigen regulatorischen Genehmigungen zur Fortsetzung der finalen Betriebsphase und ermöglicht es dem SMR-Kraftwerk, sicher und effizient Strom zu erzeugen.

Integration und Montage vor Ort beim Bau von SMRs

Die Integration und Montage von Small Modular Reactors (SMRs) vor Ort sind entscheidende Phasen des Bauprozesses, bei denen das modulare Design genutzt wird, um die Installation zu rationalisieren, die Bauzeit zu verkürzen und die Projekteffizienz zu steigern. Zu den wichtigsten Phasen gehören Standortvorbereitung, modulare Montage mithilfe von Schwerlastkränen, parallele Bauaktivitäten sowie Vorinbetriebnahmetests und Systemintegration. Jede dieser Phasen ist darauf ausgelegt, maximale Effizienz zu erreichen und gleichzeitig höchste Sicherheits- und Qualitätsstandards einzuhalten.

Standortvorbereitung

Bevor modulare Komponenten auf der Baustelle eintreffen, sind umfangreiche Vorbereitungsarbeiten erforderlich, um einen reibungslosen und effizienten Montageprozess sicherzustellen. Dazu gehören Geländenivellierung, Bodenstabilisierung und der Bau der notwendigen Fundamente zur Unterstützung der schweren Reaktormodule. Zusätzlich müssen Infrastrukturmaßnahmen wie Zufahrtsstraßen, Wasserversorgungssysteme, Entwässerung und Stromanschlüsse abgeschlossen werden. Diese Vorbereitungen sind entscheidend, da der Montageprozess nach Anlieferung der Module ohne Verzögerungen ablaufen muss.

Zur ordnungsgemäßen Standortvorbereitung gehört auch die Einrichtung temporärer Einrichtungen wie Lagerflächen, Unterkünfte für Arbeitskräfte und Baustellenbüros für das Projektmanagement. Das Bauteam stellt sicher, dass Fundamente und grundlegende Bauwerke – etwa Stahlbetonfundamente für Reaktoreinheiten und Nebengebäude – bis zur Lieferung der

Module fertiggestellt sind. Diese Vorbereitungsphase ist im modularen Bauwesen besonders wichtig, da sie einen nahtlosen Übergang zur Montagephase ermöglicht und potenzielle Verzögerungen durch unvollständige Vorarbeiten minimiert.

Modulare Montage mithilfe von Schwerlastkränen

Sobald die Baustelle vollständig vorbereitet ist, werden die modularen Komponenten zur Baustelle transportiert und mithilfe von Schwerlastkränen montiert. Diese Phase umfasst die präzise Positionierung großer vorgefertigter Module wie Reaktordruckbehälter, Dampferzeuger und Sicherheitsbehälterstrukturen auf den vorbereiteten Fundamenten. Aufgrund der erheblichen Größe und des Gewichts dieser Komponenten wird der Montageprozess sorgfältig geplant und ausgeführt, um Sicherheit und Effizienz sicherzustellen.

Die Verwendung vorkonfigurierter Verbindungen, wie Schraub- und Schweißverbindungen, ermöglicht die schnelle und sichere Integration der Module. Dieses Verfahren eliminiert den Bedarf an umfangreicher Fertigung vor Ort, verkürzt die Bauzeit und minimiert menschliche Fehler. Die Schwerlastkräne werden von qualifiziertem Personal bedient, um jedes Modul präzise zu positionieren und sicherzustellen, dass sämtliche Verbindungen exakt ausgerichtet sind. Dieses Maß an Präzision ist unerlässlich, da selbst geringfügige Fehlstellungen zu kostspieligen Verzögerungen und potenziellen Sicherheitsproblemen führen könnten.

Parallele Bauaktivitäten

Einer der größten Vorteile eines modularen Bauansatzes ist die Möglichkeit, parallele Bauaktivitäten durchzuführen. Während ein Team mit der Montage der Reaktormodule beschäftigt ist, können andere Teams gleichzeitig an separaten Bereichen der Anlage arbeiten, beispielsweise an Kühltürmen, Turbinenhallen, elektrischen Umspannwerken und Leitständen. Dieser parallele Arbeitsablauf verkürzt den gesamten Projektzeitplan erheblich, da mehrere Bauphasen gleichzeitig voranschreiten können.

Beispielsweise können Teams während der Integration der Hauptreaktormodule gleichzeitig Rohrleitungen verlegen, elektrische Verkabelungen installieren und Hilfsstrukturen fertigstellen. Dieser gleichzeitige Bauansatz verkürzt nicht nur den Projektzeitplan, sondern optimiert auch die Ressourcennutzung, indem Arbeitskräfte und Ausrüstung kontinuierlich ohne Stillstandszeiten eingesetzt werden. Durch die Aufteilung des Bauprozesses in parallele Arbeitsströme können erhebliche Zeiteinsparungen erzielt werden, was entscheidend für die Senkung der Kosten und die Beschleunigung der Betriebsbereitschaft des Kraftwerks ist.

Vorinbetriebnahmetests und Systemintegration

Nach Abschluss der physischen Montage aller Module besteht der nächste Schritt in der Durchführung von Vorinbetriebnahmetests und der Systemintegration. Diese Phase ist entscheidend, um sicherzustellen, dass sämtliche Systeme ordnungsgemäß funktionieren, bevor das Kraftwerk vollständig in Betrieb genommen wird. Der Prüfprozess umfasst umfangreiche Kontrollen elektrischer Systeme, Steuerungssysteme, Kühlkreisläufe und Sicherheitsmechanismen, um zu bestätigen, dass sie den Konstruktionsspezifikationen und Sicherheitsstandards entsprechen.

Vorinbetriebnahmetests werden typischerweise stufenweise durchgeführt, beginnend mit einzelnen Modulen und anschließend integrierten Systemen. Beispielsweise kann das Kühlsystem des Reaktorkerns zunächst unabhängig getestet werden, bevor es mit dem Dampfturbinensystem verbunden wird. Steuerungs- und Automatisierungssysteme werden ebenfalls umfassend geprüft, um einen reibungslosen Betrieb sicherzustellen. Alle während dieser Phase identifizierten Probleme werden behoben, bevor die Anlage in die vollständige Inbetriebnahme übergeht, wodurch potenzielle Betriebsrisiken verhindert werden.

Die Systemintegration ist ein komplexer Prozess, der sicherstellt, dass sämtliche Teilsysteme – wie Instrumentierungs- und Steuerungssysteme (I&C), Notkühlsysteme und Energieumwandlungseinheiten – harmonisch zusammenarbeiten. Diese Tests bestätigen, dass die Reaktormodule nach ihrer Verbindung als geschlossene Einheit funktionieren. Der Erfolg dieser Vorinbetriebnahmeaktivitäten ist entscheidend für die Erlangung der notwendigen regulatorischen Genehmigungen zur Fortsetzung der finalen Betriebsphase und ermöglicht es dem SMR-Kraftwerk, sicher und effizient Strom zu erzeugen.

Phasenweise Inbetriebnahme und Betriebsaufnahme von SMR-Kraftwerken

Der Bau und die Inbetriebnahme eines großen Small-Modular-Reactor-(SMR)-Kraftwerks, insbesondere einer Anlage mit mehreren Reaktoreinheiten, umfasst einen strategischen Prozess, der als phasenweise Inbetriebnahme und Betriebsaufnahme bezeichnet wird. Dieser Ansatz dient dazu, den Zeitplan zu optimieren, finanzielle Risiken zu minimieren und einen schrittweisen Übergang zur vollständigen Betriebskapazität sicherzustellen. Im Folgenden werden die wichtigsten Schritte dieses Prozesses erläutert, darunter die sequentielle Inbetriebnahme der Reaktoreinheiten, die Integration in das Stromnetz sowie die abschließende Sicherheitsvalidierung.

Sequentielle Inbetriebnahme der Reaktoreinheiten

Im Fall eines groß angelegten SMR-Kraftwerks – beispielsweise einer 4.000-MW-Anlage mit 40 Reaktoren zu jeweils 100 MW – erfolgt die Inbetriebnahme typischerweise schrittweise. Das bedeutet, dass die Reaktoren in Gruppen und nicht alle gleichzeitig in Betrieb genommen werden. Beispielsweise kann die Anlage die Reaktoren in Gruppen von jeweils zehn Einheiten in Betrieb nehmen. Dieser sequentielle Ansatz ermöglicht eine kontrolliertere und besser handhabbare Steigerung der Stromerzeugung und erlaubt gleichzeitig eine frühzeitige

Einnahmenerzielung, während der Bau und die Montage der verbleibenden Module fortgesetzt werden.

Durch die phasenweise Inbetriebnahme der Reaktoren kann das Projekt bereits Strom erzeugen und Einnahmen generieren, bevor die gesamte Anlage vollständig fertiggestellt ist. Dieser schrittweise Einnahmestrom trägt dazu bei, die anfänglichen Baukosten auszugleichen und die finanzielle Stabilität des Projekts zu unterstützen. Darüber hinaus bietet diese gestaffelte Methode die Möglichkeit, unvorhergesehene technische Probleme in den ersten Einheiten zu identifizieren und zu beheben. Die dabei gewonnenen Erkenntnisse können anschließend auf die nachfolgenden Module angewendet werden, wodurch Verzögerungen reduziert und die Effizienz in späteren Inbetriebnahmephasen verbessert werden.

Integration in das Stromnetz

Sobald ein Reaktormodul in Betrieb genommen wurde, muss es nahtlos in das nationale Stromnetz integriert werden. Dieser Integrationsprozess umfasst die Synchronisierung der Reaktorleistung mit den Frequenz- und Spannungsanforderungen des Stromnetzes. Es ist entscheidend sicherzustellen, dass jeder Reaktor auf Netzschwankungen reagieren und stabile Leistung liefern kann, insbesondere in Regionen mit stark variierender Stromnachfrage.

Der Synchronisierungsprozess umfasst eine Reihe von Tests zur Überprüfung der Lastfolgeeigenschaften des Reaktors. Diese Eigenschaften sind besonders wichtig für SMRs, die Stromnetze mit einem hohen Anteil erneuerbarer Energien unterstützen sollen. Die Tests stellen sicher, dass der SMR seine Leistung entsprechend Veränderungen des Strombedarfs anpassen kann und dadurch zur Netzstabilität beiträgt. Zusätzlich werden Notfallprotokolle umfassend geprüft, um sicherzustellen, dass sich jeder Reaktor im Falle von Störungen oder anderen Notfallsituationen sicher vom Netz trennen kann. Dieser Schritt ist entscheidend, um Kettenreaktionen und großflächige Störungen im elektrischen Netz zu verhindern.

Abschließende Sicherheitsvalidierung

Bevor das gesamte SMR-Kraftwerk vollständig betriebsbereit ist, führen die Aufsichtsbehörden eine abschließende Sicherheitsvalidierung durch, um sicherzustellen, dass die Anlage sämtliche Sicherheits-, Umwelt- und Betriebsstandards erfüllt. Diese umfassende Überprüfung erfolgt, nachdem alle Module integriert und getestet wurden. Sie beinhaltet die Bewertung der Leistung integrierter Sicherheitssysteme der Anlage, beispielsweise Kühlkreisläufe, Notabschaltverfahren und Maßnahmen zur Eindämmung radioaktiver Strahlung.

Der Prozess der abschließenden Sicherheitsvalidierung umfasst sowohl Vor-Ort-Inspektionen als auch die Prüfung umfangreicher Dokumentationen, um zu bestätigen, dass die Anlage nationale und internationale nukleare Sicherheitsstandards einhält. Die Aufsichtsbehörden bewerten, ob Design, Bau und Betriebsverfahren der Anlage mit den genehmigten Sicherheitsplänen und Lizenzbedingungen übereinstimmen. Erst wenn die Behörden vollständig davon überzeugt sind, dass sämtliche Sicherheitsprotokolle eingehalten wurden, erhält die Anlage die Genehmigung für den langfristigen Betrieb.

Diese abschließende Validierung ist nicht nur entscheidend für die Gewährleistung der öffentlichen und ökologischen Sicherheit, sondern auch für die Gewinnung des Vertrauens von Interessengruppen, einschließlich Investoren, Regierung und lokaler Gemeinschaften. Die Strenge dieses Prozesses stellt sicher, dass das SMR-Kraftwerk während seiner vorgesehenen Lebensdauer zuverlässig betrieben werden kann und eine sichere sowie kontinuierliche Quelle kohlenstoffarmer Energie bereitstellt.

Qualitätskontrolle beim Bau von SMRs

Qualitätskontrolle beim Bau von Small Modular Reactors (SMRs) ist ein umfassender, mehrstufiger Prozess, der sicherstellen soll, dass sämtliche Komponenten, Systeme und Bauverfahren strenge Sicherheits-, Leistungs- und Regulierungsstandards erfüllen. Aufgrund der Komplexität und der kritischen Bedeutung der Nukleartechnologie ist die Betonung der Qualitätskontrolle (Quality Control – QC) bei SMR-Projekten noch größer als bei konventionellen Infrastrukturprojekten. Ein robustes Qualitätskontrollsystem ist entscheidend, um Fehler zu vermeiden, die Betriebssicherheit zu gewährleisten, die Lebensdauer der Reaktorkomponenten zu verlängern und letztlich die regulatorische Genehmigung zu erhalten.

Der Erfolg eines Small-Modular-Reactor-(SMR)-Bauprojekts hängt grundlegend von einer sorgfältigen Qualitätskontrolle während der Design- und Engineeringphasen ab. Diese Phase ist entscheidend, um eine Grundlage zu schaffen, die Sicherheit, Effizienz und die Einhaltung nuklearer Vorschriften gewährleistet. Die Qualitätskontrolle in dieser Phase umfasst strenge Designvalidierung, robuste Dokumentenkontrollsysteme sowie umfassende Peer-Reviews und Audits. Nachfolgend wird eine detaillierte Beschreibung dieser entscheidenden Qualitätskontrollaspekte mit konkreten Beispielen dargestellt.

Die Designvalidierung ist ein intensiver Prozess, der eine Reihe von Computersimulationen, Belastungstests und thermohydraulischen Modellierungen umfasst, um zu bestätigen, dass das vorgeschlagene Reaktordesign den betrieblichen Anforderungen standhalten kann. Beispielsweise wird die Finite-Elemente-Analyse (Finite Element Analysis – FEA) häufig verwendet, um die strukturelle Integrität wichtiger Komponenten wie Reaktordruckbehälter und Dampferzeuger unter verschiedenen Belastungsbedingungen zu bewerten. Diese Methode hilft dabei, Bereiche mit Spannungskonzentrationen zu identifizieren, die potenziell zu Ausfällen führen könnten.

Zusätzlich wird Computational Fluid Dynamics (CFD) eingesetzt, um den Kühlmittelfluss innerhalb des Reaktorkerns zu modellieren und sicherzustellen, dass Wärme effektiv abgeführt wird, um eine Überhitzung zu verhindern. Beispielsweise wurden bei der Entwicklung des NuScale Power Module CFD-Simulationen intensiv genutzt, um das passive Kühlsystem des Reaktors zu optimieren. Thermohydraulische Analysen, beispielsweise mit Software wie RELAP5 oder TRACE, werden ebenfalls angewendet, um transiente Bedingungen zu simulieren und das Verhalten des Reaktors bei potenziellen Unfallszenarien zu bewerten.

Diese Werkzeuge zur Designvalidierung werden durch probabilistische Risikoanalysen (Probabilistic Risk Assessment – PRA) ergänzt, um die Wahrscheinlichkeit verschiedener Ausfallmodi zu bewerten. Dieser mehrschichtige Validierungsansatz stellt sicher, dass das Reaktordesign robust, sicher und mit internationalen Sicherheitsstandards konform ist, bevor mit dem physischen Bau begonnen wird.

Das Management technischer Dokumente ist entscheidend für die Aufrechterhaltung von Konsistenz und Nachverfolgbarkeit während des gesamten Lebenszyklus eines SMR-Projekts. Ein zentrales Dokumentenkontrollsystem wie SharePoint, ProjectWise oder ein EDMS (Electronic Document Management System) wird verwendet, um sämtliche Projektdokumentationen zu verwalten. Diese Plattformen ermöglichen Versionskontrolle, Zugriffsmanagement und Prüfpfade und stellen sicher, dass Projektteams stets Zugriff auf die aktuellsten Informationen haben.

Zu den wichtigsten Dokumenten, die kontrolliert werden müssen, gehören:

- Design Basis Documents: Beschreiben die technischen Anforderungen und regulatorischen Standards, welche die Entwicklung des SMR leiten.
- Engineering-Zeichnungen: Detaillierte technische Zeichnungen von Komponenten wie Reaktordruckbehältern, Rohrleitungsanordnungen und elektrischen Systemen.
- Safety Analysis Reports (SARs): Umfassen Preliminary Safety Analysis Reports (PSAR) und Final Safety Analysis Reports (FSAR), die für regulatorische Einreichungen wesentlich sind.
- Materialspezifikationen: Definieren die im Bau verwendeten Materialien, einschließlich Zertifizierungen für nukleartaugliche Komponenten.
- Änderungsanträge und Revisionsprotokolle: Dokumentieren sämtliche Designänderungen und stellen sicher, dass Änderungen geprüft und von relevanten Interessengruppen genehmigt werden.

Durch den Einsatz eines zentralisierten Systems werden sämtliche Änderungen, Genehmigungen und Aktualisierungen systematisch dokumentiert. Dadurch wird das Risiko von Inkonsistenzen reduziert und die Einhaltung regulatorischer Anforderungen sichergestellt. Beispielsweise wurde beim Bau des Hinkley Point C ein umfassendes Dokumentenkontrollsystem eingesetzt, um mehr als 100.000 technische Dokumente zu verwalten und eine reibungslose Koordination zwischen Designern, Auftragnehmern und Aufsichtsbehörden sicherzustellen.

Peer-Reviews und unabhängige Audits sind wesentliche Bestandteile des Qualitätskontrollprozesses und bieten eine zusätzliche Prüfungsebene zur Identifikation potenzieller Designschwächen. Im Fall von SMRs umfassen Peer-Reviews typischerweise Experten aus unterschiedlichen Fachbereichen wie Thermohydraulik, Strukturtechnik und Sicherheitssystemen, um die Robustheit des Designs zu bewerten.

Beispielsweise wurde das Design des NuScale Power Module vor seiner Genehmigung durch die U.S. Nuclear Regulatory Commission (NRC) umfangreichen Peer-Reviews durch unabhängige Experten unterzogen, um die passiven Sicherheitsmerkmale zu validieren. Diese Peer-Reviews konzentrieren sich häufig auf zentrale Sicherheitssysteme wie Notkühlsysteme und Sicherheitsbehälterstrukturen, um sicherzustellen, dass sie internationalen Standards entsprechen, beispielsweise jenen der International Atomic Energy Agency (IAEA).

Audits werden außerdem von Drittorganisationen wie Lloyd's Register, DNV oder regulatorischen Behörden durchgeführt, um die Einhaltung nationaler und internationaler Standards zu bestätigen. Der Auditprozess umfasst eine gründliche Überprüfung der Designdokumentation, Qualitätskontrollverfahren und Fertigungspraktiken. Beispielsweise wurden während des Darlington Refurbishment unabhängige Audits durchgeführt, um die Einhaltung der Standards der Canadian Nuclear Safety Commission (CNSC) zu überprüfen.

Darüber hinaus werden in SMR-Projekten häufig sogenannte Stage-Gate-Reviews eingesetzt. An wichtigen Meilensteinen – beispielsweise beim Übergang von der Konzeptphase zur Detailplanungsphase – bewertet ein unabhängiges Prüfungsgremium die Bereitschaft des Projekts für die nächste Phase. Dadurch wird sichergestellt, dass identifizierte Risiken gemindert werden, bevor der Bau fortgesetzt wird.

Die Auswahl der Materialien für SMR-Komponenten ist ein sorgfältiger Prozess, der auf Haltbarkeit, Strahlungsbeständigkeit und strukturelle Integrität ausgerichtet ist. Reaktordruckbehälter, Dampferzeuger, Wärmetauscher und Rohrleitungssysteme müssen aus hochfesten Legierungen gefertigt werden, beispielsweise SA-508/SA-533-Stahl für Druckbehälter, der für seine hervorragende Zähigkeit und Widerstandsfähigkeit gegen strahlungsinduzierte Versprödung bekannt ist. Für Komponenten, die extremen Temperaturen und korrosiven Umgebungen ausgesetzt sind, werden häufig Materialien wie Inconel 690 oder Alloy 800H verwendet, da sie überlegene Hochtemperaturfestigkeit und Korrosionsbeständigkeit bieten.

Um sicherzustellen, dass diese Materialien strenge Spezifikationen erfüllen, werden umfassende Prüfungen durchgeführt. Dazu gehören:

- **Zerstörungsfreie Prüfungen (NDT):** Verfahren wie Ultraschallprüfung (UT) und radiografische Prüfung (RT) werden eingesetzt, um innere Fehler wie Risse oder Hohlräume zu erkennen, ohne das Material zu beschädigen. Beispielsweise wird Ultraschallprüfung verwendet, um die Integrität von Schweißnähten in Reaktordruckbehältern zu überprüfen und sicherzustellen, dass keine inneren Defekte vorhanden sind, die die Sicherheit beeinträchtigen könnten.
- **Mechanische Prüfungen:** Tests wie Zugfestigkeitsprüfungen, Kerbschlagzähigkeitstests und Härteprüfungen werden durchgeführt, um die Fähigkeit des Materials zu bewerten, betrieblichen Belastungen standzuhalten. Insbesondere Schlagprüfungen sind für Druckbehälter entscheidend, um sicherzustellen, dass sie plötzlichen Belastungsänderungen ohne Bruch widerstehen können.

- **Korrosionsbeständigkeitsprüfungen:** Materialien, die Kühlsystemen ausgesetzt sind, werden unter simulierten Reaktorbedingungen auf Korrosionsbeständigkeit getestet, um ihre Langlebigkeit zu bestätigen. Beispielsweise werden Inconel-Legierungen in Dampferzeugern auf ihre Widerstandsfähigkeit gegen Spannungsrisskorrosion geprüft, die in Hochtemperatur-Wasserumgebungen verstärkt auftreten kann.

Diese strengen Prüfprotokolle stellen sicher, dass ausschließlich Materialien verwendet werden, die den höchsten Standards der Nuklearindustrie entsprechen. Dadurch wird das Risiko von Ausfällen während des Betriebs erheblich reduziert.

Ein entscheidender Aspekt beim Bau von Small Modular Reactors (SMRs) ist das Schweißen und die Fertigung zentraler Komponenten wie Reaktordruckbehälter, Wärmetauscher und Rohrleitungssysteme. Schweißarbeiten in der Nuklearindustrie erfordern höchste Präzision und Qualitätssicherung, da Schweißverbindungen eine kritische Rolle bei der Aufrechterhaltung der strukturellen Integrität druckführender Komponenten spielen.

Nach dem Schweißen werden die Verbindungen strengen Qualitätsprüfungen unterzogen, darunter:

- **Röntgen- und Ultraschallprüfungen:** Diese Verfahren werden eingesetzt, um die innere Integrität der Schweißnähte zu überprüfen und sicherzustellen, dass keine verborgenen Defekte vorhanden sind, welche die Sicherheit des Reaktors beeinträchtigen könnten.
- **Druckprüfungen:** Nach der Montage werden Komponenten wie Dampferzeuger hydrostatischen Drucktests unterzogen, um ihre Fähigkeit zur Aufnahme betrieblicher Drücke zu bestätigen. Beispielsweise kann ein Reaktordruckbehälter bei Drücken getestet werden, die 1,5-mal höher sind als seine normalen Betriebsbedingungen, um seine Belastbarkeit sicherzustellen.
- **Farbeindringprüfung:** Zur Erkennung von Oberflächenrissen wird häufig die Farbeindringprüfung an kritischen Schweißnähten eingesetzt, um oberflächenoffene Fehler zu identifizieren, die langfristig zu Leckagen oder strukturellem Versagen führen könnten.

Diese Qualitätssicherungsprozesse sind entscheidend, um sicherzustellen, dass die Komponenten die strengen Sicherheitsanforderungen von Kernreaktoren erfüllen und dadurch das Risiko von Ausfällen sowohl während des Baus als auch im Betrieb minimiert wird.

Bevor die vorgefertigten Module die Fabrik verlassen, werden sie einer umfassenden Reihe von Factory Acceptance Tests (FAT) unterzogen. Diese Tests dienen dazu zu bestätigen, dass jedes Modul wie vorgesehen funktioniert und unter simulierten Betriebsbedingungen den Designvorgaben entspricht. Der FAT-Prozess ist entscheidend, um Fehler vor dem Transport der Module zur Baustelle zu identifizieren und zu beheben, wodurch kostspielige Verzögerungen bei der Montage vor Ort reduziert werden.

Beispiele für Factory Acceptance Tests umfassen:

- **Hydraulische Prüfungen von Druckbehältern:** Um die Festigkeit und Dichtheit von Reaktordruckbehältern zu überprüfen, werden diese mit Wasser gefüllt und auf Drücke beaufschlagt, die deutlich über dem normalen Betriebsdruck liegen. Dadurch wird sichergestellt, dass der Behälter Druckschwankungen während des Betriebs standhalten kann, ohne zu lecken oder zu bersten.
- **Prüfung elektrischer und steuerungstechnischer Systeme:** Module mit Instrumentierungs- und Steuerungssystemen (I&C) werden getestet, um sicherzustellen, dass Sensoren, Regelkreise und automatische Sicherheitsabschaltungen vollständig funktionsfähig sind. Beispielsweise werden digitale Steuerungsmodule des NuScale Power Module auf fehlersicheren Betrieb und Lastfolgeeigenschaften geprüft, um ihre Zuverlässigkeit bei der Regelung der Reaktorleistung zu bestätigen.
- **Thermische Leistungstests:** Wärmetauscher und Dampferzeuger werden geprüft, um ihre Effizienz bei der Wärmeübertragung unter unterschiedlichen Lastbedingungen zu bestätigen. Simulationen werden durchgeführt, um die thermischen Bedingungen nachzubilden, denen die Module in der Reaktorumgebung ausgesetzt sein werden.

Sobald die vorgefertigten Small-Modular-Reactor-(SMR)-Module die Baustelle erreichen, beginnt ein strenger Qualitätskontrollprozess, um sicherzustellen, dass die Standortvorbereitung und die Bauingenieurarbeiten den strengen Standards entsprechen. Diese Phase ist entscheidend für die sichere und effiziente Montage der modularen Komponenten und umfasst sorgfältige Inspektionen und Prüfungen zur Gewährleistung der strukturellen Integrität und Umweltkonformität des Projekts.

Einer der ersten Schritte bei der Standortvorbereitung besteht darin sicherzustellen, dass der Boden das Gewicht des Reaktors ausreichend tragen kann und während seiner gesamten Betriebsdauer stabil bleibt. Es werden umfassende Bodenuntersuchungen durchgeführt, um Tragfähigkeit, Porosität und Bodenbeschaffenheit zu bewerten. Beispielsweise wurden vor dem Bau der HTR-PM-Reaktoren in China umfangreiche geotechnische Untersuchungen durchgeführt, um die Widerstandsfähigkeit des Standorts gegenüber Erdbeben zu bewerten. Seismische Bewertungen sind insbesondere für Reaktoren in erdbebengefährdeten Regionen von entscheidender Bedeutung. Dazu gehören Vibrationsanalysen und Untersuchungen zur Bodenverflüssigung, um zu bestätigen, dass der Untergrund stabil genug ist, um Verschiebungen oder Setzungen unter der hohen Last der Reaktorkomponenten zu verhindern. Notwendige Maßnahmen zur Bodenstabilisierung, wie Bodenverdichtung oder der Einsatz tiefer Fundamentpfähle, werden auf Grundlage dieser Ergebnisse umgesetzt.

Mit Fortschreiten der Bauarbeiten konzentriert sich die Qualitätskontrolle auf Fundament- und Tragstrukturen, die für die Unterstützung der Reaktormodule entscheidend sind. Dazu gehören regelmäßige Inspektionen während des Betonierens und Aushärtens, um sicherzustellen, dass die Fundamente die geforderten Festigkeits- und Haltbarkeitsstandards erfüllen. Beispielsweise nutzten Inspektoren während des Baus des NuScale Power Plant Ultraschallsensoren, um die Aushärtung des Betons in Echtzeit zu überwachen und sicherzustellen, dass die erforderliche Druckfestigkeit erreicht wurde, bevor schwere Module installiert wurden.

Zusätzlich werden verstärkte Stahlkonstruktionen sorgfältig auf korrekte Positionierung und Ausrichtung gemäß den Konstruktionsspezifikationen überprüft. Das Reaktorgebäude und die Sicherheitsbehälterstrukturen werden detaillierten Kontrollen unterzogen, um sicherzustellen, dass sie sowohl den technischen als auch den sicherheitstechnischen Anforderungen entsprechen. Dazu gehört die Überprüfung der Ausrichtung tragender Wände, die Kontrolle der Schweißqualität von Stahltragwerken und die Sicherstellung der Übereinstimmung mit den technischen Zeichnungen.

Die Qualitätskontrolle erstreckt sich ebenfalls auf die Minimierung der Umweltauswirkungen der Bauaktivitäten, insbesondere wenn sich der Standort in der Nähe besiedelter Gebiete befindet. Kontinuierliche Umweltüberwachungssysteme werden eingerichtet, um Parameter wie Staub, Lärm und Emissionen zu messen. Beispielsweise wurden beim Bau des Akademik Lomonosov in Russia die Lärmpegel sorgfältig überwacht, um sicherzustellen, dass sie innerhalb zulässiger Grenzwerte blieben und Störungen für nahegelegene Gemeinden minimiert wurden. Zusätzlich wird Oberflächenabfluss von der Baustelle auf Schadstoffe geprüft, um die Verschmutzung lokaler Gewässer zu verhindern.

Echtzeit-Überwachungsinstrumente wie Luftqualitätssensoren und Lärmmessgeräte werden eingesetzt, um sicherzustellen, dass die Bauaktivitäten die zulässigen Umweltgrenzwerte nicht überschreiten. Dies ist insbesondere an Standorten mit empfindlichen Ökosystemen oder strengen regulatorischen Anforderungen wichtig. Durch die Aufrechterhaltung einer strengen Überwachung von Umweltfaktoren wird die Einhaltung lokaler und internationaler Umweltstandards sichergestellt.

Sobald die vorgefertigten Small-Modular-Reactor-(SMR)-Module zur Baustelle transportiert wurden, verlagert sich der Schwerpunkt auf die sorgfältige Integration und Montage dieser Komponenten. Diese Phase umfasst den Einsatz von Schwerlastkränen zur Positionierung großer Module wie Reaktordruckbehälter und Sicherheitsbehälterstrukturen, gefolgt von ihrer Befestigung mittels vorkonfigurierter Schraub- und Schweißverbindungen. Die Qualitätskontrolle während dieser Montage vor Ort ist entscheidend, um sicherzustellen, dass jedes Modul korrekt in die Gesamtanlage integriert wird und sowohl Sicherheits- als auch Leistungsstandards eingehalten werden.

Sobald die Module positioniert sind, beginnen die Qualitätskontrollteams mit der Überprüfung ihrer Ausrichtung und Passgenauigkeit, bevor die Verbindungen endgültig hergestellt werden. Präzision ist entscheidend, da selbst geringfügige Abweichungen von den Konstruktionsspezifikationen zu betrieblichen Ineffizienzen oder sogar Sicherheitsrisiken führen können. Um dieses Maß an Genauigkeit zu erreichen, werden Technologien wie Laserscanning und 3D-Modellierung eingesetzt, um sicherzustellen, dass jede Komponente exakt mit den technischen Zeichnungen übereinstimmt. Beispielsweise wurden beim Bau des NuScale SMR Laserausrichtungssysteme verwendet, um sicherzustellen, dass Reaktordruckbehälter und Dampferzeuger mit Präzision im Millimeterbereich positioniert wurden und mögliche Fehlstellungen minimiert werden konnten, die den Reaktorbetrieb beeinträchtigen könnten.

Nachdem die strukturellen Komponenten gesichert wurden, richtet sich die Aufmerksamkeit auf die Integration elektrischer Systeme und der Instrumentierung. Diese Phase ist entscheidend, um sicherzustellen, dass sämtliche Steuerungssysteme, Sensoren und Stromkreise wie vorgesehen funktionieren. Umfassende Tests werden durchgeführt, um zu bestätigen, dass Sensoren die richtigen Parameter erfassen, Alarme unter bestimmten Bedingungen ausgelöst werden und Steuerungssysteme präzise auf Bedienereingaben reagieren. Während des Baus der HTR-PM-Reaktoren in China wurden umfangreiche Prüfungen der Steuerstromkreise durchgeführt, um sicherzustellen, dass sämtliche Sicherheitsverriegelungen des Reaktors funktionsfähig waren. Die Kalibrierung der Instrumentierung ist ein weiterer entscheidender Schritt und umfasst präzise Einstellungen von Sensoren zur Überwachung von Temperatur, Druck und Strahlungswerten.

Für Systeme, die Hochdruckflüssigkeiten transportieren, wie Reaktorkühlkreisläufe und Dampfleitungen, ist die Druckprüfung eine wesentliche Qualitätskontrollmaßnahme. Dabei werden Rohrleitungen, Ventile und Schweißverbindungen Drücken ausgesetzt, die über den normalen Betriebswerten liegen, um potenzielle Leckagen oder Schwachstellen zu identifizieren. Beispielsweise wurden beim Bau des Akademik Lomonosov Druckprüfungen an den Reaktorkühlsystemen durchgeführt, um die Integrität der Schweißverbindungen zu bestätigen. Erkannte Leckagen werden umgehend durch Reparaturen oder Anpassungen behoben, um sicherzustellen, dass das System den Betriebsbelastungen ohne Ausfall standhält.

Besondere Aufmerksamkeit gilt den Bereichen, in denen Module miteinander verbunden werden, da diese Verbindungen kritische Punkte darstellen, an denen unter hohem Druck Leckagen entstehen könnten. Zerstörungsfreie Prüfverfahren wie Ultraschall- und radiografische Prüfungen werden häufig eingesetzt, um die Integrität dieser Verbindungen zu überprüfen und sicherzustellen, dass keine inneren Defekte vorhanden sind.

Durch die Umsetzung strenger Qualitätskontrollprotokolle in jeder Phase der Integration vor Ort können SMR-Projekte kostspielige Verzögerungen vermeiden und die Sicherheit sowie Effizienz der Anlage gewährleisten. Diese Maßnahmen sind aufgrund der modularen Natur des SMR-Baus besonders wichtig, da die Zuverlässigkeit jedes vorgefertigten Moduls und dessen Integration in das Gesamtsystem entscheidend für den Erfolg des Kraftwerks sind. Durch die Kombination fortschrittlicher Ausrichtungstechnologien, strenger Prüfungen elektrischer Systeme und Instrumentierungen sowie robuster Drucktests stellt das Projektteam sicher, dass jedes Modul nahtlos als Teil eines vollständig integrierten Kraftwerks funktioniert.

Sobald der physische Bau und die Montage der Small-Modular-Reactor-(SMR)-Einheiten abgeschlossen sind, verlagert sich der Schwerpunkt auf eine intensive Phase von Vorinbetriebnahmetests. Diese Phase ist entscheidend, um zu überprüfen, dass sämtliche integrierten Systeme vollständig funktionsfähig, sicher und für den Dauerbetrieb bereit sind. Der Prüfprozess ist umfassend und reicht von statischen Bewertungen einzelner Komponenten bis hin zu dynamischen Tests vollständig integrierter Systeme.

Der erste Schritt der Vorinbetriebnahme umfasst Systemintegrationstests, die sicherstellen sollen, dass sämtliche miteinander verbundenen Module – wie Kühlsysteme, Turbinen,

Dampferzeuger und Steuerungsmechanismen – nahtlos zusammenarbeiten. Diese Tests beschränken sich nicht nur auf die Bestätigung der mechanischen Passgenauigkeit, sondern umfassen auch die Überprüfung der Interoperabilität der Softwaresysteme, welche die Reaktorfunktionen steuern. Beispielsweise wurden während der Vorinbetriebnahme des NuScale Power Module umfangreiche Tests durchgeführt, um zu bestätigen, dass das passive Kühlsystem des Reaktors unter Notfallbedingungen automatisch und ohne externe Stromversorgung aktiviert wird. Ebenso werden Notabschaltmechanismen streng geprüft, um sicherzustellen, dass sie korrekt auf simulierte Störungen reagieren und der Reaktor bei Bedarf sicher abgeschaltet werden kann.

Nach erfolgreichem Abschluss der Systemintegrationstests verlagert sich der Schwerpunkt auf Lasttests und die Synchronisierung mit dem nationalen Stromnetz. In dieser Phase wird jede Reaktoreinheit schrittweise auf ihre volle Leistung hochgefahren, um zu bestätigen, dass sie Strom mit ihrer vorgesehenen Kapazität erzeugen kann, ohne Leistungsprobleme aufzuweisen. Beispielsweise wurde das schwimmende SMR Akademik Lomonosov stufenweisen Lasttests unterzogen, um sicherzustellen, dass seine beiden Reaktoren zuverlässig eine kombinierte Leistung von 70 MWe erzeugen und abgelegene arktische Regionen mit Strom versorgen können. Netzsynchronisationstests sind ebenso entscheidend, da sie bestätigen, dass die Anlage reibungslos an die bestehende Netzinfrastruktur angeschlossen werden kann, Lastschwankungen bewältigt und auf Änderungen der Stromnachfrage reagiert. Dieser Prozess umfasst die Feinabstimmung der Lastfolgeeigenschaften der Anlage, um Störungen im Stromnetz zu vermeiden.

Bevor das SMR-Kraftwerk in den vollständigen kommerziellen Betrieb übergehen kann, muss es eine Reihe abschließender Sicherheitsprüfungen und regulatorischer Inspektionen bestehen. Diese Phase wird von nationalen Nuklearaufsichtsbehörden durchgeführt, um sicherzustellen, dass die Anlage sämtliche Sicherheits-, Umwelt- und Betriebsstandards erfüllt. Beispielsweise müssen SMRs wie der ARC-100 in Canada die strengen Richtlinien der Canadian Nuclear Safety Commission (CNSC) erfüllen. Inspektoren führen umfassende Bewertungen durch, um zu bestätigen, dass sämtliche Systeme den Spezifikationen entsprechen, die im Final Safety Analysis Report (FSAR) festgelegt sind. Dazu gehört die Überprüfung, dass Notfallmaßnahmen, Strahlenschutzmaßnahmen und Umweltschutzsysteme vollständig funktionsfähig sind.

Diese abschließenden Inspektionen sind entscheidend für die Erlangung einer Betriebsgenehmigung. Sämtliche während dieser Phase festgestellten Mängel müssen behoben werden, bevor die Anlage als betriebsbereit erklärt werden kann. Die Strenge dieses Prozesses stellt sicher, dass das SMR vom ersten Betriebstag an sicher arbeitet und sowohl die Umwelt als auch die umliegenden Gemeinden schützt, während es gleichzeitig zu einer stabilen Stromversorgung beiträgt.

Die Qualitätskontrolle eines Small Modular Reactors (SMR) endet nicht mit der Inbetriebnahme. Die Gewährleistung der langfristigen Sicherheit, Effizienz und Zuverlässigkeit des Reaktors erfordert kontinuierliche Überwachung, regelmäßige Inspektionen und die Einhaltung eines robusten Wartungsplans. Diese Phase ist entscheidend, um potenzielle Probleme zu vermeiden, die die Leistung beeinträchtigen oder die Sicherheit gefährden könnten, insbesondere angesichts der langen Betriebsdauer von Kernkraftwerken.

SMRs sind häufig mit hochentwickelten Echtzeit-Überwachungssystemen ausgestattet, die ein Netzwerk aus Sensoren und Algorithmen der künstlichen Intelligenz (KI) nutzen, um Anomalien zu erkennen. Beispielsweise ist das NuScale Power Module mit einer Vielzahl von Sensoren ausgestattet, die kontinuierlich Reaktorkerntemperaturen, Druckwerte, Kühlmitteldurchflussraten und andere kritische Parameter überwachen. Diese KI-gesteuerten Systeme können Abweichungen vom normalen Betriebszustand erkennen und ermöglichen es den Betreibern, kleinere Probleme schnell zu beheben, bevor sie sich zu größeren Störungen entwickeln. Dieser proaktive Ansatz reduziert das Risiko ungeplanter Abschaltungen erheblich und verbessert das gesamte Sicherheitsprofil des Reaktors.

Um optimale Leistung und die Einhaltung von Sicherheitsstandards sicherzustellen, folgen SMRs einem strengen Wartungs- und Inspektionsplan. Regelmäßige vorbeugende Wartungsmaßnahmen können den Austausch alternder Komponenten wie Pumpen, Ventile und Dichtungen sowie die Neukalibrierung von Sensoren zur Sicherstellung präziser Messwerte umfassen. Diese Inspektionen sind entscheidend, um die Betriebsdauer des Reaktors zu verlängern, die Wahrscheinlichkeit mechanischer Ausfälle zu verringern und die Einhaltung regulatorischer Anforderungen aufrechtzuerhalten. Darüber hinaus ermöglichen geplante Stillstandszeiten für Wartungsarbeiten den Ingenieuren die Durchführung umfassender Sicherheitstests, um sicherzustellen, dass sämtliche Systeme in optimalem Zustand bleiben.

Regelmäßige Audits durch unabhängige Experten und Aufsichtsbehörden spielen eine zentrale Rolle bei der Aufrechterhaltung hoher Sicherheits- und Qualitätsstandards während der gesamten Betriebsdauer des Reaktors. Beispielsweise verlangt die Canadian Nuclear Safety Commission (CNSC) regelmäßige unabhängige Überprüfungen für in Canada betriebene Reaktoren wie den ARC-100 und den IMSR von Terrestrial Energy. Diese Audits umfassen detaillierte Bewertungen der Sicherheitssysteme des Reaktors, der Betriebsprotokolle und der Maßnahmen zum Umweltschutz. Unabhängige Überprüfungen helfen dabei, potenzielle Verbesserungsbereiche zu identifizieren und sicherzustellen, dass die Anlage mit sich weiterentwickelnden Sicherheitsvorschriften und internationalen Best Practices konform bleibt.

Schulung der Arbeitskräfte und Qualifikationsanforderungen

Der Bau eines Small-Modular-Reactor-(SMR)-Kraftwerks umfasst mehrere Phasen, von denen jede spezialisierte Fachkräfte erfordert, um eine effiziente und sichere Projektdurchführung sicherzustellen. Nachfolgend folgt ein umfassender Überblick über die wichtigsten Rollen, die während des gesamten Lebenszyklus eines SMR-Bauprojekts benötigt werden – von der anfänglichen Planung und Konstruktion bis hin zu Bau, Inbetriebnahme und anschließendem Betrieb.

1. Projektmanagement und Planung

- **Projektdirektor:** Überwacht das gesamte Projekt, um sicherzustellen, dass es termingerecht, innerhalb des Budgets und gemäß den Qualitätsstandards umgesetzt wird.
- **Projektmanager:** Koordinieren die Arbeit verschiedener Teams, verwalten Zeitpläne und lösen Probleme auf der Baustelle.
- **Bauleiter:** Überwachen die Bauaktivitäten vor Ort und stellen die Einhaltung der Sicherheitsvorschriften sicher.
- **Planungs- und Terminierungsingenieure:** Entwickeln detaillierte Projektzeitpläne und überwachen den Fortschritt.
- **Kostenkalkulatoren:** Bewerten die Kosten für Materialien, Arbeitskräfte und Ausrüstung, die für das Projekt benötigt werden.
- **Vertragsadministratoren:** Verwalten Verträge mit Lieferanten, Subunternehmern und anderen Drittparteien.
- **Logistikkoordinatoren:** Planen den Transport vorgefertigter Module und Ausrüstung zur Baustelle.

2. Engineering und Konstruktion

- **Nuklearingenieure:** Entwickeln den Reaktorkern, Kühlsysteme und Sicherheitsmerkmale, um einen sicheren Betrieb zu gewährleisten.
- **Maschinenbauingenieure:** Entwickeln Systeme wie Wärmetauscher, Dampfturbinen und Rohrleitungsnetze.
- **Elektroingenieure:** Konstruieren Stromverteilungssysteme, Steuerstromkreise und Instrumentierung.
- **Bauingenieure:** Planen und überwachen den Bau von Fundamenten, Gebäuden und Tragstrukturen.
- **Tragwerksingenieure:** Gewährleisten die strukturelle Integrität von Sicherheitsbehältern, Kühltürmen und Tragwerken.
- **Ingenieure für Steuerungs- und Instrumentierungssysteme:** Entwickeln und implementieren Steuerungssysteme zur Reaktorüberwachung und Automatisierung.
- **Thermohydraulik-Ingenieure:** Analysieren Wärmeübertragung und Fluidströmung in den Reaktorsystemen.
- **Werkstoffingenieure:** Wählen Materialien aus, die hohen Temperaturen, Strahlung und Korrosion standhalten können.
- **Umweltingenieure:** Führen Bewertungen durch, um die Umweltauswirkungen von Bau und Betrieb zu minimieren.

3. Beschaffung, Qualitätskontrolle und Lieferkette

- **Beschaffungsspezialisten:** Beschaffen und kaufen Materialien, Komponenten und Dienstleistungen für den Bau.
- **Lieferkettenmanager:** Koordinieren die Lieferung von Komponenten, insbesondere vorgefertigter Module, von Fabriken zur Baustelle.

- **Qualitätsmanagement-(QA)-Manager:** Stellen sicher, dass die Bauprozesse den Industriestandards und Vorschriften entsprechen.
- **Qualitätskontrollinspektoren:** Führen Inspektionen durch, um die Einhaltung technischer Spezifikationen zu überprüfen.
- **Techniker für zerstörungsfreie Prüfungen (NDT):** Führen Ultraschall-, radiografische und andere Prüfverfahren zur Erkennung von Material- und Schweißfehlern durch.
- **Schweißinspektoren:** Stellen hochwertige Schweißnähte für kritische Komponenten wie Reaktordruckbehälter sicher.

4. Bau und Montage vor Ort

- **Baustellenleiter:** Überwachen die täglichen Bauaktivitäten auf der Baustelle.
- **Bediener schwerer Maschinen:** Bedienen Kräne, Bagger und andere Maschinen zum Heben und Positionieren der Module.
- **Schweißer und Metallbauer:** Montieren Komponenten und Module, insbesondere Reaktordruckbehälter.
- **Elektriker:** Installieren elektrische Verkabelungen, Schalttafeln und Steuerungssysteme.
- **Installateure und Rohrleitungsbauer:** Montieren und installieren Kühl- und Dampfleitungssysteme.
- **Betontechniker:** Stellen die ordnungsgemäße Mischung, Verarbeitung und Aushärtung des Betons für Fundamente sicher.
- **Hilfsarbeiter und allgemeine Bauarbeiter:** Unterstützen bei verschiedenen Bauaufgaben.
- **Gesundheits- und Sicherheitsbeauftragte:** Überwachen die Sicherheit vor Ort und die Einhaltung von Vorschriften.
- **Sicherheitspersonal:** Gewährleistet die Sicherheit des Standorts und kontrolliert den Zugang.

5. Inbetriebnahme und Prüfung

- **Inbetriebnahmeingenieure:** Führen Tests durch, um zu bestätigen, dass sämtliche Systeme betriebsbereit sind, bevor die Anlage ans Netz geht.
- **Leitstandsoperatoren:** Testen Steuerungssysteme, Automatisierungsprozesse und Sicherheitsprotokolle.
- **Systemintegrationsingenieure:** Stellen sicher, dass sämtliche Teilsysteme nahtlos zusammenarbeiten.
- **Netzsynchronisationsingenieure:** Verbinden das SMR-Kraftwerk mit dem nationalen Stromnetz und testen die Lastfolgeeigenschaften.
- **Strahlenschutzbeauftragte:** Überwachen die Strahlungswerte während der Inbetriebnahme und stellen die Einhaltung der Sicherheitsprotokolle sicher.

6. Umwelt- und Regulierungscompliance

- **Spezialisten für regulatorische Angelegenheiten:** Arbeiten mit Aufsichtsbehörden zusammen, um die Einhaltung nuklearer Sicherheitsgesetze sicherzustellen.

- **Umweltverträglichkeitsprüfer:** Führen Studien zur Bewertung der Auswirkungen des Projekts auf die lokale Umwelt durch.
- **Genehmigungskoordinatoren:** Beschaffen notwendige Genehmigungen und Zulassungen von lokalen, regionalen und nationalen Behörden.

7. Informationstechnologie und Cybersicherheit

- **IT-Infrastrukturingenieure:** Richten IT-Systeme und Netzwerke für den Anlagenbetrieb ein und verwalten diese.
- **Cybersicherheitsspezialisten:** Schützen die digitale Infrastruktur des SMR-Kraftwerks vor Cyberbedrohungen.
- **Datenanalysten:** Überwachen und analysieren Betriebsdaten zur Optimierung der Leistung.

8. Unterstützende Dienste und Verwaltung

- **Personalmanager (HR):** Verantwortlich für Rekrutierung, Schulung und Verwaltung der Belegschaft.
- **Verwaltungsassistenten:** Unterstützen bei Terminplanung, Dokumentation und Koordination.
- **Finanz- und Buchhaltungsspezialisten:** Verwalten Projektbudgets, Lohnabrechnungen und Finanzberichte.
- **Rechtsberater:** Unterstützen bei Verträgen, regulatorischer Compliance und Streitbeilegung.
- **Public-Relations-Beauftragte:** Kommunizieren mit lokalen Gemeinschaften, Interessengruppen und Medien, um Transparenz zu gewährleisten und Vertrauen aufzubauen.

9. Betrieb und Wartung (nach dem Bau)

- **Betriebsleiter:** Überwacht den täglichen Betrieb des SMR-Kraftwerks nach dessen Inbetriebnahme.
- **Wartungsingenieure:** Führen routinemäßige Wartungsarbeiten durch, um einen effizienten Betrieb der Anlage sicherzustellen.
- **Nuklearsicherheitsbeauftragte:** Überwachen kontinuierlich Sicherheitssysteme und stellen die Einhaltung nuklearer Sicherheitsstandards sicher.
- **Schulungskoordinatoren:** Führen Schulungen für Mitarbeiter zu neuer Ausrüstung, Sicherheitsprotokollen und Betriebsverfahren durch.

Als Beispiel stellt der Bau eines 4.000-MW-Small-Modular-Reactor-(SMR)-Kraftwerks – bestehend aus mehreren 100-MW-SMR-Einheiten – ein umfangreiches Projekt dar, das eine Vielzahl spezialisierter Fachkräfte erfordert.

Nachfolgend wird eine detaillierte Tabelle vorgestellt, die die verschiedenen Berufsrollen beschreibt, die für den Bau eines 4.000-MW-Small-Modular-Reactor-(SMR)-Kraftwerks erforderlich sind. Die Tabelle enthält geschätzte Personalzahlen für jede Rolle sowie die Dauer ihres Einsatzes während des Projekts.

Kategorie	Berufsrolle	Anzahl der benötigten Mitarbeiter	Beschäftigungsdauer
Projektmanagement und Planung	Projektdirektor	1	Gesamte Projektdauer (8–10 Jahre)
	Projektmanager	10	Gesamte Projektdauer (8–10 Jahre)
	Bauleiter	15	6-8 Jahre
	Planungs- und Terminierungsingenieure	8	4-6 Jahre
	Kostenkalkulatoren	5	2-3 Jahre
	Vertragsadministratoren	6	3-5 Jahre
	Logistikkoordinatoren	10	5-6 Jahre
Engineering und Konstruktion	NukleIngenieure	20	4-6 Jahre
	Maschinenbauingenieure	30	4-6 Jahre
	Elektroingenieure	25	4-6 Jahre
	Bauingenieure	30	4-6 Jahre
	Tragwerksingenieure	20	3-5 Jahre
	Ingenieure für Steuerungs- und Instrumentierungssysteme	15	4-6 Jahre
	Thermohydraulik-Ingenieure	12	4-6 Jahre
	Werkstoffingenieure	10	3-5 Jahre
	Umweltingenieure	8	2-4 Jahre
	Beschaffungsspezialisten	10	3-5 Jahre

Kategorie	Berufsrolle	Anzahl der benötigten Mitarbeiter	Beschäftigungsdauer
Beschaffung, Lieferkette und Qualitätskontrolle	Lieferkettenmanager	6	3-5 Jahre
	Qualitätsmanagement-(QA)-Manager	5	Gesamte Projektdauer (8–10 Jahre)
	Qualitätskontrollinspektoren	25	5-7 Jahre
	Techniker für zerstörungsfreie Prüfungen (NDT-Techniker)	20	4-6 Jahre
	Schweißinspektoren	15	3-5 Jahre
Bau und Montage vor Ort	Baustellenleiter	30	6-8 Jahre
	Bediener schwerer Maschinen	40	4-6 Jahre
	Anschlagmittel- und Rigging-Spezialisten	20	4-6 Jahre
	Schweißer und Metallbauer	50	4-6 Jahre
	Betontechniker	25	3-5 Jahre
	Rohrleitungsbauer und Installateure	30	4-6 Jahre
	Elektriker	40	4-6 Jahre
	Gerüstbauer und Bauarbeiter	100	3-5 Jahre
	Gesundheits- und Sicherheitsbeauftragte	15	Gesamte Projektdauer (8–10 Jahre)
	Sicherheitspersonal	25	Gesamte Projektdauer (8–10 Jahre)

Kategorie	Berufsrolle	Anzahl der benötigten Mitarbeiter	Beschäftigungsdauer
Inbetriebnahme und Prüfung	Inbetriebnahmeingenieure	20	2-4 Jahre
	Leitstandsoperatoren	10	2-3 Jahre
	Systemintegrationsingenieure	10	3-4 Jahre
	Netzsynchronisationsingenieure	8	1-2 Jahre
	Strahlenschutzspezialisten	12	2-4 Jahre
Umwelt- und Regulierungscompliance	Spezialisten für regulatorische Angelegenheiten	8	4-6 Jahre
	Umweltverträglichkeitsprüfer	10	2-4 Jahre
	Genehmigungskoordinatoren	6	3-5 Jahre
	Spezialisten für Abfallmanagement	10	2-4 Jahre
Informationstechnologie und Cybersicherheit	IT-Infrastrukturingenieure	12	3-5 Jahre
	Cybersicherheitsspezialisten	10	3-5 Jahre
	Datenanalysten	8	2-3 Jahre
Unterstützende Dienste	Personalmanager	5	Gesamte Projektdauer (8–10 Jahre)
	Verwaltungsassistenten	15	5-7 Jahre
	Finanz- und Buchhaltungsspezialisten	8	Gesamte Projektdauer (8–10 Jahre)

Kategorie	Berufsrolle	Anzahl der benötigten Mitarbeiter	Beschäftigungsdauer
	Rechtsberater	5	4-6 Jahre
	Public-Relations-Beauftragte	6	4-6 Jahre
Betrieb und Wartung (nach dem Bau)	Betriebsleiter der Anlage	2	Fortlaufend
	Wartungsingenieure	20	Fortlaufend
	Nuklearsicherheitsbeauftragte	10	Fortlaufend
	Schulungskoordinatoren	5	Fortlaufend

Wichtige Erkenntnisse:

1. **Gesamtbelegschaft:** Während der Spitzenphase des Baus werden etwa 750–1.000 Personen benötigt, wobei je nach Projektphase zusätzliche spezialisierte Rollen hinzukommen.
2. **Projektdauer:** Die gesamte Projektdauer wird auf etwa 8–10 Jahre geschätzt, einschließlich Planung, Bau, Inbetriebnahme und anfänglichem Betrieb.
3. **Phasenansatz:** Das Projekt nutzt eine phasenweise Bauweise, bei der bestimmte Rollen je nach Projektstadium erweitert oder reduziert werden. Beispielsweise werden während der Hauptbauphase mehr Schweißer und Metallbauer benötigt, während der Bedarf an Inbetriebnahmeingenieuren gegen Ende des Projekts steigt.

Diese detaillierte Aufschlüsselung vermittelt einen Einblick in die umfangreiche Personalplanung, die erforderlich ist, um ein SMR-Kraftwerk erfolgreich zu errichten und sicherzustellen, dass alle Projektphasen ausreichend besetzt sind, um Zeitpläne und Sicherheitsstandards einzuhalten.

Mehrere Länder verfügen über die Fähigkeiten, das Fachwissen und die Arbeitskräfte, die notwendig sind, um den Bau eines Großprojekts wie eines 4.000-MW-Small-Modular-Reactor-(SMR)-Kraftwerks zu unterstützen. Nachfolgend folgt ein detaillierter Überblick über die Länder, die am besten positioniert sind, um solche Projekte umzusetzen:

Die Vereinigten Staaten verfügen über eine gut etablierte Nuklearindustrie, die durch einen robusten regulatorischen Rahmen unterstützt wird, der von der U.S. Nuclear Regulatory Commission (NRC) verwaltet wird. Das Land verfügt über einen großen Pool erfahrener Nuklearingenieure, Inbetriebnahmespezialisten und Leitstandsoperatoren. Die USA profitieren zudem von qualifizierten Fachkräften wie Schweißern, Bedienern schwerer Maschinen und Technikern für zerstörungsfreie Prüfungen (NDT), was auf ihre lange Geschichte im Kraftwerksbau zurückzuführen ist. Darüber hinaus fördern die USA aktiv nukleare Innovationen, einschließlich der Entwicklung von SMRs, mit führenden Unternehmen wie NuScale Power, Westinghouse Electric Company und GE Hitachi Nuclear Energy [16]. Die USA profitieren außerdem von einer starken Bildungsinfrastruktur, die kontinuierlich qualifizierte Arbeitskräfte wie Schweißer und Techniker hervorbringt, welche für Nuklearbauprojekte unerlässlich sind [130].

Canada ist ein bedeutender Akteur im Bereich der Kernenergie, insbesondere aufgrund seiner Erfahrung mit CANDU-Reaktordesigns. Das Land verfügt über qualifizierte Arbeitskräfte, insbesondere in den Bereichen Nukleartechnik, regulatorische Compliance, Schweißtechnik und Qualitätskontrolle. Die gut etablierten Lieferketten für Nuklearkomponenten sowie die staatliche Unterstützung für SMRs in Provinzen wie Ontario und Saskatchewan sind entscheidende Erfolgsfaktoren [131]. Zu den wichtigsten Unternehmen im Nuklearbereich gehören SNC-Lavalin, Bruce Power und Ontario Power Generation [3].

Das United Kingdom verfügt über eine starke nukleare Fachkräftebasis, die durch jüngste Investitionen in Projekte wie Hinkley Point C sowie durch Pläne für SMRs unter der Leitung von Rolls-Royce gestärkt wurde [127]. Der regulatorische Rahmen des Vereinigten Königreichs, verwaltet durch das Office for Nuclear Regulation (ONR), unterstützt den Einsatz neuer Nukleartechnologien. Qualifizierte Ingenieure, Projektmanager und spezialisierte Fachkräfte stehen insbesondere in den Bereichen Bauingenieurwesen und Maschinenbau in ausreichender Zahl zur Verfügung. Zu den wichtigsten Industrieunternehmen gehören Rolls-Royce, EDF Energy und Balfour Beatty.

France bleibt ein weltweit führendes Land im Bereich der Kernenergie mit umfassender Erfahrung beim Bau und Betrieb von Kernkraftwerken. EDF führt die Branche an, unterstützt von Unternehmen wie Framatome und Areva. Das Land verfügt über einen großen Pool an Nuklearingenieuren, Leitstandsoperatoren und Inbetriebnahmespezialisten. Der nukleare Regulierungsrahmen ist klar definiert und wird von der Autorité de sûreté nucléaire (ASN) überwacht, welche sicherstellt, dass Projekte strenge Sicherheitsstandards erfüllen [11, 245].

China erweitert seine Nuklearflotte rasch und hat umfangreiche Expertise sowohl bei großen Reaktoren als auch bei SMRs entwickelt. Das Land verfügt über hochqualifizierte Arbeitskräfte im Bereich Hochbau, Maschinenbau und nukleare Inbetriebnahme und weist eine starke Erfolgsbilanz bei der effizienten Umsetzung großer Projekte auf. Staatliche Unterstützung und vereinfachte regulatorische Prozesse haben die nukleare Entwicklung zusätzlich gefördert. Führende Unternehmen sind die China National Nuclear Corporation (CNNC) und die China General Nuclear Power Group (CGN) [54, 61].

South Korea ist bekannt für seine Effizienz beim Bau von Kernkraftwerken, insbesondere mit den Technologien APR1400 und SMART SMR. Das Land profitiert von einer hochqualifizierten Belegschaft in Nukleartechnik, Bauprojektmanagement und Elektrotechnik. Starke staatliche Unterstützung und eine gut regulierte Industrie fördern die nuklearen Ambitionen des Landes. Zu den wichtigsten Unternehmen gehören Korea Hydro & Nuclear Power (KHNP) und Doosan Heavy Industries & Construction [227].

Japan verfügt über umfassende Expertise in Nukleartechnologie, insbesondere bei fortschrittlichen Reaktordesigns und Sicherheitssystemen. Das Land besitzt qualifizierte Ingenieure und Techniker mit Erfahrung im Bau und in der Wartung von Kernkraftwerken. Trotz regulatorischer Herausforderungen nach Fukushima bleibt Japan in der Lage, Nuklearprojekte auszuweiten, insbesondere im Bereich modularer Bauweisen. Zu den wichtigsten Industrieunternehmen gehören Mitsubishi Heavy Industries, Hitachi und Toshiba [11, 94].

Russia ist führend im Bereich modularer Reaktortechnologie, wie das schwimmende SMR Akademik Lomonosov zeigt. Das Land verfügt über eine große und erfahrene Belegschaft mit Kompetenzen im Nuklearbau, Schweißen und der Inbetriebnahme von Reaktoren [3, 13]. Die zentrale Unterstützung durch Staatsunternehmen wie Rosatom sowie vereinfachte regulatorische Genehmigungsprozesse erleichtern eine schnelle Projektumsetzung [54].

Die Nuklearindustrie Indias wächst kontinuierlich, mit einem Fokus auf fortschrittliche Nukleartechnologien einschließlich SMRs zur Erweiterung des Energiemixes. Das Land verfügt über einen großen Pool qualifizierter Ingenieure, Projektmanager und Baukräfte mit Erfahrung in Großinfrastrukturprojekten. Die starke staatliche Unterstützung der Kernenergie steht im Einklang mit Indiens Strategie zur Energiesicherheit. Zu den wichtigsten Unternehmen gehören die Nuclear Power Corporation of India Limited (NPCIL) und Larsen & Toubro [3, 16, 238].

Länder wie die USA, Kanada, das Vereinigte Königreich, Frankreich, China, Südkorea und Japan sind aufgrund ihrer etablierten Nuklearindustrien, qualifizierten Arbeitskräfte und unterstützenden regulatorischen Rahmenbedingungen gut gerüstet, um ein groß angelegtes SMR-Projekt umzusetzen. Aufstrebende Nuklearnationen wie Indien und Russland verfügen ebenfalls über das notwendige Fachwissen, insbesondere aufgrund ihres jüngsten Fokus auf modulare Reaktortechnologien.

Länder ohne gut etablierte Nuklearinfrastruktur könnten Schwierigkeiten haben, die für SMR-Projekte erforderlichen spezialisierten Arbeitskräfte bereitzustellen. Diese Staaten müssten möglicherweise auf internationale Partnerschaften zurückgreifen oder spezialisierte Fachkräfte aus Ländern mit etablierter Nuklearkompetenz einsetzen, um den Projektbedarf zu decken.

Wenn beispielsweise Australia den Bau eines 4.000-MW-Small-Modular-Reactor-(SMR)-Kraftwerks in Angriff nehmen würde, stünde das Land aufgrund seiner derzeit begrenzten Erfahrung mit nuklearer Energieinfrastruktur vor erheblichen Herausforderungen. Mit einem strategischen Ansatz, der kurz- und langfristige Investitionen umfasst, könnte Australien jedoch die notwendigen Fähigkeiten entwickeln, um ein solches groß angelegtes Nuklearprojekt umzusetzen. Nachfolgend wird eine umfassende Darstellung von Strategien beschrieben, die helfen könnten, die Qualifikationslücke zu schließen und dieses Ziel erfolgreich zu erreichen:

Um schnell Fachkompetenz aufzubauen, könnte Australien strategische Partnerschaften mit Ländern eingehen, die über etablierte Nuklearindustrien verfügen, beispielsweise mit den Vereinigten Staaten, Kanada, dem Vereinigten Königreich und Südkorea. Diese Partnerschaften könnten Technologietransferabkommen, Joint Ventures und Wissensaustauschprogramme umfassen, um die Entwicklung lokaler Kompetenzen zu beschleunigen. Darüber hinaus könnten Austauschprogramme eingerichtet werden, bei denen australische Ingenieure, Techniker und Manager an Nuklearprojekten im Ausland mitarbeiten, um praktische Erfahrungen zu sammeln. Dieser Ansatz wäre entscheidend, um Australiens nukleare Fachkräftebasis rasch aufzubauen und dabei internationale Best Practices zu nutzen.

Ein entscheidender Schritt, um sicherzustellen, dass Australien den Personalbedarf eines SMR-Projekts decken kann, wäre der Ausbau lokaler Bildungs- und Ausbildungsprogramme. Dies würde die Einführung spezialisierter Studiengänge im Bereich Nukleartechnik an australischen Universitäten umfassen, mit Schwerpunkten wie Reaktordesign, nukleare Sicherheit, Thermohydraulik und Werkstoffwissenschaften. Führende Institutionen wie die University of New South Wales (UNSW) und die Australian National University (ANU) könnten eine Schlüsselrolle bei der Entwicklung von Lehrplänen spielen, die speziell auf SMR-Technologie zugeschnitten sind.

Zusätzlich wären berufliche Ausbildungsprogramme und Lehrlingsausbildungen notwendig, um technische Fähigkeiten wie Schweißen, zerstörungsfreie Prüfungen (NDT) und Elektrotechnik zu entwickeln. Eine Zusammenarbeit mit dem TAFE-System (Technical and Further Education) könnte sicherstellen, dass diese Programme den Anforderungen der Industrie entsprechen. Um das Fachwissen weiter auszubauen, könnte Australien Partnerschaften mit führenden internationalen Universitäten wie dem Massachusetts Institute of Technology (MIT) in den USA, dem Imperial College London und dem KAIST in Südkorea eingehen, um australischen Studierenden und Fachkräften Zugang zu modernster Forschung und fortschrittlichen Nuklearstudiengängen zu ermöglichen.

Australien verfügt über einen starken Talentpool in Branchen wie Bergbau, Öl- und Gasindustrie sowie Energieerzeugung. Viele dieser Kompetenzen – insbesondere in Projektmanagement, Bedienung schwerer Maschinen und Sicherheitscompliance – sind auf Nuklearprojekte übertragbar. Maßgeschneiderte Schulungsprogramme könnten entwickelt werden, um Fachkräfte aus diesen Sektoren weiterzubilden. Beispielsweise könnten Arbeitnehmer mit Erfahrung in Hochdrucksystemen, Schweißtechnik und Verfahrenstechnik für den Bau und Betrieb von SMRs umgeschult werden. Zusätzlich könnten Online- und Blended-Learning-Plattformen wie Coursera, edX und LinkedIn Learning spezialisierte Nuklearkurse anbieten, um die Entwicklung der Arbeitskräfte zu beschleunigen.

Angesichts des unmittelbaren Bedarfs an spezialisierten Fachkräften könnte Australia kurzfristige Qualifikationslücken schließen, indem erfahrene Nuklearingenieure, Projektmanager und Techniker aus Ländern mit etablierten Nuklearsektoren angeworben werden. Dies könnte durch spezielle Visa-Programme und Anreize zur Gewinnung qualifizierter Fachkräfte unterstützt werden, die bereit sind, nach Australien umzuziehen. Durch die Nutzung Australiens Ruf als Land mit hoher Lebensqualität und stabilen Arbeitsbedingungen könnte das Land eine Talentpipeline schaffen, die Experten aus aller Welt anzieht. Vereinfachte Visa-Verfahren und attraktive Umzugspakete würden diese Bemühungen zusätzlich stärken.

Um den modularen Bau zu unterstützen, müsste Australien in lokale Fertigungskapazitäten für Schlüsselkomponenten wie Reaktordruckbehälter, Wärmetauscher und Steuerungssysteme investieren. Dies würde eine Zusammenarbeit zwischen Regierung und Privatwirtschaft erfordern, um moderne Produktionsanlagen aufzubauen. Die Förderung kleiner und mittlerer Unternehmen (KMU) beim Einstieg in die nukleare Lieferkette durch Zuschüsse, Steueranreize und Ausbildungsprogramme würde ebenfalls dazu beitragen, eine robuste heimische Industrie zu entwickeln, die den Bau und die Wartung von SMRs unterstützen kann.

Die Einrichtung einer eigenen nuklearen Aufsichtsbehörde ist entscheidend, da Australien derzeit über keinen umfassenden regulatorischen Rahmen für Kernenergie verfügt. Eine Behörde ähnlich der U.S. Nuclear Regulatory Commission (NRC) oder des Office for Nuclear Regulation (ONR) im Vereinigten Königreich wäre notwendig. Diese Behörde müsste Richtlinien und Standards speziell für SMRs entwickeln und dabei Sicherheit und Innovation in Einklang bringen. Spezialisierte Ausbildungsprogramme für Regulierungsbehörden und Sicherheitsinspektoren wären erforderlich, um Fachwissen in den Bereichen nukleare Sicherheit, Umweltbewertung und Genehmigungsverfahren aufzubauen. Die Teilnahme an Organisationen wie der International Atomic Energy Agency (IAEA) könnte wertvolle Unterstützung bei der Übernahme internationaler Best Practices bieten.

Um das Interesse an Berufen im Nuklearbereich zu fördern, könnte die Regierung Stipendien, Fördermittel und Praktika für Studierende anbieten, die Nukleartechnik oder verwandte Fachrichtungen studieren. Öffentlich-private Partnerschaften zwischen Regierung, Industrie und Bildungseinrichtungen wären entscheidend, um eine kontinuierliche Versorgung mit qualifizierten Fachkräften sicherzustellen. Darüber hinaus könnte die Investition in Forschungs- und Entwicklungszentren (F&E), die sich auf SMR-Technologie konzentrieren, Talente anziehen und Innovationen im Bereich Reaktordesign, Werkstoffwissenschaften und Sicherheitssysteme vorantreiben.

Der Bau eines 4.000-MW-SMR-Kraftwerks in Australien würde einen vielschichtigen Ansatz zur Entwicklung der Arbeitskräfte erfordern, der internationale Zusammenarbeit, lokale Bildungsinitiativen und gezielte Rekrutierung kombiniert. Durch die Nutzung bestehender Kompetenzen in verwandten Industrien und Investitionen in spezialisierte Ausbildungsprogramme kann Australien die notwendige Qualifikationsbasis schaffen, um seine nuklearen Ambitionen zu unterstützen. Mit strategischer Planung, starker staatlicher Unterstützung und Zusammenarbeit mit globalen Experten könnte sich Australien als führendes Land beim Einsatz von SMR-Technologie positionieren und zur Energiesicherheit der Region sowie zur Reduktion von Kohlenstoffemissionen beitragen.

Die Entwicklung qualifizierter lokaler Arbeitskräfte ist von entscheidender Bedeutung, insbesondere angesichts der begrenzten nuklearen Erfahrung Australiens. Diese Kosten müssten in jedes Kernkraftwerksprojekt einkalkuliert werden. Die Schätzung der Kosten für den Bau eines 4.000-MW-Small-Modular-Reactor-(SMR)-Kraftwerks in Australien erfordert eine detaillierte Analyse verschiedener Faktoren, darunter die Kosten der modularen Reaktoreinheiten, der Aufbau von Fachkräften, die Einrichtung regulatorischer Strukturen, der Aufbau von Lieferketten und die langfristige Betriebsplanung. Nachfolgend werden die wichtigsten Kostenkomponenten eines solchen Großprojekts zusammen mit realistischen Schätzungen dargestellt.

1. Kosten der SMR-Einheiten und modularer Bauweise

Der Großteil der Kosten entfällt auf den Kauf, die Herstellung und die Installation der SMR-Module. Unter der Annahme der Verwendung von 40 SMRs mit jeweils 100 MW Leistung variieren die Kosten pro Modul je nach Technologie, Lieferant und Standort. Als allgemeine Schätzung gilt:

- **Kosten pro 100-MW-SMR-Modul:** Etwa 300–500 Millionen USD, abhängig von Faktoren wie dem Reaktortyp (z. B. Druckwasserreaktoren wie NuScale Power Module oder BWRX-300) und den Marktbedingungen.
- **Gesamtkosten für 40 Module:** 12–20 Milliarden USD.

Die modulare Bauweise bietet Kostenvorteile im Vergleich zu traditionellen Kernreaktoren. Aufgrund der begrenzten nuklearen Infrastruktur Australiens könnten erste Projekte jedoch höhere Kosten verursachen, da lokale Fertigungskapazitäten aufgebaut und Technologien angepasst werden müssen.

2. Standortvorbereitung und Infrastrukturentwicklung

Da Australien bislang keine bestehende Infrastruktur für Kernkraftwerke besitzt, wären erhebliche Investitionen in die Standortvorbereitung erforderlich, darunter:

- **Grundstückserwerb und Standortentwicklung:** 500 Millionen bis 1 Milliarde USD, abhängig vom Standort und der vorhandenen Infrastruktur.
- **Netzintegration und Stromleitungen:** 300–500 Millionen USD für die Anbindung der Anlage an das nationale Stromnetz.
- **Kühlsysteme, Wasserversorgung und andere Versorgungseinrichtungen:** 200–400 Millionen USD.

3. Entwicklung der Arbeitskräfte und Ausbildungsprogramme

Die Entwicklung qualifizierter lokaler Arbeitskräfte ist entscheidend, insbesondere angesichts der begrenzten nuklearen Erfahrung Australiens. Zu den Kosten gehören:

- **Internationale Partnerschaften und Schulungen:** Der Aufbau von Austauschprogrammen mit Ländern wie den USA, Kanada und dem Vereinigten Königreich könnte etwa 100–200 Millionen USD kosten.
- **Bildungsprogramme und lokale Ausbildung:** Die Einführung oder Erweiterung nukleartechnischer Studiengänge und beruflicher Ausbildungsprogramme über Universitäten und TAFE-Einrichtungen könnte Investitionen von etwa 50–100 Millionen USD erfordern.
- **Rekrutierung internationaler Experten:** Spezielle Visa-Programme, Umzugsanreize und wettbewerbsfähige Gehälter könnten zusätzliche 50 Millionen USD kosten.

4. Aufbau eines regulatorischen Rahmens

Die Einrichtung einer speziellen nuklearen Aufsichtsbehörde in Australien zur Überwachung von SMR-Projekten wäre unerlässlich:

- **Aufbau und Schulung der Aufsichtsbehörde:** 100–200 Millionen USD über einen Zeitraum von 5–7 Jahren, einschließlich Rekrutierung, Schulung und Infrastrukturaufbau.
- **Einhaltung internationaler Standards (IAEA-Richtlinien):** 50 Millionen USD für Beratungen, Audits und Zertifizierungen.

5. Entwicklung einer heimischen nuklearen Lieferkette

- Der Aufbau einer nationalen Lieferkette für Nuklearkomponenten stellt eine langfristige Investition dar:
- **Aufbau von Produktionsanlagen für Reaktordruckbehälter, Steuerungssysteme und Wärmetauscher:** 1–2 Milliarden USD.
- **Unterstützung von KMU durch Zuschüsse und Steueranreize:** 200–300 Millionen USD zur Förderung lokaler Beteiligung an der nuklearen Lieferkette.
- **Logistik- und Transportinfrastruktur:** 100–200 Millionen USD zur Erleichterung des Transports großer modularer Komponenten.

6. Langfristige Betriebs- und Wartungskosten

Nach Abschluss des Baus verlagert sich der Schwerpunkt auf Betrieb und Wartung:

- **Inbetriebnahme und anfängliche Betriebsaufnahme:** 200–300 Millionen USD.
- **Wartungsverträge und laufende Schulungen:** 100–200 Millionen USD pro Jahr.
- **Fonds für Abfallmanagement und Stilllegung:** 500 Millionen USD als Rückstellung für sichere Abfallbehandlung und zukünftige Stilllegung.

7. Geschätzte Gesamtkosten des Projekts

Unter Berücksichtigung aller oben genannten Komponenten:

Kategorie	Geschätzte Kosten (USD)
SMR-Module (40 × 100 MW)	12–20 Milliarden
Standortvorbereitung und Infrastruktur	1–2 Milliarden
Entwicklung der Arbeitskräfte	200–350 Millionen
Regulatorischer Rahmen	100–200 Millionen
Heimische Lieferkette	1,5–2,5 Milliarden
Betriebsaufnahme und Wartung	200–300 Millionen (anfängliche Einrichtung)
Fonds für Abfallmanagement und Stilllegung	500 Millionen
Geschätzte Gesamtkosten	**15,5–25,5 Milliarden**

8. Vergleichsanalyse mit Projekten im Bereich erneuerbare Energien

Zum Vergleich: Der Bau eines 4.000-MW-Solar- oder Windkraftwerks würde typischerweise zwischen 4 und 6 Milliarden USD kosten. Erneuerbare Energiequellen benötigen jedoch große Flächen, sind von Wetterbedingungen abhängig und weisen eine höhere betriebliche Variabilität auf. Die Stromgestehungskosten (Levelized Cost of Electricity – LCOE) von SMRs sind zwar anfangs höher, bieten jedoch Vorteile wie eine konstante Grundlastversorgung, einen geringeren Flächenbedarf und eine reduzierte Intermittenz im Vergleich zu erneuerbaren Energien.

Der Bau eines 4.000-MW-SMR-Kraftwerks in Australia würde eine erhebliche Anfangsinvestition von 15,5–25,5 Milliarden USD (etwa 24,03 bis 39,53 Milliarden AUD bei einem Wechselkurs von 1,55 AUD pro USD) erfordern. Diese hohen Kosten ergeben sich aus der Notwendigkeit, einen regulatorischen Rahmen aufzubauen, lokale Kompetenzen zu entwickeln und Lieferketten einzurichten. Obwohl dies deutlich höher ist als die Kosten eines vergleichbaren Projekts im Bereich erneuerbarer Energien, könnten die strategischen Vorteile einer zuverlässigen, kohlenstoffarmen Grundlastversorgung die Investition rechtfertigen – insbesondere da Australien bestrebt ist, seinen Energiemix zu diversifizieren und seinen CO_2-Fußabdruck zu reduzieren.

Überwindung von Herausforderungen beim Bau

Der Bau eines Small-Modular-Reactor-(SMR)-Kraftwerks bringt eine Vielzahl einzigartiger Herausforderungen und Risiken mit sich, die hauptsächlich auf die innovative Technologie, die komplexe regulatorische Landschaft und die vielschichtigen Projektdynamiken zurückzuführen sind. Dieser Abschnitt beschreibt die wichtigsten Herausforderungen beim Bau, die damit verbundenen Risiken, Strategien zur Risikominderung sowie Methoden zur Antizipation und Bewältigung dieser Herausforderungen, unterstützt durch relevante Fachliteratur.

Der Bau von SMRs wird stark durch strenge regulatorische Prüfungen beeinflusst. Die Genehmigungsverfahren für Nuklearprojekte sind häufig komplex und können zu erheblichen Verzögerungen und Kostensteigerungen führen. Viele Länder verfügen noch nicht über einen standardisierten regulatorischen Rahmen für SMRs, was diese Herausforderungen zusätzlich verschärft [226, 246]. Verzögerungen bei der Erlangung notwendiger Genehmigungen sowie regulatorische Nichtkonformität stellen bedeutende Risiken dar, die aus diesem Umfeld entstehen können [1].

Zur Minderung dieser Risiken ist eine frühzeitige Einbindung der Aufsichtsbehörden unerlässlich. Die Aufnahme von Kommunikationsprozessen bereits in der Planungsphase kann Anforderungen klären und den Genehmigungsprozess beschleunigen [246]. Vorlizenzierungs-Konsultationen können dazu beitragen, Bedenken frühzeitig auszuräumen und einen reibungsloseren Übergang durch regulatorische Hürden zu ermöglichen [226]des vertraut sind, kann die Einhaltung regulatorischer Anforderungen zusätzlich verbessern [1]. Regelmäßige Aktualisierungen der

Risikobewertungen entsprechend sich verändernder regulatorischer Rahmenbedingungen helfen dabei, die Flexibilität des Projekts aufrechtzuerhalten [1, 246].

Der modulare Bauansatz von SMRs ist stark von vorgefertigten Komponenten abhängig, wodurch die Lieferkette zu einem kritischen Erfolgsfaktor wird. Unterbrechungen der Lieferkette können aufgrund von Produktionsverzögerungen, Transportproblemen und Mängeln in der Qualitätskontrolle zu erheblichen Verzögerungen führen [247, 248].

Zur Verringerung dieser Risiken ist der Aufbau einer diversifizierten Lieferantenbasis wichtig. Dies reduziert die Abhängigkeit von einzelnen Lieferanten und erhöht die Widerstandsfähigkeit gegenüber Lieferengpässen [247]. Eine robuste Logistikplanung, einschließlich detaillierter Bewertungen von Transportwegen und Zufahrtsstraßen, ist notwendig, um die Funktionsfähigkeit der Lieferkette sicherzustellen [248]. Die Lagerhaltung kritischer Komponenten vor Ort kann zusätzliche Verzögerungen durch Unterbrechungen der Lieferkette minimieren [247]. Regelmäßige Audits der Lieferkette sowie enge Beziehungen zu Lieferanten sind entscheidend, um potenzielle Probleme frühzeitig zu erkennen [248].

Die Montage vorgefertigter Module auf der Baustelle bringt eigene Herausforderungen mit sich, insbesondere hinsichtlich Ausrichtung und Integration. Fehlstellungen oder Qualitätsprobleme während der Montage können zu Projektverzögerungen und höheren Kosten führen [17, 249].

Der Einsatz detaillierter 3D-Modelle mittels Building Information Modelling (BIM) kann eine präzise Ausrichtung der Module vor deren Anlieferung auf die Baustelle gewährleisten und dadurch Integrationsfehler reduzieren [17]. Der Einsatz qualifizierter Arbeitskräfte, einschließlich erfahrener Schweißer und Montageteams, ist entscheidend für die Aufrechterhaltung hoher Bauqualität [17]. Strenge Qualitätskontrollen, einschließlich Ultraschallprüfungen, können Probleme frühzeitig im Montageprozess identifizieren [246]. Probe-Montagen und Factory Acceptance Tests (FAT) können die Teams zusätzlich auf die Installation vor Ort vorbereiten [17].

Der Bau von SMRs erfordert hochspezialisierte Fachkräfte, wodurch potenzielle Arbeitskräfteengpässe entstehen können, die sich auf Projektzeitpläne und Qualität auswirken [17]. Risiken durch unzureichende Personalstärke und Qualifikationslücken können zu höheren Arbeitskosten und Projektverzögerungen führen [17].

Um diesen Herausforderungen zu begegnen, kann die Investition in Ausbildungsprogramme in Zusammenarbeit mit lokalen Bildungseinrichtungen dazu beitragen, einen qualifizierten Arbeitskräftepool aufzubauen [17]. Darüber hinaus können internationale Rekrutierungsstrategien Fachkräfte aus Ländern mit etablierter Nuklearexpertise anziehen [17]. Die Weiterbildung bestehender Arbeitskräfte aus verwandten Industrien, beispielsweise der Öl- und Gasbranche, kann ebenfalls dazu beitragen, Fachkräftemangel zu reduzieren [17]. Regelmäßige Bewertungen der Kompetenzen der Arbeitskräfte ermöglichen rechtzeitige Anpassungen von Rekrutierungs- und Schulungsplänen [17].

Die innovativen Designs von SMRs bringen technische Herausforderungen mit sich, da viele Komponenten noch nicht umfassend unter realen Bedingungen getestet wurden [246]. Dies kann zu Konstruktionsfehlern und unerwarteten technischen Problemen während der Inbetriebnahme führen [246].

Die Entwicklung und Prüfung von Pilot-SMR-Einheiten kann Designs validieren, bevor der großflächige Bau beginnt [246]. Der Einsatz digitaler Zwillinge ermöglicht die Simulation des Reaktorbetriebs, wodurch potenzielle Probleme identifiziert und die Leistung optimiert werden können [246]. Die Einbindung unabhängiger Experten für externe Peer-Reviews technischer Designs kann die Zuverlässigkeit technischer Annahmen zusätzlich erhöhen [246]. Kontinuierliche Aktualisierungen der Risikobewertungen auf Grundlage neuer technischer Erkenntnisse sind entscheidend für das Management dieser Herausforderungen [246].

Großprojekte im Nuklearbereich stoßen häufig auf öffentlichen Widerstand hinsichtlich Sicherheits- und Umweltfragen [246]. Risiken umfassen Verzögerungen durch Proteste der Bevölkerung sowie verstärkte Prüfungen durch Umweltgruppen [246].

Zur Verringerung dieser Risiken ist eine frühzeitige Einbindung der lokalen Gemeinschaften entscheidend. Die Information und Beteiligung der Bevölkerung bereits während der Planungsphase kann Unterstützung fördern und Widerstand reduzieren [246]. Transparente Kommunikation über Sicherheitsmaßnahmen und Umweltschutzpraktiken ist dabei wesentlich [246]. Die Durchführung umfassender Umweltverträglichkeitsprüfungen (Environmental Impact Assessments – EIAs) zeigt die Einhaltung regulatorischer Anforderungen und kann öffentliche Bedenken mindern [246]. Die Beobachtung der öffentlichen Stimmung ermöglicht rechtzeitige Anpassungen der Kommunikationsstrategien [246].

Nuklearprojekte sind kapitalintensiv und anfällig für Kostenüberschreitungen aufgrund von Inflation, regulatorischen Verzögerungen und Problemen in der Lieferkette [246]. Risiken umfassen Budgetüberschreitungen und Finanzierungslücken, welche die Wirtschaftlichkeit des Projekts gefährden können [246].

Eine phasenweise Finanzierung auf Grundlage von Projektmeilensteinen kann das finanzielle Risiko reduzieren [246]. Die Einführung strenger Budgetüberwachungs- und Kostenkontrollmaßnahmen ist entscheidend für die Aufrechterhaltung finanzieller Disziplin [246]. Die Inanspruchnahme staatlicher Unterstützung durch Förderprogramme oder Zuschüsse kann helfen, die hohen Anfangskosten auszugleichen [246]. Regelmäßige finanzielle Risikobewertungen stellen sicher, dass Budgetzuweisungen flexibel an veränderte wirtschaftliche Bedingungen angepasst werden können [246].

Die Gewährleistung der Sicherheit von SMRs und der Schutz vor Cyberbedrohungen haben höchste Priorität, insbesondere aufgrund der vernetzten Natur modularer Bauweisen [246]. Risiken umfassen Sicherheitsvorfälle und Cyberangriffe auf Steuerungssysteme [246].

Die Entwicklung robuster Sicherheitsprotokolle und die Durchführung regelmäßiger Sicherheitsübungen können die Einsatzbereitschaft erhöhen [246]. Die Implementierung von Cybersicherheitsrahmen zum Schutz der Steuerungssysteme ist von entscheidender Bedeutung [246]. Die Einbindung unabhängiger Sicherheitsauditoren für regelmäßige Überprüfungen kann

Sicherheitspraktiken zusätzlich stärken [246]. Regelmäßige Sicherheitsrisikobewertungen helfen dabei, Sicherheitsprotokolle an neue Bedrohungen anzupassen.

Kapitel 6
Infrastruktur und Systeme für SMR-Kraftwerke

Kühlsysteme und Wärmemanagement

Der Bau eines Small-Modular-Reactor-(SMR)-Kraftwerks, insbesondere eines mit fortschrittlichen Kühlsystemen und Wärmemanagementfähigkeiten, erfordert den Aufbau spezialisierter Infrastruktur zur Unterstützung seiner einzigartigen Betriebseigenschaften. Nachfolgend wird eine detaillierte Übersicht über die entscheidende Infrastruktur, Systeme und unterstützenden Strukturen dargestellt, die zur Umsetzung effizienter Kühl- und Wärmemanagementsysteme für SMRs erforderlich sind – von der Bauphase bis hin zur Betriebsbereitschaft.

Beispiel für die Infrastruktur eines SMR-Kraftwerks: GEN4 Energy Module

Das GEN4 Energy Module, früher bekannt als Hyperion Power Module, ist ein Beispiel für die nächste Generation von SMR-Infrastruktur, da es fortschrittliche Technologien integriert, um Sicherheit, Effizienz und Anpassungsfähigkeit zu verbessern. Dieses Small-Modular-Reactor-Design, siehe Abbildung 36, konzentriert sich auf innovative Ansätze für Kühlung, Brennstoffversorgung und modularen Einsatz und ist dadurch eine vielseitige Option für verschiedene Energieanwendungen, insbesondere in Regionen mit begrenzter Infrastruktur [3].

1. Kühlsysteme und Wärmemanagement

Ein zentrales Merkmal des GEN4 Energy Module ist die Nutzung natürlicher Zirkulation für das Primärkühlmittel. Im Gegensatz zu traditionellen Reaktoren, die Pumpen zur Zirkulation des Kühlmittels verwenden, nutzt das GEN4-Modul passive Kühlsysteme, welche das Kühlmittel auf natürliche Weise durch den Reaktorkern zirkulieren lassen. Dadurch entfällt die Notwendigkeit mechanischer Pumpen, was das Risiko mechanischer Ausfälle und den Wartungsaufwand reduziert. Die Methode der natürlichen Zirkulation erhöht die Sicherheit der Anlage, da eine kontinuierliche Wärmeabfuhr selbst bei Stromausfällen gewährleistet ist und dadurch die allgemeinen Betriebsanforderungen vereinfacht werden [3].

Die Sicherheitsbehälterstruktur des Reaktors umfasst integrierte passive Wärmeabfuhrsysteme, beispielsweise luftgekühlte Wärmetauscher, die dabei helfen, Nachwärme effizient zu kontrollieren. Diese passiven Systeme gewährleisten, dass im unwahrscheinlichen Fall einer Notabschaltung die Zerfallswärme weiterhin ohne externe Stromversorgung abgeführt werden kann, was zu einem hohen Sicherheitsniveau beiträgt [3].

2. Fabrikbasierte Brennstoffversorgung und Modularität

Eines der besonderen Merkmale der Infrastruktur des GEN4 Energy Module ist sein Ansatz zur Brennstoffversorgung und Wiederbetankung. Im Gegensatz zu traditionellen Reaktoren, die eine Brennstoffversorgung vor Ort erfordern, wird das GEN4-Design vollständig in der Fabrik betankt und entladen. Diese externe Wiederbetankungsstrategie reduziert Ausfallzeiten während Wartungszyklen erheblich und minimiert die Komplexität der Handhabung nuklearer Brennstoffe vor Ort. Durch den Transport vorbetankter Module zur Anlage und deren Rückführung zur Fabrik zur Entladung werden die mit der Brennstoffhandhabung verbundenen Risiken reduziert und die allgemeine Sicherheit erhöht [3].

Diese fabrikbasierte Brennstoffversorgung vereinfacht zudem das Design und die Infrastrukturanforderungen der Anlage, da keine Einrichtungen zur Kernbrennstoffversorgung vor Ort erforderlich sind. Dadurch wird der Flächenbedarf der Nuklearanlage reduziert und die Einhaltung regulatorischer Sicherheitsstandards vereinfacht, insbesondere in abgelegenen oder sich entwickelnden Regionen.

3. Modularer Bau und flexibler Einsatz

Das GEN4 Energy Module wurde mit Fokus auf kompakte modulare Bauweise entwickelt, wodurch eine schnelle und effiziente Bereitstellung ermöglicht wird. Die modulare Natur des Designs bedeutet, dass mehrere GEN4-Einheiten an einem Standort installiert werden können, um die Stromerzeugung je nach Bedarf zu skalieren. Diese Flexibilität unterstützt sowohl Einzelmodul-Installationen für isolierte Stromnetze als auch Mehrmodul-Konfigurationen für höheren Energiebedarf.

Die Reaktormodule werden in kontrollierten Fabrikumgebungen vorgefertigt, wodurch eine gleichbleibende Qualitätskontrolle gewährleistet und die Bauzeit vor Ort verkürzt wird. Dieser Ansatz ermöglicht eine schnelle Bereitstellung, insbesondere in Regionen, in denen der Bau großer traditioneller Kernkraftwerke schwierig wäre. Das modulare Design ermöglicht außerdem den einfachen Transport der Einheiten zu verschiedenen Standorten, wodurch das System ideal für abgelegene oder netzunabhängige Anwendungen wird, bei denen Netzstabilität ein Problem darstellt [3].

4. Verbesserung von Energiesicherheit und Nachhaltigkeit

Die Infrastruktur des GEN4 Energy Module wurde entwickelt, um die Energiesicherheit durch die Bereitstellung zuverlässiger, kohlenstoffarmer Energie in unterschiedlichsten Umgebungen zu verbessern. Das kompakte und modulare Design ermöglicht den Einsatz in Regionen mit begrenzter Infrastruktur und unterstützt sowohl industrielle als auch kommunale Energiebedürfnisse. Darüber hinaus tragen die Nutzung passiver Kühlsysteme und die fabrikbasierte Brennstoffversorgung zur Erreichung von Nachhaltigkeitszielen bei, indem Umweltauswirkungen reduziert und Risiken betrieblicher Unfälle minimiert werden [3].

Dieses Infrastrukturmodell, das auf Forschung des Los Alamos National Laboratory basiert, nutzt modernste Nukleartechnologie, um eine skalierbare, sichere und effiziente Energielösung bereitzustellen. Das Design ist besonders vorteilhaft für Länder, die ihre Energieunabhängigkeit stärken und gleichzeitig auf umweltfreundlichere Energiequellen umsteigen möchten, wodurch das System zu einem strategischen Instrument für die globale Energiesicherheit wird [3].

Die Integration passiver Sicherheitsmerkmale, fabrikbetankter Module und flexibler Einsatzmöglichkeiten positioniert das GEN4 Energy Module als wegweisende Lösung im Bereich der SMR-Technologie und verspricht, die Zukunft der Kernenergie neu zu gestalten, indem sie sicherer, effizienter und für eine breitere Palette von Anwendungen weltweit zugänglich gemacht wird [3].

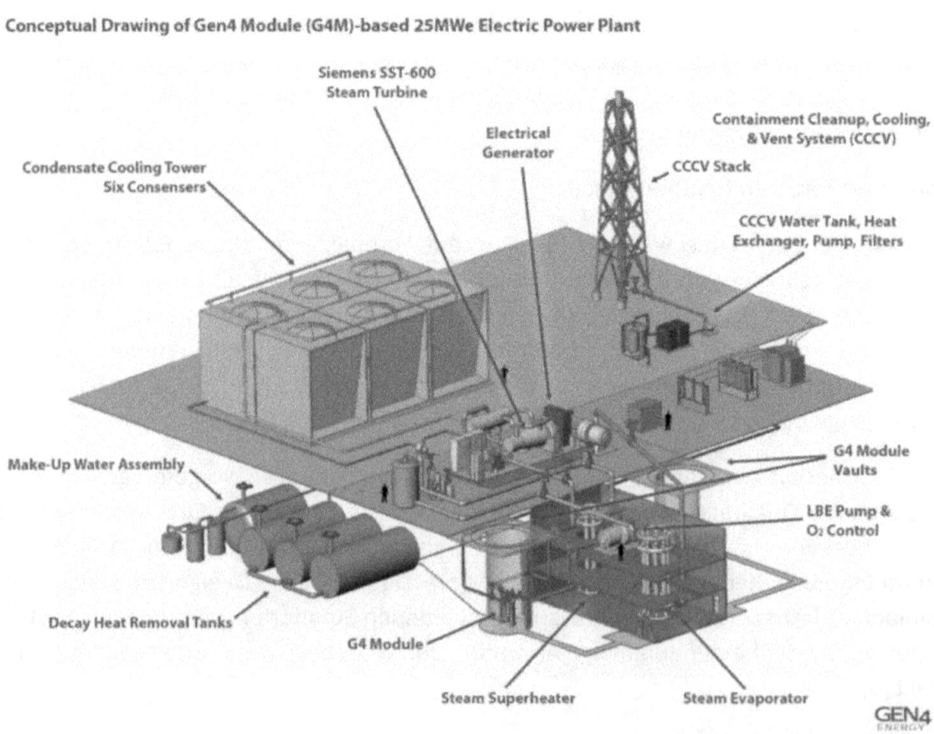

Abbildung 36: Layout der GEN4-Energy-Anlage [3].

Kühlwasserentnahme- und Verteilungssysteme

Bei Small Modular Reactors (SMRs), die Wasser entweder als Primär- oder Sekundärkühlmittel verwenden – insbesondere bei Designs wie Leichtwasserreaktoren (Light Water Reactors – LWRs) – ist der Aufbau einer robusten Kühlwasserinfrastruktur entscheidend für einen effizienten und sicheren Betrieb. Diese Systeme müssen sorgfältig geplant werden, um eine zuverlässige Kühlung zu gewährleisten und gleichzeitig Umweltstandards einzuhalten. Die Anlage benötigt spezialisierte Entnahmestrukturen, um Wasser aus natürlichen Quellen wie Flüssen, Seen oder Ozeanen zu beziehen, sowie effiziente Systeme zur Verteilung und Rückführung des Wassers nach dessen Nutzung im Kühlprozess.

Die Entnahmestrukturen sind so ausgelegt, dass sie Ablagerungen und Fremdkörper herausfiltern und deren Eindringen in die Kühlkreisläufe verhindern. Diese Filtration ist wesentlich, um die Effizienz und Sicherheit der Kühlsysteme des Reaktors aufrechtzuerhalten. Darüber hinaus müssen diese Strukturen sorgfältig konstruiert werden, um negative Umweltauswirkungen – insbesondere thermische Verschmutzung, die lokale Ökosysteme beeinträchtigen kann – zu minimieren. Die Einhaltung strenger Umweltvorschriften stellt sicher, dass der Wasserentnahmeprozess den umliegenden Naturraum nicht beeinträchtigt.

Pumpstationen spielen eine zentrale Rolle bei der Zirkulation des Wassers durch die Wärmetauscher des Reaktors. Diese Stationen sind mit Hochleistungspumpen ausgestattet, die große Wassermengen fördern können. Um eine unterbrechungsfreie Kühlung selbst bei Stromausfällen sicherzustellen, ist das System mit redundanten Pumpen und Notstromgeneratoren ausgestattet. Diese Redundanz ist entscheidend, um eine kontinuierliche Kühlung aufrechtzuerhalten und eine Überhitzung zu verhindern, insbesondere in Notfallsituationen.

Für SMR-Anlagen in Binnenregionen mit begrenzten Wasserressourcen werden Kühltürme eingesetzt, um die Wärmeabfuhr zu steuern. Diese Türme nutzen Verdunstungskühlung, um Wärme an die Atmosphäre abzugeben und dadurch den Wasserverbrauch zu reduzieren. Durch die Rückführung des gekühlten Wassers in das System helfen Kühltürme, den Wasserverbrauch zu optimieren, wodurch sie in Regionen mit hoher Priorität für Wassereinsparung zu einer wichtigen Komponente werden. Dies unterstützt nicht nur eine effiziente Kühlung, sondern steht auch im Einklang mit nachhaltigen Wasserbewirtschaftungspraktiken.

Reaktor-Sicherheitsbehälterstrukturen und passive Kühlsysteme

Bei Small Modular Reactors (SMRs) hat die Gewährleistung einer effizienten und zuverlässigen Kühlung höchste Priorität. Dies wird durch eine Kombination aktiver und passiver Kühltechnologien erreicht. Im Zentrum dieser Konfiguration steht die Reaktor-Sicherheitsbehälterstruktur, die eine entscheidende Rolle bei der Unterbringung und

Unterstützung dieser Systeme spielt und gleichzeitig die Sicherheit des Reaktors sowohl im Normalbetrieb als auch in Notfallsituationen gewährleistet.

Das Reaktor-Sicherheitsgebäude (Reactor Containment Building – RCB) ist eine hochverstärkte Struktur, die typischerweise aus Stahlbeton und Stahl besteht. Es wurde speziell dafür ausgelegt, extremen äußeren Einwirkungen wie Erdbeben, Explosionen oder anderen katastrophalen Ereignissen standzuhalten. Das RCB dient nicht nur als physische Barriere zur Eindämmung radioaktiver Stoffe, sondern integriert auch verschiedene Kühlsysteme zur Kontrolle der Nachwärme. Eines der wichtigsten Merkmale moderner SMR-Designs ist die Integration passiver Kühlmechanismen, beispielsweise luftgekühlter Wärmetauscher, die Wärme selbst dann ableiten können, wenn aktive Systeme ausfallen. Diese Systeme sind besonders wertvoll, um die Sicherheit bei unerwarteten Abschaltungen oder Stromausfällen aufrechtzuerhalten.

Zur weiteren Erhöhung der Sicherheit nutzen SMRs passive Wärmeabfuhrsysteme, die weder externe Stromquellen noch mechanische Pumpen benötigen. Einige Designs integrieren beispielsweise große Wasserbecken rund um den Reaktordruckbehälter, die als Wärmesenken fungieren und überschüssige Wärme durch natürliche Konvektion aufnehmen und ableiten. Zusätzlich erleichtern Kühlrippen oder Wärmetauscher, die an der Sicherheitsbehälterstruktur angebracht sind, die Wärmeübertragung an die Umgebungsluft. Ein beispielhaftes Modell dieses Ansatzes ist das Design des NuScale Power Module, das ein Sicherheitsbecken verwendet, welches den Reaktorkern im Falle einer Notabschaltung passiv kühlt. Dieses Design stellt sicher, dass sich der Reaktor ohne Eingreifen des Bedienpersonals sicher selbst abkühlen kann und dadurch das Risiko einer Überhitzung sowie möglicher Kernschäden reduziert wird.

Sekundäre Wärmeübertragungs- und Dampferzeugungssysteme

Für Small Modular Reactors (SMRs), die dampfbetriebene Turbinen verwenden – wie beispielsweise die Reaktoren NuScale Power Module und CAREM – sind sekundäre Wärmeübertragungssysteme von entscheidender Bedeutung zur Optimierung der thermischen Effizienz. Diese Systeme spielen eine zentrale Rolle bei der Übertragung von Wärme aus dem Reaktorkern zur Erzeugung von Dampf, der anschließend zum Antrieb der Turbinen und zur Stromerzeugung genutzt wird. Das Design dieser Systeme muss hoch effizient sein, um eine maximale Energieausbeute bei gleichzeitiger Minimierung thermischer Verluste sicherzustellen.

Eine Schlüsselkomponente dieser Reaktoren ist der Helixrohr-Dampferzeuger (Helical Coil Steam Generator). Diese kompakten Einheiten wurden speziell entwickelt, um eine überlegene Wärmeübertragungseffizienz auf begrenztem Raum zu ermöglichen. Das Helixrohrdesign erlaubt eine große Kontaktfläche zwischen dem Kühlmittel und dem sekundären Dampfkraftkreislauf und erhöht dadurch die Wärmeübertragungsrate. Diese Konfiguration maximiert nicht nur die übertragene Wärmemenge, sondern reduziert auch die Gesamtgröße des Systems, wodurch sie sich besonders für modulare Reaktordesigns eignet, die Kompaktheit und Effizienz priorisieren.

Helixrohr-Dampferzeuger werden zunehmend zur bevorzugten Wahl für Small-Modular-Reactor-(SMR)-Projekte, da sie ein kompaktes Design, hohe Wärmeübertragungseffizienz und die

Fähigkeit zur Unterstützung passiver Sicherheitssysteme bieten. Diese Dampferzeuger wurden speziell entwickelt, um die besonderen Anforderungen von SMRs zu erfüllen, die Modularität, Sicherheit und Kosteneffizienz in den Vordergrund stellen. Nachfolgend werden einige kommerziell verfügbare Helixrohr-Dampferzeuger beschrieben, die derzeit genutzt oder für SMR-Anwendungen entwickelt werden:

1. NuScale Power Module – Helixrohr-Dampferzeuger

- **Überblick:** Das NuScale Power Module ist eines der fortschrittlichsten und bekanntesten SMR-Designs mit integriertem Helixrohr-Dampferzeuger. Dieses System ist direkt in den Reaktordruckbehälter integriert, wodurch es besonders effizient und kompakt ist.
- **Hauptmerkmale:**
  - Der Helixrohr-Dampferzeuger ist im Primärkühlmittel des Reaktors eingetaucht und ermöglicht eine effiziente Wärmeübertragung vom Reaktorkern zum sekundären Dampfsystem.
  - Nutzt natürliche Zirkulation für den Kühlmittelfluss, wodurch Primärkühlmittelpumpen entfallen und das Risiko mechanischer Ausfälle reduziert wird.
  - Gewährleistet passive Sicherheit, indem eine fortgesetzte Wärmeabfuhr auch bei Ausfall externer Stromversorgung sichergestellt wird.
  - Ausgelegt für einen Betrieb bei Drücken von etwa 2.000 psi (138 bar) und Temperaturen von ungefähr 300 °C (572 °F).
- Anwendung: Ideal für abgelegene oder netzunabhängige Anwendungen, bei denen Zuverlässigkeit und geringer Wartungsaufwand entscheidend sind. Das kompakte Design ermöglicht den Einsatz in Regionen mit begrenzter Infrastruktur.

2. Rolls-Royce SMR – Integrierter Helixrohr-Dampferzeuger

- **Überblick:** Das Rolls-Royce-SMR-Projekt integriert Helixrohr-Dampferzeuger in sein modulares Design, um Wärmeübertragung und Effizienz zu optimieren. Dieser Dampferzeuger ist zentral für die Strategie zur Kostensenkung und Vereinfachung des Bauprozesses.
- **Hauptmerkmale:**
  - Vollständig in das Reaktormodul integriert, wodurch der Gesamtflächenbedarf reduziert und eine modulare Montage ermöglicht wird.
  - Die Helixrohre bestehen aus korrosionsbeständigen Materialien wie Inconel 690, die hohen Temperaturen und Drücken standhalten und gleichzeitig Materialdegradation verhindern.
  - Nutzt einen sekundären Wärmeübertragungskreislauf zur Erzeugung überhitzten Dampfs für die Turbinen und optimiert dadurch die thermische Effizienz des Reaktors.
- Anwendung: Der Rolls-Royce-SMR soll eine kostengünstige Lösung für Länder bieten, die ihre Stromnetze dekarbonisieren möchten. Der modulare Bauansatz ermöglicht

zudem Skalierbarkeit und eine schnellere Bereitstellung im Vergleich zu konventionellen Reaktoren.

3. SMART Reactor aus Südkorea – Helixrohr-Dampferzeuger

- **Überblick:** Der von Korea Hydro & Nuclear Power (KHNP) entwickelte System-integrated Modular Advanced Reactor (SMART) beinhaltet einen Helixrohr-Dampferzeuger als Teil seines integrierten Reaktordesigns.
- **Hauptmerkmale:**
    - Der SMART-Dampferzeuger ist kompakt und für hohe thermische Effizienz mit natürlichem Konvektionsfluss optimiert.
    - Das Design unterstützt einen modularen Ansatz, wodurch Transport und Installation vor Ort erleichtert werden.
    - Die Helixrohr-Konfiguration gewährleistet eine große Wärmeübertragungsfläche und ermöglicht eine effiziente Dampferzeugung ohne umfangreiche mechanische Pumpensysteme.
    - Ausgelegt für hohe Druckbedingungen (über 1.500 psi) und hohe Temperaturen, wodurch das System für verschiedene Anwendungen wie Meerwasserentsalzung und Fernwärme geeignet ist.
- Anwendung: Der SMART-Reaktor wurde speziell für Kraft-Wärme-Kopplungsanwendungen (KWK) entwickelt und eignet sich ideal sowohl für Stromerzeugung als auch für industrielle Wärmeversorgung in Regionen mit wachsendem Energiebedarf.

4. Energy Well Project aus der Tschechischen Republik – Helixrohr-Dampferzeuger

- **Überblick:** Das Energy-Well-Projekt konzentriert sich auf die Entwicklung kleinerer SMRs für dezentrale Energieerzeugung. Die Helixrohr-Dampferzeuger wurden entwickelt, um die Wärmeübertragung in kompakten Reaktordesigns zu optimieren.
- **Hauptmerkmale:**
    - Modulares Dampferzeugerdesign, das je nach Leistungsanforderung vergrößert oder verkleinert werden kann.
    - Nutzung hoch effizienter Helixrohre zur Maximierung des Wärmeübertragungskoeffizienten bei gleichzeitig kompakter Bauweise.
    - Fokus auf Flexibilität und Anpassungsfähigkeit, sodass der Dampferzeuger in verschiedene SMR-Designs integriert werden kann, beispielsweise in Leichtwasser- oder gasgekühlte Reaktoren.
- Anwendung: Ausgerichtet auf Industrien und abgelegene Regionen, die zuverlässige, kohlenstoffarme Energielösungen benötigen. Das Design eignet sich sowohl für Stromerzeugung als auch für industrielle Anwendungen.

Zusätzlich zu Dampferzeugern werden Wärmetauscher in Reaktoren eingesetzt, die nicht mit Wasser als Kühlmittel arbeiten, beispielsweise in gasgekühlten Reaktoren (Gas-Cooled Reactors – GCRs) und Salzschmelzereaktoren (Molten Salt Reactors – MSRs). Diese Reaktoren benötigen spezialisierte Wärmetauscher, die Wärme an sekundäre Kreisläufe übertragen können, ohne dass sich die Kühlmittel vermischen. Aufgrund der extrem hohen Betriebstemperaturen – teilweise bis zu 950 °C – müssen diese Wärmetauscher aus Materialien gefertigt sein, die sowohl intensiver Hitze als auch korrosiven Umgebungen standhalten können. Legierungen wie Hastelloy und Inconel werden häufig verwendet, da sie außergewöhnliche Korrosionsbeständigkeit und strukturelle Integrität bei hohen Temperaturen bieten. Diese Materialien stellen sicher, dass die Wärmetauscher ihre Leistung über lange Betriebszeiträume hinweg aufrechterhalten und dadurch die Gesamteffizienz und Zuverlässigkeit des Reaktors unterstützen.

Thermische Energiespeicherung und Systeme zur Nutzung von Abwärme

Small Modular Reactors (SMRs) sind nicht nur zur Stromerzeugung ausgelegt, sondern auch darauf, ihre Effizienz durch die Nutzung thermischer Energiespeicher- (Thermal Energy Storage – TES) und Abwärmerückgewinnungssysteme zu maximieren. Diese Technologien sind insbesondere für industrielle Anwendungen von Vorteil, bei denen ein kontinuierlicher Bedarf an Strom und Wärme besteht.

Eine der wichtigsten Strategien zur Effizienzsteigerung bei SMRs ist die Integration thermischer Batterien. Diese Systeme umfassen typischerweise Salzschmelzespeicher oder ähnliche Wärmespeichermedien, die überschüssige thermische Energie speichern können, die während Zeiten geringer Stromnachfrage erzeugt wird. Aufgrund der hohen Wärmekapazität geschmolzener Salze kann die gespeicherte Wärme über lange Zeiträume erhalten bleiben und bei Bedarf zur zusätzlichen Stromerzeugung oder zur Unterstützung von Fernwärmenetzen genutzt werden. Beispielsweise kann während Spitzenlastzeiten die gespeicherte thermische Energie in Dampf umgewandelt werden, um Turbinen anzutreiben und dadurch die Leistung des Reaktors zu erhöhen, ohne die nuklearen Spaltungsprozesse hochzufahren. Dies optimiert nicht nur die Energienutzung, sondern verbessert auch die wirtschaftliche Effizienz der Anlage insgesamt.

Neben der thermischen Speicherung können SMRs durch die Nutzung von Abwärmerückgewinnung ihre Effizienz weiter steigern. Dies umfasst die Integration von Wärmetauschern und Rohrleitungssystemen innerhalb der Reaktorinfrastruktur, um Restwärme aufzufangen, die ansonsten verloren gehen würde. Die zurückgewonnene Abwärme kann an nahegelegene Industrieanlagen geleitet werden, wo sie beispielsweise für chemische Produktionsprozesse genutzt wird, oder an Entsalzungsanlagen zur Erzeugung von Süßwasser. Solche Systeme sind besonders vorteilhaft für SMRs in abgelegenen oder trockenen Regionen mit begrenzten Wasserressourcen. Durch die Nutzung von Abwärme für sekundäre Anwendungen schaffen SMRs erheblichen wirtschaftlichen Mehrwert, unterstützen energieintensive Industrien und tragen zu Nachhaltigkeitszielen bei.

Die Kombination aus thermischer Energiespeicherung und Abwärmenutzung verbessert nicht nur die thermische Effizienz von SMRs, sondern stärkt auch ihre Rolle als zuverlässige, kohlenstoffarme Energiequelle sowohl für die Stromerzeugung als auch für industrielle Prozesse. Dieser integrierte Ansatz ermöglicht einen flexiblen Betrieb von SMRs, sodass sie auf

Schwankungen der Netzlast reagieren können, während gleichzeitig hohe Effizienz und geringe Umweltauswirkungen erhalten bleiben.

Nachwärmeabfuhrsysteme

Selbst nachdem ein SMR (Small Modular Reactor) abgeschaltet wurde, entsteht weiterhin Nachwärme im Reaktorkern aufgrund des radioaktiven Zerfalls von Spaltprodukten. Diese Restwärme ist zwar deutlich geringer als während des aktiven Betriebs, muss jedoch weiterhin effektiv kontrolliert werden, um eine Überhitzung zu verhindern und die Sicherheit zu gewährleisten. SMRs integrieren verschiedene fortschrittliche Kühlsysteme zur Nachwärmeabfuhr und nutzen sowohl passive als auch aktive Mechanismen, um die Zuverlässigkeit zu erhöhen.

Eine der wichtigsten Strategien in SMRs ist der Einsatz schwerkraftgespeister Kühlkreisläufe. Diese Systeme sind so ausgelegt, dass sie ohne mechanische Pumpen funktionieren und dadurch besonders effektiv bei Stromausfällen oder Notfällen sind. Erhöht angeordnete Tanks, die mit Kühlmittel gefüllt sind, befinden sich oberhalb des Reaktors und ermöglichen es der Schwerkraft, den Wasserfluss in den Reaktordruckbehälter zu treiben, wenn dies erforderlich ist. Dieser schwerkraftbasierte Ansatz gewährleistet eine kontinuierliche und zuverlässige Versorgung des Reaktorkerns mit Kühlmittel, selbst wenn externe Stromquellen ausfallen. Diese passive Kühlmethode ist entscheidend für die Aufrechterhaltung sicherer Reaktortemperaturen, insbesondere bei ungeplanten Abschaltungen.

Bei gasgekühlten SMRs werden häufig passive Luftkühltürme eingesetzt, um Nachwärme abzuführen. Diese Systeme nutzen die Prinzipien der natürlichen Konvektion zur Kühlung des Reaktorkerns. Luftkühltürme sind mit großen Oberflächen konstruiert, um die Wärmeübertragung zu maximieren, und häufig mit Kühlrippen oder erweiterten Oberflächen ausgestattet, um die Effizienz zu erhöhen. Die Nutzung passiver Luftkühlung reduziert nicht nur die Abhängigkeit von elektrischen Systemen, sondern bietet auch eine robuste und wartungsarme Lösung für das Management der Nachwärme. Dieses Design ist besonders vorteilhaft für SMRs in abgelegenen oder netzunabhängigen Regionen, in denen Wasser- oder Stromzugang eingeschränkt sein kann.

Insgesamt sind diese Nachwärmeabfuhrsysteme entscheidend für die langfristige Sicherheit von SMRs und ermöglichen ein hohes Maß an Zuverlässigkeit und Widerstandsfähigkeit unter verschiedensten Betriebsbedingungen.

Integration elektrischer und steuerungstechnischer Systeme

Der erfolgreiche Betrieb eines Small Modular Reactors (SMR) hängt von der nahtlosen Integration seiner Kühl- und Steuerungssysteme ab, um einen sicheren und effizienten Reaktorbetrieb zu gewährleisten. Diese Integration umfasst den Einsatz fortschrittlicher Überwachungs-,

Automatisierungs- und Backup-Systeme, die zusammenarbeiten, um optimale Reaktorbedingungen aufrechtzuerhalten.

1. SCADA-Systeme (Supervisory Control and Data Acquisition)

SMRs verlassen sich auf SCADA-Systeme, um kritische Reaktorparameter wie Temperaturen, Drücke, Durchflussraten und Kühlmittelstände in Echtzeit zu überwachen. Diese automatisierten Systeme sammeln Daten von einem Netzwerk aus Sensoren, die im gesamten Reaktor verteilt sind [250]. Das SCADA-System analysiert diese Daten kontinuierlich und warnt Bediener bei Abweichungen von normalen Betriebsbedingungen. Durch die Bereitstellung eines umfassenden Echtzeit-Überblicks über den Zustand des Reaktors ermöglichen SCADA-Systeme eine schnelle Reaktion auf Veränderungen und stellen sicher, dass der Reaktor innerhalb sicherer Betriebsgrenzen bleibt. Wird beispielsweise ein Temperaturanstieg im Reaktorkern erkannt, kann das System automatisch die Kühlmitteldurchflussraten anpassen, um die Temperaturen zu stabilisieren.

2. Redundante Stromversorgungen

Angesichts der entscheidenden Bedeutung von Kühlsystemen zur Verhinderung einer Reaktorüberhitzung müssen SMR-Anlagen mit redundanten Stromversorgungen ausgestattet sein, um einen kontinuierlichen Betrieb sicherzustellen. Dazu gehören Notstrom-Dieselgeneratoren und unterbrechungsfreie Stromversorgungen (USV), die gewährleisten, dass die Kühlsysteme auch bei Stromnetzausfällen funktionsfähig bleiben. Die Redundanzstrategie ist insbesondere an abgelegenen Standorten wichtig, an denen die Stromversorgung weniger stabil sein kann. Beispielsweise kann bei Ausfall externer Stromversorgung die USV sofort Strom für wichtige Kühlpumpen bereitstellen, bis die Dieselgeneratoren übernehmen und dadurch Unterbrechungen der Kühlung verhindern.

3. Cybersicherheitsmaßnahmen

Mit der zunehmenden Nutzung digitaler Steuerungssysteme werden SMRs mit robusten Cybersicherheitsmaßnahmen ausgestattet, um potenzielle Cyberbedrohungen abzuwehren. Steuerungssysteme werden durch Firewalls, Verschlüsselung und Intrusion-Detection-Systeme geschützt, um unbefugten Zugriff zu verhindern. Diese Maßnahmen stellen sicher, dass nur autorisiertes Personal Reaktoroperationen steuern und Änderungen an kritischen Systemen vornehmen kann. Durch die Sicherung des Steuerungsnetzwerks können SMRs sich gegen Cyberangriffe schützen, die versuchen könnten, Kühlsysteme zu stören und dadurch unsichere Bedingungen zu verursachen. Fortschrittliche Cybersicherheitsprotokolle sind angesichts der wachsenden Bedrohung kritischer Infrastrukturen durch Cyberangriffe besonders wichtig.

Durch die Kombination fortschrittlicher SCADA-Systeme, redundanter Stromversorgungslösungen und Cybersicherheitsmaßnahmen werden die elektrischen und steuerungstechnischen Systeme eines SMR optimiert, um sowohl Sicherheit als auch Betriebseffizienz zu gewährleisten. Diese integrierten Systeme ermöglichen es SMRs, selbst unter schwierigen Bedingungen zuverlässig zu arbeiten und dadurch ihre Rolle bei der Bereitstellung stabiler, kohlenstoffarmer Energie zu unterstützen.

Anforderungen an Standortvorbereitung und Bauingenieurwesen

Eine ordnungsgemäße Standortvorbereitung ist entscheidend für die Stabilität, Sicherheit und den langfristigen Betrieb von Small-Modular-Reactor-(SMR)-Kraftwerken. Angesichts der unterschiedlichen Umgebungen, in denen diese Reaktoren eingesetzt werden können, müssen umfassende bauingenieurtechnische Maßnahmen vorhanden sein, um sowohl natürliche als auch betriebliche Herausforderungen zu bewältigen.

In Regionen mit hoher seismischer Aktivität werden SMR-Reaktoren auf Basisisolatoren errichtet, die entwickelt wurden, um die Auswirkungen von Erdbeben zu absorbieren und zu mindern. Diese Isolatoren entkoppeln das Reaktorgebäude von Bodenbewegungen und reduzieren dadurch die Übertragung seismischer Erschütterungen auf kritische Komponenten wie Kühlsysteme und Reaktor-Sicherheitsbehälterstrukturen. Beispielsweise werden Isolatoren und seismische Dämpfer häufig in Japan eingesetzt, wo Reaktoren so konstruiert werden müssen, dass sie starken Erschütterungen standhalten können. Diese Schutzmaßnahme ist wesentlich, um die Integrität des Reaktors insbesondere in erdbebengefährdeten Gebieten sicherzustellen.

SMR-Kraftwerke benötigen häufig tiefe Fundamente, um das erhebliche Gewicht von Reaktordruckbehältern, Dampferzeugern und Kühlsystemen zu tragen. Diese Fundamente bestehen typischerweise aus Stahlbeton und bieten eine stabile Basis, die die hohen Lasten nuklearer Infrastruktur aufnehmen kann. Zusätzlich werden Schwingungsdämpfungssysteme in die Tragwerkskonstruktion integriert, um die Auswirkungen äußerer Vibrationen – beispielsweise durch nahegelegene Industrieaktivitäten oder den Betrieb schwerer Maschinen – zu minimieren. Dies ist besonders wichtig zum Schutz empfindlicher Reaktorsteuerungs- und Überwachungseinrichtungen und gewährleistet einen störungsfreien Anlagenbetrieb.

Für SMR-Anlagen an Küstenstandorten sind Kühlwasserentnahmesysteme ein wesentlicher Bestandteil der Infrastruktur. Speziell konstruierte Kanäle oder Rohrleitungen werden verwendet, um Meerwasser zur Kühlung in die Anlage zu leiten. Diese Kanäle sind mit Korrosionsschutzbeschichtungen ausgekleidet, um der aggressiven Meeresumgebung standzuhalten und langfristige Materialschäden zu verhindern. Zusätzlich werden Filtersysteme installiert, um Biofouling zu verhindern, bei dem Meeresorganismen wie Algen oder Muscheln die Ansaugrohre verstopfen könnten. Durch die Sicherstellung eines kontinuierlichen und zuverlässigen Kühlwasserflusses tragen diese Systeme dazu bei, optimale Reaktortemperaturen aufrechtzuerhalten und eine Überhitzung zu verhindern.

Diese Maßnahmen im Bereich Bauingenieurwesen und Standortvorbereitung sind integraler Bestandteil des sicheren und effizienten Betriebs von SMR-Kraftwerken. Durch die Berücksichtigung standortspezifischer Herausforderungen wie seismischer Risiken, struktureller Stabilität und effizienter Kühlung gewährleisten diese Systeme, dass SMRs in unterschiedlichsten Umgebungen eingesetzt werden können, während gleichzeitig höchste Sicherheitsstandards eingehalten werden.

Umweltschutz- und Abfallmanagementsysteme

Small Modular Reactors (SMRs) werden mit fortschrittlichen Umweltschutz- und Abfallmanagementsystemen entwickelt, um sicherzustellen, dass sie strenge Sicherheits- und Regulierungsstandards erfüllen. Diese Systeme sind nicht nur wichtig für die Einhaltung gesetzlicher Vorschriften, sondern auch zur Minimierung des ökologischen Fußabdrucks der Kernenergieerzeugung.

Ein zentraler Aspekt des Umweltschutzes im Betrieb von SMRs ist das Management von Wasser, das mit radioaktiven Stoffen in Kontakt gekommen ist. Abwasserbehandlungssysteme werden eingesetzt, um dieses Wasser zu behandeln, zu reinigen und zu überwachen, bevor es wieder an die Umwelt abgegeben wird. Diese Systeme umfassen typischerweise Dekontaminationseinheiten, die radioaktive Isotope aus den Kühlkreisläufen filtern und dadurch sicherstellen, dass keine schädlichen Stoffe freigesetzt werden. Kontinuierliche Überwachungssysteme erkennen potenzielle Leckagen oder Kontaminationen und ermöglichen sofortige Korrekturmaßnahmen. Dieser Ansatz gewährleistet, dass SMRs sicher betrieben werden können und gleichzeitig umliegende Ökosysteme geschützt werden.

Die ordnungsgemäße Entsorgung nuklearer Abfälle ist entscheidend für die langfristige Nachhaltigkeit des SMR-Betriebs. SMRs sind mit Abklingbecken für abgebrannte Brennelemente ausgestattet, die eine sichere und kontrollierte Umgebung zur Kühlung frisch entnommener Brennstäbe bieten. Diese Becken sind mit strahlungsabschirmenden Materialien ausgekleidet und werden kontinuierlich hinsichtlich Temperatur und Strahlungswerten überwacht, um eine Überhitzung zu verhindern. Sobald die Brennelemente ausreichend abgekühlt sind, werden sie in Trockenlagerbehälter überführt, die für eine längerfristige Lagerung vorgesehen sind. Diese Behälter bestehen aus Materialien wie Stahlbeton und Stahl und sind dafür ausgelegt, extremen Umweltbedingungen standzuhalten und Strahlungslecks zu verhindern. Die Kombination aus Nass- und Trockenlagerung gewährleistet eine flexible und skalierbare Strategie für das Abfallmanagement, insbesondere bei modularen Anlagen, bei denen sich die Anforderungen an die Brennstoffverwaltung im Laufe der Zeit ändern können.

Integration von SMR-Systemen mit kommunalen Dienstleistungen und ziviler Infrastruktur

Die Integration von Small-Modular-Reactor-(SMR)-Systemen mit kommunalen Dienstleistungen und ziviler Infrastruktur ist ein vielschichtiger Prozess, der sorgfältige Planung und Umsetzung erfordert. Diese Integration ist entscheidend, um den sicheren, effizienten und nachhaltigen Betrieb von SMRs zu gewährleisten. Die verschiedenen beteiligten Systeme – wie Kühlung, Abfallmanagement, Abwasserbehandlung und Steuerungssysteme – müssen mit kommunalen Versorgungseinrichtungen verbunden werden, um ihren kontinuierlichen Betrieb zu unterstützen.

Für SMRs, die Wasser zur Kühlung verwenden, ist die Herstellung einer zuverlässigen Verbindung zu lokalen Wasserquellen unerlässlich. Die Kühlsysteme benötigen typischerweise eine konstante Versorgung mit Süß- oder Meerwasser, was den Bau großer Ansaugleitungen erforderlich macht, die mit kommunalen Wassersystemen, Flüssen oder Küstenquellen verbunden sind. Diese Leitungen müssen so konstruiert werden, dass sie Fremdkörper herausfiltern, bevor das Wasser in die Kühlkreisläufe des Reaktors gelangt, um die Betriebssicherheit und Integrität zu gewährleisten. Darüber hinaus muss das behandelte Wasser aus dem Kühlsystem über Abwasserkanäle wieder in die Umwelt abgegeben werden, die an kommunale Regenwassersysteme oder direkt an natürliche Gewässer angeschlossen sind. Diese Verbindung ist wichtig, um thermische Verschmutzung zu minimieren und die Einhaltung von Umweltvorschriften sicherzustellen.

SMRs erzeugen Abwasser, das vor der Entsorgung behandelt werden muss. Die Integration mit kommunalen Abwassersystemen ist von entscheidender Bedeutung, da Abwasser – einschließlich Abflüssen aus Dekontaminationsprozessen – vor der Einleitung in diese Systeme vor Ort behandelt werden muss. SMRs sind mit Abwasserbehandlungsanlagen ausgestattet, die verschiedene Technologien wie Filtration und chemische Neutralisation nutzen, um radioaktive Verunreinigungen zu entfernen. Zusätzlich müssen Notüberlaufsysteme eingerichtet werden, die mit kommunalen Abwassernetzen verbunden sind, um zu verhindern, dass unbehandeltes Wasser bei unerwarteten Spitzen der Abwasserproduktion freigesetzt wird.

Das Management nuklearer Abfälle ist ein wesentlicher Bestandteil des SMR-Betriebs und erfordert eine sichere Handhabung sowie die Integration mit kommunalen Abfallmanagementdiensten. Nicht radioaktive Feststoffe, die während des Betriebs entstehen, können über kommunale Abfallentsorgungsdienste entsorgt werden, sofern strenge Abfalltrennungsprotokolle eingehalten werden. Darüber hinaus muss abgebrannter Kernbrennstoff nach der Lagerung vor Ort möglicherweise zu zentralen Langzeitlagerstätten transportiert werden. Dieser Prozess erfordert die Zusammenarbeit mit lokalen Transportbehörden, um sichere Transportwege und die Einhaltung regulatorischer Standards sicherzustellen.

Die effiziente Verteilung des von SMRs erzeugten Stroms erfolgt durch die Verbindung mit dem regionalen Stromnetz über Hochspannungsleitungen. Eine Koordination mit lokalen Energieversorgern ist erforderlich, um Netzkompatibilität und Synchronisation sicherzustellen, wobei redundante Verbindungen eingerichtet werden, um die Zuverlässigkeit zu erhöhen. Darüber hinaus werden Umspannwerke vor Ort errichtet, um die Spannung des erzeugten Stroms zu erhöhen, bevor dieser in das nationale Netz eingespeist wird. Gleichzeitig werden diese Anlagen mit kommunalen Stromleitungen verbunden, um die Notstromversorgung sicherzustellen.

Die Integration von SMRs mit lokalen Telekommunikations- und Internetdiensten ist für die Echtzeitüberwachung und -steuerung von entscheidender Bedeutung. Supervisory-Control-and-Data-Acquisition-(SCADA)-Systeme werden eingesetzt, um Reaktorbedingungen und Abwassereinleitungen zu überwachen, wobei diese Systeme mit kommunalen Kommunikationsnetzwerken verbunden werden, um die Koordination von Notfallmaßnahmen zu unterstützen [250]. Angesichts der kritischen Bedeutung von Kernkraftwerken müssen fortschrittliche Cybersicherheitsmaßnahmen implementiert werden, um diese

Steuerungssysteme vor potenziellen Cyberbedrohungen zu schützen, was eine Zusammenarbeit mit der kommunalen IT-Infrastruktur erforderlich macht.

Die Integration mit lokalen Notfalldiensten ist entscheidend, um im Falle von Zwischenfällen schnelle Reaktionsmöglichkeiten sicherzustellen. SMRs müssen Zugang zu kommunalen Feuerwehrressourcen haben und gemeinsam mit lokalen Behörden Evakuierungsrouten sowie „Shelter-in-Place"-Pläne entwickeln. Diese Integration stellt sicher, dass die öffentliche Sicherheit priorisiert wird und Notfallprotokolle effektiv kommuniziert und geübt werden.

Der Bau und Betrieb von SMR-Anlagen erfordert eine robuste Verkehrsinfrastruktur. Der Transport schwerer Ausrüstung während der Bauphase macht verstärkte Straßen und die Koordination mit lokalen Verkehrsbehörden notwendig. Darüber hinaus erfordern die laufenden Betriebsaktivitäten sichere Verkehrswege für die Lieferung von Verbrauchsmaterialien sowie den Zugang des Personals, was die Bedeutung einer umfassenden logistischen Planung unterstreicht.

Elektrische Energieverteilung und Netzanbindung

Small Modular Reactors sind darauf ausgelegt, Elektrizität auf flexible und effiziente Weise zu erzeugen, wodurch sie sich ideal für verschiedene Anwendungen eignen, beispielsweise zur Unterstützung nationaler Stromnetze, zur Versorgung abgelegener Gemeinden und zur Stabilisierung von Stromnetzen mit Integration erneuerbarer Energien.

Stromerzeugung und Hochspannungstransformation

Small Modular Reactors (SMRs) sind darauf ausgelegt, Strom bei Mittelspannungen zu erzeugen, typischerweise im Bereich von 13,8 kV bis 24 kV. Dieses Spannungsniveau eignet sich besonders für die Energieverteilung vor Ort, ermöglicht ein lokales Energiemanagement und reduziert den Bedarf an umfangreicher Übertragungsinfrastruktur. Diese Mittelspannung ist jedoch für die Fernübertragung unzureichend, da höhere Spannungen erforderlich sind, um Energieverluste während des Transports zu minimieren. Um einen effizienten Stromtransport durch das Netz zu ermöglichen, muss die erzeugte Energie auf höhere Übertragungsspannungen transformiert werden, gewöhnlich zwischen 138 kV und 500 kV [251, 252].

Die Integration von SMRs in das Stromnetz umfasst die Einrichtung von Umspannwerken vor Ort, die eine entscheidende Rolle im Stromverteilungsprozess spielen. Diese Umspannwerke sind mit Hochspannungstransformatoren ausgestattet, welche die Mittelspannungsausgabe des SMR in höhere Spannungen umwandeln, die mit dem nationalen Stromnetz kompatibel sind. Diese Transformation ist nicht nur für die Spannungsanpassung wesentlich, sondern auch für die Steuerung der Integration der SMR-Leistung in das übergeordnete Übertragungsnetz. Eine solche Integration stellt sicher, dass der erzeugte Strom effektiv verteilt werden kann, um regionale oder nationale Energiebedarfe zu decken, und verbessert dadurch Netzstabilität und Zuverlässigkeit [252].

Ein relevantes Beispiel für diese Integration ist das NuScale Power Plant Project in Idaho, das SMRs einsetzen wird. Das Design dieser Anlage umfasst Umspannwerke vor Ort mit Hochspannungstransformatoren, die den Anschluss der modularen Reaktoren an das Western-Interconnection-Stromnetz ermöglichen. Dieses strategische Design ist mit der bestehenden Netzinfrastruktur abgestimmt und stellt sicher, dass der erzeugte Strom effizient in das Netz eingespeist wird. Das NuScale-Projekt zeigt beispielhaft, wie SMRs effektiv in bestehende Stromnetze integriert werden können, insbesondere in Regionen, die zunehmend von erneuerbaren Energiequellen abhängig sind, deren Leistung Schwankungen unterliegen kann [251].

Redundante Strompfade und Netzsynchronisation

Small Modular Reactors (SMRs) bieten erhebliche Vorteile zur Verbesserung der Netzzuverlässigkeit, insbesondere durch ihre Fähigkeit, redundante Strompfade bereitzustellen. Diese redundanten Pfade fungieren als Ersatzübertragungsleitungen und gewährleisten eine kontinuierliche Stromversorgung selbst bei Ausfällen aufgrund von Wartungsarbeiten, Naturkatastrophen oder unerwarteten technischen Problemen. Die durch SMRs bereitgestellte Redundanz ist entscheidend für die Aufrechterhaltung der Netzstabilität und die Minimierung von Stromausfällen, insbesondere in Industrien und Regionen, die eine unterbrechungsfreie Stromversorgung benötigen. Die Integration von SMRs in das Stromnetz kann die Frequenzstabilität erheblich verbessern, was entscheidend ist, um den steigenden Anteil intermittierender erneuerbarer Energiequellen wie Solar- und Windenergie zu unterstützen [57]. Diese Redundanz verbessert nicht nur die Netzzuverlässigkeit, sondern entspricht auch dem wachsenden Bedarf an nachhaltigen und widerstandsfähigen Energiesystemen.

Um SMRs effektiv in das bestehende Stromnetz zu integrieren, werden hochentwickelte Netzsynchronisationssysteme eingesetzt. Diese Systeme stellen sicher, dass die Leistung des SMR mit der Netzfrequenz (entweder 50 Hz oder 60 Hz, abhängig von der Region) und den Spannungsniveaus übereinstimmt und somit Kompatibilität gewährleistet ist. Eine ordnungsgemäße Synchronisation ist entscheidend, um Stromspitzen oder Frequenzschwankungen zu verhindern, die das Netz destabilisieren und potenziell zu Stromausfällen führen könnten. Durch die kontinuierliche Überwachung der Netzbedingungen können diese Synchronisationssysteme die Leistung des SMR in Echtzeit anpassen und so Schwankungen von Angebot und Nachfrage ausgleichen. Die Bedeutung solcher Synchronisationssysteme wird insbesondere durch den Bedarf an zuverlässiger Stromerzeugung in abgelegenen Regionen unterstrichen, in denen traditionelle Netzinfrastruktur möglicherweise fehlt.

Ein Praxisbeispiel für den Einsatz von SMRs ist das schwimmende SMR Akademik Lomonosov in Russia, das die abgelegene arktische Stadt Pevek mit Strom versorgt. Dieser schwimmende Reaktor nutzt redundante Strompfade, um in der harschen arktischen Umgebung eine stabile

Stromversorgung sicherzustellen, und demonstriert die praktischen Vorteile von SMRs unter anspruchsvollen Bedingungen. Die im Akademik Lomonosov eingesetzten Synchronisationssysteme wurden speziell entwickelt, um sich nahtlos in das lokale Mikronetz zu integrieren und sicherzustellen, dass die Stromerzeugung mit den Frequenz- und Spannungsanforderungen des bestehenden Netzes übereinstimmt. Durch den Einsatz fortschrittlicher Steuerungssysteme gewährleistet der schwimmende Reaktor eine zuverlässige Stromversorgung, selbst in Regionen mit begrenzter traditioneller Netzinfrastruktur.

SCADA-Systeme (Supervisory Control and Data Acquisition)

Zur Optimierung der Leistung von Small Modular Reactors (SMRs) und ihrer Integration in das Stromnetz spielen SCADA-Systeme (Supervisory Control and Data Acquisition) eine entscheidende Rolle. SCADA-Systeme ermöglichen die Echtzeitüberwachung und -steuerung verschiedener Betriebsparameter wie Temperaturen, Drücke, Durchflussraten und elektrische Leistung. Diese Fähigkeit erlaubt es den Bedienern, schnell auf Veränderungen der Reaktorbedingungen oder der Netzanforderungen zu reagieren und dadurch die Betriebseffizienz und Sicherheit zu erhöhen [253, 254]. Die Integration von SCADA-Systemen mit SMRs vereinfacht nicht nur Betriebsprozesse, sondern stellt auch sicher, dass sich die Reaktoren an schwankende Netzanforderungen anpassen können, was für die Aufrechterhaltung der Netzstabilität von wesentlicher Bedeutung ist [255].

Einer der bedeutenden Vorteile von SCADA-Systemen besteht darin, dass potenzielle Probleme erkannt und behoben werden können, bevor sie sich zu größeren Störungen entwickeln. Beispielsweise können SCADA-Systeme bei einem plötzlichen Anstieg der Netzlast automatisch die Leistung des SMR erhöhen, um zusätzliche Energie bereitzustellen und dadurch das Netz zu stabilisieren [256]. Umgekehrt können SCADA-Systeme während Zeiten geringer Nachfrage die Leistung des Reaktors reduzieren, um eine Überlastung des Netzes zu verhindern, wodurch die Ressourcennutzung optimiert und die Sicherheit verbessert wird [257]. Diese dynamische Reaktionsfähigkeit ist entscheidend für die Integration erneuerbarer Energien und dafür, dass SMRs effektiv innerhalb moderner Energiesysteme betrieben werden können [258].

Ein relevantes Beispiel für den Einsatz von SCADA-Technologie in der SMR-Technologie ist das CAREM-Projekt in Argentina. Der CAREM-SMR verwendet ein hochentwickeltes SCADA-System, das seine Stromerzeugung an die Anforderungen des nationalen Stromnetzes anpasst. Dieses System ermöglicht es dem Reaktor, seine Leistung auf Grundlage der Echtzeitbedingungen des Netzes anzupassen, wodurch er eine zuverlässige Reserveenergiequelle während Spitzenlastzeiten darstellt [255, 259]. Darüber hinaus verbessert das SCADA-System die Sicherheit der CAREM-Anlage, indem es kontinuierlich wichtige Betriebsparameter überwacht und dadurch sicherstellt, dass Abweichungen von normalen Betriebsbedingungen umgehend erkannt und behoben werden [260, 261]. Die Integration von SCADA-Technologie im CAREM-Projekt zeigt beispielhaft, wie fortschrittliche Überwachungs- und Steuerungssysteme die betriebliche Zuverlässigkeit und Sicherheit von SMRs erheblich verbessern können.

Auswirkungen von SMR-Kraftwerken auf Stromnetze

Die Integration von Small Modular Reactors (SMRs) in Stromnetze bietet erhebliche Vorteile, insbesondere hinsichtlich der Verbesserung der Netzstabilität, der Ermöglichung dezentraler Stromerzeugung, der Verringerung von Netzengpässen und der Bereitstellung von Systemdienstleistungen.

Einer der wichtigsten Vorteile von SMRs ist ihre Fähigkeit zur Lastfolgeregelung, die für die Aufrechterhaltung der Netzstabilität von entscheidender Bedeutung ist. Im Gegensatz zu traditionellen großen Kernkraftwerken, die optimal bei konstanter Leistung arbeiten, können SMRs ihre Leistung dynamisch an Nachfrageschwankungen anpassen. Beispielsweise ist das NuScale Power Module in der Lage, seine Leistung um 20 % pro Minute zu erhöhen oder zu verringern, was insbesondere in Stromnetzen mit hohem Anteil variabler erneuerbarer Energiequellen wie Wind- und Solarenergie von Vorteil ist [262]. Diese Flexibilität ermöglicht es SMRs, als stabile Reserveenergiequelle zu fungieren und das Risiko von Stromausfällen während Zeiten geringer erneuerbarer Energieerzeugung aufgrund wetterbedingter Schwankungen zu reduzieren [263]. Die Fähigkeit von SMRs zur Unterstützung der Lastfolgeregelung entspricht dem wachsenden Bedarf an zuverlässigen Energiequellen, während Länder ambitionierte Ziele im Bereich erneuerbarer Energien verfolgen [264].

Lastfolgeregelung bezeichnet die Fähigkeit eines Stromerzeugungssystems, seine Leistung als Reaktion auf Schwankungen der Stromnachfrage anzupassen. Im Gegensatz zu traditionellen großen Kernreaktoren, die typischerweise für eine konstante Grundlaststromerzeugung ausgelegt sind, wurden SMRs so konzipiert, dass sie flexibler arbeiten können und ihre Leistung je nach Veränderungen der Netzlast erhöhen oder reduzieren können. Diese Anpassungsfähigkeit macht SMRs besonders wertvoll für moderne Stromnetze, die zunehmend von intermittierenden erneuerbaren Energiequellen wie Wind- und Solarenergie abhängig sind.

Da immer mehr Länder erneuerbare Energien in ihre Stromnetze integrieren, wird das Gleichgewicht zwischen Angebot und Nachfrage zunehmend schwieriger zu steuern. Solar- und Windenergie sind von Natur aus variabel, da ihre Leistung von Wetterbedingungen und Tageszeit abhängt. Beispielsweise erzeugen Solarmodule an bewölkten Tagen oder nachts weniger Strom, während Windkraftanlagen von der Windgeschwindigkeit abhängig sind. Diese Variabilität kann zu plötzlichen Schwankungen der Stromversorgung führen, die das Netz destabilisieren können, wenn sie nicht richtig gesteuert werden. Um dieses Problem zu lösen, benötigen Netzbetreiber Energiequellen, die ihre Leistung schnell anpassen können, um Versorgungslücken zu schließen, wenn die erneuerbare Energieerzeugung sinkt, oder die Leistung zu reduzieren, wenn ein Überschuss an Energie vorhanden ist.

SMRs eignen sich aufgrund ihres modularen Designs, ihrer fortschrittlichen Steuerungssysteme und ihrer passiven Sicherheitsfunktionen besonders gut für diese Rolle, da sie ihre Leistung dynamischer anpassen können als traditionelle Kernreaktoren. Ihre kleinere Kernstruktur sowie hochentwickelte Reaktorsteuerungssysteme ermöglichen schnelle Anpassungen der thermischen Leistung, wodurch die Stromerzeugung gesteuert wird. Diese Flexibilität stellt sicher, dass SMRs schnell auf Netzanforderungen reagieren können – entweder durch

Leistungssteigerung während Spitzenlastzeiten oder durch Leistungsreduzierung während Zeiten geringer Nachfrage oder hoher erneuerbarer Energieeinspeisung.

SMRs verfügen über mehrere Merkmale, die ihre Lastfolgefähigkeit verbessern:

1. **Fortschrittliche Reaktorsteuerungssysteme:** SMRs sind mit hochmodernen Steuerungssystemen ausgestattet, beispielsweise Supervisory-Control-and-Data-Acquisition-(SCADA)-Systemen, die eine Echtzeitüberwachung und automatische Anpassung der Reaktorleistung ermöglichen. Diese Systeme erlauben es dem SMR, schnell auf Veränderungen der Netzfrequenz und Spannung zu reagieren und dadurch eine stabile Integration in das Stromnetz sicherzustellen.

2. **Passive Kühl- und Sicherheitssysteme:** Die Verwendung passiver Kühlsysteme in SMRs, beispielsweise natürlicher Zirkulationskreisläufe, ermöglicht schnelle Anpassungen der Reaktorleistung ohne komplexe mechanische Systeme. Dadurch wird die Reaktionszeit zur Leistungsanpassung verkürzt und SMRs werden agiler in Lastfolgeszenarien. Beispielsweise nutzen Designs wie der NuScale Power Module schwerkraftgetriebene Kühlsysteme, die die Fähigkeit des Reaktors verbessern, seine Leistung je nach Nachfrage schnell zu erhöhen oder zu verringern.

3. **Flexibles Brennstoff- und Reaktorkerndesign:** Viele SMRs verwenden Brennstoffdesigns, die einen flexibleren Betrieb ermöglichen. Beispielsweise können die Reaktoren BWRX-300 und NuScale Power Module mit Teillast betrieben werden, ohne die Brennstoffintegrität oder Effizienz zu beeinträchtigen. Dadurch können diese Reaktoren ihre Leistung bei geringer Nachfrage reduzieren, Brennstoff sparen und die Betriebslebensdauer des Reaktors verlängern.

Ein praktisches Beispiel für die Lastfolgefähigkeit von SMRs zeigen die Leistungsmodule von NuScale Power, die für schnelle Leistungsanpassungen entwickelt wurden. NuScale-Reaktoren können ihre Leistung um bis zu 20 % pro Minute ändern und sich dadurch rasch an Veränderungen der Netzlast anpassen. Diese Fähigkeit ist besonders vorteilhaft in Regionen wie dem Pazifischen Nordwesten der Vereinigten Staaten, wo das Stromnetz stark auf variable erneuerbare Energiequellen wie Wasserkraft und Windenergie angewiesen ist. Durch den Einsatz von SMRs zur Netzstabilisierung können Energieversorger den Bedarf an fossil betriebenen Spitzenlastkraftwerken reduzieren und dadurch die Kohlenstoffemissionen senken.

In Stromnetzen mit hohem Anteil erneuerbarer Energien verbessert die Fähigkeit von SMRs zur Lastfolgeregelung die Netzzuverlässigkeit. Beispielsweise kann ein SMR während Zeiten überschüssiger Solar- oder Windenergie seine Leistung reduzieren und dadurch Platz für erneuerbare Energien im Netz schaffen. Sinkt hingegen die Leistung erneuerbarer Energien – beispielsweise an einem windstillen und bewölkten Tag – kann der SMR seine Leistung schnell erhöhen, um dies auszugleichen. Diese Fähigkeit trägt dazu bei, Schwankungen der erneuerbaren Energieerzeugung auszugleichen und eine stabilere und zuverlässigere Stromversorgung bereitzustellen.

SMRs können auch eine entscheidende Rolle in Mikronetzen oder isolierten Stromnetzen spielen, in denen der Anteil erneuerbarer Energien hoch ist, die Netzstabilität jedoch schwer zu steuern ist. Durch die Bereitstellung flexibler, zuverlässiger und kohlenstofffreier Stromerzeugung können SMRs als Rückgrat von Mikronetzen dienen und sicherstellen, dass diese Systeme widerstandsfähig bleiben, insbesondere während Zeiten schwankender erneuerbarer Energieversorgung.

SMRs eignen sich außerdem hervorragend für dezentrale Stromerzeugung, insbesondere in abgelegenen oder isolierten Regionen, in denen traditionelle Großkraftwerke möglicherweise nicht praktikabel sind. Das schwimmende Kernkraftwerk Akademik Lomonosov, das SMRs nutzt, ist hierfür ein Beispiel, da es die arktische Stadt Pevek in Russia mit Energie versorgt und dadurch die lokale Energiesicherheit verbessert [265]. Darüber hinaus können SMRs in Mikronetze integriert werden, also lokalisierte Stromversorgungssysteme, die unabhängig vom Hauptnetz betrieben werden können. Diese Integration ist besonders wichtig für die Katastrophenresilienz, da mit SMRs ausgestattete Mikronetze die Stromversorgung auch dann aufrechterhalten können, wenn das zentrale Netz ausfällt 15]. Die Vielseitigkeit von SMRs in Mikronetzanwendungen wird durch ihre niedrigen Wartungskosten und die lange Brennstoffverfügbarkeit unterstützt, wodurch sie eine vielversprechende Option für zukünftige Energiesysteme darstellen [264].

Die strategische Platzierung von SMRs in der Nähe von Industriezentren oder Gebieten mit hohem Strombedarf kann Netzengpässe erheblich reduzieren und den Bedarf an umfangreicher Übertragungsinfrastruktur verringern. Durch die Stromerzeugung näher an den Verbrauchspunkten helfen SMRs, Übertragungsverluste zu minimieren und die Gesamteffizienz des Stromnetzes zu verbessern [262]. In Canada prüfen beispielsweise Provinzen wie Ontario den Einsatz von SMRs in der Nähe von Industriestandorten, um dort zuverlässig kohlenstofffreie Energie direkt bereitzustellen [262]. Diese lokale Stromerzeugung deckt den Energiebedarf nicht nur effizienter, sondern trägt auch dazu bei, die Umweltauswirkungen zu reduzieren, die mit der Fernübertragung von Elektrizität verbunden sind.

SMRs können zudem eine wichtige Rolle bei der Bereitstellung von Systemdienstleistungen spielen, beispielsweise Spannungsregelung, Frequenzregelung und rotierende Reservekapazitäten, die während Spitzenlastzeiten, wenn das Stromnetz stark belastet ist, unverzichtbar sind. Die schnellen Leistungsanpassungsfähigkeiten der SMR-Technologie von NuScale Power ermöglichen es, die Netzstabilität bei unerwarteten Lastspitzen oder beim Ausfall anderer Energiequellen aufrechtzuerhalten [262, 263]. Darüber hinaus kann die Fähigkeit von SMRs, an Peak-Shaving-Strategien teilzunehmen, dazu beitragen, die Nachfrage effektiv zu steuern und sicherzustellen, dass das Stromnetz innerhalb sicherer Betriebsgrenzen arbeitet [266]. Diese Fähigkeit gewinnt zunehmend an Bedeutung, da die Integration intermittierender erneuerbarer Energiequellen zusätzliche Herausforderungen für die Aufrechterhaltung einer ausgeglichenen und stabilen Stromversorgung schafft [266].

Sicherheits- und Überwachungssysteme

Small Modular Reactors (SMRs) stellen einen bedeutenden Fortschritt in der Nukleartechnologie dar, insbesondere im Bereich der Sicherheits- und Überwachungssysteme. Diese Systeme wurden entwickelt, um die Zuverlässigkeit und Sicherheit der Kernenergieerzeugung zu verbessern und sowohl die Betriebssicherheit als auch potenzielle Risiken im Zusammenhang mit Kernenergie zu adressieren. Dieser Abschnitt untersucht die wichtigsten Komponenten von Sicherheits- und Überwachungssystemen in SMRs, einschließlich passiver Sicherheitssysteme, fortschrittlicher Echtzeitüberwachungstechnologien, automatisierter Steuerungssysteme, Cybersicherheitsmaßnahmen, Redundanz und regulatorischer Aufsicht.

Eines der bemerkenswertesten Merkmale von SMRs ist ihre Abhängigkeit von passiven Sicherheitssystemen, die natürliche physikalische Prinzipien nutzen, um die Reaktorsicherheit ohne externe Stromversorgung oder menschliches Eingreifen aufrechtzuerhalten. Beispielsweise sind Systeme wie natürliche Umlaufkühlung integraler Bestandteil von Designs wie dem NuScale Power Module. Dieses System ermöglicht die Wärmeabfuhr aus dem Reaktorkern durch natürliche Konvektion und stellt sicher, dass sich der Reaktor selbst bei einem vollständigen Stromausfall effektiv kühlen kann [116]. Ebenso nutzen schwerkraftbetriebene Notkühlsysteme, wie sie im CAREM-25-Reaktor eingesetzt werden, die Schwerkraft zur Freisetzung von Kühlmittel und halten dadurch die Kerntemperaturen aufrecht, ohne auf elektrisch betriebene Pumpen angewiesen zu sein [116]. Darüber hinaus sorgen ausfallsichere Abschaltmechanismen, wie sie im BWRX-300 verwendet werden, dafür, dass Steuerstäbe unter anormalen Bedingungen automatisch in den Reaktorkern eingefahren werden und somit eine sichere Abschaltung selbst bei Ausfall elektronischer Steuerungen gewährleistet ist [116].

SMRs sind mit hochentwickelten Echtzeitüberwachungssystemen ausgestattet, die kontinuierlich Daten von zahlreichen Sensoren im gesamten Reaktor erfassen. Diese Systeme nutzen Supervisory-Control-and-Data-Acquisition-(SCADA)-Technologien, um den Bedienern sofortige Einblicke in die Reaktorleistung zu geben. Kritische Sensoren überwachen Temperatur und Druck im Reaktorkern und ermöglichen automatische Reaktionen auf Anomalien, beispielsweise unerwartete Temperaturanstiege [186]. Darüber hinaus sind Strahlungsdetektionssysteme entscheidend, um ungewöhnliche Strahlungswerte zu erkennen und bei Bedarf Alarme sowie Eindämmungsprotokolle auszulösen [186]. Sensoren zur Überwachung der strukturellen Integrität spielen ebenfalls eine wichtige Rolle, insbesondere in seismisch aktiven Regionen, indem sie Vibrationen und potenzielle Mikrorisse erkennen und dadurch vorbeugende Wartungsmaßnahmen ermöglichen [186].

Die Integration von Künstlicher Intelligenz (KI) in die Steuerungssysteme von SMRs stellt einen transformativen Ansatz für das Reaktormanagement dar. KI-gestützte Anomalieerkennungssysteme können Abweichungen von normalen Betriebsmustern identifizieren und dadurch frühzeitige Eingriffe ermöglichen, bevor sich Probleme verschärfen [186]. Automatisierte Reaktionssysteme können Reaktorbedingungen in Echtzeit anpassen, beispielsweise durch Änderung der Position von Steuerstäben oder der Kühlmitteldurchflussraten, wodurch der Reaktor als Reaktion auf erkannte Anomalien schnell stabilisiert wird [186]. Diese Fähigkeit reduziert das Risiko menschlicher Fehler erheblich und verbessert die Gesamtsicherheit.

Da SMRs zunehmend auf digitale Technologien zur Überwachung und Steuerung angewiesen sind, werden robuste Cybersicherheitsmaßnahmen unverzichtbar. Mehrschichtige Verteidigungssysteme, einschließlich Firewalls und Intrusion-Detection-Systemen (IDS), schützen vor unbefugtem Zugriff auf Steuerungssysteme [15]. Regelmäßige Cybersicherheitsaudits, die von Aufsichtsbehörden wie der U.S. Nuclear Regulatory Commission (NRC) vorgeschrieben werden, stellen sicher, dass Schwachstellen erkannt und behoben werden und dadurch die Integrität der Sicherheitssysteme erhalten bleibt [15].

Redundanz ist ein zentraler Bestandteil der Sicherheit von SMRs und stellt sicher, dass andere Systeme die Stabilität des Reaktors aufrechterhalten können, falls ein System ausfällt. Dazu gehören Notstromversorgungen wie unterbrechungsfreie Stromversorgungen (USV) und Dieselgeneratoren, die den kontinuierlichen Betrieb der Sicherheitssysteme bei Netzausfällen gewährleisten. Zusätzlich bieten mehrere unabhängige Kühlkreisläufe zusätzliche Schutzebenen, wie im Design des NuScale Power Module demonstriert wird, bei dem ein passives Backup-Kühlsystem aktiviert wird, falls das Primärsystem ausfällt [15].

SMRs unterliegen strengen Sicherheitsbewertungen durch Aufsichtsbehörden wie die U.S. Nuclear Regulatory Commission (NRC) und die International Atomic Energy Agency (IAEA). Diese Organisationen setzen strenge Sicherheitsstandards durch und verlangen von Entwicklern umfassende Sicherheitsanalyseberichte (Safety Analysis Reports – SAR), die die Sicherheitsmerkmale des Reaktors und die Notfallpläne detailliert beschreiben [15]. Laufende Sicherheitsinspektionen und Audits gewährleisten die Einhaltung regulatorischer Standards während der gesamten Betriebsdauer des Reaktors [15].

Das SMR-Design von NuScale Power ist ein Beispiel für die Integration dieser Sicherheits- und Überwachungsfunktionen. Sein passives Kühlsystem ermöglicht einen sicheren Betrieb selbst bei vollständigem Stromausfall, während sein fortschrittlicher Leitstand KI-gesteuerte Überwachungssysteme für prädiktive Analysen nutzt und dadurch proaktive Wartung sowie schnelle Reaktionen auf Anomalien ermöglicht [15, 116]. Diese Kombination aus passiver Sicherheit und modernster Technologie setzt neue Maßstäbe für nukleare Sicherheit.

Infrastruktur für Abfallmanagement

Die erfolgreiche Einführung von Small Modular Reactors (SMRs) hängt nicht nur von der Sicherheit und Effizienz ihrer Betriebssysteme ab, sondern auch von einer robusten und zuverlässigen Infrastruktur für das Abfallmanagement. Die Entsorgung radioaktiver Abfälle ist ein entscheidender Bestandteil der Kernenergieerzeugung, einschließlich SMRs, da sie den Schutz der menschlichen Gesundheit und der Umwelt gewährleistet. Die für das Abfallmanagement in SMR-Anlagen erforderliche Infrastruktur umfasst eine Reihe von Prozessen und Einrichtungen, die dafür ausgelegt sind, die verschiedenen Arten von Abfällen zu handhaben, die während des Lebenszyklus des Reaktors entstehen.

Wie alle Energieindustrien erzeugt auch die Kernenergie einige Abfallprodukte. Nuklearabfälle werden jedoch sorgfältig verwaltet und je nach Radioaktivität in drei Hauptkategorien eingeteilt: schwachradioaktive, mittelradioaktive und hochradioaktive Abfälle. Der überwiegende Teil (90 % des Volumens) besteht aus leicht kontaminierten Materialien wie Werkzeugen, Schutzkleidung und Filtern, die jedoch nur 1 % der gesamten Radioaktivität ausmachen. Hochradioaktive Abfälle – hauptsächlich verbrauchter bzw. „abgebrannter" Kernbrennstoff – machen dagegen nur 3 % des gesamten Abfallvolumens aus, sind jedoch für 95 % der Radioaktivität verantwortlich [267].

Ein einzigartiger Aspekt der Nuklearindustrie ist ihre vollständige Verantwortung für die Entsorgung ihrer Abfälle. Im Gegensatz zu jeder anderen Energiebranche übernehmen Kernkraftwerksbetreiber die volle Verantwortung dafür, dass alle Abfälle sicher verwaltet und entsorgt werden. Für schwach- und mittelradioaktive Abfälle existieren bereits etablierte Entsorgungseinrichtungen, und mehrere Projekte arbeiten an langfristigen Lösungen für hochradioaktive Abfälle und abgebrannten Kernbrennstoff [267].

Kernbrennstoff besitzt eine extrem hohe Energiedichte, was bedeutet, dass nur geringe Materialmengen erforderlich sind, um erhebliche Mengen an Elektrizität zu erzeugen. Dadurch ist das produzierte Abfallvolumen relativ gering. Beispielsweise würde der Abfall, der durch einen Reaktor entsteht, der den jährlichen Strombedarf einer Person deckt, nur die Größe eines Ziegels haben. Davon wären lediglich etwa 5 Gramm – ungefähr das Gewicht eines Blatt Papiers – hochradioaktiver Abfall [267].

Ein typisches 1.000-Megawatt-Kernkraftwerk, das über eine Million Haushalte mit Strom versorgen kann, erzeugt nur etwa drei Kubikmeter verglasten hochradioaktiven Abfalls pro Jahr, sofern der abgebrannte Brennstoff recycelt wird. Im starken Gegensatz dazu produziert ein Kohlekraftwerk derselben Leistung jährlich rund 300.000 Tonnen Asche und mehr als 6 Millionen Tonnen Kohlendioxid [267].

Trotz öffentlicher Bedenken hat die Handhabung nuklearer Abfälle seit Beginn der zivilen Nutzung der Kernenergie keine Schäden an Menschen verursacht. Das Missverständnis, dass Nuklearabfälle eine langfristige Bedrohung darstellen, ergibt sich daraus, dass einige radioaktive Materialien über Tausende von Jahren gefährlich bleiben können. Die problematischsten radioaktiven Bestandteile zerfallen jedoch innerhalb weniger hundert Jahre auf sichere Werte. Zudem sind die Mengen gering; selbst im Falle einer Beschädigung der Einschlussbarrieren wäre die Freisetzung minimal und hätte nur vernachlässigbare Auswirkungen auf Umwelt oder menschliche Gesundheit [267].

Es ist außerdem wichtig zu beachten, dass unsere Umwelt – einschließlich unseres eigenen Körpers – von Natur aus radioaktiv ist. Strahlung ist ein natürlicher Bestandteil des Lebens auf der Erde, und die Strahlenbelastung aus einem gut verwalteten Endlager für Nuklearabfälle wäre erheblich geringer – nahezu 50-mal niedriger – als die durchschnittliche natürliche Hintergrundstrahlung, der wir täglich ausgesetzt sind [267].

Abgebrannter Kernbrennstoff, der beim Entfernen aus Reaktoren sowohl heiß als auch hochradioaktiv ist, wird zunächst in Wasserbecken gelagert, damit er abkühlen kann. Nach dieser ersten Abkühlphase kann der Brennstoff entweder weiterhin in Nasslagern verbleiben oder in Trockenlagerbehälter überführt werden. Diese temporären Lagerlösungen sind darauf ausgelegt, Wärme und Strahlungswerte zu reduzieren und dadurch den Brennstoff für spätere Wiederaufbereitung oder Entsorgung besser handhabbar zu machen [267].

Temporäre Lagerung ist jedoch nicht die endgültige Lösung. Länder verfolgen in der Regel eine von zwei Hauptstrategien für den Umgang mit abgebranntem Kernbrennstoff: Wiederaufbereitung oder direkte Endlagerung. Diese Entscheidung wird von nationalen Politiken, wirtschaftlichen Faktoren und technologischen Möglichkeiten bestimmt [267].

Während einige Länder wie die United States abgebrannten Brennstoff als Abfall behandeln, erkennen viele andere das Potenzial der Wiederaufbereitung an. Etwa 97 % des Materials in abgebranntem Brennstoff – überwiegend Uran – können als Brennstoff in bestimmten Reaktortypen wiederverwendet werden. Die Wiederaufbereitung konzentriert sich auf die Rückgewinnung von Plutonium und Uran, die mit frischem Uran kombiniert werden können, um neue Brennelemente herzustellen [267].

Länder wie France, Japan, Germany, Belgium und Russia haben das Recycling von Plutonium erfolgreich genutzt, um Elektrizität zu erzeugen und gleichzeitig die radioaktive Belastung ihrer Abfälle zu verringern. Die verbleibenden Nebenprodukte, hauptsächlich Spaltprodukte (etwa 4 % des Abfalls), werden durch einen Prozess namens Vitrifikation verfestigt, bei dem sie in Glas immobilisiert werden, um eine langfristige Lagerung zu ermöglichen [267]. Beispielsweise gilt La Hague in Frankreich seit Jahrzehnten als führend bei der Wiederaufbereitung abgebrannter Kernbrennstoffe und reduziert deren radiologische Auswirkungen erheblich.

Einige Staaten entscheiden sich für die direkte Endlagerung, bei der abgebrannter Kernbrennstoff als Abfall betrachtet und dauerhaft in unterirdischen Endlagern gelagert wird, ohne Wiederaufbereitung. Dies umfasst die Einlagerung des abgebrannten Brennstoffs in robuste Behälter, die anschließend in tiefen geologischen Tunneln platziert und mit Gesteins- und Tonschichten versiegelt werden [267]. Länder wie Finland stehen kurz vor der Fertigstellung hochmoderner Endlager, die hochradioaktive Abfälle über Tausende von Jahren sicher einschließen und dadurch minimale Umweltauswirkungen sowie den Schutz zukünftiger Generationen gewährleisten [267].

Abgebrannter Kernbrennstoff bzw. hochradioaktive Abfälle (HLW) stellen aufgrund ihrer Radiotoxizität und Wärmeentwicklung erhebliche Herausforderungen im Abfallmanagement dar. Obwohl SMRs weniger abgebrannten Brennstoff erzeugen als traditionelle Reaktoren, bleibt eine effektive Handhabung unerlässlich.

SMR-Anlagen integrieren typischerweise Abklingbecken für abgebrannte Brennelemente, die frisch entladenen Brennstoff unter Wasser lagern. Das Wasser dient dabei sowohl als Strahlenschutz als auch als Kühlmechanismus für die Brennstäbe. Diese Becken bestehen aus dickem Stahlbeton mit Edelstahl-Auskleidung zur Verhinderung von Leckagen und sind so konstruiert, dass sie Erdbeben und anderen Naturkatastrophen standhalten [268].

Beispielsweise verfügt das Design des NuScale Power Module über ein spezielles Abklingbecken neben dem Reaktordruckbehälter, das gebrauchten Brennstoff mehrere Jahre lang lagern kann und dadurch eine schrittweise Abkühlung vor der Überführung in Trockenlager ermöglicht [268].

Nach einer gewissen Zeit in den Abklingbecken wird der abgekühlte Brennstoff in Trockenlagerbehältersysteme überführt. Diese Systeme nutzen versiegelte Metallbehälter, die eine robuste Abschirmung und Einschließung gegen Strahlungsfreisetzung bieten. Trockenlagerbehälter bestehen typischerweise aus Stahl und Beton und werden auf speziell konstruierten Außenflächen mit kontrolliertem Zugang und Strahlungsüberwachungssystemen gelagert [268]. Die SMART Reactor-SMR-Anlage in South Korea ist ein Beispiel für diesen Ansatz und verwendet sowohl Abklingbecken als auch Trockenlagerbehälter für das langfristige Abfallmanagement [268].

Zusätzlich zu abgebranntem Brennstoff erzeugen SMRs mittelradioaktive Abfälle (ILW) und schwachradioaktive Abfälle (LLW), darunter kontaminierte Ausrüstung und Materialien aus Wartungsarbeiten. Spezielle Einrichtungen zur Sortierung, Verarbeitung und Verpackung von Abfällen sind entscheidend für die Handhabung von ILW und LLW. Diese Einrichtungen umfassen typischerweise abgeschirmte Heiße Zellen, Verdichter und Verbrennungsanlagen zur Volumenreduktion sowie HEPA-Filtersysteme zur Kontrolle luftgetragener Verunreinigungen [268]. Eine effektive Abfalltrennung reduziert das Volumen hochradioaktiver Abfälle und optimiert Entsorgungsstrategien [268].

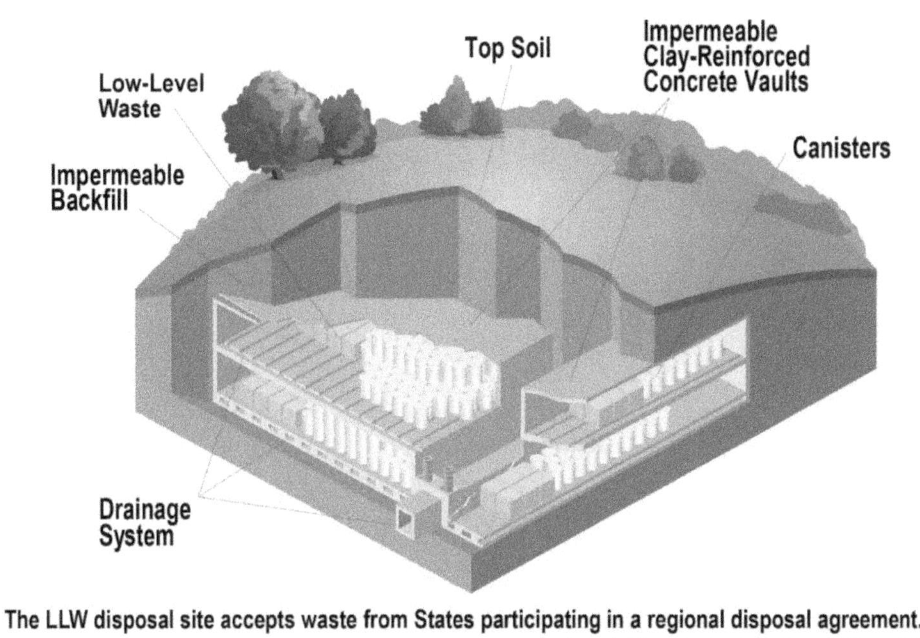

Abbildung 37: Entsorgung schwachradioaktiver Abfälle. Nuclear Regulatory Commission, CC BY 2.0, über Flickr.

Mittelradioaktive Abfälle werden häufig durch Zementierungsverfahren verfestigt, wodurch eine stabile Matrix entsteht, die die Freisetzung von Radionukliden verhindert. Der eingeschlossene Abfall wird in betonausgekleideten Behältern oder Edelstahlfässern gelagert, wodurch eine langfristige Einschließung gewährleistet wird. Zusätzlich werden diese Lager kontinuierlich hinsichtlich Strahlung und struktureller Integrität überwacht [268].

SMRs erzeugen während des Betriebs auch flüssige und gasförmige radioaktive Abfälle. Radioaktive Flüssigkeiten, beispielsweise Kühlwasser, müssen behandelt werden, um Verunreinigungen vor der Ableitung oder Wiederverwendung zu entfernen. Zu den gängigen Verfahren gehören Verdampfung, Ionenaustausch und Filtration. Anlagen zur Behandlung flüssiger Abfälle sind mit Verdampfern, Ionenaustauschkolonnen und Umkehrosmose-Systemen ausgestattet und stellen sicher, dass das behandelte Wasser vor der Freisetzung in abgeschirmten Tanks gelagert wird [268]. Der BWRX-300 verwendet beispielsweise fortschrittliche Filtrations- und Behandlungssysteme, um seine flüssigen Abfälle effektiv zu verwalten [268].

Gasförmige Emissionen, einschließlich Tritium und Edelgase, müssen kontrolliert werden, um Umweltkontaminationen zu verhindern. SMRs sind mit Gasbehandlungssystemen ausgestattet, die Aktivkohlefilter und HEPA-Filter verwenden. Die Lüftungssysteme sind so ausgelegt, dass sie Strahlungswerte vor der Freisetzung überwachen und kontrollieren [268].

Abbildung 38: Endlagerstätte für schwachradioaktive Abfälle. Nuclear Regulatory Commission, CC BY 2.0, über Flickr.

Die Stilllegung am Ende des Lebenszyklus eines SMR erzeugt erhebliche Mengen radioaktiver Abfälle, darunter strukturelle Materialien und kontaminierter Boden. Einrichtungen für das Management von Stilllegungsabfällen umfassen temporäre Lagerbereiche sowie Verarbeitungseinheiten zur Sortierung, Dekontamination und Verpackung von Materialien für die Entsorgung [268].

Hochradioaktive Abfälle, einschließlich abgebrannter Brennelemente, die nicht wiederaufbereitet werden können, können eine tiefe geologische Endlagerung in stabilen unterirdischen Formationen erfordern. Geologische Endlagerstätten benötigen unterirdische Tunnel und technische Barrieren, um radioaktive Abfälle über Tausende von Jahren von der Biosphäre zu isolieren. Das Onkalo spent nuclear fuel repository in Finland gilt als wegweisendes Beispiel für eine solche Anlage [268].

Abbildung 39: Geologische Kartierung im Endlager für abgebrannte Kernbrennstoffe in Onkalo spent nuclear fuel repository. kallerna, CC BY-SA 4.0, über Wikimedia Commons.

Zur Minimierung von Umweltauswirkungen müssen SMR-Anlagen umfassende Überwachungssysteme implementieren. Die kontinuierliche Überwachung der Strahlungswerte rund um Abfalllageranlagen ist entscheidend für die Einhaltung von Sicherheitsstandards. Dazu gehören Gammastrahlungsdetektoren, Luftprobenahmeeinheiten und Grundwasserüberwachungsbrunnen [268].

Im Falle eines Versagens der Einschlussbarrieren müssen SMR-Anlagen über Notfallreaktionssysteme verfügen, einschließlich Auffangbarrieren für Leckagen und Brandschutzsystemen. Die Canadian Nuclear Safety Commission schreibt strenge Sicherheitsmaßnahmen für Abfallmanagementanlagen vor, um schnelle Reaktionsfähigkeiten sicherzustellen [268].

Notfallmaßnahmen und Notfallvorsorgeplanung

Notfallmaßnahmen und Notfallvorsorgeplanung sind entscheidend für die Sicherheit und Einsatzbereitschaft von Small Modular Reactors (SMRs). Aufgrund ihrer besonderen Konstruktionsmerkmale und Betriebsbedingungen müssen diese Pläne sorgfältig ausgearbeitet werden, um die spezifischen Risiken im Zusammenhang mit der Kernenergieerzeugung zu berücksichtigen. Die folgende Zusammenfassung behandelt integrierte Notfallpläne, passive Sicherheitssysteme, Ausbildungsprotokolle, Kommunikationsstrategien, Infrastruktur für Notfälle sowie Maßnahmen zur Wiederherstellung nach Zwischenfällen im Zusammenhang mit SMRs.

Notfallpläne für SMRs werden gemäß nationalen und internationalen Standards entwickelt, einschließlich der Richtlinien der International Atomic Energy Agency (IAEA). Diese Pläne beginnen mit einer umfassenden Risikobewertung, um potenzielle Gefahren zu identifizieren, die spezifisch für SMRs sind, beispielsweise Kühlmittelverlust und Überhitzung des Reaktorkerns. Untersuchungen zeigen, dass die geringere Größe und die inhärenten passiven Sicherheitsmerkmale von SMRs die Wahrscheinlichkeit schwerer Unfälle im Vergleich zu traditionellen Großreaktoren erheblich verringern [5, 116]. Die Klassifizierung von Notfällen in Stufen wie Alarm, Standortnotfall und allgemeiner Notfall ist entscheidend für die Festlegung geeigneter Reaktionsmaßnahmen [239]. Darüber hinaus ist die Zusammenarbeit mit lokalen Behörden von zentraler Bedeutung, insbesondere bei SMRs in der Nähe kleiner Gemeinden oder abgelegener Regionen, um wirksame Evakuierungs- und Kommunikationsstrategien für die Öffentlichkeit sicherzustellen [55, 239].

Ein wesentliches Merkmal von SMRs ist ihre Abhängigkeit von passiven Sicherheitssystemen, die ohne externe Stromversorgung oder menschliches Eingreifen funktionieren. Beispielsweise verwendet das NuScale Power Module natürliche Zirkulation zur Kühlung und minimiert dadurch das Risiko einer Überhitzung in Notfällen [116]. Robuste Sicherheitsbehälterstrukturen sind so konstruiert, dass sie Naturkatastrophen standhalten, und passive Kühlsysteme gewährleisten, dass der Reaktor selbst bei einem Stromausfall sicher Wärme ableiten kann [5. Automatische Abschaltmechanismen erhöhen die Sicherheit zusätzlich, indem sie dem Reaktor ermöglichen, sich selbstständig abzuschalten, wenn kritische Parameter sichere Grenzwerte überschreiten. Dadurch wird das Risiko menschlicher Fehler während eines Notfalls reduziert [116].

Regelmäßige Notfallübungen und Schulungen sind integraler Bestandteil der Vorbereitung von SMR-Personal und lokalen Einsatzkräften. Übungen vor Ort simulieren verschiedene Notfallszenarien und ermöglichen es dem Personal, sofortige Reaktorabschaltungen und Prüfungen der Integrität des Sicherheitsbehälters zu trainieren [55, 239]. Die Einbindung der Bevölkerung in diese Übungen ist wichtig, da dadurch lokale Gemeinschaften mit Evakuierungsrouten und Sicherheitsprotokollen vertraut gemacht werden [239]. Darüber hinaus verbessern Planspiele mit wichtigen Entscheidungsträgern die strategische Koordination und Kommunikation in Hochdrucksituationen [239].

Eine effektive Kommunikation während Notfällen ist von höchster Bedeutung. Betreiber von SMRs müssen automatisierte Benachrichtigungssysteme einsetzen, um sowohl Anlagenpersonal als auch lokale Behörden in Echtzeit über potenzielle Probleme zu informieren [55, 239]. Öffentliche Kommunikationspläne müssen sicherstellen, dass genaue Informationen verbreitet werden, um Panik und Fehlinformationen zu verhindern. Dazu gehört die Nutzung lokaler Medien und sozialer Plattformen zur Bekanntgabe von Evakuierungsanordnungen und Sicherheitsmaßnahmen [239]. Geschulte Kommunikationsteams sind entscheidend, um

Medienbeziehungen zu koordinieren und sicherzustellen, dass die Öffentlichkeit zeitnah und korrekt informiert wird [239].

SMR-Anlagen müssen mit robusten Notfallsystemen ausgestattet sein, um kritische Funktionen auch bei Störungen aufrechtzuerhalten. Dazu gehören mehrere Ebenen redundanter Stromversorgung, beispielsweise Dieselgeneratoren und unterbrechungsfreie Stromversorgungen (USV), die den Betrieb wesentlicher Kühlsysteme gewährleisten [55, 239]. Redundante Kommunikationsnetzwerke, einschließlich Satellitentelefonen, sind entscheidend, um den Kontakt zu Notfallkräften aufrechtzuerhalten, selbst wenn die lokale Infrastruktur beeinträchtigt ist [239]. Notunterkünfte und medizinische Einrichtungen müssen ebenfalls eingerichtet werden, um das Personal zu schützen und bei Bedarf sofortige medizinische Hilfe bereitzustellen [239].

Nach einem Zwischenfall ist ein umfassender Überprüfungsprozess erforderlich, um die Wirksamkeit der Notfallmaßnahmen zu bewerten. Dazu gehört die Analyse von Rückmeldungen des Personals und lokaler Behörden, um Schwachstellen in den Protokollen und Verbesserungsmöglichkeiten zu identifizieren [55, 239]. Dekontaminationsverfahren müssen umgesetzt werden, falls radioaktive Materialien freigesetzt wurden, um die Sicherheit des Standorts und der umliegenden Umwelt sicherzustellen [239]. Die kontinuierliche Verbesserung der Notfallpläne auf Grundlage von Erkenntnissen aus Übungen und realen Vorfällen ist entscheidend, um die zukünftige Einsatzbereitschaft zu stärken [239].

Kapitel 7
Wirtschaftliche und finanzielle Aspekte von SMR-Projekten

Kosten-Nutzen-Analyse der Einführung von SMRs

Die Einführung von Small Modular Reactors (SMRs) stellt eine bedeutende Investition im Energiesektor dar und bietet potenzielle langfristige Vorteile. Wie bei jedem großen Infrastrukturprojekt bringt sie jedoch sowohl erhebliche Kosten als auch Nutzen mit sich. Nachfolgend folgt eine detaillierte Kosten-Nutzen-Analyse unter Berücksichtigung verschiedener Faktoren, darunter Investitionsausgaben, Betriebskosten, Vorteile hinsichtlich Skalierbarkeit, Sicherheit und wirtschaftlicher Auswirkungen.

1. Kapital- und Baukosten

Kosten:

- **Hohe Anfangsinvestitionen:** Die anfänglichen Investitionskosten für den Bau eines 4.000-MW-SMR-Kraftwerks (bestehend aus mehreren 100-MW-Einheiten) werden auf 15,5 bis 25,5 Milliarden USD (etwa 23,5 bis 38,7 Milliarden AUD) geschätzt.
- **Einhaltung regulatorischer Anforderungen:** SMRs erfordern umfangreiche behördliche Genehmigungen, Standortbewertungen und Umweltverträglichkeitsstudien, die zeitaufwendig und kostspielig sein können.
- **Infrastrukturentwicklung:** Der Bau von SMRs erfordert häufig erhebliche Investitionen in Standortvorbereitung, Kühlsysteme und Netzanschlüsse, insbesondere bei Projekten in abgelegenen Regionen.
- **Kosten modularer Bauweise:** Obwohl modulare Bauverfahren die Bauzeit vor Ort verkürzen, können die Vorfertigung von Komponenten sowie Transport- und Logistikkosten hoch sein.

Nutzen:

- **Geringere Baukosten pro Einheit im Laufe der Zeit:** Mit zunehmender Anzahl gebauter SMR-Einheiten („nth-of-a-kind"-Einheiten) sinken die Baukosten aufgrund von Skaleneffekten, standardisierten Designs und Lernkurven.
- **Schnellere Bauzeiten:** Im Vergleich zu traditionellen Großreaktoren, deren Bau 10–15 Jahre dauern kann, können SMRs potenziell innerhalb von 5–8 Jahren errichtet werden. Dadurch werden Finanzierungskosten reduziert und frühere Kapitalrenditen ermöglicht.
- **Modulare Skalierbarkeit:** Die Möglichkeit, Kapazitäten schrittweise zu erweitern, reduziert das finanzielle Risiko im Vergleich zu großen monolithischen Kernkraftwerken.

Der Bau eines 4.000-MW-SMR-Kraftwerks, bestehend aus mehreren 100-MW-Einheiten, erfordert erhebliche Kapitalinvestitionen in Höhe von schätzungsweise 15,5 bis 25,5 Milliarden USD (23,5 bis 38,7 Milliarden AUD). Die hohen Kosten resultieren aus der Notwendigkeit umfassender regulatorischer Konformität, Standortbewertungen und Umweltstudien, die erhebliche Zeit und Ressourcen erfordern. Zusätzliche Kosten entstehen durch die Infrastrukturentwicklung, insbesondere für Standortvorbereitung, Kühlsysteme und Netzanschlüsse – besonders relevant bei Projekten in abgelegenen Regionen. Während modulare Bauverfahren die Montagezeiten vor Ort verkürzen können, verursachen Vorfertigung, Transport und Logistik erhebliche Zusatzkosten und erhöhen das Gesamtbudget des Projekts.

Trotz der hohen Anfangsinvestitionen bieten SMRs langfristige wirtschaftliche Vorteile. Mit dem Bau weiterer Einheiten sinken die Kosten pro Einheit aufgrund von Skaleneffekten und Effizienzsteigerungen durch standardisierte Designs. Zudem weisen SMRs deutlich kürzere Bauzeiten auf als traditionelle Großreaktoren, deren Fertigstellung oft mehr als ein Jahrzehnt dauert. Da SMRs potenziell innerhalb von 5–8 Jahren errichtet werden können, ermöglichen sie eine schnellere Projektumsetzung und frühere Einnahmengenerierung, wodurch die Finanzierungskosten insgesamt sinken. Die modulare Natur von SMRs bietet außerdem Flexibilität, da Kapazitäten schrittweise hinzugefügt werden können, was das finanzielle Risiko großer Einzelanlagen reduziert.

2. Betriebs- und Wartungskosten

Kosten:

- **Spezialisierte Arbeitskräfte:** Der Betrieb eines SMR-Kraftwerks erfordert hochqualifiziertes Personal, darunter Nuklearingenieure, Sicherheitsinspektoren und Leitstandspersonal.
- **Brennstoff- und Abfallmanagement:** Obwohl SMRs weniger Brennstoff verbrauchen als traditionelle Reaktoren, entstehen weiterhin Kosten für Brennstoffbeschaffung, Handhabung und Abfallmanagement. Die Entsorgung hochradioaktiver Abfälle bleibt ein kostspieliger und technisch anspruchsvoller Prozess.
- **Regelmäßige Brennstoffwechsel und Wartung:** Regelmäßige Inspektionen, Brennstoffwechsel und der Austausch kritischer Komponenten tragen zu laufenden Betriebskosten bei.

Nutzen:

- **Niedrigere Betriebskosten pro MW:** Aufgrund ihrer geringeren Größe sind SMRs effizienter und benötigen weniger Personal pro erzeugter Leistungseinheit. Dadurch sinken die langfristigen Arbeitskosten.
- **Höhere Kapazitätsfaktoren:** SMRs sind auf hohe Zuverlässigkeit ausgelegt und erreichen Kapazitätsfaktoren von über 90 %, was eine konstante Stromerzeugung und geringere Betriebsunterbrechungen gewährleistet.
- **Passive Sicherheitsmerkmale:** Die Integration passiver Kühlsysteme und modularer Designs reduziert die Wartungskomplexität und senkt dadurch langfristige Betriebskosten.

Der Betrieb eines SMR-Kraftwerks verursacht erhebliche laufende Kosten, insbesondere aufgrund des Bedarfs an spezialisierten Fachkräften wie Nuklearingenieuren, Sicherheitsinspektoren und qualifiziertem Leitstandspersonal. Obwohl SMRs im Vergleich zu traditionellen Großreaktoren weniger Brennstoff benötigen, entstehen weiterhin erhebliche Kosten für Brennstoffbeschaffung, Handhabung und das komplexe Management radioaktiver Abfälle, insbesondere hochradioaktiver Abfälle. Darüber hinaus erhöhen regelmäßige Brennstoffwechsel, Inspektionen und Wartungsarbeiten – beispielsweise der Austausch wichtiger Komponenten – die Betriebsausgaben und erfordern eine sorgfältige Budgetplanung zur Bewältigung dieser wiederkehrenden Kosten.

Auf der positiven Seite profitieren SMRs von niedrigeren Betriebskosten pro Megawatt (MW), da ihre geringere Größe und höhere Effizienz zu einem geringeren Personalbedarf pro erzeugter Leistungseinheit im Vergleich zu Großreaktoren führen. Ihr Design ermöglicht hohe Kapazitätsfaktoren, häufig über 90 %, wodurch eine stabile Stromerzeugung mit minimalen Unterbrechungen gewährleistet wird. Die Integration passiver Sicherheitssysteme und vereinfachter modularer Strukturen reduziert zudem die Komplexität der Wartung und senkt dadurch langfristige Kosten. Diese passiven Systeme erhöhen die Sicherheit und minimieren gleichzeitig den Bedarf an umfangreicher Überwachung und Wartung, was zur Gesamtkosteneffizienz des SMR-Betriebs beiträgt.

3. Sicherheit und Umweltauswirkungen

Kosten:

- **Implementierung von Sicherheitssystemen:** Fortschrittliche Sicherheitsmerkmale wie passive Kühlsysteme, seismische Dämpfer und Notstromversorgungen erhöhen sowohl die Anfangsinvestitionen als auch die Betriebskosten.
- **Abfallentsorgung:** Das Management radioaktiver Abfälle, insbesondere hochradioaktiver Abfälle, erfordert langfristige Lagerlösungen und die Einhaltung regulatorischer Vorgaben, was kostspielig sein kann.

Nutzen:

- **Verbesserte Sicherheit:** SMRs nutzen passive Sicherheitsmerkmale und modulare Designs, die das Risiko katastrophaler Ausfälle, wie sie bei traditionellen Großreaktoren aufgetreten sind, erheblich reduzieren.
- **Geringerer Flächenbedarf:** SMRs benötigen im Vergleich zu großen Kernreaktoren eine kleinere physische Fläche und reduzieren dadurch Flächennutzung und Umweltbeeinträchtigungen.
- **Geringe Treibhausgasemissionen:** SMRs erzeugen während des Betriebs keine CO_2-Emissionen und sind daher eine Schlüsseltechnologie zur Erreichung von Klimazielen und zur Verringerung der Abhängigkeit von fossilen Brennstoffen.
- **Minimierung von Abfällen:** Aufgrund ihrer hohen Brennstoffeffizienz erzeugen SMRs deutlich weniger radioaktive Abfälle als traditionelle Reaktoren.

Die Einführung der SMR-Technologie ist mit erheblichen Kosten verbunden, insbesondere bei der Entwicklung fortschrittlicher Sicherheitssysteme. Funktionen wie passive Kühlmechanismen, seismische Dämpfer und redundante Stromversorgungen sind notwendig, um strenge Sicherheitsstandards zu erfüllen, erhöhen jedoch sowohl die Investitions- als auch die Betriebskosten. Darüber hinaus stellt das Management radioaktiver Abfälle – insbesondere hochradioaktiver Abfälle – aufgrund des Bedarfs an sicheren Langzeitlagerlösungen und regulatorischer Konformität eine erhebliche finanzielle Herausforderung dar. Diese Faktoren tragen zu den höheren Anfangsinvestitionen bei, die für SMR-Projekte erforderlich sind, obwohl sie effizienter und sicherer als traditionelle Reaktoren konzipiert sind.

Auf der Nutzenseite sind SMRs mit modernsten passiven Sicherheitsmerkmalen ausgestattet, die die Wahrscheinlichkeit katastrophaler Ausfälle reduzieren und damit zentrale Bedenken im Zusammenhang mit traditionellen Großreaktoren adressieren. Ihr modulares Design verbessert nicht nur die Sicherheit, sondern minimiert auch den Flächenbedarf und reduziert dadurch Umweltbelastungen. SMRs sind besonders wertvoll für den Übergang zu kohlenstoffarmen Energiesystemen, da sie während des Betriebs keine CO_2-Emissionen erzeugen und somit zur Erreichung globaler Klimaziele beitragen. Darüber hinaus führt ihre hohe Brennstoffeffizienz zu einer geringeren Produktion radioaktiver Abfälle, wodurch SMRs eine nachhaltigere Option für die Kernenergie darstellen und die Herausforderungen des Abfallmanagements reduziert werden.

4. Wirtschaftliche und soziale Vorteile

Kosten:

- **Einbindung der Gemeinschaft:** Die Gewinnung öffentlicher Akzeptanz und die Behandlung von Bedenken hinsichtlich nuklearer Sicherheit können erhebliche Investitionen in Öffentlichkeitsarbeit und Bildungsmaßnahmen erfordern.
- **Stilllegungskosten:** Am Ende ihres Lebenszyklus müssen SMRs stillgelegt werden, was die Demontage des Reaktors und die sichere Entsorgung radioaktiver Materialien umfasst.

Nutzen:

• **Schaffung von Arbeitsplätzen:** Der Bau und Betrieb eines SMR-Kraftwerks schafft Tausende von Arbeitsplätzen in den Bereichen Bauwesen, Ingenieurwesen, Fertigung und Wartung.

• **Energiesicherheit:** SMRs können stabile und zuverlässige Energie in abgelegenen oder isolierten Regionen bereitstellen und dadurch die Abhängigkeit von importierten Brennstoffen verringern.

• **Wirtschaftliche Entwicklung:** Durch den Aufbau robuster Lieferketten und Investitionen in lokale Infrastruktur können SMR-Projekte das regionale Wirtschaftswachstum fördern.

• **Lastfolgefähigkeit:** SMRs bieten Lastfolgefähigkeiten, die dazu beitragen können, das Stromnetz auszugleichen, wenn erneuerbare Energiequellen wie Wind- und Solarenergie schwanken.

Die Umsetzung von SMR-Projekten bringt bestimmte wirtschaftliche und soziale Kosten mit sich, insbesondere im Hinblick auf die Einbindung von Gemeinschaften und den Aufbau öffentlichen Vertrauens. Kernenergie stößt häufig auf Skepsis in der Bevölkerung, was erhebliche Investitionen in Öffentlichkeitsarbeit, Bildungskampagnen und transparente Kommunikation erfordert, um Sicherheitsbedenken auszuräumen. Darüber hinaus müssen am Ende der Betriebsdauer eines SMR Stilllegungskosten berücksichtigt werden. Dies umfasst die sichere Demontage der Anlage, den Umgang mit radioaktiven Materialien und die Durchführung der Stilllegung in Übereinstimmung mit regulatorischen Standards – ein Prozess, der sowohl zeitaufwendig als auch kostspielig sein kann.

Auf der Nutzenseite besitzen SMR-Projekte das Potenzial, erhebliche wirtschaftliche und gesellschaftliche Vorteile zu schaffen. Bau und Betrieb können Tausende von Arbeitsplätzen in verschiedenen Bereichen schaffen, darunter Bauwesen, Ingenieurwesen und Fachhandwerk, und dadurch lokale Wirtschaften stärken. Über die Beschäftigung hinaus tragen SMRs zur Energiesicherheit bei, indem sie zuverlässige und stabile Energie für abgelegene oder isolierte Regionen bereitstellen und dadurch die Abhängigkeit von importierten fossilen Brennstoffen verringern. Die Entwicklung lokaler Lieferketten für SMR-Komponenten kann das regionale Wirtschaftswachstum zusätzlich fördern. Darüber hinaus machen die Lastfolgefähigkeiten von SMRs sie besonders geeignet zur Ergänzung erneuerbarer Energiequellen wie Wind- und Solarenergie, wodurch die Netzstabilität verbessert und die Integration variabler erneuerbarer Energien unterstützt wird.

5. Vergleichsanalyse mit alternativen Energiequellen

Kosten:

- **Höhere Anfangsinvestitionen im Vergleich zu erneuerbaren Energien:** Die Anfangskosten für SMRs sind höher als jene für Wind- und Solaranlagen. Beispielsweise würde ein 4.000-MW-Solarkraftwerk deutlich geringere Investitionskosten verursachen, benötigt jedoch wesentlich mehr Fläche und ist wetterabhängig.

Nutzen:

- **Grundlaststromversorgung:** Im Gegensatz zu intermittierenden erneuerbaren Energien können SMRs eine konstante Grundlaststromversorgung bereitstellen, was für die Netzstabilität entscheidend ist.
• **Synergie mit erneuerbaren Energien:** SMRs können erneuerbare Energien ergänzen, indem sie stabile Energie bereitstellen, wenn Solar- und Windressourcen nicht ausreichen.

Beim Vergleich von Small Modular Reactors (SMRs) mit alternativen Energiequellen liegt einer der auffälligsten Unterschiede in den Anfangsinvestitionen. SMRs erfordern im Allgemeinen deutlich höhere Vorabkosten als erneuerbare Energiequellen wie Solar- oder Windenergie. Beispielsweise würde der Bau eines 4.000-MW-Solarkraftwerks geringere Investitionskosten verursachen und dadurch kurzfristig wirtschaftlich attraktiver erscheinen. Allerdings benötigen Solar- und Windanlagen große Flächen und sind von Natur aus variabel, was bedeutet, dass ihre Stromerzeugung wetterabhängig schwankt und dadurch Herausforderungen für eine konstante Energieversorgung entstehen können.

SMRs bieten hingegen entscheidende Vorteile, die erneuerbare Energien allein nicht leisten können, insbesondere bei der Bereitstellung zuverlässiger Grundlastenergie. Diese Fähigkeit, eine konstante und unterbrechungsfreie Stromversorgung bereitzustellen, ist für die Netzstabilität von entscheidender Bedeutung, insbesondere in Regionen mit hohem Energiebedarf. Darüber hinaus können SMRs synergistisch mit erneuerbaren Energiequellen betrieben werden. Sie können als Backup dienen, um das Netz zu stabilisieren, wenn die Erzeugung aus Solar- und Windenergie gering ist, und dadurch eine kontinuierliche Stromversorgung gewährleisten. Diese ergänzende Rolle hilft, die Abhängigkeit von fossilen Brennstoffen als Reserveenergiequelle zu reduzieren und ermöglicht einen reibungsloseren Übergang zu einem saubereren und nachhaltigeren Energiemix.

6. Long-Term Strategic Benefits

- **Energy Independence**: By investing in SMR technology, countries can reduce their dependence on fossil fuel imports and improve their energy independence.
- **Decarbonization**: SMRs align with global climate goals by providing a low-carbon, scalable energy source that can replace coal and gas-fired power plants.
- **Future-Proof Technology**: As SMRs continue to advance, their flexibility, safety, and cost-effectiveness will likely improve, making them a viable solution for meeting future energy demands.

Investing in Small Modular Reactor (SMR) technology offers substantial long-term strategic benefits, particularly in terms of energy independence. For countries that rely heavily on fossil fuel imports, developing a domestic SMR power infrastructure can significantly reduce vulnerabilities related to energy supply disruptions and fluctuating global fuel prices. By providing a reliable and continuous energy source, SMRs enhance national energy security, allowing countries to control their power generation more effectively and reducing reliance on external energy markets.

Moreover, SMRs play a crucial role in global decarbonization efforts. As a low-carbon energy source, they align with international climate goals by helping to phase out coal and gas-fired power plants, which are major contributors to greenhouse gas emissions. The scalability and flexibility of SMR technology mean that it can be deployed incrementally to meet growing energy demands while maintaining a low environmental footprint. As advancements in SMR design and technology continue, their safety, efficiency, and cost-effectiveness are expected to improve, making them a future-proof solution for sustainable energy generation that can adapt to evolving global energy needs.

Overall, the implementation of SMRs involves significant upfront costs, but the long-term benefits in terms of safety, reliability, and environmental sustainability can outweigh these expenses. By leveraging economies of scale, optimizing modular construction, and integrating with renewable energy sources, SMRs can play a crucial role in achieving a stable, low-carbon energy future.

The decision to invest in SMRs should be based on a thorough analysis of national energy needs, grid stability, regulatory environment, and economic capacity. For countries committed to reducing their carbon footprint and enhancing energy security, SMRs offer a promising pathway, particularly when complemented by renewable energy sources.

Finanzierungs- und Investitionsmodelle für SMR-Projekte

Finanzierungs- und Investitionsmodelle für Small-Modular-Reactor-(SMR)-Projekte sind entscheidend für deren erfolgreiche Umsetzung, da sie erhebliche Kapitalinvestitionen erfordern und gleichzeitig langfristige Vorteile in Bezug auf Energiesicherheit und Dekarbonisierung bieten. Dieser Überblick fasst verschiedene Finanzierungsstrategien zusammen und hebt die Bedeutung staatlicher Unterstützung, öffentlich-privater Partnerschaften, Projektfinanzierung, Eigenkapitalinvestitionen, grüner Anleihen, Finanzierungsmodelle von Energieversorgern, Exportkreditagenturen und Strategien zur Risikominderung hervor.

Staatliche Finanzierung spielt in den frühen Phasen von SMR-Projekten eine zentrale Rolle. Länder wie die United States, Canada und das United Kingdom haben finanzielle Unterstützungsprogramme eingeführt, darunter Zuschüsse und Steueranreize, um die Entwicklung von SMRs zu fördern. Beispielsweise hat das U.S. Department of Energy erheblich in Unternehmen wie NuScale Power investiert, das fortschrittliche SMR-Technologien entwickelt [228]. Öffentlich-private Partnerschaften (Public-Private Partnerships – PPPs) sind in diesem Zusammenhang besonders wirksam, da sie eine gemeinsame Verteilung finanzieller Risiken ermöglichen und gleichzeitig das Fachwissen privater Unternehmen nutzen. Dieser kooperative

Ansatz reduziert Risiken und fördert Investitionen des Privatsektors in eine kapitalintensive Industrie [54].

Angesichts der hohen Anfangskosten von SMR-Projekten hat sich die Projektfinanzierung über Zweckgesellschaften (Special Purpose Vehicles – SPVs) zu einer gängigen Strategie entwickelt. Eine SPV ist eine rechtlich eigenständige Einheit, die geschaffen wird, um die finanziellen Aspekte eines SMR-Projekts zu verwalten und dadurch Vermögenswerte und Verbindlichkeiten vom Mutterunternehmen zu isolieren. Diese Struktur ist vorteilhaft, um mehrere Interessengruppen – darunter institutionelle Investoren und Energieversorger – anzuziehen, die Ressourcen bündeln und gleichzeitig ihr finanzielles Risiko begrenzen können [269]. Das SPV-Modell wird zunehmend für große Infrastrukturprojekte bevorzugt, da es die Risikoteilung erleichtert und ein besser steuerbares Cashflow-Profil ermöglicht [30].

Eigenkapitalinvestitionen sind für SMR-Unternehmen in der Frühphase entscheidend, die innovative Technologien entwickeln möchten. Venture-Capital-Gesellschaften und Impact-Investoren zeigen aufgrund des Potenzials von SMRs zur Unterstützung einer nachhaltigen Energiezukunft zunehmendes Interesse. Beispielsweise hat Breakthrough Energy Ventures in TerraPower investiert, das sich auf fortschrittliche Kernreaktordesigns konzentriert [228]. Durch die Bereitstellung von Eigenkapital verbinden diese Investoren ihre finanziellen Erträge mit dem Erfolg der SMR-Projekte und schaffen dadurch ein förderliches Umfeld für technologische Fortschritte und Wettbewerbsfähigkeit am Markt [54].

Der Aufstieg grüner Anleihen (Green Bonds) stellt einen vielversprechenden Finanzierungsmechanismus für SMR-Projekte dar, insbesondere da das globale Interesse an nachhaltiger Energie wächst. Diese Anleihen sind speziell für Projekte vorgesehen, die Umweltvorteile bieten, beispielsweise die Reduzierung von Kohlenstoffemissionen. Länder wie Canada und die European Union prüfen den Einsatz grüner Anleihen zur Finanzierung von Kernenergieprojekten und erkennen die Rolle der Kernenergie bei der Erreichung von Netto-Null-Emissionszielen an [54]. Darüber hinaus können Klimafinanzierungsinitiativen wie der Green Climate Fund zinsgünstige Darlehen oder Zuschüsse zur Unterstützung von SMR-Projekten in Entwicklungsländern bereitstellen und dadurch finanzielle Belastungen verringern [54].

In Regionen, die von regulierten Energieversorgern dominiert werden, können Finanzierungsmodelle über Stromkunden (Ratepayer Financing Models) eingesetzt werden, um SMR-Projekte zu finanzieren. Dieser Ansatz ermöglicht es, die Baukosten von SMRs in die Vermögensbasis des Energieversorgers aufzunehmen, sodass die Investitionen im Laufe der Zeit über Stromtarife refinanziert werden können. Die Tennessee Valley Authority (TVA) in den United States ist ein Beispiel für einen Energieversorger, der dieses Finanzierungsmodell für SMRs untersucht [54]. Diese Methode erfordert jedoch regulatorische Genehmigungen und öffentliche Unterstützung, da sie letztlich einen Teil der finanziellen Belastung auf die Verbraucher überträgt [54].

Exportkreditagenturen (Export Credit Agencies – ECAs) spielen eine wichtige Rolle bei der Finanzierung von SMR-Projekten, insbesondere für Länder, die Reaktoren in ausländischen Märkten einsetzen möchten. ECAs bieten Darlehen, Garantien und Versicherungen für inländische Unternehmen an und erleichtern dadurch deren Eintritt in risikoreiche internationale Märkte. Beispielsweise hat Rosatom erfolgreich ECA-Finanzierungen genutzt, um Reaktoren in Länder wie Egypt und Turkey zu exportieren [54]. Darüber hinaus kann internationale Zusammenarbeit über Organisationen wie die International Atomic Energy Agency (IAEA) Sicherheits- und Regulierungsrahmen standardisieren und dadurch den Finanzierungsfluss für SMR-Projekte verbessern [54].

Angesichts der inhärenten Risiken der Kernenergie sind wirksame Strategien zur Risikominderung entscheidend, um Finanzierungen für SMRs zu sichern. Entwickler nutzen häufig verschiedene Versicherungsprodukte, um sich gegen Bau- und Betriebsrisiken abzusichern, während Regierungen Kreditgarantien anbieten können, um Kapitalkosten zu senken. Das föderale Kreditgarantieprogramm der United States für fortschrittliche Kernenergieprojekte ist ein Beispiel für diesen Ansatz, da es Investoren Sicherheit bietet, indem ihr Kapital gegen unvorhersehbare Ereignisse abgesichert wird [54].

Nachfolgend wird ein Beispiel für ein Finanzierungs- und Investitionsmodell zum Bau eines 4.000-MW-Small-Modular-Reactor-(SMR)-Kraftwerks dargestellt. Dieses Modell integriert verschiedene Finanzierungsquellen, Finanzierungsstrategien und Risikominderungsmaßnahmen, um den erheblichen Kapitalbedarf und die Komplexität der Einführung von SMR-Technologie zu bewältigen. Die Anlage besteht dabei aus mehreren 100-MW-SMR-Einheiten, die über mehrere Jahre schrittweise errichtet werden.

1. Projektübersicht und Kostenaufstellung

- Gesamte installierte Leistung: 4.000 MW (40 × 100-MW-SMR-Einheiten)
- Geschätzte Investitionskosten: 18–25 Milliarden USD (ca. 27–37 Milliarden AUD)
- Projektdauer: 8–10 Jahre (einschließlich Planung, Bau und Inbetriebnahme)
- Standort: Hypothetischer Standort mit Zugang zu bestehender Infrastruktur

2. Finanzierungsquellen und Investitionsstruktur

Die Finanzierung dieses Projekts wird durch eine Kombination aus Eigenkapitalinvestitionen, staatlicher Unterstützung, Fremdfinanzierung und grünen Anleihen sichergestellt.

Finanzierungsquelle	Beitrag (%)	Geschätzter Betrag (USD)	Beschreibung
Eigenkapitalinvestitionen (privater Sektor)	25%	4,5 - 6,25 Milliarden	Eigenkapitalanteil von institutionellen Investoren, Energieversorgern und strategischen Partnern.
Staatliche Zuschüsse und Subventionen	15%	2,7 - 3,75 Milliarden	Staatliche Unterstützung durch Zuschüsse, Steuergutschriften

Finanzierungsquelle	Beitrag (%)	Geschätzter Betrag (USD)	Beschreibung
			und Subventionen für saubere Energie.
Fremdfinanzierung (Projektkredite)	40%	7,2 – 10 Milliarden	Langfristige Darlehen von Banken, Exportkreditagenturen (ECAs) und multilateralen Kreditgebern.
Grüne Anleihen und Klimafinanzierung	20%	3,6 – 5 Milliarden	Ausgabe grüner Anleihen zur Finanzierung nachhaltiger Infrastruktur.
Gesamtbetrag	**100%**	**18 – 25 Milliarden**	

3. Erklärung der Finanzierungsbestandteile

A. Eigenkapitalinvestitionen (privater Sektor)

- **Beitragende:** Institutionelle Investoren, Venture-Capital-Fonds, Private-Equity-Gesellschaften und strategische Industriepartner.
- **Zweck:** Sicherung eines Eigenkapitalanteils von 25 % am Projekt, um Engagement zu demonstrieren und die Interessen der Beteiligten aufeinander abzustimmen.
- **Wichtige Investoren:** Potenzielle Investoren umfassen Energieunternehmen wie Shell oder BP, Private-Equity-Fonds mit Schwerpunkt auf erneuerbaren Energien sowie Infrastruktur-Investmentgesellschaften.
- **Kapitalrendite (ROI):** Eigenkapitalinvestoren erwarten langfristige Erträge aus Stromverkäufen und CO_2-Zertifikaten.

B. Staatliche Zuschüsse und Subventionen

- **Zweck:** Verringerung der hohen Anfangsinvestitionskosten und Förderung der Entwicklung sauberer Energietechnologien.
- **Mögliche Quellen:** Zuschüsse von Bundes- und Landesregierungen, Subventionen für den Einsatz kohlenstoffarmer Technologien sowie Steueranreize für Kernenergieprojekte.
- **Begründung:** Regierungen priorisieren zunehmend Dekarbonisierung und Energiesicherheit, wodurch SMRs zu einem wichtigen Bestandteil ihrer Strategien für saubere Energie werden.

C. Fremdfinanzierung (Projektkredite)

- **Beitragende:** Banken, Exportkreditagenturen (ECAs) und internationale Finanzinstitutionen wie die World Bank.
- **Konditionen:** Langfristige Darlehen mit Laufzeiten von 20–25 Jahren zu wettbewerbsfähigen Zinssätzen.
- **Risikominderung:** Staatliche Kreditgarantien zur Senkung der Finanzierungskosten und zur Gewinnung von Kreditgebern.
- **Zweck:** Finanzierung von 40 % der Projektkosten, wobei die Rückzahlung der Kredite im Laufe der Zeit durch Stromverkäufe erfolgt.

D. Grüne Anleihen und Klimafinanzierung

- **Ausgabe:** Grüne Anleihen, die sich an umweltbewusste Investoren richten.
- **Mittelverwendung:** Die eingeworbenen Mittel werden für nachhaltige Infrastruktur, Abfallmanagementsysteme und Umweltschutzmaßnahmen eingesetzt.
- **Attraktivität:** Grüne Anleihen bieten aufgrund der Nachfrage von ESG-Investoren (Environmental, Social and Governance) niedrigere Zinssätze.
- **Klimafinanzierung:** Zusätzliche Finanzierung durch internationale Klimafonds (z. B. den Green Climate Fund) zur Unterstützung sauberer Energieprojekte.

4. Projektumsetzungsphasen und Cashflow-Plan

Projektphase	Dauer (Jahre)	Geschätzte Kosten (USD)	Zuordnung der Finanzierungsquellen
Planung und Genehmigung	2	1,8 Milliarden	Eigenkapital und staatliche Zuschüsse
Standortvorbereitung und Tiefbauarbeiten	2	2,5 Milliarden	Fremdfinanzierung und grüne Anleihen
Modulare Fertigung	3	6 Milliarden	Fremdfinanzierung und Eigenkapital
Montage und Bau vor Ort	4	5,7 Milliarden	Fremdfinanzierung und grüne Anleihen
Inbetriebnahme und Tests	1	2 Milliarden	Eigenkapital und Klimafinanzierung
Gesamtbetrag	**8-10**	**18 Milliarden**	

5. Strategien zur Risikominderung

- **Versicherung:** Bau- und Betriebsrisikoversicherungen zur Absicherung gegen Verzögerungen, Unfälle und Ausfälle von Ausrüstung.

- **Reservefonds:** Eine Rücklage von 10 % (ca. 1,8 Milliarden USD) wird zur Deckung unvorhergesehener Ausgaben bereitgestellt.
- **Regulatorische Unterstützung:** Frühzeitige Zusammenarbeit mit Aufsichtsbehörden, um Genehmigungsverfahren zu vereinfachen und Verzögerungen zu reduzieren.
- **Umwelt-, Sozial- und Governance-Kriterien (ESG):** Umsetzung robuster ESG-Praktiken, um grüne Investoren anzuziehen und Reputationsrisiken zu minimieren.

6. Finanzprognosen und Einnahmequellen

- **Einnahmequellen:**
  - Stromverkäufe: Langfristige Stromabnahmeverträge (Power Purchase Agreements – PPAs) mit Energieversorgern und Industriekunden.
  - CO_2-Zertifikate: Verkauf von CO_2-Zertifikaten, da SMRs zur Verringerung der CO_2-Emissionen beitragen.
  - Nutzung von Abwärme: Einnahmen aus dem Verkauf von Abwärme für Fernwärme oder industrielle Anwendungen.
- Geschätzte Amortisationszeit: 12–15 Jahre nach der Inbetriebnahme, abhängig von Strompreisen und den Märkten für CO_2-Zertifikate.
- Interne Rendite (IRR): Ziel-IRR von 8–12 % für Eigenkapitalinvestoren über eine Laufzeit von 25 Jahren.

7. Gemeinschaftliche und soziale Auswirkungen

- **Schaffung von Arbeitsplätzen:** Etwa 5.000 Arbeitsplätze während der Bauphase und 500 dauerhafte Arbeitsplätze für Betrieb und Wartung.
- **Lokale wirtschaftliche Entwicklung:** Förderung lokaler Zulieferer, Auftragnehmer und Infrastrukturentwicklung.
- **Öffentlichkeitsarbeit:** Investitionen in Programme zur Einbindung der Gemeinschaft, um Unterstützung für das Projekt aufzubauen.

Dieses Finanzierungsmodell veranschaulicht eine strategische Kombination aus Eigenkapital, Fremdfinanzierung, staatlicher Unterstützung und grüner Finanzierung zur Umsetzung eines nachhaltigen und wirtschaftlich tragfähigen SMR-Kraftwerks. Der stufenweise Ansatz reduziert finanzielle Risiken und gewährleistet gleichzeitig eine termingerechte Projektfertigstellung. Durch die Nutzung internationaler Zusammenarbeit, regulatorischer Unterstützung und innovativer Finanzierungsmechanismen kann das Projekt als Modell für zukünftige Investitionen in saubere Energie dienen.

Wenn der Bauzeitraum für das 4.000-MW-Small-Modular-Reactor-(SMR)-Kraftwerk auf 4–6 Jahre verkürzt wird, muss das Finanzierungs- und Investitionsmodell optimiert werden, um den beschleunigten Zeitplan zu unterstützen. Dies erfordert höhere Anfangsinvestitionen, ein strengeres Projektmanagement und einen stärkeren Fokus auf die Effizienz modularer Bauweisen, um die Gesamtdauer des Projekts zu verkürzen.

Nachfolgend wird ein aktualisiertes Finanzierungs- und Investitionsmodell vorgestellt, das den kürzeren Projektzeitraum berücksichtigt:

1. Projektübersicht und Kostenaufstellung (beschleunigter Zeitplan)

- Gesamte installierte Leistung: 4.000 MW (40 × 100-MW-SMR-Einheiten)
- Geschätzte Investitionskosten: 19–27 Milliarden USD (ca. 29–40 Milliarden AUD)
- Projektdauer: 4–6 Jahre (einschließlich Planung, Bau und Inbetriebnahme)
- Standort: Hypothetischer Standort mit Zugang zu bestehender Infrastruktur

2. Finanzierungsquellen und Investitionsstruktur

Die Finanzierungsstrategie wird angepasst, um den kürzeren Zeitrahmen zu erfüllen, mit Schwerpunkt auf der schnellen Sicherstellung von Anfangskapital. Die Verteilung der Finanzierungsquellen ist wie folgt:

Finanzierungsquelle	Beitrag (%)	Geschätzter Betrag (USD)	Beschreibung
Eigenkapitalinvestitionen (privater Sektor)	30%	5,7 – 8,1 Milliarden	Höherer Eigenkapitalanteil aufgrund des kürzeren Zeitplans, wodurch strategische Investoren mit Fokus auf schnelle Renditen angezogen werden.
Staatliche Zuschüsse und Subventionen	15%	2,85 – 4,05 Milliarden	Erhöhte staatliche Unterstützung zur Verringerung der Anfangsinvestitionskosten und zur Beschleunigung der Bauphase.
Fremdfinanzierung (Projektkredite)	35%	6,65 – 9,45 Milliarden	Kurzfristige Darlehen mit günstigen Zinssätzen zur Deckung des beschleunigten Cashflow-Bedarfs.
Grüne Anleihen und Klimafinanzierung	20%	3,8 – 5,4 Milliarden	Schwerpunkt auf grünen Anleihen, um ESG-orientierte Investoren für Infrastrukturprojekte im Bereich sauberer Energie zu gewinnen.
Gesamtbetrag	**100%**	**19 – 27 Milliarden**	

3. Erklärung der Finanzierungsbestandteile (beschleunigtes Modell)

A. Eigenkapitalinvestitionen (privater Sektor)

- **Beitragende:** Institutionelle Investoren, Private-Equity-Gesellschaften und strategische Partner mit Erfahrung in schnell umsetzbaren Infrastrukturprojekten.
- **Zweck:** Sicherung eines höheren Eigenkapitalanteils von 30 %, um eine rasche Bereitstellung von Finanzmitteln zu gewährleisten.
- **Wichtige Investoren:** Zielgruppe sind Energieunternehmen wie BP, auf Infrastruktur spezialisierte Private-Equity-Firmen sowie Staatsfonds.
- **Kapitalrendite (ROI):** Kürzere Amortisationszeit von 8–10 Jahren aufgrund des beschleunigten Zeitplans, mit höheren erwarteten Renditen.

B. Staatliche Zuschüsse und Subventionen

- **Zweck:** Erhöhte staatliche Zuschüsse zur Unterstützung beschleunigter Genehmigungsverfahren und Bauarbeiten.
- **Mögliche Quellen:** Bundes- und Landesmittel für saubere Energie, beschleunigte Steuervergünstigungen und Subventionen für nukleare Innovationen.
- **Begründung:** Regierungen sind motiviert, Klimaziele schneller zu erreichen, wodurch SMRs zu einer prioritären Technologie für Fördermittel werden.

C. Fremdfinanzierung (Projektkredite)

- **Beitragende:** Banken, Exportkreditagenturen und internationale Finanzinstitutionen.
- **Konditionen:** Kürzere Kreditlaufzeiten von 15–20 Jahren mit leicht höheren Zinssätzen aufgrund der beschleunigten Cashflow-Anforderungen.
- **Risikominderung:** Staatliche Kreditgarantien, um Kreditgeber für schnell umsetzbare Infrastrukturprojekte zu gewinnen.
- **Zweck:** Finanzierung von 35 % der Projektkosten mit sofortiger Auszahlung der Mittel, um den beschleunigten Projektzeitplan einzuhalten.

D. Grüne Anleihen und Klimafinanzierung

• **Ausgabe:** Ausrichtung auf Märkte für grüne Anleihen, um Investoren anzusprechen, die nachhaltige und schnell umsetzbare Projekte unterstützen möchten.

• **Mittelverwendung:** Finanzierung der schnellen Umsetzung von Kühlsystemen, Abfallmanagement und Netzintegration.

• **Attraktivität:** Hohe Nachfrage nach grünen Anleihen aufgrund der Dringlichkeit von Klimazielen, wodurch ein schneller Zufluss von Kapital ermöglicht wird.

4. Beschleunigte Projektumsetzungsphasen und Cashflow-Plan

Projektphase	Dauer (Jahre)	Geschätzte Kosten (USD)	Zuordnung der Finanzierungsquellen
Planung und Genehmigung	1	2 Milliarden	Eigenkapital und staatliche Zuschüsse
Standortvorbereitung und Tiefbauarbeiten	1	3 Milliarden	Fremdfinanzierung und grüne Anleihen
Modulare Fertigung	1.5	7 Milliarden	Eigenkapital und Fremdfinanzierung
Montage und Bau vor Ort	2	5,5 Milliarden	Fremdfinanzierung und grüne Anleihen
Inbetriebnahme und Tests	0.5	1,5 Milliarden	Eigenkapital und Klimafinanzierung
Gesamtbetrag	**4-6**	**19 Milliarden**	

5. Wichtige Anpassungen für den verkürzten Zeitplan

• **Beschleunigte Beschaffung:** Großeinkauf von Materialien und Komponenten zur Reduzierung von Lieferzeiten.

• **Paralleler Bau:** Gleichzeitiger Bau mehrerer Einheiten zur Verkürzung des Gesamtzeitplans.

• **Effizienz modularer Fertigung:** Verstärkte Nutzung von Vorfertigung außerhalb der Baustelle, um die Bauzeit vor Ort zu verkürzen.

• **Optimierte regulatorische Zusammenarbeit:** Frühzeitige und kontinuierliche Abstimmung mit Aufsichtsbehörden zur Beschleunigung von Genehmigungen.

6. Strategien zur Risikominderung für den beschleunigten Zeitplan

- **Versicherung:** Umfassende Versicherungen zur Absicherung von Risiken im Zusammenhang mit beschleunigten Bauarbeiten.
- **Reservefonds:** Erhöhte Rücklage von 15 % (ca. 2,85 Milliarden USD) aufgrund des höheren Risikos durch Zeitplanverdichtung.
- **Lieferkettenmanagement:** Sicherung von Verträgen mit mehreren Lieferanten zur Vermeidung von Verzögerungen.
- **ESG- und Gemeinschaftseinbindung:** Beschleunigte Programme zur Einbindung der Öffentlichkeit, um Unterstützung für das Projekt aufzubauen.

7. Finanzprognosen und Einnahmequellen (beschleunigtes Modell)

- **Einnahmequellen:**
    - **Stromverkäufe:** Sofortige Einnahmengenerierung durch stufenweise Inbetriebnahme, wobei die ersten Einheiten innerhalb von vier Jahren ans Netz gehen.
    - **CO_2-Zertifikate:** Höherer Wert aufgrund der schnelleren Umsetzung im Einklang mit dringenden Klimazielen.
    - **Nutzung von Abwärme:** Frühzeitiger Einsatz von Systemen zur Rückgewinnung von Abwärme für zusätzliche Einnahmequellen.
- **Geschätzte Amortisationszeit:** 8–10 Jahre nach der Inbetriebnahme aufgrund höherer anfänglicher Cashflows.
- **Interne Rendite (IRR):** Ziel-IRR von 12–15 % aufgrund der verkürzten Projektlaufzeit und früherer Renditen.

8. Gemeinschaftliche und soziale Auswirkungen (beschleunigte Umsetzung)

- **Schaffung von Arbeitsplätzen:** Etwa 6.000 Arbeitsplätze während der Spitzenbauphase und 600 dauerhafte Arbeitsplätze für den laufenden Betrieb.
- **Lokaler wirtschaftlicher Aufschwung:** Schnelle Infrastrukturentwicklung zugunsten lokaler Zulieferer und Auftragnehmer.
- **Öffentliche Unterstützung:** Verbesserte Kommunikationsstrategien zur Behandlung von Bedenken im Zusammenhang mit der beschleunigten Umsetzung von Kernenergieprojekten.

Das beschleunigte Finanzierungs- und Investitionsmodell zeigt, wie ein 4.000-MW-SMR-Projekt innerhalb von 4–6 Jahren umgesetzt werden kann, indem der Fokus auf schnelle Mobilisierung von Ressourcen, vereinfachte regulatorische Prozesse und effiziente modulare Bauverfahren gelegt wird. Durch die Nutzung einer Kombination aus Eigenkapital, Fremdfinanzierung, staatlicher Unterstützung und grüner Finanzierung kann das Projekt wirtschaftlich tragfähig sein und gleichzeitig langfristige Ziele in den Bereichen Energiesicherheit und Dekarbonisierung unterstützen.

Die entwickelten Finanzierungsmodelle für den Bau eines 4.000-MW-Small-Modular-Reactor-(SMR)-Kraftwerks basieren auf einer Reihe zentraler Annahmen. Diese Annahmen wurden sowohl auf das Standardmodell mit einem Zeitrahmen von 8–10 Jahren als auch auf das beschleunigte Modell mit 4–6 Jahren angewendet, um einen realistischen Rahmen für die Projektdurchführung zu schaffen. Das Verständnis dieser zugrunde liegenden Annahmen ist entscheidend für die Bewertung der Machbarkeit und Anpassungsfähigkeit der Modelle in unterschiedlichen Ländern und Regionen.

Projektumfang und Konfiguration: Das Projekt ist darauf ausgelegt, ein 4.000-MW-Kraftwerk durch die Montage von 40 einzelnen 100-MW-SMR-Einheiten zu errichten. Dieser modulare Ansatz ermöglicht die fabrikbasierte Fertigung der SMR-Einheiten, die anschließend zur Baustelle transportiert und dort montiert werden. Durch den Einsatz modularer Bautechniken soll die Effizienz optimiert und die Bauzeit reduziert werden. Die Inbetriebnahme erfolgt schrittweise, indem Gruppen von SMR-Einheiten nacheinander ans Netz gebracht werden, um frühzeitig Einnahmen zu generieren. Dieser gestufte Ansatz soll finanzielle Risiken minimieren und den Cashflow während der Bauphase verbessern.

Wirtschaftliche und finanzielle Annahmen: Die geschätzten Investitionskosten variieren zwischen den beiden Modellen. Das ursprüngliche Modell (8–10 Jahre) geht von Investitionsausgaben in Höhe von 15,5 bis 25,5 Milliarden USD aus, während das beschleunigte Modell (4–6 Jahre) diese aufgrund höherer Kosten für beschleunigte Beschaffung, Arbeitskräfte und Bauarbeiten auf 19 bis 27 Milliarden USD erhöht. Beide Modelle basieren auf einer diversifizierten Finanzierungsstrategie, einschließlich Beiträgen von Eigenkapitalinvestoren, staatlichen Zuschüssen, Fremdfinanzierung und grünen Anleihen. Es wird angenommen, dass Fremdkapital zu Zinssätzen von 4–6 % mit Laufzeiten von 15–20 Jahren aufgenommen wird. Darüber hinaus wird davon ausgegangen, dass staatliche Garantien die Risikowahrnehmung der Kreditgeber reduzieren. Die Nutzung grüner Anleihen basiert auf der Annahme, dass Investoren durch ESG-Kriterien (Environmental, Social and Governance) motiviert werden, im Einklang mit globalen Klimainitiativen.

Annahmen zu Zeitplan und Terminierung: Für das Standardmodell (8–10 Jahre) werden traditionelle Projektmanagementmethoden angenommen, einschließlich sequenzieller Bauphasen und längerer regulatorischer Genehmigungsprozesse. Dieser Zeitrahmen berücksichtigt die Komplexität regulatorischer Anforderungen und der Standortvorbereitung. Im Gegensatz dazu basiert das beschleunigte Modell (4–6 Jahre) stark auf parallelen Bauaktivitäten und modularer Fertigung, um den Zeitplan zu verkürzen. Zentrale Komponenten werden vorgefertigt, um die Montagezeit vor Ort zu minimieren, während eine proaktive Zusammenarbeit mit Aufsichtsbehörden die Genehmigungsprozesse beschleunigen soll. Die frühzeitige Einbindung der Behörden sowie der Einsatz innovativer Bauverfahren sind entscheidend, um den verkürzten Zeitplan zu erreichen.

Regulatorische und Compliance-Annahmen: Beide Modelle gehen von einem proaktiven Ansatz hinsichtlich regulatorischer Konformität aus. Eine frühzeitige Zusammenarbeit mit Aufsichtsbehörden soll die für Genehmigungen und Zulassungen benötigte Zeit verkürzen. Die Modelle setzen außerdem die Einhaltung internationaler nuklearer Sicherheitsstandards voraus, wie sie beispielsweise von der International Atomic Energy Agency (IAEA) festgelegt werden. Zu den Kriterien für die Standortauswahl gehören Vorprüfungen hinsichtlich Umweltverträglichkeit, seismischer Stabilität und Zugang zu Wasserressourcen für Kühlsysteme, sofern erforderlich. Diese Maßnahmen sollen die Einhaltung regulatorischer Anforderungen sicherstellen und gleichzeitig Projektverzögerungen minimieren.

Annahmen zu Arbeitskräften und Personal: Eine wesentliche Annahme ist die Verfügbarkeit eines qualifizierten Arbeitskräftepools, darunter Nuklearingenieure, Bauleiter, Schweißer und

Leitstandspersonal. Es wird erwartet, dass das Projekt während der Bauphase Tausende temporäre Arbeitsplätze und für den laufenden Betrieb Hunderte dauerhafte Stellen schafft. Insbesondere das beschleunigte Modell setzt auf Arbeitskräfte, die den Anforderungen paralleler Bau- und Montagearbeiten gewachsen sind.

Technologische und betriebliche Annahmen: Die Modelle basieren auf der Annahme, dass die ausgewählte SMR-Technologie ausgereift ist und Designs verwendet werden, die bereits umfangreiche Tests und Validierungen durchlaufen haben. Es wird angenommen, dass Kühlsysteme – abhängig vom Projektstandort – entweder Wasserquellen oder luftgekühlte Systeme nutzen. Die SMRs sind darauf ausgelegt, Lastfolgefähigkeiten bereitzustellen, sodass sie ihre Leistung an schwankende Netzanforderungen anpassen können. Dies ist entscheidend für die Netzstabilität in Regionen mit hohem Anteil erneuerbarer Energien.

Übertragbarkeit der Modelle auf andere Länder

Die entwickelten Finanzierungsmodelle sollen flexibel und an unterschiedliche Regionen anpassbar sein; ihr Erfolg hängt jedoch von lokalen Faktoren wie regulatorischen Rahmenbedingungen, Finanzmärkten, Verfügbarkeit qualifizierter Arbeitskräfte und Infrastrukturreife ab. In entwickelten Volkswirtschaften wie den United States, Canada und dem United Kingdom, in denen Finanzmärkte gut entwickelt und nukleare Regulierungsrahmen etabliert sind, sind beide Modelle in hohem Maße übertragbar. Diese Länder können bestehende Fähigkeiten, ausgereifte Lieferketten und qualifizierte Arbeitskräfte nutzen, um SMR-Projekte zu beschleunigen.

In Schwellenländern wie India, China und Brazil wären Anpassungen erforderlich, um Herausforderungen im Zusammenhang mit regulatorischen Rahmenbedingungen, Finanzierungsmöglichkeiten und Ausbildung von Fachkräften zu bewältigen. Partnerschaften mit internationalen Institutionen und öffentlich-private Finanzierungsvereinbarungen könnten entscheidend sein, um diese Hindernisse zu überwinden. Für Entwicklungsländer müssten die Modelle erheblich angepasst werden, insbesondere im Hinblick auf regulatorische Entwicklung, Finanzierungsmechanismen und technische Ausbildungsprogramme zum Aufbau lokaler Kapazitäten.

Letztlich hängt die Übertragbarkeit dieser Modelle von der Bereitschaft jedes Landes ab, in Nukleartechnologie zu investieren, von seiner regulatorischen Flexibilität und von seiner Fähigkeit, internationale Investitionen anzuziehen. Die Flexibilität der Finanzierungsstrukturen in Kombination mit einem Fokus auf modulare Bauweisen macht die Modelle anpassungsfähig, erfordert jedoch eine sorgfältige Anpassung an die spezifischen Bedingungen jedes Landes.

Prognostizierte Kapitalrendite und Break-even-Punkte

Prognostizierte Kapitalrendite (ROI) für SMR-Projekte

Investitionen in Small Modular Reactors (SMRs) stellen eine einzigartige Gelegenheit für Akteure im Energiesektor dar, insbesondere angesichts der steigenden Nachfrage nach kohlenstoffarmen Energielösungen. Die prognostizierte Kapitalrendite (Return on Investment – ROI) für SMR-Projekte liegt typischerweise zwischen 8 % und 12 % über ihre Betriebsdauer, die zwischen 40 und 60 Jahren betragen kann [54, 270]. Diese Rendite wird von verschiedenen Faktoren beeinflusst, darunter Bauzeitpläne, Betriebseffizienz, Brennstoffkosten und die vorherrschenden Marktpreise für Elektrizität. Beispielsweise ermöglicht das modulare Design von SMRs eine schrittweise Skalierung, sodass zusätzliche Module je nach wachsender Nachfrage hinzugefügt werden können, ohne dass erhebliche Vorabinvestitionen erforderlich sind [3, 226].

Die Strategie der stufenweisen Inbetriebnahme, bei der SMRs schrittweise ans Netz gebracht werden, ist ein entscheidender Faktor zur Verbesserung der wirtschaftlichen Tragfähigkeit dieser Projekte. Dieser Ansatz ermöglicht eine frühzeitige Einnahmengenerierung, wodurch finanzielle Risiken reduziert und die Gesamtrendite verbessert werden [131, 270]. Darüber hinaus verkürzen modulare Bauverfahren die Bauzeiten erheblich. Studien zeigen, dass vollständig modularisierte SMRs in etwa 3,5 Jahren errichtet werden können, verglichen mit 5,1 Jahren bei größeren Reaktoren [131]. Diese Verkürzung der Bauzeit beschleunigt nicht nur den Cashflow, sondern reduziert auch die Risiken langfristiger Kapitalinvestitionen.

Trotz dieser Vorteile bleiben die anfänglichen Investitionsausgaben für SMR-Projekte eine erhebliche Herausforderung und werden auf 15,5 bis 27 Milliarden USD geschätzt [15]. Zur Verbesserung der finanziellen Leistungsfähigkeit ist die Sicherung günstiger Finanzierungsoptionen wie zinsgünstiger Kredite und grüner Anleihen von entscheidender Bedeutung. Darüber hinaus wird die wirtschaftliche Attraktivität von SMRs durch ihr Potenzial gestärkt, wettbewerbsfähig in liberalisierten Strommärkten zu operieren, in denen Unsicherheiten bei Strompreisen erheblichen zusätzlichen Wert für Investoren schaffen können [271].

Zusätzlich spielt die Betriebseffizienz von SMRs – insbesondere hinsichtlich Brennstoffkosten und Wartung – eine zentrale Rolle bei der Bestimmung ihrer wirtschaftlichen Attraktivität. Die modulare Natur dieser Reaktoren ermöglicht vereinfachte Designs, die im Vergleich zu traditionellen Großreaktoren zu niedrigeren Betriebskosten führen können [30, 240]. Da der Markt für kohlenstoffarme Energie weiter wächst, könnte der strategische Einsatz von SMRs eine wesentliche Rolle bei der Erreichung von Energiesicherheits- und Nachhaltigkeitszielen spielen.

Beispielhafte Darstellung der Kapitalrendite (ROI) für ein 4.000-MW-SMR-Kraftwerksprojekt

Das in diesem Beispiel betrachtete Projekt umfasst den Bau eines 4.000-MW-Kraftwerks durch den Einsatz von 40 einzelnen 100-MW-SMR-Einheiten. Es handelt sich um ein gestuftes Projekt, bei dem die SMR-Einheiten schrittweise in Betrieb genommen werden, um frühzeitig Einnahmen zu generieren und finanzielle Risiken zu minimieren. Nachfolgend folgt eine detaillierte Aufschlüsselung der prognostizierten Kapitalrendite basierend auf dem dargestellten Kontext.

1. Projektübersicht und Anfangsinvestition

- **Gesamtkapazität:** 4.000 MW (bestehend aus 40 × 100-MW-SMR-Einheiten)
- **Bauzeitplan:** Beschleunigter Zeitrahmen von 4–6 Jahren unter Nutzung modularer Bauverfahren.
- **Investitionsausgaben:** Geschätzt zwischen 19 und 27 Milliarden USD aufgrund des Bedarfs an beschleunigten Prozessen.
- **Betriebsdauer:** 40 bis 60 Jahre.
- **Stufenweise Inbetriebnahme:** Gruppen von jeweils 10 Reaktoren werden alle 12–18 Monate nacheinander ans Netz gebracht, um frühzeitig Einnahmen zu erzielen.

2. Gestufter Bau- und Inbetriebnahmeplan

- Jahr 0–2:
    - Planung, regulatorische Genehmigungen und Standortvorbereitung: Frühzeitige Zusammenarbeit mit Aufsichtsbehörden und Einholung von Umweltgenehmigungen.
    - Fabrikbasierte Vorfertigung: Beginn der externen Fertigung von Reaktorkomponenten.
- Jahr 3:
    - Montage vor Ort: Beginn der Montage der ersten Gruppe von 10 SMR-Einheiten.
    - Stufenweise Inbetriebnahme: Bis Ende des dritten Jahres werden die ersten 10 Einheiten (1.000 MW) an das Stromnetz angeschlossen.
    - Einnahmengenerierung: Die erste Gruppe beginnt Einnahmen zu erwirtschaften, wodurch die finanzielle Belastung reduziert und der weitere Bau unterstützt wird.
- Jahr 4–6:
    - Sequenzielle Inbetriebnahme: Alle 12–18 Monate wird eine weitere Gruppe von 10 Einheiten ans Netz gebracht, bis die volle Kapazität von 4.000 MW erreicht ist.
    - Vollständiger Anlagenbetrieb: Bis Ende des sechsten Jahres ist das Kraftwerk vollständig betriebsbereit.

3. Prognostizierte Finanzkennzahlen

a. Anfangsinvestitionen

- **Kapitalinvestition:** 19 Milliarden USD (untere Schätzung) bis 27 Milliarden USD (obere Schätzung).
- **Finanzierungsquellen:**
    - Eigenkapitalinvestoren: 30 % (ca. 5,7 bis 8,1 Milliarden USD).
    - Fremdfinanzierung: 50 % (ca. 9,5 bis 13,5 Milliarden USD) mit Zinssätzen von 4–6 %.
    - Staatliche Zuschüsse und Subventionen: 10 % (ca. 1,9 bis 2,7 Milliarden USD).
    - Grüne Anleihen: 10 % (ca. 1,9 bis 2,7 Milliarden USD), unter Nutzung von ESG-Kriterien.

b. Umsatzprognosen und ROI

- **Strompreis:** Angenommener Durchschnitt von 70 USD pro MWh basierend auf aktuellen Marktpreisen und Verträgen.
- **Jährlicher Umsatz (bei voller Kapazität):**
    - 4.000 MW × 8.000 Betriebsstunden/Jahr × 70 USD pro MWh = 2,24 Milliarden USD/Jahr.
- **ROI-Berechnung**:
    - Gesamterlös über 40 Jahre: 89,6 Milliarden USD.
    - Betriebskosten: Geschätzt auf 20 % des Jahresumsatzes, entsprechend 448 Millionen USD/Jahr.
    - Nettoumsatz: 1,792 Milliarden USD/Jahr nach Abzug der Betriebskosten.
    - Break-even-Punkt: Geschätzt zwischen 6–8 Jahren nach Beginn der Einnahmengenerierung durch die erste Gruppe von Einheiten.
    - ROI: Prognostiziert zwischen 8 % und 12 % jährlich über die Betriebsdauer der Anlage.

4. Wichtige Vorteile zur Steigerung der Kapitalrendite (ROI)

a. Frühzeitige Einnahmen durch stufenweise Inbetriebnahme

Durch die Inbetriebnahme der Reaktoren in Gruppen beginnt das Projekt bereits innerhalb von drei Jahren nach Projektstart Einnahmen zu generieren, wodurch der finanzielle Druck reduziert wird. Dieser stufenweise Ansatz ermöglicht schnellere Renditen, da jede Gruppe von SMRs zum Cashflow beiträgt, während die verbleibenden Einheiten noch gebaut werden.

b. Niedrigere Betriebs- und Wartungskosten

Das modulare und fabrikgefertigte Design von SMRs gewährleistet hohe Effizienz und Zuverlässigkeit bei gleichzeitig geringeren Betriebskosten im Vergleich zu traditionellen Reaktoren. Der Kapazitätsfaktor wird voraussichtlich über 90 % liegen und dadurch eine konstante Stromerzeugung sowie minimale Ausfallzeiten sicherstellen.

c. Lastfolgefähigkeit

Die Fähigkeit der SMRs, ihre Leistung an die Nachfrage anzupassen, erhöht ihren Wert für die Stabilisierung des Stromnetzes, insbesondere in Märkten mit hohem Anteil erneuerbarer Energien wie Solar- und Windkraft. Diese Flexibilität kann während Spitzenlastzeiten höhere Strompreise ermöglichen und dadurch das Umsatzpotenzial weiter verbessern.

5. Sensitivitätsanalyse

Zur Gewährleistung der Robustheit berücksichtigt das Modell mehrere Risikofaktoren:

- Volatilität der Strompreise: Das Finanzmodell basiert auf einem konservativen Durchschnittspreis von 70 USD pro MWh. Änderungen der Marktpreise könnten jedoch die Kapitalrendite beeinflussen.
- Regulatorische Verzögerungen: Eine beschleunigte Zusammenarbeit mit Aufsichtsbehörden ist entscheidend. Verzögerungen könnten die Kosten erhöhen und die Zeitpläne für Einnahmen verschieben.
- Bau- und Arbeitskosten: Schwankungen bei Rohstoffpreisen und Arbeitskräftemangel könnten die Investitionsausgaben beeinflussen.

6. Übertragbarkeit des Finanzierungsmodells

Dieses Finanzierungs- und Investitionsmodell ist an verschiedene Länder mit starken regulatorischen Rahmenbedingungen und verfügbarer qualifizierter Arbeitskraft anpassbar. Besonders geeignet ist das Modell für Länder wie die United States, Canada, das United Kingdom und South Korea, in denen nukleares Fachwissen und entsprechende Infrastruktur gut entwickelt sind. Darüber hinaus kann es für Schwellenländer wie India und Brazil angepasst werden, indem die Finanzierungsstruktur stärker auf staatliche Unterstützung und internationale Entwicklungsfinanzierung ausgerichtet wird.

Als praktisches Beispiel würde die Umsetzung des oben beschriebenen Finanzierungs- und Baumodells für ein 4.000-MW-Small-Modular-Reactor-(SMR)-Kraftwerk in Australia eine Anpassung an die spezifischen regulatorischen, finanziellen und infrastrukturellen Bedingungen des Landes erfordern. Australien verfügt derzeit nicht über einen umfassenden regulatorischen Rahmen für Kernenergie, hauptsächlich aufgrund früherer politischer Widerstände und öffentlicher Vorbehalte. Mit dem zunehmenden Fokus auf Klimaziele und langfristige Energiesicherheit wächst jedoch das Interesse an der erneuten Prüfung nuklearer Optionen. Die Schaffung eines klaren regulatorischen Rahmens wäre entscheidend für den Erfolg des Projekts. Dies würde die Zusammenarbeit mit Bundes- und Landesregierungen erfordern, um internationale nukleare Sicherheitsstandards – wie jene der International Atomic Energy Agency (IAEA) – einzuhalten. Australien müsste die regulatorischen Prozesse beschleunigen, beispielsweise durch die Einrichtung einer speziellen Nuklearaufsichtsbehörde ähnlich jener in den United States oder im United Kingdom. Eine frühzeitige Zusammenarbeit mit den Behörden und vereinfachte Genehmigungsverfahren wären entscheidend, um den beschleunigten Bauzeitrahmen von 4–6 Jahren einzuhalten.

Die Finanzierung der geschätzten 19 bis 27 Milliarden USD (etwa 29 bis 41 Milliarden AUD), die für das SMR-Projekt erforderlich sind, würde die Nutzung des gut entwickelten australischen

Finanzsektors umfassen, insbesondere durch grüne Anleihen und andere ESG-Investitionen (Environmental, Social and Governance). Angesichts des australischen Engagements für Dekarbonisierung könnten SMR-Projekte erhebliche Investitionen über grüne Anleihen anziehen, insbesondere wenn sie von Organisationen wie der Clean Energy Finance Corporation (CEFC) unterstützt werden. Darüber hinaus könnten Bundes- und Landesregierungen Zuschüsse und Subventionen bereitstellen, die etwa 10 % der Projektkosten abdecken, um die Einführung von Kernenergie zu fördern. Dies könnte zusätzlich durch öffentlich-private Partnerschaften unterstützt werden, wobei Organisationen wie die Australian Renewable Energy Agency (ARENA) ihren Fokus auf fortschrittliche Nukleartechnologien erweitern könnten. Die Zusammenarbeit mit Private-Equity-Investoren würde ebenfalls helfen, Finanzierungslücken zu schließen und die finanzielle Unterstützung zu diversifizieren.

Eine bedeutende Herausforderung für Australien wäre die Verfügbarkeit qualifizierter Arbeitskräfte, da das Land nur begrenzte Erfahrung mit Kernenergie besitzt. Australien verfügt jedoch über eine starke Kompetenzbasis in verwandten Branchen wie Bergbau, Öl- und Gasindustrie sowie Energieerzeugung. Durch Partnerschaften mit internationalen Nukleartechnologieunternehmen und Universitäten könnte Australien Ingenieure, Bauleiter und Sicherheitsinspektoren rasch weiterqualifizieren. Programme über Institutionen wie die University of New South Wales (UNSW) und TAFE-Einrichtungen könnten die Einsatzbereitschaft der Arbeitskräfte beschleunigen. Darüber hinaus könnte der Bau und Betrieb des SMR-Kraftwerks Tausende Arbeitsplätze schaffen, insbesondere in ländlichen Regionen, was mit Australiens wirtschaftlichen Zielen zur Förderung regionaler Entwicklung übereinstimmt.

Das australische Stromnetz, das derzeit durch die Intermittenz erneuerbarer Energien wie Wind- und Solarenergie belastet wird, könnte von der stabilen Grundlaststromversorgung durch SMRs profitieren. Die Lastfolgefähigkeit von SMRs würde es ermöglichen, die Leistung an erneuerbare Energiequellen anzupassen und dadurch die Netzstabilität zu verbessern. Diese Flexibilität wäre insbesondere in Bundesstaaten wie South Australia von Vorteil, wo der Anteil erneuerbarer Energien hoch ist. Die im Modell vorgeschlagene stufenweise Inbetriebnahmestrategie, bei der Gruppen von SMRs nacheinander ans Netz gebracht werden, würde es ermöglichen, bereits etwa drei Jahre nach Projektbeginn Einnahmen zu generieren und dadurch den Cashflow zu unterstützen sowie finanzielle Risiken zu reduzieren.

Obwohl die gesamten Investitionsausgaben erheblich sind, würde der modulare und stufenweise Bauansatz helfen, finanzielle Risiken zu reduzieren. Das Projekt müsste jedoch an Australiens lokale Kostenstrukturen, regulatorische Rahmenbedingungen und Einschränkungen der Lieferketten angepasst werden. Die prognostizierten Kosten von 19 bis 27 Milliarden USD (29 bis 41 Milliarden AUD) könnten aufgrund des Aufbaus neuer Lieferketten für Nuklearkomponenten und der Anpassung bestehender Infrastruktur steigen. Die Stabilisierung der Strompreise in Australien, die aufgrund von Marktdynamiken schwanken können, wäre ein weiterer Vorteil von SMRs. Bei einem angenommenen durchschnittlichen Strompreis von 70 USD pro MWh (105 AUD pro MWh) könnten SMRs dazu beitragen, Preise zu stabilisieren und gleichzeitig eine konstante Stromversorgung sicherzustellen.

Die stufenweise Bauweise und die modularen Montagetechniken würden die wirtschaftliche Tragfähigkeit des Projekts verbessern, da frühzeitige Einnahmengenerierung dazu beitragen würde, Investitionskosten auszugleichen. Durch die schrittweise Inbetriebnahme der Einheiten würde das Projekt bereits ab dem dritten Jahr Einnahmen erzielen und dadurch den weiteren Bau unterstützen sowie finanziellen Druck reduzieren. Die prognostizierte Kapitalrendite liegt zwischen 8 % und 12 % jährlich über eine Betriebsdauer von 40 bis 60 Jahren. Darüber hinaus steht der Einsatz von SMRs im Einklang mit Australiens Klimazielen, unterstützt die Diversifizierung des Energiemixes, reduziert die Abhängigkeit von importierten Brennstoffen und trägt zur Dekarbonisierung bei. Dies würde Australien ermöglichen, sich als führende Nation im Bereich kohlenstoffarmer Energietechnologien zu positionieren, insbesondere im asiatisch-pazifischen Raum.

Break-even-Punkte und wirtschaftliche Tragfähigkeit

Der Break-even-Punkt für Small Modular Reactors (SMRs) ist eine entscheidende Kennzahl zur Bewertung ihrer wirtschaftlichen Tragfähigkeit. Untersuchungen zeigen, dass der Break-even-Punkt für SMR-Kraftwerke typischerweise zwischen 8 und 12 Betriebsjahren erreicht wird, abhängig von Faktoren wie Bauzeit, Finanzierungskosten und Strompreisen [13, 19]. Bei einem Standard-Baumodell mit einem Zeitrahmen von 8–10 Jahren wird der Break-even im Allgemeinen innerhalb von 10 Jahren nach Betriebsbeginn erreicht, hauptsächlich aufgrund der niedrigeren Betriebskosten von SMRs im Vergleich zu traditionellen Großreaktoren [10, 13]. Darüber hinaus können Projekte mit einem beschleunigten Bauzeitplan von 4–6 Jahren den Break-even noch schneller erreichen – potenziell innerhalb von 6–8 Jahren nach Betriebsaufnahme – aufgrund kürzerer Bauzeiten und früherer Einnahmengenerierung [13, 19].

Mehrere Schlüsselfaktoren beeinflussen den Break-even-Punkt von SMRs. Betriebseffizienz und Kapazitätsfaktor sind dabei von zentraler Bedeutung; SMRs sind darauf ausgelegt, mit hohen Kapazitätsfaktoren – häufig über 90 % – zu arbeiten und dadurch eine konstante Stromerzeugung sowie stabile Einnahmen sicherzustellen. Darüber hinaus trägt das modulare Design von SMRs zu geringeren Wartungs- und Brennstoffkosten bei, was ihre langfristige Rentabilität verbessert [19]. Die Fähigkeit von SMRs, ihre Leistung anzupassen und Lastfolgefähigkeiten bereitzustellen, ist insbesondere in Stromnetzen mit hohem Anteil intermittierender erneuerbarer Energien von großem Wert und erhöht dadurch das Potenzial für zusätzliche Einnahmen aus Spitzenstrompreisen [13, 19].

Darüber hinaus kann die Möglichkeit, Kosten durch Abwärmerückgewinnung und Kraft-Wärme-Kopplung auszugleichen, die wirtschaftliche Tragfähigkeit von SMRs erheblich verbessern. Die Nutzung von Abwärme für Anwendungen wie Fernwärme oder Meerwasserentsalzung kann zusätzliche Einnahmequellen schaffen und dadurch den Break-even-Punkt weiter beschleunigen [19]. Die Zuverlässigkeit von SMRs in Kombination mit der intermittierenden Natur erneuerbarer Energiequellen, die häufig Backup-Lösungen benötigen, positioniert sie als wettbewerbsfähige Option auf dem Energiemarkt [13, 19]. Langfristige Stromabnahmeverträge (Power Purchase Agreements – PPAs) mit Industrieunternehmen oder Gemeinden können zudem stabile Einnahmen sichern, die finanzielle Planbarkeit verbessern und die Kapitalrendite beschleunigen [272].

Finanzielle Risiken und Strategien zur Risikominderung

Der Bau von Small-Modular-Reactor-(SMR)-Kraftwerken ist mit erheblichen finanziellen Risiken verbunden, die auf hohe Anfangsinvestitionen, lange Projektlaufzeiten und strenge regulatorische Anforderungen im Nuklearsektor zurückzuführen sind. Eine der größten finanziellen Herausforderungen sind die erheblichen Investitionsausgaben für den Bau, die bei einem 4.000-MW-Projekt zwischen 15,5 und 27 Milliarden USD (etwa 23,5 bis 38,7 Milliarden AUD) liegen können. Diese Projekte sind anfällig für Kostenüberschreitungen und Verzögerungen, die ihre wirtschaftliche Tragfähigkeit erheblich beeinträchtigen können. Zur Risikominderung ermöglicht die stufenweise Inbetriebnahme eine frühzeitige Einnahmengenerierung, da Reaktoren schrittweise ans Netz gehen und dadurch laufende Kosten teilweise ausgeglichen werden. Darüber hinaus können modulare Bauverfahren und Vorfertigung den Bauprozess vereinfachen, die Bauzeit vor Ort verkürzen und damit verbundene Arbeitskosten senken. Die Bereitstellung eines Reservebudgets von typischerweise etwa 10–15 % der gesamten Investitionskosten kann zudem unerwartete Ausgaben abfedern und ein stabileres Cashflow-Management gewährleisten.

Regulatorische und Compliance-Risiken stellen ein weiteres wesentliches Problem dar, da die Nuklearindustrie stark reguliert ist. Die Einholung notwendiger Genehmigungen kann ein langwieriger und kostspieliger Prozess sein, wobei Verzögerungen Projektzeitpläne verschieben und Kosten erhöhen können. Eine proaktive Zusammenarbeit mit Aufsichtsbehörden bereits in den frühen Planungsphasen kann dazu beitragen, Genehmigungsprozesse zu beschleunigen. Dies kann frühe Vorlizenzierungsaktivitäten und umfassende Sicherheitsbewertungen umfassen, um das Vertrauen der Regulierungsbehörden zu stärken. Die Einrichtung spezialisierter regulatorischer Teams mit Fokus auf Compliance kann diese Prozesse zusätzlich vereinfachen. Rechtliche Schutzmaßnahmen und umfassende Versicherungslösungen sind ebenfalls entscheidend, um sich gegen unvorhergesehene rechtliche Herausforderungen abzusichern, insbesondere in Regionen, in denen die öffentliche Wahrnehmung von Nuklearprojekten zu politischer Kontrolle führen kann.

Finanzierungs- und Zinsrisiken stellen zusätzliche Herausforderungen dar, da SMR-Projekte häufig eine Kombination aus Fremd- und Eigenkapitalfinanzierung erfordern. Steigende Zinssätze können die Kosten der Fremdfinanzierung erhöhen und dadurch Budget und Rentabilität beeinträchtigen. Zur Bewältigung dieses Risikos können Finanzierungsvereinbarungen mit festen Zinssätzen abgeschlossen werden, um eine besser kalkulierbare Kostenstruktur zu schaffen. Der Einsatz grüner Anleihen sowie ESG-orientierter Fonds (Environmental, Social and Governance) kann nachhaltige Investitionen anziehen und potenziell die Finanzierungskosten senken.

Staatliche Garantien können zudem die Kreditwürdigkeit des Projekts verbessern, es für Kreditgeber attraktiver machen und die Kapitalkosten reduzieren.

Die laufenden Betriebs- und Wartungskosten sind zwar bei SMRs geringer als bei traditionellen Reaktoren, stellen jedoch weiterhin finanzielle Risiken im Zusammenhang mit qualifizierten Arbeitskräften, Brennstoffbeschaffung und Abfallmanagement dar. Langfristige Wartungsverträge mit Lieferanten können diese Kosten stabilisieren, während vorausschauende Wartungstechnologien die Anlagenleistung optimieren und ungeplante Ausfallzeiten reduzieren können. Investitionen in die Ausbildung von Arbeitskräften sind ebenfalls entscheidend, da ein qualifiziertes und effizientes Team die Notwendigkeit teurer externer Auftragnehmer reduzieren und die Betriebskosten insgesamt senken kann.

Schwankungen der Strompreise können Umsatzprognosen beeinflussen, insbesondere in liberalisierten Märkten mit hoher Preisvolatilität. Langfristige Stromabnahmeverträge (Power Purchase Agreements – PPAs) mit Energieversorgern oder Industriekunden können stabile Einnahmequellen schaffen und das Projekt gegen Marktrisiken absichern. Die Fähigkeit von SMRs, ihre Leistung an die Netzlast anzupassen, ermöglicht es ihnen außerdem, von Spitzenstrompreisen zu profitieren und dadurch das Umsatzpotenzial zu steigern. Darüber hinaus reduziert die Flexibilität von SMRs zur Unterstützung von Kraft-Wärme-Kopplung – beispielsweise Fernwärme oder Meerwasserentsalzung – das finanzielle Risiko durch zusätzliche Einnahmequellen über den Stromverkauf hinaus.

Bauverzögerungen und Störungen der Lieferkette stellen weitere kritische Risiken dar, insbesondere in der Nuklearindustrie, in der spezialisierte Komponenten erforderlich sind. Der Abschluss robuster Lieferverträge und langfristiger Vereinbarungen kann eine stabile Materialversorgung sichern und dadurch Verzögerungsrisiken verringern. Die lokale Beschaffung von Komponenten, soweit möglich, kann die Auswirkungen geopolitischer Risiken mindern und Transportkosten reduzieren. Der Einsatz modularer Vorfertigung minimiert zudem Herausforderungen auf der Baustelle und ermöglicht eine schnellere Projektausführung.

Politische Risiken und Risiken im Zusammenhang mit der öffentlichen Wahrnehmung sind bei Nuklearprojekten inhärent und führen häufig zu zusätzlichen regulatorischen Hürden oder sogar Projektabbrüchen. Eine frühzeitige Einbindung lokaler Gemeinschaften und transparente Kommunikation mit Interessengruppen können Vertrauen schaffen und Widerstand reduzieren. Öffentlichkeitskampagnen, die Sicherheitsmerkmale, geringe Emissionen und wirtschaftliche Vorteile von SMRs hervorheben, können die gesellschaftliche Akzeptanz verbessern. Maßnahmen der Corporate Social Responsibility, wie die Schaffung von Arbeitsplätzen und Infrastrukturentwicklung in Projektregionen, können die Unterstützung der Bevölkerung zusätzlich stärken.

Stilllegungs- und langfristige Haftungsrisiken sind erheblich, da die Außerbetriebnahme von SMRs den sicheren Umgang mit radioaktiven Abfällen erfordert. Die Einrichtung spezieller Stilllegungsfonds bereits während der Betriebsphase kann sicherstellen, dass die notwendigen finanziellen Mittel bei Bedarf verfügbar sind. Investitionen in automatisierte Stilllegungstechnologien können die Kosten senken und die Sicherheit während des

Rückbauprozesses erhöhen. Die Einhaltung internationaler Best Practices für die Stilllegung ist entscheidend, um rechtliche Haftungsrisiken zu minimieren und Umweltrisiken zu reduzieren.

Langfristige wirtschaftliche Auswirkungen von SMR-Kraftwerken

Einer der wichtigsten wirtschaftlichen Vorteile von Small Modular Reactors (SMRs) sind ihre geringeren Kapitalanforderungen im Vergleich zu konventionellen Kernreaktoren. Untersuchungen zeigen, dass die Kosten der „nth-of-a-kind"-SMRs voraussichtlich deutlich niedriger sein werden, mit Schätzungen von etwa 100 USD pro MWh, wodurch sie selbst in kleinen Inselstaaten wirtschaftlich tragfähig werden [19]. Diese Kosteneffizienz wird zusätzlich durch die Beobachtung unterstützt, dass kleinere, gemeinsam angesiedelte Reaktoren typische Probleme großer Infrastrukturprojekte – wie Kostenüberschreitungen und lange Bauzeiten – reduzieren können, die häufig bei Megaprojekten auftreten [168]. Die Möglichkeit, SMRs modular zu errichten, erlaubt eine fabrikbasierte Fertigung, wodurch sich die Bauzeiten potenziell um bis zu zwei Jahre im Vergleich zu Großreaktoren verkürzen lassen [227].

Darüber hinaus kann der Einsatz von SMRs die Energiesicherheit verbessern, insbesondere in Entwicklungsländern, in denen der Energiebedarf wächst, die finanziellen Ressourcen jedoch begrenzt sind. SMRs können flexibel eingesetzt werden und ermöglichen schrittweise Investitionen, die an die wirtschaftlichen Möglichkeiten dieser Regionen angepasst werden können [3]. Aufgrund ihrer kleineren Größe und modularen Struktur eignen sie sich besonders für Gebiete mit begrenzter Netzkapazität und erleichtern dadurch den Energiezugang in abgelegenen oder unterversorgten Gemeinden [273]. Diese Flexibilität deckt nicht nur den unmittelbaren Energiebedarf, sondern fördert auch langfristige wirtschaftliche Entwicklung durch die Schaffung von Arbeitsplätzen und Infrastrukturinvestitionen [13].

Die sozioökonomischen Vorteile des Einsatzes von SMRs gehen über die direkte Energieproduktion hinaus. Bau und Betrieb von SMRs können lokale Wirtschaften durch die Schaffung von Arbeitsplätzen sowohl kurz- als auch langfristig stimulieren. Die Entstehung neuer Beschäftigungsmöglichkeiten ist besonders bedeutsam in Regionen, die zuvor keinen Zugang zu Nukleartechnologie hatten [13]. Darüber hinaus entwickelt sich der Genehmigungsprozess für SMRs weiter, wobei verschiedene Länder die Entwicklung dieser Technologie aktiv unterstützen, um sich einen Wettbewerbsvorteil auf dem globalen Energiemarkt zu verschaffen [65]. Diese strategische Positionierung kann zu verstärkten ausländischen Investitionen und technologischem Austausch führen und dadurch das Wirtschaftswachstum weiter fördern.

Der Einsatz von Small Modular Reactors (SMRs) wird zunehmend als kosteneffiziente Alternative zu traditionellen Kernreaktoren angesehen, insbesondere für Länder, die ihre Energieportfolios diversifizieren und ihre Energiesicherheit stärken möchten. Die wirtschaftlichen Vorteile von SMRs – insbesondere ihre geringeren Kapitalanforderungen und modularen Bauweisen – machen sie weltweit äußerst attraktiv. Im Vergleich zu konventionellen Großreaktoren, die häufig unter

Kostenüberschreitungen und langen Bauzeiten leiden, bieten SMRs eine flexiblere Lösung. Untersuchungen zeigen, dass die „nth-of-a-kind"-Kosten erheblich sinken könnten, sobald die SMR-Technologie ausgereift ist, wobei Schätzungen auf Stromgestehungskosten (Levelized Cost of Electricity – LCOE) von etwa 100 USD pro MWh hinweisen. Diese Wirtschaftlichkeit macht SMRs für eine Vielzahl von Anwendungen geeignet, darunter kleine Inselstaaten und abgelegene Gemeinden mit weniger entwickelter Energieinfrastruktur.

Länder wie die United States, Canada und das United Kingdom nutzen den modularen Bauansatz von SMRs, um eine schnellere Umsetzung zu erreichen. Beispielsweise kann die fabrikbasierte Vorfertigung von Komponenten die Bauzeit im Vergleich zu traditionellen Kernkraftprojekten um bis zu zwei Jahre verkürzen. Dieser Vorteil ist besonders wertvoll, um die Wettbewerbsfähigkeit auf dem globalen Energiemarkt zu stärken. In den Vereinigten Staaten stehen Unternehmen wie NuScale Power an der Spitze der SMR-Technologie und werden durch staatliche Zuschüsse sowie einen starken regulatorischen Rahmen unterstützt, der schnellere Genehmigungen ermöglicht. Ebenso positioniert die Investition des Vereinigten Königreichs in das SMR-Programm von Rolls-Royce das Land als führend in der nächsten Generation nuklearer Technologien. Durch die Vereinfachung von Genehmigungsverfahren positionieren sich diese Länder strategisch, um ausländische Investitionen anzuziehen und von Technologieexporten zu profitieren.

Für Entwicklungsländer mit wachsendem Energiebedarf, aber begrenzten finanziellen Ressourcen, stellen SMRs eine attraktive Lösung zur Verbesserung der Energiesicherheit dar. Länder wie India und Brazil können von der Flexibilität des SMR-Einsatzes profitieren, da schrittweise Investitionen möglich sind, die ihren wirtschaftlichen Möglichkeiten entsprechen. Die kleinere Größe und modulare Natur von SMRs ermöglichen ihren Einsatz in Regionen mit begrenzter Netzinfrastruktur und helfen dadurch, die Energieversorgung in abgelegenen und unterversorgten Gebieten zu verbessern. Dies schafft nicht nur kurzfristige Entlastung bei Energieengpässen, sondern unterstützt auch langfristige wirtschaftliche Entwicklung durch Infrastrukturinvestitionen und Arbeitsplatzschaffung. In Indien, wo die Energienachfrage stark steigt, könnte der Einsatz von SMRs entscheidend dazu beitragen, die Abhängigkeit von Kohle zu reduzieren und Treibhausgasemissionen zu senken. Brazil könnte SMRs ähnlich nutzen, um seine abgelegenen Regionen zuverlässig mit Strom zu versorgen und dadurch die Energieunabhängigkeit zu stärken.

In Africa, wo der Zugang zu Energie weiterhin eine große Herausforderung darstellt, prüfen Länder wie South Africa den Einsatz von SMRs, um ihren Energiemix zu diversifizieren und die Abhängigkeit von Kohle zu verringern. Die wirtschaftliche Tragfähigkeit von SMRs wird in diesen Kontexten durch ihre Skalierbarkeit verbessert, die es Regierungen ermöglicht, schrittweise zu investieren und die Kapazität entsprechend wachsender Nachfrage auszubauen. Durch die Ermöglichung lokaler Energieerzeugung können SMRs zudem die wirtschaftliche Aktivität in ländlichen Regionen stimulieren, die soziale Entwicklung fördern und den Druck durch Landflucht verringern.

Die sozioökonomischen Vorteile des Einsatzes von SMRs gehen über die direkte Energieerzeugung hinaus und tragen zu breiterem Wirtschaftswachstum und technologischem

Fortschritt bei. Der Bau und Betrieb von SMRs kann lokale Wirtschaften durch die Schaffung kurzfristiger Arbeitsplätze im Bauwesen und langfristiger Stellen im Betrieb stimulieren. Dies ist besonders bedeutsam in Regionen ohne fortgeschrittene Industriesektoren. Beispielsweise könnte ein potenzieller Übergang Australiens zur Kernenergie durch SMRs Tausende qualifizierter Arbeitsplätze schaffen, insbesondere in ländlichen Regionen mit begrenzten Beschäftigungsmöglichkeiten. Durch den Aufbau regulatorischer und technischer Fachkompetenz könnte sich Australia zudem als regional führend im Bereich Nukleartechnologie im asiatisch-pazifischen Raum positionieren und dadurch seine Energieunabhängigkeit weiter stärken.

Darüber hinaus sind Länder, die die Entwicklung von SMRs aktiv unterstützen, gut positioniert, um sich Wettbewerbsvorteile auf dem globalen Energiemarkt zu sichern. Beispielsweise untersucht South Korea, bereits führend im Bereich konventioneller Kernenergie, die SMR-Technologie, um sein Exportpotenzial auszubauen. Die sich entwickelnden Genehmigungsprozesse in diesen Ländern sollen Zulassungen vereinfachen, die Markteinführungszeit verkürzen und technologische Innovationen fördern. Diese strategische Positionierung kann ausländische Investitionen anziehen, technologischen Austausch fördern und das Wirtschaftswachstum beschleunigen. Darüber hinaus werden Länder, die in SMRs investieren, wahrscheinlich eine stärkere Zusammenarbeit mit internationalen Partnern erleben und dadurch globale Bemühungen zur Erreichung von Energiesicherheit und Dekarbonisierung unterstützen.

Kapitel 8
Umweltauswirkungen und Nachhaltigkeit von SMRs

CO_2-Fußabdruck und Emissionsreduzierungen

Small Modular Reactors (SMRs) werden zunehmend als praktikable Lösung zur Reduzierung von Kohlenstoffemissionen in der globalen Energielandschaft anerkannt. Ihr Design ermöglicht geringere Investitionskosten, verbesserte Sicherheitsmerkmale und die Bereitstellung zuverlässiger Grundlastenergie, wodurch sie eine attraktive Alternative zu fossilen Brennstoffen und eine Ergänzung zu erneuerbaren Energiequellen wie Wind- und Solarenergie darstellen [63, 274, 275]. Besonders bemerkenswert ist die Betriebsphase von SMRs, da sie aufgrund der Nutzung von Kernspaltung anstelle fossiler Brennstoffverbrennung keine CO_2-Emissionen erzeugen. Diese Eigenschaft positioniert SMRs günstig im Zusammenhang mit der Erreichung von Netto-Null-Emissionszielen, da sie die Treibhausgasemissionen (THG) im Vergleich zu konventionellen Energiequellen erheblich reduzieren können [93, 94].

Der CO_2-Fußabdruck von SMRs entsteht hauptsächlich durch Bau, Brennstoffkreislauf und Abfallmanagementprozesse. Lebenszyklusanalysen zeigen jedoch, dass die gesamten Lebenszyklus-Emissionen der Kernenergie – einschließlich SMRs – deutlich niedriger sind als jene von Kohle und Erdgas. Studien schätzen beispielsweise die Lebenszyklus-THG-Emissionen von SMRs auf etwa 9,1 gCO_2/kWh, was mit Windenergie bei ungefähr 11 gCO_2/kWh vergleichbar und deutlich niedriger ist als Erdgas mit rund 450 gCO_2/kWh sowie Kohle mit etwa 820 gCO_2/kWh [13, 274]. Diese Daten unterstreichen das Potenzial von SMRs, wirksam zur Dekarbonisierung beizutragen.

Darüber hinaus kann die Integration von SMRs in das Stromnetz die allgemeine Zuverlässigkeit und Stabilität des Energiesystems verbessern, insbesondere mit zunehmendem Anteil intermittierender erneuerbarer Energiequellen. Durch die Bereitstellung einer konstanten

Stromversorgung können SMRs dazu beitragen, die Herausforderungen der Schwankungen erneuerbarer Energien zu bewältigen und somit eine widerstandsfähigere Energieinfrastruktur unterstützen [63, 276]. Die modulare Natur von SMRs ermöglicht zudem einen flexiblen Einsatz, sodass sie in abgelegenen Regionen installiert oder zu größeren Kraftwerken kombiniert werden können, was ihre Nutzbarkeit in unterschiedlichen Energiekontexten weiter erhöht [275].

Die Effizienz modularer Bauweisen und Konstruktionen hat in den letzten Jahren erheblich an Aufmerksamkeit gewonnen, insbesondere im Zusammenhang mit nachhaltiger Entwicklung und reduzierten CO_2-Emissionen. Einer der überzeugendsten Vorteile modularer Bauweisen ist ihre Fähigkeit, den Bauprozess zu vereinfachen – ein Aspekt, der besonders beim Bau von Small Modular Reactors (SMRs) relevant ist. Der modulare Ansatz ermöglicht eine fabrikbasierte Vorfertigung, die Bauzeiten erheblich verkürzt und den CO_2-Fußabdruck traditioneller Baustellenmethoden reduziert. Studien zeigen, dass modulare Bauweisen die Tätigkeiten vor Ort auf lediglich 10–15 % des gesamten Bauaufwands reduzieren können, was zu Zeitersparnissen von bis zu 40 % gegenüber konventionellen Methoden führt [277, 278]. Diese Effizienz beschleunigt nicht nur Projektzeitpläne, sondern ermöglicht auch schnellere Emissionsreduktionen, indem der Übergang von fossilen Brennstoffen zu saubereren Energiequellen wie SMRs erleichtert wird, die innerhalb von 4 bis 6 Jahren betriebsbereit sein können.

Das inhärente Design von SMRs trägt wesentlich zu ihrer Betriebseffizienz bei. Fortschrittliche Reaktordesigns wie Hochtemperatur-Gasreaktoren (HTGRs) und Salzschmelzereaktoren (MSRs) können thermische Wirkungsgrade von über 45 % erreichen [279]. Diese höhere Effizienz resultiert direkt aus ihrer Fähigkeit, bei erhöhten Temperaturen zu arbeiten, wodurch die Umwandlung von Wärme in Elektrizität verbessert wird. Das modulare Design dieser Reaktoren ermöglicht die Verwendung alternativer Kühlmittel wie Helium oder Salzschmelzen, wodurch ihre thermische Leistung im Vergleich zu traditionellen wassergekühlten Reaktoren weiter optimiert wird. Diese Fähigkeit maximiert nicht nur die Stromerzeugung pro Brennstoffeinheit, sondern trägt auch erheblich zur Verringerung des gesamten CO_2-Fußabdrucks der Energieproduktion bei.

Zusätzlich zu den Umweltvorteilen erhöht das modulare Design die Flexibilität und Anpassungsfähigkeit von Bauprojekten. Durch die Aufteilung komplexer Strukturen in handhabbare Module können Bauprozesse leichter an spezifische Projektanforderungen oder Einschränkungen angepasst werden [280, 281]. Diese Anpassungsfähigkeit ist besonders vorteilhaft in städtischen Umgebungen mit begrenztem Raum und Ressourcen und ermöglicht innovative Lösungen bei gleichzeitig hohen Standards hinsichtlich Effizienz und Nachhaltigkeit. Darüber hinaus kann die Integration intelligenter Fertigungstechnologien mit modularen Designprinzipien zu erheblichen Reduzierungen des Energieverbrauchs und der Emissionen während der Produktionsphase führen und damit die Nachhaltigkeit modularer Bauweisen weiter stärken [280].

Die Dekarbonisierung schwer vermeidbarer Emissionssektoren stellt eine große Herausforderung im globalen Kampf gegen Treibhausgasemissionen (THG) dar. Small Modular Reactors (SMRs) bieten hierfür eine vielversprechende Lösung, insbesondere in Anwendungen jenseits der Stromerzeugung, wie Fernwärme, Meerwasserentsalzung und industrielle Hochtemperaturprozesse. Die Integration von SMRs in diese Bereiche kann fossile Brennstoffe effektiv ersetzen und dadurch Emissionen aus Industrien reduzieren, die wesentlich zu den globalen THG-Emissionen beitragen.

SMRs können für Fernwärmesysteme eingesetzt werden, was besonders in Regionen wichtig ist, in denen traditionelle Heizmethoden stark von fossilen Brennstoffen abhängen. Eine Studie von Teräsvirta et al. [222] zeigt das Potenzial von SMRs, Kraft-Wärme-Kopplungsanlagen (CHP) in nordischen Fernwärmenetzen zu ersetzen, und weist auf erhebliche Reduktionen konventioneller Luftschadstoffe wie Feinstaub und Stickoxide hin. Darüber hinaus kann die betriebliche Widerstandsfähigkeit von SMR-integrierten Mikronetzen die Wärmeversorgung der Verbraucher verbessern, wie Poudel et al. [282] hervorheben, die die Flexibilität und Zuverlässigkeit von SMR-DER-Systemen (Distributed Energy Resources) betonen. Diese Anpassungsfähigkeit ist entscheidend für die Sicherstellung einer stabilen und kohlenstoffarmen Energieversorgung in städtischen Gebieten.

Neben der Fernwärme eignen sich SMRs hervorragend für industrielle Anwendungen, die Hochtemperaturwärme benötigen, beispielsweise die Stahl- und Zementproduktion. Vanatta [283] hebt hervor, dass SMRs Austrittstemperaturen von bis zu 850 °C erreichen können, wodurch ein erheblicher Teil der Emissionen großer Industrieanlagen reduziert werden könnte. Die Fähigkeit von SMRs, Hochtemperatur-Prozesswärme bereitzustellen, macht sie zu einer praktikablen Alternative zu fossilen Brennstoffen in energieintensiven Industrien. Darüber hinaus eröffnet die Kopplung von SMRs mit Wasserstoffproduktionsprozessen einen Weg zur Erzeugung kohlenstoffarmen Wasserstoffs, der für die Dekarbonisierung von Sektoren wie Schwertransport und Chemieindustrie essenziell ist. Untersuchungen von Kim et al. [284] zeigen, dass SMRs in Wasserstoffproduktionssysteme integriert werden können, wobei die erzeugte Wärme die Produktionskosten erheblich senken kann.

Die Meerwasserentsalzung ist ein weiterer Bereich, in dem SMRs zur Dekarbonisierung beitragen können. Ghazaie et al. [37] führten eine thermodynamische Analyse der Kopplung von SMRs mit verschiedenen Entsalzungstechnologien durch und zeigten die Machbarkeit, SMRs sowohl für thermische als auch membranbasierte Entsalzungsverfahren einzusetzen. Diese Integration trägt nicht nur zur Bewältigung von Wasserknappheit bei, sondern unterstützt auch globale Nachhaltigkeitsziele, indem sie eine kohlenstoffarme Alternative zu herkömmlichen Entsalzungsverfahren bietet, die typischerweise auf fossilen Brennstoffen basieren.

Small Modular Reactors (SMRs) stellen eine vielversprechende Lösung dar, um langfristige Emissionsreduktionen zu erreichen und gleichzeitig die Stabilität des Stromnetzes sicherzustellen, insbesondere da die Integration intermittierender erneuerbarer Energiequellen wie Solar- und Windenergie weiter zunimmt. Die inhärente Variabilität dieser erneuerbaren Energiequellen erfordert eine zuverlässige und flexible Stromversorgung zur Aufrechterhaltung der Netzstabilität. SMRs, die sich durch ihre Fähigkeit auszeichnen, flexibel zu arbeiten und ihre Leistung an die Nachfrage anzupassen, können erneuerbare Energiesysteme wirksam ergänzen. Diese Flexibilität ist entscheidend, da sie es SMRs ermöglicht, als konstante, kohlenstoffarme Grundlastenergiequelle zu dienen und dadurch die Abhängigkeit von gasbefeuerten

Spitzenlastkraftwerken zu reduzieren, die beim Hochfahren zur Deckung von Spitzenlasten erhebliche CO_2-Emissionen verursachen [57, 275].

Länder wie Canada, das United Kingdom und die United States prüfen aktiv den Einsatz von SMRs als Teil ihrer Strategien zum Ausstieg aus alternden Kohlekraftwerken und zur Erreichung ehrgeiziger Klimaziele. Beispielsweise zielt Kanadas Initiative zur Einführung von SMRs in Provinzen wie Saskatchewan und New Brunswick darauf ab, die Abhängigkeit von Kohle zu verringern und bis 2050 Netto-Null-Emissionen zu erreichen [57]. Ebenso steht die Investition des Vereinigten Königreichs in SMR-Technologie im Einklang mit seinem Ziel der Netto-Null-Emissionen bis Mitte des Jahrhunderts und adressiert gleichzeitig Fragen der Energiesicherheit [57]. Die Fähigkeit von SMRs, zuverlässige Energie bereitzustellen, kann die Widerstandsfähigkeit des Stromnetzes erheblich verbessern, insbesondere in Regionen, die sich von fossilen Brennstoffen abwenden [285].

Darüber hinaus ermöglicht das modulare Design von SMRs eine einfachere Integration in bestehende Energiesysteme und schafft damit einen Weg zur Verbesserung der Netzzuverlässigkeit angesichts des zunehmenden Anteils erneuerbarer Energien. Untersuchungen zeigen, dass SMRs so ausgelegt werden können, dass sie die Frequenzstabilität und die Gesamtleistung des Stromnetzes verbessern und somit eine nachhaltige Lösung für die Herausforderungen darstellen, die durch den wachsenden Anteil intermittierender Energiequellen entstehen [57, 286]. Die betrieblichen Eigenschaften von SMRs, einschließlich ihrer Fähigkeit zur Lastfolge und Kraft-Wärme-Kopplung, unterstützen zusätzlich ihre Rolle bei der Stabilisierung des Stromnetzes und tragen gleichzeitig zur Emissionsreduktion bei [243].

Abfallmanagement- und Brennstoffrecyclingoptionen

SMRs erzeugen drei Hauptkategorien radioaktiver Abfälle: schwachradioaktive Abfälle (Low-Level Waste – LLW), mittelradioaktive Abfälle (Intermediate-Level Waste – ILW) und hochradioaktive Abfälle (High-Level Waste – HLW). Die Klassifizierung basiert auf dem Grad der Radioaktivität, wobei HLW aufgrund seiner hohen Radioaktivität und langen Halbwertszeit das größte Risiko darstellt [268]. Bemerkenswert ist, dass SMRs so konzipiert sind, dass sie im Vergleich zu traditionellen Reaktoren geringere Abfallmengen erzeugen, hauptsächlich aufgrund ihrer verbesserten Brennstoffeffizienz und innovativen Designs [268, 287]. Der Großteil der Abfälle aus SMRs besteht aus LLW und ILW, die im Allgemeinen einfacher zu handhaben sind und in oberflächennahen Endlagern entsorgt werden können, die darauf ausgelegt sind, sie von der Umwelt zu isolieren [288, 289]. Im Gegensatz dazu erfordert HLW, zu dem abgebrannte Kernbrennstoffe gehören, aufgrund seiner Gefährlichkeit komplexere Managementstrategien [287, 288].

Das Management abgebrannter Kernbrennstoffe, die als HLW klassifiziert werden, ist aufgrund ihrer langfristigen Radiotoxizität von entscheidender Bedeutung. Nach der Entnahme aus dem

Reaktor werden abgebrannte Brennelemente zunächst in Nasslagern aufbewahrt, wo sie durch Wasser gekühlt und abgeschirmt werden [287]. Nach mehreren Jahren kann der Brennstoff in Trockenlager überführt werden, die aus robusten Behältern bestehen, welche Strahlung einschließen und Umweltkontamination verhindern [287]. SMRs produzieren aufgrund ihrer kleineren Kerngrößen und geringeren Brennstoffabbrandraten weniger abgebrannten Brennstoff pro erzeugter Stromeinheit, was einen wesentlichen Vorteil im Abfallmanagement darstellt [268, 287]. Darüber hinaus nutzen einige fortschrittliche SMR-Designs innovative Brennstoffarten wie hochangereichertes niedrig angereichertes Uran (HALEU) oder Thorium, wodurch das Volumen langlebiger radioaktiver Abfälle weiter reduziert werden kann [268, 287].

Brennstoffrecycling ist eine zentrale Strategie zur Minimierung der Umweltauswirkungen nuklearer Abfälle. Fortschrittliche SMR-Designs können Brennstoffrecyclingtechnologien integrieren, die nutzbare Isotope aus abgebrannten Brennelementen zurückgewinnen und dadurch Volumen und Radiotoxizität der Abfälle erheblich reduzieren [268, 287]. Länder wie France und Japan haben erfolgreiche Brennstoffrecyclingprogramme für traditionelle Reaktoren etabliert, die auch auf SMRs angepasst werden könnten [287]. Durch die Wiederaufarbeitung abgebrannter Brennelemente können bis zu 97 % des Materials wiederverwendet werden, sodass nur etwa 3 % als Abfall verbleiben, der eine tiefe geologische Endlagerung erfordert [268, 287]. Dies schont nicht nur Ressourcen, sondern reduziert auch die langfristige Belastung durch die Lagerung hochradioaktiver Abfälle [287].

SMRs der nächsten Generation, wie Salzschmelzereaktoren (MSRs) und Hochtemperatur-Gasreaktoren (HTGRs), sind darauf ausgelegt, die Brennstoffnutzung zu optimieren und die Abfallerzeugung zu minimieren. MSRs verwenden beispielsweise flüssigen Brennstoff, der während des Betriebs kontinuierlich wiederaufbereitet werden kann, wodurch die Produktion langlebiger Abfallprodukte reduziert wird [268, 287]. HTGRs können ebenfalls ein breiteres Spektrum an Brennstoffen nutzen, einschließlich Thorium, was die Erzeugung langlebiger radioaktiver Abfälle weiter verringert [268, 287]. Schnelle Reaktoren, eine weitere Art fortschrittlicher SMRs, können langlebige Isotope aus hochradioaktiven Abfällen verbrauchen und dadurch die Radiotoxizität der Abfälle verringern sowie den Bedarf an tiefen geologischen Endlagern minimieren [287].

Trotz Fortschritten im Recycling und bei der Abfallminimierung wird ein Teil radioaktiver Abfälle weiterhin langfristig isoliert werden müssen. Die tiefe geologische Endlagerung gilt derzeit als die sicherste Methode zur Entsorgung hochradioaktiver Abfälle und umfasst die Einlagerung der Abfälle in stabilen geologischen Formationen [288, 289]. Länder wie Finland und Sweden stehen an der Spitze der Entwicklung tiefer geologischer Endlager, die darauf ausgelegt sind, radioaktive Abfälle über Tausende von Jahren sicher einzuschließen [288, 289]. Die modulare Natur von SMRs könnte zudem eine zentrale Verarbeitung und Entsorgung von Abfällen mehrerer Einheiten ermöglichen, wodurch Skaleneffekte erzielt und die Umweltbelastungen durch Transport und Lagerung reduziert werden könnten [288, 289].

Die Integration fortschrittlicher Abfallmanagement- und Brennstoffrecyclingtechnologien mit dem Einsatz von SMRs stellt einen nachhaltigen Ansatz für die Kernenergie dar. Durch die Minimierung von Abfallvolumina, das Recycling wertvoller Isotope und den Einsatz innovativer

Reaktordesigns können SMRs die Umweltprobleme traditioneller Kernkraftwerke wirksam adressieren. Während Nationen danach streben, Klimaziele zu erreichen und auf kohlenstoffarme Energiesysteme umzusteigen, könnte der Einsatz von SMRs in Verbindung mit verbesserten Abfallmanagementkapazitäten eine entscheidende Rolle bei der Gewährleistung von Energiesicherheit und Umweltschutz spielen.

SMRs im Kontext nachhaltiger Energieziele

SMRs haben das Potenzial, erheblich zu Dekarbonisierungsbemühungen beizutragen, indem sie eine emissionsarme Alternative zur Stromerzeugung auf Basis fossiler Brennstoffe bieten. Im Gegensatz zu traditionellen Kohle- oder Gaskraftwerken arbeiten SMRs während ihrer Betriebsphase nahezu ohne Treibhausgasemissionen und stellen somit einen wichtigen Bestandteil zur Erreichung der im Paris Agreement festgelegten Netto-Null-Ziele dar [11]. Länder wie die United States, Canada und das United Kingdom integrieren SMRs in ihre langfristigen Energiestrategien und erkennen ihre Fähigkeit an, alternde Kohlekraftwerke zu ersetzen und die Luftverschmutzung zu reduzieren [11]. Darüber hinaus können SMRs schwer zu dekarbonisierende Sektoren wie die Schwerindustrie unterstützen, die Hochtemperaturwärme benötigt, welche allein durch erneuerbare Energiequellen nicht effizient bereitgestellt werden kann [11].

Die Integration erneuerbarer Energiequellen wie Wind- und Solarenergie bringt aufgrund ihrer inhärenten Intermittenz Herausforderungen mit sich. SMRs können stabile Grundlastenergie bereitstellen, die für die Aufrechterhaltung der Netzstabilität essenziell ist, insbesondere in Regionen mit hohem Anteil erneuerbarer Energien [264]. Ihre Lastfolgefähigkeit ermöglicht es SMRs, ihre Leistung an Nachfrageschwankungen anzupassen, intermittierende erneuerbare Energiequellen zu ergänzen und die Abhängigkeit von fossil betriebenen Spitzenlastkraftwerken zu reduzieren [264]. Diese Flexibilität erhöht die Widerstandsfähigkeit der Stromnetze und gewährleistet eine stabile Stromversorgung bei wachsendem Anteil erneuerbarer Energien [264].

Die modulare Bauweise von SMRs ermöglicht eine fabrikbasierte Fertigung, wodurch die Bauzeit und die Kosten vor Ort im Vergleich zu traditionellen Kernkraftwerken erheblich reduziert werden [28]. Dieser Ansatz minimiert Umweltbeeinträchtigungen und macht SMRs für den Einsatz in abgelegenen oder unterversorgten Regionen geeignet, in denen groß angelegte Infrastrukturprojekte möglicherweise nicht realisierbar sind [28]. Darüber hinaus benötigen SMRs eine geringere Flächeninanspruchnahme, wodurch sie besser mit dicht besiedelten Regionen oder Gebieten mit Einschränkungen bei der Landnutzung vereinbar sind [28].

Sicherheitsbedenken haben historisch gesehen die Ausweitung der Kernenergie behindert. SMRs integrieren jedoch fortschrittliche Sicherheitsmerkmale wie passive Kühlsysteme, die nicht auf externe Stromquellen angewiesen sind und dadurch das Risiko von Unfällen verringern [16]. Die kleineren Reaktorkerne und niedrigeren Betriebsdrücke von SMRs verbessern ihr Sicherheitsprofil zusätzlich [16]. Durch verbesserte Sicherheitsmaßnahmen können SMRs eine größere öffentliche Akzeptanz der Kernenergie fördern, was für ihre erfolgreiche Einführung entscheidend ist [290]. Länder wie Canada und das United Kingdom arbeiten aktiv daran, durch Öffentlichkeitsarbeit Vertrauen in die SMR-Technologie als sichere und zuverlässige Energiequelle aufzubauen [290].

SMRs sind darauf ausgelegt, brennstoffeffizienter zu sein als traditionelle Reaktoren, und nutzen häufig fortschrittliche Brennstoffarten, die weniger Abfall erzeugen [11]. Einige Designs erreichen höhere Brennstoffabbrandraten und gewinnen dadurch mehr Energie aus derselben Menge Kernbrennstoff, wodurch das Volumen abgebrannter Brennelemente reduziert wird, das verwaltet werden muss [11]. Diese verbesserte Brennstoffeffizienz entspricht den Prinzipien der Nachhaltigkeit, indem Ressourcen optimal genutzt und Umweltauswirkungen minimiert werden [11]. Darüber hinaus können SMRs bestehende Abfallentsorgungseinrichtungen nutzen oder in geschlossene Brennstoffkreisläufe integriert werden, bei denen abgebrannter Brennstoff wiederaufbereitet und erneut verwendet wird, wie es beispielsweise in France praktiziert wird [11].

Die wirtschaftliche Tragfähigkeit von SMRs wird durch ihre modulare Bauweise und Skalierbarkeit verbessert, was im Laufe der Zeit zu erheblichen Kostensenkungen führen kann [11]. Der Einsatz von SMRs wird voraussichtlich Arbeitsplätze im Bauwesen, in der Fertigung und im laufenden Betrieb schaffen, insbesondere in Regionen, die sich von traditionellen Industrien wie dem Kohlebergbau wegentwickeln [11]. Beispielsweise wird prognostiziert, dass Kanadas Investitionen in die SMR-Technologie Tausende hochqualifizierter Arbeitsplätze schaffen und gleichzeitig die wirtschaftliche Diversifizierung beim Übergang zu einer kohlenstoffarmen Wirtschaft unterstützen werden [11].

SMRs bieten vielseitige Anwendungsmöglichkeiten über die Stromerzeugung hinaus, darunter die Bereitstellung von Prozesswärme für Industrien mit hohem CO_2-Ausstoß wie Stahl- und Zementproduktion [41]. Sie können auch zur Meerwasserentsalzung eingesetzt werden und dadurch Wasserknappheit in Regionen mit begrenzten Süßwasserressourcen bekämpfen [41]. Länder im Middle East prüfen den Einsatz von SMRs zur Entsalzung, um den steigenden Wasserbedarf zu decken, ohne die CO_2-Emissionen zu erhöhen [41]. Diese Vielseitigkeit positioniert SMRs als wertvolle Instrumente zur Erreichung umfassender Nachhaltigkeitsziele, einschließlich Wassersicherheit und industrieller Dekarbonisierung [41].

Investitionen in SMR-Technologie können die globale Wettbewerbsfähigkeit eines Landes im Bereich sauberer Energie stärken. Durch eine führende Rolle beim Einsatz von SMRs können sich Staaten an die Spitze des Marktes für Nukleartechnologie positionieren und Möglichkeiten für Exporte sowie internationale Zusammenarbeit schaffen [11]. Darüber hinaus können SMRs zur nationalen Energieunabhängigkeit beitragen, indem sie die Abhängigkeit von importierten fossilen Brennstoffen reduzieren und eine stabile, im Inland erzeugte Energieversorgung bereitstellen, die weniger anfällig für geopolitische Spannungen ist [11].

SMRs und die Integration mit erneuerbaren Energien

Die Integration von Small Modular Reactors (SMRs) mit erneuerbaren Energiequellen wie Wind- und Solarenergie stellt eine vielversprechende Strategie zur Schaffung eines ausgewogenen und kohlenstoffarmen Energiesystems dar. SMRs zeichnen sich durch ihre Fähigkeit aus, stabile Grundlastenergie bereitzustellen, die wesentlich ist, um die intermittierende Natur erneuerbarer Energieerzeugung zu ergänzen. Im Gegensatz zu traditionellen Großreaktoren bieten SMRs eine hohe betriebliche Flexibilität und können entsprechend der Nachfrage skaliert werden, wodurch die Schwankungen erneuerbarer Energiequellen ausgeglichen werden. Beispielsweise können SMRs in Zeiten geringer Solarstromerzeugung – etwa nachts – oder bei unzureichender Windstromproduktion eine konstante Energieversorgung aufrechterhalten und dadurch die Netzzuverlässigkeit sicherstellen [216, 262].

Einer der bedeutendsten Vorteile der Integration von SMRs mit erneuerbaren Energien ist die Verbesserung der Netzstabilität. Mit dem weltweit zunehmenden Anteil erneuerbarer Energien stehen Netzbetreiber vor Herausforderungen bei der Steuerung von Schwankungen im Stromangebot. SMRs können Lastfolgefähigkeiten bereitstellen und ihre Leistung in Echtzeit an die Netzlast anpassen. Diese Flexibilität ist besonders wichtig in Regionen mit hohem Anteil erneuerbarer Energien, in denen die Aufrechterhaltung von Frequenz- und Spannungsstabilität häufig problematisch ist. Beispielsweise können SMRs während Spitzenzeiten der Solarstromerzeugung ihre Leistung reduzieren und umgekehrt schnell hochfahren, wenn die Solarstromproduktion abnimmt [264, 275]. Diese Fähigkeit hilft nicht nur beim Ausgleich von Angebot und Nachfrage, sondern mindert auch die Risiken, die mit der Variabilität erneuerbarer Energiequellen verbunden sind [216].

Aus wirtschaftlicher Sicht kann die Integration von SMRs mit erneuerbaren Energien langfristig zu einer Reduzierung der gesamten Energiekosten führen. Obwohl die anfänglichen Investitionskosten für SMRs erheblich sind, tragen ihre Betriebseffizienz und lange Lebensdauer zu niedrigeren langfristigen Kosten bei. Darüber hinaus verringert diese Integration die Abhängigkeit von teuren Energiespeicherlösungen, die normalerweise erforderlich sind, um die Intermittenz erneuerbarer Energiequellen auszugleichen. Anstatt sich ausschließlich auf Batteriespeicher zu verlassen, können SMRs als zuverlässige Backup-Energiequelle dienen und dadurch den Bedarf an umfangreicher Speicherinfrastruktur reduzieren sowie die Energiewende wirtschaftlich tragfähiger machen [13, 168]. Dieser hybride Ansatz senkt nicht nur die Kosten, sondern erhöht auch die Machbarkeit der Dekarbonisierung des Energiesektors [291].

Darüber hinaus kann der Einsatz von SMRs zusammen mit erneuerbaren Energiequellen abgelegenen und netzfernen Gemeinden erhebliche Vorteile bringen. In Regionen mit eingeschränktem Zugang zu stabiler Elektrizität kann die Kombination aus SMRs und erneuerbaren Energien eine robuste Energielösung darstellen. SMRs können unabhängig betrieben werden und selbst in Regionen mit unbeständigen Wetterbedingungen kontinuierlich Strom liefern, was besonders in großen, dünn besiedelten Ländern wie Canada und Australia von Vorteil ist [63, 292]. Diese Integration fördert die energetische Selbstversorgung und reduziert gleichzeitig Umweltauswirkungen im Einklang mit globalen Klimazielen [293].

Die Umweltvorteile der Integration von SMRs mit erneuerbaren Energien sind erheblich. Während erneuerbare Energiequellen selbst emissionsfrei sind, kann ihre intermittierende Natur den Einsatz fossiler Backup-Kraftwerke erforderlich machen, die zu Treibhausgasemissionen beitragen. SMRs, die während ihres gesamten Lebenszyklus ohne Treibhausgasemissionen betrieben werden können, haben das Potenzial, fossile Kraftwerke zu ersetzen, die derzeit zur Stabilisierung der erneuerbaren Energieerzeugung genutzt werden. Dieser Übergang reduziert nicht nur CO_2-Emissionen, sondern unterstützt auch globale Bemühungen zur Bekämpfung des Klimawandels, wie sie beispielsweise im Paris Agreement festgelegt sind [294, 295].

Beispiel einer Implementierung

Im Folgenden werden die Baukosten, die Praktikabilität, die Infrastrukturanforderungen, die laufenden Kosten sowie die Umweltauswirkungen über einen Zeitraum von 50 Jahren für ein hypothetisches Land mit den folgenden Merkmalen betrachtet:

- **Bevölkerung:** 30 Millionen
- **Durchschnittlicher stündlicher Verbrauch:** 6.570 kW pro Stunde pro Haushalt
- Der durchschnittliche tägliche Energieverbrauch eines Drei-Personen-Haushalts beträgt etwa 18,71 Kilowattstunden (kWh).
- Ein Vier-Personen-Haushalt verbraucht typischerweise etwa 21,355 kWh pro Tag; bei fünf oder mehr Personen liegt der Verbrauch bei etwa 25,43 kWh pro Tag.
- Kleine Unternehmen verbrauchen durchschnittlich 3.600–3.650 kWh Strom pro Quartal.
- **Landesfläche:** 7.688.287 km^2
- Der Sommer dauert von Dezember bis März (durchschnittliche Temperatur 29 °C), der Herbst von März bis Mai, der Winter von Juni bis August (durchschnittlich 13 °C) und der Frühling von September bis November.

Dabei wird untersucht, wie das Land seine Stromversorgung mit jeweils folgenden Optionen bereitstellen könnte:

- Nur Erdgas
- Nur erneuerbare Energien (Wind- und Solarenergie)
- Nur SMRs
- Kombination aus Erdgas und erneuerbaren Energien
- Kombination aus SMRs und erneuerbaren Energien
- Kombination aus Erdgas, erneuerbaren Energien und SMRs

Um die geeignetste Energiestrategie für ein Land mit den gegebenen demografischen, geografischen und energiebezogenen Merkmalen zu analysieren, müssen verschiedene Optionen der Stromerzeugung verglichen werden. Jede Option weist unterschiedliche Baukosten, Praktikabilität, Infrastrukturanforderungen, laufende Betriebskosten und Umweltauswirkungen auf. Im Folgenden werden die einzelnen Szenarien über einen Zeitraum von 50 Jahren untersucht.

Annahmen

Bevor wir beginnen, werden einige wesentliche Annahmen erläutert, die die Analyse beeinflussen:

1. Bevölkerung und Energieverbrauch der Haushalte: Das Land hat eine Bevölkerung von 30 Millionen Menschen, wobei der durchschnittliche Haushaltsverbrauch – abhängig von der Haushaltsgröße – etwa 18,71 bis 25,43 kWh pro Tag beträgt. Zusätzlich wird von einer Anzahl kleiner Unternehmen mit einem Quartalsverbrauch von etwa 3.600–3.650 kWh ausgegangen.

2. Stromnachfrage: Auf Grundlage der oben genannten Daten wird die geschätzte nationale Stromnachfrage berechnet, einschließlich des Verbrauchs privater Haushalte, des Gewerbes und der Industrie sowie saisonaler Schwankungen. Es wird eine jährliche Wachstumsrate von 1,5 % angenommen, um Bevölkerungs- und Wirtschaftswachstum zu berücksichtigen.

3. Landesfläche: Das Land verfügt über eine große Fläche (7,69 Millionen km^2), die ausreichend Raum für die Entwicklung von Infrastruktur wie Solarparks, Windparks oder SMR-Anlagen bietet.

4. Klimatische Bedingungen: Das Klima ist durch heiße Sommer und milde Winter geprägt, was sowohl den Energieverbrauch (für Kühlung und Heizung) als auch die Effizienz erneuerbarer Energiequellen wie Solarenergie beeinflusst.

5. Zeitraum: Die Analyse wird über einen Zeitraum von 50 Jahren durchgeführt, um Bauphase, Betriebsdauer, Wartung und Stilllegung zu berücksichtigen.

Untersuchung der verschiedenen Energieoptionen:

1. Nur Erdgas

Baukosten: Gaskraftwerke weisen im Vergleich zu Kernkraftwerken oder Anlagen für erneuerbare Energien relativ geringe Anfangsinvestitionen auf. Der Bau eines gasbefeuerten Kraftwerks kostet etwa 800 bis 1.200 USD pro kW, was zu geschätzten Gesamtkosten von 8–12 Milliarden USD für eine Kapazität von 10 GW zur Deckung des Energiebedarfs des Landes führt.

Praktikabilität: Gaskraftwerke können relativ schnell errichtet werden (3–4 Jahre) und bieten eine hohe Flexibilität hinsichtlich der Erweiterung der Kapazität. Sie sind jedoch stark von der Verfügbarkeit von Erdgas abhängig, entweder aus heimischen Quellen oder durch Importe.

Infrastrukturanforderungen: Die Gasinfrastruktur umfasst Pipelines, Speicheranlagen und Kraftwerke. Verfügt das Land nicht über bedeutende Erdgasreserven, wären Investitionen in LNG-Importterminals erforderlich.

Laufende Kosten: Die laufenden Kosten werden hauptsächlich durch die Brennstoffpreise bestimmt, die volatil sind und aufgrund geopolitischer Faktoren steigen können. Die Betriebsdauer eines Gaskraftwerks beträgt etwa 30 Jahre, danach wären umfangreiche Modernisierungen oder ein Ersatz erforderlich.

Umweltauswirkungen: Erdgas ist im Vergleich zu Kohle ein saubererer fossiler Brennstoff, verursacht jedoch weiterhin Treibhausgasemissionen, insbesondere Methan und CO_2. Über einen Zeitraum von 50 Jahren würde ein ausschließlich auf Erdgas basierender Ansatz zum Klimawandel beitragen und möglicherweise nicht mit globalen Dekarbonisierungszielen vereinbar sein.

2. Nur erneuerbare Energien (Wind und Solar)

Baukosten: Solarkraftwerke kosten durchschnittlich 1.000 bis 1.500 USD pro kW, während Windparks zwischen 1.200 und 2.000 USD pro kW liegen. Angesichts der großen Landesfläche und des günstigen Klimas für Solarenergie würde der Bau einer Kapazität von 10 GW etwa 12–18 Milliarden USD kosten.

Praktikabilität: Erneuerbare Energien sind intermittierende Energiequellen, was bedeutet, dass Speicherlösungen (z. B. Batterien) oder Netzmanagement erforderlich sind, um die Zuverlässigkeit sicherzustellen. Die große Landesfläche und das sonnige Klima des Landes eignen sich ideal für großflächige Solarparks. Windenergie könnte jedoch auf bestimmte Küstenregionen beschränkt sein.

Infrastrukturanforderungen: Großflächige Solar- und Windparks erfordern erhebliche Flächen, Verbesserungen des Stromnetzes sowie Investitionen in Batteriespeichersysteme, um überschüssige Energie für Zeiten niedriger Produktion zu speichern.

Laufende Kosten: Erneuerbare Energien haben nach ihrer Errichtung geringe laufende Betriebskosten und minimale Brennstoffkosten. Allerdings verursachen regelmäßige Wartungen – insbesondere bei Windturbinen – sowie der Austausch von Solarmodulen nach etwa 25–30 Jahren zusätzliche Kosten.

Umweltauswirkungen: Erneuerbare Energien haben während des Betriebs nahezu keinen CO_2-Fußabdruck und stellen somit die umweltfreundlichste Option dar. Allerdings haben die Herstellung und Entsorgung von Solarmodulen und Batterien Umweltauswirkungen, die berücksichtigt und gemanagt werden müssen.

3. Nur SMRs

Baukosten: Der Bau eines Small-Modular-Reactor-(SMR)-Kraftwerks wird auf etwa 5.000 bis 6.000 USD pro kW geschätzt, was bei einer Kapazität von 4.000 MW zu Gesamtkosten von 20–24 Milliarden USD führt. Die hohen Kosten resultieren aus umfangreichen regulatorischen Anforderungen und dem Einsatz fortschrittlicher Sicherheitstechnologien.

Praktikabilität: SMRs bieten konstante Grundlastenergie mit Lastfolgefähigkeiten und sind daher ideal zur Stabilisierung des Stromnetzes geeignet. Allerdings müsste Australia zunächst einen robusten regulatorischen Rahmen für Kernenergie schaffen.

Infrastrukturanforderungen: SMRs benötigen gesicherte Standorte, Kühlsysteme, Abfallmanagementeinrichtungen und Netzanschlüsse. Zusätzlich sind Investitionen in die Ausbildung spezialisierter Fachkräfte und nukleare Sicherheitsmaßnahmen erforderlich.

Laufende Kosten: Die Betriebsdauer von SMRs kann mehr als 60 Jahre betragen, wobei die laufenden Brennstoff- und Wartungskosten im Vergleich zu traditionellen Reaktoren relativ niedrig sind. Die wichtigsten langfristigen Kosten entstehen durch Abfallmanagement und Stilllegung.

Umweltauswirkungen: SMRs verursachen während des Betriebs nur minimale Treibhausgasemissionen. Die Herausforderung liegt jedoch im Umgang mit radioaktiven Abfällen und deren sicherer Entsorgung, was weiterhin ein sensibles Thema für die öffentliche Akzeptanz darstellt.

4. Kombination aus Erdgas und erneuerbaren Energien

Baukosten: Der hybride Ansatz umfasst die Errichtung von Gaskraftwerken und Anlagen für erneuerbare Energien mit geschätzten Gesamtkosten von 10–14 Milliarden USD. Erdgas liefert die Grundlastenergie, während erneuerbare Energien Spitzenlastzeiten abdecken.

Praktikabilität: Diese Option ist flexibel und skalierbar und ermöglicht einen ausgewogenen Ansatz der Energieerzeugung. Sie kann bestehende Gasinfrastruktur nutzen und gleichzeitig den Anteil erneuerbarer Energien schrittweise erhöhen.

Infrastrukturanforderungen: Erfordert sowohl Gaspipelines als auch Anlagen für erneuerbare Energien sowie Verbesserungen des Stromnetzes zur Steuerung der variablen Einspeisung erneuerbarer Energien.

Laufende Kosten: Moderate Betriebskosten, wobei Gaskraftwerke während Zeiten geringer erneuerbarer Energieerzeugung für Zuverlässigkeit sorgen. Brennstoffkosten für Erdgas bleiben jedoch ein variabler Faktor.

Umweltauswirkungen: Reduziert die Emissionen im Vergleich zu einer ausschließlichen Nutzung von Erdgas, verursacht jedoch weiterhin Treibhausgasemissionen durch die Verbrennung von Erdgas. Dennoch bietet dieser Ansatz einen praktikablen Übergangspfad hin zu einem höheren Anteil erneuerbarer Energien im Laufe der Zeit.

5. Kombination aus SMRs und erneuerbaren Energien

Baukosten: Dieser Ansatz umfasst eine Mischung aus SMR-Einheiten und Anlagen für erneuerbare Energien, wobei die Gesamtkosten auf 25–30 Milliarden USD geschätzt werden. Die höheren Anfangskosten werden durch langfristige Vorteile hinsichtlich Energiesicherheit und Emissionsreduktion ausgeglichen.

Praktikabilität: SMRs liefern stabile Grundlastenergie, während erneuerbare Energien die Versorgung in Spitzenzeiten ergänzen. Diese Kombination gewährleistet Netzstabilität und reduziert die Abhängigkeit von fossilen Brennstoffen.

Infrastrukturanforderungen: Erfordert Investitionen in nukleare Infrastruktur und Systeme für erneuerbare Energien. Das Land müsste Fachkompetenz in nuklearer Sicherheit und Abfallmanagement aufbauen.

Laufende Kosten: Niedrigere Betriebskosten aufgrund der Effizienz von SMRs und der minimalen laufenden Kosten erneuerbarer Energien. Die lange Betriebsdauer von SMRs (bis zu 60 Jahre) reduziert Ersatzkosten.

Umweltauswirkungen: Deutlich geringere Emissionen im Vergleich zu gasbasierten Optionen sowie effektive Abfallmanagementsysteme zur Handhabung nuklearer Nebenprodukte.

6. Kombination aus Erdgas, erneuerbaren Energien und SMRs

Baukosten: Dieser diversifizierte Ansatz würde etwa 30–35 Milliarden USD kosten und ein Gleichgewicht zwischen Zuverlässigkeit, Nachhaltigkeit und Flexibilität schaffen.

Praktikabilität: Dieses Modell bietet die höchste Widerstandsfähigkeit und Flexibilität, indem es die Stärken aller drei Energiequellen kombiniert. Erdgas dient als Backup während Spitzenlastzeiten, erneuerbare Energien liefern kostengünstige Energie und SMRs gewährleisten eine konstante Grundlastversorgung.

Infrastrukturanforderungen: Das Land würde eine umfassende Infrastruktur benötigen, einschließlich Gaspipelines, Anlagen für erneuerbare Energien und SMR-Einrichtungen. Zusätzlich wären Netzmanagementsysteme erforderlich, um den Energiefluss aus den unterschiedlichen Quellen zu optimieren.

Laufende Kosten: Dieser Ansatz weist moderate laufende Kosten auf, bedingt durch die Kombination aus kostengünstigen erneuerbaren Energien, stabilem SMR-Betrieb und flexiblem Erdgassupport.

Umweltauswirkungen: Durch die Integration erneuerbarer Energien und SMRs reduziert diese Option die CO_2-Emissionen erheblich und gewährleistet gleichzeitig Netzzuverlässigkeit. Erdgas würde nur sparsam – hauptsächlich als Backup – eingesetzt werden, wodurch sein ökologischer Fußabdruck minimiert wird.

Summarized in a table format:

Kriterien	**Nur Erdgas**	**Nur erneuerbare Energien (Wind & Solar)**	**Nur SMRs**	**Kombination aus Erdgas und erneuerbaren Energien**	**Kombination aus SMRs und erneuerbaren Energien**	**Kombination aus Erdgas, erneuerbaren Energien und SMRs**
Baukosten	8–12 Milliarden USD (12–18 Milliarden AUD)	12–18 Milliarden USD (18–27 Milliarden AUD)	20–24 Milliarden USD (30–36 Milliarden AUD)	10–14 Milliarden USD (15–21 Milliarden AUD)	25–30 Milliarden USD (37,5–45 Milliarden AUD)	30–35 Milliarden USD (45–52,5 Milliarden AUD)
Praktikabilität	Schnell umsetzbar, jedoch abhängig von Brennstoffimporten	Ideal für sonnige und windreiche Regionen; jedoch intermittierend	Stabile Grundlastenergie, erfordert jedoch nukleares Fachwissen	Flexibel und skalierbar; nutzt bestehende Gasinfrastruktur	Stabile Grundlastenergie mit Unterstützung durch erneuerbare Energien während Spitzenlastzeiten	Höchste Flexibilität und Widerstandsfähigkeit; ausgewogene Versorgung aus allen Energiequellen
Infrastrukturanforderungen	Pipelines, Speicheranlagen, Kraftwerke	Umfangreiche Flächen für Solar- und Windparks sowie Batteriespeicher erforderlich	Nukleare Sicherheitseinrichtungen, Kühlsysteme	Pipelines, Anlagen für erneuerbare Energien, Speicherlösungen	Nuklearanlagen, Solar- und Windparks, Modernisierung des Stromnetzes	Umfassende Infrastruktur für alle Energiearten erforderlich
Laufende Kosten	Hohe Brennstoffkosten; moderate Wartungskosten	Niedrige laufende Kosten, jedoch Austausch von Batterien erforderlich	Niedrige Brennstoffkosten; hohe Stilllegungskosten	Moderate Kosten aufgrund gemischter Brennstoffnutzung	Niedrige laufende Kosten aufgrund der langen Betriebsdauer von SMRs und der Effizienz erneuerbarer Energien	Moderate laufende Kosten; basiert auf der Balance zwischen Erdgas für Spitzenlasten und SMRs für Grundlastversorgung
Umweltauswirkungen	Moderate Emissionen (Methan, CO_2)	Nahezu emissionsfrei im Betrieb, jedoch Umweltauswirkungen bei Entsorgung	Geringe Emissionen, jedoch Herausforderungen durch radioaktive Abfälle	Reduzierte Emissionen im Vergleich zu reinem Erdgas; nutzt jedoch weiterhin fossile Brennstoffe	Deutlich geringere Emissionen; Abfallmanagement erforderlich	Niedrigste Emissionen; fossile Brennstoffe werden nur sparsam eingesetzt

Kriterien	Nur Erdgas	Nur erneuerbare Energien (Wind & Solar)	Nur SMRs	Kombination aus Erdgas und erneuerbaren Energien	Kombination aus SMRs und erneuerbaren Energien	Kombination aus Erdgas, erneuerbaren Energien und SMRs
Betriebsdauer	30 Jahre	25–30 Jahre (Solarmodule, Windturbinen)	Über 60 Jahre	30–60 Jahre, abhängig von der Zusammensetzung des Energiemixes	Über 60 Jahre aufgrund der langen Lebensdauer von SMRs	Über 60 Jahre mit diversifizierten Energiequellen
Energiesicherheit	Hohe Abhängigkeit von importiertem Erdgas	Anfällig für wetterbedingte Schwankungen	Hohe Stabilität, geringe Abhängigkeit von Importen	Moderate Energiesicherheit; abhängig sowohl von Importen als auch von erneuerbaren Energien	Hohe Energiesicherheit; stabile Grundlastversorgung ergänzt durch erneuerbare Energien	Sehr hohe Energiesicherheit; diversifizierter Energiemix reduziert Risiken
Flexibilität und Lastfolgefähigkeit	Hohe Flexibilität, jedoch emissionsintensiv	Begrenzte Flexibilität ohne Speicher; Batteriesysteme erforderlich	Hohe Flexibilität mit Lastfolgefähigkeiten	Moderate Flexibilität; Erdgas gleicht die Intermittenz erneuerbarer Energien aus	Hervorragend; SMRs decken die Grundlast, erneuerbare Energien Spitzenlastzeiten	Beste Flexibilität; die Kombination deckt sowohl Grundlast als auch Spitzenlasten ab
Schaffung von Arbeitsplätzen und wirtschaftliche Auswirkungen	Kurzfristige Arbeitsplätze während der Bauphase; begrenzte langfristige Auswirkungen	Hohe Beschäftigung während der Bauphase; geringer nach Fertigstellung	Hoch aufgrund der spezialisierten Nuklearindustrie	Hoch; kombiniert Arbeitsplätze in Bau, Betrieb und Wartung	Bedeutend aufgrund der Kombination zweier Industriezweige	Sehr hoch; vereint die Vorteile aller Energiesektoren
CO_2-Emissionen über 50 Jahre	Hohe kumulative Emissionen	Niedrige kumulative Emissionen	Nahezu emissionsfrei während des Betriebs	Moderate Emissionen	Niedrige Emissionen, hauptsächlich aus erneuerbaren Energien und SMRs	Niedrigste kumulative Emissionen
Stilllegungskosten	Moderat, insbesondere bei älteren Anlagen	Moderat; Austausch von Solarmodulen und	Hoch aufgrund des Managements	Moderat bis hoch, abhängig vom Anteil der Erdgasnutzung	Kombination aus SMRs und erneuerbaren Energien	Hoch, jedoch auf mehrere Technologien verteilt

Kriterien	Nur Erdgas	Nur erneuerbare Energien (Wind & Solar)	Nur SMRs	Kombination aus Erdgas und erneuerbaren Energien	Kombination aus SMRs und erneuerbaren Energien	Kombination aus Erdgas, erneuerbaren Energien und SMRs
		Windturbinen erforderlich	radioaktiver Abfälle			

Aus wirtschaftlicher, ökologischer und praktischer Sicht erscheint eine Kombination aus SMRs und erneuerbaren Energien als der ausgewogenste Ansatz für ein Land mit den gegebenen Merkmalen. Diese hybride Lösung nutzt die stabile, emissionsarme Energieversorgung von SMRs und kombiniert sie mit der Flexibilität und Kosteneffizienz erneuerbarer Energien. Sie bietet einen nachhaltigen Weg zur Erreichung langfristiger Energiesicherheit und Emissionsreduktion und bewältigt gleichzeitig die Herausforderungen der Intermittenz und Skalierbarkeit. Die anfänglichen Investitionskosten sind erheblich, jedoch überwiegen die langfristigen Vorteile hinsichtlich reduzierter Emissionen, Energieunabhängigkeit und wirtschaftlicher Widerstandsfähigkeit die Kosten – insbesondere in einer Welt, die sich bis zur Mitte des Jahrhunderts auf Netto-Null-Emissionen zubewegt.

References

1. Dong, Z., *Saturated adaptive output-feedback power-level control for modular high temperature gas-cooled reactors.* Energies, 2014. **7**(11): p. 7620-7639.
2. Vujic, J., et al., *Small Modular Reactors: Simpler, Safer, Cheaper?* Energy, 2012. **45**(1): p. 288-295.
3. Kessides, I.N. and B.B. Кузнецов, *Small Modular Reactors for Enhancing Energy Security in Developing Countries.* Sustainability, 2012. **4**(8): p. 1806-1832.
4. Brown, N.R., A. Worrall, and M. Todosow, *Impact of Thermal Spectrum Small Modular Reactors on Performance of Once-Through Nuclear Fuel Cycles With Low-Enriched Uranium.* Annals of Nuclear Energy, 2017. **101**: p. 166-173.
5. Memmott, M., et al., *The Primary Reactor Coolant System Concept of the Integral, Inherently-Safe Light Water Reactor.* Annals of Nuclear Energy, 2017. **100**: p. 53-67.
6. Sovacool, B.K. and M.V. Ramana, *Back to the Future.* Science Technology & Human Values, 2014. **40**(1): p. 96-125.
7. Boarin, S. and M.E. Ricotti, *An Evaluation of SMR Economic Attractiveness.* Science and Technology of Nuclear Installations, 2014. **2014**: p. 1-8.
8. Zhang, X.Y., et al., *Perspective on Site Selection of Small Modular Reactors.* Journal of Environmental Informatics Letters, 2020.
9. Dong, Z., *MLP Compensated Pd Power-Level Control for Modulator High Temperature Gas-Cooled Reactors.* 2014.
10. Wang, Y., et al., *Small Modular Reactors: An Overview of Modeling, Control, Simulation, and Applications.* Ieee Access, 2024. **12**: p. 39628-39650.
11. Xiong, W.B., et al., *Features and Application Analysis of Advanced Small Nuclear Power Reactors.* Advanced Materials Research, 2014. **986-987**: p. 315-321.
12. Guner, T., O.S. Bursi, and S. Erlicher, *Optimization and Performance of Metafoundations for Seismic Isolation of Small Modular Reactors.* Computer-Aided Civil and Infrastructure Engineering, 2022. **38**(12): p. 1558-1582.
13. Locatelli, G., C.M. Bingham, and M. Mancini, *Small Modular Reactors: A Comprehensive Overview of Their Economics and Strategic Aspects.* Progress in Nuclear Energy, 2014. **73**: p. 75-85.
14. Saleh, W., et al., *Advancing Small Modular Reactor Technology Assessment in the Czech Republic, Egypt, and Poland.* Science and Technology of Nuclear Installations, 2023. **2023**: p. 1-16.
15. Zohuri, B., *Navigating the Regulatory Challenges and Economic Viability of Small Modular Nuclear Reactors: A Key to Future Nuclear Power Generation in the USA and Beyond.* Journal of Material Sciences & Manfacturing Research, 2023: p. 1-4.
16. Yin, S., et al., *Accident Process and Core Thermal Response During a Station Blackout Initiated Study for Small Modular Reactor.* Frontiers in Energy Research, 2018. **6**.
17. Kanyolo, T.N., H.C. Oyando, and C.-k. Chang, *Acceleration Analysis of Canned Motors for SMR Coolant Pumps.* Energies, 2023. **16**(15): p. 5733.
18. Maio, F.D., L. Bani, and E. Zio, *The Contribution of Small Modular Reactors to the Resilience of Power Supply.* Journal of Nuclear Engineering, 2022. **3**(2): p. 152-162.

19. Hong, S. and B.W. Brook, *Economic Feasibility of Energy Supply by Small Modular Nuclear Reactors on Small Islands: Case Studies of Jeju, Tasmania and Tenerife.* Energies, 2018. **11**(10): p. 2587.
20. Dong, Z., *A Differential-Algebraic Model for the Once-Through Steam Generator of MHTGR-Based Multimodular Nuclear Plants.* Mathematical Problems in Engineering, 2015. **2015**: p. 1-12.
21. Dong, Z., *Model-Free Coordinated Control for MHTGR-Based Nuclear Steam Supply Systems.* Energies, 2016. **9**(1): p. 37.
22. Olumayegun, O., M. Wang, and G. Kelsall, *Thermodynamic Analysis and Preliminary Design of Closed Brayton Cycle Using Nitrogen as Working Fluid and Coupled to Small Modular Sodium-Cooled Fast Reactor (SM-SFR).* Applied Energy, 2017. **191**: p. 436-453.
23. Zhang, J., *Lead–<scp>B</Scp>ismuth Eutectic (<scp>LBE</Scp>): A Coolant Candidate for Gen. <scp>IV</Scp> Advanced Nuclear Reactor Concepts.* Advanced Engineering Materials, 2013. **16**(4): p. 349-356.
24. Wang, X., et al., *An Experimental Study on Transient Characteristics of a Nuclear Reactor Coolant Pump in Coast-Down Process Under Power Failure Condition.* Frontiers in Energy Research, 2020. **8**.
25. Crawford, D.C., et al., *First Principles Analysis of Heat Exchanger Concepts and Designs for a Closed CO₂ Brayton Cycle With Regeneration for a Lunar Fission to Surface Power System.* Proceedings of the Institution of Mechanical Engineers Part G Journal of Aerospace Engineering, 2011. **225**(2): p. 194-203.
26. Keating, R., et al., *ASME Boiler and Pressure Vessel Code Roadmap for Compact Heat Exchangers in High Temperature Reactors.* Journal of Nuclear Engineering and Radiation Science, 2020. **6**(4).
27. Forsberg, C.W., *Separating Nuclear Reactors From the Power Block With Heat Storage to Improve Economics With Dispatchable Heat and Electricity.* Nuclear Technology, 2021. **208**(4): p. 688-710.
28. Fetterman, R.J., et al., *An Overview of the Westinghouse Small Modular Reactor.* 2011.
29. Ingersoll, D.T., *An Overview of the Safety Case for Small Modular Reactors.* 2011: p. 369-373.
30. Pannier, C. and R. Škoda, *Comparison of Small Modular Reactor and Large Nuclear Reactor Fuel Cost.* Energy and Power Engineering, 2014. **06**(05): p. 82-94.
31. Greenwood, M.S., et al., *Dynamic System Models for Informing Licensing and Safeguards Investigations of Molten Salt Reactors.* 2018.
32. Yu, Y., N. Ma, and S. Wang, *Effect of Air Temperature on Passive Containment Cooling System Reliability in AP1000.* Proceedings of the Institution of Mechanical Engineers Part O Journal of Risk and Reliability, 2014. **229**(4): p. 310-318.
33. Santiko Tri Sulaksono, N., et al., *CFD Analysis of Natural Convection on the Outer Surface of the Containment of APWR Model.* Journal of Advanced Research in Fluid Mechanics and Thermal Sciences, 2024. **115**(1): p. 19-29.
34. Juarsa, M., et al., *Estimation of Natural Circulation Flow Based on Temperature in the FASSIP-02 Large-Scale Test Loop Facility.* Iop Conference Series Earth and Environmental Science, 2018. **105**: p. 012091.
35. D'Auria, F.S., N. Aksan, and H. Glaeser, *Physical Phenomena in Nuclear Thermal Hydraulics and Current Status.* Tecnica Italiana-Italian Journal of Engineering Science, 2021. **65**(1): p. 1-11.

36. Fernández-Arias, P., D. Vergara, and Á. Antón-Sancho, *Bibliometric Review and Technical Summary of PWR Small Modular Reactors.* Energies, 2023. **16**(13): p. 5168.
37. Ghazaie, S.H., et al., *Comparative Analysis of Hybrid Desalination Technologies Powered by SMR.* Energies, 2020. **13**(19): p. 5006.
38. Shin, Y.-H., et al., *Advanced Passive Design of Small Modular Reactor Cooled by Heavy Liquid Metal Natural Circulation.* Progress in Nuclear Energy, 2015. **83**: p. 433-442.
39. Dong, Z., et al., *Dynamic Modeling and Control Characteristics of the Two-Modular HTR-PM Nuclear Plant.* Science and Technology of Nuclear Installations, 2017. **2017**: p. 1-19.
40. Refaey, M.K.S.H.A., *Predication of the SMR Critical Core Performance Under Zero Power.* International Journal of Systems Engineering, 2021. **5**(1): p. 18.
41. Ingersoll, D.T., et al., *Integration of NuScale SMR With Desalination Technologies.* 2014.
42. Setiawan, M.A., et al., *An Approach for Integration of User Requirement and Anthropometry Data in the Process Design of Reactor Main Control Room.* Jurnal Teknologi Reaktor Nuklir Tri Dasa Mega, 2023. **25**(3): p. 107.
43. Toshinsky, G.I. and V.V. Petrochenko, *Modular Lead-Bismuth Fast Reactors in Nuclear Power.* Sustainability, 2012. **4**(9): p. 2293-2316.
44. Hollrah, B., L. Zou, and R. Hu, *Preliminary Primary System Thermal Fluids Analysis of a Horizontal Compact HTGR.* 2022.
45. Zohuri, B., *Nuclear Micro Power Reactor: The New Generation of Innovative Small Reactors.* 2021.
46. Zhao, P., et al., *CFD Analysis of the Primary Cooling System for the Small Modular Natural Circulation Lead Cooled Fast Reactor SNRLFR-100.* Science and Technology of Nuclear Installations, 2016. **2016**: p. 1-12.
47. Chen, H., et al., *Preliminary Design of a Medium-Power Modular Lead-Cooled Fast Reactor With the Application of Optimization Methods.* International Journal of Energy Research, 2018. **42**(11): p. 3643-3657.
48. Aydoğan, F., et al., *Quantitative and Qualitative Comparison of Light Water and Advanced Small Modular Reactors.* Journal of Nuclear Engineering and Radiation Science, 2015. **1**(4).
49. Arocena, P., D.S. Saal, and T. Coelli, *Vertical and Horizontal Scope Economies in the Regulated <scp>U</Scp>.<scp>S</Scp>. Electric Power Industry.* Journal of Industrial Economics, 2012. **60**(3): p. 434-467.
50. Chabinsky, H., *Navigating Nuclear: Microreactors, SMRs, and Traditional Plants*. 2023, Last Energy.
51. Earth Science Australia, *SMR – Small Modular Nuclear Reactors in Australia*. 2024, Earth Science Australia,.
52. World Nuclear Association, *Outline History of Nuclear Energy*. 2024, World Nuclear Association.
53. World Nuclear Association, *Nuclear Power in the World Today*. 2024, World Nuclear Association.
54. Андрианов, А.А., Т.А. Osipova, and O.N. Andrianova, *Comparative Analysis of the Investment Attractiveness of Nuclear Power Plant Concepts Based on Small and Medium Sized Reactor Modules and a Large Nuclear Reactor.* Nuclear Energy and Technology, 2020. **6**(3): p. 167-173.

55. Chalkiadakis, N., et al., *A New Path Towards Sustainable Energy Transition: Techno-Economic Feasibility of a Complete Hybrid Small Modular Reactor/Hydrogen (SMR/H2) Energy System.* Energies, 2023. **16**(17): p. 6257.
56. Asiamah, G.L. and C.-k. Chang, *Microgrid-Based Small Modular Reactor for a High-Renewable-Energy Penetration Grid in Ghana.* Energies, 2024. **17**(5): p. 1136.
57. Boudot, C., et al., *Small Modular Reactor-Based Solutions to Enhance Grid Reliability: Impact of Modularization of Large Power Plants on Frequency Stability.* Epj Nuclear Sciences & Technologies, 2022. **8**: p. 16.
58. Ramana, M.V., *Small Modular and Advanced Nuclear Reactors: A Reality Check.* Ieee Access, 2021. **9**: p. 42090-42099.
59. Darby, L., A. Hansson, and C.A. Tisdell, *Small-Scale Nuclear Energy.* Case Studies in the Environment, 2020. **4**(1).
60. Locatelli, G., et al., *Load Following With Small Modular Reactors (SMR): A Real Options Analysis.* Energy, 2015. **80**: p. 41-54.
61. Peng, M.J., et al., *Preliminary Design and Study of a Small Modular Chlorine Salt Fast Reactor Cooled by Supercritical Carbon Dioxide.* Energies, 2023. **16**(13): p. 4862.
62. Ghimire, L. and E. Waller, *Small Modular Reactors: Opportunities and Challenges as Emerging Nuclear Technologies for Power Production.* Journal of Nuclear Engineering and Radiation Science, 2023. **9**(4).
63. Zarębski, P. and D. Katarzyński, *Small Modular Reactors (SMRs) as a Solution for Renewable Energy Gaps: Spatial Analysis for Polish Strategy.* Energies, 2023. **16**(18): p. 6491.
64. Agar, A.S., et al., *Expected Accuracy Range of Cost Estimates for Small Modular Reactors at the Early Concept Design Stage.* 2018.
65. Sainati, T., G. Locatelli, and N. Brookes, *Small Modular Reactors: Licensing Constraints and the Way Forward.* Energy, 2015. **82**: p. 1092-1095.
66. World Nuclear Association, *Small Nuclear Power Reactors*. 2024, World Nuclear Association.
67. Cha, A. and R. Tscherning, *Exploring a Coal-to-Nuclear Transition: Repurposing of Legacy Coal Assets to Locate Small Modular Reactors in Alberta.* 2024. **17**(1).
68. Rahman, M.W., M.Z. Abedin, and M.S. Chowdhury, *Efficiency analysis of nuclear power plants: A comprehensive review.* World Journal of Advanced Research and Reviews, 2023. **19**(2): p. 527-540.
69. Andrianov, A.A., et al., *Comparative analysis of the investment attractiveness of nuclear power plant concepts based on small and medium sized reactor modules and a large nuclear reactor.* Nuclear Energy and Technology, 2020. **6**(3): p. 167-173.
70. Rowan, D., *Issues and challenges in assessing ecological and human health risk from the siting of SMRs in Canada.* CNL Nuclear Review (Online), 2020. **9**(1): p. 93-97.
71. Lee, S.-C., et al., *Comparative studies of the structural and transport properties of molten salt FLiNaK using the machine-learned neural network and reparametrized classical forcefields.* The Journal of Physical Chemistry B, 2021. **125**(37): p. 10562-10570.
72. Glass, J., A. Burgess, and T. Okugawa, *Investigation of thermodynamic factors influencing Thorium reactor efficiencies.* PAM Review Energy Science & Technology, 2015. **2**: p. 14-31.

73. Felmy, H.M., et al., *On-line monitoring of gas-phase molecular iodine using Raman and fluorescence spectroscopy paired with chemometric analysis.* Environmental Science & Technology, 2021. **55**(6): p. 3898-3908.
74. Serp, J., et al., *The molten salt reactor (MSR) in generation IV: overview and perspectives.* Progress in Nuclear Energy, 2014. **77**: p. 308-319.
75. Bradshaw, M., *Rolls-Royce SMR to Begin Regulatory Assessment.* 2022, MA Business London.
76. Agbalalah, E.H., R. Solorzano, and J. Rosenzweig, *Human Resources Challenges in The Nuclear Industry (Knowledge Retention and Transfer (Krt)) In the United Kingdom (UK) As Reference.* European Journal of Human Resource, 2020. **4**(1): p. 63-76.
77. Doyle, J., *Acclimatizing nuclear? Climate change, nuclear power and the reframing of risk in the UK news media.* International Communication Gazette, 2011. **73**(1-2): p. 107-125.
78. Lebedev, V. and A. Deev, *Heat Storage as a Way to Increase Energy Efficiency and Flexibility of NPP in Isolated Power System.* Applied Sciences, 2023. **13**(24): p. 13130.
79. Zverev, D.L., et al., *RITM-200: New-Generation Reactor for a New Nuclear Icebreaker.* Atomic Energy, 2013. **113**(6): p. 404-409.
80. Liu, B., J. Liu, and L. Shen, *Low-Temperature Nuclear Heating Reactors: Characteristics and Application of Licensing Law in China.* Frontiers in Energy Research, 2023. **10**.
81. Park, J.B. and C. Dahoon, *'Eco-Nuclear' Energy Transformation? Authoritarian Environmentalism and Regulatory Policy in China.* Journal of Asian and African Studies, 2022. **59**(4): p. 1263-1286.
82. Woo, J., et al., *Public Attitudes Toward the Construction of New Power Plants in South Korea.* Energy & Environment, 2017. **28**(4): p. 499-517.
83. Kim, H., *Economic and Environmental Implications of the Recent Energy Transition on South Korea's Electricity Sector.* Energy & Environment, 2018. **29**(5): p. 752-769.
84. Richardson, L., *Protesting Policy and Practice in South Korea's Nuclear Energy Industry.* 2017: p. 133-154.
85. Hong, S. and B.W. Brook, *At the Crossroads: An Uncertain Future Facing the Electricity-generation Sector in South Korea.* Asia & the Pacific Policy Studies, 2018. **5**(3): p. 522-532.
86. Lee, K.-H., et al., *Recent Advances in Ocean Nuclear Power Plants.* Energies, 2015. **8**(10): p. 11470-11492.
87. Park, E., *Social Acceptance of Renewable Energy Technologies in the Post-Fukushima Era.* Frontiers in Psychology, 2021. **11**.
88. Foroughimehr, N., et al., *Design and Implementation of a Specialised Millimetre-Wave Exposure System for Investigating the Radiation Effects of 5G and Future Technologies.* Sensors, 2024. **24**(5): p. 1516.
89. Burke, P.J., *On the Way Out: Government Revenues From Fossil Fuels in Australia.* Australian Journal of Agricultural and Resource Economics, 2023. **67**(1): p. 1-17.
90. Lü, B., et al., *A Zero-Carbon, Reliable and Affordable Energy Future in Australia.* Energy, 2021. **220**: p. 119678.
91. Lapanporo, B.P., Z. Su'ud, and A.P.A. Mustari, *Neutronic Design of Small Modular Long-life Pressurized Water Reactor Using Thorium Carbide Fuel at a Power Level of 300–500 MWth.* Eastern-European Journal of Enterprise Technologies, 2024. **1**(8 (127)): p. 18-27.

92. Fernández-Arias, P., D. Vergara, and J.A. Orosa, *A Global Review of PWR Nuclear Power Plants.* Applied Sciences, 2020. **10**(13): p. 4434.
93. D'yakov, A.F., *Small Modular Nuclear Reactors: Development Prospects.* World Economy and International Relations, 2023. **67**(6): p. 47-60.
94. Zhi-tao, L. and J. Fan, *Technology Readiness Assessment of Small Modular Reactor (SMR) Designs.* Progress in Nuclear Energy, 2014. **70**: p. 20-28.
95. Dunlap, C., *Rethinking Nuclear Cooperation in Argentina's and Brazil's Competition for Prestige, 1972–1980.* Latin American Research Review, 2021. **56**(2): p. 385-399.
96. Hurtado, D., *Semi-Periphery and Capital-Intensive Advanced Technologies: The Construction of Argentina as a Nuclear Proliferation Country.* Journal of Science Communication, 2015. **14**(02): p. A05.
97. Colombo, S., C. Guglielminotti, and M.N. Vera, *El Desarrollo Nuclear De Argentina Y El Régimen De No Proliferación.* Perfiles Latinoamericanos, 2017. **25**(49): p. 119-139.
98. Leotlela, M., *Establishing an Effective Nuclear Regulatory Regime: A Case Study of South Africa.* Science Technology & Public Policy, 2021. **5**(1): p. 1.
99. Cano, J. and K.E.S. Millán-Rivas, *Nuclear Energy in Latin America in the Face of Economic and Environmental Challenges.* International Journal of Scientific Research and Management, 2019. **7**(04).
100. Frano, R.L., *Benefits of Seismic Isolation for Nuclear Structures Subjected to Severe Earthquake.* Science and Technology of Nuclear Installations, 2018. **2018**: p. 1-11.
101. Ismail, M., J. Rodellar, and F. Pozo, *Passive and Hybrid Mitigation of Potential Near-Fault Inner Pounding of a Self-Braking Seismic Isolator.* Soil Dynamics and Earthquake Engineering, 2015. **69**: p. 233-250.
102. Zhong, W., et al., *Investigations of the Effects of a Passive Bumper on the Seismic Response of Base-Isolated Buildings: Experimental Study and Parameter Optimization.* Journal of Vibration and Control, 2022. **29**(11-12): p. 2842-2853.
103. Bhardwaj, S.R., A.H. Varma, and S.R. Malushte, *Minimum Requirements and Section Detailing Provisions for Steel-Plate Composite (SC) Walls in Safety-Related Nuclear Facilities.* 2017. **54**(2): p. 89-108.
104. Almalki, R., J.M. Piwowar, and J. Siemer, *Geographical Considerations in Site Selection for Small Modular Reactors in Saskatchewan.* Geosciences, 2019. **9**(9): p. 402.
105. McIntyre, M.L., S.A. Murphy, and C.A.T. Sirsly, *Do Firms Seek Social License to Operate When Stakeholders Are Poor? Evidence From Africa.* Corporate Governance, 2015. **15**(3): p. 306-314.
106. Hoedl, S., *A Social License for Nuclear Technologies.* 2018: p. 19-44.
107. Barich, A., et al., *Social License to Operate in Geothermal Energy.* Energies, 2021. **15**(1): p. 139.
108. Hendra, H. and I.K. Rachmawati, *Pengaruh Stakeholder Engagement, Social Mapping Dan Penerapan Corporate Social Responsibility Terhadap Ketercapaian Social License to Operate).* Jurnal Ilmiah Global Education, 2023. **4**(3): p. 1963-1978.
109. Martin, O.S., et al., *The Winds of Change: The Role of Community Engagement and Benefit-Sharing in Wind Farm Developments.* Iop Conference Series Earth and Environmental Science, 2022. **1073**(1): p. 012006.
110. Hall, N., et al., *Social Licence to Operate: Understanding How a Concept Has Been Translated Into Practice in Energy Industries.* Journal of Cleaner Production, 2015. **86**: p. 301-310.

111. Bice, S., M. Brueckner, and C. Pforr, *Putting Social License to Operate on the Map: A Social, Actuarial and Political Risk and Licensing Model (SAP Model).* Resources Policy, 2017. **53**: p. 46-55.
112. Reed, M., et al., *A Theory of Participation: What Makes Stakeholder and Public Engagement in Environmental Management Work?* Restoration Ecology, 2017. **26**(S1).
113. Stephens, S. and B. Robinson, *The Social License to Operate in the Onshore Wind Energy Industry: A Comparative Case Study of Scotland and South Africa.* Energy Policy, 2021. **148**: p. 111981.
114. Fristikawati, Y., *Legal Analysis Regarding Nuclear Power Plant and Its Relation to the Protection of Environment and Society.* International Journal of Research in Business and Social Science (2147-4478), 2022. **11**(1): p. 290-297.
115. Omotehinse, A.O. and G.d. Tomi, *A Social License to Operate: Pre-Mining Effects and Activities Perspective.* Rem - International Engineering Journal, 2019. **72**(3): p. 523-527.
116. Zeliang, C., et al., *Integral PWR-Type Small Modular Reactor Developmental Status, Design Characteristics and Passive Features: A Review.* Energies, 2020. **13**(11): p. 2898.
117. Siegel, J., et al., *An Expert Elicitation of the Proliferation Resistance of Using Small Modular Reactors (SMR) for the Expansion of Civilian Nuclear Systems.* Risk Analysis, 2017. **38**(2): p. 242-254.
118. Yahya, M.S. and Y.H. Kim, *An Innovative Core Design for a Soluble-Boron-Free Small Pressurized Water Reactor.* International Journal of Energy Research, 2017. **42**(1): p. 73-81.
119. Shahmirzaei, A., G.R. Ansarifar, and A. Koraniany, *Assessment of Gadolinium Concentration Effects on the NuScale Reactor Parameters and Optimizing the Fuel Composition via Machine Learning Method.* International Journal of Energy Research, 2022. **46**(7): p. 8838-8871.
120. Zhu, G., et al., *Low Enriched Uranium and Thorium Fuel Utilization Under Once-through and Offline Reprocessing Scenarios in Small Modular Molten Salt Reactor.* International Journal of Energy Research, 2019. **43**(11): p. 5775-5787.
121. Son, S.M., et al., *Radionuclide Transport in a Long-term Operation Supercritical CO ₂ -cooled Direct-cycle Small Nuclear Reactor.* International Journal of Energy Research, 2020. **44**(5): p. 3905-3921.
122. Sabharwall, P., et al., *Small Modular Molten Salt Reactor (SM-MSR).* 2011.
123. Albadawi, G., S. Wang, and X. Cao, *Numerical and Experimental Study of Thermal Stratification Outside a Small SMR Containment Vessel.* Sustainability, 2018. **10**(7): p. 2332.
124. Gaikwad, A.J., et al., *Ensuring Safety of New, Advanced Small Modular Reactors for Fundamental Safety and With an Optimal Main Heat Transport Systems Configuration.* Kerntechnik, 2023. **88**(4): p. 475-490.
125. Lee, J.I., *Review of Small Modular Reactors: Challenges in Safety and Economy to Success.* Korean Journal of Chemical Engineering, 2024: p. 1-20.
126. Edwards, H., A. Locke, and A. Jackson, *Modular construction of nuclear power stations.* 2016, Ingenia.
127. Stewart, W.R. and K. Shirvan, *Capital Cost Estimation for Advanced Nuclear Power Plants.* Renewable and Sustainable Energy Reviews, 2022. **155**: p. 111880.
128. Wrigley, P., et al., *Module Layout Optimization Using a Genetic Algorithm in Light Water Modular Nuclear Reactor Power Plants.* Nuclear Engineering and Design, 2019. **341**: p. 100-111.

129. Upadhyaya, B.R., et al., *Monitoring Pump Parameters in Small Modular Reactors Using Electric Motor Signatures.* Journal of Nuclear Engineering and Radiation Science, 2016. **3**(1).
130. Lloyd, C. and A.R.M. Roulstone, *A Methodology to Determine SMR Build Schedule and the Impact of Modularisation.* 2018.
131. Stewart, W.R., J. Gregory, and K. Shirvan, *Impact of Modularization and Site Staffing on Construction Schedule of Small and Large Water Reactors.* Nuclear Engineering and Design, 2022. **397**: p. 111922.
132. Baliza, A.R., A.Z. Mesquita, and Y. Morghi, *Review of Regulatory Requirements for Implementing an Aging Management System for the IPR-R1 Triga Reactor of CDTN.* Brazilian Journal of Radiation Sciences, 2022. **10**(3A).
133. Alhudaidi, M., D. Ilić, and M. Gnjatovic, *Strategic Defence Implications of Hazardous Material Transport.* 2019: p. 147.
134. Liu, J. and W. Dai, *Overview of Nuclear Waste Treatment and Management.* E3s Web of Conferences, 2019. **118**: p. 04037.
135. Weichselbraun, A., *From Accountants to Detectives: How Nuclear Safeguards Inspectors Make Knowledge at the International Atomic Energy Agency.* Polar Political and Legal Anthropology Review, 2020. **43**(1): p. 120-135.
136. Backovsky, D., *Atoms for Climate: Institutional Development, Critical Junctures, and the IAEA's Positioning and Communication on Nuclear Energy and Climate Change.* 2023.
137. Barahona, A., *Radiation Risk in Cold War Mexico: Local and Global Networks.* NTM Zeitschrift Für Geschichte Der Wissenschaften Technik Und Medizin, 2022. **30**(2): p. 245-270.
138. Salminen, E., J. Iżewska, and P. Andreo, *IAEA's Role in the Global Management of Cancer-Focus on Upgrading Radiotherapy Services.* Acta Oncologica, 2005. **44**(8): p. 816-824.
139. Gutiérrez-Villamil, C., et al., *Impact of International Atomic Energy Agency Support to the Development of Nuclear Cardiology in Low-and-Middle-Income Countries: Case of Latin America and the Caribbean.* Journal of Nuclear Cardiology, 2019. **26**(6): p. 2048-2054.
140. Zaharieva, N., et al., *Comparative Evaluation of Different Options for Energy System Development in Small Countries.* Iop Conference Series Earth and Environmental Science, 2023. **1128**(1): p. 012021.
141. Steur, R., F. Depisch, and J. Kupitz, *The Status of the IAEA International Project on Innovative Nuclear Reactors and Fuel Cycles (INPRO) and the Ongoing Activities of the Phase 1B of INPRO.* 2004.
142. Baldus, J., H. Müller, and C. Wunderlich, *The Global Nuclear Order and the Crisis of the Nuclear Non-Proliferation Regime: Taking Stock and Moving Forward.* Zeitschrift Für Friedens- Und Konfliktforschung, 2021. **10**(2): p. 195-218.
143. Coppen, T., *Relevant Provisions of the Nuclear Non-Proliferation Treaty.* 2017: p. 123-190.
144. Bernstein, A., et al., *A Prototype Experiment for Cooperative Monitoring of Nuclear Reactors With Cubic Meter Scale Antineutrino Detectors.* 2005.
145. Ritchie, N. and K. Egeland, *The Diplomacy of Resistance: Power, Hegemony and Nuclear Disarmament.* Global Change Peace & Security, 2018. **30**(2): p. 121-141.

146. Clarke, M., *Nuclear Disarmament and the 2010 NPT Review Conference.* Global Policy, 2010. **1**(1): p. 101-107.
147. Bess, J.D., et al., *Intrinsic Value of the International Benchmark Projects, ICSBEP and IRPhEP, for Advanced Reactor Development.* Frontiers in Energy Research, 2023. **11**.
148. Fleming, M., et al., *New Features and Improvements in the NEA Nuclear Data Tool Suite.* Epj Web of Conferences, 2020. **239**: p. 19003.
149. Fiorito, L., J. Dyrda, and M. Fleming, *JEFF-3.3 Covariance Application to ICSBEP Using SANDY and NDAST.* Epj Web of Conferences, 2019. **211**: p. 07003.
150. Ford, M.J. and A. Abdulla, *New Methods for Evaluating Energy Infrastructure Development Risks.* Risk Analysis, 2021. **43**(3): p. 624-640.
151. Yin, M. and K. Zou, *The Implementation of the Precautionary Principle in Nuclear Safety Regulation: Challenges and Prospects.* Sustainability, 2021. **13**(24): p. 14033.
152. Shykinov, N., R.P. Rulko, and D. Mroz, *Importance of Advanced Planning of Manufacturing for Nuclear Industry.* Management and Production Engineering Review, 2016. **7**(2): p. 42-49.
153. Brooks, T., *After Fukushima Daiichi: New Global Institutions for Improved Nuclear Power Policy.* Ethics Policy & Environment, 2012. **15**(1): p. 63-69.
154. Visschers, V. and M. Siegrist, *How a Nuclear Power Plant Accident Influences Acceptance of Nuclear Power: Results of a Longitudinal Study Before and After the Fukushima Disaster.* Risk Analysis, 2012. **33**(2): p. 333-347.
155. Ho, S.S., et al., *Science Literacy or Value Predisposition? A Meta-Analysis of Factors Predicting Public Perceptions of Benefits, Risks, and Acceptance of Nuclear Energy.* Environmental Communication, 2018. **13**(4): p. 457-471.
156. Shykinov, N., R. Rulko, and D. Mroz, *Importance of advanced planning of manufacturing for nuclear industry.* Management and Production Engineering Review, 2016. **7**(2): p. 42--49.
157. Zhang, X., et al., *Perspective on site selection of small modular reactors.* J. Environ. Inform. Lett, 2020. **3**: p. 40-49.
158. Burger, J., J. Clarke, and M. Gochfeld, *Information needs for siting new, and evaluating current, nuclear facilities: ecology, fate and transport, and human health.* Environmental monitoring and assessment, 2011. **172**: p. 121-134.
159. Grimston, M., W.J. Nuttall, and G. Vaughan, *The siting of UK nuclear reactors.* Journal of Radiological Protection, 2014. **34**(2): p. R1.
160. Basri, N., et al., *Regulatory requirements for nuclear power plant site selection in Malaysia—a review.* Journal of Radiological Protection, 2016. **36**(4): p. R96.
161. O'Hara, J., J. Higgins, and S. Fleger. *Control Room Design Review Guidance: Technical Criteria Updates*. in *Proceedings of the Human Factors and Ergonomics Society Annual Meeting*. 2014. SAGE Publications Sage CA: Los Angeles, CA.
162. Gattie, D. and M. Hewitt, *National Security as a Value-Added Proposition for Advanced Nuclear Reactors: A U.S. Focus.* Energies, 2023. **16**(17): p. 6162.
163. Hosseini, S.A., et al., *Small Modular Reactors Licensing Process Based on BEPU Approach: Status and Perspective.* Sustainability, 2023. **15**(8): p. 6636.
164. Sakurahara, T., et al., *Global Importance Measure Methodology for Integrated Probabilistic Risk Assessment.* Proceedings of the Institution of Mechanical Engineers Part O Journal of Risk and Reliability, 2019. **234**(2): p. 377-396.

165. Aras, E. and M.A. Diaconeasa, *A Critical Look at the Need for Performing Multi-Hazard Probabilistic Risk Assessment for Nuclear Power Plants.* Eng—advances in Engineering, 2021. **2**(4): p. 454-467.
166. Li, X. and J. Gong, *Fragility and Leakage Risk Assessment of Nuclear Containment Structure Under Loss-of-Coolant Accident Conditions Considering Liner Corrosion.* Applied Sciences, 2024. **14**(6): p. 2407.
167. Borsoi, S.S., et al., *Risk-Based Design of Electric Power Systems for Non-Conventional Nuclear Facilities at Shutdown Modes.* Brazilian Journal of Radiation Sciences, 2022. **10**(3A).
168. Asuega, A., B.J. Limb, and J.C. Quinn, *Techno-Economic Analysis of Advanced Small Modular Nuclear Reactors.* Applied Energy, 2023. **334**: p. 120669.
169. Värri, K. and S. Syri, *The Possible Role of Modular Nuclear Reactors in District Heating: Case Helsinki Region.* Energies, 2019. **12**(11): p. 2195.
170. Popov, O.O., et al., *Perspectives of Nuclear Energy Development in Ukraine on the Global Trends Basis.* Iop Conference Series Earth and Environmental Science, 2023. **1254**(1): p. 012108.
171. Geysmans, R., et al., *Broadening and Strengthening Stakeholder Engagement in Emergency Preparedness, Response and Recovery.* Radioprotection, 2020. **55**: p. S219-S225.
172. Zhu, Y., *Industry Stakeholders Perspectives on Assessing the Effect of Government Policy on Renewable Energy Investment in China.* International Journal of Energy Economics and Policy, 2023. **13**(4): p. 563-573.
173. Ivanova, Z., *Self-Government Elements in Town-Planning of the Russian Federation: Public Hearings Experience.* Matec Web of Conferences, 2017. **106**: p. 08014.
174. Perko, T., M. Martell, and C. Turcanu, *Transparency and Stakeholder Engagement in Nuclear or Radiological Emergency Management.* Radioprotection, 2020. **55**: p. S243-S248.
175. Waris, M., et al., *Analyzing the Constructs of Stakeholder Engagement Towards Renewable Energy Projects Success in Malaysia: A PLS Approach.* Kne Social Sciences, 2019.
176. Lindner, R., C. Jaca, and J. Hernantes, *A Good Practice for Integrating Stakeholders Through Standardization—The Case of the Smart Mature Resilience Project.* Sustainability, 2021. **13**(16): p. 9000.
177. Corradini, M.L., et al., *Light Water Reactor Sustainability Program Reactor Safety Technologies Pathway Technical Program Plan.* 2016.
178. Taylor, T.H., D.N. Ford, and K.F. Reinschmidt, *Impact of Public Policy and Societal Risk Perception on U.S. Civilian Nuclear Power Plant Construction.* Journal of Construction Engineering and Management, 2012. **138**(8): p. 972-981.
179. Shin, D.-W., Y. Shin, and G.H. Kim, *Comparison of Risk Assessment for a Nuclear Power Plant Construction Project Based on Analytic Hierarchy Process and Fuzzy Analytic Hierarchy Process.* Journal of Building Construction and Planning Research, 2016. **04**(03): p. 157-171.
180. Chen, S.-K., Y.W. Ti, and K.-Y. Tsai, *Nuclear Power Plant Construction Scheduling Problem With Time Restrictions: A Particle Swarm Optimization Approach.* Science and Technology of Nuclear Installations, 2016. **2016**: p. 1-9.

181. Kim, W.-J., D. Ryu, and Y. Jung, *Application of Linear Scheduling Method (LSM) for Nuclear Power Plant (NPP) Construction.* Nuclear Engineering and Design, 2014. **270**: p. 65-75.
182. Zio, E. and N. Pedroni, *Monte Carlo Simulation-Based Sensitivity Analysis of the Model of a Thermal–hydraulic Passive System.* Reliability Engineering & System Safety, 2012. **107**: p. 90-106.
183. Vijayan, P.K., et al., *Safety Features in Nuclear Power Plants to Eliminate the Need of Emergency Planning in Public Domain.* Sadhana, 2013. **38**(5): p. 925-943.
184. Leng, L., *Fault Tree Reliability Analysis for Passive Medium Pressure Safety Injection System in Nuclear Power Plant.* Energy and Power Engineering, 2013. **05**(04): p. 264-268.
185. Middleton, B. and C.M. Mendez, *Integrating Safety, Operations, Security, and Safeguards (ISOSS) Into the Design of Small Modular Reactors : A Handbook.* 2013.
186. Cole, D.G., *Advanced I&C for Fault-Tolerant Supervisory Control of Small Modular Reactors.* 2018.
187. Sun, L., et al., *Conceptual Design and Analysis of a Passive Residual Heat Removal System for a 10 MW Molten Salt Reactor Experiment.* Progress in Nuclear Energy, 2014. **70**: p. 149-158.
188. Leyer, S. and M. Wich, *The Integral Test Facility Karlstein.* Science and Technology of Nuclear Installations, 2012. **2012**: p. 1-12.
189. Dai, S., J. Chun-nan, and Y. Chen, *Passive Cooldown Performance of Integral Pressurized Water Reactor.* Energy and Power Engineering, 2013. **05**(04): p. 505-509.
190. Salem, M.E., et al., *Proposed Modeling of Natural Convection Cooling Heat Pipe.* Journal of Nuclear Technology in Applied Science, 2022. **10**(1): p. 1-10.
191. Elshahat, A., et al., *Simulation of the Westinghouse AP1000 Response to SBLOCA Using RELAP/SCDAPSIM.* International Journal of Nuclear Energy, 2014. **2014**: p. 1-9.
192. Lin, C.J., T.-L. Hsieh, and C.W. Yang, *Human Factors in Control Room Modernisation.* Measurement and Control, 2015. **48**(3): p. 92-96.
193. Surbakti, T.S.T. and P. Purwadi, *Analysis of Neutronic Safety Parameters of the Multi-Purpose Reactor–Gerrit Augustinus Siwabessy (RSG-GAS) Research Reactor at Serpong.* Jurnal Penelitian Fisika Dan Aplikasinya (Jpfa), 2019. **9**(1): p. 78.
194. Mwanga, E., *Tanzanian Environmental Impact Assessment Laws and Practice for Projects in World Heritage Sites.* The Journal of Environment & Development, 2022. **31**(1): p. 88-107.
195. Karimi, H., S. Neamat, and S. Galali, *Application of Mathematical Matrices for Environmental Impact Assessment, a Case Study of Thermal Power Plant.* Journal of Applied Science and Technology Trends, 2020. **1**(1): p. 13-16.
196. Thamir, A.D., et al., *Environmental Impact Assessment of Halfaya Oilfield Project.* Engineering and Technology Journal, 2019. **37**(2C): p. 258-267.
197. Merk, B., et al., *On a Long Term Strategy for the Success of Nuclear Power.* 2017.
198. Hyatt, N.C. and M.I. Ojovan, *Special Issue: Materials for Nuclear Waste Immobilization.* Materials, 2019. **12**(21): p. 3611.
199. Solomon, B.D., M. Andrén, and U. Strandberg, *Three Decades of Social Science Research on High-Level Nuclear Waste: Achievements and Future Challenges.* Risk Hazards & Crisis in Public Policy, 2010. **1**(4): p. 13-47.
200. Davy, M.K., M.K. Levy, and H. Agripa, *A Brief Overview of Radiation Waste Management and Nuclear Safety.* Physics & Astronomy International Journal, 2023. **7**(2): p. 150-151.

201. Du, W., W. You, and Z. Xu, *Review and Prospect of Legal Development in Commercial Nuclear Energy.* Energies, 2022. **15**(12): p. 4310.
202. Li, C., et al., *Potential Impacts of Fukushima Nuclear Leakage on China's Carbon Neutrality—an Investigation on Nuclear Power Avoidance and Regional Heterogeneity.* Frontiers in Environmental Science, 2021. **9**.
203. Chen, Y., et al., *Prospects in China for Nuclear Development Up to 2050.* Progress in Nuclear Energy, 2018. **103**: p. 81-90.
204. Wu, Y. and K. Chen, *Nuclear Power's Potential for Carbon Emission Reduction in Chinese Mainland Based on Real Data and Scenario Analysis.* American Journal of Software Engineering and Applications, 2016. **5**(6): p. 46.
205. Portugal-Pereira, J., et al., *Better Late Than Never, but Never Late Is Better: Risk Assessment of Nuclear Power Construction Projects.* Energy Policy, 2018. **120**: p. 158-166.
206. Lee, S., J. Lim, and C.-G. Yi, *The Improvement of the Regional Regulatory Governance System for Radiation Risk Management: Spatial Analysis on Radiation Hazards in South Korea.* Sustainability, 2022. **14**(2): p. 966.
207. Rabbi, M.F. and M. Sabharwal, *Dynamics of Nuclear Energy Policies in India: A Case Study on the Emergence of Nuclear Safety Regulatory Authority.* Indian Journal of Public Administration, 2018. **64**(4): p. 664-685.
208. Abbasi, S.A., et al., *Is Nuclear Power Generation a Viable Alternative to the Energy Needs of Pakistan? Swot-Rii Analysis.* International Journal of Energy Economics and Policy, 2021. **11**(4): p. 529-536.
209. Peng, H., et al., *A Multi-Criteria Decision Support Framework for Inland Nuclear Power Plant Site Selection Under Z-Information: A Case Study in Hunan Province of China.* Mathematics, 2020. **8**(2): p. 252.
210. Fernández-Arias, P., D. Vergara, and Á. Antón-Sancho, *Global Review of International Nuclear Waste Management.* Energies, 2023. **16**(17): p. 6215.
211. Pioro, I., et al., *Current Status of Reactors Deployment and Small Modular Reactors Development in the World.* Journal of Nuclear Engineering and Radiation Science, 2020. **6**(4).
212. Jyothi, R.K., L.G.T.C.d. Melo, and H.-S. Yoon, *An Overview of Thorium as a Prospective Natural Resource for Future Energy.* Frontiers in Energy Research, 2023. **11**.
213. Wang, J. and S. Kim, *Comparative Analysis of Public Attitudes Toward Nuclear Power Energy Across 27 European Countries by Applying the Multilevel Model.* Sustainability, 2018. **10**(5): p. 1518.
214. Badora, A., K. Kud, and M. Woźniak, *Nuclear Energy Perception and Ecological Attitudes.* Energies, 2021. **14**(14): p. 4322.
215. Association, W.N., *Design Maturity and Regulatory Expectations for Small Modular Reactors.* London, UK, 2021.
216. El-Emam, R.S. and M.H. Subki, *Small Modular Reactors For <scp>nuclear-renewable</Scp> Synergies: Prospects and Impediments.* International Journal of Energy Research, 2021. **45**(11): p. 16995-17004.
217. Hidayatullah, H., S.S.S. Susyadi, and M.H. Subki, *Design and Technology Development for Small Modular Reactors – Safety Expectations, Prospects and Impediments of Their Deployment.* Progress in Nuclear Energy, 2015. **79**: p. 127-135.
218. Mignacca, B., G. Locatelli, and T. Sainati, *Deeds Not Words: Barriers and Remedies for Small Modular Nuclear Reactors.* Energy, 2020. **206**: p. 118137.

219. Bell, C.D., *Approach to UK SMR Component Design.* 2018.
220. Barattino, W.J., et al., *The Business Case for SMRs on DOD Installations.* 2011.
221. Wang, L., et al., *Intercalated Architecture of MA2Z4 Family Layered Van Der Waals Materials With Emerging Topological, Magnetic and Superconducting Properties.* Nature Communications, 2021. **12**(1).
222. Teräsvirta, A., S. Syri, and P. Hiltunen, *Small Nuclear Reactor—Nordic District Heating Case Study.* Energies, 2020. **13**(15): p. 3782.
223. Frick, K., et al., *Thermal Energy Storage Configurations for Small Modular Reactor Load Shedding.* Nuclear Technology, 2018. **202**(1): p. 53-70.
224. Stewart, W.R., et al., *Evaluating Labor Needs for Fleet-Scale Deployments of Large vs. Small Modular Light Water Reactors.* 2024.
225. Momin, R., *Nuclear Reactor Safety: A Two-Layered Paradigm With (Zr3Si2) Neutron Reflector and Bio Shield in BWRX-300 SMR.* 2024.
226. Jain, S., F. Roelofs, and C.W. Oosterlee, *Valuing Modular Nuclear Power Plants in Finite Time Decision Horizon.* Energy Economics, 2013. **36**: p. 625-636.
227. Abdulla, A., I.L. Azevedo, and M.G. Morgan, *Expert Assessments of the Cost of Light Water Small Modular Reactors.* Proceedings of the National Academy of Sciences, 2013. **110**(24): p. 9686-9691.
228. Agar, A.S., et al., *Stakeholder Perspectives on the Cost Requirements of Small Modular Reactors.* Progress in Nuclear Energy, 2019. **112**: p. 51-62.
229. Webbe-Wood, D. and W.J. Nuttall, *Calculations of Net Present Value for a Small Modular Fusion Power Plant.* Proceedings of the Institution of Civil Engineers - Energy, 2023. **176**(4): p. 187-196.
230. Pham, B.T., G.L. Hawkes, and J.J. Einerson, *Improving thermal model prediction through statistical analysis of irradiation and post-irradiation data from AGR experiments.* Nuclear Engineering and Design, 2014. **271**: p. 209-216.
231. Sakon, A., et al. *Reactor Noise Analysis for a Graphite-moderated and-reflected core in KUCA.* in *EPJ Web of Conferences*. 2021. EDP Sciences.
232. Herlina, H., S.T. Wicaksono, and A.K. Rivai, *OXIDATION BEHAVIOR AND MICRO STRUCTURE ANALYSIS OF NUCLEAR GRAPHITE IG-110 AT 520 °C UNDER AIR ENVIRONMENT.* MATERIALS RESEARCH COMMUNICATIONS, 2021. **2**(1): p. 7-12.
233. Zhou, X.-w., et al., *Nuclear graphite for high temperature gas-cooled reactors.* New Carbon Materials, 2017. **32**(3): p. 193-204.
234. Bakhri, S., *Investigation of rod control system reliability of pwr reactors.* KnE Energy, 2016: p. 94-105.
235. Luthfi, W., et al., *Measured and calculated integral reactivity of control rods in RSG-GAS first core.* Jurnal Teknologi Reaktor Nuklir Tri Dasa Mega, 2022. **24**(1): p. 37-44.
236. Hinks, J., et al. *Transmission electron microscopy study of graphite under in situ ion irradiation*. in *Journal of Physics: Conference Series*. 2012. IOP Publishing.
237. Szondy, D., *Nuclear SMR welding breakthrough: A year's work now takes a day*. 2024, New Atlas.
238. Meyer, R.M., et al., *Research Gaps and Technology Needs in Development of PHM for Passive AdvSMR Components.* 2014.
239. Procházková, D., *Generic Model for Management of Safety of Technical Installations Powered by Small Modular Reactors.* Design Construction Maintenance, 2023. **3**: p. 7-12.

240. Carelli, M.D., et al., *Economic Features of Integral, Modular, Small-to-Medium Size Reactors.* Progress in Nuclear Energy, 2010. **52**(4): p. 403-414.
241. Vautier, J.-F., et al., *Benefits of Systems Thinking for a Human and Organizational Factors Approach to Safety Management.* Environment Systems & Decisions, 2018. **38**(3): p. 353-366.
242. Bhowmik, P., et al., *Advances in Integral and Separate Effects Experiments for Water-Cooled Small Modular Reactors.* 2023: p. 1698-1713.
243. Chang, C.-k. and H.C. Oyando, *Review of the Requirements for Load Following of Small Modular Reactors.* Energies, 2022. **15**(17): p. 6327.
244. Foro Nuclear, *Characteristics and advantages of Small Modular Reactors*. 2020, Foro Nuclear,.
245. Quintero, J., *Megaproject Management*. 2020.
246. Khan, S.U.-D., Z. Almutairi, and M. Alanazi, *Techno-economic assessment of fuel cycle facility of system integrated modular advanced reactor (SMART).* Sustainability, 2021. **13**(21): p. 11815.
247. Korpysa, J., M. Halicki, and A. Lopatka, *Entrepreneurial management of project supply chain–a model approach.* Problems and Perspectives in Management, 2020. **18**(3): p. 211.
248. Bankvall, L., et al., *Interdependence in supply chains and projects in construction.* Supply chain management: an international journal, 2010. **15**(5): p. 385-393.
249. Khan, S.U.D., et al., *Safety analysis of pool-type double containment of system-integrated modular advanced reactor: a case study for Saudi Arabia.* International Journal of Energy Research, 2021. **45**(8): p. 12047-12058.
250. Skiba, R., *Water industry cyber security human resources and training needs.* 2020.
251. Favari, E. and F. Cantoni, *Megaproject Management: A Multidisciplinary Approach to Embrace Complexity and Sustainability*. 2020: Springer Nature.
252. Betancourt, M.C., et al., *Computational model for thermohydraulic analysis of an integral pressurized water reactor with mixed oxide fuel (Th, Pu) O2.* Brazilian Journal of Radiation Sciences, 2022. **10**(3A (Suppl.)).
253. Tükez, E.T. and A. Kaya, *SCADA System for Next-Generation Smart Factory Environments.* Icontech International Journal, 2022. **6**(1): p. 48-52.
254. Teixeira, M.A., et al., *Flow-based Intrusion Detection Algorithm for Supervisory Control and Data Acquisition Systems: A Real-time Approach.* Iet Cyber-Physical Systems Theory & Applications, 2021. **6**(3): p. 178-191.
255. Xia, G., M. Peng, and X. Du, *Analysis of Load-Following Characteristics for an Integrated Pressurized Water Reactor.* International Journal of Energy Research, 2013. **38**(3): p. 380-390.
256. Zhang, Y., Y. Xiang, and L. Wang, *Reliability Analysis of Power Grids With Cyber Vulnerability in SCADA System.* 2014.
257. Upadhyay, D. and S. Sampalli, *SCADA (Supervisory Control and Data Acquisition) Systems: Vulnerability Assessment and Security Recommendations.* Computers & Security, 2020. **89**: p. 101666.
258. Alimi, O.A., et al., *A Review of Research Works on Supervised Learning Algorithms for SCADA Intrusion Detection and Classification.* Sustainability, 2021. **13**(17): p. 9597.
259. Katkar, S.R. and S.V. Umredkar, *Intelligent Scada for Load Control.* International Journal of Power System Operation and Energy Management, 2013: p. 160-164.

260. Shbib, R., S. Zhou, and K.I.H. Alkadhimi, *SCADA System Security, Complexity, and Security Proof.* 2013: p. 405-410.
261. Liu, M., M. Yuan, and G. Li, *Design Private Cloud of Oil and Gas SCADA System.* Icst Transactions on Scalable Information Systems, 2014. **1**(3): p. e5.
262. Rahman, J. and J. Zhang, *Steady-State Modeling of Small Modular Reactors for Multi-Timescale Power System Operations With Temporally Coupled Sub-Models.* Ieee Transactions on Power Systems, 2024: p. 1-13.
263. Joshi, K., B. Poudel, and R. Gokaraju, *Investigating Small Modular Reactor's Design Limits for Its Flexible Operation With Photovoltaic Generation in Microcommunities.* Journal of Nuclear Engineering and Radiation Science, 2021. **7**(3).
264. Shrestha, R., I. Al-Anbagi, and D. Wagner, *Siting of Small Modular Reactors With Renewable Power Generation Support.* Iet Renewable Power Generation, 2022.
265. Islam, M.R. and H.A. Gabbar, *Study of Small Modular Reactors in Modern Microgrids.* International Transactions on Electrical Energy Systems, 2014. **25**(9): p. 1943-1951.
266. Chen, H., et al., *Optimizing Energy Storage Participation in Emerging Power Markets.* 2015: p. 1-6.
267. World Nuclear Association, *What is nuclear waste, and what do we do with it?* 2024, World Nuclear Association.
268. Krall, L., A. Macfarlane, and R.C. Ewing, *Nuclear Waste From Small Modular Reactors.* Proceedings of the National Academy of Sciences, 2022. **119**(23).
269. Boldon, L. and P. Sabharwall, *Small Modular Reactor: First-of-a-Kind (FOAK) and NTH-of-a-Kind (NOAK) Economic Analysis.* 2014.
270. Vegel, B. and J.C. Quinn, *Economic Evaluation of Small Modular Nuclear Reactors and the Complications of Regulatory Fee Structures.* Energy Policy, 2017. **104**: p. 395-403.
271. Berthélémy, M. and L.E. Rangel, *Nuclear Reactors' Construction Costs: The Role of Lead-Time, Standardization and Technological Progress.* Energy Policy, 2015. **82**: p. 118-130.
272. Chen, Y., *The Impact of Interest Rate Uncertainty on Renewable Energy Investments: Compared With Conventional Energy Investments.* Applied and Computational Engineering, 2024. **60**(1): p. 76-82.
273. Black, G., et al., *Carbon Free Energy Development and the Role of Small Modular Reactors: A Review and Decision Framework for Deployment in Developing Countries.* Renewable and Sustainable Energy Reviews, 2015. **43**: p. 83-94.
274. Carless, T.S., W.M. Griffin, and P.S. Fischbeck, *The Environmental Competitiveness of Small Modular Reactors: A Life Cycle Study.* Energy, 2016. **114**: p. 84-99.
275. Frick, K., J.M. Doster, and S.M. Bragg-Sitton, *Design and Operation of a Sensible Heat Peaking Unit for Small Modular Reactors.* Nuclear Technology, 2018. **205**(3): p. 415-441.
276. Banaszkiewicz, M. and M. Skwarło, *Numerical Investigations of Transient Thermal Loading of Steam Turbines for SMR Plants.* Archives of Thermodynamics, 2024: p. 197-220.
277. Jang, H.-B., Y. Ahn, and S. Roh, *Comparison of the Embodied Carbon Emissions and Direct Construction Costs for Modular and Conventional Residential Buildings in South Korea.* Buildings, 2022. **12**(1): p. 51.
278. Baú, G. and R.J.J. Oviedo-Haito, *Mapping Activities and Inputs of Modular Construction With Steel 3D Modules in Brazil.* Iop Conference Series Earth and Environmental Science, 2022. **1101**(4): p. 042002.

279. Liu, X., et al., *Analysis of the Brayton Cycle Coupled With a Small Fluoride Salt-Cooled High-Temperature Reactor.* Frontiers in Energy Research, 2023. **10**.
280. Xiaoyi, D., *Study on Sustainable Development Strategies for Enterprises: Application of Modular Design and Smart Manufacturing in Low-Carbon Production.* 2024. **2**(1): p. 111-114.
281. Davies, P., et al., *Boundary Negotiations: A Paradox Theoretical Approach for Efficient and Flexible Modular Systems.* International Journal of Operations & Production Management, 2021. **41**(5): p. 574-597.
282. Poudel, B., et al., *Operational Resilience of Nuclear-Renewable Integrated-Energy Microgrids.* Energies, 2022. **15**(3): p. 789.
283. Vanatta, M., W. Stewart, and M. Craig, *The Role of Policy and Module Manufacturing Learning in Industrial Decarbonization by Small Modular Reactors.* 2024.
284. Kim, J., M. Rweyemamu, and B. Purevsuren, *Machine Learning-Based Approach for Hydrogen Economic Evaluation of Small Modular Reactors.* Science and Technology of Nuclear Installations, 2022. **2022**: p. 1-9.
285. Greene, S.R., *How Nuclear Power Can Transform Electric Grid and Critical Infrastructure Resilience.* Journal of Critical Infrastructure Policy, 2020. **1**(2): p. 37-72.
286. Boudot, C., et al., *Multiphysics Analysis of Power Transients Based on Power System and Nuclear Dynamics Software Chaining.* 2023.
287. Kim, T., et al., *Nuclear Waste Attributes of SMRs Scheduled for Near-Term Deployment.* 2022.
288. Hosan, M.I., *Radioactive Waste Classification, Management and Environment.* Engineering International, 2017. **5**(2): p. 53-62.
289. Khelurkar, N., S.M.R. Shah, and H. Jeswani, *A Review of Radioactive Waste Management.* 2015: p. 1-6.
290. Hlaváček, M., et al., *Nuclear Reactor at Home? Public Acceptance of Small Nuclear Reactors in the Neighborhood.* Frontiers in Energy Research, 2023. **11**.
291. Hermawan, E. and U. Sudjadi, *Integrated Nuclear-Renewable Energy System for Industrialization in West Nusa Tenggara Province, Indonesia: Economic, Potential Site, and Policy Recommendation.* International Journal of Energy Economics and Policy, 2022. **12**(4): p. 146-159.
292. Imani, L., A. Setiawan, and M.K. Ridwan, *Demand and Electricity Energy Mix in Indonesia 2030 With Small Modular Reactor Nuclear Power Plant and Renewable Energy Scenario.* Iop Conference Series Earth and Environmental Science, 2021. **927**(1): p. 012025.
293. Bogdanov, D., et al., *Radical Transformation Pathway Towards Sustainable Electricity via Evolutionary Steps.* Nature Communications, 2019. **10**(1).
294. Clarke, D. and P.D. Ezhilchelvan, *Assessing the Attack Resilience Capabilities of a Fortified Primary-Backup System.* 2010: p. 182-187.
295. Al-Bassam, A.M., J.A. Conner, and V.I. Manousiouthakis, *Natural-Gas-Derived Hydrogen in the Presence of Carbon Fuel Taxes and Concentrated Solar Power.* Acs Sustainable Chemistry & Engineering, 2018. **6**(3): p. 3029-3038.

Index

A

B

C

L

M

N

O

P

Q

R

S

T

U

V

W